KB268007

산업가스 특수가스 총서 I

추광호 저

산업가스 특수가스 총서 I

초판 1쇄 발행	2015년 01월 07일
초판 2쇄 발행	2015년 02월 17일

지은이	추 광 호		
펴낸이	손 형 국		
편집인	선 일 영	편 집	이소현 김아름 이탄석
디자인	이현수 김루리 윤미리내	제 작	박기성 황동현 구성우
마케팅	김회란 박진관 이희정		
펴낸곳	(주)북랩		
출판등록	2004. 12. 1(제2012-000051호)		
주소	153-786 서울시 금천구 가산디지털 1로 168, 우림라이온스밸리 B동 B113, 114호		
홈페이지	www.book.co.kr		
전화번호	(02)2026-5777	팩스	(02)2026-5747

ISBN 979-11-5585-394-8 14570   979-11-5585-396-2 14570(SET)

이 도서의 국립중앙도서관 출판예정도서목록(CIP)은 서지정보유통지원시스템 홈페이지(http://seoji.nl.go.kr)와 국가자료공동목록시스템(http://www.nl.go.kr/kolisnet)에서 이용하실 수 있습니다.

(CIP제어번호 : CIP2014038370)

Acetylene
C2H2
F1

Flammable,2.3-81% in air
Subject to exothermic
self decomposition
Gas in cylinder
is dissolved in solvent/
porous mass
Poor warning properties
Density similar to air

Recycling, 1
Direct combustion,
3A
Incineration, 3C
Controlled release,
4C

$$(dV/dt)min = [(dG/dt)max / (k*LEL)] * (Ta/293)$$
$$= 0.76203982 m^3/sec$$

−k : Safety coefficient = 0.5
−LEL : Lower Limit of inflammability = 0.0926
−Ta : Room temperature = 286 K

산업가스 / 특수가스 / 총서 I

Industrial Gases & Specialty Gases Series I

추광호 저

북랩 book Lab

과거 30여 년간 반도체 및 관련 산업에 사용되는 산업가스 및 특수가스에 대해 이론과 경험을 체계적으로 쌓을 수 있도록 집필한 책으로서 취업을 준비하는 학생으로부터 업계 최고 수준의 엔지니어까지 최고의 가스 기술인이 되기 위해서는 반드시 필요한 책이다.

— 한종훈 서울대학교 엔지니어링개발연구센터 소장 · 서울대학교 공학연구소 소장

가스 전반에 걸친 이론과 경험을 총망라하여 그 유해성에 따라 근본적인 위험성과 취급 방법 및 안전을 보장하고 현실화하는 방법을 알려준다. 최고의 가스 기술인이 되기 위한 해답을 이 책에서 찾을 수 있을 것이다. 산업계에 이러한 훌륭한 지식을 선사한 저자에게 진심으로 감사한다.

— 이문용 현 원익부회장 · 전 삼성반도체 연구소장 부사장

이 책은 우리나라 가스 산업의 기술과 안전 및 취급을 한 단계 올리면서 더 넓은 세계로 우리를 이끄는 내비게이터의 역할을 한다. 나아가 선진기술을 도입하고 적용하여 기술변화의 핵심을 포착하고 그 변화의 물결을 탈 수 있는 열쇠를 제공해주는 책이다. 그간 업계에서 목말랐던 시장의 규모, 사용의 목적, 주요 이론과 기술들을 총망라한 최초의 전문서적으로 학자와 실무자 모두에게 도움이 될 수 있는 책이다. 나는 이 책을 사랑한다.

— 이건종 ㈜원익머트리얼즈 대표이사

모든 산업인에게 진심으로 추천한다. 석유화학분야 및 가스산업분야에서 오랫동안 몸 담아온 저자의 지식과 경험이 깊숙이 묻어 있다. 화학공학을 근본으로 하여 가스분야를 전문적이고 체계적으로 다룬 교재로서 이런 자료를 집대성하기까지 노력한 저자의 열정을 높이 치하하고 싶다.

— 이환복 코리아피티지㈜ 부사장

특수가스 전문교재의 두 번째 탄생에 기쁨을 감출 수 없다. 실무에 도움이 되는 실용적인 이론을 대거 포함하고 있으며, 항상 곁에 두고 필요할 때마다 열어 볼 것이다. 나도 전문가가 될 수 있다는 확신이 든다.

— 김성학 SK 하이닉스 과장

　우리나라의 석유화학 및 가스 산업은 1970년대 정부 주도 육성을 바탕으로 1990년대 이후 민간 주도의 급격한 발전을 이루면서 생산과 수출량이 꾸준히 증가해왔다. 2012년 현재 에틸렌 생산량 기준 세계 5위, 일차에너지 소비량 세계 9위, 사용 화학물질이 약 50,000여 종에 이르는 세계적인 화학 대국으로 성장하였다. 하지만 21세기 들어 화학 산업은 에너지·화학 산업이라는 기존의 틀에서 벗어나 나노·무기소재, 정밀유기화학, 반도체, 전기화학, 생물공학, 환경공학 등 다양한 형태로 미래 부가가치를 생산하고 있다.

　고부가 가치 신물질 및 신제품 생산을 위한 화학 산업의 범위 확대로 말미암아 기존의 에너지·화학 산업에서 경험하지 못한 고독성, 고부식성, 자연발화성, 고압, 고온 등 가혹한 조건의 생산 방식과 잠재적으로 유독한 유해물질 사용의 선택이 불가피해졌다.

　이는 기존의 방어적, 단면적, 정성적(定性的)이며 기술적 측면, 인허가를 위한 예방 중심, 설비 중심의 화학사고 대응 방식에서 포괄적, 적극적, 생산적, 정량적(定量的)이며 인문·사회학적, 다차원적, 사전예방, 대응 및 사후처리 전과정 중심, 설비 및 인적 시스템 중심으로의 방식으로 확대가 반드시 이루어져야 한다는 것을 의미한다. 게다가 화학 산업의 범위 확대는 기존의 화학사고 안전관리의 방식이 중복적으로 적용될 가능성이 높고 이로 인해 일관성이 결여될 가능성이 크다.

　더욱이 최근 과거 20여 년간 반도체 및 관련 산업의 급격한 발달로 여기에 사용되는 산업가스 및 특수가스에 대한 수요가 늘고 기술의 발달로 국내생산이 가능해지고 있으나, 이들의 특성을 이해하고 이론과 경험을 충분히 갖추고 있거나 잘 정리되어 있는 교재가 없다는 것을 너무나도 안타깝게 생각하고 기본에서부터 고급수준까지 충분히 다루고 있는 교재의 출간을 결심하게 되었다.

『산업가스 특수가스 총서 I』은 그 시작으로서 가스의 종류 및 특성과 취급설비에 대한 기본설계, 운영, 안전, 비상대응 등 전반적인 사항에 중점을 두고 발간하게 되었다. 그동안 LPG, LNG에 국한되어 있던 가스 교재에서 벗어나 석유화학, 반도체 산업, 디스플레이 산업, 제철 산업 등에 사용되는 거의 모든 가스를 다루려고 하였으며 여기에 잠재되어 있는 위험성과 안전한 취급 및 처리방법의 소개에 중점을 두었다. 아직까지는 국내에 소개되거나 다루어 보지 않은 물질들이나 안전보장 개념이 많아 주로 미주 및 유럽의 Regulation, Code, Standard, Best Practice 등을 참고하였으며, 또한 기존의 교재인 『산업·특수가스 안전관리법』에 소개되어 있는 내용을 심화 및 보강하여 학계와 업계에 종사하고 있는 주니어(Junior)부터 시니어(Senior)까지 넓은 영역에서 활용이 가능하도록 만들었다.

첫 번째로 가스사고 예방에 대하여 가장 중요한 요소는 누출방지이다. 너무나도 당연히 생각되어 무심코 지나치고, 이에 대한 대책수립을 철저히 수행하지 않기 때문에 가스사고가 발생되는 것이다. 손실방지 공학의 기본개념인 내부의 어떠한 에너지가 의도하지 않은 용도로 외부로 나오지 않도록 하는 것이 가장 기본적인 요소이고 이것을 이 책에서 자세하게 다루고 있다.

두 번째로 가스 사고에서 중요한 요소는 완화(Mitigation)이다. 여기서 완화라 함은 사고 그 자체를 원천적으로 봉쇄하는 것이 아니고 발생되는 사고의 크기나 사고의 확률을 줄이는 것을 의미한다. 예를 들어 산업현장에서 많이 사용되고 있는 가스누출검지기의 경우 가스의 누출을 막는 것이 아니고 누출된 가스를 빨리 검지하고 알림으로서 대피와 대응을 빨리할 수 있도록 하는 기능이며, 방호벽의 경우 폭발을 방지하는 것이 아니고 가연성가스의 누출로 발생될 수 있는 폭발로부터 재산 및 인명 피해를 최소화하는 데 그 목적이 있다.

향후 산업·특수가스의 안전성평가 방법, 비상대응 방법, 안전운전 및 취급 방법, 품질보증 방안 등에 대하여 다루는 2권 및 3권의 발간을 준비하고 있다.

차례
CONTENTS

chapter 9   밸브 이해하기   337

chapter 01
가스의 분류 및 정의

일반적으로 가스를 상업적으로 분류할 때 산업용가스와 특수가스로, 유해성으로 분류할 때는 불연성가스, 가연성가스, 부식성가스, 조연성가스 및 독성가스로 구분한다.

산업용가스란 원유정제, 석유화학, 정밀화학, 발전, 광업, 제련, 금속, 의학, 음료 등에 널리 사용되는 가스를 지칭하며, 대기 중의 주요 구성 성분인 산소, 질소, 아르곤 및 미량 구성 요소인 이산화탄소·헬륨·수소 등을 의미한다. 즉, 주변에서 쉽게 반응 등을 거치지 않고 접할 수 있는 가스들이라 이해하는 것이 좋다. 특수가스란 일상 대기 중에서 존재하나 구성 비율이 매우 희박한 가스(네온, 제논, 크립톤 등), 일상 자연환경에서는 존재하지 않는 삼불화질소, 실란 등과, 자연 상태에서는 존재하지 않는 특정 구성 비율을 가진 가스(예: 10% O_2/N_2)와 초고순도로 정제된 산업용 가스들로 구성되어 있다.

[표 1-1] 공기의 성분과 그 성질

성분	분자식	부피백분율(%)	끓는점(℃)	물 1부피에 용해되는 부피 (1기압, 20℃)
질소	N_2	78.08	−196	0.015
산소	O_2	20.95	−183	0.031
아르곤	Ar	0.934	−186	0.034
이산화탄소	CO_2	0.031	−79(승화점)	0.88
네온, 헬륨, 크립톤, 크세논	Ne, He, Kr, Xe	0.005		

특수가스란 반도체, LCD, LED, 태양광, Healthcare, Academic 등의 분야에 사용되는 가스들을 일반적으로 Electronics Specialty Gas (ESG)라 부르며, 이들 전자산업용 특수 가스는 매우 높은 순도의 품질을 요구되며 순수가스 또는 혼합가스 형태로 사용되고 있다.

[표 1-2] 반도체공정에 사용되는 특수가스 및 성질

공정	가스명	분자식	물과의 반응성	연소성	기타 물질과의 반응성	사용상 주의
기상에칭	염화수소	HCl	반응은 안 하여도 물에 잘 용해	O_2에 대해서 안정	·F_2와 세차게 반응 ·많은 금속과 반응하여 염화물과 수소를 생성	·수분의 존재로 강산이 되며, 대부분의 금속을 부식 ·Baked carbon, graphite 사용 가능
	불화수소	HF	물에 잘 용해 $HF+KOH \rightarrow KF+H_2O$	발연성(90℃ 이상에서 Mist로 존재)	유리, 석영 등과 반응하여 녹임	·폴리에틸렌, 구리, 백금 사용 가능 ·유리, 석영 등은 쉽게 침식
	브롬화수소	HBr	물에 잘 용해	불연성(공기 중 습기에 의해 연기 발연)	·산소와 반응하여 물과 브롬 생성 ·O_3와 폭발적으로 반응하여 수소 생성	·염산보다 약한 산성
	6불화황	SF_6	반응 안함	불연성(500℃ 이하에서 안전)	불순물이 섞일 경우 분해되면서 유독	·높은 온도(500℃)에서도 분해되지 않는 장점으로 인해 전기절연용 가스로 사용
	염소	Cl_2	$Cl_2+H_2O \leftrightarrow HClO+HCl$ $HClO \rightarrow HCl+1/2O_2$	지연성	·H_2와 폭발적으로 반응 ·대부분 금속과 반응	·Dry가스(액):Steel, SUS, 주철, 동합금, 니켈합금, 연이 사용 가능 ·Wet가스: 모넬, 테프론, 하스테로이C가 사용가능
플라즈마에칭	4불화규소	SiF4	불과 반응하여 H_2SiF_6, SiO_2,H_2O를 생성	불연성	600℃에서 $SiCl_4$와 반응하여 $SiClF_3$, $SiCl_2F_2$, $SiCl_3F$ 생성	산화 및 환원에 대하여 안정
	4플루오르	CF_4	약간 가수 분해	불연성	가연성가스와 혼합하여 점화하면 분해하여 유독가스 발생	부식성 없음
	8플루오르	C_3F_8	약간 가수 분해	불연성	가연성가스와 혼합하여 점화하면 분해하여 유독가스 발생	부식성 없음
	6플루오르	C_2F_6	약간 가수 분해	불연성	가연성가스와 혼합하여 점화하면 분해하여 유독가스 발생	부식성 없음
	3불화메탄	CHF_3	반응 안함	불연성	가연성가스와 혼합하여 점화하면 분해하여 유독가스 발생	부식성 없음
	프레온13	$CClF_3$	반응 안함	불연성	800℃ 이상의 화염에 접촉하면 $COCl_2$, CO 등 독성가스 발생	Mg, Mg 2% 이상 포함된 Al합금을 부식시키고, 천연고무도 부식
	산소	O_2	수용성	지연성	비활성 물질을 제외한 모든 물질과 반응하여 산화	O_2자체는 타지 않지만 다른 물질이 타는 것을 도우며 반응성이 매우 큼

공정	가스명	분자식	물과의 반응성	연소성	기타 물질과의 반응성	사용상 주의
이 온 빔 에 칭	헥사플루오르에탄	C_3F_8	약간 가수분해	고온의 공기중에서 불연	가연성가스와 혼합하여 점화하면 분해하여 유독가스 발생	부식성 없음
	3불화메탄	CHF_3	반응 안함	불연성	가연성가스와 혼합하여 점화하면 분해하여 유독가스 발생	부식성 없음
	프레온13	$CClF_3$	반응 안함	불연성	800℃이상 화염에 접촉하면 $COCl_2$, CO 등 독성가스 발생	Mg, Mg 2% 이상 포함된 Al합금을 부식시키고, 천연고무도 부식
	사불화탄소	CF_4	약간 가수분해	불연성	가연성가스와 혼합하여 점화하면 분해하여 유독가스 발생	부식성 없음
클 리 닝	3불화질소	NF_3	가수분해	불연성	수증기에 의한 부식성증가	유독성 생산물에 의한 강한 부식성
	Dry처리시스템 사용요망	SiF_4	불과 반응하여 H_2SiF_6, SiO_2, H_2O를생성	불연성	600℃에서 $SiCl_4$와 반응하여 $SiClF_3$, $SiCl_2F_2$, $SiCl_3F$ 생성	산화 및 환원에 대하여 안정
	4플루오르	CF_4	약간 가수분해	불연성	가연성가스와 혼합하여 점화하면 분해하여 유독가스 발생	부식성 없음
	6플루오르	C_2F_6	약간 가수분해	불연성	가연성가스와 혼합하여 점화하면 분해하여 유독가스 발생	부식성 없음
	8플루오르	C_3F_8	약간 가수분해	고온의 공기중에서 불연	가연성가스와 혼합하여 점화하면 분해하여 유독가스 발생	부식성 없음
	6불화황	SF_6	반응 안함	불연성	불순물이 섞일 경우 분해되면서 유독	높은온도(500℃)에서도 분해되지 않는 장점으로 인해 전기절연용 가스로 사용
어닐링 (Annealing) +패시베이션 (Passivation) +	질소	N_2	수용성	비활성, 불활성	다른 원소와 직접 반응하여 질소화합물 만듦	
	수소	H_2	수용성	산소와의 2:1 혼합물은 500℃ 이상에서 격렬하게 반응하여 폭발	상온에서는 반응성이 적지만, 온도가 높으면 많은 원소와 직접 반응하여 수화물 생성	
	아르곤	Ar	수용성	비활성, 불활성	저온에서 활성탄에 흡착	
	헬륨	He	수용성	비활성, 불활성	대부분의 원소와 반응하지 않음	

공정	가스명	분자식	물과의 반응성	연소성	기타 물질과의 반응성	사용상 주의
도 핑	알신	AsH_3	가압 하에서 수화물을 발생 용존산소에 의하여 As로 분해	·공기 중 청백색 불꽃을 내며 탐. ·As_2O_3를 발생	·Cl_2와 반응하여 HCl와 As가 됨 ·(E.R.0.8~98%)	강 환원성
	황화수소	H_2S	·수용액 중 전리평균 ·$H_2S \leftrightarrow H^+ + HS^-$ ·$HS^- \leftrightarrow H^+ + S^-$	공기 중 청백색 불꽃을 내며 연소	·Cl_2, Br_2과 강하게 반응 ·대부분 금속과 습기의 존재하에 반응	·Al, SUS316은 Wet에서도 사용 가능 ·건조하면 동도 사용 가능
	3수소화 게르마늄	GeH_3	반응 안함	자연발화성	염산, 묽은황산에는 녹지 않지만, 왕수, 알칼리 용액, 뜨거운 진한 황산에는 녹음	
	세렌화수소	SeH_2	가수분해	공기 중 푸른색의 불꽃을 내며 연소하여 SeO_2 생성	초산과 세게 반응Cl_2	Al, SUS, 탄소강, 황동, 테플론, 바이톤, 나이론 사용 가능
	스티핑	SbH_3	젖은 유리관 내에서 24시간으로 완전히 분해	공기 중 연소하여 안티몬생성	염소와 세게 반응하여$SbCl_3$와 HCl를 발생 알카리 반응하여 급속 분해	
	3플루오르화 비소	AsF_3	가수분해			
	포스핀	PH_3	수 화 물 을 생성	공기 중 자연 발화	Cl_2등의 할로겐가스와 거세게 반응	·NH_3보다 강환원성 ·탄소강, SUS, 모낼, 하스테로이 등 사용 가능
	3염화인	PCl_3	물에 의하여 분해하여 염산 생성	불연성산소와 서서히 화합하여 오키시염화린 생성	·HBr, HI와 반응 ·$PCl_3 + 3HX \rightarrow PX_3 + 3HCl$	니켈강, 철, 저합금강, 니켈크롬강, 테플론, Kel-F 등 사용 가능
	디보란	B_2H_6	신 속 하 게 완전히 가수분해하여 붕산과수소로 분해	공기 중 자연 발화(특히 젖은 공기 40~50℃)	HCl등의 할로겐 가스와 세게 반응 NH_3와도 반응	·일반 금속 사용 가능고무, 구리스, 윤활유는 불가 ·사란, 폴리에틸렌, 테프론 사용 가능

공정	가스명	분자식	물과의 반응성	연소성	기타 물질과의 반응성	사용상 주의
도핑	시란	SiH_4	가수분해하여 수소 생성 알 카리성 수용 액으로 분해	공기 중 자연 발화	Cl_2등 할로겐가스와 거 세게 반응	부식성 없음
	디클로로 시란	SiH_2Cl_2	가수분해하 여 염산과 포 리시로키산 혼합물 생성	100℃이상 일 때 공기 중에서 자 연 발 화 (E.R.4.1~98.8%)	아세톤과 반응	·미량 수분의 존재로 강 산이 됨 ·드라이상태서 불활성 ·Al, 황동, SUS등 부식
	3클로로시란	$SiHCl_3$	물과 세차게 반응하여 염 산 생성	공기 중 발연		물의존재로 강산이 됨
	4염화규소	$SiCl_4$	가수분해하 여 규산과 염 산 생성		알코올로 분해	물의존재로 강산이 됨
	4수소화 게르머늄	GeH_4	시란과 비슷 하지만 반응 은 적음	시란과 같이 세 게 연소 안함 (E.R.0.8%~98%)		
	디보란	B_2H_6	신속하게 완 전히 가수분해 하여 붕산과수 소로 분해	공기 중 자연 발 화(특히 젖은공 기 40~50℃)	·HCl등의 할로겐 가스와 세게 반응 ·NH_3와도 반응	·일반 금속 사용 가능 ·고무, 그리스, 윤활유는 불가 ·사란, 폴리에틸렌, 테플 론 사용가능
	3브롬화붕소	BBr_3	물에 격렬하게 반응하여 유독 물질 및 독성 가스 생성	발연성	·알코올로 분해 ·가연성 물질과 접촉 시 발화하거나 폭발 ·열분해로 산할로겐화합 물, 유기산 생성	·열, 화염, 스파크 및 기 타 점화원 피할 것 ·가연성물질과 접촉 시 발화하거나 폭발할 수 있음
	4염화 게르마늄	$GeCl_4$	가수분해	발연성	·묽은염산에 녹으며, 진 한염산에 대한 용해도 의 약100배	·벤젠 · 이황화탄소 · 클 로로포름 등의 유기용 매에 녹음
	6불화 텅스텐	WF_6	가수분해	비연소성	·부식성과 독성을 가짐	·폭발위험성가스
	암모니아	NH_3	비 반응 물에 잘 용해	공기 중 650℃ 이상에서 가연 (O_2중 에 서 의 E.R.16~25%)	·할로겐과 세게 반응한 Hg과 반응하여 폭발 성화합물 생성	·알칼리성, 부식성 강함 ·철, SUS는 사용가능 ·동, 석, 아연과 그의 합 금은 불가능
	메탄	CH_4	수용성 $CH_4(g)+2O_2(g)$ $\rightarrow CO_2(g)$ $+2H_2O(g)$	가연성	·산, 알칼리, 금속, 산화 제, 환원제 등과 비 반응 ·연소반응과 치환반응 은 비교적 잘 일어남	폭발위험성가스

염소	Cl_2	$Cl_2+H_2O \leftrightarrow$ HClO+HCl HClO→HCl +1/2O_2	지연성	· H_2와 폭발적으로 반응 · 대부분 금속과 반응	· Dry가스(액) : Steel, SUS, 주철, 동합금, 니켈합금 사용 가능 · Wet가스: 모넬, 테플론, 하스테로이C가 사용가능

가스의 유해성에 따른 분류 및 그 특징, 취급방법에 대해서는 뒤에서 더 자세하게 다룰 예정이다.

용기 내의 가스 제품의 물리적 성상에 따라, 액화압축가스(Liquefied Compressed Gas)와 비액화압축가스(Non-Liquefied Compressed Gas)로도 분류한다. 가스를 취급할 때, 용기 내의 제품 성상은 가스의 사용 및 관리, 누출 시 비상대응 방안을 선택하는 데 매우 중요한 요소로 작용하게 된다. 일반적으로 사용되는 용기 내에 액상 부분이 존재하면 액화압축가스로, 용기 내에 가스만 존재하는 경우에는 비액화압축로 이해하면 된다.

기체는 가스(Gas)와 증기(Vapor)로 나눌 수 있는데 그 차이점은 가스는 상온 상압하에서 일정한 공간을 점유한 무정형 유체를 의미하며, 25℃ 1기압상태에서 기체상태로 존재한다. 이에 반하여 증기는 상온 상압하에서 액체나 고체로 존재하는 물질이 압력강하나 온도상승에 의해 기체상태로 존재하는 유체로서 보통 기체와 액적이 섞여있는 상태로 존재한다. True Gas라 함은 임계점(Critical Point, 압력에 관계없이 물질의 액체상태가 더 이상 존재하지 않게 되는 온도. 예: CO_2의 임계온도는 31℃이다. 즉, 이 온도 이상에서는 아무리 압력을 가하더라도 액화되지 않는다.) 이상의 온도로 존재하는 가스를 의미한다.

고압가스안전관리법 시행규칙 제2조에 의한 특수가스에 대한 정의는 다음과 같다.

"특수고압가스"란 압축모노실란 · 압축디보레인 · 액화알진 · 포스핀 · 세렌화수소 · 게르만 · 디실란 및 그 밖에 반도체의 세정 등 산업통산부장관이 인정하는 특수한 용도에 사용되는 고압가스를 말한다.

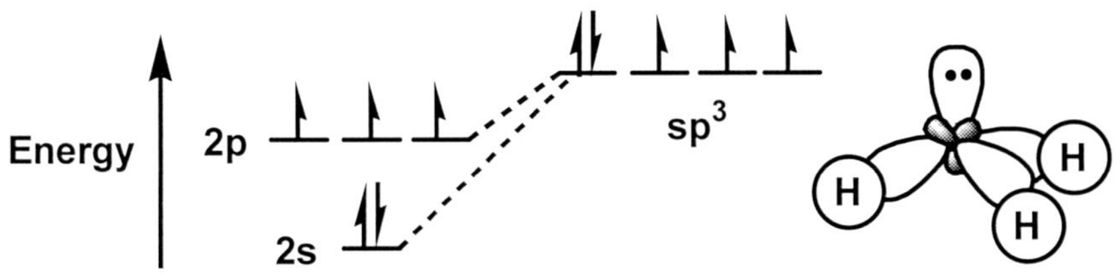

[그림 1-1] NH_3 분자구조

1. 가스의 분류를 상업적으로 구분할 때 산업용가스와 특수가스로 구분할 수 있다. 이때 특수가스에 대하여 논하시오.

2. 가스의 분류를 위해성에 따라 구분하시오.

3. 기체를 Vapor, Gas 및 True Gas로 구분할 수 있다. 각각의 차이점을 설명하시오.

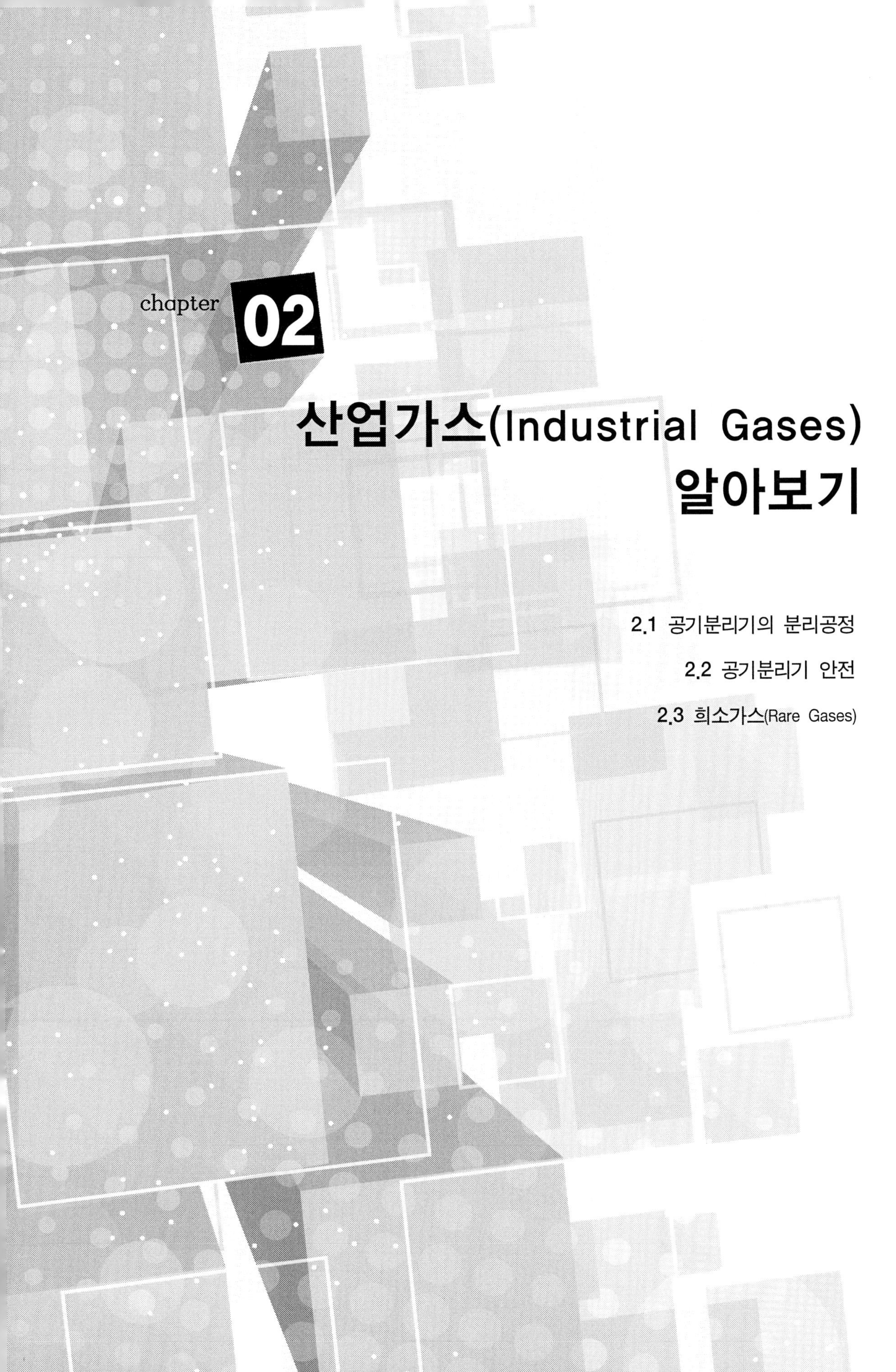

산업가스(Industrial Gases) 알아보기

그동안 도시가스, LPG 등의 가스설비에 대하여 설명이 되어 있는 책은 발간되었으나, 산업가스의 종류 및 그 대표적 설비인 공기분리기에 대하여는 그 정보가 부족하여 간략하나마 이해를 돕고자 한다.

공기분리기(ASU, Air Separation Unit)란 대기 중의 공기를 분리하여 질소, 산소, 알곤 및 간혹 희소가스(Rare Gas) 등을 생산하는 설비를 지칭한다. 매우 낮은 온도(-150℃ 또는 이하)로 운전하면서 서로간의 끓는 점 차이를 이용하여 분리하는 공정이다.

이 기기는 사용 목적에 따라 질소·산소 및 알곤을 모두 생산할 수도 있고 질소 또는 산소만을 별도로 생산할 수 있다. 공기분리장치는 압축, 정제, 냉각과 정류 과정을 거치는데 증류탑에서 공기는 매우 낮은 온도에서 증류에 의해 각 기체로 분리된다. 정화공정에서 산소 21% 이하의 공기는 수증기와 이산화탄소를 제거하고, 이 공기를 압축하고 액화온도까지 냉각시켜 분별증류를 이용해서 산소, 질소, 아르곤으로 분리한다. 각각의 기체들은 산업용, 의학용, 특수용 산업용 등 다양한 용도로 사용된다.

[표 2-1] 최근 5년간의 전세계 특수가스 시장 변화

	2009	2010	2011	2012	2013	2013/2012%
1. Argon (Ar)						
North America	$19,597	$24,132	$22,068	$37,525	$39,242	5%
Europe	7,834	10,748	14,152	10,609	11,893	12%
Taiwan	3,047	13,618	18,528	24,079	25,842	7%
South Korea	4,670	14,217	20,200	22,576	25,575	13%
China	2,040	8,763	20,021	15,811	11,547	−27%
ROW, Excluding Japan	2,434	4,247	6,018	11,336	5,695	−50%
Total	$39,622	$75,725	$100,987	$121,936	$119,794	−2%
2. Helium (He)						
North America	$5,985	$6,733	$8,276	$28,706	$42,646	49%
Europe	7,122	9,541	7,241	9,204	14,473	57%
Taiwan	11,208	29,330	39,766	48,946	58,286	19%
South Korea	16,123	42,348	55,733	59,286	67,430	14%
China	6,838	14,573	20,121	30,617	31,101	2%
ROW, Excluding Japan	576	1,310	1,418	8,762	1,604	−82%
Total	$47,852	$103,835	$132,555	$185,521	$215,540	16%
3. Hydrogen (H_2)						
North America	$22,837	$27,761	$29,573	$48,609	$78,358	61%
Europe	18,930	24,891	17,593	20,445	25,452	24%
Taiwan	11,129	27,171	34,312	40,459	41,358	2%
South Korea	714	3,628	5,636	6,637	7,403	12%
China	4,660	6,868	12,128	15,227	12,160	−20%
ROW, Excluding Japan	7,739	12,813	13,355	27,462	17,695	−36%
Total	$66,009	$103,132	$112,597	$158,839	$182,426	15%
4. Oxygen (O_2)						
North America	$4,977	$5,349	$6,084	$14,260	$14,718	3%
Europe	9,193	8,638	8,481	8,183	15,871	94%
Taiwan	9,099	8,986	12,044	16,554	21,893	32%
South Korea	7,681	7,222	9,054	15,187	17,592	16%
China	4,531	4,802	6,799	9,666	8,576	−11%
ROW, Excluding Japan	1,688	1,238	1,526	2,846	1,963	−31%
Total	$37,169	$36,235	$43,988	$66,696	$80,613	21%

5. Nitrogen (N_2)						
North America	$182,955	$194,214	$201,808	$202,663	$219,428	8%
Europe	131,233	81,387	96,248	87,901	102,659	17%
Taiwan	120,720	204,830	245,784	223,770	222,718	0%
South Korea	102,870	157,813	195,867	199,324	214,108	7%
China	84,918	128,037	182,183	154,724	160,510	4%
ROW, Excluding Japan	67,037	84,370	100,596	73,131	77,137	5%
Total	$689,733	$850,651	$1,022,486	$941,513	$996,560	6%
Total Bulk Gases						
North America	$236,351	$258,189	$267,809	$331,763	$394,392	19%
Europe	174,312	135,205	143,715	136,342	170,348	25%
Taiwan	155,203	283,935	350,434	353,808	370,097	5%
South Korea	132,058	225,228	286,490	303,010	332,108	10%
China	102,987	163,043	241,252	226,045	223,894	−1%
ROW, Excluding Japan	79,474	103,978	122,913	123,537	104,094	−16%
Total	$880,385	$1,169,578	$1,412,613	$1,474,505	$1,594,933	8%
Exchange Rate						
Euro per Dollar (€/$)	0.718	0.754	0.74	0.78	0.753	
Yen per Dollar (¥/$)	93.68	87.78	79.70	81.21	97.60	

[표 2-2] 대표적인 건조공기의 조성

성 분	농 도
질소(Nitrogen)	78.084 *vol%*
산소(Oxygen)	20.946 *vol%*
알곤(Argon)	0.934 *vol%*
네온(Neon)	18.18 *ppmv*
헬륨(Helium)	5.24 *ppmv*
크립톤(Krypton)	1.14 *ppmv*
제논(Xenon)	0.087 *ppmv*

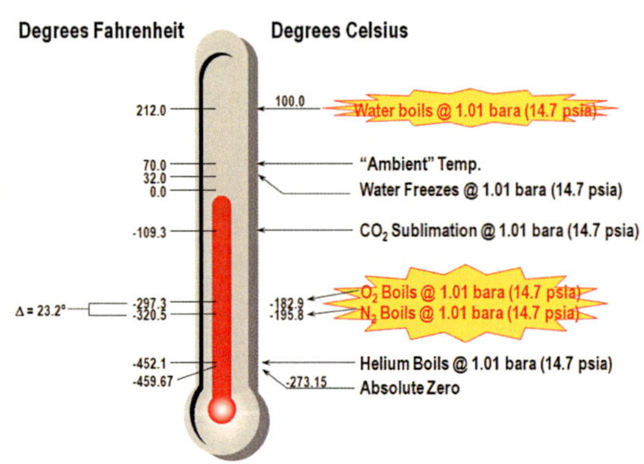

[그림 2-1] 공기의 주요 성질

SECTION 2.1

공기분리기의 분리공정

공기분리란 공기로부터 대표적인 물질인 질소 및 산소뿐만 아니라 때때로 아르곤 및 다른 희소한 물질을 분리해내는 공정을 지칭한다.

공기분리의 가장 일반적인 방법은 초저온 증류법이다. 초저온 공기분리는 질소 또는 산소 및 아르곤을 같이 생산할 수 있다. 다른 공기분리 방법으로는 멤브레인(Membrane), PSA(Pressure Swing Adsorption)과 VPSA(Vacuum Pressure Aswing Adsorption) 등이 공기로부터 질소 또는 산소를 분리하는 데 사용된다. 반도체산업에 사용되는 질소, 산소, 아르곤은 요구되는 순도가 높아 초저온 공기분리기가 사용된다.

또한 공기에서 분리할 수 있는 희소가스로는 네온(Neon), 크립톤(Krypton) 및 제논(Xenon)이 있으며, 이들은 최소 2개 이상의 증류탑이 요구된다.

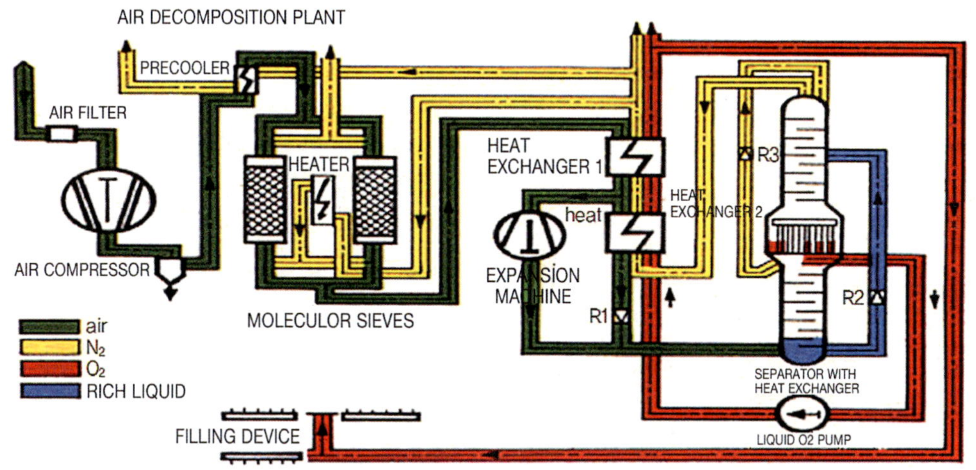

[그림 2-2] 공기분리 공정도

2.1.1 초저온 공기분리기(Cryogenic Air Separation)

초저온 공기분리기는 공기에 포함되어 있는 여러 가지 물질들의 서로 다른 끓는점을
이용하여 압력과 온도를 조절함으로써 각 성분별로 분리하는 공정이다.

1) 공기압축(Main Air Compressor)

원료 공기를 여과기(Inlet Air Filter)를 통과시켜 압축기를 보호하기 위하여 먼지를 제거하
고 약 5~10kg/cm^{2}g까지 압축한다. 보통 압축기(Main Air Compressor)는 3~4단의 원심압축기
가 주로 사용된다. 압축된 공기는 쿨러(Cooler)를 통과하면서 온도를 약 40~50℃까지 낮추
어 공기 내부에 포함되어 있던 수분을 제거한다.

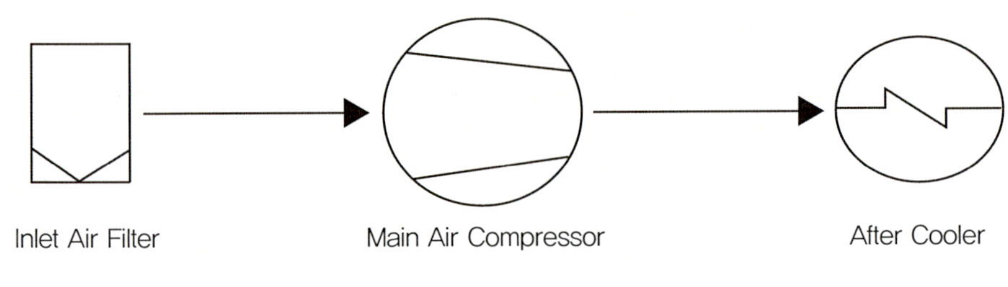

[그림 2-3] 공기 압축 공정

[그림 2-4] Integral Geared Main Air Compressor

2) 공기정화(Air Purification)

원료 공기 내의 일산화탄소(CO_2)·물(H_2O)·탄화수소(Hydrocarbon) 및 다른 불순물을 제거한다. 이러한 물질들은 주 열교환기(Main Heat Exchanger)의 막힘 현상을 발생시키거나 증류탑 내부의 초저온에서 고체화되어 기기 표면에 달라붙거나 충격을 주어 큰 사고의 원인이 되므로 틀림없이 제거되어야 한다.

보통 TSA(Temperature Swing Adsorption) 또는 PSA(Pressure Swing Adsorption) 방법을 사용하며 내부에 Molecular Sieve/Alumina등을 채우고 스펀지가 물을 빨아들이듯이 상기 물질을 다공 물질에 흡착시킨다. 흡착된 물질은 재생(Regeneration) 공정을 거쳐 원래대로 복귀된다.

더 이상 정상적인 불순물 제거효율을 나타내지 못할 때 이 내부의 불순물을 많은 양의 공기를 거꾸로 투입하여 제거함으로써 흡착제의 성능을 원래대로 복귀시키는 과정을 의미한다. 재생에 필요한 공기의 유량은 통과 유량의 약 10~30% 정도로 다양하다.

이렇게 재생에 사용되는 공기는 생산에 참여하지 않으므로 압축기 선정 시 필요한 생산량에 재생에 필요한 공기를 고려하여 선정하여야 한다.

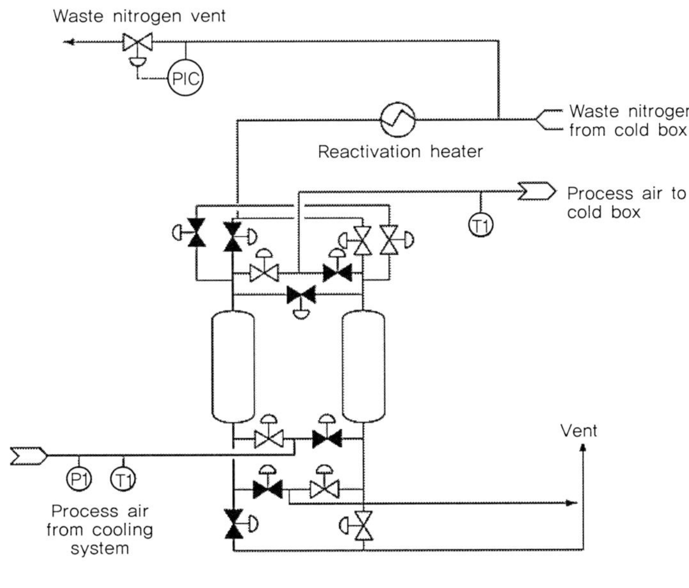

[그림 2-5] 공기 정화 공정

사용되는 흡착제의 종류로는 활성 알루미나(Activated Alumina), 제올라이트(Zeolite), 실리카겔(Silica gel)등이 있다.

[표 2-3] 공기 중의 대표적인 불순물 및 양

물 질 명	양, *ppmv*
Hydrogen	10
Carbon monoxide	1.0
Carbon dioxide	400
Methane	10
Acetylene	1.0
Ethane	0.2~5.5
Ethylene	0.1
Propylene	0.2
Propane	0~0.1
Butane and Heavier	0.1
Sulfur dioxide	0.1
Hydrogen sulfide	0.05
Mercaptans	0.1
Ammonia	1.0
Oxides of nitrogen(NO-NO_2)	0.1
Particulate matter	$2.5mg/m^3$

상기 공기 중의 포함된 불순물의 성분 및 양은 산업공단에서 일반적으로 측정되는 수치
이므로 좀 더 정확한 분석을 위하여 해당지역의 공기의 질이 반드시 측정되어 정확한
정보를 반영하여야 한다.

3) 주 열교환기(Main Heat Exchanger)

불순물이 제거된 공기는 주 열교환기를 거치면서 거의 포화증기 온도(-170℃ 근처)까지 증
류탑에서 발생된 차가운 질소 또는 산소와의 에너지 교환을 통하여 낮추고 질소 또는 산소
는 거의 대기 온도로 빠져나가게 된다. 증류탑에서 가져온 차가운 에너지를 증류탑으로 도
입되는 공기와 열 교환을 하여 최대한 에너지 이용을 증가시키는 목적이다.

주로 플레이트(Plate Fin Exchanger) 형태의 열교환기를 사용하여 열 교환 면적을 작게 하
며 여러 종류의 흐름이 함께 할 수 있도록 한다.

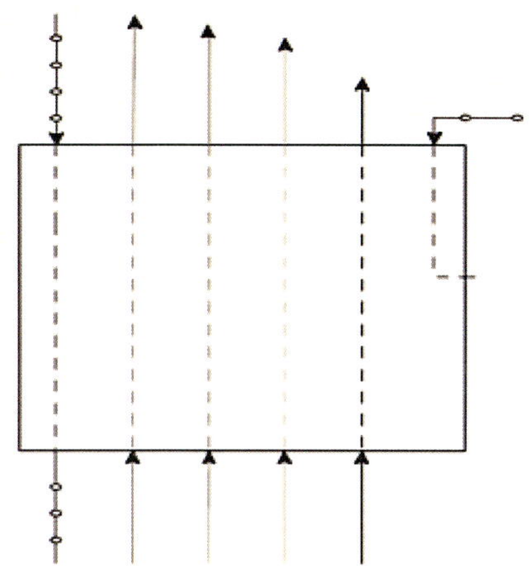

[그림 2-6] 주 열교환기

4) 냉동(Refrigeration)

공기를 액화시키거나 생산품(주로 산소)을 액화시키고 콜드박스(Coldbox)에서 외부로 빠져나가는 차가운 에너지를 보충하기 위한 장치이다.

냉동은 높은 압력의 가스(주로 질소)를 낮은 압력으로 낮추면서 Joule-Thomson 효과를 이용하여 얻어지는 차가운 에너지를 이용하는 방법과 직접 차가운 액체 질소를 내부에 투입함으로 실현된다.

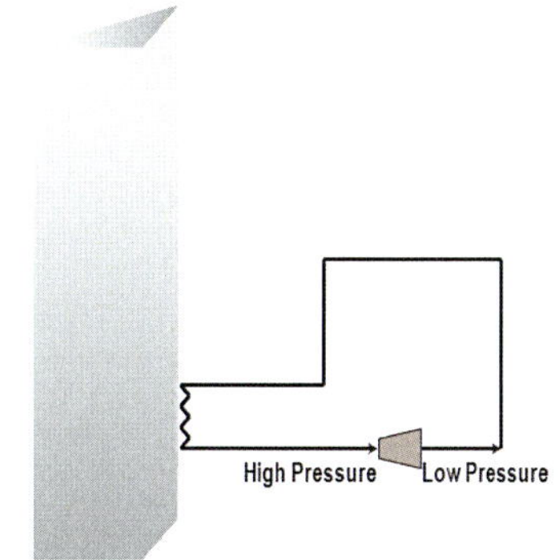

[그림 2-7] 냉동

5) 증류(Distillation)

증류는 공기분리의 핵심요소로서 인입되는 공기로 생산되는 생산물질의 순도 및 생산효율을 결정한다.

초저온 공기분리기의 용량은 일반적으로 주 생산물(질소 또는 산소)의 무게유량인 ton/day로 표현되며, 인입되는 공기는 Normal condition(0℃ 1atm)에서의 부피유량인 m^3/hr로 표현된다. 이러한 무게유량과 부피유량은 아래의 이상기체방정식(Ideal Gas Law)을 이용하여 환산이 가능하다.

$$pV = nRT \quad ---------------- \quad (2\text{-}1)$$

여기서

    p: 가스 압력, kPa

    V: 가스 부피, m^3

    T: 가스 온도, K

    R: 가스 상수, 8.31451, J/mol K

(2-1)식을 앞에서 언급한 Normal Condition을 이용하여 재배열하면,

$$V = 22.414 \, n \quad ------------- \quad (2\text{-}2)$$

즉 1mole은 $22.414 m^3$인 것을 알 수 있고 여기에 산소의 분자량 32g/mol 및 질소의 분자량 28g/mol을 대입하게 되면 아래의 (2-3)식과 (2-4)식이 된다.

$$1tpd \ O_2 = 29.18 \ Nm3/hr \quad -------- \quad (2\text{-}3)$$

$$1tpd \ N_2 = 33.35 \ Nm3/hr \quad -------- \quad (2\text{-}4)$$

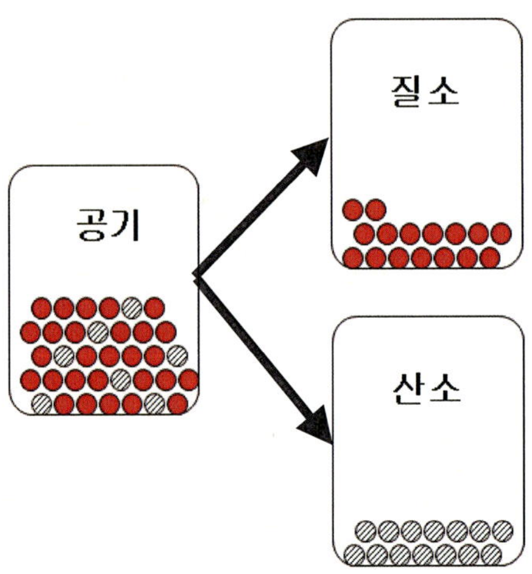

[그림 2-8] 공기 증류

증류는 기체·액체의 접촉을 통하여 올라가는 기체를 일부응축(주로 산소)하여 에너지를 액체로 전달한다. 이 에너지를 이용하여 액체를 일부기화(주로 질소)하는 구조를 여러 번에 걸쳐 수행하여 상호간의 상대휘발도의 차이로 상부에는 상대휘발도가 높은 물질(질소) 하부에는 상대휘발도가 낮은 물질(산소)로 농축하는 구조를 갖는다.

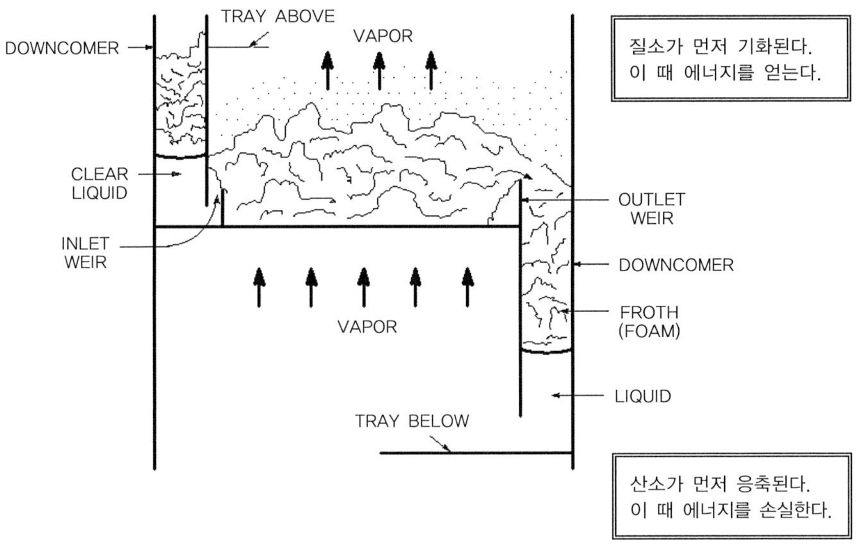

[그림 2-9] 증류탑 내부 움직임

증류탑으로 도입된 공기는 최종적으로 탑 상부로는 끓는점이 낮은 질소가, 탑 하부로는 끓는점이 높은 산소로 분리·생산된다. 증류탑은 보통 5.0~10.0kg/cm^{2}g로 운전되는 고압증류탑과 1.0~2.0kg/cm^{2}g의 압력으로 운전되는 저압증류탑으로 구성되어 있다.

증류탑 내부에는 기·액 평형을 이룩하기 위한 트레이(Tray) 또는 패킹(Packing)으로 구성되어 있으며 요 근래에는 단위 높이 당 이론단수(Theoretical Stage)가 많고 압력손실이 적으며 넓은 운전범위를 가지고 있은 패킹이 주로 사용되고 있다.

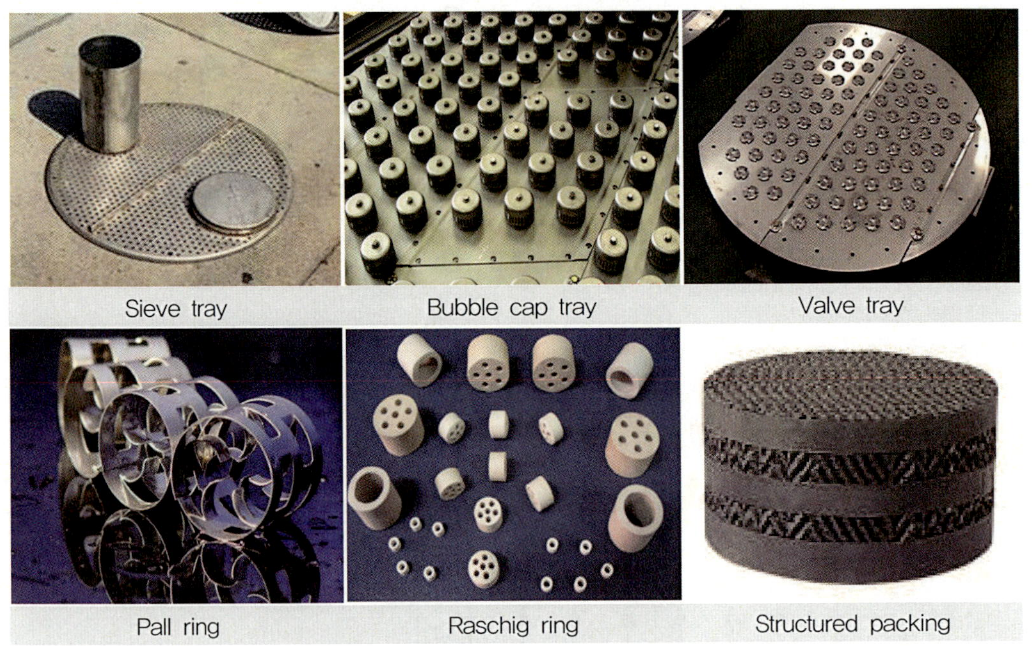

[그림 2-10] 각종 Tray 및 Packing

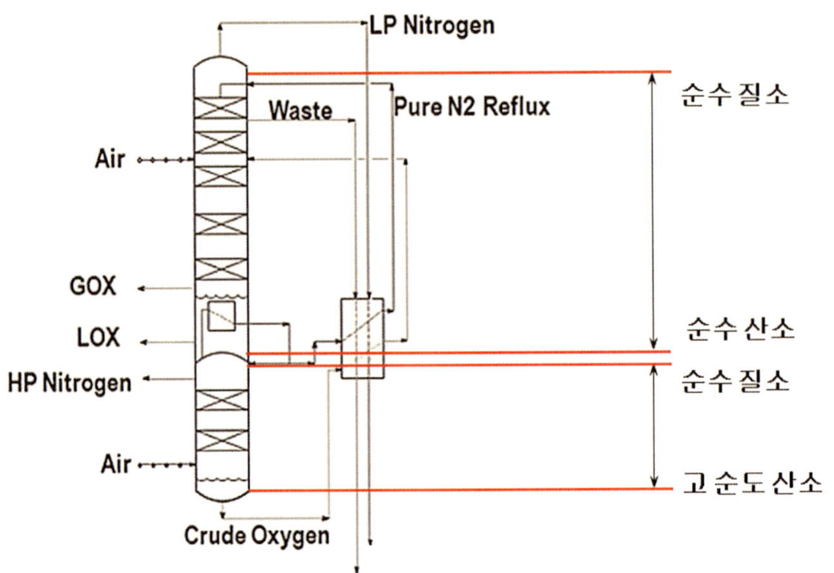

[그림 2-11] 전체 증류 공정도

6) 액체 저장 및 기화(Liquid Storage & Vaporization)

보통은 질소·산소는 공기분리기에서 배관을 이용하여 바로 수요처로 공급되는데 여러 가지 이유 즉, 공장 전체 정비, 예측하지 못한 비상상황 발생 등으로 인하여 공기분리기의 운전이 정지되는 경우가 발생한다. 이 경우를 대비하여 각 공장에서는 액체 질소 또는 산소 저장 탱크를 구비하고 공기분리기의 운전정지 시 자동적으로 가스가 흐르도록 백업(Backup)을 할 수 있는 설비를 하여야 한다.

액체 질소·산소의 저장 용량은 정비에 소요되는 기간 또는 비상상황 발생 시 대처할 수 있는 외부로부터의 공급 가능 시간을 포함하고 주변의 설비로부터 얼마나 신속히 필요한 양을 공급할 수 있느냐에 따라 상당히 차이가 발생한다.

또한 주요한 설비들의 예비품 현황, 위치, 주변상황 등을 복합적으로 고려하여 결정하여야 한다. 저장 탱크의 용량이 클수록 운전 등의 용이성과 대처능력이 좋아지나 투자비가 많이 들고, 대기로 증발되어 발생되는 손실이 많아지므로 이들을 모두 고려하여 가장 경제적인 크기를 선정하여야 한다.

액체 질소·산소·알곤 등을 저장하는 저장 탱크의 종류로는 저압 저장 탱크(Low Pressure Tank) 또는 고압 저장 탱크(High Pressure Tank)가 있다.

이들의 차이는 저장압력이고 저압 저장 탱크는 거의 대기압에서 운전되나 사용처의 압력에 맞도록 다시 펌프를 이용·가압하여 주는 설비 및 기화시켜주는 설비가 필요하다. 또한 낮은 압력으로 운전을 하여야 하므로 대기로 발생되는 기체의 손실이 고압 저장 탱크보다 많다. 보통 저압 저장 탱크에서 하루에 기체로 발생되어 손실되는 양은 대략 0.2% 정도이다.

그러나 많은 양의 액체를 저장하는 경우에는 고압으로 사용하면 용기의 두께가 감당할 수 없을 정도로 증가하여 투자비를 감당할 수 없으므로 보통 저장 탱크의 용적이 1000m^3 이상이 되면 저압 탱크를 사용하는 것이 좋다.

[그림 2-12] 고압 저장 탱크

[그림 2-13] 저압 저장 탱크

  기화기는 대기식, 물순환식, 스팀공급식, 직화식 등으로 구성할 수 있다. 이중 대기식 기화기로 설치하는 것이 가장 안정적이나 설치공간의 제약이 있으므로 설치공간이 부족한 경우 다른 종류의 기화기를 선택하여야 한다.

  대기식 기화기의 경우 차가운 액체 질소 또는 산소가 대기의 공기와 접촉하면서 기화기 외부에 성애가 발생하여 열 교환면적을 줄이므로 이러한 사실을 충분히 고려하여 설계하여야 한다. 또한 주변의 공기를 냉각시켜 운무를 발생시켜 피해를 발생시킬 수 있으므로 충분한 공간을 확보하고 자연통풍이 잘 이루어지는 장소에 설치하는 것이 중요하다.

[그림 2-14] 대기식 기화기

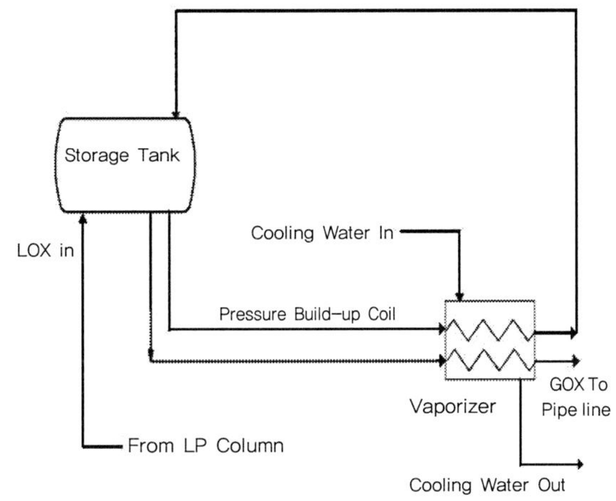

[그림 2-15] 액체 저장 및 기화 구성도

7) 콜드박스(Coldbox)

공기분리기는 초저온에서 운전되므로 대기 중
으로 차가운 에너지를 빼앗기게 된다. 이를 방지
하기 위하여 초저온으로 운전되는 기기(주 열교환
기, 증류탑, Expander 등)들을 커다란 박스(Box) 형
태의 상자 안에 설치하고 철판으로 보호를 한 후
보온재(보통 락울 또는 펄라이트 사용)를 투입하여
내부의 차가운 에너지를 외부로 빠져나가지 못하
도록 최대로 보호하는 목적으로 제작한 기기이다.

보통 용량이 큰 공기분리기에 적용이 되며 용
량이 작은 공기분리기에는 진공 보온을 한다.

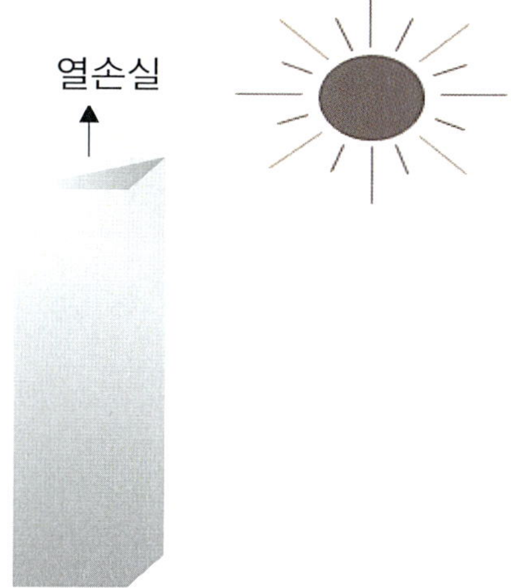

[그림 2-16] 콜드박스 형태

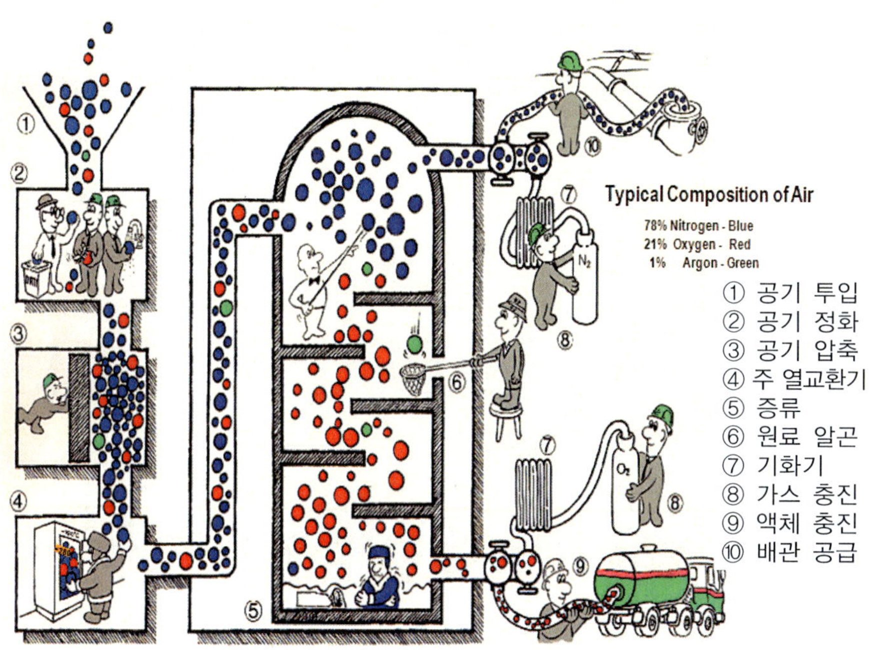

[그림 2-17] 간략하게 본 공기분리기 원리

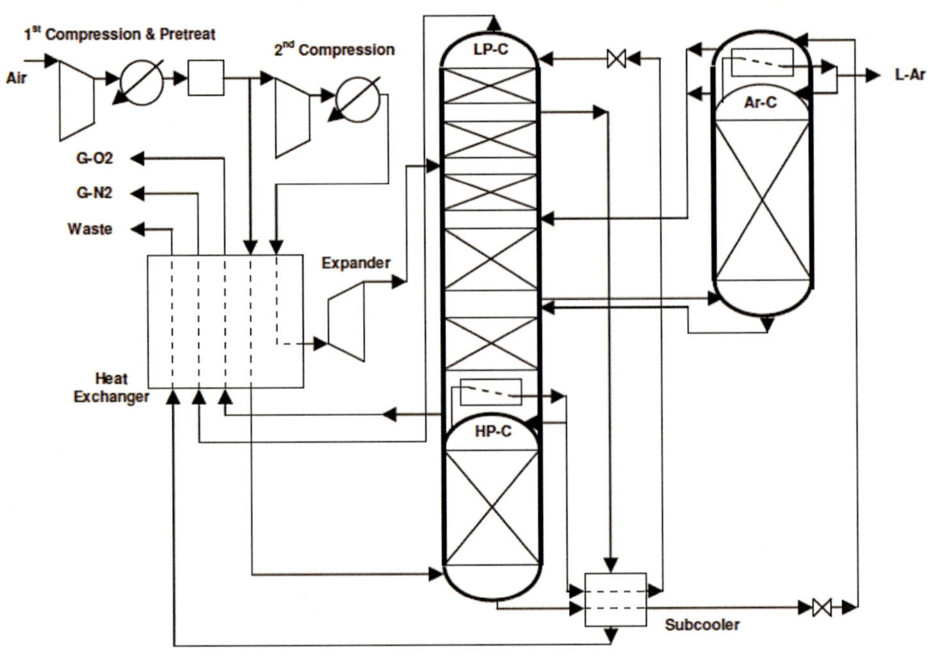

[그림 2-18] 공기분리기 조감도

SECTION
2.2

공기분리기 안전

공기분리기의 제2세대라고 할 수 있는 1950년대 약 100~500t/d 용량의 공기분리 장치에서 아주 작은 화재부터 규모가 큰 폭발에 이르기까지 여러 사고가 발생하면서 미국의 ASTM(American Society for Testing and Materials)에서는 특정조건에서의 산소가 미치는 영향을 연구하기 시작하였다.

[표 2-4] Detonation Wave Velocities of Various Gases at 288K and 101.325kPa (음속 244m/s)

Gas 명	폭굉파 속도, *m/s*
$2H_2 + O_2$	2,821
$C_2H_2 + 1.5O_2$	2,716
$iC_4H_{10} + 4O_2$	2,613
$C_3H_8 + 3O_2$	2,600
$C_2H_2 + 1.5O_2 + N_2$	2,414
$C_5H_{12} + 8O_2$	2,371
$C_2H_6 + 3.5O_2$	2,363
$C_2H_5OH + 3O_2$	2,356
$C_3H_8 + 6O_2$	2,280
$iC_4H_6 + 8O_2$	2,270
$C_6H_6 + 7.5O_2$	2,206
$CH_4 + 2O_2$	2,146
$CH_4 + 1.5O_2 + 2.5N_2$	1,880

출처: Lewis, B. and von Elbe, G. in Combustion, Flame, and Explosion of Gases, Academic Press, New York, 1961.

[표 2-5] 폭굉 한계값

Mixture	Lower Limit % Fuel	Upper Limit % Fuel
H_2―O_2	15	90
H_2―air	18.3	59
CO―O_2, moist	38	90
CO―O_2, well dried	―	83
(CO + H_2)―O_2	17.2	91
(CO + H_2)―air	19	59
NH_3―O_2	25.4	75
C_2H_2―O_2	3.5	92
C_2H_2―air	4.2	50
C_3H_8―O_2	3.290	37

출처: Lewis, B. and von Elbe, G. in Combustion, Flame, and Explosion of Gases, Academic Press, New York, 1961.

1) 과잉산소 및 초저온운전에 의한 위험

대부분의 공기분리기는 정상운전 시 및 비정상운전 시에도 내부에 많은 산소를 포함하고 있다. 대기 중에는 여러 종류의 불순물이 포함되어 있는데 이 중 탄화수소는 연료의 역할을 하여 화재 또는 폭발을 일으킬 수 있다. 또한 수분(H_2O), 일산화탄소(CO) 또는 이산화탄소(CO_2)는 공기분리기가 초저온으로 운전되는 특성에 의하여 기기 내부에서 고체화(Crystallization)되어 불순물 부딪힘 현상(Particle Impingement) 등으로 화재 또는 폭발의 점화원으로 작용할 수 있다.

그러므로 공기정화(Air Purification) 장치에서 충분히 제거하여 주는 것이 아주 중요하다.

[표 2-6] 공기 중 여러 가지 가스의 연소 값(288K and 101.325kPa)

가스 명	Lower Limit, %	Upper Limit, %
Methane, CH_4	5.0	15.0
Ethane, C_2H_6	3.0	12.5
Propane, C_3H_8	2.12	9.35
Butane, C_4H_{10}	1.86	8.41
iso Butane, iC_4H_{10}	1.80	8.44
Pentane, C_5H_{12}	1.40	7.80
Hexane, C_6H_{14}	1.18	7.40
Ethylene, C_2H_4	2.75	28.60
Propylene, C_3H_6	2.00	11.10
Acetylene, C_2H_2	2.50	80.00
Benzene, C_6H_6	1.40	7.10
Methyl alcohol, CH_4O	6.72	36.50
Ethyl alcohol, C_2H_6O	3.28	18.95
Isopropyl alcohol, C_3H_8	2.02	11.80
Acetaldehyde, C_2H_4	3.97	57.00
Acetone, C_3H_6	2.55	12.80

출처: Lewis, B. and von Elbe, G. in Combustion, Flame, and Explosion of Gases, Academic Press, New York, 1961.

이는 공기 정화 과정에서 완벽하게 제거가 되는 것을 확인하고 증류과정으로 투입되어야 한다. 그러나 낮은 끓는점을 가지고 있는 프로판, 에탄, 에틸렌 및 메탄 등은 이 과정에서 제거되지 않고 증류탑으로 이송된다. 이렇게 투입된 탄화수소 기체는 증류탑 내부에 축적되어 큰 사고를 일으킬 수 있으므로 일정량(약 0.2%)의 산소를 연속적으로 퍼지(Purge)하는 공정을 거쳐 제거한다.

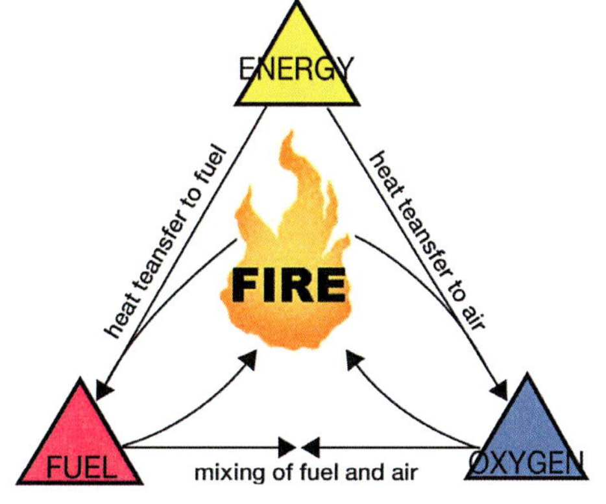

[그림 2-19] 화재의 삼각형

2) 산소압축기(Oxygen Compressor)

산소를 압축하게 되면 앞의 2-1식에서 알 수 있듯이 온도가 올라가게 된다. 여기에서 발생되는 에너지가 점화원이 되어 폭발을 일으키게 된다. 더불어 내부에 이물질이 존재하는 경우 충격에 의한 에너지로 인하여 사고가 발생하기도 하기 때문에 각별히 주의하여 재질의 선정에 주의를 기울이고 산소기체를 일정속도 이하로 운전하며 내부의 이물질을 철저히 제거하는 등의 작업을 통해 이러한 위험에서 벗어나도록 한다.

[그림 2-20] 산소압축기 폭발 사진

3) 증류탑

증류탑 내부에는 항상 순도가 높은 산소가 존재할 수 있으므로(특히 Main Condenser-Vaporizer) 어떠한 이물질도 허용되서는 안 된다.

4) 액체 배관의 기화

액체 질소·산소 배관을 사용하지 않고 정체되어 있는 경우에는 내부의 초저온 기체가 아무리 보온을 잘 수행한다고 하더라도 외부 공기에서 제공되는 에너지로 인하여 기화된다. 이렇게 기화된 기체 질소·산소는 내부에 과압을 발생시켜 배관에 손상을 일으키고 외부로 누출되어 2차 위험까지 일으킬 수 있으므로 액체가 정체될 수 있는 모든 부위에는 열팽창을 고려한 안전밸브를 설치하여 설계압력 또는 그 이하에서 배출할 수 있도록 하여야 한다.

5) 산소를 취급하는 배관 재질선정

산소 및 산화성기체(NF$_3$, N$_2$O 등)를 취급하는 배관 재질선정 시에는 산소가 가지고 있는 성질로 인하여 배관에 사용되는 금속이 연료로서 역할을 하지 못하도록 사용압력 및 기체산소의 속도에 따라 아래 테이블에 따라 선정하도록 추천한다.

산소를 포함한 산화성 기체에 사용되는 배관 및 밸브 등의 사용조건에 대하여는 산화성 기체 부분에서 언급을 좀 더 자세히 하였으므로 이를 참조하도록 한다. 산소 기체 배관 재질의 경우 카본스틸(Carbon Steel) 배관을 경우 약 200℃ 이하 및 3.5kg/cm^{2}g 이하인 경우 사용을 추천하고 그 이상인 경우에는 배관의 재질을 스테인리스(Stainless Steel)를 추천한다. 또한 카본스틸 배관을 사용하는 경우 배관 내의 기체산소 속도를 10m/sec 이하로 하는 것을 추천한다.

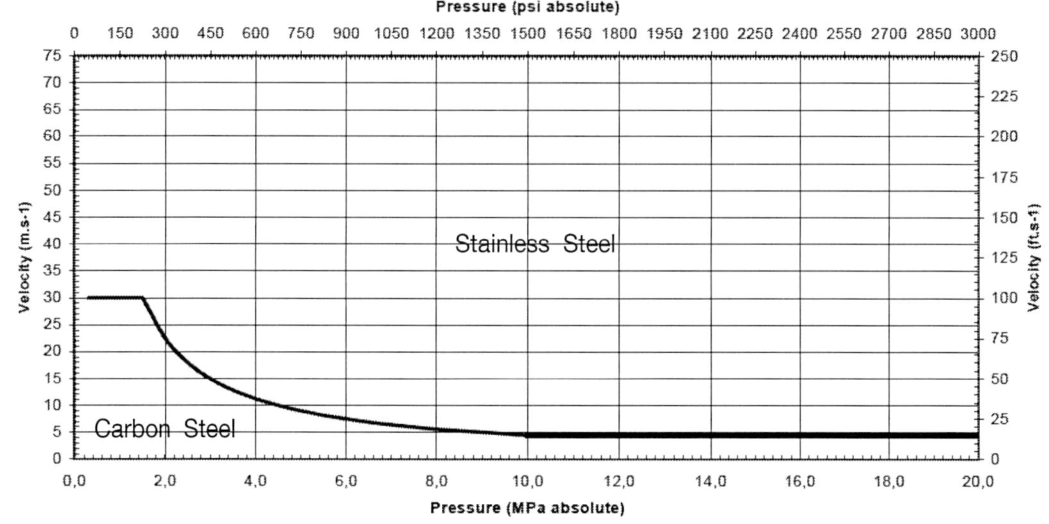

[그림 2-21] 불순물에 의한 부딪침(Impingement) 가능성이 있는 배관 재질선정 그래프

그림 2-21은 카본스틸 배관의 설계온도가 150℃ 이하 및 스테인리스 배관의 설계온도가 200℃ 이하인 조건에 적용된다.

SECTION 2.3

희소가스(Rare Gases)

희소가스는 종종 영족기체(Noble Gases)라고도 불린다. 원소 주기율표 18족에 속하는 원소인 헬륨(He), 네온(Ne), 아르곤(Ar), 크립톤(Kr), 크세논(Xe), 라돈(Rn)을 말한다. 원자의 최외각전자가 채워져 있기 때문에 화학적으로 대단히 안정하여 자연환경에서는 반응에 관여하지 않기 때문에 비활성기체라고도 한다. 라돈(Rn) 이외의 기타 원소는 동위원소를 가지며 이 동위원소비는 운석, 암석광물의 절대 연령 측정이나 기원 해석에 이용되고 있다. 영족기체 동위원소비와 존재도의 자료를 지구과학과 우주 과학에 응용하는 학문이 우주(영족기체) 지구화학이다. 용접 또는 고순도 금속 제조 때의 불활성 분위기, 각종 전구의 충진 가스, 냉매 등에 이용된다. 도금에서는 산화되기 쉬운 도금욕(비수용액 등)의 불활성 분위기 생성용이나 액 중에서 용존 산소를 제거하기 위한 흡입용 가스 등에 사용된다.

2.3.1 헬륨(Helium)

원소주기율표 상에서 1주기 18족에 속하는 비활성기체로 우주에서 수소 다음으로 많은 원소이다. 원소 기호는 He, 녹는점은 −272.20°C(2.5MPa), 끓는점은 -268.93°C, 밀도는 0.1786g/L이다. 단원자 기체로 반응성이 거의 없어 비활성기체라고도 하며 색깔과 냄새가 없고 공기 중에 매우 적은 양이 존재한다.

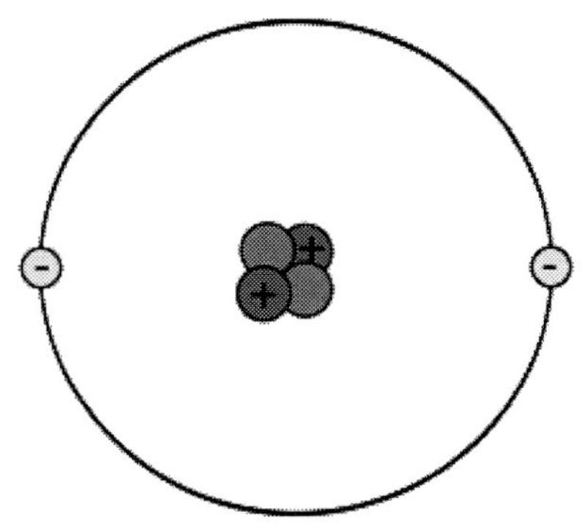

[그림 2-22] 헬륨 분자구조

[표 2-7] 헬륨의 성질

원소기호	He
원자번호	2
화학계열	비활성기체
원자량	4.002602(2)g/mol
전자배열	1s2
상태	기체
밀도	0.1786g/L (0°C, 101.325kPa)
녹는점	−272.20°C(2.5MPa)
끓는점	−268.93°C
융해열	0.0138kJ/mol
기화열	0.0829kJ/mol
비열용량	20.786J/mol · K(25°C)

18족의 원소들은 단원자분자이며 화학적 성질은 매우 비활성으로 대부분의 다른 원소와 반응하지 않아 비활성기체로 불린다. 헬륨은 상온에서 기체로 수소 다음으로 가벼우며 색과 냄새가 없으며 알려진 모든 원소 중에서 가장 반응성이 작고 이상기체에 가깝다.

화학 원소 중 끓는점이 가장 낮으며 상압에서 영점에너지가 높아 절대영도에서도 액체로 존재하는 유일한 원소이다(단, 액체헬륨의 동위원소는 일정 온도 및 압력 하에서 고체로 존재할 수 있다).

지구에서는 대기 중에 0.0000524%로 극미량이 함유되어 있다. 그러나 우주에서는 수소 다음으로 풍부한 원소로 은하계 전체원소의 24%를 차지한다. 태양은 4분의 3이 수소, 4분의 1이 헬륨으로 구성된 거대한 가스 덩어리로, 그 중심부에 자리 잡고 있는 핵에서 핵융합 반응(수소 원자가 서로 결합하여 헬륨으로 변하는 반응)이 일어나고 있으며 가스행성들도 수소와 헬륨이 전체의 대부분을 차지하고 있다.

동위원소로는 3He와 4He가 있으며 4He가 99.99% 이상 존재하며 둘 다 안정하다.

1) 역사

1868년 피에르 장센이 인도에서 개기일식(皆旣日蝕)을 관측하는 중 태양 홍염의 스펙트럼 속에 587.6nm의 새로운 스펙트럼선이 존재하는 것을 발견하였다. 이것을 영국의 조셉 로

키어와 에드워드 프랭클랜드는 지구상에서는 미지이지만 태양 속에 존재하는 원소에 의하는 것으로, 태양을 의미하는 그리스어 helios에서 헬륨이라고 이름을 붙였다. 1895년 영국의 윌리엄 램지 및 스웨덴의 페르 T. 클레베는 각각 독립적으로 우라늄 광물의 일종인 클레베석으로부터 헬륨을 분리하여 스펙트럼선이 일치하는 것을 증명하였다.

2) 제조법

방사선원소의 핵이 붕괴되면서 알파선을 내놓고 다른 원소로 변할 때 생기므로 클레베석·모나자이트 등의 방사성 광물에 많이 함유되어 있다. 공업적으로는 천연가스 중에서 분리 제조되는 것이 가장 많은데, 이는 천연가스 중 약 0.7%가 존재하여 경제성이 있기 때문이다. 공존하는 다른 가스를 저온·고압으로 액화하여 제거한 다음 일정 순도의 헬륨을 얻는다. 경제성 있는 자원은 극히 제한되어 있어 희귀성 가스로 불린다. 공기 중에도 헬륨이 약 5.3ppmv 정도가 포함되어 있으나, 그 양이 너무 적어 경제성이 떨어진다.

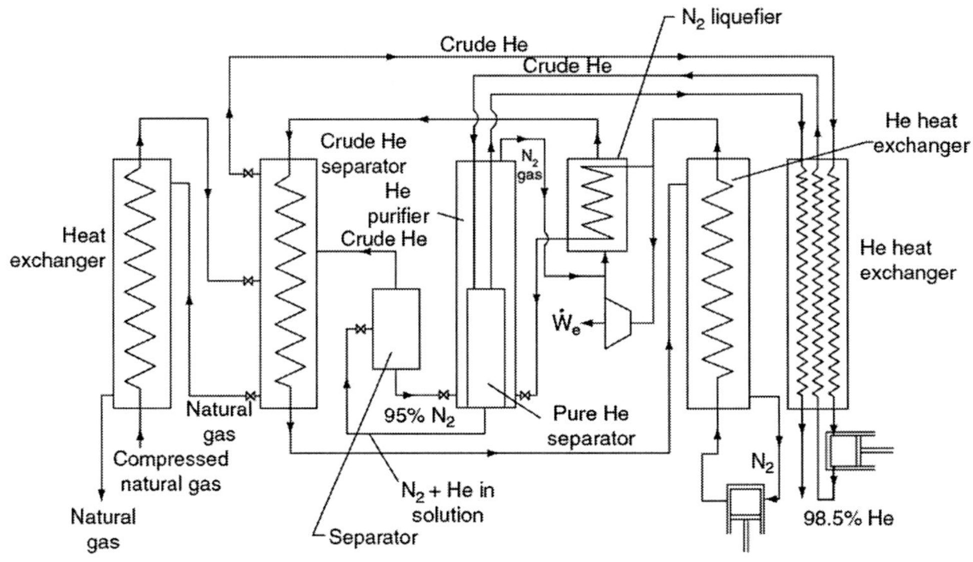

[그림 2-23] 천연가스로부터의 헬륨 분리공정

3) 용도

기체 헬륨은 가볍고 폭발성이 있는 수소보다 안전하므로 풍선이나 비행선 등의 기구(氣球)에 사용된다. 네온사인·분석 기기의 캐리어 가스·용접용·누설 검사용 등으로 쓰인다. 혈액에 대한 용해도가 작아 잠수병을 예방할 수 있기 때문에 심해 잠수부 산소통의 질소 대체재로 이용된다. 헬륨은 산화흔적이 남으면 안 되는 용접을 할 때, 반도체 제작, 초전도 자석에 사용된다.

액체 헬륨은 대기압 하에서 절대 영도 0K(-273℃)에 가까운 약 -269℃의 낮은 끓는점을 갖고 있으므로 초저온을 얻기 위한 냉각제로 사용되고 있다. 이러한 극저온의 특성을 이용하여 초전도 기술 등 첨단 과학과 산업에 응용·연구되고 있다. 또한 목소리 변조에 사용되기도 하는데 헬륨가스에서는 공기 중에 비해 약 3배가량 전송 속도가 빠르기 때문에 약 10~20초가량 목소리의 음이 높아지는 현상이 발생한다. 단 많은 양을 마실 경우 질식할 수도 있으므로 주의해야 한다.

2.3.2 네온(Neon)

원소주기율표 상에서 2주기 18족에 속하는 기체로 원소 기호는 Ne, 녹는점은 -248.59℃, 끓는점은 -246.08℃, 밀도는 0.9002g/L이다. 단원자 분자 기체로 반응성이 거의 없어 비활성기체라고도 하며 색깔과 냄새가 없고 공기 중에 적은 양이 존재한다.

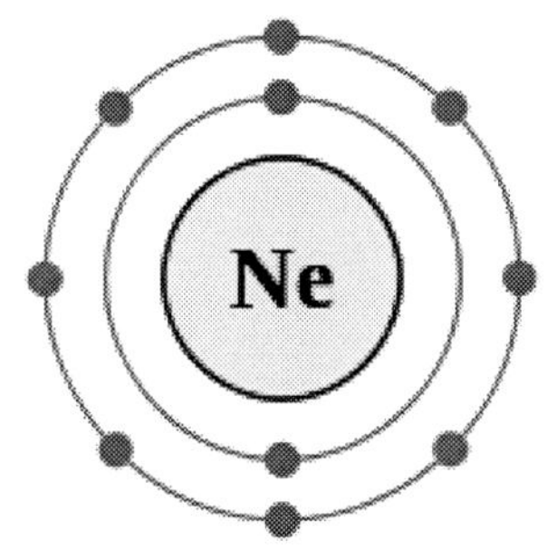

[그림 2-24] 네온 분자구조

[표 2-8] 네온의 성질

원소기호	Ne
원자번호	10
화학계열	비활성기체
원자량	20.1797(6)g/mol
전자배열	1s2 2s2 2p6
상태	기체
밀도	0.9002g/L (0°C, 101.325kPa)
녹는점	−248.59°C
끓는점	−246.08°C
융해열	0.335kJ/mol
기화열	1.71kJ/mol
비열용량	20.786J/mol · K(25°C)

네온은 공기 중에 0.00182% 포함되어 있는 원소로 비활성기체로 매우 안정된 원소이다. 최외각전자가 모두 차 있어 다른 원소나 화합물과 반응하지 않기 때문에 스스로 연소하거나 다른 물질의 연소를 도와주지도 않는다. 단원자 분자(Ne)로 존재하며 색깔, 맛 , 냄새가 없으며 공기보다 가볍다. 동위원소로는 20Ne 90.48%, 21Ne 0.27%, 22Ne 9.25% 등이 존재하며 모두 안정하다.

1) 역사

네온은 1898년 공기에 포함된 미량 원소에 대해 연구하던 스코틀랜드의 화학자 윌리엄 램지와 영국의 모리스 트래버스에 의해 크립톤·제논과 함께 발견되었다. 공기에서 얻은 액화 아르곤 중에서 휘발성이 큰 성분 중 하나로 낮은 압력에서 전기를 통해주면 독특한 주홍빛을 내어 곧 새로운 원소로 받아들여졌다. 네온(Neon)이라는 이름은 '새롭다'는 뜻의 그리스어인 neos로부터 유래하였다.

2) 제조법

네온 기체는 공업적으로 액화공기를 분별증류하여 얻는다. 공기를 아주 높은 압력과 낮은 온도로 액체 공기로 만든 다음 온도를 서서히 올리면 질소, 헬륨, 네온이 먼저 증발되어 나온다. 이 세 기체 혼합물을 다시 압력을 높이고 온도를 내려 응축시킨 다음 숯에 흡착시키면 질소가 제거되고 나머지 기체를 모아 액체 수소를 이용하여 네온을 고체로 만들어 헬륨과 분리시킨다.

3) 용도

네온을 유리관에 넣어 방전시키면 아름다운 주홍빛을 내므로 네온사인(Neon sign) 으로 광고나 장식에 많이 사용되고 있다. 네온사인은 방전관에 넣는 기체의 종류에 따라 색깔이 달라지는데 네온은 주홍색, 수은은 청록색, 산소는 오렌지 빛, 질소는 노란 빛이 나온다. 이와 같이 네온사인은 색의 변화가 다양하고 빛을 점멸할 수 있으므로 야간에 큰 광고효과를 낼 수 있다. 또한 네온 기체는 헬륨과 혼합되어 레이저에 사용된다. He-Ne 레이저에서 나오는 순도 높은 빛(파장 632.8nm)은 들뜬 네온에서 나오는 것으로 헬륨은 Ne을 들뜨게 하는 작용을 한다. 붉은색의 레이저 포인터, 바코드 스캐너, 레이저 치료, Ring Laser Gyroscope, 그리고 광학 디스크를 읽는 데 사용된다.

2.3.3 아르곤(Argon)

원소주기율표 상에서 3주기 18족에 속하는 기체로 원소 기호는 Ar, 녹는점은 -189.35℃, 끓는점은 -185.85℃, 밀도는 1.784g/L이다. 단원자 분자 기체로 반응성이 거의 없어 비활성기체라고도 하며 공기 중에 0.94% 존재해 비활성기체 중에서 가장 많이 존재한다.

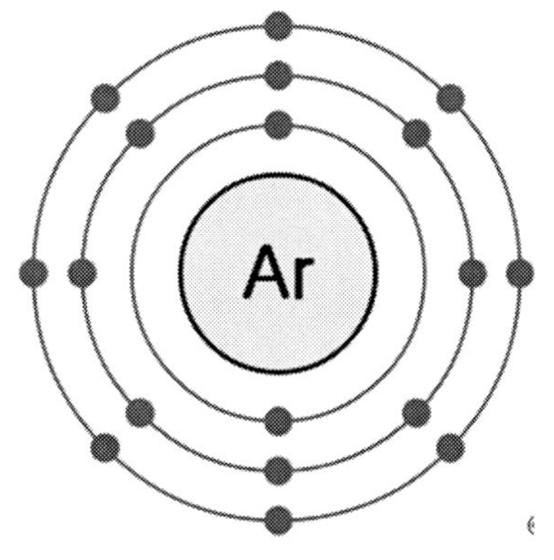

[그림 2-25] 아르곤 분자구조

[표 2-9] 아르곤의 성질

원소기호	Ar
원자번호	18
화학계열	비활성기체
원자량	39.948g/mol
상태	기체
밀도	1.784g/L (0°C, 101.325kPa)
녹는점	−189.35°C
끓는점	−185.85°C
융해열	1.18kJ/mol
기화열	6.43kJ/mol
비열용량	20.768 J/mol·K(25°C)

아르곤은 색이 없고, 맛이 없으며, 냄새가 없는 비활성기체로 대기의 0.94%를 차지하여 질소, 산소 다음으로 공기 중에 풍부한 원소이다. 공기보다 무겁고 물과 유기용매에 녹는다. 최외각전자가 다 채워져 있어(3s2 3p6) 다른 원소와 거의 결합하지 않는다고 알려져 있으나, 얼음의 결정이나 유기 화합물인 히드로퀴논 등 다른 물질의 분자 내에 있는 바구니 모양 안에 잡혀 있는 클라스레이트를 만든다.

동위원소로는 안정한 천연 동위원소40Ar(99.6%), 36Ar(0.337%), 38Ar(0.063%)와 방사성 동위원소 37Ar, 39Ar, 41Ar, 42Ar 등이 존재한다.

1) 역사

아르곤은 1894년 스코틀랜드의 화학자 윌리엄 램지와 영국의 물리학자 로드 레일리에 의해 처음으로 발견된 비활성기체이다. 다른 물질과 반응하는 일이 거의 없어 '게으른 것'이라는 그리스어 argos로부터 아르곤(argon)이라는 이름이 유래했다.

2) 제조법

대량의 아르곤은 공기 중에 비교적 많이 있기 때문에 비활성기체 중에서 가장 싸게 많은 양으로 얻을 수 있으며 공기를 냉각하여 액화시킨 다음 온도를 서서히 높이는 방법인 분별

증류법으로 얻는다. 아르곤은 천연가스에도 함유되어 있어 천연가스를 정제하면 부산물로
아르곤을 얻을 수 있다.

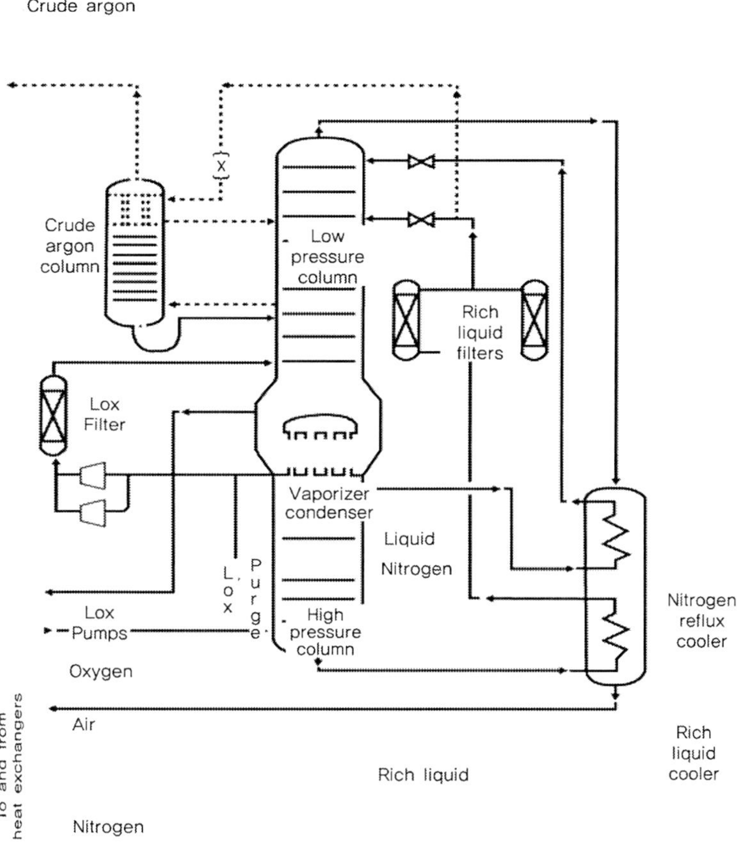

[그림 2-26] 공기분리기에서의 아르곤 분리

3) 용도

아르곤은 산소와 같은 다른 기체로부터 물질을 보호하는 데 많이 사용된다. 고온에서
안정하고 비활성인 성질을 이용하여 전구·형광등·진공관 등의 내부충진 물질로 쓰인
다. 철강의 제조나 용접, 반도체의 제조, 금속의 제련 등에도 많이 이용된다. 아르곤은
동위원소의 붕괴현상을 이용하여 암석생성연대를 측정(칼륨-아르곤 연대 측정법)하는 데도
사용된다. 고온이나 저온에서 방전시키면 특이한 색을 방출하므로 조명기구에 이용되기
도 한다.

2.3.4 제논(Xenon)

원자번호 54번의 원소로, 원소기호는 Xe이다. 주기율표에서 헬륨(He), 네온(Ne), 아르곤(Ar), 크립톤 (Kr), 라돈(Rn)과 함께 비활성기체(Noble Gas)족 또는 희귀 기체 원소(Rare Gas Element)족으로 불리는 18족(8A족: 과거에는 0족이라 하였음)에 속한다. 다른 비활성기체와 마찬가지로, 색, 냄새, 맛이 없고 1기압, 실온에서 일원자 분자 기체로 존재한다. 비활성기체 원소들은 그 단어가 의미하듯 화학 반응성이 없는 것으로 여겨져 왔는데, 1962년에 헥사플루오로백금산 제논(Xe+[PtX6]-)이 합성됨으로써 비활성기체도 화합물을 형성할 수 있음을 보여주었다. 지금은 플루오린(F)이나 산소(O)와 결합한 여러 제논 화합물들이 알려져 있으며, 다른 비활성기체 원소들의 화합물들도 확인되었다.

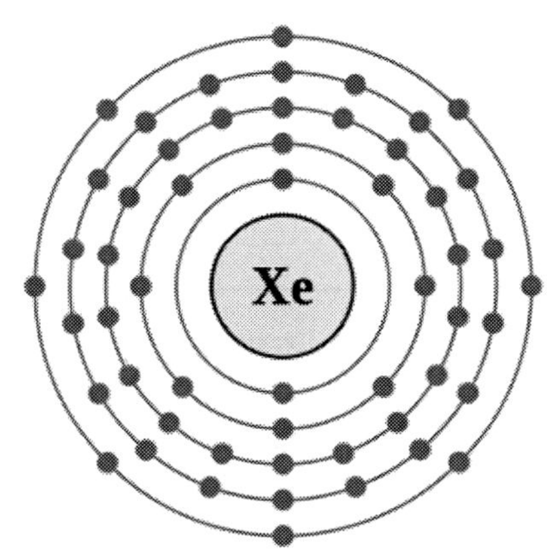

[그림 2-27] 제논 분자구조

[표 2-10] 제논의 성질

원소기호	Xe
원자번호	54
화학계열	비활성기체
원자량	131.293g/mol
전자배열	[Kr]5S24d105p6
상태	기체
밀도	0.894g/L (0°C, 101.325kPa)
녹는점	−111.7°C
끓는점	−108.12°C
융해열	2.27kJ/mol
기화열	12.64kJ/mol
비열용량	20.786J/mol · K(25°C)

대기 중의 함유량은 0.000009부피%로 비활성기체 중 라돈을 제외하고 가장 작다. 단원자 분자로 화학적으로 비활성이며 물과 페놀 등과 클라스레이트를 형성하는 것은 오래전부터 알려져 있었다. 1962년 육플루오린화제논(XeF_6)이 합성된 이래 다른 제논의 플루오린화물과 화합물들이 많이 합성되고 있다.

동위원소로는 안정한 천연 동위원소 132Xe(26.9%), 129Xe(26.4%), 134Xe(10.4%) 등을 포함한 9개의 동위원소와 불안정한 방사성 동위원소가 40여 개 이상 존재한다.

1) 역사

제논은 1898년 공기에 포함된 미량 원소에 대해 연구하던 스코틀랜드의 화학자 윌리엄 램지와 영국의 화학자 모리스 트래버스에 의해 6주 전에 발견된 비활성기체인 크립톤(Kr)을 재분별 증류하는 과정에서 발견되었다. 대기 중의 함유량이 극히 적어서 희귀 가스로 불리며, 라돈(Rn)을 제외한 비활성기체 중 그 양이 가장 적다. 제논이란 이름은 그리스어의 이방인을 뜻하는 Xenos에서 유래하였다.

2) 제조법

제논은 액체 공기의 분별 증류로 얻는데, 공기 중에 들어 있는 양이 워낙 적어(부피비로 약 1천만 분의 1) 전 세계 연간 생산량이 1톤 미만이다. 지구 대기 전체에 들어있는 양은 약 20억 톤으로 추정된다. 2004년의 가격은 미화로 4000~5000\$/m^3로, Kr의 10배, Ne의 약 50배, He이나 Ar의 약 1,000배였다.

3) 용도

용기 속에 든 기체를 전기방전시키면 빛이 방출되는데, 이런 빛 방출 장치를 기체 방전관이라 하며 형광등과 네온사인이 흔한 예이다. 기체 방전관에서 나오는 빛의 스펙트럼은 기체의 종류와 압력에 따라 달라지는데, 제논 기체 방전관은 태양 빛과 비슷한 특성의 아주 밝은 빛을 낸다. 주로 텅스텐 전극을 사용한 아크등(Arc Lamp)으로 제작되어, 사진 플래시, 영사기 및 프로젝터(Projector)의 광원, 모의 태양광(Solar Simulator), 자동차 HID 전조등(High-intensity Discharge Headlamp), 선탠용 램프, 야간 조명등 등으로 사용된다. 자외선-가시광선-적외선을 아우르는 넓은 파장 범위의 광원이 필요한 분광기 램프와 자외선 살균기 등의 광원으로도 사용되는데, 이때는 방출되는 자외선이 통과하도록 램프 창이나 용기를 석영으로 된 것을 사용해야 한다. 또한 제논은 낮은 열전도도와 화학적 안정성 때문에 고압 소듐등의 점등 기체로도 사용된다.

제논과 이의 할로겐화물은 레이저에도 사용된다. 제논 엑시머(Eximer, (Xe2)*와 같이 들뜬 상태의 이합체)는 최초로 개발된 엑시머 레이저로 172nm와 176nm의 자외선을 낸다. 제논 할로겐화물 엑시머 레이저(이 경우에는 들뜬 착화합물인 Exiplex가 보다 적절한 표현임)도 개발되었는데, (XeBr)*는 282nm, (XeCl)*은 308nm, (XeF)*는 351nm의 레이저광을 방출한다. 이러한 엑시머 레이저들은 반도체의 고분해 사진식각공정(photo lithography)에 널리 이용된다.

또한 제논은 전신 마취제로 사용되는데, 일산화이질소(N_2O)보다 44%나 더 강한 마취작용이 있어 산소와 혼합시켜 사용함으로써 저산소증(hypoxia)의 위험이 적다. 더욱이 온실 기체가 아니므로, 환경 친화적 마취제이다. 제논은 값이 비싸므로, 제논을 사용하는 마취 기구는 보통 제논을 회수해서 재사용하도록 설계되어 있다. 이외에도 제논의 일부 동위원소들이 의학적으로 유용하게 사용되는데, 129Xe는 폐를 비롯한 여러 조직의 과분극화된 MRI를 얻는 조영제로 사용되며, 133Xe는 심장, 폐, 뇌의 방사선 영상 촬영과 혈액 흐름을 측정하는 데 사용된다.

2.3.5 크립톤(Krypton)

원소주기율표 상에서 4주기 18족에 속하는 기체로 원소 기호는 Kr, 녹는점은 -157.36℃, 끓는점은 -153.22℃, 밀도는 3.749g/L이다. 단원자 분자 기체로 반응성이 거의 없어 비활성기체라고도 하며 색깔과 냄새가 없고 공기 중에 적은 양이 존재한다.

크립톤은 공기 중에 극미량(0.00011%) 포함되어 있는 원소로 색깔, 맛, 냄새가 없으며 공기보다 무겁다. 비활성기체로 안정된 원소로 거의

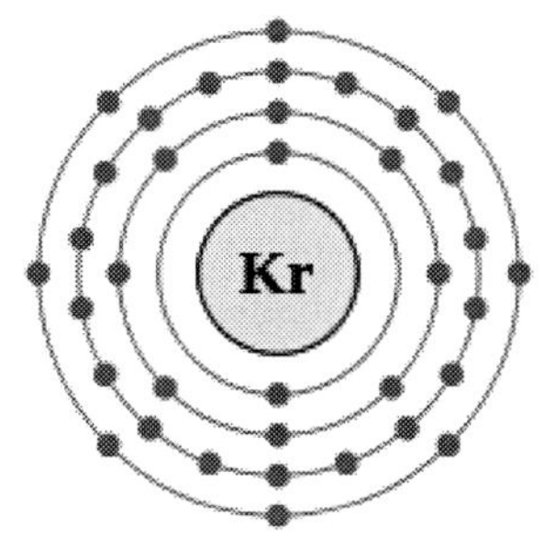

[그림 2-28] 크립톤 분자구조

반응성이 없다고 알려졌으나 1963년 크립톤과 불소의 화합물 KrF2, KrF4와 같은 불소화합물이 합성되었으며 HKrCN과 HKrC≡CH도 40K에서 안정하다. 또, 물이나 다른 분자의 바

구니 구조 속에 잡혀 있는 클라스트레이트 화합물을 만든다.

동위원소로는 78Kr, 80Kr, 82Kr, 83Kr, 84Kr, 86Kr 6개의 안정한 천연 동위원소와 20여 개의 불안정한 방사성 동위원소가 존재한다. 85Kr는 의학적으로 인체 내의 혈류관찰에 사용된다.

[표 2-11] 크립톤의 성질

원소기호	Kr
원자번호	36
화학계열	비활성기체
원자량	83.798g/mol
전자배열	[Ar]3d10 4s2 4p6
상태	기체
밀도	3.749g/L (0˚C, 101.325kPa)
녹는점	−157.36˚C
끓는점	−153.22˚C
융해열	1.64kJ/mol
기화열	9.08kJ/mol
비열용량	20.786J/mol · K(25˚C)

1) 역사

크립톤은 1898년 공기에 포함된 미량 원소에 대해 연구하던 스코틀랜드의 화학자 윌리엄 램지와 영국의 화학자 모리스 트래버스에 의해 네온·제논과 함께 발견되었다. 공기 중에 존재량이 극미량이고 오랫동안 발견하지 못해서 '숨겨진'이라는 뜻을 지닌 그리스어 Kryptos에서 크립톤(Krypton)이란 이름이 유래되었다. 윌리엄 램지는 비활성기체들을 발견한 업적으로 1904년 노벨 화학상을 수상하였다.

2) 제조법

크립톤은 대기의 약 1백만 분의 1을 차지하며, 액체 공기의 분별 증류로 얻어진다. 공기 중에 들어 있는 양이 워낙 적어 전 세계 연간 생산량도 약 8톤에 불과하다. 2004년 기준 가격은 미화로 400~500 \$/m³으로, 이는 He이나 Ar의 약 100배, Ne의 약 5배였다.

3) 용도

크립톤의 가장 큰 용도는 전등이다. 형광등에 크립톤을 사용하면 아르곤(Ar)을 사용할 때에 비해 전극에서의 전력 손실을 줄여 전력 소모량을 약 25% 줄일 수 있다. 보통 크립톤 형광등은 75% Kr, 25% Ar 기체를 사용한다. 크립톤은 제논과 함께 백열등에 사용되기도 하는데, 필라멘트의 증발을 줄여 전구 수명을 늘리고, 필라멘트의 온도를 더 높일 수 있어 일반 백열등에 비해 푸른색이 더 많이 들어간 밝은 빛을 얻을 수 있다.

크립톤은 레이저에도 많이 사용된다. 크립톤 레이저는 전류에 의해 이온화된 크립톤을 이용하는 것으로, 가시광선 영역의 여러 파장의 빛이 혼합된 백색 레이저이다. 이 레이저는 레이저 쇼, 망막의 혈액응고 시술, 비밀 홀로그램 제작 등에 사용된다. 크립톤을 사용하는 또 다른 유형의 레이저는 플루오린화 크립톤(KrF) 레이저이다. 이 레이저는 들뜬 이합체(엑시머, Eximer) 레이저의 일종으로 파장이 248nm인 아주 강한 출력의 펄스를 낸다. '엑시머'보다는 들뜬 복합체(Exciplex)가 더 정확한 용어이나 흔히 '엑시머'라고 부른다. KrF 엑시머 레이저는 고분해능 사진식각공정(Photolithography)에 널리 사용되어 반도체 집적 회로의 제작과 칩 제작, 레이저 미세가공, 과학 연구 등에 널리 이용된다. 이와 같은 엑시머 레이저가 없었다면 오늘날과 같은 반도체의 고 집적화는 불가능했을 것이다.

이들 외에도 크립톤은 여러 용도에 사용된다. 실험입자물리학에 쓰이는 전자기검출기(Electromagnetic Calorimeter) 제작에도 액체 크립톤이 들어가는데, 유럽공동원자핵연구소(CERN)에 있는 NA48 실험 장치에는 무려 약 27톤의 액체 크립톤이 들어 있다. 또한 83Kr 동위원소는 기관지의 MRI 영상 촬영에 쓰이는데, 이는 기관지의 친수성 표면과 소수성 표면을 구분하여 보여준다.

연습문제 Question   chapter 2. 산업가스(Industrial Gases) 알아보기

1. 공기분리기에서 얻을 수 있는 주요한 기체를 말하시오.

2. 공기분리는 초저온방법과 또 다른 방법들이 있다. 이에 대하여 설명하시오.

3. 초저온 공기분리기의 구성도를 그리시오.

4. 이상기체방정식을 설명하고 1.0ton/day의 산소 및 질소를 시간당 부피량(m^3)으로 환산하시오.

5. 공기분리기의 각 공정에서 발생할 수 있는 위험성에 대하여 나열하고 설명하시오.

6. Joule-Thomson 효과에 대하여 설명하고 초저온 공기분리기에 적용되는 것을 설명하시오.

7. 희소가스의 정의에 대하여 설명하고 그 종류에 대하여 나열하시오.

특수가스(Specialty Gases) 알아보기

특수가스 또는 전자용 특수가스(Electronics Specialty Gases)라 불리는 가스들은 반도체(원래는 거의 전기가 통하지 않지만 빛이나 열, 또는 불순물을 가해주면 전기가 통하고 또한 조절도 할 수 있는 물질), Flat Panel Display, 태양광, 제약 산업, 분석 등의 특수한 목적으로 사용되는 가스를 총칭한다.

이러한 특수가스는 혼합비율에 따라 거의 무한대의 종(種, Species)을 만들어낼 수 있고 혼합가스를 제외한다 하더라도 어느 정도 표준화되어 있는 제품만 약 200여 종에 이르고 있다. 그러나 수많은 특수가스 중에서 우리나라는 물론 전 세계에게 가장 뜨거운 관심을 갖는 가스는 역시 반도체용 특수가스이다.

가격 면에서는 단연 정상을 차지하고 있지만 수요와 공급에 한계가 있는 제논(Xe), 크립톤(Kr), 헬륨(He) 등 희소가스와 달리 대부분의 반도체용 특수가스의 경우 고가인데다 수요가 많으며 공업적으로 대량생산이 가능하기 때문이다.

특히 반도체, TFT-LCD 등 전자특수가스 시장은 해당산업의 무한한 성장성에 힘입어 매년 괄목한 만한 시장확대를 나타내고 있기도 하다.

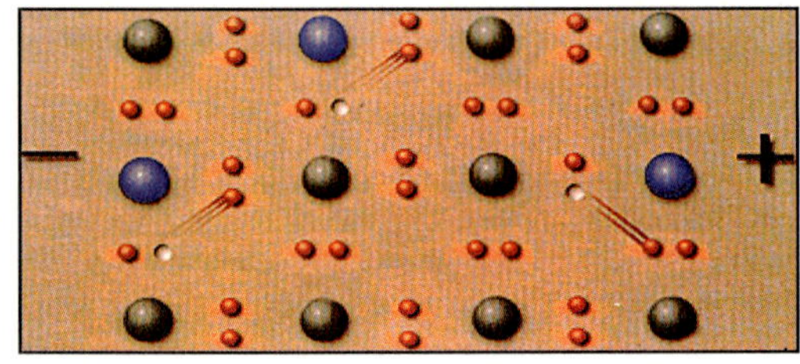

[그림 3-1] p-type 및 n-type 반도체

	2009	2010	2011	2012	2013	2013/2012 Y/Y %
Specialty Gases						
1. Atmospherics						
North America	$17,979	$25,685	$42,349	$30,257	$37,783	25%
Europe	14,718	13,328	9,159	16,872	21,385	27%
Taiwan	8,928	12,186	18,570	10,045	20,034	99%
South Korea	912	2,003	6,115	19,126	11,827	−38%
China	5,776	9,452	7,702	7,909	8,467	7%
ROW, Excluding Japan	2,668	11,020	11,036	6,563	6,427	−2%
Total	$50,981	$73,674	$94,931	$90,772	$105,923	17%
2. Dopants						
North America	$17,654	$31,797	$37,659	$36,340	$35,814	−1%
Europe	15,295	17,518	14,629	11,434	11,924	4%
Taiwan	22,928	36,314	44,941	46,572	45,828	−2%
South Korea	19,179	29,944	41,690	41,161	47,120	14%
China	4,626	7,081	11,747	31,577	32,114	2%
ROW, Excluding Japan	2,062	8,895	4,959	8,339	7,158	−14%
Total	$81,744	$131,549	$155,625	$175,423	$179,958	3%
3. Etchants						
North America	$86,384	$109,715	$117,678	$144,789	$139,093	−4%
Europe	58,375	64,142	80,021	78,306	76,026	−3%
Taiwan	67,909	105,560	120,475	134,219	119,941	−11%
South Korea	42,760	52,637	51,759	92,111	68,958	−25%
China	19,028	33,123	45,501	42,117	47,220	12%
ROW, Excluding Japan	24,646	43,386	44,793	62,535	47,286	−24%
Total	$299,102	$408,563	$460,227	$554,077	$498,524	−10%

	2009	2010	2011	2012	2013	2013/2012 Y/Y%
Specialty Gases						
4. Reactants						
North America	$36,283	$58,890	$69,796	$46,815	$45,038	−4%
Europe	16,787	22,176	22,823	11,922	15,409	29%
Taiwan	18,504	54,146	65,493	27,911	34,653	24%
South Korea	12,363	34,759	43,421	49,783	30,935	−38%
China	13,280	25,578	28,093	11,245	18,125	61%
ROW, Excluding Japan	11,414	24,645	25,426	17,251	19,753	15%
Total	$108,631	$220,194	$255,052	$164,927	$163,913	−1%
5. Silicon Precursors						
North America	$26,670	$35,139	$33,134	$39,632	$75,085	89%
Europe	10,986	16,061	20,200	16,867	16,673	−1%
Taiwan	71,747	107,084	88,907	53,835	52,121	−3%
South Korea	68,220	40,709	28,259	38,511	22,113	−43%
China	18,534	28,605	63,037	33,161	33,275	0%
ROW, Excluding Japan	4,713	9,966	8,314	18,700	15,130	−19%
Total	$200,870	$237,564	$241,851	$200,706	$214,397	7%
Total Specialty Gases						
North America	$184,970	$261,226	$300,616	$297,833	$332,813	12%
Europe	$116,161	$133,225	$146,832	$135,401	$141,417	4%
Taiwan	$190,016	$315,290	$338,386	$272,582	$272,577	0%
South Korea	$143,434	$160,052	$171,244	$240,692	$180,953	−25%
China	$61,244	$103,839	$156,080	$126,009	$139,201	10%
ROW, Excluding Japan	$45,503	$97,912	$94,528	$113,388	$95,754	−16%
Total	$741,328	$1,071,544	$1,207,686	$1,185,905	$1,162,715	−2%

출처: SEMI Semiconductor Process Gases Report Description and Procedures.

1990년대 중반까지만 해도 거의 수입에 의존해왔던 국내 특수가스업계가 1990년대 말 이후 자체 제조·정제 능력을 갖추기 시작했다.

하지만 이 같은 높은 관심에도 불구하고 종류의 다양성과 반도체공정의 복잡성으로 인하여 반도체용 특수가스들이 실제로 어떠한 공정에서 어떻게 쓰이고 있는지 정확히 이해하기란 쉽지 않다.

많은 업계종사자들이 분위기용, 에칭용, CVD용 등으로 반도체용 특수가스를 분류하고 있지만 이 공정들이 반도체 제조에서 어떠한 역할을 하는지는 잘 설명하지 못하는 것도 이러한 이유 때문이다.

우리나라 고압가스안전관리법에 따르면 시행규칙 제2조: "특수고압가스" 란 압축모노실란, 압축디보레인, 액화알진, 포스핀, 세렌화수소, 게르만, 디실란 그 밖에 반도체의 세정 등 산업통산부장관이 인정하는 특수한 용도에 사용되는 고압가스를 말한다 라고 규정하고 있다.

[표 3-2] 특수가스 종류

| (특정고압가스) | (특수고압가스) | AIGA 018/10 |
시행령 제16조	시행규칙 제2조(정의) 28호	ESG 가스의 안전 취급
1. 포스핀	포스핀	포스핀
2. 세렌화 수소	세렌화수소	세렌화수소
3. 게르만	게르만	게르만
4. 디실란	디실란	
5. 오불화비소		
6. 삼불화인		
7. 삼불화질소		
8. 삼불화붕소		삼불화붕소
9. 사불화유황		
10. 사불화규소		
	압축모노실란	
	압축디보레인	디보레인
	액화알진	
		암모니아
		아르곤
		아르신
		삼염화붕소
		탄산가스
		일산화탄소
		삼불화염소
		디클로로실란
		불소
		헬륨
		헥사플로로에탄

(특정고압가스)	(특수고압가스)	AIGA 018/10
시행령 제16조	시행규칙 제2조(정의) 28호	ESG 가스의 안전 취급
		수소
		하이드로젠브로마이드
		하이드로젠클로라이드
		하이드로젠슬파이드
		메탄
		나이트릭옥사이드
		질소
		나이트로젠트리플로라이드
		나이트로스옥사이드
		산소
		자일렌(실란)
		실리콘테트라플로라이드
		육불화황
		테트라플로로메탄
		트리플로로에탄
		텅그스텐헥사플로라이드

SECTION
3.1

반도체 제조공정별 특수가스

3.1.1 다결정 실리콘 제조

반도체 제조공정은 D램, SD램, 플래시메모리, 실리콘반도체 등 반도체의 종류에 따라 상당한 차이가 있지만 가장 첫 단계는 반도체의 기본재료인 웨이퍼를 만들기 위단 단결정 성장공정이다.

이 공정은 고순도로 정제된 실리콘 용융액에 씨앗(Seed)의 역할을 하는 결정(結晶)을 넣어 회전시키는 공정으로 이렇게 하면 조개에 작은 핵을 넣어 진주가 되듯 작은 결정을 중심으로 실리콘 용융액이 뭉쳐지면서 웨이퍼(Wafer)의 기본이 되는 고체형 단결정 규소봉이 만들어진다.

이와 관련 실리콘반도체의 경우 단결정 규소봉 대신 단결정 실리콘이 사용되는데 단결정 실리콘의 전단계인 다결정 실리콘의 제조에 고 순도 수소(H_2), 고순도 모노실란(SiH_4) 또는 삼염화실란($SiHcl_3$)이 사용된다.

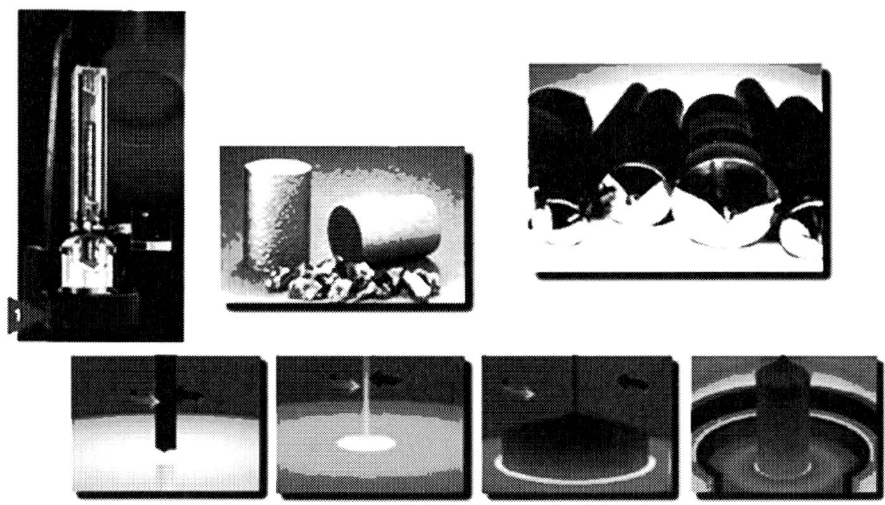

[그림 3-2] 규소봉 및 규소봉 성장과정

3.1.2 에피탁시(Epitaxy)

에피탁시(Epitaxy) 공정은 단결정 실리콘 위에 각종 반도체 관련 재료들을 올려놓기 위해 일종의 얇은 필름으로 실리콘의 표면을 덮는 코팅공정이다.

이는 각 재료들이 특정위치에 정확히 위치할 수 있도록 기초공사를 하는 것으로 이해하면 된다.

특수가스를 활용해 화학적으로 코팅물질을 증착시킨다고 하여 대개 CVD(Chemical Vapor Deposition), 일반대기압에서 증착시키는 APCVD(Atmospheric Pressure CVD), 고압에서 증착시키는 HPCVD(High Pressure CVD), 강력한 전압으로 플라즈마를 발생시켜 증착시키는 PECVD(Plasma Enhanced CVD), 갈륨, 인, 알루미늄 등 금속유기물을 증착시키는 MOCVD(Metalorganic chemical vapor deposition, 금속유기화학증착) 등으로 구분된다.

이 공정에는 고순도 SiH_4, SiH_2Cl_2, $SiHCl_3$, $SiCl_4$, GeH_4, B_2H_6, BBr_3, BCl_3, AsH_3, TeH_2, $SnCl_4$, $GeCl_4$, WF_6, NH_3, CH_4, Cl_2, MoF_6 등의 특수가스가 사용되며 운반기체(Carrier Gas)로서 고순도 수소(H_2)와 질소(N_2)가 사용된다.

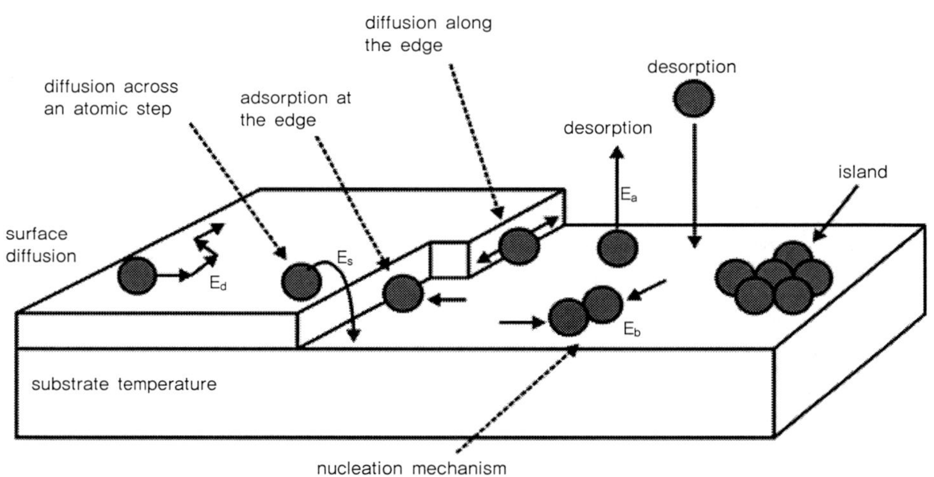

[그림 3-3] Molecular Beam Epitaxy

3.1.3 에칭(Etching)

에칭(Etching) 공정은 식각공정이라고도 하는데 명칭에서도 알 수 있듯이 웨이퍼에 불필요한 부분을 화학물질이나 특수가스를 사용해 제거해내는 공정을 의미한다.

과거에는 화학 수용액을 사용했었지만 반도체의 정밀도를 낮춘다는 이유로 지금은 가스를 통한 건식에칭(Dry Etching)이 일반적이다.

건식에칭에는 다시 기상에칭, 플라즈마에칭, 이온빔에칭 등으로 나뉘는데, 기상에칭의 경우 HCl, HBr, SF_6, Cl_2 등의 기체가스를 사용하지만 기존의 습식에칭과 별다른 차이가 없기 때문에 건식에칭에 포함시키지 않는 경우도 있다.

플라즈마에칭은 특수가스를 감압시켜 방전함으로서 일반 대기압에서 얻을 수 없는 강한 반응성의 물질을 생성하여 에칭하는 방법으로 SiF_4, CF_4, C_3F_8, C_2F_6, CHF_3, $CClF_3$, O_2 등이 사용된다.

마지막으로 이온빔에칭은 가스의 이온(Ion)을 가속시켜 이를 웨이퍼 기판 표면에 부딪치게 함으로서 식각을 이루어내는 방식으로 C_3F_8, CHF_3, $CClF_3$, CF_4 등의 특수가스가 사용된다.

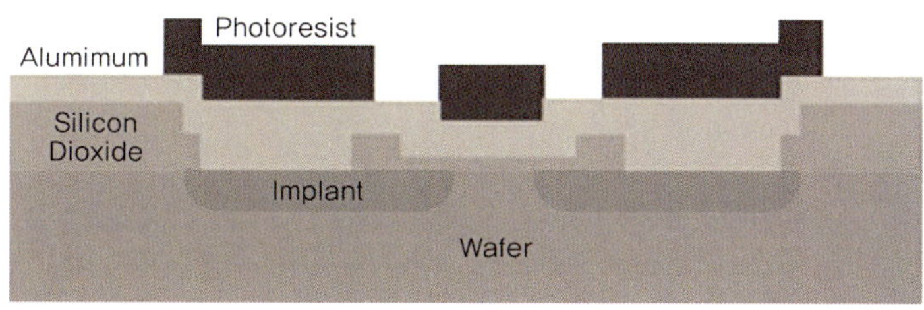

[그림 3-4] Metal Etching

3.1.4 클리닝(Cleaning)

클리닝(Cleaning)은 웨이퍼 등을 화공약품 및 순수한 물(Deionized Water)로서 깨끗이 닦아
내는 공정으로 일정부분에서는 에칭공정과 유사한 개념이라 할 수 있다.

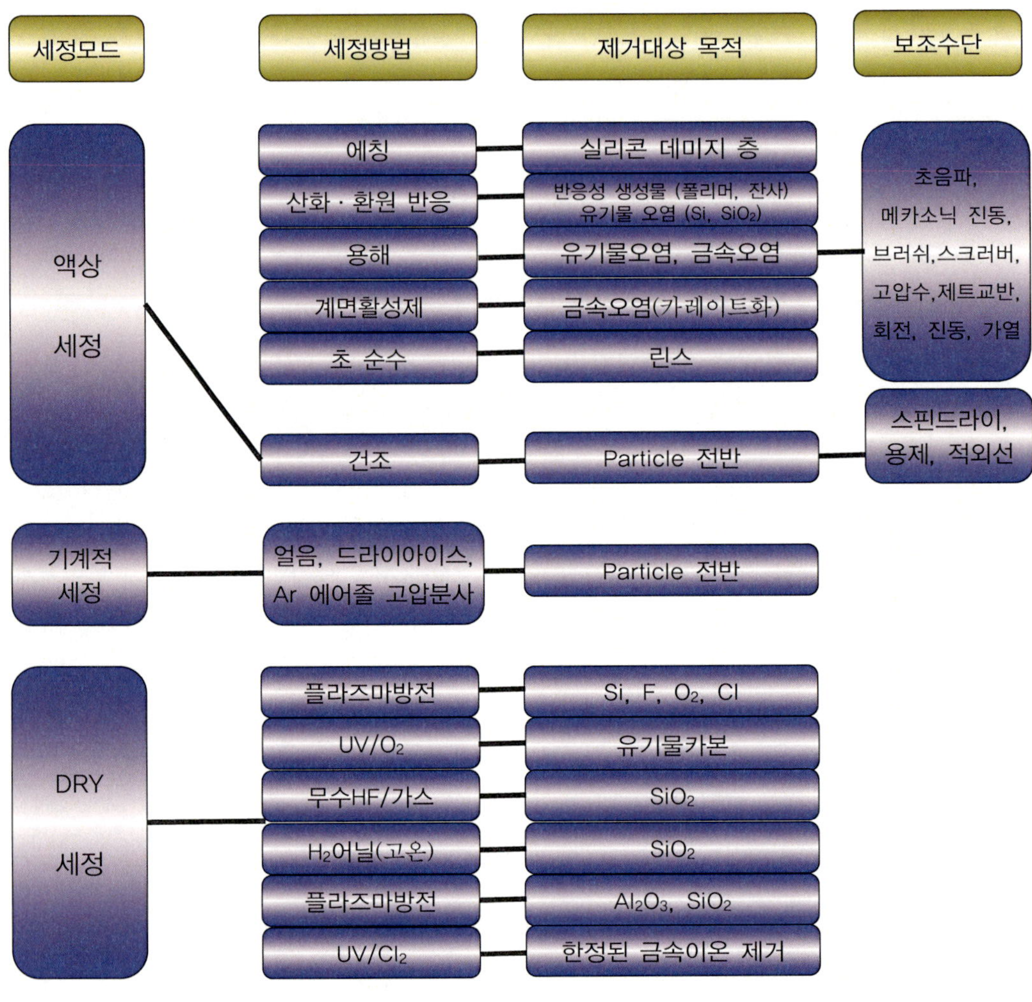

[그림 3-5] 세정공정의 분류

3.1.5 이온주입(Ion Implantation)

이온주입(Ion Implantation) 공정은 소자의 전기적 특성을 의도한 수준으로 조절하기 위해

웨이퍼의 특정부위에만 수 KeV~수백 KeV까지 고전압으로 가속시킨 이온(Ion)을 주입하는
공정이다.

이렇게 이온을 물리적으로 주입함으로서 전기저항 등과 같은 웨이퍼의 물리적 특성을 통
제할 수 있다.

이온주입장치에 사용되는 특수가스로는 AsH_3, PH_3, PF_5, BF_3, AsF_5, BCl_3, SiF_4, SF_6 등이
있다.

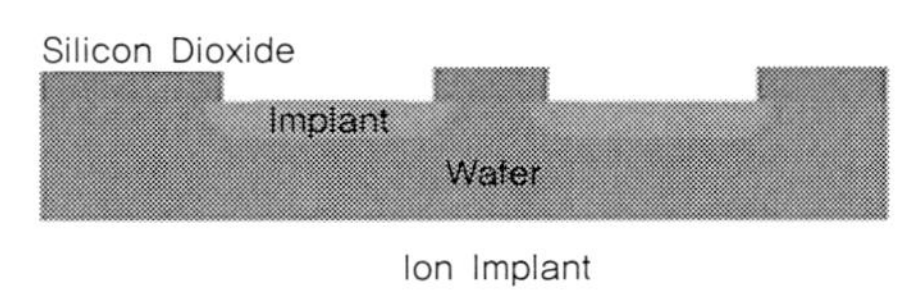

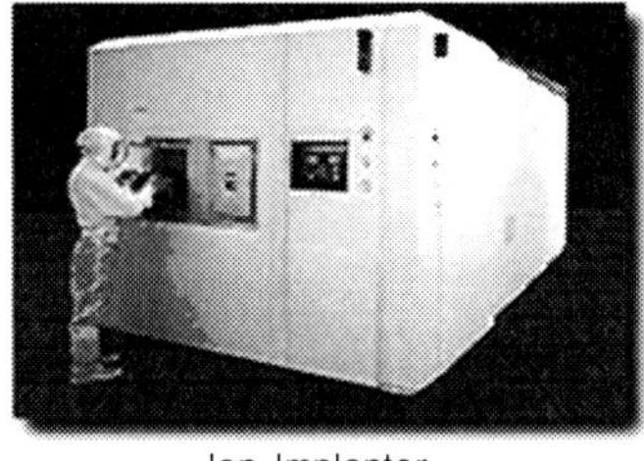

[그림 3-6] 이온 주입

3.1.6 도핑(Doping)

도핑(Doping) 공정은 반도체 웨이퍼에 붕소, 알루미늄, 인, 비소 등의 불순물(Dopant)를
주입하는 것을 말한다.

이같은 도핑공정을 통해 웨이퍼의 전도(전도) 특성을 향상시킬 수 있으며 주입되는 불순
물에 따라 P형(Positive Type) 반도체와 N형(Negative Type) 반도체가 만들어진다.

이러한 도핑공정에는 AsH_3, H_2S, GeH_3, SeH_3, SbH_3, $AsCl_3$, AsF_3, PH_3, PCl_3, B_2H_6, BF_3
등의 특수가스가 쓰인다.

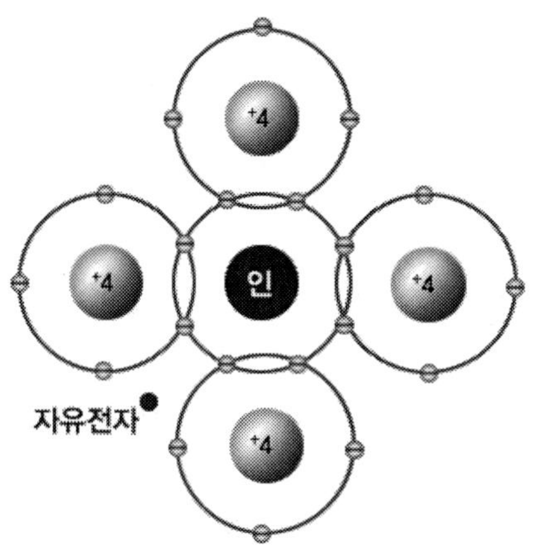

[그림 3-7] P형 반도체

3.1.7 어닐링(Annealing)

어닐링(Annealing)은 쉽게 말해 에칭공정, 이온주입공정 등 각종 공정에서 반도체 웨이퍼가 받았던 물리적·화학적 스트레스를 열처리를 통해 풀어주는 공정이다.

적절한 온도로 웨이퍼를 가열한 후 충분한 시간 동안 서서히 냉각시킴으로서 최초 웨이퍼가 지녔던 가장 안정한 상태로 물성을 되돌리게 된다. 어닐링은 고온 산화로 공정을 이용하여 실리콘 내의 스트레스를 감소시키고, 이온 주입기로 첨가된 불순물을 활성화시키며, 구조적인 결함과 스트레스 및 실리콘-실리콘 산화막과의 경계면에서의 경계전하(Interface charge)를 감소시킨다.

이 과정에서 질소(N2)와 수소(H2)의 혼합가스가 사용된다.

1) 어닐링 방법의 종류

(1) 로 어닐링(Furnace Annealing)

일반적으로 사용하는 방법으로 900~1,000℃의 온도에서 20분 이상 방치한다.

고상 어닐링(Solid Phase Annealing)

(2) RTA(Rapid Thermal Annealing)

텅스텐-할로겐 램프(Tungsten-Halogen Lamp)의 포톤(Photon) 에너지가 결정에 흡수됨으로써 어닐링된다. 사용하는 방법으로 900~1,000℃의 온도에서 21분 이상 방치한다. 1,000~1,150℃의 온도에서 5~30초 동안 어닐링한다.

고상 어닐링(Solid Phase Annealing)

(3) 레이저 어닐링(Laser Annealing)

주입된 이온의 농도 프로파일을 전혀 변화시키지 않은 상태에서 어닐링이 가능하다는 장점이 있어 0.2μm 이하의 얕은 접합을 형성할 수 있고, 특히 화합물 반도체 제조공정에 유용하다는 장점이 있다. 그러나 웨이퍼의 온도가 높은 온도로부터 급격히 상온으로 떨어짐으로 인해(Quenching) 웨이퍼 내부에 많은 점 결함(Point Defect)이 유발되어 전위(Dislocation)를 형성할 수 있다는 단점도 있다.

*단열 어닐링(Adiabatic Annealing)

1.0Joule/㎠ 이상의 에너지 밀도를 갖는 레이저 펄스를 사용하며 15~50ns 동안 어닐링함.

액상 어닐링(Liquid Phase Annealing)

*열선 어닐링(Thermal Annealing)

단열 어닐링에서와 같은 레이저를 이용하나, 그 에너지가 적은 레이저 빔을 100ns~1sec 동안 스캐닝 함으로써 어닐링을 실시한다.

고상 어닐링(Solid Phase Annealing)

(4) 전자 빔 어닐링(E-Beam Annealing)

멀티 스캔 전자 빔(Multi-Scan Electron Beam) 기술로서, 빔 스팟(Beam Spot)의 크기 50μm, 25keV 정도의 빔 전압으로 1초 이내로 어닐링한다.

3.1.8 패시베이션(Passivation)

　패시베이션(Passivation) 공정은 반도체칩의 표면에 보호막을 코팅하는 작업으로 반도체 제조공정의 최후반부에 진행된다.

　산화규소(SiO_2)가 보호막의 역할을 수행하며 O_2, SiH_4, PH_3 등이 공정용가스로 사용된다.

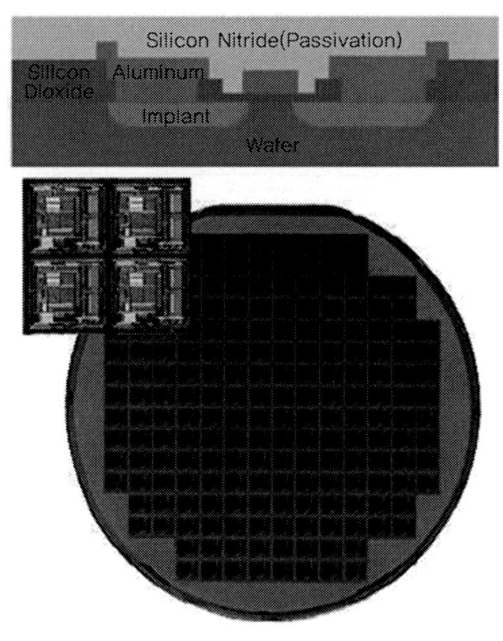

[그림 3-8] 패시베이션

3.1.9 블랜켓팅(Blanketing)

　블랜케팅(Blanketing)은 담요라는 의미의 Blanket에서 유래한 것으로 완성된 반도체를 포장하기 직전에 오염물질로부터 반도체를 보호하기 위한 공정이다.

　보호용가스로 불활성가스인 아르곤(Ar), 헬륨(He), 질소(N_2) 등을 주입한다.

메모리 반도체

메모리 반도체란 정보(Data)를 저장하는 용도로 사용되는 반도체로서, 정보를 기록하고 기록해 둔 정보를 읽거나 수정할 수 있는 램(RAM, 휘발성)과 기록된 정보를 읽을 수만 있고 수정할 수는 없는 롬(ROM, 비휘발성)이 있다.

메모리 반도체는 말 그대로 기억장치이므로, 얼마나 많은 양을 기억하고(대용량) 얼마나 빨리 동작할 수 있는가(고성능)가 중요하다. 또한 최근 모바일 기기의 사용과 그 중요도가 높아지면서 메모리의 초박형과 저전력성 역시 중요해지고 있다.

비메모리는 정보의 제어, 논리, 연산이 주된 기능으로 이동통신, 디지털가전, 인터넷시스템 등 IT산업 전반에 사용된다. 주요 제품은 CPU, 자동제어장치, 주문형 반도체 등이다. 비메모리는 메모리에 비해 응용분야가 훨씬 많으며 따라서 시장도 크다.

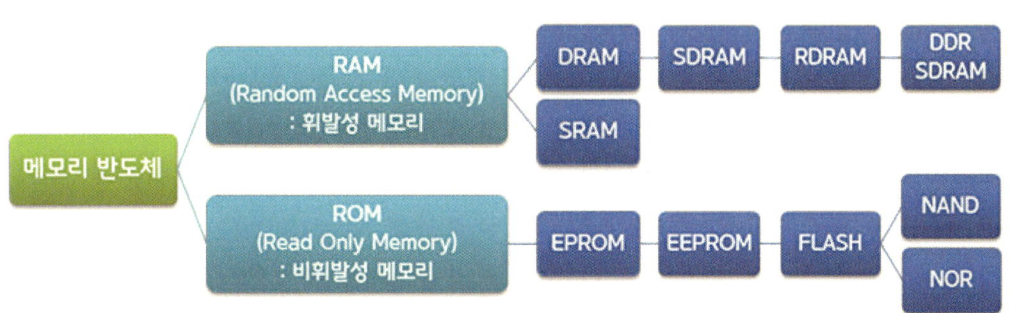

[그림 3-9] 메모리 반도체의 종류

각 공정별 투입되는 특수가스의 종류 및 특성에 대하여는 표 1-2를 참조하면 된다.

특수가스의 제조공정

특수가스 제조는 크게 순수가스 제조 및 혼합가스 제조, 두 가지로 나눌 수 있다.

3.3.1 순수가스

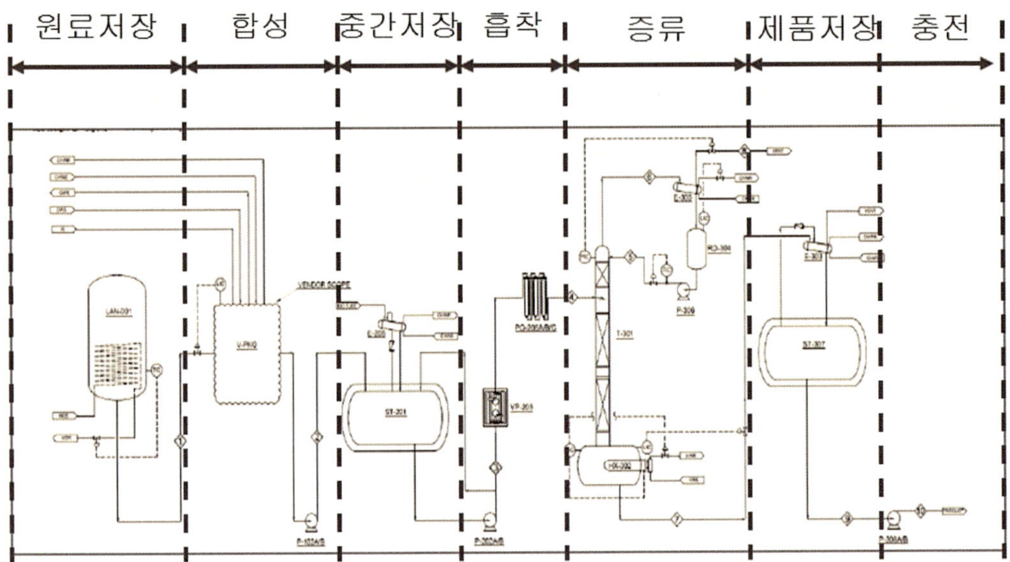

1) 원료 저장

제품을 생산하기 위하여 필요한 원료를 저장하는 기능을 말하며, 생산용량, 물류 시간, Plant Overhaul, 공급선의 안정도 등에 따라 용량이 결정된다.

저장하고자 하는 물질에 따라 부식성, 반응성 등을 고려한 적합한 재질을 선정하고, 저장온도, 저장압력 등에 따라 Horizontal or Vertical Vessel, Ball Tank, 이중탱크 등의 형태를 결정하게 된다.

2) 합성

2종 이상의 화학물질을 이용하여 새로운 물질을 형성시키는 일반적인 반응을 의미하며, 물질의 질을 변화시키는 개질반응, 열분해반응 등으로 나눌 수 있다.

일반 반응의 예: $4NH_3 + 5O_2 \rightarrow 4NO + 6H_2O$

열분해반응의 예: $NH_4NO_3 \rightarrow N_2O + 2H_2O$

개질반응의 예: $CH_4 + H_2O \rightarrow CO + 3H_2$

3) 중간 저장

합성을 거치고 나면 불순물이 포함되어 있는 Crude Product가 생성되는데 이를 정제공정으로 이송하기 전에 저장하는 설비이다. 이는 생산된 중간제품의 품질확인, 전단공정 또는 후단공정의 이상발생 시 완충(Buffer) 역할, 최종제품의 품질이 좋지 않을 경우 재정제를 위한 회수기능 등을 수행한다.

4) 흡착

합성 등에서 발생되는 불순물 중 후단공정인 정제에서 분리가 어려운 물질을 흡착(Adsorption)을 이용하여 제거하는 공정으로서 자세한 내용은 제독설비의 Dry Scrubber에서 설명하였다.

흡착되는 물질은 피흡착질(adsorbate)이라고 한다. 액체나 유리질도 흡착제가 될 수 있으며, 분자들이 고체나 액체의 내부까지 녹아 들어가는 현상인 흡수(Absorption)와는 구별된다. 표면이 거칠거나 다공성(多孔性, Porous)인 경우에는 흡착제의 단위부피(또는 단위무게)에 대한 효과적인 표면넓이(비표면적)가 크기 때문에 흡착량이 커져 우수한 흡착제가 된다. 흔히 공업적으로 이용되는 흡착제로는 활성탄·규조토·제올라이트·실리카겔·녹말·벤토나이트·알루미나 등이 있다. 한국에서 전통적인 방법으로 간장을 담글 때 그 속에 띄우는 숯은 불순물을 흡착으로 제거하기 위한 흡착제의 예이다.

흡착제를 쓰는 목적은 불순물(不純物)을 제거하여 물질을 정제하는 것, 색소를 흡착하여 제품으로부터 색을 없애는 탈색(脫色), 습기의 제거, 냄새 제거, 물질의 분리 등이며, 화학반응 물질들을 흡착시킴으로써 반응을 빠르게 하는 촉매로서의 용도도 중요하다. 크로마토그래피에서도 흡착제가 서로 다른 분자들을 분리하는 역할을 한다. 흡착을 일으키는 양은 일정한 온도에서는 흡착되는 물질의 농도나 압력에 따라서 증가하는데, 그 정량적인 관계는 여러 가지 흡착등온식(吸着等溫式)으로 나타낸다. 온도가 올라가면 흡착량이 줄어드는 것이 보통이다. 일반적으로 흡착된 물질은 단분자층 이하로 쌓이는 경우도 있고 다분자층으로 쌓이는 경우도 있다.

5) 증류

끓는점의 차이를 이용하여 2종 이상의 물질을 분리하는 방법으로서, 끓는점이 낮은 성분 A와 끓는점이 높은 성분 B로 이루어진 2 성분계(成分系)의 혼합용액을 플라스크에 넣고 가열, 발생시킨 증기를 응축기에서 응축시키면 그 성분은 처음의 혼합용액보다 끓는점이 낮은 액체(따라서 휘발성이 풍부한 액체)로 되는 것이 보통이고, 플라스크 안에 남은 액체는 끓는점이 높아 잘 휘발하지 않는 성분이 많아진다.

이처럼 A, B의 휘발도의 차이를 이용, 증발·응축을 함께 해 혼합용액을 휘발하기 쉬운 부분과 잘 휘발하지 않는 부분으로 나눌 수 있다.

응축해서 얻은 액체를 유분(溜分) 또는 증류분, 증발하지 않고 남은 부분을 관잔(罐殘) 또는 는 잔류분(Residual)이라 한다.

혼합증기가 일부분 응축되면, 생성된 액체상(液體相)과 잔존하는 기체상의 조성이 달라진다. 즉, 액체상은 원래의 혼합증기보다 끓는점이 높은 성분이 많아지고, 기체상은 끓는점이 낮은 성분이 많아진다. 이와 같이 일부분을 응축시켜 끓는점이 낮은 성분의 상대농도를 증가시키는 조작을 분축이라 한다. 분축에서 생긴 액체상을 다시 새로운 증기와 접촉시켜 증류하는 것을 정류(精溜)라고 한다.

증류의 종류

① 분별증류(分別蒸溜): 다성분의 혼합물을 가열해 끓는점마다 각각 회수기를 받쳐 성분을 분별, 채취하는 방법이다.

② 진공증류: 압력이 보통 수 torr(토르; 1torr는 대략 수은주 1㎜의 압력)에서 수십 torr 정도에서 이루어지는 증류이므로, 진공증류라기보다 '감압증류'라고 하는 편이 옳다. 수류

(水流)펌프 등을 이용해 실험실에서 흔히 이루어지지만, 공업적으로는 장치가 대규모적이어서 그다지 사용되지 않는다.

③ 수증기증류: 물과는 전혀 혼합되지 않는 성분과 물의 혼합계와 평형을 이루는 증기압은 양쪽의 순수성분 증기압의 합이 된다. 이 합이 대기압과 같아지면 끓게 된다. 예컨대 물과 테레빈유(油)의 혼합물에 가열수증기를 불어넣으면 두 성분의 혼합물이 기화하므로 응축시켜 분리한다. 끓는점이 높아 가열해야만 분리되는 것도 비교적 저온으로 정제할 수 있다.

④ 분해증류: 석유를 크래킹 했을 때의 생성물은 그 자체가 고온이므로 곧바로 정류탑으로 이끌어 증류조작을 한다. 그 조작을 분해증류라고 한다.

⑤ 추출증류: 끓는점이 비슷한 성분의 혼합물에 사용되는 증류법이다. 공비(共沸)증류와는 달리 휘발성이 작은 제3의 성분을 첨가해 한 쪽의 증기압을 크게 내려 분리한다.

⑥ 평형(平衡)증류: 플래시 증류라고도 한다. 반드시 성분의 분리를 목적으로 하지는 않고, 용액을 증기와 액체로 급속히 분리하는 방법이다. 고온으로 가열한 액체의 일부를 증기와 함께 채취해 감압하면, 용액은 자신의 증기와 평형을 유지하면서 급속히 증발한다. 석유공업에서의 파이프스틸 외에 해수의 탈염(脫鹽)이나 폐액의 처리 등에도 이용된다.

⑦ 공비증류: 보통 증류로는 분리하기 어려운 혼합물을 분리할 때 제3의 성분을 첨가해 공비혼합물을 만들어 증류에 의해 분리하는 방법이다. 96% 에탄올에 벤젠을 첨가해 증류탈수를 하는 것이 그 좋은 예이다.

⑧ 정밀증류: 다단(多段)의 정류탑을 사용, 약간의 끓는점의 차이를 이용해 혼합물 속의 성분을 분리하는 방법이다.

⑨ 비비등(非沸騰)증류: 증류는 정제를 목적으로 하는데, 증류의 효율상 관의 내용물을 끓여 증기를 대량으로 생성시키는 조건에서 하는 것이 보통이다. 끓는점 이하에서도 어느 정도 높은 증기압을 가진 물질이면, 증기를 응축시킴으로써 정제도를 향상시킬 수 있다. 원자흡광(吸光) 등 고감도의 분석법에 사용되는 물 및 시약(試藥)의 조제에 흔히 사용되는 방법이다.

⑩ 분자(分子)증류: 보통의 진공증류법으로는 증류할 수 없는, 끓는점이 높은 것에도 응용할 수 있는 증류법이다. 압력을 10~100μtorr(마이크로토르)로 해서 가열한다. 액면과

냉각면의 간격을 분자의 평균자유행로(平均自由行路 ; 계속되는 충돌 사이에 비상할 수 있
는 거리의 평균)보다 작게 하면, 액면에서 일산(逸散)한 분자는 거의 다 냉각면에 보수
(補修)되어 액화·응축이 일어난다. 평균자유행로는 분자량과 압력의 함수이므로 압력
과 간격을 조정함으로써 다른 성분과의 분리가 가능해진다. 좀처럼 기화하지 않는 고
분자 물질의 증류정제나, 고온에서 쉽게 분해되는 지용성(脂溶性) 비타민류의 증류 등
에 사용된다.

기체 및 액체가 잘 접촉할 수 있도록 도와주는 장치에 대하여는 그림 2-10을 참조한다.

6) 제품 저장

원료저장과 마찬가지로 생산된 최종제품을 저장하는 기능으로서, 생산용량, 물류 시간,
Plant Overhaul, 공급선의 안정도 등에 따라 용량이 결정된다.

저장하고자 하는 물질에 따라 부식성, 반응성 등을 고려한 적합한 재질을 선정하고, 저장
온도, 저장압력 등에 따라 Horizontal or Vertical Vessel, Ball Tank, 이중탱크 등의 형태를
결정하게 된다.

3.3.2 혼합가스

혼합가스는 2종 또는 그 이상의 서로 다른 가스를 혼합하여 제조하는 것을 의미한다. 사
용되는 목적에 따라 다르나 아래와 같이 분류할 수 있다.

- 안전: 원소 중에서 가장 반응성이 크고, 가장 강한 산화제이며, 전기음성도가 가장
  큰 원소인 불소는 그 성질 때문에 반도체산업 등의 집적 회로의 플라즈마 식각, 클리
  닝공정에 사용되는데, 100%F_2를 사용하는 것이 클리닝 효율에는 가장 좋으나 F_2 자체
  의 유해성 즉, 독성, 부식성, 산화성 등 때문에 비활성 물질인 질소와 혼합하여 20%F_2
  /N_2 등의 혼합물로 사용된다.

- 품질: 도핑용으로 사용되는 디보란(B_2H_6)의 경우 시간에 따라 경시변화를 일으켜 Higher Borane(B_3H_8, $B_{10}H_{14}$ 등의 붕소가 여러 개인 화합물)을 발생시킨다. 농도가 높을수록 경시변화 속도가 빨라지고 이렇게 발생된 Higher Borane은 폭발의 위험성 및 오염원, 용기 내에서 증착 등의 나쁜 영향을 주어 1%B_2H_6/H_2와 같이 혼합가스로 사용된다.

- 공정제어: 실리콘 웨이퍼 위에 포토(Photo, 빛) 레지스터라 부르는 감광성 고분자를 도포하고, 그 위에 포토마스크를 덮고 자외선을 쪼이면 노광부가 감광되어 그림 3-11처럼 현상하면 없어지게 된다. 이런 형태의 포토레지스트를 포지티브(Positive)형이라고 부른다. 이 감광성 고분자를 이용해서 회로를 작성하는 기술은 리소그래피(Lithography)라고 하는데, 전체 반도체 제조기술 중에서 가장 중요한 핵심기술이다. 현상 후, 노광부에는 실리콘 표면이, 비노광부에는 포토레지스트 표면이 드러나게 된다. 여기에 포스핀(PH_3) 같은 5족 원소 화합물을 산소 플라스마를 이용하여 분해해서 실리콘 표면에 확산시키면, 실리콘 결정 속으로 불순물 인(P)이 확산해 들어간다. 즉, 초고순도 실리콘 결정 속에 소량의 불순물을 넣는 것이다. 이 기술을 도핑이라고 한다. 이때 100% PH_3를 사용하게 되면 확산속도제어가 어려워 0.1%PH_3/H_2등과 같은 혼합가스를 사용한다. 더불어 서로 다른 공정 예를 들어 Implantation과 Polymerization을 한 번에 수행하고자 할 때 서로 다른 가스를 주입하여 두 가지 공정이 동시에 이루어지도록 하는 것이다.

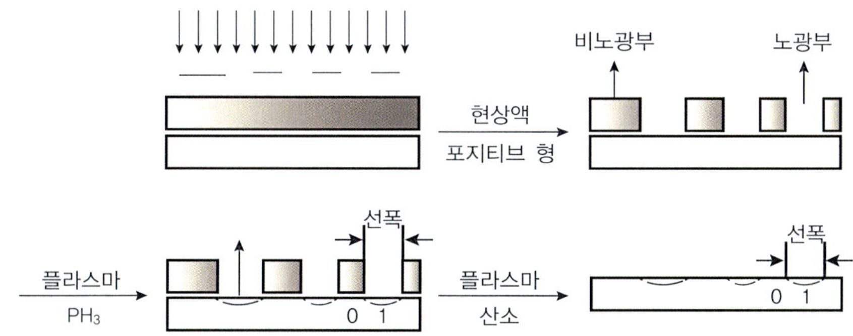

[그림 3-11] 빛을 이용한 반도체 회로색인 공정 개략도

더불어 최종 혼합가스의 농도가 낮은 경우 예를 들어 XXXppm 또는 0.1% 등의 혼합은 처음부터 서로 다른 순수가스를 이용하여 정확하게 농도를 맞추기란 상당히 어렵다. 이러한 경우 최종 제품보다 쉽게 제조할 수 있는 Mother Gas(10%, 20% 등)를 제조하고 이를 이용하여 한 번 더 최종 혼합가스를 만든다.

Balance Gas란 반도체등의 공정에는 사용되지 않고 상기 안전, 품질, 공정제어 등의 확보를 위하여 사용되는 가스를 의미하며 주로 N_2, H_2, He등이 사용된다.

1) 혼합가스 제조

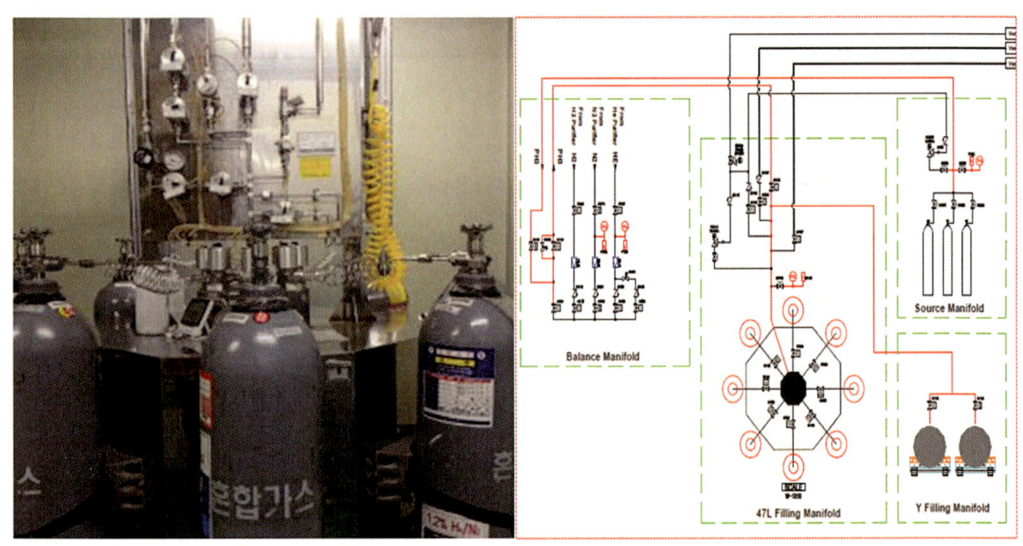

[그림 3-12] 혼합가스 제조 설비

- 압력법: 이상기체방정식인 PV=nRT법을 이용하여 충전하는 방법으로서, 투자비가 상대적으로 적으나 온도에 따른 순도 변화가 발생되고 모든 기체가 이상기체와 같은 방향으로 상태가 변화하지 않으므로 정확하게 혼합가스 제조가 어렵고 Batch별로 편차가 발생된다. 이상기체는 4가지의 불가능한 가정을 해서 만들어낸 공식이다.

① 기체분자는 끊임없이 불규칙한 직선운동을 한다.
② 기체 분자는 크기가 없고 분자 사이에 인력이나 반발력이 작용하지 않는다.
③ 기체 분자들이 충돌할 때 에너지는 손실되지 않는다.(완전 탄성운동)

④ 기체 분자들의 평균운동에너지는 기체의 종류나 성질에 관계없이 절대온도에 비례한다.

그래서 실제 기체와 차이가 발생한다.

- 중량법: Mother Gas와 Balance Gas의 비율을 무게로 실측하여 정확하게 혼합가스를 제조하는 방법으로, 정확도가 높은 저울 등의 필요로 인하여 투자비가 압력법에 비교하여 상대적으로 높다. 그러나 혼합비율에 따라 정확하게 무게를 기준으로 충진함으로서 외기온도 등에 의한 편차가 발생되지 않는 장점이 있다.

- 퍼지(Purge): A라는 물질을 B라는 물질로 치환하는 것을 말하며 비활성기체가 사용되고, 주로 질소 또는 헬륨 등이 사용된다. 종류로는 압력퍼지, 진공퍼지, 스위프퍼지, 사이폰퍼지가 있으며 이들의 자세한 설명은 추후에 설명하도록 한다.

- 기밀시험(Leak Test): 시스템 내의 체결부위 등에 누설이 없음을 확인하는 업무로서 설계압력의 1.25배(고압가스안전관리법) 또는 1.1배(미국)의 압력으로 누출이 발생하지 않는 것을 검증하는 시험이다. 기밀시험에 사용되는 가스로는 공기, 질소, 헬륨 등이 사용되는데, 헬륨은 그 분자량이 작아 미세한 누출도 확인할 수 있는 장점이 있다.

SECTION 3.4

특수가스에 사용되는 용기

특수가스에 사용되는 용기는 헤아릴 수 없을 정도로 그 종류가 많은데 가장 널리 사용되는 것으로는 47 l 실린더, Y 실린더, 토너(Tonner), 탱크로리(Tank lorry), 튜브 트레일러(Tube Trailer) 등이 있다.

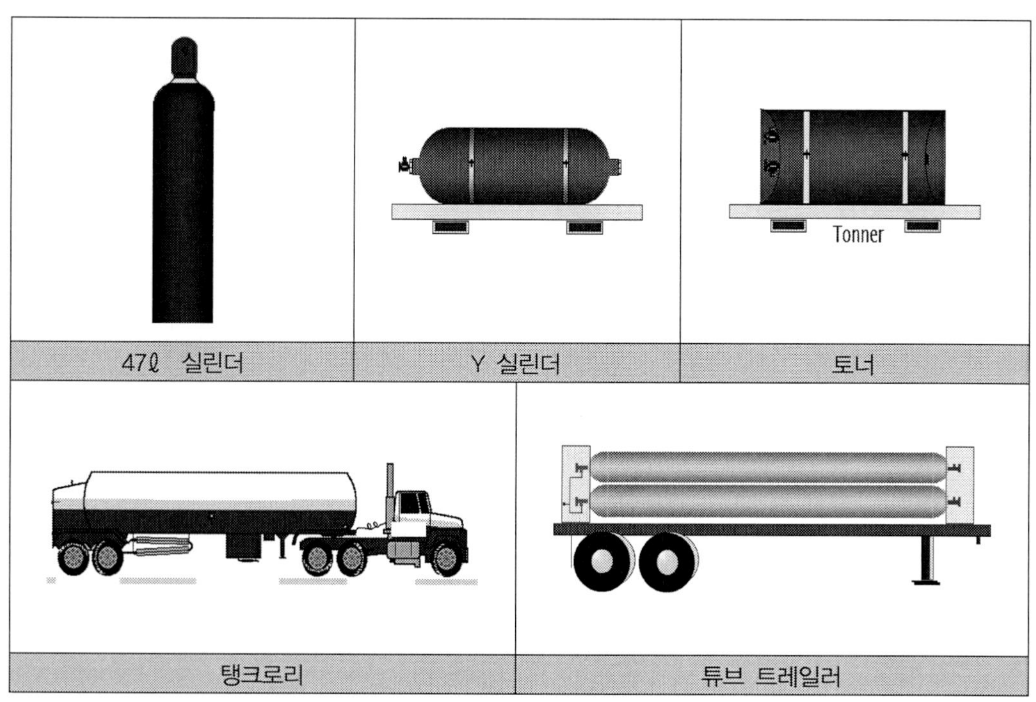

[그림 3-13] 각종 용기

상기 용기는 산업 초창기에는 사용양이 많지 않아 47 l 실린더가 가장 많이 사용되었으나, 그 사용양이 증가되고 실린더 교체 시 안전사고 발생이 급격히 증가하면서 점차 대용량 실린더로 사용이 늘고 있다. 더불어 취급하는 기체의 사용압력, 액화기체의 증기압에 따라 실린더 종류를 선정하여야 한다.

연습문제 Question

chapter 3. 특수가스(Specialty Gases) 알아보기

1. 특수가스의 일반적인 정의 및 우리나라 고압가스안전관리법에서의 정의에 대하여 논하시오.

2. 반도체 공정별로 사용되는 특수가스를 설명하시오.

3. 특수가스 제조는 순수가스 및 혼합가스 이렇게 크게 두 종류로 나눌 수 있다. 이때 혼합가스를 사용하는 이유에 대하여 논하시오.

4. 순수가스 제조방법 중 흡착에 대하여 설명하시오.

5. 순수가스 제조방법 중 증류의 목적 및 종류에 대하여 설명하시오.

6. 혼합가스 제조 시 Mother Gas와 Balance Gas에 대하여 논하시오.

7. 혼합가스 제조방법은 압력법과 중량법이 있다. 두 가지 방법의 차이점에 대하여 논하시오.

8. 특수가스에 사용되는 용기에 대하여 열거하고 각각의 특징에 대하여 논하시오.

가스를 포함하여 화학물질의 유해성을 알기 위해서는, 미국 교통부 유해성 분류(Departme nt Of Transportation HAZARD CLASSES, 이하 DOT 유해성분류)의 체계를 이해하면, 취급하고자 하는 물질들에 대한 유해성을 인식하는 데 도움이 된다. 가스 물질에 대한 DOT 유해성 분류는 크게 5가지로 나뉘어 생각할 수 있다. 불연성(Non-Flammable), 가연성(Flammable), 산화성(Oxidizer), 독성(Toxic) 및 부식성(Corrosive)이다. 이러한 자료는 주위에서 쉽게 구하거나 접할 수 있으나, 가장 기본이 되는 지식이므로 충분히 이해하는 것을 강조하고자 여기에서 한 번 다루도록 한다. 이런 기본 지식이 없이 가스 및 이를 다루는 설비를 설계, 취급한다는 것은 모래 위에 성을 쌓는 것과 같이 아주 위험한 행위이기 때문이다. 이들 유해성 분류에 따른 특징은 다음과 같다.

[그림 4-1] 미국교통부 유해성 표지 분류

SECTION

4.1

불연성(Non-flammable)

불연성 가스는, 말 그대로 연소가 되지 않는 가스를 의미하며, 대표적으로 질소·헬륨 등의 산업용가스와 제논·크립톤·육불화황 등의 특수가스가 불연성 특징을 가지고 있다. 불연성 가스의 마크는 그림4-1에서처럼 초록색의 다이아몬드 모양의 라벨로 표기된다. 이들 가스는 매우 안정적이며 쉽게 접할 수 있는 물질들이어서, 사용자가 취급하기에 가장 안전하다고 인식하기 쉬운 제품들이다. 하지만 취급 및 사용 시 가장 큰 위험성을 지닌 가스로 취급되어야 한다.

이들 물질은 "Lowest Hazard But Highest Risk(유해성은 가장 낮지만, 가장 위험한 가스)"로 인식되어야 한다는 의미이다. 불연성 가스는 무취, 무미, 비자극성 특징을 가지고 있으므로 실내에서 가스 누출이 발생한 경우, 적절한 환기와 감지기를 통한 작업자 보호가 이뤄지지 않는다면 산소 결핍환경이 유발되어 치명적인 결과를 유발할 수 있다. 따라서 이들 가스와 관련된 사고는 죽느냐 사느냐의 문제이므로, 이들 가스를 실내에서 취급하고 있는 사업장에서는 반드시 환기와 산소농도 감지를 통한 작업자 보호가 반드시 이뤄져야 한다.

일반적인 경우 인체에 특별한 해독을 끼치지는 않지만 일반적인 공기 함량과 달리, 비활성기체로만 이루어진 가스를 사람이 들이마시게 되면, 호흡에 필요한 산소가 결핍되어 저산소증을 일으키게 되고, 심하면 사망할 수 있다. 일반적인 질식과 달리, 비활성기체에 의한 질식은 수중 또는 유독가스 등에 의한 질식의 고통과 이에 동반되는 공황장애를 일으키는 일 없이 신속하게 진행되는데, 이는 인체에 비활성기체를 감지하는 시스템이 부재하기 때문이다. 예를 들어 숨을 참을 때 느껴지는 질식의 고통은 혈액 속의 탄산농도와 관련 있으며, 이는 산소호흡의 노폐물인 이산화탄소에 우리 몸이 민감하게 반응하기 때문이다. 대표적인 비활성기체에는 18족 원소에 속하는 헬륨, 아르곤, 네온 등이 있으며 여기에 질소를 포함한다. 특히 양이나 가격 면에서 흔히 접할 수 있는 것은 질소, 헬륨, 아르곤 등이다. 비활성기체에 의한 질식은 가축도살 등의 용도로 쓰여 왔으며, 산업재해로 숨지는 사고가 매년 발생한다. 고통 없이 죽음에 이르게 할 수 있는 인간적인 사형방법의 하나로서 제안되기도 했으며 또한 자살방법으로도 쓰이고 있다. 질소와 아르곤은 공기를 구성하는 주요물질이기도 하며, 질소는 공기 중의 78%, 아르곤은 대략 1% 정도를 차지한다.

산소가 섞이지 않은 순수한 질소가스를 들이마시게 되면 몸 안에 있는 산소를 재공급하는 일 없이 몸 안에 있는 이산화탄소를 뱉어내게 된다. 질소는 지구 대기의 78%를 차지하는 물질이며, 무색, 무취, 무미의 비활성가스로서 우리 인체는 아무런 자각이나 저항 없이 질소를 빨아들인다. 이 과정에서 폐 속에 저장되어 있는 산소도 신속하게 질소가스로 대체되어 10~15초 사이에 의식을 잃게 되는데 약간의 몽롱함 이상(以上)의 이상(異常)을 느끼지 못한다. 즉시 조치하지 않는 경우, 수 분 내로 사망한다.

1992년부터 2002년까지 미국에서 불연성 가스 특히, 질소로 인한 사고 통계를 살펴보면 85건의 질소 관련 사고가 발생하였으며 80여 명이 질식으로 사망하고 50여 명이 상해를 입을 정도로 고위험성을 가지고 있으므로 이러한 물질을 취급하는 경우에는 항시 실내를 감지할 수 있도록 하여야 한다.

[표 4-1] 산소 결핍환경에서의 인체 영향

산소 농도	인체 영향
19.5%	최소 작업 가능 수치 (미국 산업안전보건청[OSHA] 기준)
15~19.5%	작업 능률 감소, 호흡 곤란
12~14%	맥박 · 호흡속도 증가 및 판단력 감소
10~12%	호흡 · 맥박이 더욱 빨라짐, 판단력 저하, 입술이 파래짐
8~10%	정신 혼미, 의식 불명, 구토
6~8%	8분 이상 노출 시 100% 사망, 6분에서 50% 사망, 4~5분 노출 시 회복가능
4%	40초 내 의식불명, 사망유발

또한, 용기 내에 저장된 가스는 높은 압력 에너지를 가지고 있으므로, 용기 전도로 인한 밸브 파손이 발생하게 되면, 위험한 상황을 초래할 수 있다. 따라서 용기를 사용하지 않는 경우에는, 반드시 밸브 보호용 캡을 설치하여 보관해야 하며, 사용 중의 용기는 반드시 전도를 방지하기 위하여 적절하게 묶여져 있어야 한다.

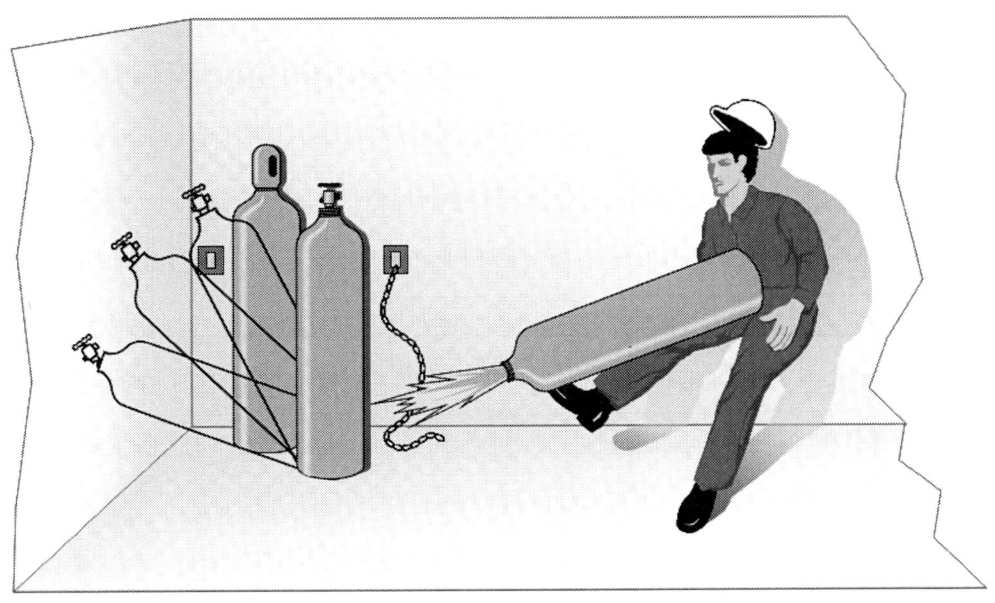

[그림 4-2] 실린더 내부의 높은 압력이 분출되면서 로켓화

밀폐공간작업 3대 안전작업수칙

- 작업 전·작업 중 산소 및 유해가스 농도 측정
- 작업 전·작업 중 환기 실시
- 밀폐공간 구조작업 시 보호장비 착용

[표 4-2] 질식재해 통계 연도별

질식재해현황('00~'07) 단위: 명

구분		계	2007	2006	2005	2004	2003	2002	2001	2000
사망	인원	163	31	20	22	16	21	11	26	16
	건수	121	20	16	16	12	17	11	19	10
부상	인원	45	7	7	3	4	1	14	6	3

월별 질식 사망재해 발생현황('00~'07) 단위: 명

구분	계	2007	2006	2005	2004	2003	2002	2001	2000
계	163	31	20	22	16	21	11	26	16
1월	7			1	1			5	
2월	7	3	1			1		2	
3월	7	1		2		3		1	
4월	12		2	3		1	1	3	2
5월	12		3	1	2	2	1	3	
6월	22	10	1	1	2	4	3	1	
7월	25		2	10		1	5	5	2
8월	19	3	2		4			6	4
9월	17	9	2			3			3
10월	13	3	1	1	2	5			1
11월	8	–	1	3	1	1	1		1
12월	14	2	5		4				3

SECTION
4.2

가연성(Flammable)

가연성 가스는 불연성 가스가 가지는 유해성(질식과 압력)에 추가적으로 화재 또는 폭발을 일으키는 성질을 가지고 있다. 가연성 가스 누출발생한 후 점화가 일어나지 않는다면, 불연성 가스와 동일한 질식 유해성을 유발할 수 있으므로 이들 가스의 누출 발생 시에도 산소 농도를 확인해야 하는 것은 매우 중요한 안전 요소로 인식해야 한다.

가연성 가스의 유해성을 인식할 때의 주요 인자로는, 대기 중에서의 연소범위(Flammable Range In Air), 자연발화온도(Auto Ignition Temperature, AIT), 비중(Gravity) 세 가지가 있다. 이 세 가지 요소만 정확히 이해하고 있다면 화재, 폭발, 질식 등의 위험에서 벗어날 수 있으므로 열 번을 강조해도 부족함이 없다고 할 수 있다.

예를 들어 연소범위를 벗어나는 범위에서 가연성 가스를 취급한다면 화재 또는 폭발로부터 안전할 수 있고, 자연발화온도 이하로 취급하면 그 위험성을 현격히 낮출 수 있다. 비중은 단위 부피당 무게를 나타내는 의미로서 만일 공기보다 무거운 물질이라면 가연성 가스를 취급하는 지점보다 낮은 위치를 중점적으로 관리하고 가벼운 물질이라면 가연성 가스를 취급하는 지점보다 높은 위치를 중점적으로 관리함으로써 그 위험성으로 쉽고 빠르게 감지할 수 있기 때문이다.

연소 범위는 대기 중의 공기와 가스가 혼합되었을 때, 연소가 가능한 범위를 의미하는 것으로, 연소하한계(Low Flammable Limit, LFL)와 연소상한계(Upper Flammable Limit, UFL)로 구성된다. 예를 들어 주위에서 쉽게 접할 수 있는 LPG 실린더 내부에 라이터를 이용하여 점화를 시키면 화재가 발생할 수 있다고 생각할 수 있으나, 이 실린더 내부는 연소상한계 이상으로 가연성 가스가 존재하고 조연성 가스 즉, 공기가 희박하여 화재 또는 폭발을 일으킬 수 없다. 그러므로 가연성 가스 취급 시 연소상한계 이상 또는 연소하한계 이하에서 취급을 한다면 이러한 위험에서 해방될 수 있다.

　자연발화온도는 점화원 없이 외기의 온도에 의하여 전달된 에너지만으로도 충분히 연소가 일어나는 온도를 의미한다. 실란, 포스핀과 같은 자연발화가스(Pyrophoric Gas)는 자연발화온도가 상온보다 낮은 가스들로, 이들 가스는 일상 상태에서 대기 중에 노출되면 점화원 없이도 연소가 발생하게 된다.

　비중은 이들 가스를 취급 및 저장하는 장소의 누출 감지기 설치에 고려해야 하는 인자로서, 무거운 가스는 누출 잠재원에 인근 하여 바닥 쪽에, 가벼운 가스는 상부 쪽에 누출 감지기를 설치해야 한다.

　이들 가스의 연소 위험성을 제어하기 위해서는, 가연성 가스 사용 및 보관 지역의 전기시설들은 규정에 적합한 방폭 시설들을 이용해야 한다. 또한 적절한 개인보호구(방염복·가죽장갑·안전안경·안면 보호대 등)를 착용하여, 이들 유해성으로부터 작업자를 적극적으로 보호하도록 해야 한다.

[그림 4-3] 2005년 3월 23일 미국 BP AMOCO 폭발 사고 사진

고압가스 안전관리법 시행규칙에 의하면 "가연성 가스"란 아크릴로니트릴·아크릴알데히드·아세트알데히드·아세틸렌·암모니아·수소·황화수소·시안화수소·일산화탄소·이황화탄소·메탄·염화메탄·브롬화메탄·에탄·염화에탄·염화비닐·에틸렌·산화에틸렌·프로판·시클로프로판·프로필렌·산화프로필렌·부탄·부타디엔·부틸렌·메틸에테르·모노메틸아민·디메틸아민·트리메틸아민·에틸아민·벤젠·에틸벤젠 및 그 밖에 공기 중에서 연소하는 가스로서 폭발한계(공기와 혼합된 경우 연소를 일으킬 수 있는 공기 중의 가스 농도의 한계를 말한다. 이하 같다)의 하한이 10퍼센트 이하인 것과 폭발한계의 상한과 하한의 차가 20퍼센트 이상인 것을 말한다.

상기의 고압가스안전관리법과는 다르게 세계부합화시스템(GHS, Globally Harmonized System of Classification and Labeling of Chemicals)에서는 인화성 가스를 20℃, 표준압력에서 공기와 13%(용적) 이하의 혼합물일 때 연소할 수 있거나 인화하한과 관계없이 공기 중 12% 이상의 인화 범위를 가지는 가스로 규정하고 있어 우리나라도 국제규범에 부합하는 법령개정이 필요하다.

[표 4-2] 가연성 가스의 대표적인 성질

특　　　성	Arsine	Diborane	Germane	Hydrogen Selenide	Phosphine
Molecular Formula	AsH_3	B_2H_6	GeH_4	H_2Se	PH_3
Molecular Weight	77.95	27.67	76.62	80.98	34.0
Flammable Range Volume % in Air	4.5~64%	0.8~98%	8~30%	4.5~67.5%	1.6~95%
Autoignition Temperature	제정되지 않음	−44℉	190℉	제정되지 않음	〈32℉
Specific Gravity(air=1)	2.691	0.955	2.66	2.12	1.174

SECTION 4.3

산화성(Oxidizer)

산화성 가스란, 주변 물질의 연소 및 반응을 촉진하는 특징을 가진 가스로서, 대표적으로 산소·삼불화질소·아산화질소·불소·염소 등이 있다. 산화성 가스의 유해성은, 이들 가스의 농도가 높아지면 급격하게 연소성과 반응성을 폭발적으로 증가시키는 데 있다.

일반적으로 산소 농도가 23.5%를 초과하는 환경부터 산소농도 과잉환경으로 부르고 있으며, 이들 산화제 농도가 높아진 상태에서는 가연성 가스들의 연소범위는 일반 대기 중에서의 범위보다 넓어지게 되며, 또한 자연발화 온도도 낮아지게 되어, 화재가 발생할 우려가 상당히 높아진다. 더욱이 과잉산소는 동맥경화, 고혈압, 골다공증 등의 발병 위험도를 증가시키며 강력한 산화작용으로 노화를 촉진하고 암을 유발하기도 한다.

취급 및 안전에 대한 아주 자세한 내용은 '12. 산화성 물질 설계 및 취급 안전'에서 다루고 있으므로 이를 참조하도록 한다.

[그림 4-4] 산소 압축기의 폭발

또한 평소에는 연소가 잘 되지 않는 금속성 물질도, 산화성 물질의 농도가 높은 곳에서는 연소가 잘 일어날 수 있다. 따라서 산화성 가스를 이용하는 시설 및 배관은 이들 물질과의 적합성(Compatibility) 여부를 사전에 확인해야 하며, 또한 산화성 가스를 취급하는 장소에서의 비정상적인 점화원의 특징을 알고 있어야 한다. 비정상적인 점화원에 대하여 살펴보면, 일반적으로 화재가 발생하기 위해서는 연료, 산화제, 점화원이 있어야 한다. 하지만, 산화성 물질을 이용하는 장소에는 이미 높은 농도의 산화제와 연료(탄화수소 화합물·배관·장비 등)가 기본적으로 제공되므로, 연소를 일으킬 수 있는 점화원의 관리는 매우 필요하다.

산화제를 사용하는 장소에서는 연소성이 높아지기 때문에 매우 낮은 착화 에너지만으로도 쉽게 연소가 폭발적으로 발생할 수 있다. 일상 상태에서는 충분한 점화에너지를 공급할 수 없는 낮은 에너지가 발생하는 비정상 점화원으로는, 가스 유속에 의한 불순물 부딪힘 현상(Particle Impingement), 유체와 배관 재질 내부와의 마찰력(Friction), 유체의 부피가 급속히 줄어들어 높은 에너지를 유발시키는 단열압축현상(Adiabatic heat of compression), 오염물질(특히 오일 및 수분류)과의 접촉(Contamination) 등이 있다.

[표 4-2] 공기 중 및 산소 중에서의 각종 가연성물질의 연소성 비교

		에틸렌	암모니아	수소	메탄
연소범위(%)	공기 중	12~40	15~28	4~75	5~15
	산소 중	2.9~79.9	13.5~79	4.65~93.9	5.4~59.2
		일산화탄소	에탄	프로필렌	싸이클로 프로판
	산소 중	15.5~95.0	4.1~50.5	2.1~52.8	2.45~63.1
		가솔린	기름	중유	쓰레기
발화온도, ℃	공기 중	383	432	424	310
	산소 중	272	251	256	280
		수소	메탄	아세틸렌	
화염온도, ℃	공기 중	2045	1875	2325	
	산소 중	2660	2930	3135	

Particle Impingement는 유체의 빠른 속도로 인하여 배관 내부에 떠다니던 고형물(Particl e)이 배관 내부의 특정부위를 타격하면서 발생하는 에너지가 점화를 일으키는 현상을 말한다. 따라서 이러한 현상을 예방하기 위해서는 유체의 흐름 속도를 적절히 제어하고, 산화성 가스를 사용하는 장비 내부의 불순물을 초기에 제거하는 절차가 필연적이다. 유체와 배관 내부의 마찰력에 의한 유해성을 제어하기 위해서는, 마찰력을 줄일 수 있는 적절한 재질의 배관 선정과 유체 흐름 속도 제어를 통하여 가능하다. 단열압축에 의한 점화는 유체의 흐름이 빠르거나 높은 압력에서 낮은 압력으로 밸브의 열림·닫침을 급속히 작동하는 경우에 발생한다.

순간적으로 밸브가 오픈되면, 고압의 유체는 매우 빠른 속도로 배관 내부를 흘러가게 되며, 배관의 막혀있는 부위(예: 밸브 등)에서 단열압축이 유발되어, 밸브 씨트와 개스킷 등에서 점화가 발생하는 현상을 의미한다. 따라서 이러한 현상 유발을 예방하기 위해서는 밸브 작동 시 천천히 열고 닫아야 하며, 급격히 열고 닫힐 수 있는 볼밸브는 산화성 가스 시스템에서는 사용하지 않도록 한다. 마지막으로 오염물질에 의한 점화는 산화성 가스를 사용하는 시스템에서 쉽게 발생할 수 있는 화재 예로서, 오일 등으로 오염된 부위에 산화성 가스가 흘러가면서 착화가 발생하는 것을 의미한다. 따라서 이를 예방하기 위해서는 장비를 사용하기 전에 배관 내부의 오일 및 불순물을 제거하기 위한 세정 작업을 거쳐야 한다.

[그림 4-5] 2009년 11월 4일 일본 미쓰이 NF_3 공장 폭발

부식성(Corrosive)

부식(Corrosion)이란 어떠한 환경(Environment) 속에 놓인 재료가 화학적(Chemically) 또는 전기화학적(Electrochemically)으로 퇴화(Degradation)되는 현상을 말한다.

부식성 가스는 작업자 신체와 장비에 부식을 유발하는 가스 물질로서 불화수소·삼불화 붕소·염소 등이 여기에 속한다. 일반적으로 일차 유해성으로 부식성을 가지고 있기보다는, 제품의 2차 유해성 성질로 대부분 분류되고 있다.

일반적으로 용기 내 저장된 가스는 무수 상태이므로 부식성을 지니고 있지 않다. 즉, 가스가 용기로부터 인출되어 대기 중의 수분과 만나는 시점부터 부식에 의한 유해성이 발생한다고 보면 된다. 따라서 부식성 가스를 사용하는 장비는 사용 전 수분을 제거하고 통제하는 것이 무엇보다도 중요한 요소가 된다. 그리고 부식성 가스를 사용하는 장비의 재질들은 반드시 취급, 사용하는 가스 물질에 적합한 것으로 선택하여 사용해야 하며, 개인보호구를 선정하여 사용할 때도 물질별 반응성 여부를 반드시 고려해야 한다.

대부분의 부식성 가스는 독성을 지니고 있음을 또한 주지해야 한다. 대개 부식성 가스를 분류할 때, 산성계열의 가스와 염기성 계열의 가스로 분류한다.

산성 계열의 가스는 누출 시 대기 중의 수분과 결합하여 산성 물질을 형성하고, 반대로 염기성 계열의 가스는 염기성 물질을 형성하게 된다. 따라서 이들 가스 누출이 발생한 장소에는 누출되는 가스를 차단한 이후에도, 형성된 산성 또는 염기성 물질로 오염이 발생할 수 있으며, 이들 오염된 물질은 약산성 또는 약알칼리성 물질로 중화시켜 오염된 부위를 제어해야만 2차 상해 발생을 예방할 수 있다.

[그림 4-6] 배관 부식의 예

SECTION 4.5

독성(Toxic)

독성학의 가장 기본적인 원리는 "해가 없는 물질은 없다. 오직 물질을 해 없이 사용하는 방법뿐이다."라는 것이다.

우리가 흔히 주변에서 몸에 이롭다고 믿어지는 물을 많이 섭취하면 혈중의 나트륨 농도가 낮아지고 뇌가 부풀어 올라 가벼운 피로, 두통, 정신착란, 경련, 혼수상태에 이를 수도 있으며 심각한 경우에는 사망할 수도 있다. 또한 산소를 많이 흡수하면 경련, 메스꺼움, 호흡 장애, 귀의 울림, 시각이 좁아지는 현상 등이 나타나 그 증세가 매우 다양하다. 특히 수중에서 발작을 하게 되면 익사의 위험까지도 가지게 될 수 있다.

그러나 우리가 아주 맹독이라고 여겨지는 뱀의 독도 보톡스, 주름개선 화장품, 항암제 등에 사용되고 있다. 즉, 아무리 독성이 강하거나 약하더라도 사용되는 양과 상황에 따라 적절하게 조절할 수 있다면 독성이 아니라는 뜻이다.

독성이란, 생명체에 나쁜 영향을 주는 것을 의미한다. 일반적으로 독성 물질이 인체에 나쁜 영향을 미치는 경로는, 흡입(Inhalation), 흡수(Absorption), 섭취(Ingestion) 등의 형태로 유발되며, 가스 상 독성물질로 인한 중독현상은 대부분 흡입에 의하여 발생하게 된다. 독성을 나타내는 인자로는 여러 종류가 사용되고 있는데, 물질안전보건자료 또는 제품에 부착된 용기 라벨 등을 통해서 확인이 가능하다. 하지만, 대부분의 작업자들은 약어로 표기되는 독성값 인자들에 대한 이해도가 낮아서 실제 작업 현장에서 물질안전보건 자료 등을 통한 독성물질 유해성 정도를 파악하는 데 어려움이 많다.

오늘날 독성학은 생체기관에 미치는 독성물질의 효과에 대한 양 적질적인 연구로 좀 더 적절하게 정의된다. 독성물질이란 화학약품일수도 있고 또는 물리적 물질 즉 먼지, 섬유, 소음, 방사능일 수도 있다. 물리적 동석물질 중에서 석면을 예를 들 수 있으며 이 물질은 폐에 큰 손상을 입히거나 암을 유발하는 걸로 알려져 있다.

화학물질 또는 물리적물질의 독성이란 생체조직에 이물질이 독성 영향을 주는 특성을 말한다. 어떤 물질의 독성위험은 산업보건기술을 이용하여 그 정도를 줄일 수 있지만 독성 그 자체를 변화시킬 수 없다.

독성물질의 유해성을 나타내는 인자들에 대하여 우선 살펴보도록 하자.

- TLV-TWA(Threshold Limit Value-Time Weighted Average): 독성물질 노출 허용기준에 가장 일상적인 인자로, ACGIH(American Conference of Governmental & Industrial Hygienists, 미국 산업위생 전문가회의)에서 매년 채택하여 발표하는 권장(Recommend)하는 노출허용기준 값이다. 이는 근로자가 유해요인에 노출되는 경우, 노출기준 이하 수준에서는 거의 모든 근로자에게 건강상 나쁜 영향을 미치지 아니하는 기준을 의미하며, 하루 근무 시간 동안 의 평균값으로 노출허용기준을 정하고 있다. 즉, 순간적으로 TLV-TWA보다 훨씬 높은 값에 노출되었다고 하더라도, 나머지 시간 동안 사무업무 또는 휴식 등을 통하여, 근무시 간 8시간 동안의 평균 노출값이 TLV-TWA 이하이면 안전하리라고 추정하는 값이다.

- LC_{50}(반수치사 농도 값): 화학물질을 단기 노출시켜, 시험 동물군의 50%가 2주 이내 죽는 농도를 의미한다. 일반적으로 1시간 정도 단기 노출시키고, 10마리 흰색 시험용 쥐(수놈, 암놈 각각 5마리)를 2주간 관찰하여 결정한다. 미국과 유럽, 한국의 유해화학물질관리법, 산업안전보건법, 고압가스안전관리법에서 독성물질(가스 포함) 분류 기준으로 활용한다.

- IDLH(Immediately Dangerous to Life and Health): 즉시 인체에 나쁜 영향을 나타낼 수 있는 농도값으로 다른 사람의 도움 없이 30분간 대피할 수 있으며 노출된 가스로 인 한 영구적인 장애는 발생하지 않는 수준을 의미한다. 이는 미국 NIOSH(National Institut e of Occupational Safety & Health)에서 발표한 것이다.

위에서 언급한 독성 기준 개념은, 독성가스 누출 사고 발생 시 개인보호구를 선정하는 데 중요한 인자로 작용한다. 예를 들면, IDLH 값을 초과하는 환경에서는 호흡기 보호구 중에서 방독면 착용은 금지시켜야 한다. 노출된 지역에서 작업자가 착용한 방독면은 외부 공기에 포함된 독성물질을 흡착 또는 여과하여 제거하는 방식을 채택하고 있으므로 흡착

능력이 다하면 순간적으로 IDLH 농도 값을 초과하는 독성물질이 작업자에게 노출될 수 있기 때문이다. 독성을 나타내는 인자별 수치를 비교하면 다음 그림과 같다.

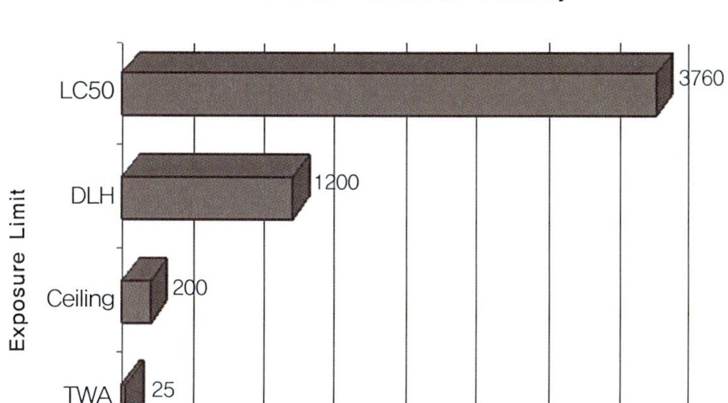

[그림 4-7] 일산화탄소 노출허용기준 인자 별 수치

고압가스 안전관리법 시행규칙에 의하면 "독성가스"란 아크릴로니트릴·아크릴알데히드·아황산가스·암모니아·일산화탄소·이황화탄소·불소·염소·브롬화메탄·염화메탄·염화프렌·산화에틸렌·시안화수소·황화수소·모노메틸아민·디메틸아민·트리메틸아민·벤젠·포스겐·요오드화수소·브롬화수소·염화수소·불화수소·겨자가스·알진·모노실란·디실란·디보레인·세렌화수소·포스핀·모노게르만 및 그 밖에 공기 중에 일정량 이상 존재하는 경우 인체에 유해한 독성을 가진 가스로서 허용농도(해당 가스를 성숙한 흰쥐 집단에게 대기 중에서 1시간 동안 계속하여 노출시킨 경우 14일 이내에 그 흰쥐의 2분의 1 이상이 죽게 되는 가스의 농도를 말한다. 이하 같다)가 100만분의 5,000 이하인 것을 말한다.

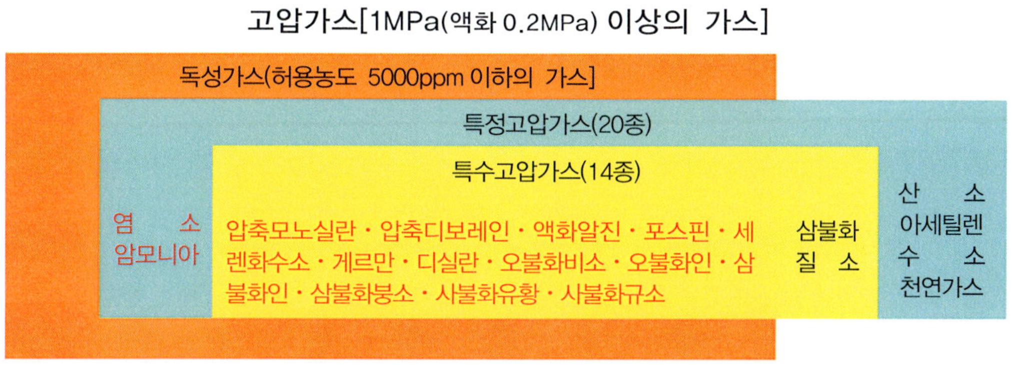

[그림 4-8] 고압가스안전관리법의 적용을 고압가스 관리도

[표 4-3] 국·내외 독성가스 관리 체계

국 가	기 관	기 준
국내	산업통산부 산하 고압가스안전관리법	LC50 5,000ppm 이하
미국	환경청(EPA, Environmental Protection Agency) 산하 독성물질관리법(TSCA, Toxic Substances Control Act)	LC50 5,000ppm 이하
EU	해당 나라의 지침이 우선 상용물질목록(EINECS, Europe Inventory of Existing Chemical Substances)	아크릴로니트릴 등 31종의 지정 독성가스
일본	고압가스보안법	TWA 200ppm 이하

[표 4-4] 국내 고압 독성가스 40종의 리스트 정보

순번	종류	CAS No.	분자식	폭발조건 (Volume %)	LC50 (ppm)	TLV-TWA (ppm)
1	겨자가스	505-60-2	$C_4H_8Cl_2S$		4ppm	
2	디메틸아민	124-40-3	C_2H_7N	2.8~14.4	5,290ppm	5ppm
3	디보레인	19287-45-7	B_2H_6	0.5~88	80ppm	0.1ppm
4	디실란	1590-87-0	Si_2H_6	자연발화	–	–
5	모노게르만	7782-65-2	GeH_4	자연발화(20도)	620ppm	0.2ppm
6	모노메틸아민	74-89-5	CH_5N	4.9~20.7	7,110ppm	5ppm
7	모노실란	7803-62-5	SiH_4	1.37~100	19,000ppm	5ppm
8	벤젠	71-43-2	C_6H_6	1.4~7.5	13,700ppm	1ppm
9	불소	7782-41-4	F_2	–	185ppm	1ppm
10	불화수소	7664-39-3	HF		1,307ppm	3ppm
11	브롬화메탄	74-83-9	CH_3Br	10~16	850ppm	5ppm
12	브롬화수소	10035-10-6	HBr		2,860ppm	3ppm
13	사불화규소	7783-61-1	SiF_4		922ppm	2.5ppm
14	사불화유황	7783-60-0	SF_4		40ppm	0.1ppm
15	산화에틸렌	75-21-8	C_2H_4O	3~100	2,900ppm	1ppm
16	삼불화붕소	7637-07-02	BF_3		864ppm	1ppm
17	삼불화인	7783-55-3	PF_3		436ppm	3ppm
18	삼염화붕소	10294-94-5	BCl_3		2541ppm	5ppm
19	세렌화수소	7783-07-5	SeH_2	가연성	51ppm	0.05ppm
20	시안화수소	74-90-8	HCN	5.6~40	144ppm	10ppm
21	아크릴로니트릴	107-13-1	C_3H_3N	3~17	666ppm	2ppm
22	아크릴알데히드	107-02-8	C_3H_4O	2.8~31	65ppm	0.1ppm
23	알진	7784-42-1	AsH_3	5.1~100	178ppm	0.05ppm
24	암모니아	7664-41-7	NH_3	15~28	7338ppm	25ppm

순번	종류	CAS No.	분자식	폭발조건 (Volume %)	LC50 (ppm)	TLV-TWA (ppm)
25	염소	7782-50-5	Cl_2	조연성	293ppm	0.5ppm
26	염화메탄	74-87-3	CH_3Cl	8.1~17.4	5,133ppm	50ppm
27	염화수소	7647-01-0	HCl		2,810ppm	2ppm
28	염화프렌	126-99-8	C_4H_5Cl	4~20	−	10ppm
29	오불화비소	7784-36-3	AsF_5		178ppm	0.01ppm
30	오불화인	7647-19-0	PF_5		261ppm	2.5ppm
31	요오드화수소	10034-85-2	HI		2,860ppm	0.1ppm
32	육불화텅스텐	7783-82-6	WF_6		218ppm	3ppm
33	아황산가스(이산화황)	7446-09-5	SO_2	−	2,520ppm	2ppm
34	이황화탄소	75-15-0	CS_2	1.3~50	−	10ppm
35	일산화질소	10102-43-9	NO		115ppm	25ppm
36	일산화탄소	630-08-0	CO	12.5~74.0	3,760ppm	25ppm
37	트리메틸아민	75-50-3	C_3H_9N	2.0~11.6	7,000ppm	5ppm
38	포스겐	75-44-5	$COCl_2$		5ppm	0.1ppm
39	포스핀	7803-51-2	PH_3	1.8~100	20ppm	0.3ppm
40	황화수소	231-977-3	H_2S	4.0~44.0	712ppm	10ppm

여러 종류의 가스가 혼합되어 있는 경우에는 이 혼합물질의 독성 여부를 판단하여야 한다. 다종(A, B, C⋯N)의 독성 가스가 혼합된 경우의 계산은

$$혼합가스허용농도(ppm) = \frac{1(ppm)}{A함량\%/A허용농도 + B함량\%/B허용농도 + \cdots + N함량\%/N허용농도} \times 100$$

------------------(4-1)

:: 예제

아래 표와 같은 혼합물이 있다. 이 혼합물이 독성인지 비독성인지 판단하시오.

가스 종류	혼합비율	허용농도(ppm)
독성가스 A	50%	150
독성가스 B	10%	50
비독성가스 C	40%	∞

$$혼합가스허용농도(ppm) = \frac{1}{50/150 + 10/50 + 40/\infty} \times 100 ≒ 187.5ppm$$

위의 계산결과에 의해 혼합가스 허용농도가 187.5ppm로 기준값인 5000ppm 이하이므로 독성가스에 해당된다.

4.5.1 독성물질의 체내 침입경로

화학물질이 생체에 들어오는 경로는 잘 알려져 있다. 일단 독성물질이 체내에 들어오게 되면 이것들을 체내혈관을 통해 이동하게 되고 결국은 배출되게 되거나 이물질이 목표기관으로 이동된다. 이 목표 생체기관에 결국 독성에 의한 손상이 나타나게 된다. 일반적으로 잘못 이해되기는 생체독성에 의한 손상이 독성물질이 가장 많이 모여 있는 생체조직으로 알려져 있다.

2012년 9월 27일 15시 43분경에 구미4공단 내 한 LCD세정제 제조업체에서 발생한 불화수소(HF) 누출의 경우 자극적인 냄새가 있는 기체로서 독성이 강하며, 농도가 높은 기체는 피부를 통하여 내부에 침투하여 심한 통증을 주게 된다. 농도가 낮은 경우에는 만성 장해를 일으켜 간장, 위장을 해친다. 또한 불화수소는 사람이나 동물에 대해서뿐만 아니라 식물에 대한 피해도 매우 크다. 특히 뽕나무, 감귤류, 소나무 등에 현저한 피해를 입힌다. 부식성 화학물질의 경우에는 이물질이 체내유입 및 전달이 없어도 손상을 줄 수 있다.

독성물의 생체기관에 들어오는 경로는 다음과 같다.

- 섭취(Inhalation): 입을 통해 위로 들어오는 경우
- 호흡(Ingestion): 입과 코를 통해 폐로 들어오는 경우
- 혈관주입(Injection): 혈관을 통해 들어오는 경우
- 피부흡착(Absorption): 피부 조직을 통해 들어오는 경우

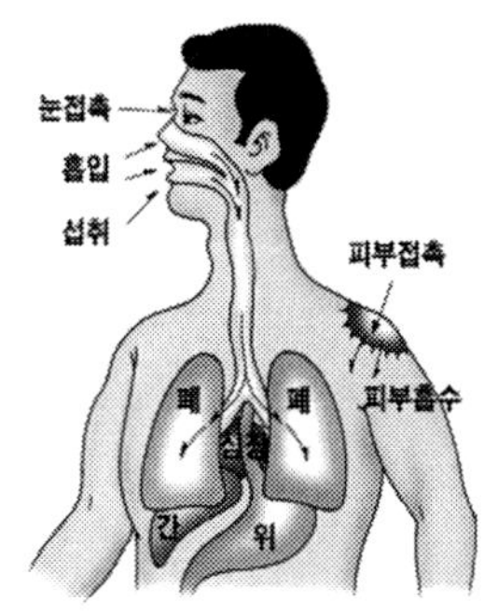

[그림 4-9] 인체 침입경로

이 모든 유입통로방법들은 표 4-5에 요약된 산업보건기술의 적절한 방법을 이용하여 방지할 수 있다. 4가지 유입 통로 중에서 호흡과 피부흡착에 의한 유입경로는 매우 심각한 산업재해를 야기한다. 호흡에 의한 관계는 공기 중 유독물질을 직접 측정하여 그 양을 알아낼 수 있다. 통은 기체에 의한 노출이고, 아주 작은 고체나 액체방울 등도 포함될 수 있다.

피부를 뚫고 유입되거나 피부흡착에 의해 유입되는 독성물질의 양을 측정하기는 매우 어렵다. 어떤 독성물질은 피부를 통해 매우 빨리 체내로 유입된다. 그림 2-1은 유입경로와 시간에 따른 체내의 혈액 속에 들어있는 유독물질의 농도를 나타낸 그림이다. 체내 혈액 속에 들어있는 독성물질의 농도는 여러 분야에 지표로 사용된다.

피부를 뚫고 유입되는 투입의 경우 유독물질의 체내농도가 가장 높고 그 다음은 호흡, 주입, 피부흡착 순으로 나타난다. 위, 창자기관, 피부 그리고 호흡기관 등이 독성물질의 유입에서 가장 중요한 역할을 한다.

1) 위 내장 기관

위와 내장기관은 입을 통해 유입되는 독성물질 체내 유입과정에서 가장 중요한 역할을 한다. 음식과 음료수는 가장 일상적인 유입과정으로 되어 있다. 공기 중의 고체입자 또는 액체 등도 호흡기 상단을 통해 유입될 수 있다.

위와 내장기관에 의한 독극물의 흡착 정도 및 선택도는 많은 조건에 따라 달라질 수 있다.

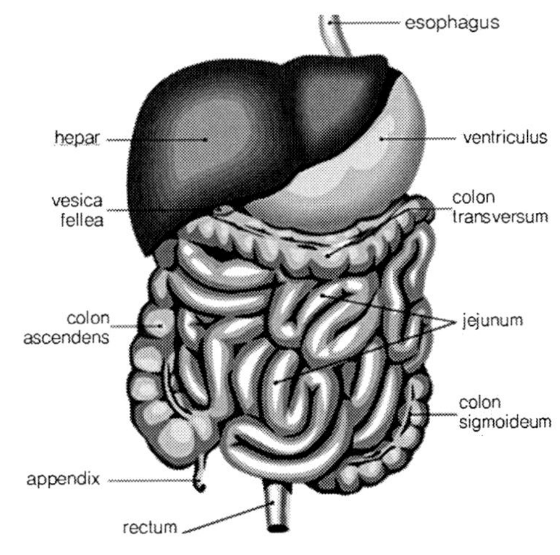

[그림 4-10] 위 내장 기관

[표 4-5] 독성물질의 채내 유입 결로 및 조절방법

유입경로	유입생체기관	대처 방법
섭취	입 또는 위	먹고, 마시고, 담배 피우는 것에 대해 엄격한 규칙을 실시
호흡	입 또는 코	배기, 후드, 방독면 또는 개인보호장비 사용
혈관주입	피부 손상	적절한 보호의류 착용
피부흡착	피부	적절한 보호의류 착용

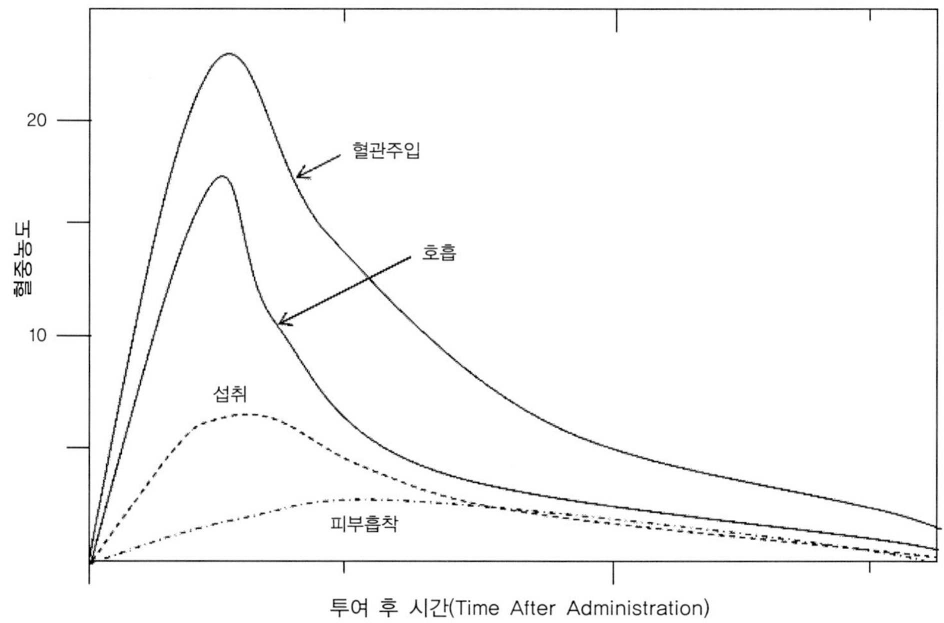

[그림 4-11] 유입경로에 따른 혈액 중의 독성물의 농도

그림 4-11 유입경로에 따른 혈액 중의 독성물의 농도, 유입, 확산, 생체이동 및 배출 등에 의해 넓은 범위에 걸쳐 차이가 예상된다.

화학물질의 형태, 분자량, 분자크기, 모양, 산도, 소장균 공격에 의한 적응도, 위와 내장기관을 통과하는 속도 그리고 많은 여러 가지 여건들에 의해서 독극물의 흡착도가 영향을 받게 된다.

2) 피부

피부는 피부흡착 및 피부투입을 통한 독극물 유입과정
에서 매우 중요한 역할을 한다. 투입 과정에는 피부상처를
통한 흡착 및 주사바늘을 통한 물리적 투입을 포함하고
있다. 주사바늘을 통한 물리적 투입은 실험실에 있는 서랍
에 주사바늘 등을 잘못 보관함으로써 발생할 수 있다.

피부의 외부층은 마른 조직으로 되어 있어서 독극물의
침투에 저항할 수 있는 외층이 있다. 독극물의 흡착침투는
머리세포와 한선(汗腺)을 통해서 유입될 수는 있으나 그 양

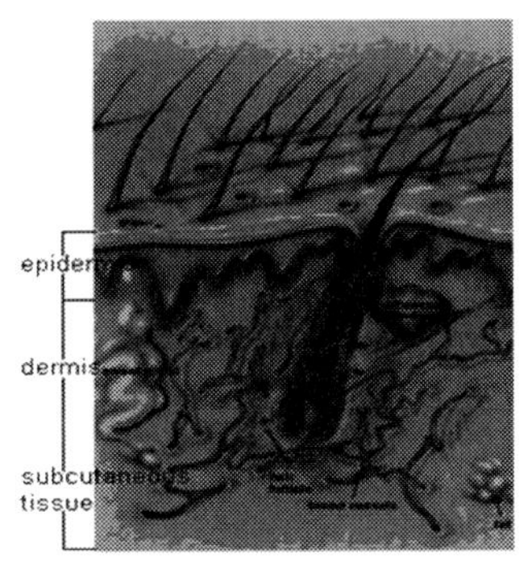

[그림 4-12] 피부

은 거의 무시할 정도이다. 피부를 통한 독극물의 흡착, 유입은 피부의 어느 부위인가와 수
화정도에 따라 다르다. 물이 존재할 경우에는 피부의 수화를 촉진시켜 결과적으로 침부합
착정도를 증가시키게 된다.

대부분의 화학약품은 피부에 의해 쉽게 침투하지 못한다. 그러나 몇 가지 화학약품들은
피부를 통한 침투량이 심각한 경우도 있다. 예를 들면 페놀 같은 화학약품은 약간의 피부노
출만 되어도 피부를 통과하여 치사량에 도달될 만큼 침투흡착 되는 약품중의 하나이다. 손
바닥 피부는 다른 부위의 피부보다 더욱 두껍게 되어 있다. 그러나 손바닥 피부는 그 기공
이 크기 때문에 흡착 정도는 다른 부위보다 더 크다.

3) 호흡기 계통

호흡기계통은 호흡에 의한 독극물 체내 유입과정에서 매우 중
요한 역할을 한다. 호흡기 계통의 조직의 근본적 기능은 혈액 속
에 이산화탄소와 공기 중의(호흡) 산소를 교환시켜주는 역할이
다. 정상적인 사람의 경우에는 1분 동안에 약 $250ml$ 의 산소를
섭취하고 대략 $200cc$ 의 이산화탄소를 배출한다. 대략 일 분간
호흡하는 공기량은 8 l 정도이다. 호흡된 공기 중 아주 일부분
만 허파의 호흡에 의해 교환되는 것이다. 이러한 교환현상은 육
체적 운동에 의해 증가하게 된다.

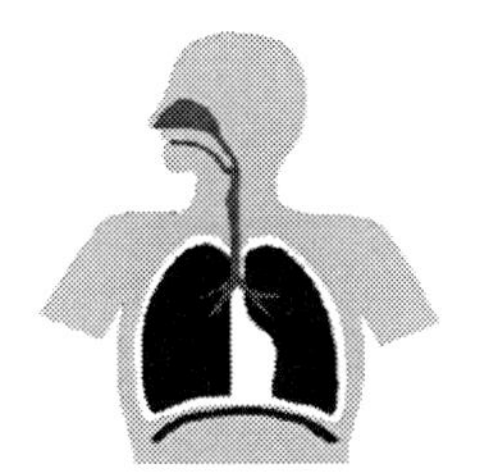

[그림 4-13] 호흡기 계통

호흡기 계통은 크게 두 부분으로 분리할 수 있다. 즉 상위 그리고 하위, 호흡기 계통이다. 상위호흡기 계통은 코, 입, 후강, 인두, 목젖, 목구멍, 숨통으로 구성되어 있다. 하위 호흡기 계통은 허파, 허파소조직체, 기관지, 폐포 등으로 구성되어 있다.

기관지관은 목구멍을 통해 들어온 맑은 공기를 폐포까지 운반하는 기능을 갖고 있다. 이 폐포는 아주 조그만 공기주머니로 되어 있는데 이곳에서 핏속의 공기가 교환된다. 정상폐포는 벽에는 아주 작은 관이 있어서 피를 운반하고, 통상 약 $100ml$의 피가 들어있다.

상위호흡기계통은 주로 휠터링(정제), 가열, 공기 가습화 기능을 갖는다. 코를 통해 들어온 공기는 물로 포화되며 목구멍까지 도착되기 전에 적절한 온도로 조절된다. 상위호흡기 계통에 있는 점액질이 공기정제를 돕고 있다. 상위호흡기계통과 하위호흡기계통은 독극물에 대해 서로 다른 반응을 나타낸다. 상위호흡기계통은 물에 녹을 수 있는 독극물에 의해 손상을 입게 되는데 물에 녹을 수 있는 독극물은 상위호흡기계통 안에 들어오면 반응하거나 녹아져서 산 또는 염기의 형태로 변화한다.

하위호흡기계통에서의 독극물은 폐포의 물리적 기체통과를 막거나 폐포벽과 반응하여 부식성독물질을 생성하기도 한다. 포스겐($COCl_2$, Phosgene)가스는 폐포에서 물과 반응하여 염화수소를 발생하고 또한 일산화탄소를 생성한다. 상위호흡기계통에 독성을 나타내는 물질 중에는 할로겐수소화합물 즉 염화수소, 브로모수소, 옥사이드 즉 나이트로젠옥사이드(NO), 썰퍼옥사이드(SO), 소디움옥사이드(NaO), 그리고 하이드록사이드(암모니움하이드록사이드(NH_2OH), 나트륨분진(Na), 포타시움옥사이드(KO) 등이 있다. 하위호흡기계통에 독성을 나타내는 물질 중에는 아클릴로나이트릴, 할로겐 기체들(불소, 염소, 브롬 등)과 황화수소, 포스겐, 메틸시아나이드, 아크로데인, 석면분진, 실리카, 매연 등이 있다.

먼지와 다른 용해되지 않는 물질 등은 허파에 특히 어려운 문제를 야기시킨다. 폐포에 들어간 알갱이들은 아주 서서히 제거된다. 먼지에 대해서는 보통 다음과 같은 아주 간단한 원리가 적용된다. 먼지의 크기가 작으면 작을수록 그 먼지는 호흡기계통에 더 깊숙이 침투된다. 먼지의 크기가 5마이크론(μ) 이상인 경우에는 보통 상위 호흡기 계통에서 걸러지지만 크기가 5마이크론에서 2마이크론 사이의 먼지는 기관지계에까지 도달한다. 1마이크론 이하의 먼지는 폐포에까지 도달한다.

미세먼지란 입경 10㎛ 이하의 먼지이며, PM10이라 하고, 입자가 2.5㎛ 이하인 경우 기준으로 초미세먼지(PM 2.5/PM2.5)라고 부른다. 미세먼지(Fine Particles)는 부유분진(Suspended Particles), 입자상물질(Particulate Matter) 또는 에어로솔(Aerosol) 등으로도 불리며 명칭에 따라 약간씩 다른 의미를 가지고 있다. 입자상 물질은 입경(지름)이 10nm에서 100㎛ 정도이며, 이보다 입경이 큰 경우는 중력에 의한 침강효과로 대기 중 체류시간이 아주 짧다.

4.5.2 독극물의 생체조직에 대한 영향

표 4-6에는 독극물에 노출되었을 때 나타나는 영향 등이 요약되어 있다. 문제는 독극물이 치명적 손상을 입히기 전에 나타나는 증상들을 감지할 수 있는가 하는 문제이다. 이러한 예측은 여러 가지 의학적 검사를 통해서 가능하다. 이러한 검사결과를 독극물에 노출되기 전 검사수치와 비교함으로써 의학적 기준을 만들 수 있다. 많은 특수가스 및 화학공장에서는 고용 전에 여러 가지 의학적 기준치 측정을 하고 있다.

[표 4-6] 독극물에 대한 여러 가지 반응들

가역적 효과들	가역 또는 비가역 효과들
암을 유발시키는 발암인자	피부에 영향을 주는 피부독성
염색체를 손상시키는 돌연변이 유도물	혈액에 영향을 주는 혈액독성
생식기에 손상을 야기하는 생식위험물	간에 영향을 주는 간장독성
기형출산을 야기하는 기형생성인자	콩팥에 영향을 주는 신장독성
	신경계통에 영향을 주는 신경독성
	허파에 영향을 주는 허파독성

4.5.3 독성학 연구

독성학 연구의 주요 목표는 손상기관에 예측되는 독극물의 영향을 정량화하는 데 있다. 대부분의 독성학 연구는 동물을 대상으로 행해지며, 대부분 거기서 나오는 결과가 사람에게도 확대 적용할 수 있기를 바라면서 연구된다. 일단 의심되어지는 독극물의 정량화되면,

거기에 맞춰서 이물질을 적절히 다룰 수 있는 방법 등이 강구될 수 있다.

- 독극물
- 목표물 또는 시험 생체기관
- 영향 또는 측정해야 할 반응
- 섭취량 범위
- 시험하는 기간

독극물은 반드시 화학적 구성 성분과 이 물질의 물리적 상태로써 구별되어야 한다. 예를 들면 벤젠은 액체 또는 기체 형태로 존재할 수 있다. 이 두 가지 물리적 상태의 벤젠은 각각 체내에 들어가는 과정이 다르기 때문에 각각 서로 다른 독성학적 연구가 필요하다.

시험되는 생체기관의 범위는 단세포 동물에서부터 고등동물까지에서 취할 수 있다. 유전학적 영향을 연구하기 위해서는 단세포 기관이 충분할 것이다. 특정한 기관 즉 허파, 콩팥 또는 간 등에 미치는 영향을 연구하기 위해서는 고등동물이 필요하다.

독극물의 섭취량 단위는 체내전달 방법에 의존한다. 어떤 물질이 직접적으로 어떤 기관에 전달되면(주입 또는 또 다른 투입 방법을 통해) 섭취량은 몸무게 kg당 몇 mg 단위로 측정된다. 이렇게 함으로써 연구자는 작은 동물을 통해 얻은 실험결과를(쥐: 몸무게 1kg의 몇 부분) 사람(남자: 70kg, 여자: 60kg)에게까지 적용할 수 있다. 기체상으로 공기 중에 떠있는 독극물은 그 양을 ppm(백만분의 일)이나 ㎥당 몇 mg(mg/㎥) 또는 ft^3당 들어있는 몇 백만 입자 수(MI PPCF)로 측정한다.

[표 4-7] 여러 가지 화학물질에 대한 TLVS 및 PELS 값

화학물질	TLV(Threshold Limit Value) 시간 가중 평균 (Time Weighted Average)		OSHA 허용폭로기준(PEL)	
	ppm	mg/㎥, 25℃	ppm	mg/㎥, 25℃
Acetaldehyde	100	180	100	180
Acetic acid	10	25	10	25
Acetone	750	1780	750	1780
Acrolein	0.1	0.25	0.1	0.25
Acrylic acid(skin)	2	6		
Acrylonitrile*(skin)	2	4.5	2	4.5
Ammonia	25	18	25	18

화학물질	TLV(Threshold Limit Value) 시간 가중 평균 (Time Weighted Average)		OSHA 허용폭로기준(PEL)	
	ppm	mg/㎥, 25℃	ppm	mg/㎥, 25℃
Aniline(skin)	2	8	2	8
Arsine	0.05	0.2	0.05	0.2
Benzene*	10	30	10	30
Biphenyl	0.2	1.5	0.2	1.5
Bromine	0.1	0.7	0.1	0.7
Butane	800	1900		
Caprolactum(vapor)	0.22	1		
Carbon dioxide	5000	9000	5000	9000
Carbon monoxide	50	55	35	38
Carbon tetrachloride*(skin)	5	30	2	12
Chlorine	0.5	1.5	0.5	1.5
Chloroform*	10	50	2	10
Cyclohexane	300	1015	300	1015
Cyclohexanol(skin)	50	200	50	200
Cyclohexanone(skin)	25	100	25	100
Cyclohexene	300	1010	300	1010
Cyclopentane	600	1720		
Diborane	0.1	0.1	0.1	0.1
1,1 Dichloroethane	200	810	100	400
1,2 Dichloroethylene	200	790	200	790
Diethylamine	10	30	10	30
Diethyl ketone	200	705		
Dimethylamine	10	18	10	18
Dioxane(skin)	25	90	25	90
Ethyl acetate	400	1400	400	1400
Ethylamine	10	18	10	18
Ethyl benzene	100	435	100	435
Ethyl bromide	200	890	200	890
Ethyl chloride	1000	2600	1000	2600
Ethylene dichloride	10	40	1	4
Ethylene oxide*	1	2	1	2
Ethyl ehter	400	1200	400	1200
Ethyl mercaptan	0.5	1	0.5	1
Fluorine	1	2	0.1	0.2
Formaldehyde*	1	1.5	1	1.5
Formic acid	5	9	5	9

화학물질	TLV(Threshold Limit Value) 시간 가중 평균 (Time Weighted Average)		OSHA 허용폭로기준(PEL)	
	ppm	mg/m³, 25℃	ppm	mg/m³, 25℃
Furfural (skin)	2	8	2	8
Gasoline	300	900		
Heptane	400	1600	400	1600
Hexachloroethane	1	10	1	10
Hexane	50	180	50	180
Hydrogen chloride TLV-C	5	7	5	7
Hydrogen cyanide(skin) TLV-C	10	10	10	10
Hydrogen fluoride TLV-C	3	2.5	3	2.5
Hydrogen peroxide	1	1.5	1(90%)	1.4(90%)
Hydrogen sulfide	10	14	10	14
Iodine TLV-C	0.1	1	0.1	1
Isobutyl alcohol	50	150	50	150
Isopropyl ether	250	1050	250	1050
Isopropyl alcohol	0.5	0.9	0.5	0.9
Ketene	0.25	1	0.25	1
Methyl anhydride	200	610	200	610
Methyl acetate	1000	1650	1000	1650
Methyl acetylene	200	260	200	260
Methyl alcohol	200	260	10	12
Methylamine	10	12	10	12
Methyl bromine(skin)	5	20	5	20
Methyl chloride	50	105	50	105
Methylene chloride*	50	175	50	175
Methyl ethyl ketone	100	250	100	250
Methyl formate	100	250	100	250
Methyl isocyanate(skin)	0.02	0.05	0.02	0.05
Methyl mercaptan	0.5	1	0.5	1
Napthalene	10	50	10	50
Nitric acid	2	5	2	5
Nitric oxide	25	30	25	30
Nitrobenzene(skin)	1	5	1	5
Nitrogen dioxide	3	6	3	6
Nitromethane	100	250	100	250
Nonane	200	1050		
Octane	300	1450	300	1450
Oxalic acid		1		1

화학물질	TLV(Threshold Limit Value) 시간 가중 평균 (Time Weighted Average)		OSHA 허용폭로기준(PEL)	
	ppm	mg/㎥, 25℃	ppm	mg/㎥, 25℃
Ozone TLV−C	0.1	0.2	0.1	0.2
Pentane	600	1800	600	1800
Phenol(skin)	5	19	5	19
Phosgene	0.1	0.4	0.1	0.4
Phosphine	0.3	0.4	0.3	0.4
Phosphoric acid		1		1
Phthalic anhydride	1	6	1	6
Pyridine	5	15	5	15
Styrene, monomer(skin)	50	215	50	215
Sulfur dioxide	2	5	2	5
Toluene(skin)	100	375	100	375
Trichloroethylene	50	270	50	270
Triethylamine	10	40	10	40
Turpentine	100	560	100	560
Vinyl acetate	10	30		
Vinyl chloride**	5	10	5	10
Xylene	100	435	100	435

* 발암가능성

** 발암성

SECTION
4.6

물질안전보건자료(MSDS)란?

물질안전보건자료(MSDS, Material Safety Data Sheet)란 물질에 관한 여러 가지 정보를 담은 자료를 말한다.

물질에 관한 정보는 그 물질의 이름, 성분, 유해성, 위험성, 보관방법, 다룰 때 주의할 점, 필요한 보호구, 몸에 묻거나 먹었을 때 등의 응급조치 등 여러 가지 정보가 포함된다.

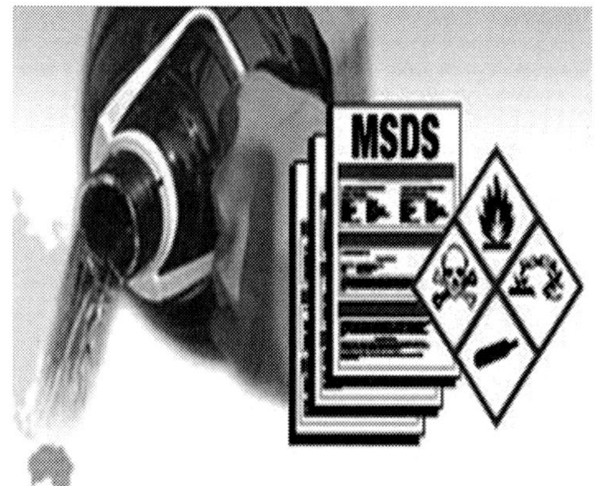
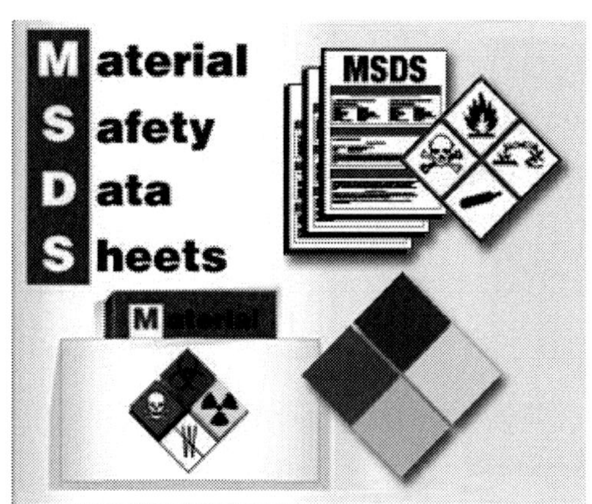

[그림 4-14] 물질안전보건자료

4.6.1 물질안전보건자료(MSDS)의 이해

[표 4-8] 물질안전보건자료에 포함되는 정보

구 분	정 보
화학제품과 회사에 관한 정보	제품명, 제품의 권고용도와 사용상의 제한 등
유해 · 위험성 정보	유해 · 위험성 분류, 예방조치문구를 포함한 경고표지 항목 등
구성 성분의 명칭 및 함유량	화학물질명, 관용명 및 이명, CAS 번호 또는 식별번호, 함유량
응급조치 요령	눈에 들어갔을 때, 피부에 접촉했을 때, 흡입했을 때 등

구　분	정　보
폭발 · 화재 시 대처방법	적절한 소화제, 화재 진압 시 착용할 보호구 및 예방조치 등
누출 사고 시 대처방법	인체 보호를 위한 조치사항 및 보호구, 정화 또는 제거방법 등
취급 및 저장방법	안전취급요령, 안전한 저장방법
노출방지 및 개인보호구	노출기준, 적절한 공학적 관리, 개인보호구 등
물리화학적 특성	외관, 냄새, 인화점, 인화 또는 폭발한계 상 · 하한, 자연발화온도 등
안정성 및 반응성	화학적 안정성, 유해반응의 가능성, 피해야 할 조건 등
독성에 관한 정보	가능성이 높은 노출경로에 대한 정보, 단기 및 장기노출에 의한 영향 등
환경에 미치는 영향	수생 · 육생 생태독성, 잔류성과 분해성, 생물 농축성 등
폐기 시 주의사항	폐기방법, 폐기 시 주의사항
운송에 필요한 정보	유엔번호(UN No.), 유엔 적정 운송명, 운송 시의 위험등급 등
법적 규제 현황	산업안전보건법에 의한 규제, 유해화학물질관리법에 의한 규제 등
기타 참고사항	자료의 출처, 최초 작성일자, 개정횟수 및 최종 개정일자 등

4.6.2 물질안전보건자료 게시 · 비치 방법

취급 근로자가 쉽게 보거나 접근할 수 있는 장소에 각 화학물질별로 물질안전보건자료를 항상 게시하거나 갖추어 두고, 취급 작업자가 물질안전보건자료를 쉽게 확인할 수 있는 전산장비를 설치하도록 해야 한다.

1) 게시 내용

- 물리 · 화학적 특성
- 독성에 관한 정보
- 폭발 · 화재 시의 대처 방법
- 응급조치 요령 등

2) 게시 장소

- 대상화학물질 취급작업 공정 내 안전사고 또는 직업병 발생우려가 있는 장소
- 사업장 내 근로자가 가장 보기 쉬운 장소 등

4.6.3 화학물질 관리요령 게시

[그림 4-15] 각종 실린더 유형

물질안전보건자료에 적힌 내용을 참고하여 취급 공정별로 화학물질 관리요령을 게시한다.

- 대상화학물질의 명칭 및 유해성·위험성
- 취급상의 주의사항 및 적절한 보호구
- 응급조치 요령 및 사고 시 대처방법 등

유해성·위험성이 유사한 화학물질의 그룹별로 작업공정별 관리 요령을 작성하여 게시할 수도 있다.

4.6.4 대상화학물질 경고표시

1) 경고표시 방법

- 대상화학물질 단위로 유해·위험정보를 명확히 알 수 있도록 경고표지를 작성
- 대상화학물질을 담은 용기 및 포장에 붙이거나 인쇄

2) 경고표시 의무자

- 대상화학물질을 양도하거나 제공하는 자

- 취급 사업장 사업주

3) 경고표시 대상

- 대상화학물질을 담은 용기와 포장
- 작업장에서 사용하는 대상화학물질을 담은 용기
- 대상화학물질을 담은 용기와 포장에 담는 방법 외의 방법으로 양도하거나 제공할 때
  는 경고표시 기재항목을 적은 자료를 제공

4) 경고표지에 들어갈 내용

- 명칭: 해당 대상화학물질의 명칭
- 그림문자: 화학물질의 분류에 따라 유해·위험의 내용을 나타내는 그림
- 신호어: 유해·위험의 심각성 정도에 따라 표시하는 "위험" 또는 "경고" 문구
- 유해·위험 문구: 화학물질의 분류에 따라 유해·위험을 알리는 문구
- 예방조치 문구: 화학물질에 노출되거나 부적절한 저장·취급 등으로 발생하는 유해·
  위험을 방지하기 위하여 알리는 주요 유의사항
- 공급자 정보: 대상화학물질의 제조자 또는 공급자의 이름 및 전화번호 등

[그림 4-16] 화학물질 유해·위험 그림 1

[그림 4-17] 화학물질 유해 · 위험 그림 2

4.6.5 물질안전보건자료(MSDS) 교육

[그림 4-18] 정기적인 물질안전보건자료 교육

유해성·위험성이 유사한 대상화학물질을 그룹별로 분류하여 교육할 수 있다. 교육을 실시했을 때에는 교육시간 및 내용 등을 기록 및 보존하도록 한다.

1) 교육시기

- 대상화학물질을 제조·사용·운반 또는 저장하는 작업에 근로자를 배치하게 된 경우
- 새로운 대상화학물질이 도입된 경우
- 유해성·위험성 정보가 변경된 경우

2) 교육내용

- 대상 화학물질의 명칭(또는 제품명)
- 물리적 위험성 및 건강 유해성
- 취급 주의사항
- 적절한 보호구
- 응급조치 요령 및 사고 시 대처방법
- 물질안전보건자료 및 경고표지를 이해하는 방법

연습문제 Question　　　　　chapter 4. 가스의 유해성이란?

1. 미국 교통부 유해성 분류(Department Of Transportation HAZARD CLASSES)에 따라 가스 물질에 대한 DOT 유해성 분류는 크게 5가지로 나뉘어 생각할 수 있다. 이에 대하여 자세히 설명하시오.

2. "Lowest Hazard But Highest Risk(유해성은 가장 낮지만, 가장 위험한 가스)"로 인식되며 무취, 무미, 비자극성의 특징을 가지고 있는 성질은 5가지 유해성 중 어디에 해당하는가?

3. 최소 작업가능 산소농도에 대하여 논하시오.

4. 가연성 가스의 유해성을 인식할 때의 주요 인자로는, 대기 중에서의 연소범위(Flammable Range In Air), 자연발화온도(Auto Ignition Temperature, AIT), 비중(Gravity) 세 가지가 있다. 이 세 가지 요소에 대하여 설명하시오.

5. 고압가스 안전관리법 시행규칙에 따른 "가연성 가스"란?

6. 독성학의 가장 기본적인 원리는 "해가 없는 물질은 없다. 오직 물질을 해 없이 사용하는 방법뿐이다."라는 것이다. 무엇이 독성학을 이렇게 정의하는지 예를 들어 자세히 설명하시오.

7. TLV-TWA와 LC50의 정의와 차이점에 대하여 논하시오.

8. 국ㆍ내외 독성가스 관리 체계를 비교하여 그 차이점을 설명하시오.

9. 독성물의 생체기관에 들어오는 경로는 섭취(Inhalation), 호흡(Ingestion), 혈관주입(Injection), 피부흡착(Absorption)로 분류할 수 있다. 각각의 차이점을 설명하시오.

10. 물질보건안전자료(MSDS)란?

가스 설비의 안전 설계 및 취급

SECTION 5.1

실린더 캐비닛(Cylinder Cabinet)

실린더캐비닛은 반도체 제조공정에서 사용하는 위험성이 높은 가스가 충전된 실린더를 안전하게 보관하고, 일정압력 및 일정량의 가스를 사용처까지 공급하여 주며 비상 시 자동 차단, 배기가 되도록 구성된 가스의 안전공급 장비이다.

제조공정상 가스 누설의 확률이 가장 높은 작업은 용기의 연결, 분리에 따른 작업시라고 생각되며 안전성을 높이기 위하여 특별히 이 용기수납 상자를 사용하고 있다.

SEMATECH(SEmiconductor MAnufacturing TECHnology, 미국 반도체 제조기술 연구조합)에 의하면 운전자의 실수 즉, 용기의 연결 및 분리작업에서 발생되는 사고가 전체의 약 30%를 차지한다고 한다. 이러한 행위만을 제거함으로써 사고의 위험성을 30% 줄일 수 있다는 것과 귀결된다.

주로 강판제로 안을 볼 수 있도록 방호유리 등으로 만들어진 상자 안에는 누설검지경보기의 감지센서가 부착되어 있어 가스의 누설 시에는 경보를 올려주며 가스의 공급을 자동적으로 차단하는 기능(Emergency Shutoff)도 있고, 또한 용기의 밸브를 자동으로 개폐(버튼 조작)하는 기구 등도 갖추어져 있다.

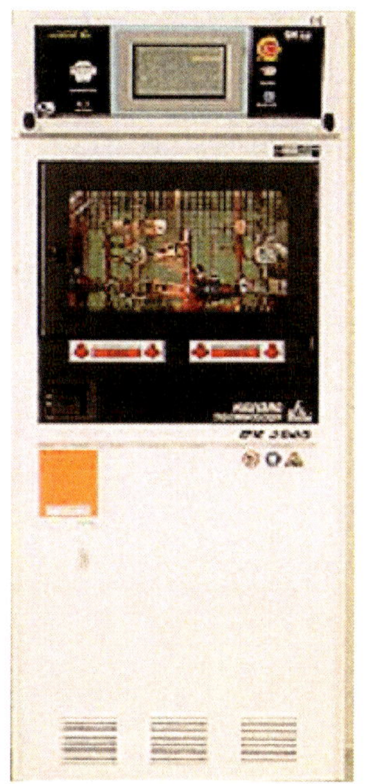

[그림 5-1] 실린더캐비닛

만일의 경우에 발생할 수 있는 가스의 누설에 대비하여 가스캐비닛 내부에는 환기설비를 하여 누설된 가스가 대기 또는 제거설비로 갈 수 있도록 하는 것이 좋다. 환기유량은 가스의 종류에 따라 다르나 누출 시 공기와 혼합된 혼합가스의 조성이 LFL(Lower Flammable Limit, 연소하한계)값의 25% 이하 또는 TLV-TWA 값 이하로 유지되도록 하는 것을 추천하고 있다. 이때 누출되는 가스의 양은 실린더 밸브 후단에 설치되어 있는 RFO(Restriction Flow Orifice)에서 발생할 수 있는 양을 최대로 한다.

가스캐비닛을 사용하는 경우에는 사용처로 송부하여야 하는 유량이 많지 않으므로 최대 공정에서 사용되는 유량 이상은 흐르지 않도록 RFO 설치를 하여 만일의 상태 즉, DISS 연결구의 탈락 등으로 인하여 누출이 발생하더라도 유량의 흐름을 차단함으로써 위험성을 감소시킬 수 있다. 근래에는 각종 사용처의 필요유량이 대량화 하여 가스캐비닛보다는 BSGS(Bulk Specialty Gases System) 등을 사용하는 경우가 많은데 이 경우에는 RFO보다는 후단의 압력 또는 유량을 측정하여 자동으로 유량을 정지시킬 수 있는 자동잠금밸브 설치를 하여야 한다.

RFO는 고객의 요구 유량, 법적기준, 가스의 종류, 환기설비의 능력 등을 고려하여 설치하는데 실란의 경우 0.25㎜, 디실란의 경우 1.5㎜, 맹독성의 경우에는 최고 누출량이 28slpm(standard liter per minute) 이하가 되도록 하는 것을 추천한다.

단, 실란(SiH4)의 경우에는 기계적 연결부위에서 공기의 표면속도를 최소한 200~250ft/min(1.0~1.3m/sec, CGA G-13) 정도로 낼 수 있도록 하는 것을 추천하고 있다. 여기서 표면속도는 각종 기계적 결합(예: 플랜지, VCR, 나사산식 연결, CGA, DISS Connection 등)에서 그 표면을 지나가는 공기의 속도를 의미한다. 그러나 가스캐비닛 내부의 모든 기계적 연결구 모두에 표면속도에 맞도록 설치하기는 어려우므로 전체 단면(㎡)에 해당 필요속도(1.3m/sec)에 해당하는 공기를 투입하여 수행하는 것이 손쉬운 방법이다.

예를 들어 실란을 취급하는 가스캐비닛의 치수가 높이 2.0m, 너비 0.8m, 길이 1.5m에 해당하는 가스캐비닛이라면, 캐비닛을 통과하는 필요공기량은

$$= \text{너비}(0.8m) \times \text{길이}(1.5m) \times \text{실란 표면속도}(1.3㎥/sec)$$
$$= 0.8m \times 1.5m \times 1.3m^3/s \times 3600s/h = 5,616m^3/h$$

이 된다.

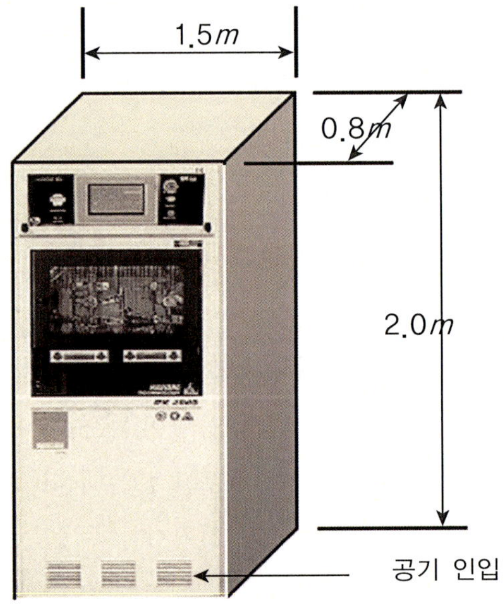

[그림 5-2] 실란 가스캐비닛 치수 예

즉 여기서 계산된 필요공기량은 항상 가스캐비닛을 통과하면서 만일에 발생될 수 있는 가스누출 시 피해를 저감하는 역할을 할 뿐만 아니라 덕트 및 비상용 제독설비의 용량선정의 기초 자료가 된다.

그 외에 모든 문과 창문은 자동잠금장치를 설치하고 가연성 가스를 취급하는 경우에는 30분 이상의 내화 성능을 갖도록 하여야 한다. 화재 등을 감시할 수 있도록 온도 및 불꽃감지기를 설치하되 불꽃감지기의 지연시간은 5초를 추천한다.

더불어 압력조절밸브의 본넷(Bonnet)은 압력이 밸브의 조절에 따라 축적되는 경향이 있는데 이는 내부 과압을 일으켜 누출의 원인이 된다. 이때에는 본넷의 벤트 구멍을 통하여 벤트 배관을 설치하여 안전한 지역으로 내부의 가스가 배출되도록 하는 것을 권장한다.

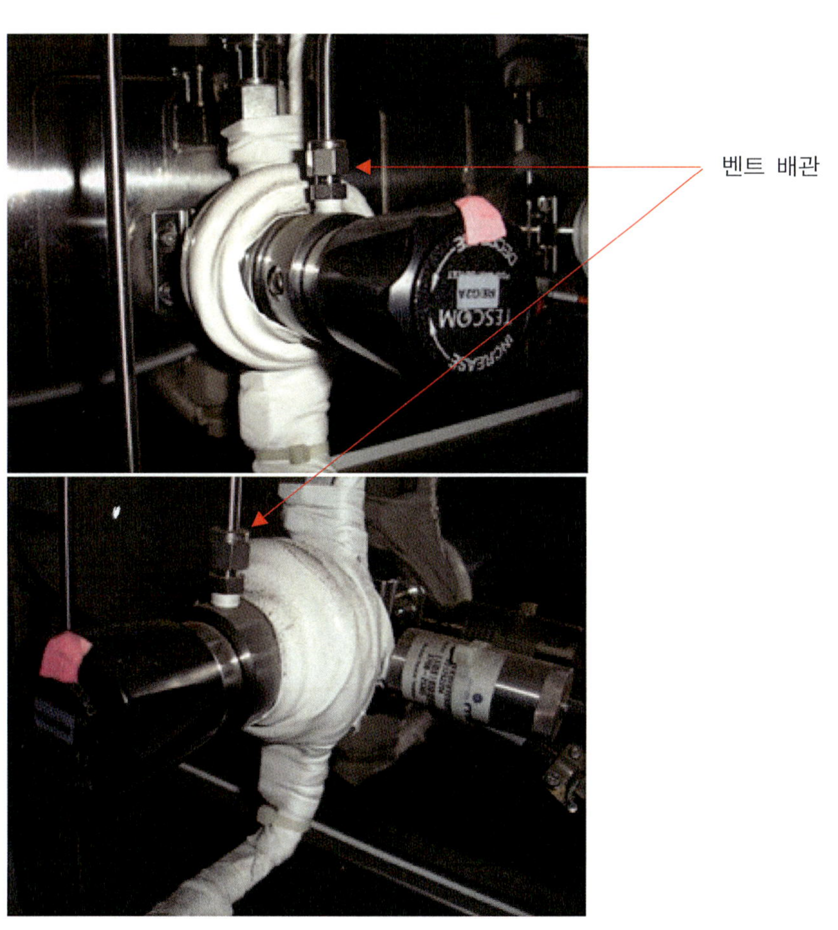

[그림 5-3] 압력조절밸브 벤트 배관 설치 예

SECTION
5.2 가스누설검지 경보기

5.2.1 가스누설검지 설치 개요 및 목적

독성가스의 안전에는 우선 제일먼저 가스의 누설이 없도록 설비·장치·배관·이음부·밸브 등을 충분히 고려한 일상적인 보수·점검·관리가 요구된다고 하겠다. 적절한 방법으로는 기계적 연결이 없고 모두 용접 등으로 수행하는 방법이 있으나 이것은 운전 및 정비 등의 이유로 인하여 물리적으로 어려우므로 이에 대비한 안전 조치가 필요하다.

여기서 만에 하나라도 가스가 누설된 경우에는 신속하고 정확하게 검지하여 신속한 다음의 안전조치가 이루어져야 한다. 따라서 누설검지 경보기의 설치가 요구되는데 사용조건이나 목적에 따라 선택할 필요가 있으며 검출감도, 신뢰성, 취급의 간편성, 경제성 등에 따라 잘 선택하여야 한다.

국내 고압가스안전관리법에서는 옥내에 설치하는 경우 주변길이(Perimeter) 10m당 1개 이상, 옥외에 설치하는 경우 주변길이 20m당 1개 이상을 설치하도록 규정하고 있다.

예를 들어 옥내에 독성가스 또는 가연성가스를 취급하는 설비나 저장을 하는 경우, 그 치수가 가로 20m, 세로 20m, 높이 5m의 경우 가스감지기의 숫자와 설치위치를 선정한다고 가정해보자. 옥내설치 기준을 따라 가스감지기의 숫자를 결정하면,

감지기 개수 = (가로 20m × 세로 20m) / 10m(옥내 설치기준)

= 4ea

즉, 최소 4개 이상의 감지기 설치가 필요하다. 건물의 천정을 기준으로 하며 천정까지의 높이는 감지기 개수 선정에 영향을 주지 않는다.

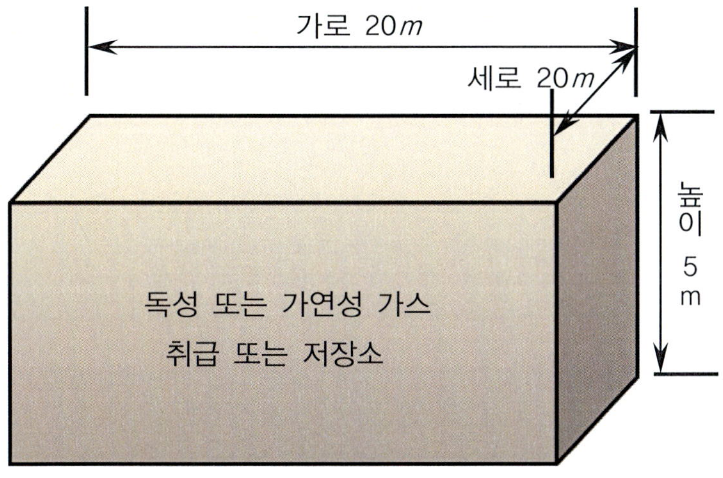

[그림 5-4] 옥내설비에서의 가스감지기 설치

[표 5-1] 가스누설 감지기 사용 현황

LEAK DETECTION		
MSA Passport O_2, CO, LEL Gas Monitor	Fisher Safety	18-999-4695
Calibration Kit (for O_2/LEL/CO monitor)(includes calibration gas cylinder–[50ppm CO, 2.5% CH_4, 12%O_2/N_2], regulator, tubing and case)	Grainger	5HP83
Thermal Conductivity GAS LEAK DETECTOR (hydrides, etc.)	Matheson	8057
GMD Autostep Plus Monitor System including:		
GMD Autostep Plus with Demand Sample Mode	Bacarach	2740-0045
Charger 110VAC	Bacarach	2740-2040
Hydride tape cassette,	Bacarach	2740-1060
Chlorine tape cassette	Bacarach	2740-1040
Acid gases tape cassette	Bacarach	2740-1090
8 oz. bottles– Omega 31 or other GEG–approved leak detection solution	local	
Roll– pH Paper	Grainger	2153
Vial– Lead Acetate Test Strips (H_2S, etc. detection)	VWR	60792-009

또한 검출하고자 하는 가스의 특성에 따라 설치위치를 고려하여야 한다. 공기보다 무거운 가스를 검출하고자 하는 경우에는 바닥에서 30cm 이내에, 공기보다 가벼운 물질의 경우에는 천청 상부에서 30cm 이내에 설치를 권장하나 누출 가능성 부위에 따라 신중히 결정하여야 한다.

예를 들어 외부에 설치되어 있는 공기보다 무거운 독성 또는 가연성 가스를 취급하는 배관에 누출의 가능성이 있는 플랜지 주위에 가스누설 감지기를 설치하는 경우 평소 바람의 방향 등을 고려하여 누출가능성이 있는 부위보다 낮게 설치하여야 한다. 이 경우 바람의 속도, 대기 안정도(Atmospheric Stability), 대지조건(Ground Condition), 누출 지점의 높이, 누출된 초기물질의 부력(Buoyancy)과 운동량(Momentum) 등을 고려하여 분산모델 분석(Dispersion Model Analysis) 을 수행하여 그 위치를 정하는 방법이 좋으나, 이것은 많은 경험과 지식 및 Software등을 요하므로 현장에서 바로 적용하기는 그리 쉽지 않다. 이에 실용적인 방법(Rules of Thumb) 으로 누출가능성이 있는 위치에서 가스누성 감지기의 위치까지의 수직거리보다 바람의 방향으로 약 3배 정도 떨어진 지점에 감지기를 설치하는 것을 추천한다.

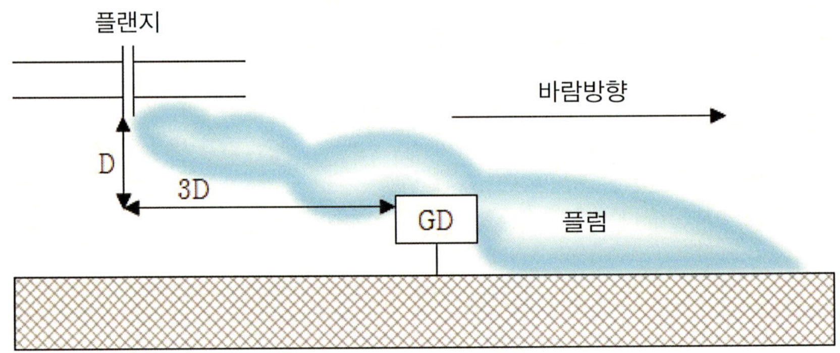

[그림 5-5] 실용적인 가스누설 감지기 설치 위치 1

또한 만일 공기흡입구 또는 실내에서 발생되는 모든 가스 및 공기가 이송되는 덕트에
설치하는 경우에는 이러한 30cm 룰을 따르지 않는 것이 좋다.

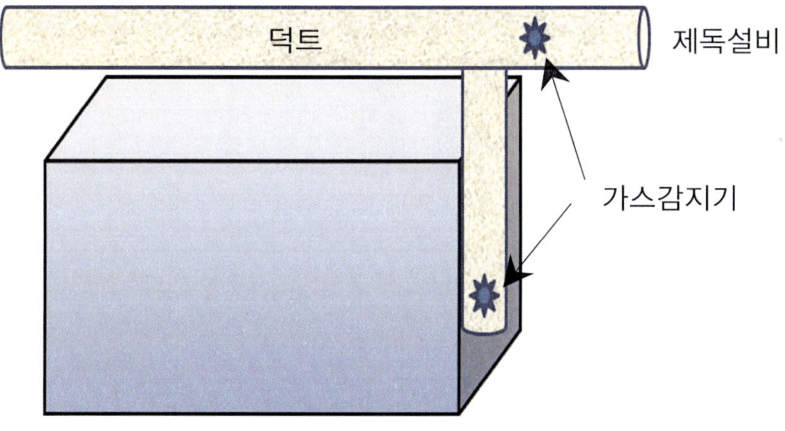

[그림 5-5] 실용적인 가스누설 감지기 설치 위치 2

가스누설이 빈번히 발생하는 장소를 보면 주로 기계적 결합으로 이루어진 곳 즉, 플랜지,
나사산 연결, DISS, CGA, 용융성 플러그 등이다.

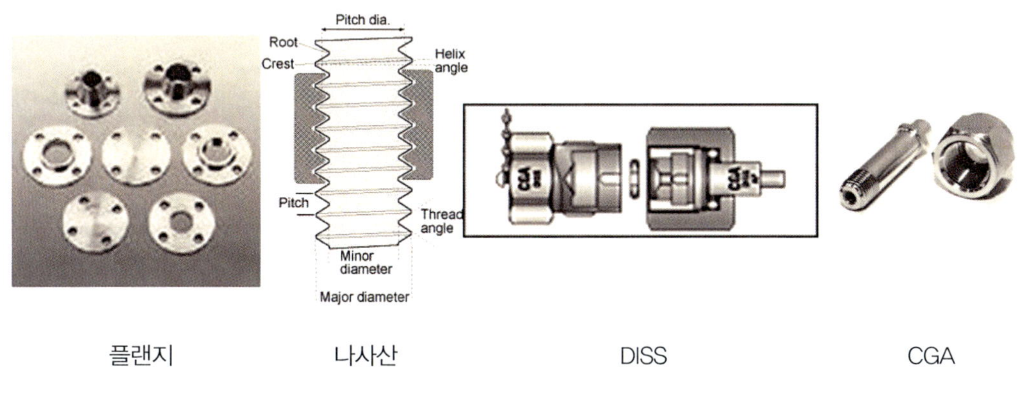

[그림 5-6] 기계적 결합의 예

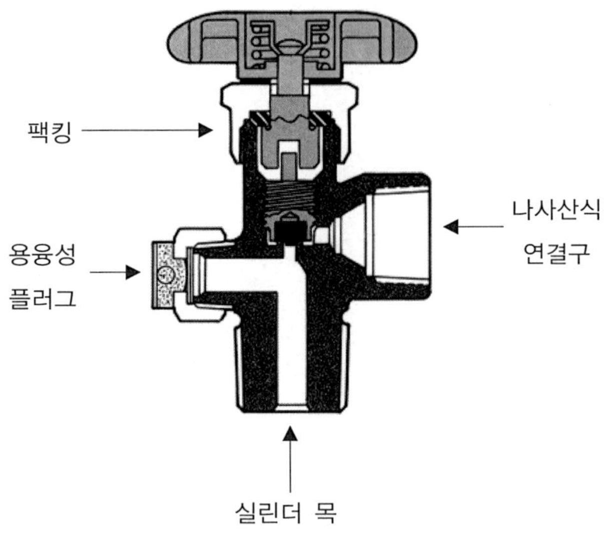

[그림 5-7] 밸브에서의 대표적인 누출 위치

5.2.2 가스누설검지 종류

1) 대기 확산식(Diffusion Type)

대기 중의 가스가 누출되면 가스의 비중과 누출 시의 압력으로 인하여 누출된 가스는 대류를 통하여 이동한다. 대기확산식 가스감지기는 이렇게 대류로 이동하는 가스를 가장 빠르게 접할 수 있는 장소에 설치하여 누출의 정도를 측정한다.

(1) 장점
- 가장 많이 사용된다.
- 초기 설치비용이 흡입식에 비교하여 저렴하다.
- 응답속도가 빠르다.

(2) 단점
- 고소 지역에 설치가 가능하나 테스트 및 점검이 불편하다.
- 고온, 고압, 다습한 지역에서는 전처리가 불가능하므로 이러한 환경은 오동작의 원인이 된다.

2) 자동 흡입식(Auto Suction Type)

대기 중의 가스가 누출되면 주변의 공기를 흡입하여 공기 중의 누출된 가스를 측정하는 방식이다. 공정 내부의 환경조건(온도, 습도, 압력, 설치위치 등) 등의 영향으로 인하여 가스감지기의 직접설치가 어려운 지역에 사용된다.

(1) 장점
- 측정 및 교정이 불가능한 배관, 고열, 고소, 습도가 높은 장소, 고압 등의 지역에 흡입관(Suction Line)을 설치하여 측정이 가능하다.
- 주위 환경에 대한 전처리가 가능하여 측정하고자 하는 위치의 가스존재 여부를 정확하게 측정할 수 있다.
- 정기적인 점검 및 테스트를 쉽게 할 수 있다.

(2) 단점
- 초기 설치비용이 많다.
- 배관이 길어지면 응답속도가 느려질 수 있다.

3) 가스 센서의 선정 기준
- 검출감도가 높아야 한다.
- 가스농도 당의 변화량이 높아야 한다.
- 선택성이 좋아야 한다.
- 응답속도가 빨라야 한다.
- 반복감지가 가능하여야 한다.
- 주위환경(온도, 습도 등)에 영향을 받지 않아야 한다.
- 장시간 안정된 감도를 유지하여야 한다.
- 유지보수가 용이하여야 한다.
- 취급이 간단하여야 한다.

4) 가스 누설을 감지하는 방법

- 눈: 누출된 연기, 비누거품을 이용한 거품 테스트
- 냄새: 누출 가능성이 있는 부위에서의 생소한 냄새
- 소리: 마찰하는 소리, 방울 낙하 소리

[표 5-2] 가스 측정 기술의 비교

검지 기술	장 점	단 점
촉매식 (catalytic)	· 가스의 가연성을 간단하게 측정 · 저가에 입증된 기술	· 납, 염소, 실리콘 등에 의한 피복현상으로 인식이 어려운 작동불능 상태가 될 수도 있음 · 소비전력이 큼 · 설치장소의 제약이 있음
전기화학시식 (Electrochemical)	· 낮은 농도의 유독성 가스를 측정 · 다양한 종류의 가스 검지가 가능 · 센서 자체의 전력소비가 거의 없음	· 모니터링 기술의 뒷받침이 없으면 인식이 어려운 작동불능의 상태가 될 수 있음 · 작동을 위해 산소 필요 · 설치장소의 제약이 있음
지점용 적외선식 (Point Infrared)	· 화학적 보다는 물리적 기술 사용함 · 교정 오류에 대해 덜 민감함 · 작동불능 현상의 인식이 용이함 · 불활성 분위기에도 사용 가능	· % LEL 범위에서만 가연성 가스 사용 가능 · 가스의 연소성과 관계 있는 가연성 가스의 농도 측정 · 설치장소의 제약이 있음 · 중간 이상의 소비 전력
개방공간용 적외선식 (Open Path Infrared)	· 넓은 공간에 대한 포괄적 검지로 누출검사 기능 극대화 · 작동불능 현상의 인식이 용이 함 · 가장 최근에 개발된 기술 · 낮은 농도 측정 가능 · 설치장소의 제약을 받지 않음 · 가연성 가스에 이어서 유독성 가스 감지기의 개발이 진행되고 있음	· 고가의 초기 구입 비용 · 좁은 장소에는 적합하지 않음 · 검지를 위한 빛의 경로가 가려질 수 있음
반도체식 (Semiconductor)	· 기계적으로 견고함 · 지속적인 고습 환경에서 정상적 작동	· 오염물질과 환경변화의 영향이 큼 · 비선형적 반응으로 복잡성 초래

검지 기술	장 점	단 점
열전도도식 (Thermal Conductivity)	• 산소가 없는 환경에서도 2성분 혼합물의 %v/v 농도 측정 가능	• 가스농도가 높은 경우에만 측정 가능 • 한정된 종류의 가스만 측정 가능 • 대기와 전도성이 비슷한 가스는 측정 불가 • 많은 유지 관리가 필요
켐카세트 (Chem Cassette)	• 감도가 우수하고 유독성 가스에 대한 성택성이 높음 • 가스 누출의 물질적 증거를 남김 • 오경보를 울리지 않음	• 시료흡입 시스템이 필요 • 시료가스에 대한 전처리(예: 고온에 대한 분해)가 필요할 수 있음

SECTION 5.3

배기 및 환기설비

가연성가스 및 독성가스를 취급하는 작업실(제조공정상 실내)은 가스가 체류하지 않는 구조로서 배기가스를 전용덕트로 보내 안전하게 처리한 후 배기팬을 통해서 배기구에 접속시켜야 한다.

안전하게 처리하는 방법으로서는 화학 반응 · 화학흡착 · 물리흡착 · 연소 · 희석 등의 방법이 있으며, 희석 등의 방법은 배기구의 출구로도 가능하다. 특히 반도체 제조용 가스에는 자연발화성 · 부식성이 지극히 강한 가스가 많아 배기가스 시스템에 사용되는 재료는 불연성 내식재료를 사용하도록 되어있다. 또한 배기팬은 작업 중에는 연속가동하고 정지한 경우에는 즉시 이것을 알리는 경보기를 설치하여야 한다.

특히 자연발화성 물질인 실란의 경우에는 환기설비가 대단히 중요하다. 실란의 경우, 미국의 SEMATECH(SEmiconductor MAnufacturing TECHnology, 미국 반도체 제조기술 연구조합)의 조사보고서인 "Silane Safety Improvement Project S71-Final Report"에 의하면 누출이 발생하였을 때 약 59%가 제트화재(Jet Fire), 약 11%가 폭발(Explosion), 약한 팝 화재(Pop)가 11%, 공기 중의 산소와 반응하지 않고 배출되는 경우가 약 19%에 이르는 것으로 나타났다. 실란이 누출하여 화재를 일으키지 않고 대기 중으로 방출되면 실란의 기체가 공기와 섞이게 되고 증기를 형성하여 폭발하는 증기 폭발(VCE, Vapor Cloud Explosion)의 원인이 된다.

이러한 이유로 실란의 경우 미국의 압축가스규격(CGA, Compressed Gas Association), 화재안전협회(NFPA, National Fire Protection Association) 등에서 모든 개구부 또는 기계적인 결합부(예: VCR, DISS, Flange 등)에서의 표면속도를 약 200~250ft/min(1.0~1.3m/sec, CGA G-13) 이상으로 유지하는 것을 규정하고 있다. (그림 5-2 참조)

[그림 5-8] 실란 화재 현장

그림 5-8은 자연발화성 물질인 실란의 제트 화재로 인하여 발생된 화재가 가연성인 폴리프로필렌으로 이루어진 덕트에 화재를 전파하여 주변의 설비까지 화재가 번져 공장전체를 전소시킨 예이다. 즉, 가연성 가스를 취급하는 작업실의 덕트는 불연성 재료를 사용하여야 한다는 것을 명심하여야 한다. 이는 화재 전파를 방지하기 위하여 불연성 덕트 사용이 얼마나 중요한지를 보여주는 좋은 예이며 우리나라 소방법에서는 댐퍼(Damper)가 화재 시 자동으로 차단되어 화재가 덕트를 통하여 다른 지역으로 전파가 되지 않도록 규정하고 있다.

여기서 가스를 취급하는 설비와의 화재 시 방화와의 차이점을 분명히 이해하여야 한다. 댐퍼 설치의 경우 가스 누출 시 누출지역의 댐퍼를 열고 그 외의 지역을 차단하여 누출된 독성가스가 전량 제독설비에서 처리되도록 하며, 이미 화재가 발생한 경우 화재의 전파 또는 연기의 전파가 덕트를 통하여 발생되지 않도록 차단하여야 한다.

실내에 취급하는 경우 배기량은 표 5-3을 참조하도록 한다. 공기의 흡입량은 배기량과 동일 또는 약간 적게 산정하여 음압이 형성되도록 하여 독성·가연성 가스가 누출되더라도 외부로 배출되는 것을 막도록 한다.

SECTION
5.4

퍼지 시스템

퍼지는 위험한 상태의 가스를 안전한 불활성 또는 비활성 물질로 치환하는 것을 말한다. 예를 들어 어떤 장치에 가연성 가스가 존재하고 이것을 질소 등과 같은 불활성 가스를 주입하여 가연성가스의 농도를 가연범위 외로 벗어나게 하거나 시스템 내에 존재하는 산소의 농도를 연소를 위한 최소농도(MOC, Minimum Oxygen Concentration) 이하로 낮게 하는 공정인 불활성화 또는 독성가스의 농도를 안전한 범위까지 낮추고자 하는 등의 목적으로 사용된다.

가스용기를 장치에 연결할 때나 분리할 때 실시하는 퍼지는, 독성 및 가연성 가스의 누설이나 장치 내의 오염 등의 위험이 수반되므로 중요한 퍼지조작을 익혀둘 필요가 있다.

5.4.1 진공 퍼지(Vacuum Purge)

진공 퍼지는 불순물의 최적으로 제거하기 위한 용기에 대한 반도체 산업에서 가장 통상적인 불활성화 절차이다. 그러나 이 방법은 석유화학 공정 등에서 사용되는 큰 저장용기에는 사용될 수 없다. 큰 용기는 보통 진공에 견디도록 설계되지 않는데 만일 용량이 큰 저장용기를 진공의 상태까지 견딜 수 있도록 한다면 용기의 두께가 너무 두꺼워져서 투자비를 감당할 수 없기 때문이다.

그러나 반도체 공정의 가스캐비닛 또는 BSGS(Bulk Specialty Gases System) 등에 사용되는 실린더 등의 교체 후 Tubing 등에 남아있는 잔여가스를 제거하는 방법으로는 널리 사용되고 있다.

산소 또는 불순물의 농도가 원하는 수준까지 감소되도록 하기 위하여 아래의 식을 사용하며 진공 퍼지 공정단계는 다음과 같다.

1) 용기 또는 시스템이 원하는 진공도에 이를 때까지 ①번 밸브를 잠그고 ②번 밸브를 열어 진공 펌프를 가동하여 용기를 진공으로 한다.

2) 질소, 헬륨 또는 이산화탄소와 같은 불활성가스를 ①번 밸브를 열고 ②번 밸브를 잠그고 대기압과 같게 한다.

3) 원하는 농도가 될 때까지 1, 2단계를 반복한다.

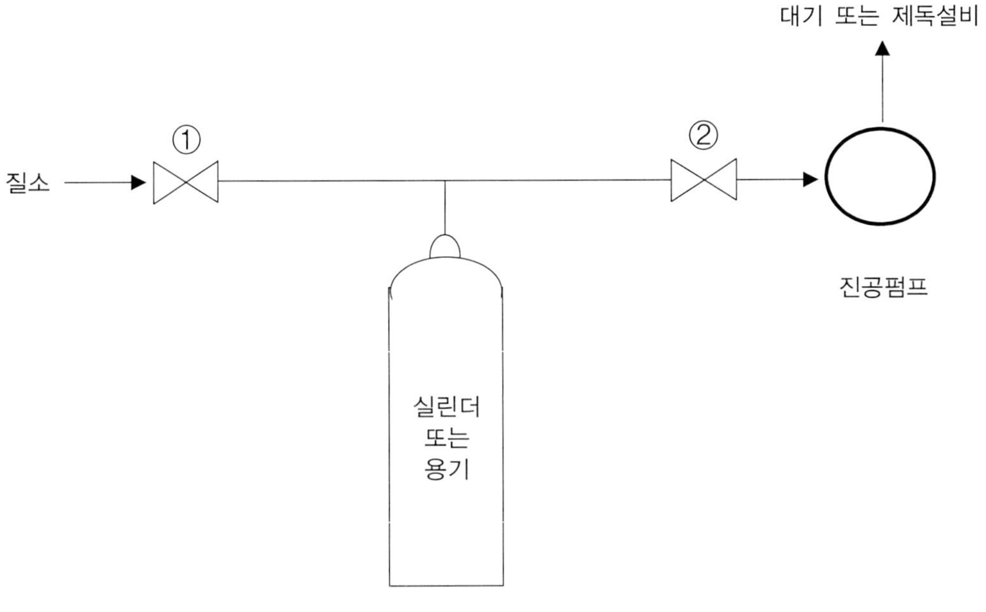

[그림 5-9] 진공 퍼지

$$y_i = y_0 \left(\frac{n_L}{n_H}\right)^j = y_0 \left(\frac{P_L}{P_H}\right) \quad \text{----------------} \quad (5\text{-}1)$$

여기에서,

y_i: 최종 원하는 농도

y_0: 초기 농도

j: 사이클

n_L: 저압에서의 몰수

n_H: 고압에서의 몰수

P_L: 저압

P_H: 고압

이 식은 압력한계 P_H와 P_L이 각 사이클 동안 이상기체라고 가정하여서 얻은 것이다. 각 사이클 동안 가한 질소의 전체 몰수는 일정하다. j 사이클에 대하여 전체 질소의 양은 다음과 같다.

$$\triangle n_{N2} = j(P_H - P_L)\frac{V}{R_g T} \text{----------------- (5-2)}$$

여기서,

$\triangle n_{N2}$: 질소의 사용량

V : 용기 또는 시스템의 부피

R_g : 이상기체 상수, 10.73 psia ft^3/lb-mol R

T : 절대온도, $^o R$

⦿ 예제

진공 퍼지 방법으로 1,000ft^{3}의 SiH$_4$ 용기를 순수한 질소를 사용하여 SiH$_4$ 농도를 1ppm까지 줄이려고 한다. 이를 충족시키기 위하여 몇 번의 퍼지가 필요한지 결정하고, 질소 전체 사용량을 계산하여라. 온도는 75°F이고, 시스템은 SiH$_4$로 가득 차 있다. 절대압력이 20mm Hg까지 도달할 수 있는 진공 펌프가 사용되고, 진공에 도달한 후에 절대압력이 1기압이 될 때까지 순수한 질소를 주입한다고 한다.

⠿ 풀이

초기 및 마지막 상태에서의 실란농도는 아래와 같다.

SiH_4의 분자량: 32.118lbm/lb-mol

1기압 75°F에서의 SiH_4 밀도: 0.0827lbm/ft^3

초기 Tubing안의 SiH_4 양: $\dfrac{1,000 ft^3 \times 0.0827 lbm/ft^3}{32.118\, lbm/lb-mol} = 2.575\, lb-mol$

마지막 상태에서의 실란 농도: $1 \times 10^{-6} \times 2.575$

$$y_i = y_0 \left(\frac{P_L}{P_H}\right)^j$$

$$\ln\left(\frac{y_i}{y_0}\right) = j \ln\left(\frac{P_L}{P_H}\right)$$

$$j = \frac{\ln(10^{-6} \times 2.575/2.575)}{\ln(20\, mmHg/760\, mmHg)} = 3.8$$

퍼지의 횟수 (j) = 3.8

실란의 농도를 줄이려면 4번의 퍼지가 필요하다.

전체 질소의 사용량은 다음과 같다.

$$P_L = \left(\frac{20\, mmHg}{760\, mmHg}\right)(14.7) = 0.387\, psia$$

$$\triangle n_{N2} = j(P_H - P_L)\frac{V}{R_g T}$$

$$\triangle n_{N2} = 4(14.7 - 0.387)\frac{1,000}{(10.73)(75+460)^o R}$$

$$= 9.97\ \text{lb-mol} = 279.25\ \text{lb of nitrogen}$$

5.4.2 압력퍼지(Pressure Purge)

독성 또는 가연성 가스가 포함되어 있는 용기 또는 시스템에 가압된 불활성 기체를 주입함으로써 퍼지를 시킬 수 있다. 주입한 가스가 용기 내에서 충분히 확산된 후 그것을 대기 중 또는 제독설비 등으로 방출시킨다. 원하는 농도까지 감소시키기 위해서는 여러 번의 가압순환이 필요할 수도 있다.

이 퍼지 공정에 사용되는 식은 상기의 진공 퍼지와 동일하다. 여기서 n_L은 대기압(낮은 압력)에서 전체 몰수이고, n_H는 고압 하에서 전체 몰수이다. 그러나 이 경우에 용기안의 가스의 처음농도(y_0)는 용기가 가압된 후 계산된다. 가압 상태에서의 몰수는 n_H이고, 대기압인 경우의 몰수는 n_L이다. 압력 퍼지 공정단계는 다음과 같다.

1) 용기 또는 시스템이 원하는 압력에 이를 때까지 ①번 밸브를 열고 ②번 밸브를 잠궈 원하는 압력을 불활성 기체를 이용하여 얻는다.
2) ①번 밸브를 잠그고 ②번 밸브를 열어 독성 기체와 불활성 기체의 혼합물이 대기 또는 제독설비로 이동하도록 한다.
3) 원하는 농도가 될 때까지 1, 2단계를 반복한다.

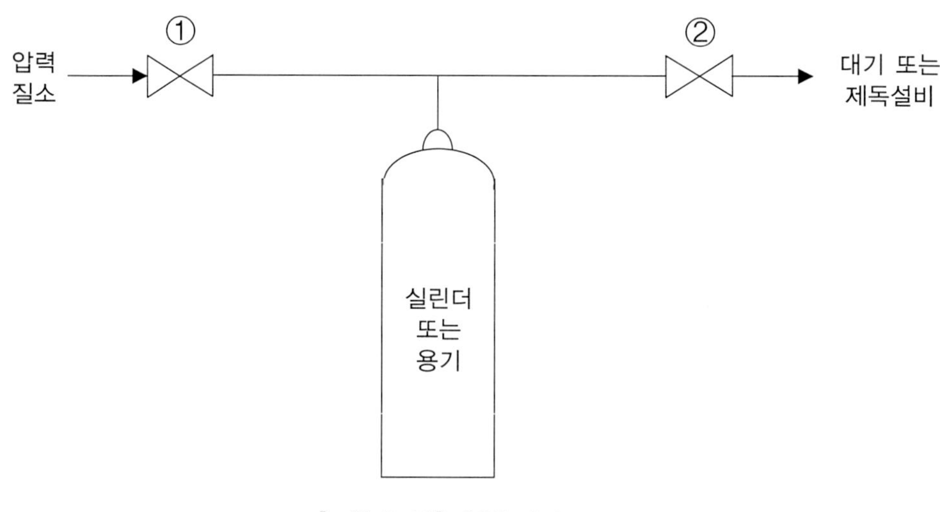

[그림 5-10] 압력 퍼지

앞의 진공 퍼지 예제에서 실란의 농도를 줄이기 위하여 압력 퍼지 방법을 사용하려고 한다. 80psig의 압력의 75℉에서 순수한 질소를 사용하여 실란농도를 1ppm까지 줄이려고 한다. 이를 충족시키기 위하여 몇 번의 퍼지가 필요한지 결정하고, 질소 전체 사용량을 계산하여라. 그리고 이 방법에 의한 질소 사용량을 앞의 진공 퍼지에 의한 질소 사용량과 비교하여라.

$$y_0 = \left(\frac{P_0}{P_H}\right)$$

$$y_0 = 2.575\left(\frac{14.7}{80+14.7}\right) = 0.4\,lb-mol$$

$$y_i = y_0\left(\frac{P_L}{P_H}\right)^j$$

$$j = \frac{\ln(10^{-6}/0.4)}{\ln(14.7/(80+14.7))} = 6.9$$

퍼지의 횟수(j)는 6.9이다. 그러므로 7번의 퍼지가 필요하다. 전체 질소 사용량을 결정하면,

$$\triangle n_{N2} = j(P_H - P_L)\frac{V}{R_g T}$$

$$\triangle n_{N2} = 7(94.7 - 14.7)\frac{1,000}{(10.73)(75+460)^o R}$$

$$= 97.6 \text{ lb-mol} = 2731.5 \text{ lb of nitrogen}$$

압력 퍼지와 진공 퍼지를 비교하여 보면 압력 퍼지인 경우 시간이 크게 감소된다. 가압공정은 진공을 유도하기 위한 느린 공정에 비하여 대단히 빠르다. 그러나 압력 퍼지는 더 많은 양의 불활성 기체를 소모한다. 그러므로 퍼지공정은 비용과 수행을 기준으로 가장 적합한 최적의 것으로 선택해야 한다. 일반적으로 석유화학 공정은 반도체 공정에 비하여 초고순도까지 불순물의 제거를 원하지 않고 용기가 대용량으로 압력 퍼지 방법을 많이 채택하고 반도체 공정은 불순물의 완벽한 제거가 제품의 품질로 직결되므로 압력 퍼지와 진공 퍼지를 동시에 채택하여 사용하고 있다.

5.4.3 스위프퍼지(Sweep Purge)

스위프 퍼지 공정은 용기의 한 개구부로 퍼지 가스를 가하고 다른 개구부로부터 대기 또는 제독설비로 혼합가스를 용기에서 축출시키는 공정을 말한다. 이 퍼지공정은 보통 용기나 장치가 압력을 가하거나 진공으로 할 수 없을 때 사용된다. 즉 퍼지 가스는 상압에서 가해지고 끄집어낸다. 간단하게 설명하면 비눗물이 담겨있는 세숫대야를 수돗물을 연속적으로 틀어놓으면 언젠가는 비눗물이 모두 빠져나가고 수돗물로 대체되는 현상이라고 생각하면 된다. 스위프 퍼지 공정단계는 다음과 같다.

1) ①, ②번 밸브를 모두 열고 일정량을 연속적으로 흘려보내 불순물을 제거한다.

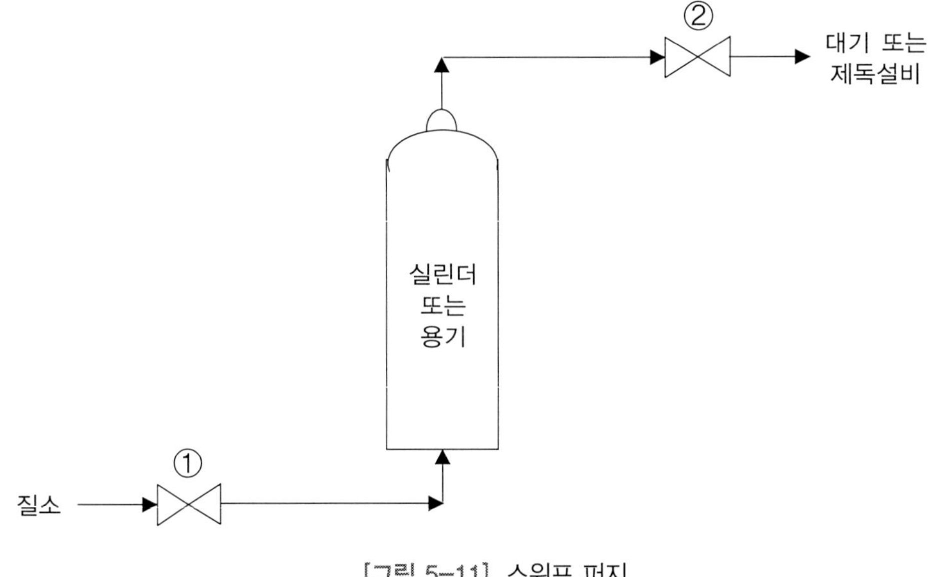

[그림 5-11] 스위프 퍼지

퍼지 결과는 용기 안에서 완전혼합이고, 일정한 온도, 일정한 압력이라고 가정함으로써 얻을 수 있다. 이러한 조건에서 출구흐름에 대한 질량 또는 부피유량은 입구흐름(Inlet Stream)과 같다.

$$Q_V t = V \ln\left(\frac{C_1 - C_0}{C_2 - C_0}\right) \text{-------------------}(5\text{-}3)$$

여기서,

$Q_V t$: 농도를 감소시키기 위하여 요구되는 불활성 기체의 부피

V: 용기 또는 시스템의 부피

C_0: 부피유량

C_1: 초기 용기 안의 농도

C_2: 최종 원하는 용기 안의 농도

예제

저장용기에 100%의 공기가 차 있는데, 산소 농도가 1.25%(부피 %) 이하가 될 때까지 질소로 불활성시켜야 한다. 용기의 부피는 1,000ft^{3}이다. 질소는 0.01%의 산소를 포함하고 있다고 가정할 때 얼마만큼의 질소를 부가해야 하는지 계산하여라.

풀이

필요한 질소의 부피 $Q_V t$를 이용하여 결정한다.

$$Q_V t = V \ln\left(\frac{C_1 - C_0}{C_2 - C_0}\right)$$

$$Q_V t = 1,000 ft^3 \ln\left(\frac{21 - 0.01}{1.25 - 0.01}\right)$$

$$Q_V t = 2,830 ft^3$$

이 값은 오염된 질소(0.01%의 산소를 포함)의 부가량이다. 산소농도를 1.25% 이하로 줄이기 위하여 필요한 순수한 질소의 양은

$$Q_V t = 1,000 ft^3 \ln\left(\frac{21}{1.25}\right) = 2821 ft^3$$

제거하고자 하는 불순물의 밀도가 사용하고자 하는 불활성 기체보다 무거운 경우에는 상부에서 하부로, 가벼운 경우에는 하부에서 상부로 퍼지를 수행하는 것이 좋으나 시스템의 구조 상황에 따라 적절히 수행 방법을 채택하여야 한다.

5.4.4 사이폰퍼지(Siphon Purge)

스위프 퍼지 공정은 많은 양의 질소를 필요로 한다. 이 방법은 큰 저장용기들을 퍼지할 때 경비가 많이 든다. 사이폰 퍼지는 이와 같은 경우 퍼지 경비를 최소화하는 데 사용된다.

사이폰 퍼지 공정은 용기에 물(또는 적합한 액체)을 채운 다음 시작한다. 용기로부터 액체를 방출하는 부피흐름 속도와 같아진다.

사이폰 공정을 이용할 때는, 첫째로 액체를 용기에 채운 다음 용기의 용기 상부의 잔류산소 제거를 위하여 스위프 퍼지 공정을 사용하는 것이 바람직하다. 사이폰 퍼지 공정단계는 다음과 같다.

1) ③번 밸브를 닫고 ①, ②번 밸브를 연다.
2) ①번 밸브를 통하여 물을 투입하여 용기 내에 완벽히 채우고 ②번 밸브를 통하여 용기 내부에 있는 불순물들이 대기 또는 제독설비로 보내지도록 한다.
3) ②번 밸브를 닫는다.
4) ①번 밸브를 천천히 열고 질소를 투입하면서 동일한 용량의 물이 ③번 밸브를 열어 같은 양이 배출되도록 한다.
5) 이 단계가 끝나면 용기 내에는 불활성 기체인 질소로만 충진된다.

사이폰 퍼지 공정은 아무리 완벽히 수행하더라도 용기 내부에 수분이 존재하므로 수분 조절이 필요한 시스템에는 사용할 수 없다. 보통은 원유 저장탱크의 탄화수소 기체를 질소로 치환하는 경우에 주로 사용된다.

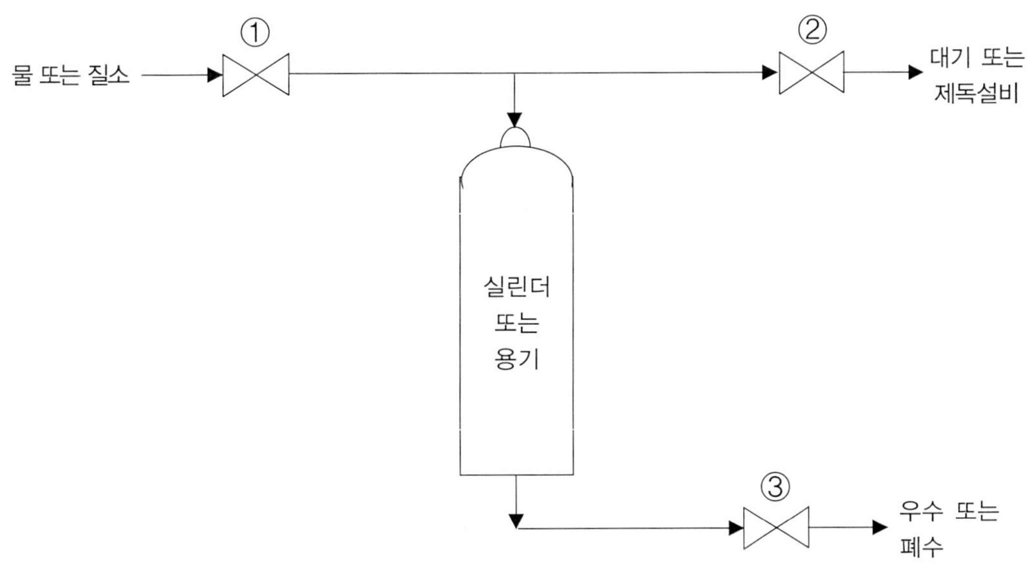

[그림 5-12] 사이폰 퍼지

5.4.5 퍼지 시스템 고려사항

진공 퍼지, 압력 퍼지 및 스위프 퍼지의 경우 상기의 계산식을 이용하여 필요 횟수 또는 불활성 기체의 양을 계산할 수 있으나, 이것은 완전 혼합(Perfect Mixing)을 가정으로 수행하는 것으로서 실제와는 맞지 않는다. 완전 혼합상태를 만들려면 아주 오랜 시간 동안 유지하거나 또는 강제 혼합설비를 갖추어야 한다. 이는 실제업무에는 엄청난 시간과 투자비가 소요되므로 상당히 어려운 요구이다.

경험적인 방법으로는 계산한 횟수의 약 5~10배 정도를 더 수행하는 것이 원하는 농도까지 낮출 수 있으나, 이보다는 계산한 근거를 가지고 계산한 회수를 최소 회수로 하여 퍼지를 증가시키면서 최적점을 찾는 것이 좋다.

- 분자량: 분자량이 높을수록 퍼지가 어려움
- 가스의 점도: 점도가 높을수록 배관의 벽에 달라붙어 어려움
- 배관의 구성도: 배관이 구성이 복잡할수록 퍼지가 어려움
- 퍼지의 지점: 분자량이 낮은 것은 하부로 치환하고자 하는 기체를 투입하고, 분자량이 높은 것은 상부에서 치환하고자 하는 기체를 투입하는 것이 퍼지 효과가 좋음
- 퍼지 시간 또는 Holding 시간: 퍼지 또는 대기 시간이 길어질수록 완전혼합에 가까워지므로 좋음
- Dead Spot: Dead Spot에는 기체의 혼합 및 치환이 어려워 퍼지가 어려움

SECTION 5.5

저장창고

용기를 저장하는 저장창고는 통풍이 잘되고 건조한 상태를 유지할 수 있는 옥외 건물을 확보하여 필요한 표시를 한 후 그룹별, 특성별로 분류저장하여야 한다.

사용을 다한 빈 용기도 잔존 가스가 용기 내에 존재하고 있으므로 가스를 저장하고 있는 용기와 동일한 방법에 의해 저장되어야 하고 용기 운반 시에는 실린더 트럭(Cylinder Truck)이라는 운반용 차량을 사용하여 운반하여야 한다.

옥외 저장이라 함은 국내 고압가스안전관리법에서는 최소 2면 이상이 개방된 구조를 의미하며, 미국 코드로는 주변길이의 최소 25%이상 개방된 구조를 의미한다. 독성가스의 저장 및 취급에 대하여는 고압가스안전관리법 KSG Code FP112을 따른다.

5.5.1 중화설비 · 이송설비의 설치

- 독성가스의 가스설비실 및 저장설비실에는 그 가스가 누출된 경우에는 이를 중화설비로 이송시켜 흡수 또는 중화할 수 있는 설비를 설치할 것. 다만, 중화조치가 불가능한 독성가스의 경우에는 그러하지 아니하다.
- 독성가스를 제조하는 시설을 실내에 설치하는 경우에는 흡입장치와 연동시켜 중화설비에 이송시키는 설비를 갖출 것

5.5.2 용기보관 장소

- 용기보관 장소는 그 경계를 명시하고, 외부에서 보기 쉬운 곳에 경계표지를 설치할 것
- 가연성가스 및 산소의 충전용기 보관실은 불연 재료를 사용하고 지붕은 가벼운 재료

로 할 것

- 가연성가스의 용기보관실은 그 가스가 누출된 때에 체류하지 아니하도록 통풍구를 갖추고, 통풍이 잘 되지 아니하는 곳에는 강제통풍시설을 설치하여야 하며, 독성가스의 용기보관실은 누출하는 가스의 확산을 적절하게 방지할 수 있는 구조로 할 것
- 독성가스 및 공기보다 무거운 가연성가스의 용기보관실에는 가스누출검지경보장치를 설치하여야 하며 독성가스의 경우에는 흡입장치와 연동시켜 중화설비에 이송시키는 설비를 갖출 것

5.5.3 가스설비실·저장설비실

- 통풍구조: 가연성가스의 가스설비실 및 저장설비실에는 누출된 가스가 체류하지 아니하도록 통풍 구조를 갖추고 통풍이 잘 되지 아니하는 곳에는 강제통풍시설을 갖출 것
- 저장실의 구분: 가연성가스, 산소 및 독성가스의 저장실은 각각 구분하여 설치할 것

실란과 같이 자연발화성(Pyrophoric) 물질은 옥내 저장보다는 옥외저장을 추천하며 개방된 면의 길이가 설비 주변길이의 75% 이상을 추천하고 있다. 이유는 실란과 같이 자연발화성 물질이 누출된 경우에 빠르게 확산하여 화재농도 이하로 낮추거나 즉시 화재를 발생시켜 가연성 가스가 혼합된 기체가 부력에 의하여 운동하다가 다른 장소에 이동하여 알지 못하는 점화원에 의한 증기 폭발(VCE, Vapor Cloud Explosion)이 발생하는 것을 방지하기 위함이다.

옥내 저장을 하는 경우에는 적절한 환기설비를 하여야 한다. 가장 좋은 방법으로는 분산모델 분석(Dispersion Model Analysis) 을 수행하여 가연성의 경우 화재하한계(LFL)의 25% 또는 독성의 경우 TWA값 이하로 낮출 수 있는 공기의 양을 결정하는 것이 있으나, 이것은 많은 경험과 지식 및 소프트웨어 등을 필요로 하므로 현장에서 바로 적용하기는 그리 쉽지 않다. 이에 실용적인 방법(Rules of Thumb)으로 아래와 같이 추천한다.

[표 5-3] 추천하는 옥내 저장 또는 취급소의 공기 순환량

창고 크기, ft³	질 식 성		산 화 성		가 연 성	
창고 크기, ft³	10,000 이하	10,000 이상	10,000 이하	10,000 이상	10,000 이하	10,000 이상
창고 크기, ㎥	283 이하	283 이상	283 이하	283 이상	283 이하	283 이상
시간당 공기 순환	6	4	9	6	10	6

	독 성			맹 독 성		
창고 크기, ft³	4,000 이하	4,000 이상 10,000 이하	10,000 이상	4,000 이하	4,000 이상 10,000 이하	10,000 이상
창고 크기, ㎥	113 이하	113 이상 283 이하	283 이상	113 이하	113 이상 283 이하	283 이상
시간당 공기 순환	12	10	6	12	12	10

1. 맹독성은 독성 물질 중에 LC_{50}이 0~200 ppm인 것을 말한다.
2. 여기서 시간당 공기 순환(ACH, Air Change per Hour) 이란 상기의 숫자만큼의 공기가 창고 안에서 회전을 하여야 한다는 의미로서 예를 들어 100㎥의 저장창고에 가연성 물질을 저장 또는 취급 한다면 10ACH 가 필요하므로 100㎥ × 10ACH = 1,000㎥/hr의 공기가 순환하여야 한다는 것이다.
3. 배출된 공기는 절대로 다시 창고 안으로 되돌아가는 형태로 이루어져서는 안 되고 인입되는 공기는 항상 신선한 공기가 보장되어야 한다. 이는 만일 창고 안에 어떠한 누출 발생 시 누출된 가스가 순환되어 창고로 다시 돌아오는 모순을 방지하기 위함이다.
4. 창고 내부는 약 -0.01 inch H_2O 정도의 진공을 유지하는 것이 좋은데 이는 만일 누출이 발생하더라도 누출된 기체가 외부로 배출되는 것을 막기 위함이다. 이것을 만족하기 위해서는 정교한 수리역학 계산이 필요하나 실용적인 방법으로 배출되는 공기의 양을 상기 테이블에서 제공하는 양보다 약 20% 크게 하고 인입되는 공기를 상기에서 요구하는 양을 사용할 것을 추천한다.

[표 5-4] 환기에 따른 독성가스 농도저하 계산 예

환기회수	온도비율	환기회수	온도비율
0	1,000,000	11	16,702
1	367,879	12	6,144
2	135,335	13	2,260
3	49,787	14	832
4	18,316	15	306
5	6,738	16	113

환기회수	온도비율	환기회수	온도비율
6	2,479	17	41
7	912	18	15
8	335	19	6
9	123	20	2
10	45	21	1

계산식: $K_2/K_1 = e^{(V/N)}$, K_1=초기농도

K_2=퍼지 후 농도 K_2/K_1=농도비

V=퍼지 가스량   N=창고용량

(V/N)=환기회수

질식성·산화성·독성 또는 가연성 가스를 저장 취급하는 경우에는 경보등과 경적설비를 설치하여야 한다. 이 설비들은 저장 취급소 내부뿐만 아니라 각 출입구 외부에도 설치하여 출입하기 전에 내부를 상황을 충분히 운전자에게 전달될 수 있도록 하여야 한다. 정하여진 규칙은 없으나 필자의 경험에 따른 좋은 방법을 추천하고자 한다.

[표 5-5] 크리스마스트리 형태의 경보등 및 운전 방법

	적색
	켜짐 – 비상 상황(가연성 가스의 농도가 화재하한계 이상이거나 독성 가스의 농도가 TWA 3배 이상) 커짐 – 정상 상황
	황색
	켜짐 – 경고 상황(가연성 가스의 농도가 화재하한계 25% 이상이거나 독성 가스의 농도가 TWA 이상) 커짐 – 정상 상황
	청색
	켜짐 – 정상 상황 커짐 – 배기 설비 이상(이 경우에는 공장을 정지시키기 않고 개인보호구 및 휴대용 누설감지기를 이용하여 이상 상황이 발생하였는지 확인하고 운전이 기능하다.)

공기 흡입구의 경우 Forced Fan을 이용하여 외부의 공기를 강제적으로 투입하는 방법과 자연적으로 내부 공간에 음압을 제공하여 그릴 (Grille) 또는 루버(Louver)를 통하여 외부 공기가 자연적으로 인입되도록 방법이 있다.

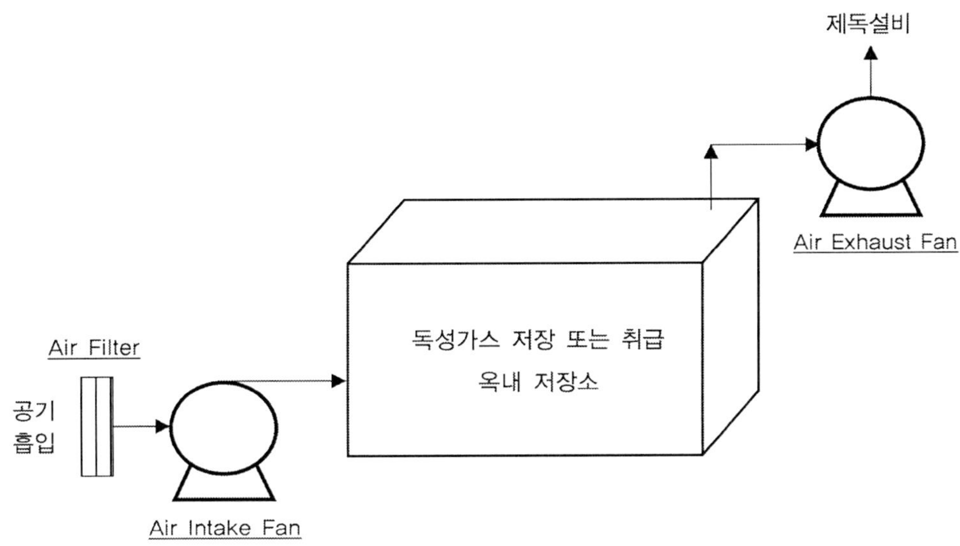

[그림 5-13] Forced Fan을 이용한 강제적 공기 흡입

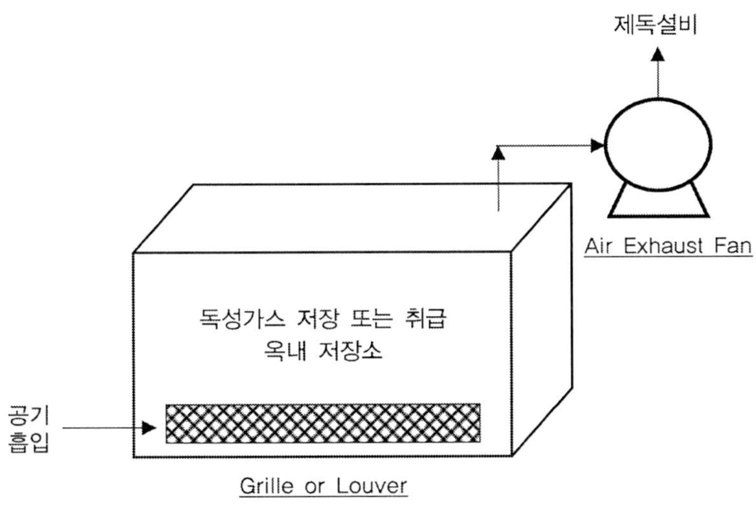

[그림 5-14] 그릴 또는 루버를 이용한 자연적 공기 흡입

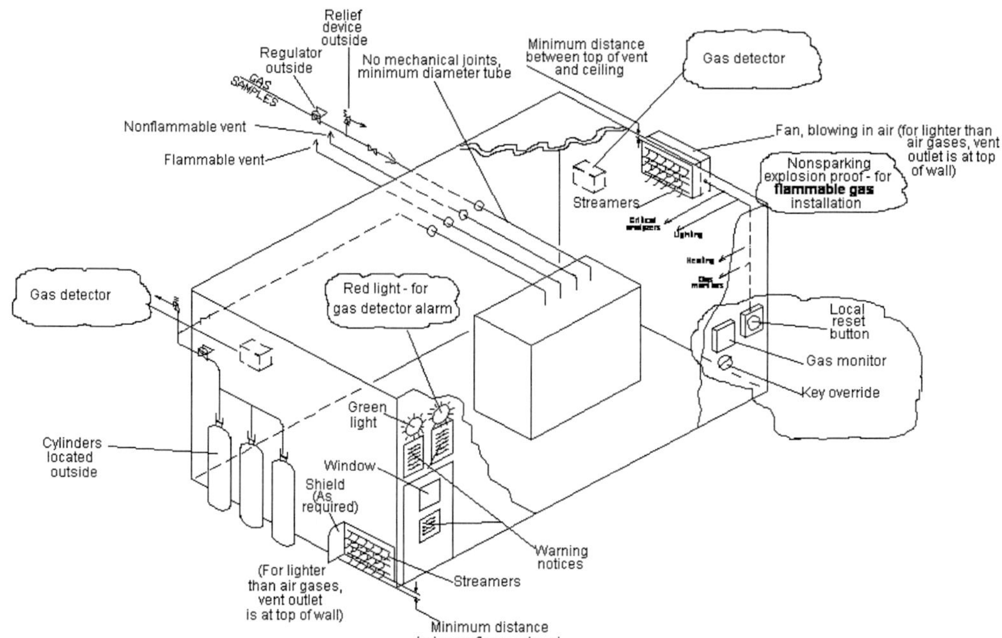

[그림 5-12] 대표적인 옥내 설비 구성도

SECTION
5.6

재질 선정

각종 가스를 다룰 때는 부식, 반응성 등을 고려하여 적절한 재질을 사용하여 설비의 안전을 지키는 것이 상당히 중요하다.

5.6.1 재질 선정 시 고려사항

1) 설계 수명

주요장치는 보통 다음 설계수명과 부식률을 고려하여 재질이 선정되어야 한다.

- 배관: 10년
- 가열로튜브: 100,000시간 (약 12년)
- 압력용기 / 탱크 / 회전기 / 전기 장비: 20년
- 열교환기 튜브: 초기 누출 시까지 5년, 교체 시까지 10년

2) 경제성

가능한 초기투자비와 정비비가 최소가 되도록 한다.

3) 물리적 성질

- 강도(Strength): 설계조건에서 적절한 강도 유지
- 부식저항(Corrosion Resistance): 시운전 · 운전정지 · 재생 중에 부식저항 유지
- 인성(Toughness): 적절한 충격저항 유지(Resistance to Brittle Fracture)

- 열충격(Thermal Shock): 빠른 온도상승에 대한 저항유지
- 마모(Abrasion): 고체를 포함하는 유체를 다룰 때 고려하여야 함
- 산화(Oxidation): 고온유체를 다룰 때 고려하여야 함
- 성형(Fabrication): 성형의 용이성을 고려하여야 함

4) Design Code / Standards / Practice

발주자의 요구 혹은 특별한 상황에 따라 달라질 수 있으나 다음 Code가 널리 쓰인다.

- ASME Section Ⅰ: Power Boilers
- ASME Section Ⅷ, Div. 1: Pressure Vessels
- ASME Section Ⅷ, Div. 2: Alternative Rules for Pressure Vessels
- ANSI B31.3: Refinery Piping
- ANSI B16.5: Steel Pipe Flanges & Flanged Fittings
- TEMA: Heat Exchangers and Manufacturing Association
- API Standard & Recommended Practices

5.6.2 일반적인 금속재료

1) 탄소강(Carbon Steel)

화학공장에 가장 널리 이용되는 재료로 부식저항·산화저항·고온강도·인성이 상대적으로 낮고 황화합물·가성소다·아민 수용액 중에서 응력부식균열을 일으킨다. Hydrogen Attack이나 Graphitation에도 민감하다.

2) 킬드강(Killed Carbon Steel)

제조공정 중에 Si, Mg, Al을 첨가하여 녹아있는 산소가스를 완전히 제거한 탄소강으로 다음의 경우에 사용한다.

- 유체 중에 수소분압이 50psia를 넘을 경우

- 수용액 중에 H₂S 농도가 0.3mol% 이상이거나 물중에 H₂S가 10ppm 이상으로 존재할 때

- 유체 중에 HF, BF₃가 포함되어 있을 경우

- 용액 중에 아민(MEA/DEA/TEA)의 농도가 5wt%를 넘을 때

- 장비의 설계온도가 482℃를 넘을 경우

3) 저합금강(Low Alloy Steels)

크롬을 첨가하여 고온강도와 산화/황화/수소 취약성에 대한 저항을 높인 것으로 일반탄소강에 비해 용접이 어려우므로 사전 및 사후 열처리가 필요하다.

- C-0.5Mo & Mg-0.5Mo: 고온에서 탄소강대신 사용하거나 중간온도에서 Hydrogen-Attack이 예상되는 곳에서 사용한다. 최대사용가능온도는 킬드강과 같이 538℃이나 371℃ 이상의 온도에서 킬드강보다 강도가 크다.

- 1Cr-0.5Mo & 1.25Cr-0.5Mo: 고온에서 Hydrogen-Attack 혹은 황부식(Sulfur Corrosion)이 예상되는 곳에서 이용된다.

- 2.25Cr-1Mo & 3Cr-1Mo: 고온에서의 Hydrogen-Attack이 예상되거나 고온강도가 요구되는 곳에 이용한다.

- 5Cr-0.5Mo: 550℉(288℃) 이상의 온도에서 복합적인 Sulfur Attack이 예상되는 곳에 자주 이용 된다.

- 7Cr-0.5Mo: 용액 중에 아민(MEA/DEA/TEA)의 농도가 5wt%를 넘을 때나 Crude & Vacuum 장치의 가열로 튜브에 이용된다.

- 9~1%: 황 함량이 높은 고온유체(가열로 튜브)에 적용된다.

- ANSI 4140(0.95Cr-0.3Mo), ANSI4340(1.83Ni-0.8Cr-0.25Mo): 압축기 임펠러와 축에 이용하기 위해 강도를 증가시킨 것으로 황에 대한 응력부식균열을 예방하기 위해 특별

한 열처리가 필요하다.

4) Ferritic & Martensitic 스테인레스강

황화·산화·수소공정에 대한 저항이 크고 염소에 의한 응력부식균열이 민감하지 않다. 다만 염소·황화합물 수용액에 대한 저항, 용접성, 고온강도가 낮다. $885°F(474℃)$에서 σ-phase문제로 깨질 수 있다.

- Type 405 & 410s(12Cr): 주로 Clad Lining 재료로 이용되며 중간온도에서 저농도 황화수소에 대한 저항이 좋다.

- Type 410s(13Cr): 밸브와 펌프의 Trim과 Tray에 널리 이용되며 유체 중에 수소분압이 50psia를 넘을 경우에 열교환기 튜브로 쓰인다.

5) Austenite스테인레스 강

- 산화·황화에 대한 저항이 크다. 316은 Naphthenic Acid에 대한 저항이 크고 321 & 347은 Polythionic산에 의한 응력부식균열에 대한 저항이 크다. 염소수용액에 의한 응력부식 균열에 민감하다.

- Type 304(18Cr-8Ni): 고온에서 H_2와 H_2S에 의한 공격이 예상되는 열교환기 튜브와 용접이 필요 없는 장치에 이용된다. Polythioic산과 염소에 의한 응력부식에 민감하다.

- Type 316(18Cr-8Ni-2.5Mo): 인산, Naphthenic산, 저 농도의 황산과 같은 부식 환경에 사용된다. 또한 고온 강도가 요구되는 곳에 이용하기도 한다. 유체 중에 수소분압이 50psia를 넘을 경우에 $427\sim871℃$의 온도에서 Polythionic산에 노출될 경우 응력부식 균열이 일어날 수 있다.

- Type 309(25Cr-12Ni) & Type 310(25Cr-20Ni): $1093℃$까지 산화저항을 높인 것으로 고온용도와 가열로의 튜브지지대로 이용된다.

- Type 321 & Type 347(18Cr-10Ni): Ti과 Cb(Columbium)을 첨가하여 조직을 안정화 시

키므로 서 용접 시 Carbide의 침전을 막아 경계면부식(Intergranular Corrosion)을 예방한다. Type 304와 마찬가지로 황이 포함된 유체를 다루는 장비의 경우 표면이 황화되었기 때문에 공기와 접촉할 때는 소다제로 먼저 중화시켜야 한다.

- Carpenter20(20Cr-29Ni-2Mo-3Cu): 황산 혹은 염소에 의한 더 큰 저항을 위해 개발되었고 용접성이 낮은 편이다.

6) 니켈합금

Monel(70Ni-30Cu): Chloride & Fluoride공격이 예상되는 곳이나 바닷물에 널리 이용된다. 그러나 204℃ 이상의 온도에서 황화합물에 민감하다.

- Inconel 600/625(62~76Ni, 16~22Cr): 1093℃까지의 온도에서 높은 산화/환원저항이 요구되는 곳에 이용된다. 그러나 538℃ 이상의 Sulfur 혹은 Sulfide 분위기에서는 적당하지 않고 황산, 염산, 불산을 다루는 곳에서 Monel보다 성능이 떨어진다.

- Incoly 800/825(33~42Ni, 21~22Cr): Austenite 스테인레스 강과 비슷하나 Ni함량이 높아서 Chloride Stress Corrosion Cracking에 대한 저항이 크다.

- Hastelloy B/C(59~65Ni, 16~30Mo): 매우 심한 부식 환경에 이용된다.

7) 구리합금

Admiralty(70Cu-29Zn-1Sn): Water Condenser의 튜브재질로 이용된다. 204℃ 이상에서 강도가 떨어지고 pH 8 이상에서 부식이 심하므로 암모니아를 포함한 용액에는 사용이 곤란하다. 용접하기 어렵고 바닷물에 대한 저항이 다른 구리합금에 비해 낮다.

- Aluminum Brass(77Cu-21Zn-2Al): Admiralty와 비슷하나 바닷물에 대한 저항이 더 커서 해수 응축기로 이동된다.

- Naval Brass(60Cu-Zn39-1Sn): 상기 Admiralty와 Aluminum Brass 재료로 열교환기를 사

용할 때 튜브 Sheet로 이용된다.

- 90Cu-10Ni: 해수에 대한 저항이 크나 황화합물 수용액에 대한 저항이 낮다.

- 70Cu-30Ni: 해수에 대한 저항이 크고 암모니아에 의한 응력부식균열에 민감하지 않다. 강도가 크고 용접성이 좋으며 황화합물 수용액에 대한 저항도가 크다.

- Aluminum Bronze(91Cu-7Al): 해수에 대한 저항이 크고 용접성이 좋으나 사후 열처리가 필요하다.

8) 티타늄

Chloride Cracking / 바닷물 / Sour Water 등에 의한 부식에 가장 뛰어난 저항을 보인다. 요즈음 니켈합금과의 가격 경쟁력이 향상되면서 심한 부식 환경의 열교환기 튜브로 사용되는 경향이 증가하고 있다.

[표 5-6] 재질별 가격 비교표

Material	Ratio = Cost per pound for metal cost per pound for steel
Flange quality steel	1
304 Stainless–Steel–Clad–Steel	5
316 Stainless–Steel–Clad–Steel	6
Aluminum (99plus)	6
304 Stainless Steel	7
Copper (99.9 plus)	7
Nickel–Clad Steel	8
Monel–Clad Steel	8
Inconel–Clad Steel	9
316 Stainless Steel	10
Monel	10
Nickel	12
Inconel	13
Hastelloy C	40

	Inconel				Monel				Nickel				Stainless Steel							
	Dry	Wet	Notes	°C max	Dry	Wet	Notes	°C max	Dry	Wet	Notes	°C max	Dry	Wet	Notes	°C max	Dry	Wet	Notes	°C max
Acetylene	G	G			P	-			G	G			G	G						
Ammonia	G	G			F	P			G	P			G	G						
Arsine	F	F	[14]		F	F			F	F	[14]		G	G						
Boron Trichloride	G	G			G	F			G	G			G	F						
Boron Trifluoride	G	F			G	F			G	P			G	P						
Bromine Trifluoride	G	F			G	F		200°	G	F		600°	G	P		200°				
Butane	G	G			G	G			G	G			G	G						
Carbon Dioxide	G	G			G	G			G	F			G	G						
Carbon Monoxide	F	F	[2]		G	G			P	P	[8]		G		[8]					
Chlorine	G	P			G	F			G	P		120°	G	P		120°				
Chlorine Trifluoride	G	F	[2]		G	F	[2]	500°	G	G	[2]	700°	G	F	[2]	200°				
Diborane	F	F	[14]		G	G			F	F	[14]		G	G						
Dichlorosilane	F	F	[14]		F	F		200°	F	F	[14]		G	F						
Dimethylamine	G	G			F	P			G	G			G	F						
Disilane	G	G			G	G			G	G			G	G						
Ethane	G	G			G	G			G	G			G	G						
Ethyl Chloride	G	G			G	F			G	G			G	P						
Ethylene	G	G			G	G			G	G			G	G						
Fluorine	G	F			G	F		200°	G			400°	F		[2]	250°				
Halocarbon-12	G	G	[3]		G	G	[3]		G	G	[3]		G	G						
Halocarbon-13	G	G	[3]		G	G	[3]		G	G	[3]		G	G						
Halocarbon-14	G	G			G	G			G	G			G	G						
Halocarbon-22	G	G	[3]		G	G	[3]		G	G	[3]		G	G						
Halocarbon-23	G	G	[3]		G	G	[3]		G	G	[3]		G	G						
Halocarbon-116	G	G	[3]		G	G	[3]		G	G	[3]		G	G						
Hydrogen	G	G			G	G		250°	G	F		250°	G	F						
Hydrogen Bromide	G	F			G	F			G	P			G	P						
Hydrogen Chloride	G	F			G	F		250°	G	F			F	P						
Hydrogen Fluoride	G	G			G	F			G	G			G	F						
Hydrogen Sulfide	G	F							G			400°	G	P						
Methane	G	G			G	G			G	G			G	G						
Methyl Chloride	G	G			G	F			G	P			G	P						
Monomethylamine	G	G			F	F			P	-			G	F						
Nitric Oxide	G	G			G	G			G				G	P						
Nitrogen Dioxide	G	?			P	-			G				G	P						
Nitrogen Trifluoride	G	G			G	G		400°	G	G		400°	G	G	[2]	200°				
Nitrous Oxide	G	G			G	G			G	G			G	G						
Oxygen	G	G			G	G			G	G			G	G						
Ozone	-	-			-	-			-	-			G	G	316SS					
Phosphine	F	F	[14]		F	F	[14]		F	F	[14]		G	G						
Phos. Pentafluor	G	G			G	G			G	G		500°	G	P		200°				
Propane	G	G			G	G			G	G			G	G						
Propylene	G	G			G	G			G	G			G	G						
Silane	F	F	[14]		F	F	[14]		F	F	[14]		G	G						
Silicon Tetrachlor	G	F			G	P			G	F			G							
Silicon Tetrafluor	G	G			G	P			G	F			F	P						
Sulfur Dioxide	G	?			G			315°	G			370°	G	F						
Sulfur Tetrafluor	G	?			G	P			G	F			G	P						
Trimethylamine	G	G			G	F			G	G			G	F						
Tungs. Hexafluor	G	G			G	P		400°	G	G			G	P	[2]	200°				

	PCTFE Neoflon M400H (Kel-F)				PTFE Teflon®				PI Vespel®				Fluorine Rubber Viton®				PVDF Kynar®			
	Dry	Wet	Notes	°C max	Dry	Wet	Notes	°C max	Dry	Wet	Notes	°C max	Dry	Wet	Notes	°C max	Dry	Wet	Notes	°C max
Acetylene	F	F			F	F			G				G	G						
Ammonia	G	G			G	G					[e]		P							
Arsine	G	G			G	G							F	F						
Boron Trichloride	F	F			F	F					[9]		G	G	[h]		P		[10]	
Boron Trifluoride	F	F			G	G					[9]		G	G						
Bromine Trifluoride	G	G			F	F			P	-										
Butane	G	G			G	G			G				G	G						
Carbon Dioxide	G	G			G	G			G				G	G						
Carbon Monoxide	G	G			G	G			G											
Chlorine	F		[a]		F		[a]		P	-	[a]		F		[a]	20°	G		[a]	100°
Chlorine Trifluoride	F	F	[7][f]	40°	F	F	[7][f]	40°	P	-			G	G	[f]					
Diborane	G	G			F	F	[j]				[9]		F	F	[4]					
Dichlorosilane	G	G			G	G					[9]		G	G	[4]					
Dimethylamine	G	G			G	G			P	-			P	P						
Disilane	G	G			G	G							F	F						
Ethane	G	G			G	G			G				G	G						
Ethyl Chloride	G		[4]		G	G					[9]		F	F						
Ethylene	G	G			G	G			G											
Fluorine	P	-			G	G	[7]		P	-					[7]					
Halocarbon-12	G	G	[4]		G	G	[11]		G				F	F						
Halocarbon-13	G	G	[4]		G	G			G											
Halocarbon-14	G	G	[4]		G	G			G											
Halocarbon-22	G	G	[4]		P				G				P							
Halocarbon-23	G	G	[4]		G	G			G											
Halocarbon-116	G	G	[4]		G	G			G											
Hydrogen	G	G			G	G			G				G	G						
Hydrogen Bromide	G	G			G	G			P	-			F	F						
Hydrogen Chloride	G	G	[4]	65°	F	F	[d]				[10]		F	F		60°	F		[k]	100°
Hydrogen Fluoride	G	G			G	G					[9]		F	F						
Hydrogen Sulfide	G	G			G	G														
Methane	G	G			G	G							G	G						
Methyl Chloride	G	G			G	G					[9]		G	F						
Monomethylamine	F	F			G	G			P	-			P							
Nitric Oxide	G	G	[4]		G	G					[9]		G	G						
Nitrogen Dioxide	F	F			G	G			P	-			P							
Nitrogen Trifluoride	G	G	[4][7]		G	G							G	G						
Nitrous Oxide	F		[b]		F		[b]		G		[b]	280°	F		[b]					
Oxygen	G	G			G	G			G				G	G						
Ozone	G	-	5%inO2	150°	G	-		100°									G	-		110°
Phosphine	G	G			G	G							F	F						
Phos. Pentafluor	G	G									[9]									
Propane	G	G			G	G			G											
Propylene	G	G			G	G			G											
Silane	F		[c]		F		[c]		G		[c]		F		[c]					
Silicon Tetrachlor	G	G									[9]									
Silicon Tetrafluor	G	G			G	G														
Sulfur Dioxide	G	G			G	G														
Sulfur Tetrafluor	F	F			G	G					[9]									
Trimethylamine	G	G			G	G			P	-			P							
Tungs. Hexafluor	G	G			G	G					[9]						G			

	Buna-N				Butyl Rubber				Neoprene				Ethylene Propylene (EP)							
	Dry	Wet	Notes	°C max	Dry	Wet	Notes	°C max	Dry	Wet	Notes	°C max	Dry	Wet	Notes	°C max	Dry	Wet	Notes	°C max
Acetylene	G	G			F	F	[12]		F	F			G			95°				
Ammonia	F	F			G	G			G	F			G			60°				
Arsine	F	F					[9]		F	F										
Boron Trichloride			[9]				[9]													
Boron Trifluoride			[9]		F	F			F	F										
Bromine Trifluoride	F	P			P	-			G	G			P			20°				
Butane	G	G			P	-			F	F			P			20°				
Carbon Dioxide	P	-			G	G			G	G			G			95°				
Carbon Monoxide	P				P	-			P	-			G			80°				
Chlorine	F	F					[9]		P	-			P			20°				
Chlorine Trifluoride	P	-			P	-			F	P			P			20°				
Diborane			[9]		P	-			P	-										
Dichlorosilane	P	-			F	F			G	G										
Dimethylamine	P	-			P	-							F			60°				
Disilane			[9]				[9]													
Ethane	G	G			P	-			G	G			P			20°				
Ethyl Chloride	F	F			P	-			P	-			G			60°				
Ethylene	G	G			P	-			G	G			P			20°				
Fluorine	P	-			P	-			F	F			F			40°				
Halocarbon-12	P	-			P	-			P	-			F		[g]	20°				
Halocarbon-13	G	G			G	G			F	F			G			20°				
Halocarbon-14	G	G			G	G			F	F			G			120°				
Halocarbon-22	P	-			G	G			F	F			G			60°				
Halocarbon-23									F	F										
Halocarbon-116									F	F										
Hydrogen	G	G			G	G			F	F			G			60°				
Hydrogen Bromide	P	-					[9]		P	-			G			20°				
Hydrogen Chloride			[9]		G	G		100°	G	G			G			90°				
Hydrogen Fluoride			[9]				[9]		F	F			F			20°				
Hydrogen Sulfide	F	F			G	G			G	G			G			60°				
Methane	G	G			P	-			G	G			P			20°				
Methyl Chloride	P	-			P	-			P	-			P			20°				
Monomethylamine	P	-			P	-			F	F			G			120°				
Nitric Oxide	F	F					[9]		G	G			F		[g]	20°				
Nitrogen Dioxide	F	F					[9]		G	G										
Nitrogen Trifluoride	F	F					[9]		G	G										
Nitrous Oxide	F	F					[9]		F	F			G			60°				
Oxygen	F	F					[9]		G	G			G			20°				
Ozone													G			20°				
Phosphine			[9]				[9]		G	G										
Phos. Pentafluor.			[9]		P	-			G	G										
Propane	G	G			P	-			F	F			P			20°				
Propylene	G	G			P	-			F	F			P			20°				
Silane			[9]				[9]		G	G										
Silicon Tetrachlor			[9]				[9]		G	G										
Silicon Tetrafluor			[9]				[9]		G	G										
Sulfur Dioxide	P				F	F			G	G			G			60°				
Sulfur Tetrafluor			[9]				[9]		G	F										
Trimethylamine	P						[9]													
Tungs. Hexafluor			[9]				[9]		G	G										

	PE PolyEthylene				PVC PolyVinyl Chloride				PEEK Carbon			
	Dry	Wet	Notes	°C max	Dry	Wet	Notes	°C max	Dry	Wet	Notes	°C max
Acetylene					G	G						
Ammonia	P				G	G		60°				
Arsine					G	G						
Boron Trichloride					F	F						
Boron Trifluoride	F	F			P							
Bromine Trifluoride					P							
Butane	P				G	G			G	G		
Carbon Dioxide	G	G		60°	G	G		60°	G	G		
Carbon Monoxide					F	F						
Chlorine	P				F	F						
Chlorine Trifluoride	P				P							
Diborane	G	G										
Dichlorosilane	G	G		40°	G	G		60°				
Dimethylamine	G	G			G	G						
Disilane												
Ethane	F	F			G	G			G	G		
Ethyl Chloride	G	G		80°	P							
Ethylene	P				G	G			G	G		
Fluorine	P				P							
Halocarbon-12	F	F										
Halocarbon-13												
Halocarbon-14												
Halocarbon-22												
Halocarbon-23												
Halocarbon-116												
Hydrogen	G	G		60°	G	G		60°				
Hydrogen Bromide									P	P		
Hydrogen Chloride	G	G		170°	G	G		70°	F	F		
Hydrogen Fluoride	G	G		60°	P							
Hydrogen Sulfide	G	G			G	G						
Methane	G	G			G	G			G	G		
Methyl Chloride	P				P							
Monomethylamine	G	G			G	G						
Nitric Oxide	G	G	·									
Nitrogen Dioxide					P							
Nitrogen Trifluoride	G	G										
Nitrous Oxide	F	F		20°	G	G		60°				
Oxygen	P				P							
Ozone					F	-		150°				
Phosphine	G	G										
Phos. Pentafluor					P							
Propane	P				G	G			G	G		
Propylene	P				G	G			G	G		
Silane							[9]					
Silicon Tetrachlor					P							
Silicon Tetrafluor	G	G		60°	P							
Sulfur Dioxide					G	G		40°				
Sulfur Tetrafluor	G	G		40°	P							
Trimethylamine	G	G			G	G						
Tungs. Hexafluor												

여기서,

G = Good 서로 반응성이 없어 사용하기 적합함

F = Fair 적합하지는 않지만 안전하게 사용 가능

P = Poor 적합하지 않음

일반적인 재질에 대한 주석

[1] 온도 단위는 ℃임

[2] 상기 재질은 사용 전에 Passivation이 필요함

[3] 상기 재질은 높은 온도에서 촉매역할을 하여 자기분해가 될 수 있음

[4] 상기 재질은 천천히 부풀어 오르는 경향이 있으나, 사용에는 지장이 없음

[5] 구리(Copper)가 65% 이상 함유된 황동(Brass)는 절대로 사용하지 말 것

[6] 사용은 가능하나 연소성을 고려할 것

[7] 높은 온도나 빠른 유속에서 분해될 수 있음

[8] 수분이 존재하는 조건에서 카르보닐(Carbonyl)을 형성할 수 있으며, 이는 독성 및 가연성
    으로 응력부식 균열(Stress-corrosion Cracking)이 발생할 수 있음

[9] 재질의 적합성을 알 수 없어 추천하지 않음

[10] 재질과 반응성이 있어 금속이 깨지거나 균열이 발생할 수 있음

[11] 안정되게 사용할 수 있으나 확산(Diffusion)이 발생할 수 있음

[12] 흡착이 발생할 수 있음

[13] 또 다른 위험한 물질을 발생시킬 수 있음

[14] 니켈(Nickel)은 수산화물질을 분해시킬 수 있어 필터 등으로 사용을 제한함

특수가스에 사용되는 밸브, Regulator의 Seat에 적용되는 주석

[a] 염소(Cl_2)에 사용되는 Seat 재질은 부풀어 오르는 현상으로 인하여 PCTFE(Neoflon, Kel-F)
    보다는 PVDF(Kynar)가 추천됨

[b] 아산화질소(N_2O)에 사용되는 Seat 재질은 부풀어 오르는 현상으로 인하여 PCTFE 또는
    Viton보다는 Vespel이 추천됨

[c] 실란(Silane)에 사용되는 Seat 재질은 Vespel이 추천됨

[d] 염화수소(Hcl)에서 100psig 이하에서는 PTFE(Teflon)가 적절하나, 100psig 이상에서는 추
　천되지 않음

[e] 암모니아(NH₃)에서 Vespel은 추천되지 않음

[f] 염소트리플루오르화(ClF₃, Chlorine Trifluoride)는 가스의 유속이 5.0slpm 이하에서만 PCTFE
　또는 PTFE를 제한적으로 사용할 수 있으나, 가능하다면 금속 재질의 Seat를 추천함

[g] Halocarbon-12 또는 일산화질소(NO)에서는 EP(Ethylene Propylene)은 재질이 부드러워지
　거나 부풀어 오를 수 있음

[h] 삼염화붕소(Bcl₃, Boron Trichloride)에서 Viton이 추천됨

[i] 테프론은 일반적으로 수분을 함유하고 있어 디보란(Diborane)이 붕산(Boric Acid)와 수소
　를 발생시킬 수 있음

[j] PVDF는 Hcl에 적합하지 않음

1. SEMATECH(SEmiconductor MAnufacturing TECHnology, 미국 반도체 제조기술 연구조합)에 의하면 운전자의 실수 즉, 용기의 연결 및 분리작업에서 발생되는 사고는 전체 사고의 약 몇 %를 차지하는가?

2. 기계적 결합(Mechanical Connection)에 대하여 예를 들어 설명하시오.

3. CGA-13에 의하면 기계적 결합 부위에서 자연발화성 물질의 공기의 표면속도를 어떻게 추천하고 있는지 설명하시오.

4. 실란을 취급하는 가스캐비닛의 치수가 높이 2.0m, 너비 0.8m, 길이 1.5m에 해당하는 가스캐비닛이 있다. 이때 필요한 공기의 양을 계산하시오.

5. 가스누설 감지기 설치에 대하여 옥내 및 옥외의 경우로 나누어 국내 고압가스법규에 맞게 설명하시오.

6. 퍼지(Purge)의 4가지 방법에 대하여 설명하시오.

7. 진공 퍼지 방법으로 1,000ft³의 SiH_4 용기를 순수한 질소를 사용하여 SiH_4 농도를 1ppm까지 줄이려고 한다. 이를 충족시키기 위하여 몇 번의 퍼지가 필요한지 결정하고, 질소 전체사용량을 계산하라. 단 온도는 75°F이고, 시스템은 SiH_4로 가득 차 있다. 절대압력이 20mmHg까지 도달할 수 있는 진공 펌프가 사용되고, 진공에 도달한 후에 절대압력이 1기압이 될 때까지 순수한 질소를 주입한다고 한다.

8. 퍼지시스템에서의 고려사항에 대하여 서술하시오.

9. 표 5-7 '각종 가스별 재질의 적합성'을 보고 그 내용에 대하여 자세히 설명하시오.

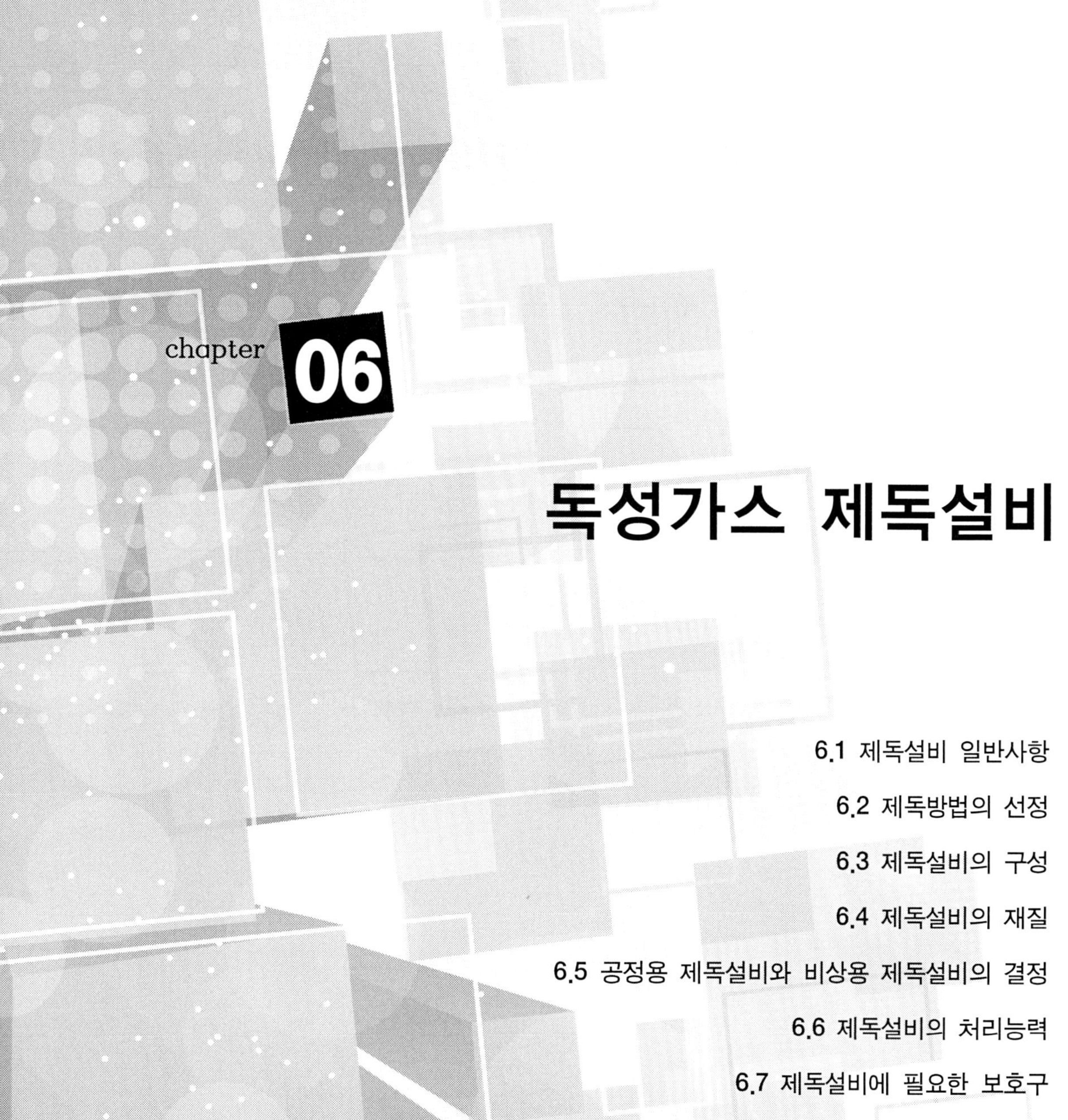

독성가스 제독설비

여기에서는 석유화학, 반도체 및 첨단산업분야 등에 널리 사용되고 있는 독성가스의 위험으로부터 작업자를 보호하고 환경재해를 방지하기 위한 제독설비(Scrubber) 기준을 포함한 전반에 대해서 설명하고자 한다.

SECTION

6.1

제독설비 일반사항

- 독성가스는 제독설비에 의해 처리하여 허용농도 이하로 대기 방출하여야 한다. 이때 허용농도는 TLV-TWA(근로자가 정상근무할 경우에 근로자에게 노출되어도 아무런 나쁜 영향을 주지 않는 최고 평균 농도)값을 의미한다.
- 제조 및 사용시설의 경우 제독을 대상으로 하는 각 설비에(유사설비로 복수 처리가 가능한 경우는 제외) 가능한 가깝게 설치하며 독성가스를 직접 처리하여야 한다. 이는 거리가 먼 경우 덕트에서의 Leak Point가 증가되며, 덕트에서 발생되는 압력손실이 증가하여 운전비가 증가하기 때문이다.
- 저장시설 및 판매시설은 용기 보관실과 가능한 가깝게 설치하고, 독성가스를 직접 처리하여야 한다.

제독 방법은 산화·환원·중화·가수분해·흡수·흡착 또는 이들의 조합 또는 그 밖의 동등 이상의 방법에 의해 처리하는 것으로 한다.

제독방법의 선정

제독해야 하는 가스의 종류·농도·유량·압력 등 모든 조건을 고려하여 다음에 열거하는 재독방법 중에서 적절한 방법을 선정하여야 한다.

① 연소처리에 의한 방법 - Combustion Type

② 습식처리에 의한 방법 - Wet Type

③ 건식처리에 의한 방법 - Dry Type

④ Thermal Wet Type

⑤ Burn Wet Type

⑥ 상기 종류를 조합하여 사용 - 보통은 1차 제거로서 ①, ③, ④ 또는 ⑤ 형태를 사용하고 2차 제거로서 ②를 사용하는 경우가 많다.

위의 제독처리방법에는 각각의 장·단점이 있으므로 적절한 방법을 조합시켜 제거효율을 증가시키고 투자비를 낮출 수 있는 최선의 조합을 찾아야 한다.

[표 6-1] 제독설비의 장단점

처리방법	대상 가스	장 점	단 점	Utility
연소	탄 화 수 소 (Hydrocarbon)를 포함한 대부분의 가연성 가스	· 가연성 배출가스에만 적용 · 고농도 배출가스에 적합 (%농도단위 이상) · 유량이 많은 경우에 적합	· 불연성가스에는 부적합 · 저 농도에서는 연소처리 유지가 불가능 – 다른 방법과의 조합이 필요 · 유량이 적은 경우에는 부적합 · 이 방법에는 집진기능이 없으므로 별도로 집진을 위한 설비가 필요	공기 질소 연료 전기 물
습식	NH₃ Hcl cl₂, HBr Sicl₄ 등 수용성 가스	· 제독액의 선택에 의해 다종의 배출가스에 적용 가능 · 저 농도에 적합 · 대용량을 처리 가능 · 집진기능을 가짐.	· 제독액의 폐수처리가 필요 · 고농도용에는 부적합 · 제독액과의 반응에 의해 생성되는 고형물에 의해 막힘, 폐색(閉塞)이 일어나기 쉬움 · 용해된 독성가스가 재 방출되는 경우가 있음 · 공기를 흡입하는 형식의 스크러버에서는 발화위험성이 있음 · 중화 시 발열반응에 유의	물 중화제 전기 질소
건식	PFC(과불화탄소)를 제외한 대부분의 가스	· 저농도부터 고농도에 적용 · 색의 변화에 의해 흡착제의 수명(파과) 판단이 가능한 것이 있음.	· 착화에 필요한 수분 공급이 필요한 경우가 있음. · 압력손실이 비교적 큼.	전기 공기 질소
Thermal Wet	PFC를 제외한 대부분의 가연성 가스	· 처리효율이 높음 · 혼합 Gas 처리 가능	· 불연성 가스 사용 불가 · Duct 내 수분 유입 우려 할로겐 Gas 처리 불가	공기 질소 물 전기
Burn Wet	거의 모든 가연성 가스	· 처리효율이 가장 높다 · 혼합Gas 처리가능 대용량의 처리가 가능	· 불연성 가스 사용 불가 · 폐수발생	공기 질소 연료 물 전기

PFC, 과불화탄소: 냉매, 소화기 및 폭발방지물, 분무액, 솔벤트용제, 발포제 등으로 쓰이는 가스이다. 오존층을 파괴하는 염화불화탄소(CFC)를 대체하여 쓰이고 있으나 이산화탄소(CO_2), 메탄(CH_4)과 더불어 지구온난화를 유발하는 온실가스의 하나로 알려져 있다. 국내에서도 전체 온실가스 중 과불화탄소(CF_4, C_2F_6, C_4F_8 등)가 차지하는 비중이 해마다 늘고 있어 1999년 10월 22일 개정된 대기환경보전법 시행규칙은 이산화탄소, 메탄, 이산화질소(N_2O), 수소불화탄소(HFCs), 육불화황(SF_6), 염화불화탄소와 함께 기후·생태계 변화 유발물질로 지정하고 있다.

6.2.1 연소처리(Combustion)

1) 플레어스택

가연성가스의 연소화재와 함께 연소처리를 하는 방식과 독성가스의 가연성을 이용하여 연소 처리하는 방식으로서 대표적인 예가 플레어스택(Flare Stack)으로서 정유 플랜트 또는 석유화학 플랜트에 주로 사용이 된다.

플레어스택이라 함은 공장에서 방출하는 폐가스 중의 유해 성분을 연소시켜 무해화하기 위한 소각탑을 말한다. 때때로 녹아웃 드럼 (Knock out Drum) 다음에 사용되는 플레어의 설치 목적은 가연의 성질을 가지고 있는 독성가스를 연소시켜 독성이나 가연성이 없는 인체나 환경에 무해한 물질로 치환시키는 데 있다.

플레어의 지름은 안정된 불꽃을 유지하고 Blowdown(증기속도가 음속의 20%보다 빠를 때 일어남)을 방지하기 위해 적당한 크기로 사용되어야 한다. 플레어의 높이는 화염에서 발생되는 복사열량이 장치와 인간에 미칠 잠재적 손상을 고려하여 결정된다.

[그림 6-1] 플레어스택

(1) 종류

가스를 높은 장소에서 연소, 배출하는 탑형(Elevated)과 지상에서 소각, 방출하는 그라운드(Ground) 플레어가 있다.

- Elevated flare system(탑형): 공간 확보가 용이하고 배관크기가 축소된다. 초기비용이 높고 유지보수가 어려우며 화염이 보인다.
- Ground flare system(그라운드): 지지 구조물이 불필요하는 등 경제적이고 유지보수가 용이하며 화염 보이지 않도록 차폐막 설치가 가능하다. 상당한 공간이 필요하고 독성 물질 소각에 부적당하며 Water Spray가 필요하다.

(2) 구성

안전 밸브, 릴리프 밸브 또는 긴급이송설비에서 방출되는 가스를 주 배관에 모아 ① Knock out drum으로 보내지고 이곳에서 미스트 등을 제거하고 역화방지 등을 위한 목적으로 설치된 ② Seal drum을 거쳐 플레어스택으로 이송된다. 이 밖에도 플레어스택은 ③ 폐가스 배관계, ④ 연소에 필요한 공기를 공급하는 배관계, ⑤ 연료가스를 공급하는 연료가스 배관계, ⑥ 파이롯 버너, ⑦ 화염검지기 및 ⑧ 플레어 버너 등으로 구성된다.

안전성 확보를 위해서는 플레어에 대한 적당한 크기와 용량 선정과 화염의 안정(Flame Stability) 및 복사열(Thermal Radiation)이 중요하다. 이는 "API 521"에 규정된 복사열강도에 대한 Guide, "플레어시스템의 설치에 관한 일반기술" 및 고압가스안전관리법의 "플레어스택에 복사열에 관한 기준"을 참고할 수 있다.

[표 6-2] API 521에 규정된 복사열 노출에 따라 고통을 느끼는 시간

복사열 강도		고통을 느끼는 시간
$BTU/hrft^2$	kW/m^2	초
550	1.74	60
740	2.33	40
920	2.90	30
1,500	4.73	16
2,200	6.94	9
3,000	9.46	6
3,700	11.67	4
6,300	19.87	2

[표 6-3] API 521에 규정된 복사열강도에 관한 Guide

허용 설계 기준(K)		조 건
BTU/hrft^2	kW/m^2	
5000	15.77	운용자가 업무를 수행할 가능성이 없으며 복사열에 대해 차폐물을 이용할 수 있는(예: 장비의 뒤쪽) 구조물 및 지역에서의 열강도
3000	9.46	사람들이 접근할 수 있는 장소에서 설계 플레어 방출시의 K 수치(예, 플레어 이하의 지면이나 가까운 타워의 서비스 플랫폼) 노출은 도피에 필요한 수 초 이내로 제한되어야 한다.
2000	6.31	작업 요원이 차폐물은 없으나 적절한 복장을 착용하고 1분 정도 지속되는 비상조치에 필요한 지역에서의 열강도
1500	4.73	작업원이 차폐물은 없으나 적절한 복장을 착용하고 수분 정도 지속되는 비상조치에 필요한 지역에서의 열강도
500	1.58	작업요원이 지속적으로 노출되는 지역에서의 설계 플레어 방출 시의 K 수치

- 스택에는 검사 등을 수행하기 위한 사다리가 고려되어져야 한다. 단 복사열이 2,000BTU/hr-ft^2 이산인 장소에는 보호덮개를 설치하여야 한다.
- 태양으로부터 발생되는 복사열은 약 250~330BTU/hr-ft^2 정도이며 이는 플레어스택 복사열에 더하여져 고려되어야 한다.

플레어스택의 복사열은 스택 바로 밑의 지표면에서 복사열1,500BTU/hr-ft^2(4,000Kcal/hr-m^2) 이하가 되도록 위치 및 높이를 설정하여야 하며, 이 수치의 복사열은 받는 사람이 16초 이내에 통증을 느끼는 복사열에 해당한다.

이는 Stoll and Greene 실험을 기준으로 설정된 것이다. 허용 가능한 복사열은 노출 시간의 함수이므로 반응시간 및 사람의 이동을 포함한 요인을 고려하여야 한다. 비상방출의 경우 반응시간이 3~5초 정도가 걸리며 또한 개인이 보호덮개를 찾거나 해당지역을 빠져나오기 전에 10초 정도가 경과될 것이다. 결과적으로 전체노출 시간은 13~15초 정도가 된다.

따라서 설계 시에는 스택 바로 아래 지표면에서의 복사열을 정량적으로 계산하여야 한다. Hajek and Ludwig에 따르면 아래와 같이 해당 복사열에 따른 최소거리를 산정할 수 있다.

$$D = \sqrt{\frac{\tau FQ}{4\pi K}} \quad \text{----------------(6-1)}$$

여기서

D: 화염의 중앙에서 지표면의 관심대상까지의 거리, m

τ: 전달되는 복사열 강도의 비율, 보통 1.0 적용

F: 방출되는 복사열 비율, 보통 0.3 적용

Q: 연소열량, Kcal/hr

K: 최대허용 복사열량, kW/m^2

2) 소각로

그 외에도 소각로(Incinerator)도 이용한다. 소각로라 함은 가연성질을 가지고 있는 독성물질뿐만 아니라 폐기물 등을 소각처리하기 위한 장치이다.

① 화격자연소방식(火格子燃燒方式)

② 고정상연소방식(固定床燃燒方式)

③ 다단로연소방식(多段爐燃燒方式)

④ 회전소각로방식(回轉燒却爐方式)

⑤ 유동상연소방식(流動床燃燒方式)

⑥ 분무연소방식 등이 있다.

이 중 ①과 ②에는 폐기물을 연속하여 소각할 수 있는 연속식연소방식과 연속하여 소각할 수 없는 회분식연소방식(回分式燃燒方式)이 있는데, 소형의 소각로는 대부분 회분식이다. 이는 소각로에 소각물을 일정량 집어넣고 충분히 소각한 후 재를 회수하는 비연속적 방식이다. 한편 ③~⑥의 방식은 모두 연속식이다.

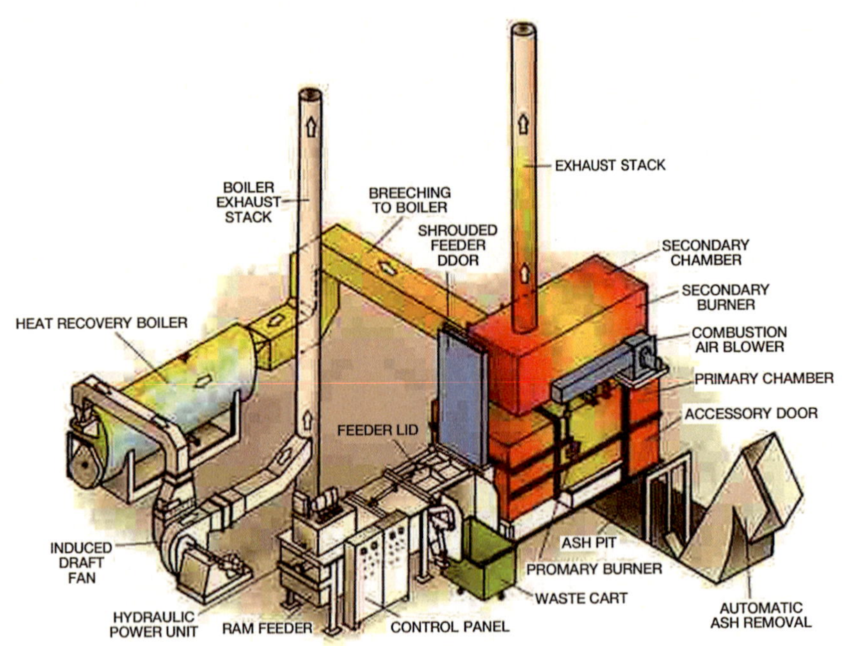

[그림 6-2] 소각로

6.2.2 습식처리(Wet Scrubber)

독성기체를 액체의 흡수액과 접촉시켜 독성가스가 액상에 잘 용해하거나 화학적으로 반응하는 성질을 이용하여 독성가스를 제거하는 것이다.

독성가스를 포함한 기체를 흡수액이 들어있는 흡수탑을 통과시키면 기체 중에 들어있던 유해가스 성분이 제거되거나 변질되며, 이때의 효율은 기·액 접촉면적과 접촉시간에 관계가 있고 흡수액의 농도와 반응속도에 영향을 받는다.

흡수액은 특별한 경우를 제외하고는 물 또는 수용액을 사용하며 물에 대한 독성가스의 용해도가 중요하다.

1) 헨리의 법칙

일정한 온도에서 일정량의 액체에 용해되는 기체의 질량은 그 압력에 비례한다는 법칙이며, 물에 대해 난용성인 기체로서 물에 용해되어 기체로 존재하는 것에만 적용된다(예: CO,

NO_2, H_2S, N_2, O_2, NO 등).

물속에서 이온화하는 것에는 대체로 적용되지 않아 탄산가스, 암모니아, 염화수소 등은 헨리의 법칙에 따르지 않으며 용해에 따른 복잡한 화학반응이 일어날 경우 또한 성립되지 않는다.

$$P = K \cdot C \quad \text{------------------} \quad (6\text{-}2)$$

여기서

P: 기체의 압력, atm

K: 헨리상수, $L \cdot atm/mol$ (산소(O_2) - 769.2 $L \cdot atm/mol$, 이산화탄소(CO_2) - 29.4 $L \cdot atm/mol$, 수소(H_2) - 1282.1 $L \cdot atm/mol$)

C: 기체의 용해도, mol/L

2) 이중경막설(Double Film Theory by Lewis Witman)

두 개의 상(phase)이 접할 때 접한 경계면의 양측에 경막이 존재한다는 가정이다. 이때 확산을 일으키는 추진력은 두상에서의 확산물질의 농도차 또는 분압차이며 주어진 온도, 압력에서 평형상태가 되면 물질의 이동은 정지한다. 기·액 두상의 본체에서는 확산물질의 농도(또는 분압) 기울기차가 거의 없으나 기·액의 경막내에서는 농도 기울기가 있으며 두 상의 경계면에서 평형을 이루려고 하기 때문이다.

PG(atm), CL(kmol/㎥): 각 상의 본체에서의 분압 및 압력

Pi(atm), Ci(kmol/㎥): 경계면에서의 기체 및 액체의 분압 및 압력

경막두께= 확산거리

습식의 일반 원리는 액적·액막·기포 등에 의해 함진 가스를 세정하여 입자에 부착·입자 상호 간의 응집을 촉진시켜 직접 가스의 흐름으로부터 입자를 분리라는 방법이다. 일반적인 제거원리는 다음과 같다.

① 액적에 입자가 충돌하여 부착

② 미립자 확산에 의한 입자간 응집

③ 배기가스의 증습에 의한 입자간 응집

④ 입자를 핵으로 증기의 응결 및 응집성 촉진

⑤ 액막, 기포에 입자가 접촉하여 부착

차아염소산과 과망간산염 수용액, 가성소다수용액, 또는 물 등의 탱크에 가스를 보내는 방식과 기액향류접촉(스크러버)에 의한 방식이 있다. 무엇보다도 기·액 접촉에 의한 물리·화학적 반응이다.

사용하는 약제는 가스에 따라 다르지만 차아염산염, 과망간산칼륨, 가성소다 등 많은 종류가 있다.

반응 생성물이 수용액으로 배출되므로 세정액의 폐수처리가 필요하다.

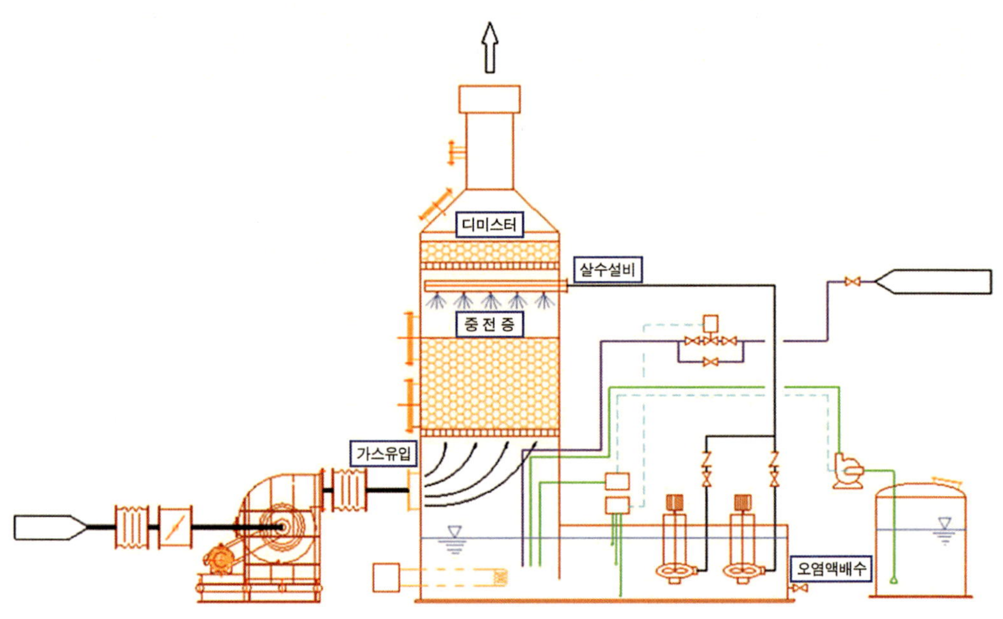

[그림 6-3] Wet Scrubber 작동원리

[그림 6-4] Wet Scrubber를 설치한 모습

[표 6-4] Wet Scrubber 종류별 특성

종 류	특 성	장 점	담 점
충전탑	• 가스속도: 0.3~1m/sec • 액·가스비: 1~10 ℓ/㎥ • 압손: 50μmAq/m • 탑높이: 2~5m	• 가스량 변동에 적응력이 큼 • 포집효율 큼 • 압력손실이 적음	• 유속이 높을 때 flooding 현상 • 고형분이 큰 경우 고착 및 현류로 막힘 현상 발생
스프레이탑	• 가스속도: 0.2~1m/sec • 액·가스비: 0.1~1 ℓ/㎥ • 압손: 2~20mmAq	• 구조 간단 • 비용 저렴 • 압력손실이 적음	• 스프레이 동력 발생 • 구멍이 막히는 현상 발생 • 스프레이 양이 적을 경우 균일접촉이 않되 현류를 일으키고 효율이 떨어짐
Cyclone	• 가스속도: 1~2 m/sec • 액·가스비: 0.5~1.5 ℓ/㎥ • 압손: 50~300mmAq • 입구가스속도: 15~35 m/sec	• 대용량 처리 가능 • 구조 간단 • 미스트 배출이 적음	• Cyclone의 입구 크기를 크게 하면 효율이 떨어짐 • 높은 수압이 필요 • 노즐 막힘
Venturi scrubber	• 가스속도: 30~100 m/sec • 액·가스비: 0.3~1.5 ℓ/㎥ • 압손: 200~800mAq	• 소형으로 대용량 처리가능 • 집진효율 좋음	• 압손이 큼 • 동력비가 큼 • 운전비 큼 • 미스트 배출

종 류	특 성	장 점	담 점
Jet scrubber	• 가스속도: 20~50 m/sec • 액·가스비: 10~100ℓ /㎥ • 압손: 0~200mmAq • 유입가스속도: 10~20m/sec	• 가스저항이 적음 • 송풍기 불필요 • 흡인효율 좋음	• 대량가스 처리 곤란 • 동력비가 큼
다공판탑	• 가스속도: 0.3~1m/sec • 단간격: 30~40cm • 액·가스비: 0.3~5ℓ /㎥ • 압손: 100~200mmAq	• 소량의 액량으로 운전가능 • 단수를 높이면 고농도 가스 처리 가능	• 복잡, 대형, 고가 • 가스량 변동이 심할 때 조업 불가

기포탑	• 가스속도: 0.01~0.3m/sec
	  100m/h(터빈날개부착)
	  20m/h (조개형 날개 부착)
	• 압손: 200~500mmAq
		• 흡수효율이 높음
		• 고체입자 현탁액을 흡수액으로 이용할 때 매우 좋음
			• 압손이 큼
			• 가스 속도 일정 값 이상이면 효율 저하

[표 6-5] 대표적인 오염물질 발생 업종 및 흡수액

구분	오염 물질	흡수액	화학식	대표 업종
염기성	암모니아 (NH_3)	H_2SO_4 HCl NaOCl	$2NH_3+H_2SO_4 \Rightarrow (NH_4)_2SO_4$ $NH_3+HCl \Rightarrow NH_4Cl$ $2NH_3+3NaOCl \Rightarrow N_2+3NaCl+3HO$	석유화학, 반도체, 복합비료, 축산업, 하수처리장 등
	트리메틸아민 ($(CH_3)_3N$)	H_2SO_4 HCl NaOCl	$(CH_3)_3N+H_2SO_4 \Rightarrow (CH_3)_3N·H_2SO_4$ $(CH_3)_3N+HCl \Rightarrow (CH_3)_3·HCl$ $(CH_3)_3N+NaOCl \Rightarrow (CH_3)_3·NaOCl$	석유화학, 복합비료, 축산업, 하수처리장 등
산성	황화수소 (H_2S)	NaOH NaOCl	$H_2S+NaOH \Rightarrow Na_2S+H_2O$ $Na_2S+H_2S \Rightarrow 2NaSH$ $H_2S+2NaOH \Rightarrow Na_2S+2H_2O$ $Na_2S+4NaOCl \Rightarrow Na_2SO_4+4NaCl$ $Na_2S+NaOC+H_2O \Rightarrow S+NaCl+2NaOH$	석유화학, 반도체, 펄프, 복합비료, 축산업, 가죽처리, 하수처리장 등
	메틸메르캅탄 (CH_3SH)	NaOH NaOCl	$CH_3SH+NaOH \Rightarrow CH_3SNa+H_2O$ $2CH_3SH+6NaOCl \Rightarrow 2CH_3SO_3+6NaCl+H_2$	석유화학, 펄프, 하수처리장 등
중성	황화메틸 ($(CH_3)_2S$)	NaOCl	$(CH_3)_2S+2NaOCl \Rightarrow (CH_3)_2SO_3+NaCl$	석유화학, 펄프, 하수처리장 등
	이황화디메틸 ($(CH_3)_2S_2$)	NaOCl	$(CH_3)_2S_2+NaOCl \Rightarrow (CH_3)_2SO_2+2NaCl$	석유화학, 펄프, 하수처리장 등

구분	오염 물질	흡수액	화학식	대표 업종
중성	아세트알데히드 (CH_3CHO)	NaOCl	$CH_3CHO+NaOCl+NaOH \Rightarrow CH_3COONa+NaCl+H_2O$	석유화학, 담배, 복합비료, 하수처리장 등
	스티렌 (C_6H_5)	HClO	$C_6H_5CHCH_2+HClO \Rightarrow C_6H_5CHOHCH_2Cl$	석유화학, 폴리스티렌, SBR, FRP 제조공장 등

3) 설비구성

(1) 충전층(Packing Bed)

충전탑은 가스흡수를 위해 사용되는 장치 중 가장 일반적이다. 또한 이러한 충전탑의 설계에 있어 가장 핵심이 되는 부분이 바로 충전물(Packing)이다.

우수한 성능의 충전물이란 그 고유의 역할이 기·액 접촉면적의 증대이므로 면적인자가 커야 한다. 이때 사용되는 것이 충전물이며 충전탑 설계에어 핵심이 되는 부분이다.

또한 운전의 경제성을 확보하기 위해 낮은 압력손실로 운전이 가능해야 한다. 재질상으로도 가볍고 내약품성이 우수해야 하며 온도에 대하여도 광범위하게 적용될 수 있어야 한다.

(2) 충전물 선택 시 고려사항

- 가격: 단위체적당 가격이 적정하여야 하며, 일반적으로 금속제의 충전물보다는 플라스틱이 저렴하다.
- 압력손실: 같은 기·액비와 같은 기·액 접촉면적을 갖는 충전층에서 나타내는 압력손실이 작아야 운전비를 낮출 수 있다.
- 내부식성: 충전물의 재질은 운전되는 가스, 흡수액 및 반응생성물에 대하여 부식이 되지 않아야 하며, 재질로는 플라스틱이나 세라믹이 사용된다.
- 비표면적: 단위 체적당 충전물이 갖는 표면적이 커야 한다. 비표면적이란 기·액 접촉을 의미하며 클수록 흡수효율이 커지게 된다.
- 기하학적 모양과 액 분배기능: 충전물의 모양은 충전 시 포개져서 엉킨 모양(Nesting)이 되거나 공동현상(Channeling)을 일으키지 않도록 하여야 한다. 이러한 현상은 충전물이 가지고 있는 비표면적을 최대한 이용할 수 없게 한다.

- 구조적 강도: 충전물은 충전 시에 압력 및 취급 시 파손방지를 위하여 구조적으로 튼튼한 강도를 가져야 한다.

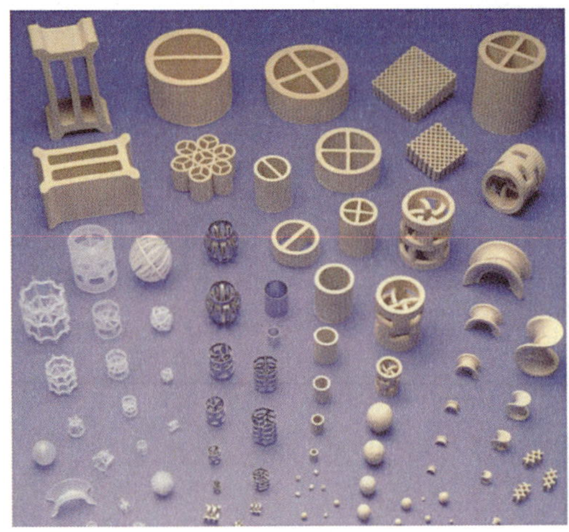

[그림 6-5] Random Packing 종류 및 Structured Packing

(3) 액분산(Liquid Distribution) 장치

액분산은 충전탑의 운전에 있어 그 운전효율을 좌우할 수 있는 매우 중요한 요소이다. 불량한 액분산은 편류(偏流, Channeling) 또는 공동현상(空洞現像) 등을 유발하게 되고 기·액 접촉효율을 저하시켜 가스흡수 효율을 저하시키게 된다. 액분산 장치의 종류에는 기본적으로 다음의 네 가지가 있다.

- 노즐분사식(Spray Nozzle): 간단하며 액분산 효율이 좋음.
- 위어(Weir): 주로 고형물이 많은 경우 사용함.
- 구멍 파이프(Perforated Pipe): 쉽게 막히는 단점이 있음.
- 오픈 스플래쉬판(Open Splash Plate): 고농도의 고형물이 함유된 조건에서 좋음.

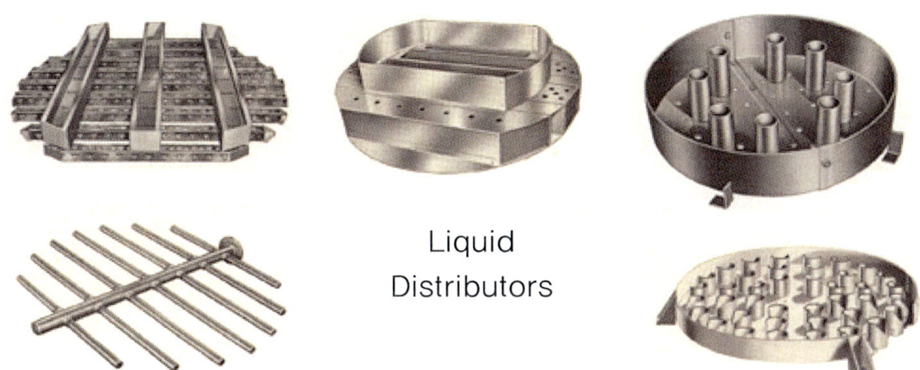

[그림 6-6] Liquid Distributor

6.2.3 건식처리(Dry Scrubber)

흡착(Adsorption)은 분자 또는 이온상의 물질이 경계면에 농축되는 공정으로 정의할 수 있다. 흡착공정에서 흡착되는 물질을 흡착물질(Adsorbate)이라 하고 그 경계면에서 흡착이 일어나는 물질을 흡착제(Adsorbent)라 한다.

독성가스를 물리·화학적 방법으로 흡착하여 제거하는 장치로써 흡착제의 종류로는 활성탄, 활성알루미나, 화학적 규조토, 실리카겔, 제오라이트 등이 있으며 고체처리제를 충전탑에 충전하고 여기에 독성가스를 흐르게 하여 처리한다.

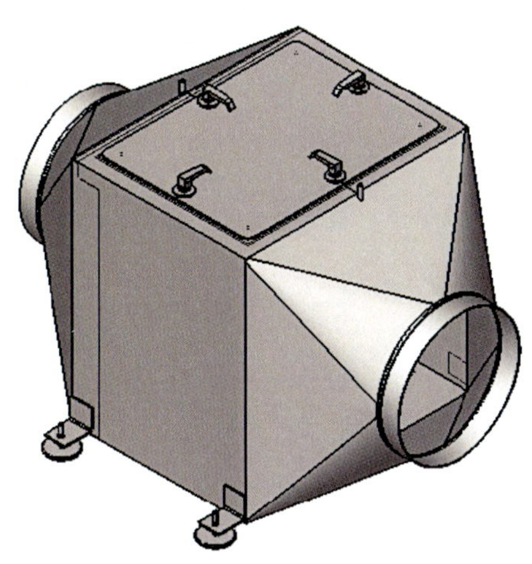

[그림 6-7] Dry Scrubber

이 중 가장 널리 사용되고 있는 활성탄은 견과껍질(Nut Shell)이나 목재, 코코넛 껍질, 석탄 등을 공기 없이 열처리(탄화)하여 고온에서 증기(Steam)로 활성화한 것이다.

[표 6-6] 흡착종류별 물성치

물성치 흡착제 종류	Bulk Density (g/cm^3)	Average Pore Size(Å)	Surface Area(m^2/g)	Adsorptive Capacity (g/g absorbent)
A/C	0.35~0.45	20~30	800~1500	0.4~0.5
Alumina	0.7~0.9	40~70	200~400	0.2~0.3
Silica Gel	0.7~0.9	20~50	600~800	0.35~0.5
Zeolite, Molecular Sieve	0.5~0.7	40~60	500~700	0.2~0.3

Å는 옹스트롱(Angstrom)으로 읽고 10^{-10}m 에 해당합니다. "백억분의 1미터"입니다. 최근에는 옹스트롱을 잘 사용하지 않습니다. 그 이유는 밀리미터(mm; 10^{-3}m), 마이크로미터(μ m; 10^{-6}m), 나노미터(nm; 10^{-9}m), 피코미터(pm; 10^{-12}m)와 같이 10^{-3} 씩 작아지는 단위를 표준으로 삼기 때문이다.

1) 파과점(Break Point)

독성가스를 흡착탑(Dry Scrubber)을 통과시키면 초기에는 흡착률이 매우 높으나 시간이 지날수록 흡착률이 떨어져 점차 출구가스에 가스성분이 서서히 나타나기 시작하는데 출구에 이러한 가스성분이 나타나기 시작하는 점을 파과점이라 한다. 흡착공성에서 파괴섬을 지나면 급격히 흡착효율이 떨어진다.

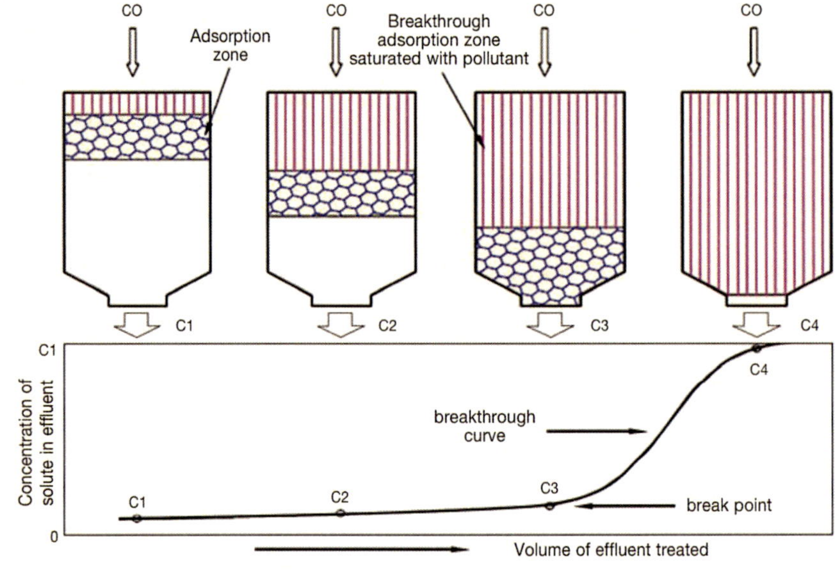

[그림 6-8] 파괴곡선

2) 건식처리의 예

건식처리는 많이 사용된다고 예상되므로 대표적인 모노실란, 알진, 포스핀, 디보레인에 관하여 가스별로 처리원리의 예를 열거한다.

   (1) 모노실란(Silane)
      ① 공기 도입식 접촉산화

$$\text{반응식} \quad SiH_4 + O_2 \rightarrow SiO_2 + 2H_2 \qquad 2H_2 + O_2 \rightarrow 2H_2O$$

$$(SiH_4 + 2O_2 \rightarrow SiO_2 + 2H_2O) \quad \text{----------} \quad (6\text{-}3)$$

이 반응은 효율이 매우 높은 농도로 하지 않으면 모두 SiO_2로 되지 않고 공기 + SiH_4가 남을 가능성이 있고, 공기의 도입량 관리가 필요하다. 또한 산화반응 후 발생되는 재(SiO_2)가 대기 중으로 확산되는 것을 방지할 수 있는 설비가 필요하다.

      ② 과망간산칼륨형 산화흡착제

$$\text{반응식} \quad 2SiH_4 + 6KMnO_4 + 10KOH \rightarrow 6K_2MnO_4 + 2K_2SiO_3 + 4H_2O + 5H_2$$

$$6SiH_4 + 6KMnO_4 + 3H_2O \rightarrow 3Mn_2O_3 + 6K_2SiO_3 + 15H_2 \text{---------} (6\text{-}4)$$

SiH_4를 산화시킨 후에 H_2가 발생하기 때문에 H_2의 대책이 필요하다.

   (2) 알진(Arsine), 포스핀(Phosphine)
      ① 염화제이철형 산화흡착제

$$\text{반응식} \quad AsH_3 + 6FeCl_3 + 3H_2O \rightarrow 6FeCl_2 + 6HCl + H_3AsO_3$$

$$PH_3 + 8FeCl_3 + 4H_2O \rightarrow 8FeCl_2 + 8FeCl_2 + 8HCl + H_3PO_4 \text{---------} (6\text{-}5)$$

이차적으로 염산가스를 6~8몰 발생시키기 때문에 염산가스에 대한 대책이 필요하다. 또한, 산화 시 발생되는 발열량을 고려하여 흡착제 또는 관련 설비를 열화로부터 보호할 수 있는 대책이 필요하다. 처리효율은 가스농도에 관계없이 허용농도를 만족한다.

　② 금속산화제형 흡착제

　　반응식　　$AsH_3 + MeO \rightarrow As_2O_3 + H_2O(H_2) + Me$

　　　　　　$PH_3 + MeO \rightarrow P_2O_5 + H_2O(H_2) + Me$ --------- (6-6)

H_2O와 H_2가 발생한다. 약제에 물이 흡수되지 않으므로 열화는 적다. 산소가 일정 농도 이상 흐르면 환원·재생된다.

(3)　디보레인(Diborane)
　① 과망간산알칼리산화제형 흡착제

　　반응식 $B_2H_6 + 6KMnO_4 + 12KOH \rightarrow 6K_2MnO_4 + 2K_3BO_3 + 6H_2O + 3H_2$ ------------ (6-7)

　　$2B_2H_6 + 6K_2MnO_4 + H_2O \rightarrow 3Mn_2O_3 + 4K_3BO_3 + 4H_2O + 5/2H_2$ ----------- (6-8)

3) 흡착(Adsorption)과 화흡(Chemisorption)의 비교

흡착(Adsorption)이란 기체 또는 증기 상태의 대기오염물 분자를 다공질의 고체상태의 흡착제(Adsorbents) 표면에 붙잡아 두는 것으로 오염물질을 제거하는 공정을 말한다. 이러한 흡착은 오염물질의 비등점(Boiling Point)보다 높은 주변온도에서 오염물질이 액적(Liquid Droplet)으로 응축되어서 흡착제에 포집된다. 이런 응축작용은 흡착제의 표면에서의 촉매효과인 "활성장(Active Sites)"에 기인한다.

흡착은 대부분 흡착제의 내부다공면적에서 일어난다. 따라서 흡착제의 내부유효다공면적은 외부표면적의 수배가 되어야 한다. 흡착은 화학반응이 없으므로 가역적이다. 응축된 오염물질을 가열하여 기화시키면 고농도가 방출되고 이것을 다시 냉각시키면 회수가 가능하다. 또한 이때 흡착제는 재생된다. 흡착제로써는 활성탄(Activated Carbon)이 주로 사용된다.

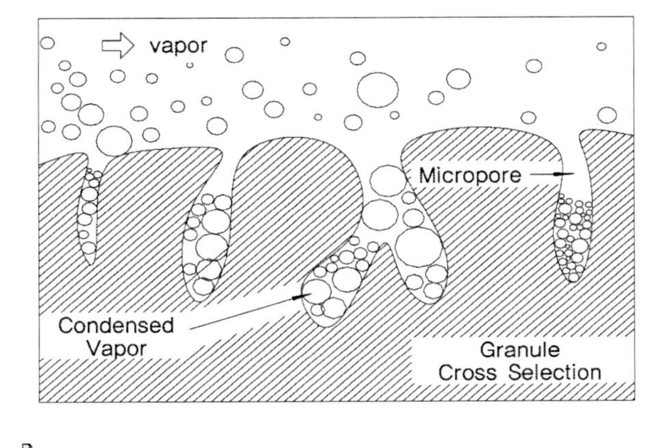
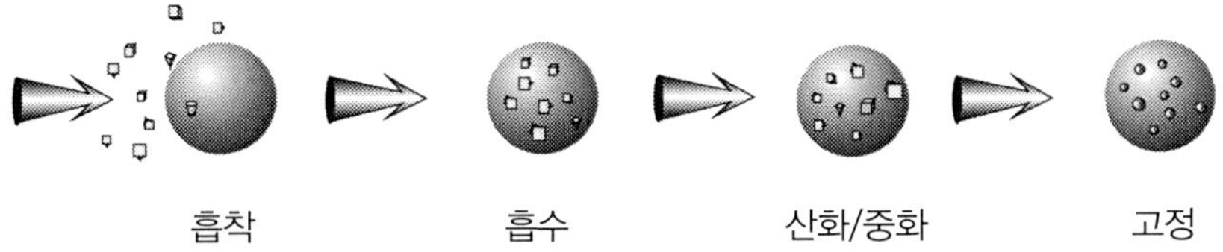

[그림 6-9] 화흡의 원리

화흡(Chemisorption)이란 화학적 흡착(Chemical Adsorption)을 줄인 말로써 활성탄대신 활성화된 산화알루미늄(Al_2O_3)에 중화용 화학물질을 잉태시킨 흡착제를 사용하여 흡착(Adsorption)과 동시에 흡수(Absorption) 및 화학적 중화반응을 일으킴으로써 오염물질을 제거하는 공정을 말한다. 오염물질은 화학적인 반응을 통해 제3의 물질로 변환되므로 더 이상 존재하지 않는다. 따라시 화흡은 비가역이며 오염물질회수나 흡착제의 재생이 불가능하고 흡착제에는 더 이상 냄새가 나지 않는다. 오염물질의 종류에 따라서 다양한 흡착제를 선택하여 사용한다. 흡착제로는 주로 $KMnO_4$가 사용된다.

[표 6-7] 흡착(Adsorption)과 화흡(Chemisorption)의 장단점 비교

Description	흡착(Adsorption)	화흡(Chemisorption)
포집 원리	활성 세공으로의 흡착	활성세공에서의 흡착 후, 화학적 중화반응
냄새 제거 효과	활성탄에 냄새가 잔류하므로 완전제거 불가능	내부에 함유된 KMnO4와 반응하여 제3의 물질로 변화됨 예) $H_2S+KMnO_4 \rightarrow K_2SO_4+KOH+MnO_2$
Media의 수명예측 및 냄새의 재 발생 가능성	수명예측불가능 냄새의 재발가능성 있음	정기적으로 $KMnO_4$잔량을 측정함으로써 수명을 결정함. 냄새의 재발성 가능성은 없음
제거 가능 물질	VOC물질에 제한됨 무기화학물질은 불가능함	H_2S, Cl_2, HF, NOx, O_3, SOx, HC, VOC 등의 화학물질 제거가 가능함
Media의 구성 물질	활성탄소(Activated Carbon)100%	Chemisorbant 50%, Purakol 50% 사용조건에 따라 비율을 조정하여 사용 가능함
위험성	발화성 물질	UL Class 1, Non-Flammable
폐기 시 처리 방법	소각처리	소각 또는 매립

4) 흡착제 종류

(1) 활성 알루미나(Activated Alumina)

알루미나 수화물을 열처리하여 제조한 다공질의 산화 알미늄 흡착제로서 표면적이 크고 충격과 마찰에 대한 기계적 강도가 높을 뿐만 아니라 수분접촉에도 강하기 때문에 제습제로서는 가장 많이 사용되고 있는 흡착제이다.

가열에 의한 재생 시 재생온도 범위는 150~250℃이며, 최저 평형 노점은 압력 하 -70℃ 정도이다.

기계적 충격 및 마찰력에 높은 강도를 가지고 있으며, 파손에 의한 분진이 적고 가격이 저렴하다. 특히 상대습도가 높은(70% 이상) 다습한 공기 중에서는 수분을 흡수하는 특성이 강하여 압축공기를 이용한 에어 드라이어용으로 가장 적합한 흡착제이다.

알루미나 단체의 비표면적에는 한계가 있으므로 이를 보완하여 실리카겔을 첨가한 제품도 나와 있다.

(2) 실리카겔(Silica gel)

입구온도가 낮고 상대습도가 높을 경우에 습분 흡착 능력이 우수하며 수분접촉 및 충격에 대한 기계적 강도는 다소 약한 편입니다. 가열에 의한 재생 시 재생소요열량이 가장 작으며, 재생온도 범위는 100~200℃이며, 최저 평형 노점은 압력 하 -70℃ 정도이다.

세공분포가 균일하고 다공질이며, 재생은 150~180℃로 약 2시간이 필요하며 잔류수분은 5% 미만이며 260℃ 이상으로 가열하면, 흡착능력을 상실한다.

수분에 대한 흡착력이 대단히 크나 흡수성이 약간 미약하고 흡수 시 기계적 강도가 약하여 파손이 되는 결점 때문에 일반적으로 압축공기의 에어드라이어용으로는 사용하지 않는다.

(3) 몰리큐라시브(Molecular sieve)

낮은 상대습도에서 비교적 높은 흡착률을 유지하며, 입구온도에 따라 흡착률이 급격히 감소하는 실리카겔과 알루미나와는 달리, 흡착률이 서서히 감소하기 때문에 입구온도가 높거나 상대습도가 낮은 경우에 주로 사용됩니다.

가열에 의한 재생 시 재생온도 범위는 200~300℃이며, 최저 평형 노점은 압력 하 -80℃ 정도이다.

6.2.4 Thermal Wet Type Scrubber

주로 반도체 분야에서 사용하고 있으며, 가스와 공기를 같이 주입한 후 전기 히터를 통해 발화점 이상으로 충분히 가열하여 산화시킴으로써 Hydride 계열의 Gas(SiH_4, PH_3, AsH_3 등)를 처리하고, 수용성 가스는 후단의 Wet Scrubber를 거쳐 처리한다.

처리가능 가스로는 가연성 가스에는 SiH_4, PH_3, TEOS, H_2, DCS, 등이 있고 수용성 가스에는 Cl_2, HCl, HF, NH_3, 등이 있다.

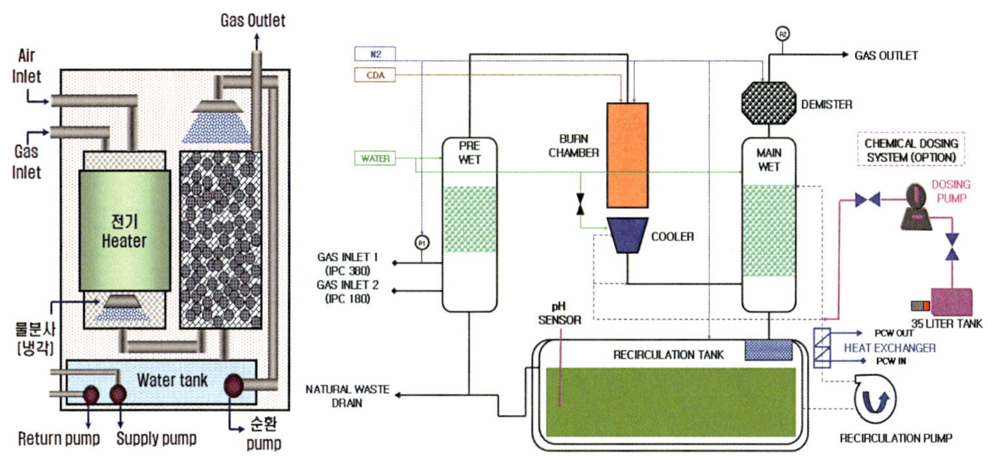

[그림 6-10] Thermal Wet Type Scrubber

Hydride 계열 및 수용성 Gas에 대한 처리는 가능하나, 충분히 높은 온도를 내지 못하는 전기 Heater의 한계로 인해 PFC(과불화탄소, 냉매, 소화기 및 폭발방지물, 분무액, 솔벤트용제, 발포제 등으로 쓰이는 가스로서 오존층을 파괴하는 염화불화탄소[CFC]를 대체하여 쓰이고 있으나 이산화탄소[CO_2], 메탄[CH_4]과 더불어 지구온난화를 유발하는 온실가스의 하나로 알려져 있다. 국내에서도 전체 온실가스 중 과불화탄소가 차지하는 비중이 해마다 늘고 있어 1999년 10월 22일 개정된 대기환경보전법 시행규칙은 이산화탄소, 메탄, 이산화질소, 수소불화탄소, 육불화황, 염화불화탄소와 함께 기후·생태계 변화 유발물질로 지정하고 있다)의 처리가 불가능하다.

가스	TLV in ppm	Efficiency in %	Chemical reaction(combustion)
AsH_3	0.05	>99.99	$2AsH_3 + 3O_2 \rightarrow As_2 \cdot O_3 + 3H_2O$
B_2H_6	0.1	>99.99	$B_2H_6 + 3O_2 \rightarrow B_2O_3 + 3H_2O$
C_2F_6	n.a.	97.60	$C_2F_6 + 2O_2 + 3H_2 \rightarrow CO_2 + 6HF$
Cl_2	1	99.99	stable
GeH_4	0.2	>99.98	$GeH_4 + 2O_2 \rightarrow GeO_2 + 2H_2O$
H_2	5	>99.99	$2H_2 + O_2 \rightarrow H_2O$
HCl	5	99.97	stable
NF_3	10	99.99	$4NF_3 + 3O_2 \rightarrow 2N_2 + 6OF_2$
NH_3	25	99.95	$4NH_3 + 3O_2 \rightarrow 2N_2 + 6H_2O$
PH_3	0.3	>99.99	$2PH_3 + 4O_2 \rightarrow P2O_5 + 3H_2O$
SF_6	1,000	98.50	$SF_6 + O_2 + 3H_2SO_2 + 6HF$
SiF_4	n.a.	99.98	$SiF_4 + O_2 \rightarrow SiO_2 + 2F_2$
SiH_2Cl_2	5	99.90	$2SiH_2Cl_2 + 3O_2 \rightarrow 2SiO_2 + 2H_2O + 2Cl_2$
SiH_4	5	>99.99	$SiH_4 + 2O_2 \rightarrow SiO_2 + 2H_2O$

6.2.5 Burn Wet Type Scrubber

주로 반도체 분야에서 사용하고 있으며, 연료로서 LNG, LPG 또는 수소 등을 사용하고 공기를 주입하여 가스를 태움으로써 충분히 높은 온도(1200℃)를 유지하여 Hydride 계열의 가스 및 PFC를 처리하고, 후단의 Wet Scrubbing을 거쳐 수용성 가스를 처리한다. 처리가능 가스로는

가연성 가스: SiH_4, PH_3, TEOS, H_2, DCS, 등
수용성 가스: Cl_2, HCl, HF, NH3, 등
PFC 가스: NF_3, S_2F_6, SF_6, CF_4, C_3F_8, 등

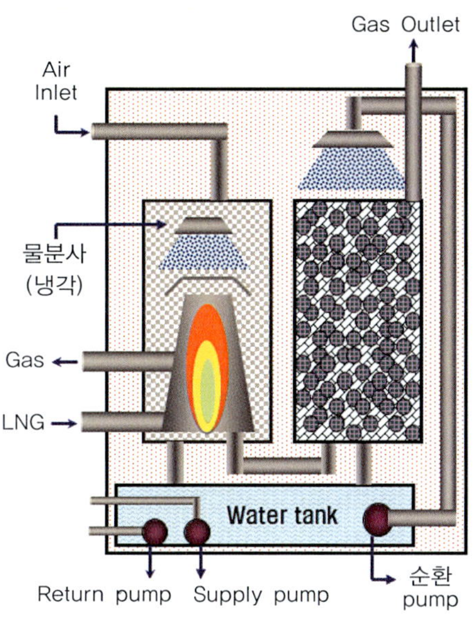

[그림 6-11] Burn Wet Scrubber

6.2.6 조합형

보통 한가지의 제독설비 만으로도 충분히 독성 또는 가연성 가스의 제거가 가능하나 그렇지 않은 경우도 종종 발생한다. 예를 들어 1차 Scrubber에서 처리되는 물질이 있고 여기서 처리되지 않은 물질은 후단의 2차 Scrubber로 이송하여 제거하기도 한다.

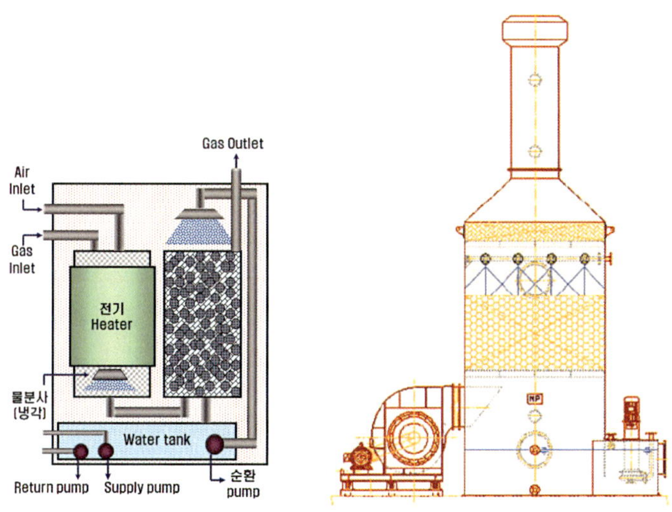

[그림 6-12] 조합형의 예

SECTION 6.3

제독설비의 구성

여러 종류의 독성 가스가 정상 상황 시 또는 비상 상황 시 동시에 하나의 제독설비로 흘러갈 수 있는 구조로 구성되어 있는 경우에는 서로 다른 가스가 접촉하여 반응 등을 통하여 더 큰 위험에 빠질 수 있으므로 여러 종류의 가스가 같은 제독설비에서 제거되도록 구성이 되어 있는 경우에는 각 가스들 간의 반응성을 반드시 미리 검토하여야 한다.

1) 제독설비 설계 시 고려사항

- 배출가스의 조성 및 농도
- 함유된 독성가스의 특성: 폭발한계, 응축성, 부식성, 융해성, 흡착성 등
- 독성가스 내의 이물질: 반응성이 있는 이종 물질의 존재 여부, 수분 및 먼지 함유량
- 독성가스 내의 상태: 유량, 온도, 압력, 습도 등
- 경제성: 초기 투자비, 연간 운전비 등
- 회수 가능성: 회수한 물질이 프로세스에 재이용할 수 있거나, 아니면 다른 용도의 상품으로 가치가 있다면 당연히 최종 처리보다는 회수 방법이 고려되어야 할 것이다. 회수 방법으로는 흡착-탈착, 냉각 응축, 증류 등의 방법이 있다.
- 배출량의 균일성: 독성가스를 함유하는 배기가스가 방출될 때 풍량 및 농도가 일정한가 아니면 수시로 변하는 가 또는 주기적인가는 처리 방법을 선택할 때 세심히 고려되어야 한다. 회분식(Batch) 공정에서와 같이 풍량과 농도의 변화가 심할 때는 처리 장치의 마모도 커지고, 열 회수 효율도 낮아질 뿐 아니라 실제 파괴 효율(Destruction and Removal Efficiency)도 낮아질 수 있다.
- 설치 장소: 특히 배출원이 여러 군데 있을 경우 설치 장소의 유무에 따라 소규모 처리 장치를 여러 군데 설치할 수도 있고, 배출원들을 하나의 덕트로 연결시켜 일종의 큰 처리 장치로 만들 수도 있다. 우리나라처럼 땅이 비좁은 상황에서는 지붕이나 옥상에

설치 가능한 방법들이 선택에어 우선이 될 수 있다.

- 유지관리: 연간 운영시간(가동시간, 가동률, 부하율 등) 유지관리를 하는 데 시간적, 기술적 요건 또 연간 소요되는 비용 또한 꼭 검토해야 될 사항이다. 소각의 경우에는 보조 연료 소모량 및 내화물 교체 빈도, 흡착탑이라면 흡착제의 용량 및 교체 시기, Scrubber의 Chemical 소모량 또 촉매를 쓸 경우 촉매의 수명 및 교체 비용 등이 비교 검토되어야 한다.

표 6-9는 각 가스별로 반응성을 나타내는 것으로서 여기서 높은 반응성을 나타내는 H 또는 중간 정도의 반응성을 나타내는 M이 있는 가스 간에 서로 만날 수 있는 경우 그 제독 설비를 별도로 설치하여 2차로 발생할 수 있는 위험을 제거하여야 한다.

[표 6-9] 가스별 반응성

Chemicals	Formula	Acetylene	Ammonia	Arsine	Boron Tribromide	Boron Trichloride	Boron Trifluoride	Carbon Dioxide	Carbon Monoxide	Chlorine	Chlorine Trifluoride	Dichlorosilane	Fluorine	Germane	Hydrogen	Hydrogen Bromide	Hydrogen Chloride	Hydrogen Fluoride	Hydrogen Selenide	Hydrogen Sulfide	Methane	Nitrogen Trifluoride	Nitrous Oxide	Oxygen	Phosphine	Silane
Acetylene	C_2H_2	−	L	L	L	H	H	L	L	M	H	M	H	L	L	L	L	M	L	L	L	M	M	M	L	L
Ammonia	NH_3	L	−	M	H	H	H	M	L	H	H	H	H	M	L	H	H	H	H	M	L	M	M	M	M	M
Argon	Ar	−	−	−	−	−	−	−	−	−	−	−	−	−	−	−	−	−	−	−	−	−	−	−	−	−
Arsine	AsH_3	L	M	−	M	H	M	L	L	H	H	M	H	L	L	M	M	H	M	L	L	M	M	M	L	L
Boron Tribromide	BBr_3	L	H	M	−	L	L	L	L	L	M	L	M	M	L	L	L	L	M	L	L	L	L	L	H	M
Boron Trichloride	BCl_3	H	H	H	L	−	L	L	L	L	H	L	H	H	L	L	L	H	H	H	H	L	M	M	H	H
Boron Trifluoride	BF_3	H	H	M	L	L	−	L	L	L	H	M	H	H	L	L	L	L	H	M	H	L	M	L	M	H
Carbon Dioxide	CO_2	−	−	M	−	−	−	−	−	M	−	M	−	−	−	−	−	−	−	−	−	−	−	−	−	−
Carbon Monoxide	CO	L	L	L	L	L	L	L	−	M	M	L	M	M	L	L	L	L	L	M	L	M	M	M	L	M
Chlorine	Cl_2	M	H	H	L	L	L	L	M	−	M	M	M	H	H	L	L	L	H	H	M	L	M	L	H	H
Chlorine Trifluoride	ClF_3	H	H	H	M	H	H	M	M	M	−	M	L	H	H	M	M	L	H	H	H	M	M	L	H	H
Dichlorosilane	SiH_2Cl_2	M	H	M	L	L	M	L	L	M	M	−	M	L	L	L	L	H	H	M	M	L	M	H	M	L
Fluorine	F_2	H	H	H	M	H	H	M	M	M	L	M	−	H	H	M	M	L	H	H	H	M	M	L	H	H
Germane	GeH_4	L	M	L	M	H	H	L	M	H	H	L	H	−	L	M	M	H	L	M	L	H	H	H	L	L
Helium	He	−	−	−	−	−	−	−	−	−	−	−	−	−	−	−	−	−	−	−	−	−	−	−	−	−
Hydrogen	H_2	L	L	L	L	L	L	L	L	H	H	L	H	L	−	L	L	L	L	L	L	M	M	M	L	L
Hydrogen Bromide	HBr	L	H	M	L	L	L	L	L	L	M	L	M	M	L	−	L	L	M	L	L	L	L	L	H	M
Hydrogen Chloride	HCl	L	H	M	L	L	L	L	L	L	M	L	M	M	L	L	−	L	H	L	L	L	M	L	H	M
Hydrogen Fluoride	HF	M	H	H	L	H	L	L	L	L	L	H	L	H	L	L	L	−	H	H	M	L	M	L	H	H
Hydrogen Selenide	H_2Se	L	H	M	M	H	H	L	L	H	H	H	H	L	L	M	H	H	−	L	L	M	M	H	L	L
Hydrogen Sulfide	H_2S	L	M	L	L	H	M	L	M	H	H	M	H	M	L	L	L	H	L	−	L	M	M	M	M	M
Methane	CH_4	L	L	L	L	H	H	L	L	M	H	M	H	L	L	L	L	M	L	L	−	M	M	M	L	L
Nitrogen	N_2	−	−	−	−	−	−	−	−	−	−	−	−	−	−	−	−	−	−	−	−	−	−	−	−	−
Nitrogen Trifluoride	NF_3	M	M	M	L	L	L	L	M	L	M	L	M	H	M	L	L	L	M	M	M	−	M	L	H	H
Nitrous Oxide	N_2O	M	M	M	L	M	M	L	M	M	M	M	M	H	M	L	M	M	M	M	M	M	−	L	H	H
Oxygen	O_2	M	M	M	L	M	L	L	M	L	L	H	L	H	M	L	L	L	H	M	M	L	L	−	H	H
Phosphine	PH_3	L	M	L	H	H	M	L	L	H	H	M	H	L	L	H	H	H	L	L	L	H	H	H	−	L
Silane	SiH_4	L	M	L	M	H	H	L	M	H	H	L	H	L	L	M	M	H	L	M	L	H	H	H	L	−

H – 반응성 높음, M – 반응성 중간, L – 반응성 낮음

SECTION 6.4

제독설비의 재질

독성가스는 공기와 접촉해 발화하는 것과 습기·물에 접촉해 강산성 가스를 발생하는 등 화학적으로 불안정하다. 범용가스도 그 자신이 강산성, 강알칼리성인 것도 많고 장치·설비를 부식시킬 가능성이 있다. 이 때문에 설비의 재질은 제독제의 성능, 제독 대상 가스와 이차적으로 발생할 가스의 성질을 충분히 고려해서 불연성 재료·내식성 재료를 경우에 따라 구분해서 사용하여야 한다.

6.4.1 재질선정 시 주의사항

제독설비재질은 제독하는 독성가스와 제독액, 제독제와의 화학반응에 따라 2차적으로 발생하는 가스의 성질을 충분히 고려하여 불연성 재료, 내식성재료의 사용에 주의해야 한다. 이것을 게을리 하면 2차 재해로 간주한다.

- 사용처에 맞는 기계적, 물리적, 야금적 특성
- 관계법규, Code 및 Specification
- 장치수명(부식, 피로, Creep)
- 가격
- 구입의 용이성(납기, 최소한 구매 LOT 물량확보)
- 가공의 용이성(기계가공, 용접, 열처리 등)
- 가공 비용
- 보수 유지 용이성

6.4.2 재질선정 목적

- 사용환경, 정상운전, 설계조건으로 인해 일어날 수 있는 장치/기자재의 파괴를 방지하기 위해 재료의 안전성을 확보하는 것
- 부식이나 침식작용 등으로 야기되는 금속의 소모에 대한 적당한 대비를 함으로써 기대되는 수명을 얻는 것
- 금속의 안전성을 확보하기 위해서는 최대 운전조건에서 안전율을 가미한 설계조건을 근거로 하여 재료를 선정하며, 금속의 소모에 대한 대비를 위해서는 최대 운전조건을 기준으로 재료를 선정함.

재질선정에 대한 세부적인 내용은 재질선정 파트를 참조한다.

SECTION 6.5

공정용 제독설비와 비상용 제독설비의 결정

공정용 제독설비와 비상용 제독설비는 그 사용목적 및 형태에 따라 혼용을 할 수도 있고 그렇지 않을 수도 있다. 가장 경제적인 방법은 공정용 제독설비와 비상용 제독설비를 혼용하여 공정 중에 발생하는 독성가스를 포함하여 비상시에 발생되는 독성가스를 하나의 제독설비를 이용하여 제거하는 것이다.

그런데도 공정용 제독설비와 비상용 제독설비를 별도로 설치하는 이유는 공정용은 항상 독성가스가 배출되는 상황인 것이다. 만일 이 독성가스가 부식성의 성질을 함께 가지고 있거나 공기 중의 산소 또는 수분과 반응하여 또 다른 위험한 가스(예: 가연성, 독성, 조연성, 부식성 등)를 발생할 가능성이 있는 경우에는 반드시 별도로 설치하는 것을 권고한다.

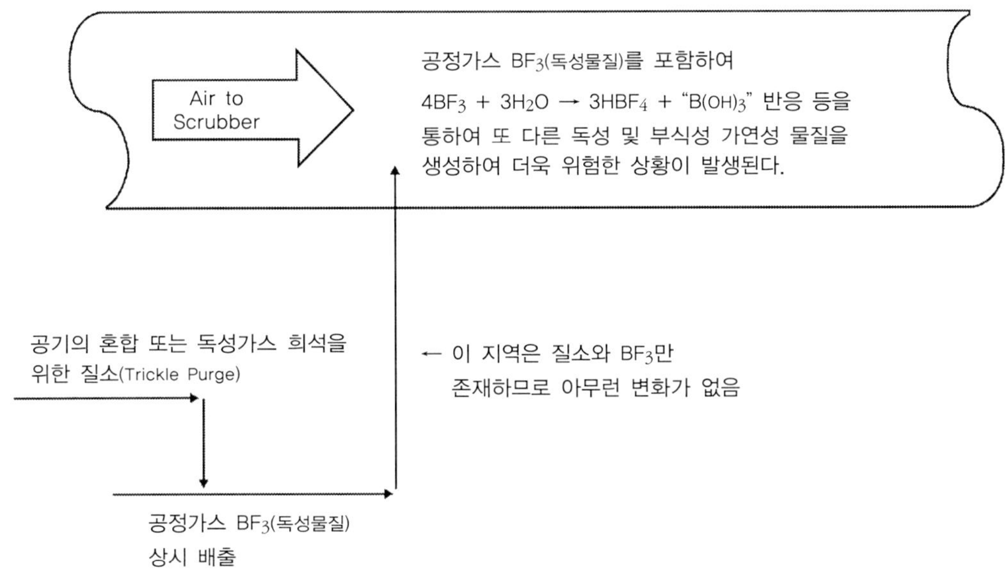

[그림 6-13] 평상 시 공정배출용 BF₃가 비상용 제독설비로 향하는 덕트에 연결되는 경우발생 가능한 위험성

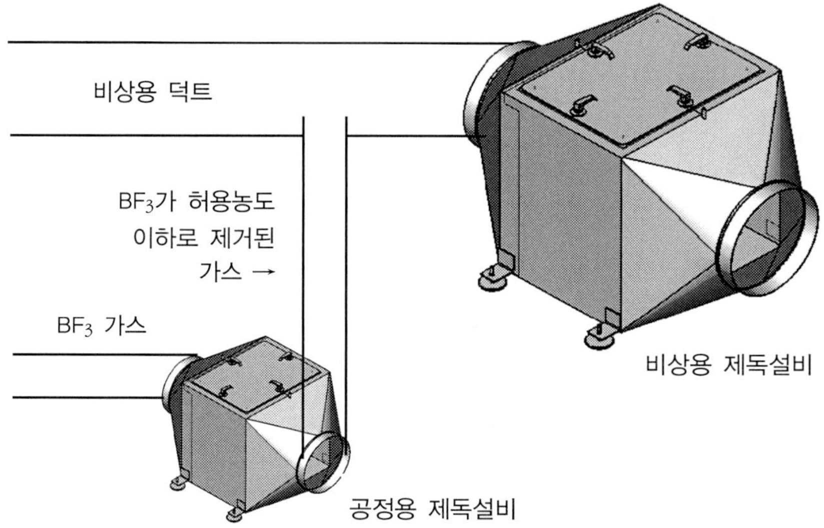

[그림 6-14] 개선 예(공정용 제독설비에서 독성물질을 제거하고 2차 Scrubber로 이송)

그러나 보통 비상용 제독설비는 여러 종류의 가스를 취급·저장하는 설비를 한꺼번에 처리하는 경우가 많아 서로 다른 종류의 가스가 서로 만나서 반응하는 경우도 있으므로 아주 신중하게 검토하여 결정하여야 한다.

또한 방출된 가스는 공기와 접촉하여 또 다른 물질을 생성할 수 있으므로 2차 반응 및 다른 가스와의 반응성 등을 철저히 검증하여야 한다.

아래 내용은 공정에서 평상시에 발생되는 독성가스를 비상용 제독설비에 함께 사용하기 어려운 상황이다.

- 하나의 제독제로 여러 가스를 제거할 수 없는 경우
- 여러 종류의 가스를 하나의 제독 설비를 이용하는 경우 각 가스별로 반응하여 또 다른 독성, 가연성, 부식성, 폭발성 물질 등을 발생시킬 수 있는 경우(표 6-9 참조)
- 사용되는 가스 중 공기와 반응성이 있는 경우(예: 자연발화성 물질 등)
- 사용되는 덕트 또는 제독설비의 재질이 사용하고자 하는 가스 중에 부식성 등으로 인하여 적합하지 않은 경우
- 제독설비에 사용되는 용제와 반응성이 있는 경우
- 제독설비에서 발생되는 배압(Back Pressure)이 커서 공정 가스의 이송이 어려운 경우
- 제독설비를 거친 후 대량의 대기 오염 물질 또는 폐수 등이 발생하는 경우

SECTION 6.6
제독설비의 처리능력

6.6.1 독성가스 누출 조건

제독설비의 처리능력은 다음에 정한 누출 가정량을 효과적으로(제독설비의 출구에서의 가스 농도를 허용농도 이하로 함) 제독 가능한 능력 이상이어야 한다.

제독설비의 처리능력은 정상작업으로 배출하는 양 또는 다음의 조건에 의해 누출하는 가스 중에서 큰 값의 가스를 처리할 수 있는 능력을 가지는 것으로 하여야 한다.

- 누출조건: 구경 1″까지는 유효면적, 2″부터는 유효면적의 $\frac{1}{2}$, 1톤 용기는 용융선 플러그의 파단
- 누출량: 15분간의 가스 누출량. 단, 가스누출검지경보기 및 긴급차단장치 등이 연동되어 누출을 정지시킬 수 있는 경우는 3분으로 할 수 있다.

사용시설의 공급설비 및 소비설비에 관련된 제독설비의 처리능력은 정상작업으로 배출하는 양 또는 다음의 누출 가정량 중에서 큰 값의 가스를 처리할 수 있는 능력으로 하여야 한다.

1) 누출조건 긴급차단장치 등의 후단 이후 저압부의 최대관경배관의 전단면파단

2) 누출량

- 가스누출검지경보설비와 긴급차단장치 등이 작동하고 있는 경우 급차단장치 등의 후단 이후의 가스 보유량
- 가스누출검지경보설비와 긴급차단장치 등이 작동하고 있지 않은 경우에 있어서는 2분간의 가스 누출량과 긴급차단장치로부터 하류측의 가스 보유량의 합계량

용기보관실과 관련되는 제독설비의 처리능력은 다음의 상정에 의해 누출하는 가스를 처리할 수 있는 능력으로 한다.

- 누출조건: 용기밸브로부터 1 atm.cc./sec
- 누출량: 저장용기 중 최대충전용량의 용기 1개의 가스량

6.6.2 독성가스 누출량 계산

파단부에서의 가스의 누출량은 다음 식 6-9 또는 6-11에 의해 계산한다.

1) 액상부로부터의 누출(액상부 배관의 파단)

$$W = C_1 C_2 a \sqrt{2gh} \quad \text{-------------------- (6-9)}$$

여기서, W: 액화가스의 누출량 $[m^3/sec]$

$C_1 \times C_2$: 누출계수 0.5

a: 액화가스의 최대구경의 유효면적의 1/2 $[m^2]$

g: 중력가속도 $[9.8m/s^2]$

h: 누출개소의 수두 [m]

●● 계산 예

디클로로실란(SiH_2Cl_2)의 액상배관 3/8″(외경 9.53 mm, 내경 7.53 mm)의 $\frac{1}{2}$절단. 압력 0.8 kg/cm²g (at 25℃), 액비중 1.22 ton/m³의 경우의 누출량을 구한다.

$$W = C_1 \cdot C_2 \cdot a \sqrt{2gh}$$

여기서,

W: 액화가스의 누출량(m^3/sec)

$C_1 \cdot C_2$: 누출계수 --- 0.5로 한다.

a: 액화가스최대구경의 유효면적의 $\frac{1}{2}$ (m^2)

$$\text{------} \ (7.53 \times 10^{-2})^2 \times \frac{\pi}{4} \times \frac{1}{2} = 2.23 \times 10^{-5}$$

g: 중력가속도 (m/sec^2) ------ 9.8

h: 누출위치의 수두 (m) ------ $0.8 \times 10 \times 1/1.22 = 6.56$

$$W = 0.5 \times (2.23 \times 10^{-3}) \times \sqrt{2 \times 9.8 \times 6.56}$$
$$= 1.26 \times 10^{-4} (m^3/sec)$$
$$= 7.59 \times 10^{-3} (m^3/min)$$
$$W'(gas) = 7.59 \times 10^{-3} \times 1.220 \times \frac{22.4}{101} (m^3/min)$$

2) 기상부에서의 누출 (기상부 배관의 파단)

단열지수(γ)에 대응하는 P_2/P_1 값이 표6-10에 나타낸 P_2/P_1 값 이하인 경우

$$W = CKP_1 \sqrt{M/ZT} \cdot a \text{---------------- (6-10)}$$

단열지수에 대응하는 P_2/P_1 값이 표6-10에 나타낸 P_2/P_1 값을 초과하는 경우

$$W = 548KP_1 \sqrt{\frac{M}{ZT}} \sqrt{\frac{\gamma}{\gamma-1}\left\{\left(\frac{P_2}{P_1}\right)^{\frac{2}{\gamma}} - \left(\frac{P_2}{P_1}\right)^{\frac{\gamma+1}{\gamma}}\right\}} \cdot a \text{-------------- (6-11)}$$

여기서,

      W: 가스누출량 [kg/hr]

      C: 가스의 단열지수에 대응하는 수치 [표 7-4에 표시한 수치]

      P_1: 가스배관의 압력 [kg/㎠ abs]

      P_2: 대기압 1.03 [kg/㎠ abs]

M: 분자량

Z: 압축계수 [1.0으로 한다.]

T: 가스 온도 [단위는 절대온도]

γ: 단열지수 C_p/C_v

K: 0.5

a: 가스배관의 최대구경의 유효면적 [cm]

(제조설비에 관계된 배관은 유효면적의 1/2로 할 수 있다)

[표 6-10] 단열지수(γ)에 대응하는 P_2/P_1 값 및 C값

γ	P_2/P_1	γ	P_2/P_1	γ	C	γ	C
1.00	0.606	1.40	0.528	1.00	234	1.40	265
1.02	0.602	1.42	0.525	1.02	237	1.42	266
1.04	0.597	1.44	0.522	1.04	238	1.44	267
1.06	0.593	1.46	0.518	1.06	240	1.46	268
1.08	0.588	1.48	0.515	1.08	242	1.48	270
1.10	0.584	1.50	0.512	1.10	244	1.50	271
1.12	0.580	1.52	0.509	1.12	245	1.52	272
1.14	0.576	1.54	0.505	1.14	246	1.54	274
1.16	0.571	1.56	0.502	1.16	248	1.56	275
1.18	0.567	1.58	0.499	1.18	250	1.58	276
1.20	0.563	1.60	0.486	1.20	251	1.60	277
1.22	0.559	1.62	0.493	1.22	252	1.62	278
1.24	0.556	1.64	0.490	1.24	254	1.64	280
1.26	0.552	1.66	0.488	1.26	255	1.66	281
1.28	0.549	1.68	0.485	1.28	257	1.68	282
1.30	0.545	1.70	0.482	1.30	258	1.70	283
1.32	0.542	1.80	0.468	1.32	260	1.80	289
1.34	0.538	1.90	0.456	1.34	261	1.90	293
1.36	0.535	2.00	0.444	1.36	263	2.00	298
1.38	0.531	2.20	0.422	1.38	264	2.20	307

●● 계산 예

모노실란(SiH_4)의 기상배관 3/8″ (외경 9.53mm, 내경 7.53mm)의 $\frac{1}{2}$절단, 압력 90 kg/㎠ abs(at 25℃)의 경우의 가스의 누출량을 구한다.

이 기준 본문 (6-9) 또는 (6-11) 중 어느 식을 이용할 것인지를 정한다.

P_1 = 90 kg/㎠ abs , P_2 = 1.03 kg/㎠ abs

∴ P_2 / P_1 = 0.011

단열지수 γ는 부표에서 1.04, 이것에 대응한다.

P_2 / P_1 = 0.597 (표6-10)

0.011〈 0.597 이므로 (6-3)의 식을 이용한다.

$$W = CKP_1 \sqrt{M/ZT} \cdot a$$

여기서, C: 단열지수 1.04로부터 결정된 값 …… 238 (표 6-6)

K: 누출계수 …… 0.5로 한다.

P1: 고압 측의 압력 (kg/㎠ abs) …… 90

M: 분자량 …… 32.12

Z: 압축계수 …… 1로 한다.

T: 가스의 온도 (K) …… 25+273 = 298

a: 분출 면적 (㎠) …… $(0.753)^2 \times \pi/4 \times \frac{1}{2}$ = 0.223

W: 가스의 누출량 (kg/hr)

$$W = 238 \times 0.5 \times 90 \times \sqrt{32.12/(1 \times 298)} \times 0.223 = 783.9 \text{ kg/hr} = 13.07 \text{ kg/min}$$

⁂ 계산 예

모노실란 (SiH_4) 의 기상배관 3/8″ (외경 9.35 mm, 내경 7.53 mm) 전단면절단, 압력 1.8 kg/㎠ abs (at 25℃)의 경우의 가스의 누출량을 구한다.

P_1 = 1.8 kg/㎠ abs , P_2 = 1.03 kg/㎠ abs

∴ P_2 / P_1 = 0.572

단열지수 γ는 1.24 , 이것에 대응한다. P_2 / P_1 = 0.556

0.572〉0.556 이므로 이 기준 본문 (6-9) 식을 이용한다.

$$W = 548 K P_1 \sqrt{\frac{M}{ZT}} \sqrt{\frac{\gamma}{\gamma-1} \left\{ \left(\frac{P_2}{P_1}\right)^{\frac{2}{\gamma}} - \left(\frac{P_2}{P_1}\right)^{\frac{\gamma+1}{\gamma}} \right\}} \cdot a$$

여기서, K: 누출계수 …… 0.5로 한다.

P$_1$: 고압 측의 압력 (kg/㎠ abs) …… 1.8

P$_2$: 대기압 (kg/㎠ abs) …… 1.03

M: 분자량 …… 32.12

Z: 압축계수 …… 1로 한다.

T: 가스의 온도 (K) …… 298

γ: 단열지수 …… 1.24

a: 분출 면적 (㎠) …… 0.446

W: 가스의 누출량 (kg/hr)

$$W = 548 \times 0.5 \times 1.8 \sqrt{\frac{32.12}{1 \times 298}} \sqrt{\frac{1.24}{1.24-1} \left\{ \left(\frac{1.03}{1.8}\right)^{1.613} - \left(\frac{1.03}{1.8}\right)^{1.806} \right\}} \cdot 0.446$$

= 33.46 [kg/hr]

= 0.558 [kg/min]

[표 6-11] 모노실란, 포스핀, 알진, 디보레인의 단열지수(γ)

(온도 25℃)

압력 kg/㎠A	모노실란(SiH₄)		포스핀(PH₃)		알진(AsH3)		디보레인(B2H6)	
	γ	C	γ	C	γ	C	γ	C
120	1.06	240						
110	1.05	239						
100	1.05	239						
90	1.04	238						
80	1.03	237.5						
70	1.03	237.5						
60	1.07	241						
50	1.10	244						
40	1.14	246	1.04	238			1.06	240
30	1.16	248	1.09	243			1.08	242
20	1.18	250	1.16	248	1.12	245	1.12	245
10	1.21	251.5	1.22	252	1.16	248	1.14	246
5	1.23	253	1.25	255	1.22	252	1.16	248
3	1.23	254	1.26	255	1.30	258	1.17	249
2	1.24	254						
1.8	1.24	254						
1.03	1.24	254						

[표 6-12] 실란, 알진, 포스핀, 디보레인의 누출계산

(배관용적: 10리터)

P1	γ	C	표 P₂/P₁ P₂/P₁	가스누출량 W(kg/hr)	가스누출량 V(m²/min)	경과시간 초	적분시간 초
실란 M	32.12						
120	1.06	240.0	0.5790)0.009	1062	12.3	0.5	0.5
110	1.05	239.0	0.5950)0.009	969	11.3	0.6	1.1
100	1.05	239.0	0.5950)0.010	881	10.2	0.6	1.7
90	1.04	238.0	0.5970)0.011	790	9.2	0.7	2.4
80	1.03	237.5	0.5995)0.013	700	8.1	0.8	3.2
70	1.03	237.5	0.5995)0.015	613	7.1	0.9	4.1
60	1.07	241.0	0.5840)0.017	533	6.2	1.1	5.1
50	1.10	244.0	0.5840)0.021	450	5.2	1.3	6.4
40	1.14	246.0	0.5760)0.026	363	4.2	1.6	8.0
30	1.16	250.0	0.5710)0.034	276	3.2	2.2	10.2
20	1.18	251.5	0.5670)0.052	185	2.2	3.7	13.9
10	1.21	253.0	0.5610)0.103	93	1.1	3.7	17.6
5	1.23	253.0	0.5575)0.206	47	0.5	2.8	20.4
3	1.23	254.0	0.5575)0.343	28	0.3	2.2	22.6
2							28.1
알진 M	77.95						
20	1.12	145	0.5800)0.0515	167	0.8	8.1	8.1
10	1.16	248	0.5710)0.1030	142	0.7	5.8	13.9
5	1.22	252	0.5590)0.2060	72	0.3	4.3	18.2
3							26.7
포스핀 M	34.00						
40	1.04	238.0	0.5970)0.026	361	4.0	1.7	1.7
30	1.09	243.0	0.5710)0.034	276	3.0	2.4	4.1
20	1.16	248.0	0.5710)0.052	188	2.1	3.9	7.9
10	1.22	252.0	0.5590)0.103	96	1.0	3.8	11.7
5	1.25	255.0	0.5540)0.206	48	0.5	2.8	14.5
3							20.2
디보레인 M	27.67						
40	1.06	240	0.5790)0.0258	328	4.4	1.5	1.5
30	1.08	242	0.5580)0.0343	248	3.4	2.1	3.7
20	1.12	245	0.5800)0.0515	168	2.3	3.5	7.2

P1	γ	C	표 P_2/P_1 P_2/P_1	가스누출량	가스누출량	경과시간	적분시간
				W(kg/hr)	V(m^2/min)	초	초
10	1.14	246	0.5760>0.1030	84	1.1	3.5	10.7
5	1.16	248	0.5710>0.2060	42	0.6	2.6	13.3
3							18.6

6.6.3 사용시설의 누출 모드

사용시설의 소비의 형태를 보면 그림 6-14와 같은 형태를 가지고 있는 것이 많다. 여기에 제독설비에 의해 처리해야 할 누출을 중심으로 한 재독 모드를 정리해 보면 다음의 ①~⑥ 의 경우에 대한 대책이 필요하다.

① 저장설비 내의 용기에서 누출되는 독성가스

② 용기에서 누출된 저장설비 내의 독성가스

③ 용기 캐비닛 내에 누출된 독성가스

④ 사용시설에서 통상 배출되는 독성의 배출가스

⑤ 소비설비에서 외부에 누출되는 독성가스

⑥ 용기 캐비닛과 소비시설간의 연결부에서 누출되는 독성가스

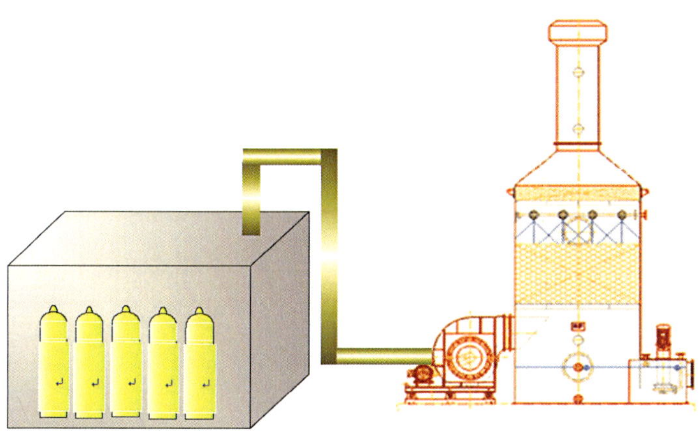

[그림 6-15] 사용 시설 개략도

SECTION
6.7

제독설비에 필요한 보호구

여기에서는 개인보호구의 간략한 개념만을 설명하도록 하고 개인보호구 Chapter에서 상세하게 다루도록 한다.

6.7.1 보호구의 종류와 수량

독성가스의 종류에 따라 다음의 것 및 그 밖에 필요한 보호구를 구비하여야 한다. 이 경우 ① 또는 ④의 보호구는 긴급작업에 종사하는 작업원에 적절한 예비개수를 더한 수 또는 상시 작업에 종사하는 작업원 10인당 3개의 비율로 계산한 개수 (2개수가 3개 미만인 경우 3개로 한다) 중 많은 개수 이상을 구비하여야 하며, ①의 보호구를 상시작업에 종사하는 작업원 수에 상당하는 개수를 갖춘 경우에는 ②의 보호구를 구비하지 아니하는 것으로 한다. 그리고 ② 또는 ③의 보호구는 독성가스를 취급하는 전 종업원 수의 수량을 구비한다.

① 공기호흡기 또는 송기식마스크 (전면형)

② 격리식 방독마스크 (농도에 따라 전면 고농도형, 중농도형, 저농도형 등)

③ 보호 장갑 및 보호 장화 (고무 또는 비닐제품)

④ 보호복 (고무 또는 비닐제품)

6.7.2 보호구의 보관 및 장착훈련

1) 보관 장소

독성가스가 누출할 우려가 있는 장소에 가까우면서 관리하기가 쉽고 긴급 시 독성가스에 접하지 아니하고 반출할 수 있는 장소에 보관하여야 한다.

2) 보관 방법

항상 청결하고 그 기능이 양호한 상태로 보관하여야 하며 정화통 등의 소모품은 정기적 또는 사용 후에 점검하고, 교환 및 보충하여야 한다.

3) 장착 훈련

작업원에게는 3개월마다 1회 이상 사용훈련을 실시하고 사용방법을 숙지시켜 한다.

4) 기록의 보관

보호구의 점검 및 변동사항 또는 보호구의 장착훈련실적을 기록·보존하여야 한다.

SECTION 6.8

제독설비의 성능

6.8.1 제독설비의 기준

제독설비는 제독을 대상으로 하는 설비에 가능한 가깝게 설치하여 배출 가스를 즉시 처리함으로써 허용농도 이하로 대기 중으로 방출할 수 있는 능력을 가져야 한다. 제독장치는 설치 장소, 목적 및 용도에 따라 각각 다르지만 일반적으로 요구되는 성능 기준은 다음과 같다.

- 제독효율이 높을 것
- 여러 종류의 가스에 적용될 수 있는 설비일 것
- 큰 농도변화에 대응할 수 있을 것
- 먼지, 미스트(Mist)를 함유한 가스 처리가 가능할 것
- 내부식성이 우수한 재료일 것
- 충분한 보호, 안전대책을 마련할 것
- 이차공해에 대비하는 충분한 대책이 있을 것

6.8.2 제독설비의 제독장치 기준

1) 비상시

(1) 환기설비의 배기면의 배기 중 가스가 가연성이 아닌 가스 또는 가연성 가스라 하더라도 폭발 하한계의 25% 이하의 경우에는 모두 제독장치에 도입하면 좋다. 그러나 가스농도가 폭발 하한계의 25%를 초과하는 경우에는 일부 외기를 흡인하여

처리를 하는 것이 필요하다. 처리설비의 능력은 짧은 시간 내에 누출한 실내 가스를 허용농도 이하로 처리하는 것이 요구된다.

(2) 누출의 위험성이 있는 곳을 이중구조로 한 내 외관 및 국소배기설비의 배기 측
누출 위험이 있는 곳을 이중구조로 한 경우로 내부를 진공 또는 질소가스 등으로
봉인한 경우에는 공기 또는 산소가 없기 때문에 제독장치의 능력까지 도입해도
좋다.

(3) 급격한 누출 시 이중외관에 압력상승이 있으므로 감압 등의 처리를 한 후 일정유
량으로 조절하여 제독장치에 도입하는 것이 바람직하다.

(4) 국소배기설비에서는 전항의 환기설비의 배기 측에서 기술한 바와 같이 급격한 누
출의 경우에는 폭발범위에 들어갈 가능성도 있어 폭발 하한계의 25%이하가 되도
록 일부 외기를 흡인하면서 처리를 하는 것이 필요하다.

(5) 안전 밸브의 방출라인 안전 밸브로부터 순간적으로 다량의 가스가 방출된다. 이것
을 직접 처리하기 위해서는 대용량의 제독설비가 필요하게 된다. 이것 때문에 설
비의 용량을 작게 하는 경우에는 긴급차단장치 등을 적절한 장소에 설치하여, 방
출되는 가스의 총량을 적게 한다. 또한, 배출된 가스를 일시적으로 저장하기 위한
완충용 탱크 등의 보조 장비를 설치하는 것이 필요하다.

2) 정상배출시

(1) 퍼지 라인의 방출 측

배관 중에 체류하는 가스를 질소, 헬륨 등의 불활성가스로 퍼지하는 경우는, 가스의 양·
압력·퍼지속도 등을 파악하여 방출하는 것이 중요하다. 단시간이라고 하여, 너무 급격히
퍼지하면 제독장치가 과부하상태로 되어 연소식 제독장치로서는 화염이 매우 커지거나 건
식 제독장치로서는 제독장치가 매우 고온이 되는 것이 있다.

따라서 퍼지 가스는 제독장치의 능력에 맞게 적당량을 도입한다. 제독설비의 처리능력을

초과 시에는 제독설비가 지나친 온도상승을 발생하거나, 출구에서 허용농도까지 제독이 가능하지 않은 것이 있으므로 적절한 유량의 관리가 필요하다. 퍼지속도는 주 배관에서의 속도가 최소 0.3 m/s~1.0 m/s 정도의 속도를 유지해야 한다.

(2) 분석실의 폐가스 방출 라인

분석 후의 폐가스는 일반적으로 정상유량이고 그 양도 적기 때문에 다른 방출라인과 공용으로 사용 가능한 경우가 많다.

(3) 용기의 잔류 가스 방출 측

잔류 가스의 방출은 고압으로 남아 있는 경우 압력조절장치에 의해 일정압력으로 하고 또한 유량을 조절하면서 제독하는 것이 필요하다. 유량을 제어하지 않으면 퍼지 항에서 언급한 바와 같이 제독장치에 과부하가 온다.

6.8.3 제독설비의 성능

1) 응급 시

(1) 공급설비 및 사용설비의 배관 파단

공급설비 및 소비설비에 관계된 제독설비의 처리 능력은 저압부의 최대 배관의 전면파탄에 의해 누출되는 가스양을 처리할 수 있는 능력으로 규정하고 있다. 누출량에 있어서는 가스누출검지경보설비와 긴급차단장치 등이 연동하고 있는 경우에 하류 측의 가스 보유량과 3분간의 누출량의 합으로, 연동하지 않는 경우에는 15분간의 누출과 긴급차단장치 등으로부터 하류 측의 가스보유량의 합계로 되어 있다. 실린더 캐비닛 또는 청정실내에 확산한 가스농도가 폭발하한계의 25%를 넘지 못하게 하는 배기설비가 필요하다. 또, 처리설비의 능력은 짧은 시간 이내로 누출한 실내가스를 허용농도 이하로 하여야 한다.

(2) 공정 가스의 배출

반도체산업에 있어서 많은 경우, 공정 배기의 정상상태에 있어서의 유량은 비교적 적다. 또한, 공정 가스 사용량은 기기에 의해서 정해지고 있다. 배기 중에는 그 모든 가스가 누출된다고 가정해야 한다. 초저온 펌프 또는 콜드트랩(Cold trap) 등 독성가스를 트랩하는 기기를 비치하고 있는 경우에는 그 정지 또는 제독장치의 가동 시에 예측하지 않은 대량의 가스가 도입되는 경우가 있다. 이러한 경우에는 제독장치가 급격한 온도상승 등 과부하를 경험한다. 초저온 펌프 등의 승온은 급격히 일어나서는 안 된다. 가능하면 가스가 축적되지 않는 진공펌프를 쓰는 것이 바람직하다. 또한, 진공펌프는 오일 중에 사용한 독성가스가 일부 용해하고 있기 때문에 초기 배기 시에는 용해된 가스가 방출되어 정상 때의 배기보다 처리장치의 부하가 크게 된다. 배기 배관은 동반되는 분체가 퇴적되므로 유지보수는 중요하다. 무정형의 실리콘 및 화합물 반도체 제조 장치는 CVD, 이온 주입, 에칭 등의 공정과 비교하여 배출량이 많다.

(3) 용기 저장소에 관계되는 제독장치의 기능성능

용기 저장소의 제독설비는 누출조건이 1 atm·cc/sec인 경우의 제독능력은 비교적 작은 설비로도 가능하다. 또한, 누출량은 최대충전 용량의 100%이다. 그러나 용기 저장소에 확산된 가스를 처리하기 위해서는 비교적 큰 유량의 설비가 필요하다.

- 제독설비는 적당한 강도를 가질 것
- 제독에 사용하는 제독액, 제독제에 유해성분을 함유할 때는 외부로 누출, 비산 등이 되지 않도록 조치를 강구할 것
- 가연성가스의 함유, 발생이 우려될 때는 공기, 산소 등에 의한 폭발재해를 방지하는 조치를 강구할 것

SECTION 6.9

제독설비의 유지관리

제독설비는 설비능력의 유지 및 가스누출검지경보기와의 연동 기능 확인을 위하여 다음과 같은 주기적인 점검 및 확인을 실시해야 한다.

- 설비 능력의 유지를 위해 일상점검을 실시할 것
- 설비 능력의 유지를 위해 연 1회 이상 정기적으로 수리점검을 실시할 것
- 가스누출검지경보기와의 연동에 의한 설비는 월 1회 이상 연동기능을 확인할 것
- 독설비의 능력을 유지하기 위하여 설비규모에 맞도록 일상점검표를 작업관리자가 작성하여 실시할 것
- 동 설비에 종사하는 작업원에게는 취급수순, 점검사항, 안전대책에 관하여 정기적으로 교육훈련을 실시할 것
- 동 설비의 정기점검, 정기수리는 설비에 정통한 자에 의해 실시할 것

제독설비의 돌발적인 고장이 발생한다면 다음과 같은 손실이 있을 수 있다.

- 제독설비 고장은 생산 정지이므로 이 시간 동안 감산에 의한 손실
- 돌발 고장 시 수리비의 지출
- 정지 기간 중 작업자가 기다리는 손실
- 가동 중 원재료의 손실
- 제품 불량에 의한 손실
- 품질 저하에 의한 손실
- 고장 수리 후부터 정상적인 생산에 들어가기까지 복구 기간 중의 저능률 조업에 따른 복구 손실
- 생산 계획 착오로 인한 납기 연장, 신용 저하 등에서 오는 유·무형의 손실

6.9.1 제독설비 관리

1) 사후보전(BM: Break down Maintenance)

고장으로 인한 정지 또는 성능 저하로 인해 발생한 문제를 사후에 수리를 통하여 처리하는 보전활동 방법이다.

2) 예방보전(PM: Preventive Maintenance)

정기적인 점검과 조기 수리를 통해 고장을 미연에 방지하여 설비의 수명을 연장하는 보전활동 방법이다.

3) 개량보전(CM: Corrective Maintenance)

설비의 신뢰성, 보전성, 경제성, 조작성, 안전성 등의 향상을 목적으로 설비의 재질이나 형태를 개량하는 보전활동 방법이다.

4) 보전예방(MP: Maintenance Prevention)

신설비의 계획이나 건설시 신뢰성, 보전성, 경제성, 조작성, 안정성 등을 고려하여 보전이나 열화손실을 적게 하려는 보전활동 방법이다.

5) 생산보전(PM: Productive Maintenance)

설비의 수명기간이란 설비의 설계, 제작에서 가동에 이르기까지를 말한다. 생산보전이란 설비의 수명기간 동안 설비 자체의 일체 유지, 보전 비용과 열화에 의한 손실 비용을 관리해 기업의 생산성을 높이려는 보전 활동 방법으로 사후보전, 예방보전, 개량보전, 보전예방을 통해 기업의 생산성을 향상시키려는 보전활동을 총칭한다.

6) 종합설비보전(TPM: Total Productive Maintenance)

최고의 설비효율을 목표로 하여 예방보전, 개량보전, 보전예방 등 설비의 일생을 대상으로 한 생산보전의 종합적인 시스템을 확립하고 설비의 계획부문, 사용부문, 보전부문에 걸쳐 최고관리자로부터 현장 종업원에 이르기까지 전원이 참여하는 중복 소집단의 자주보전 활동에 의해 생산보전을 추진하는 보전활동 방법이다.

6.9.2 제독설비 안전점검

안전점검이란 안전의 확보를 위하여 작업장 내 실태를 파악하여 설비의 불안전한 상태에 서 생기는 결함을 발견하고 안전 대책의 이행을 확인하는 수단이며 종류는 다음과 같다.

1) 일상점검

[표 6-13] 일상점검 내용

구 분	작업 전	작업 중	작업 종료 시
점검 내용	주변의 정리정돈, 설비본체, 구동부분, 전기스위치, 청소상태, 주유상태, 방호장치 가동	이상소음, 냄새, 진동, 기름누출, 가스누출, 과열, 품질의 이상 유무, 작업자의 복장, 안전수칙 준수여부	기계의 청소, 정비, 스위치 차단, 방호장치 작동상태, 주변의 정리정돈, 환기
주안점	설비상태	위험요소 중심	다음날 작업위주

2) 정기점검

일정기간(1개월, 6개월, 1년)을 정하여 주유부분의 마모상태, 부식, 손상, 균열 등 설비의 변화나 이상 유무 등을 기계 또는 설비의 가동 중지 상태에서 정밀하게 점검하는 것을 말한다.

3) 임시점검

정기점검 실시 후 다음 점검일 이전에 임시로 실시하는 점검의 형태로서 기계, 기구 및 설비의 갑작스런 이상이 발생되었을 때 실시한다.

4) 특별점검

기계, 기구 및 설비를 신설하거나 변경 또는 고장, 수리 등을 할 경우에 행하는 부정기적인 점검이며 정기점검의 대상이 되는 기계, 기구 및 설비에 대해 점검기간이 지나도록 사용하지 않던 것을 다시 사용하고자 하는 경우 재사용 전에 점검할 필요가 있다.

6.9.3 제독설비 고장의 유형

고장이란 정해진 기능이 발휘되지 않는 것을 의미한다. 즉, 고장은 사용기간, 환경, 기타 조건들에 따라 기능과 능력의 한계를 넘고 약화되어 제 기능을 발휘할 수 없는 상황이 되어버린 경우를 말한다. 설비에 가해지는 스트레스는 기계, 전기에 의해 엔진이 받는 응력 등이 그 한 예이며, 환경 스트레스는 설비에 의해 가해지는 진동, 습도, 온도 등 환경적인 요소에 의한 것이다.

고장의 유형은 다음과 같다.

① 손상(Damage): 한 부품이 신품 상태에 비하여 형질 변형의 축적이 관찰되는 경우로 이 부품은 사용 가능한 상태이다.
② 파손(Fracture): 금이나 흠이 시작된 상태로 절단이 한 예이다.
③ 절단(Break): 파손의 일종으로 두 개 또는 그 이상의 조각으로 분리되는 형상이다.
④ 파열(Rupture): 깨져 갈라진 상태로 특별한 상태의 절단을 의미한다. 온도에 예민한 자재가 늘어난 결과 발생되는 것도 파열이다.
⑤ 조립 및 설비 내외적 변형, 조립 또는 설치할 때 기준을 무시하거나 무리한 작업 및 설계 오류에 의한 것
⑥ 설계 외적 또는 부적절한 서비스 상태: 설비 사용 환경의 변화, 사용 한계 이상의 설비 운전, 기준 사이클 이상의 운전, 설계 기준 이상의 품질 요구 등에 의한 것
⑦ 자타에 의한 불충분한 보전: 보전 매뉴얼의 지시를 따르지 않은 보전 또는 보전매뉴얼 부재, 보전 요원의 능력 부족 또는 과로 등이 원인이다.
⑧ 부적절한 운전: 설비운전자의 실수 또는 운전 미숙이 원인이다.

각종 가스의 성질

[표 6-14] 각종 가스의 성질

가스 명	분자식	물과의 반응성	연소성	기타물질과 반응성	사용상 주의
염화수소	HCl	반응은 안하여도 물에 잘 용해	O_2에 대하여 안정	F_2와 세차게 반응 많은 금속과 반응하여 염화물과 수소 발생	수분의 존재로 강산이 되며, 대부분의 금속을 부식 Baked carbon, Graphite 사용 가능
불화수소	HF	물에 잘 용해 $HF+KOH \Rightarrow KF+H_2O$	발연성(90℃ 이상에서 Mist로 존재)	유리, 석영등과 반응하여 녹임	폴리에틸렌, 구리, 백금 사용가능 유리, 석영은 쉽게 침식
브롬화수소	HBr	물에 잘 용해	불연성(공기 중의 수분에 의하여 연기 발생)	산소와 반응하여 물과 브롬 생성 O_3와 폭발적으로 반응하여 수소 생성	염산보다 약한 산성
6불화황	SF_6	반응 안 함	불연성(500℃ 이하에서 안정)	불순물이 섞일 경우 분해되면서 유독	높은 온도(500℃)에서도 분해되지 않는 장점으로 인해 전기 절연용 가스로 사용
염소	Cl_2	$Cl_2+H_2 \Rightarrow$ HClO+HCl HClO $\Rightarrow$ HCl$+\frac{1}{2}O_2$	지연성	H_2와 폭발적으로 반응 대부분 금속과 반응	Dry 가스(액): Steel, SUS, 주철, 동합금, 니켈합금, 연이 사용 가능 Wet 가스: 모넬, 테프론, 하스텔로이C 사용 가능

가스 명	분자식	물과의 반응성	연소성	기타물질과 반응성	사용상 주의
4불화규소	SiF_4	물과 반응하여 H_2SiF_6, SiO_2, H_2O를 생성	불연성	600℃에서 $SiCl_4$와 반응하여 $SiClF_3$, $SiCl_2F_2$, $SiCl_3F$ 생성	산화 및 환원에 대하여 안정
4플로르	CF_4	약간 가수분해	불연성	가연성 가스와 혼합하여 점화하면 분해하여 유독 가스 발생	부식성 없음
6플로르	C_2F_6	약간 가수분해	불연성	가연성 가스와 혼합하여 점화하면 분해하여 유독 가스 발생	부식성 없음
8플로르	C_3F_8	약간 가수분해	불연성	가연성 가스와 혼합하여 점화하면 분해하여 유독 가스 발생	부식성 없음
3불화메탄	CHF_3	반응 안 함	불연성	가연성 가스와 혼합하여 점화하면 분해하여 유독 가스 발생	부식성 없음
프레온13	$CClF_3$	반응 안 함	불연성	800℃ 이상의 화염에 접촉하면 $COCl_2$, CO 등의 독성가스 발생	Mg, Mg 2%이상 포함된 Al합금 및 천연고무 부식
산소	O_2	수용성	지연성	비활성 물질을 제외한 모든 물질과 반응하여 산화	다른 물질이 타는 것을 도우면서 반응성이 큼
알신	AsH_3	가압 하에서 수화물 발생 용존산소에 의하여 As로 분해	공기 중 청백색 불꽃을 내며 탐 As_2O_3 발생	Cl_2와 반응하여 HCl과 As가 됨	탄소강, SUS, 모넬, 놋쇠, 테프론, 바이톤, 나이론, Kel-F 등 사용 가능
황화수소	H_2S	수용액 중 전리 평균 $H_2S \Leftrightarrow H^+HS^-$ $HS \Leftrightarrow H^+S-$	공기 중 청백색 불꽃을 내며 연소	Cl_2, Br_2과 강하게 반응하며 대부분 금속과 습기 하에서 반응	Al, SUS316은 Wet에서 사용가능, 건조하면 동도 사용 가능

가스 명	분자식	물과의 반응성	연소성	기타물질과 반응성	사용상 주의
3수소화게르마늄	GeH_3	반응 안 함	자연발화성	염산, 묽은 황산에는 녹지 않음 알칼리용액, 뜨거운 진한황산에는 녹음	
세렌화수소	SeH_2	가수분해	공기 중에서 푸른색의 빛을 내며 SeO_2 생성	초산과 강하게 반응	Al, SUS, 탄소강, 황동, 테프론, 바이톤, 나이론 사용 가능
스티핑	SbH_3	젖은 유리관 내에서 24시간 완전 분해	공기 중 연소하여 안티온 생성	연소와 강하게 반응하여 $SbCl_3$와 HCl 발생 알칼리와 반응하여 금속 분해	
3플로르비소	AsF_3	가수분해			
알신	AsH_3	가압 하에서 수화물 발생 용존산소에 의하여 As로 분해	공기 중 청백색 불꽃을 내며 탐 As_2O_3 발생	Cl_2와 반응하여 HCl과 As가 됨	탄소강, SUS, 모넬, 놋쇠, 테프론, 바이톤, 나이론, Kel-F 등 사용 가능
포스핀	PH_3	수화물을 생성	공기 중 자연발화	Cl_2 등의 할로겐 가스와 거세게 반응	NH_3보다 강환원성 탄소강, SUS, 모넬, 하스테로이 사용 가능
3염화인	PCl_3	물에 의하여 분해하며 염산 생성	불연성 산소와 서서히 화합하여 오키시염화린 생성	HBr, HI와 반응 $PCl_3 + 3HX \Rightarrow PX_3 + 3HCl$	니켈강, 철, 저합금강, 니켈크롬강, 테프론, Kel-F 사용 가능
디보란	B_2H_6	신속하게 완전히 가수분해하여 붕산과 수소로 분해	공기 중 자연발화(특히 젖은 공기 40~50℃)	HCl등과 같은 할로겐 가스와 강하게 반응 NH_3와도 반응	일반금속 사용가능 고무, 그리스, 윤활유 불가 폴리에틸렌, 테프론 사용가능

가스 명	분자식	물과의 반응성	연소성	기타물질과 반응성	사용상 주의
3불화붕소	BF_3	가수분해하여 플로로붕산 생성	불연성	알칼리, 알칼리토류금속에 의해 붕소와 금속화합물 생성	Dry 가스: 강, SUS, Cu, Ni합금, Al, 모넬 사용 가능 Wet 가스: Cu, 경질고무, 파이렉스, 유리 사용 가능
실란	SiH_4	가수분해하여 4배 수소 생성, 특히 알칼리 수용액으로 분해	공기 중 자연발화	Cl_2 등 할로겐 가스와 강하게 반응	부식성 없음
디크로로실란	SiH_2Cl_2	가수분해하여 염산과 포리시로키산 혼합물 생성	100℃이상일 때 공기 중에서 자연발화	아세톤과 반응	대량수분의 존재로 강산이 됨 드라이 상태에서 불활성 Al, 황동, SUS 사용 가능
3크로로실란	$SiHCl_3$	물과 세차게 반응하여 염산 생성	공기 중 자연발화		물의 존재로 강산이 됨
4염화규소	$SiCl_4$	가수분해하여 규산과 염산 생성		알콜로 분해	물의 존재로 강산이 됨
4수소화게르마늄	GeH_4	실란과 비슷하지만 반응이 적음	실란과 같이 세게 연소하지 않음		
3브롬화붕소	BBr_3	물에 격렬하게 반응하여 유독물질 또는 독성가스 발생	발연성	알콜로 분해 가연성 물질과 접촉 시 발화하거나 폭발 열분해로 산할로겐화합물, 유기산 생성	열, 화염, 스파크 및 기타 점화원 피할 것. 가연성 물질과 접촉 시 발화하거나 폭발할 수 있음
3염화붕소	BCl_3	용이하게 분해하여 염산 생성	불연성	니트로벤젠과 부가화합물 생성	니켈크롬강, 니켈강, 철, 저합금강, 하스텔로이, 테프론 사용 가능
수소화텔루르	TeH_2	젖은 공기에 접하면 바로 분해	청백색 불꽃을 띠면서 연소	염소와 강하게 반응하여 테루르염화물 생성	

가스 명	분자식	물과의 반응성	연소성	기타물질과 반응성	사용상 주의
4염화주석	$SnCL_4$	가수분해	불연성	이황화탄소, 찬물에 녹음 뜨거운 물에서 분해 및 발연	
6불화텅스텐	WF_6	가수분해	비연소성	부식성과 독성을 가짐	폭발위험성 가스
4염화게르마늄	$GeCl_4$	가수분해	발연성	묽은 염산에 녹으며, 진한 염산에 대한 용해도의 약 100배가 됨 벤젠, 이황화탄소, 클로로포름, 사염화탄소등의 유기용매에 녹음	
암모니아	NH_3	비반응, 물과는 잘 용해	공기 중 650℃이상에서 가연	할로겐과 세게 반응한 Hg과 반응하여 폭발성 화합물 생성	알칼리성 부식성 강함 철, SUS 사용 가능
메탄	CH_4	수용성 $CH_4 + 2O_2 \Rightarrow CO_2 + 2H_2O$	가연성	산, 알칼리, 금속, 산화제, 환원제등과 비반응 연소반응과 치환반응은 비교적 잘 일어남	폭발위험성 가스
질소	N_2	수용성	비활성 불활성	다른 원소와 직접 반응하여 질소화합물을 만듦	
수소	H_2	수용성	산소와의 2:1 혼합물은 500℃이상에서 격렬하게 반응하여 폭발 함	상온에서는 반응성이 적지만, 온도가 높으면 많은 원소와 직접 반응하여 수화물 생성	
아르곤	Ar	수용성	비활성 불활성	저온에서 활성탄에 흡착	
헬륨	He	수용성	비활성 불활성	대부분의 원소와 반응하지 않음	

연습문제 Question

1. 제독설비에서 허용농도라 함은 어떠한 값을 의미하는 것인지 설명하시오.

2. 제독방법으로는 5가지 방법이 있다. 이 중 가장 중요한 연소에 의한 방법, 흡수에 의한 방법, 흡착에 의한 방법에 대하여 설명하시오.

3. 제독방법 중 연소에 의한 방법으로서 Flare Stack이 있다. 복사열 $1,500BTU/hrft^2$ 값이 어떠한 의미를 가지고 있는지 설명하고 태양으로부터 발생되는 복사열에 대하여 논하시오.

4. 헨리에 법칙을 설명하고 식을 기재하시오.

5. Wet Scrubber의 구성품에 대하여 나열하고 각각의 역할에 대하여 설명하시오(예: 충전층, 액분산장치 등).

6. Wet Scrubber의 충전층에 사용되는 Packing의 종류를 열거하시오.

7. Dry Scrubber의 기본이론은 흡착이다. 흡착이론 중 파과점(Break Point)이란 무엇인가?

8. 제독설비 설계 시 고려사항 5가지 이상에 대하여 열거하고 논하시오.

9. 사염화규소(Sicl₄)의 액상배관 3/8″(외경 9.53 mm, 내경 7.53 mm)의 50%가 절단되었을 때 누출량을 구하시오. 여기서 압력 0.3kg/㎠g(at 25℃), 액비중 1.50ton/m³ 이다.

10. NF₃의 기상배관 3/8″(외경 9.53mm, 내경 7.53mm)의 50% 절단되고 이때의 압력이 90 kg/㎠ abs의 경우 가스의 누출량을 구하시오.

11. 제독설비 유지관리 중 사후보전(BM: Break down Maintenance)과 예방보전(PM: Preventive Maintenance)의 차이점에 대하여 설명하시오.

12. 제독설비의 4가지 안전점검 방법에 대하여 설명하시오.

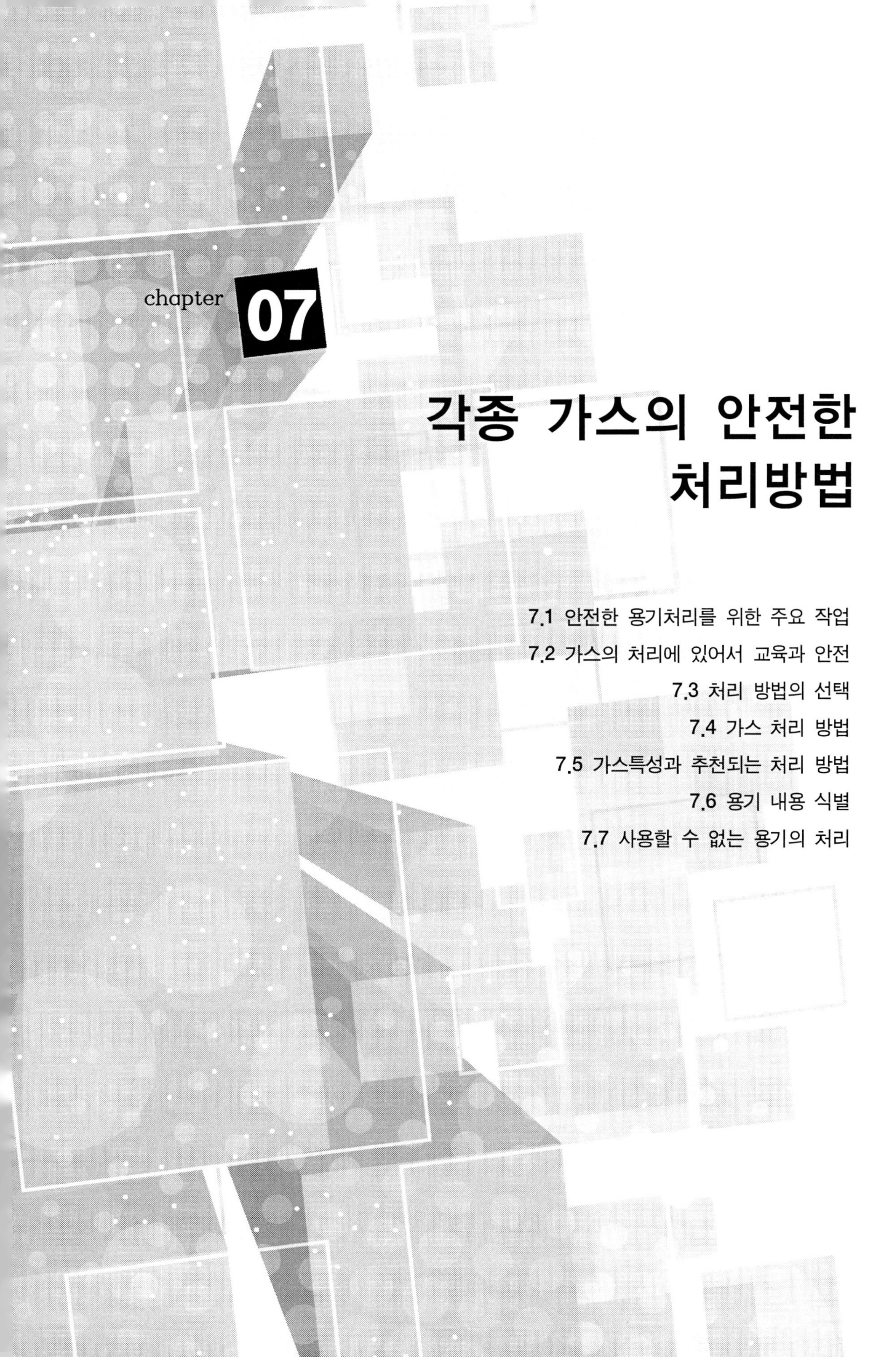

각종 가스의 안전한 처리방법

산업 및 특수가스는 가스별 여러 특성을 가지고 있다. 연소성의 의해 분류됨 가연성가스, 조연성가스, 불연성가스, 부식성가스, 독성가스에 의한 분류로 독성과 비독성가스로 분류한다. 최근 반도체 산업 및 디스플레이(Display) 산업이 발달하면서 산업체에서 사용하는 가스의 종류 또한 다양해져서 이전에 사용하지 않던 많은 가스들이 사용되고 있다.

이러한 가스들을 사용하고 남은 잔여가스 또는 유통기한(Shelf Life)이 경과되거나 누출 등으로 인하여 용기안의 유해가스를 반드시 완벽하게 처리하여야 할 필요가 있다.

다행이도 특수가스를 사용하는 반도체 및 LCD, LED 제조회사들은 대부분 대기업이며 이러한 위험성을 알기 때문에 반응 후 발생하는 폐가스 처리에 엄청난 투자비용을 소요하고 있다. 하지만, 아직도 일부 소규모 업체, 대학교 연구소, 기타 연구기관들에서는 이러한 설비를 보유하고 있지 않고 폐기처리를 해야 할 가스들이 처리되지 않고 방치되는 것이 현실이다.

이들은 처리방법을 모르거나 막대한 처리비용에 부담을 느끼거나 또는 처리설비가 없어 발생하는 것이 비일비재하다. 더불어 이러한 잔류처리는 잠재적 고위험을 내포하고 있어 반드시 숙련된 인력으로만 수행이 되어져야 한다.

이 장의 표 7-3의 경우 현장에서 가장 얻고자 하고 필요로 하는 정보인 처리가 필요한 가스에 대한 처리 방법(연소, 흡수, 흡착, 대기 배출 등)와 사용하여야 하는 약제 등에 대하여 자세하게 설명하였다. 단언컨대 상당히 유용한 자료가 될 것이다.

SECTION 7.1

안전한 용기처리를 위한 주요 작업

- 용기 내용물 식별
- 잔류 물질 처리 방법 선택
- 용기 내용물의 안전한 처리
- 용기의 진공 및 퍼지
- 용기의 밸브탈착
- 용기로부터 유해 잔류 물질 제거
- 용기 폐기

SECTION 7.2

가스의 처리에 있어서 교육과 안전

7.2.1 교육

잔류가스 처리에 종사하는 모든 사람들은 작업하기에 앞서 적절히 훈련되고 안전장비를 착용해야하며 실질적 역량 설립이 되어져 있어야 한다. 특정의 경우에는 자체 인증을 하는 것이 필요할 수도 있다.

가스 처리 작업을 하는 모든 작업자는 다음과 같은 사항을 준수해야 한다.

- 훈련과 이론에 있어서 적절히 교육이 되어져야 한다.
- 작업지침을 기록하고 체크리스트를 작성하여 한다.
- 적절할 보호장구와 안전장비를 갖추어야 한다.
- 올바르게 설계된 처리공장 및 장비로 이송하여야 하고, 긴급 상황으로 예측이 될 경우는 손쉽게 이용 가능한 물질로부터 비상 장비를 사용할 수 있도록 훈련되어져 있어야 한다.

7.2.2 교육절차

교육은 반드시 문서화된 작업지침과 절차를 기본으로 하여야 하며 반드시 자격이 있는 사람에 의해 실시되어야 한다. 훈련 프로그램은 이론과 연습이 함께 되어야 하고 각 교육단계는 기록되고 완료된 서명을 하는 것이 좋다.

7.2.3 교육범위

교육프로그램은 아래 사항을 포함하는 것이 좋다.

- 내용물의 식별을 포함한 제품과 용기의 정보
- 처리방법 선택의 원칙
- 처리 절차
- 개인보호 및 일반 안전 수칙
- 위험성 평가

1) 제품정보

교육 프로그램은 작업자에게 아래의 사항을 전달할 수 있도록 만들어져야 한다.

- 가스의 일반적인특성의 이해
- 처리해야 할 특정가스의 물리적, 화학적 특성에 대한 상세 이해
- 법적으로 필요한 안전 자료는 훈련 기간 동안에 사용가능해야 하고 실제 사용되어야 한다.

2) 용기 정보

교육은 용기의 기본 정보와 다루는 방법, 밸브 디자인의 특성과 장착된 안전장치의 목적, 용기 내용물의 정의를 포함하여야 한다.

3) 잔류물질 처리 방법의 선택

비록 작업자가 규정된 처리 방법을 선택하더라고 처리 방법에 대한 원리를 이해하는 것이 좋다.

4) 잔류물질 처리장치의 운전절차

모든 예정 및 잠재적인 위험의 범위를 포함하는 문서화된 절차로 훈련이 되어져야 한다.

흘림, 누수, 화재 등의 경우에 긴급대응 절차를 고려하여 문서화하고 연습되어야 한다.

5) 개인 안전

개인안전에서 효과적인 방법은 문서화되고, 명확하며, 실용적이고, 권위 있는 규칙에 의해 지원되어야 한다.

보호 의류와 장비는 아래의 사항에 대한 훈련을 실시하여야 한다.

- 눈과 얼굴 보호
- 호흡장비
- 머리 보호
- 신체 보호(화학내성 또는 내화성 의류, 안전화, 안전장갑)
- 청력 보호
- 가스 모니터링
- 어떤 물질을 다루기 위한 개인보호구(PPE)

작업자는 특정 환기 시스템과 화재 예방/소방 장치 및 가스 모티터링 시스템 같은 안전 장치를 반드시 이해하고 사용하여야 한다.

7.2.4 안전

공장 및 장비에는 안전 운전을 위해 적절한 디자인이 요구된다. 확인해야 할 주요기능은 아래와 같다.

- 충분한 자격보유자에 의해 설계가 되어져야하고 설계자가 아닌 다른 제3자에 의해 확인되어야 한다.
- 위험성 평가는 반드시 실행되어야 한다.
- 모든 배관과 용기(Vessel)는 운전 및 설계압력을 포함하여 과거 운전경험도 포함되어야 한다.

- 설계압력과 운전 압력은 실제 운전자가 알고 있어야 한다.
- 모든 재질은 취급하는 가스와 반드시 호환이 되어야 한다.

7.2.5 안전 체크리스트

- 문서화되고 승인된 방법과 절차가 있는가?
- 작업구역에서 문서화된 절차가 사용가능한가?
- 장비는 제대로 설계되었는가?
- 사용된 재료에 대한 호환성 및 압력은 적절한가?
- 적절한 경고 알림 표시 및 제한 구역에 대한 명시되어 있는가?
- 긴급 절차에 대해 이해하고 준비되어 있는가?
- 작업자는 공식적으로 교육되고 그 교육이 기록이 되고 있는가?
- 작업자는 올바른 보호 장비/의류에 대해 훈련되어 있는가?
- 호흡장치를 사용할 수 있는가? 그렇다면 그 장치는 제대로 위치하고 작동하고 있으며 작업자는 훈련되어 있는가?
- 응급처리 장비를 사용할 수 있는가?
- 다루는 가스에 노출되었을 때 치료를 위해 적절히 준비가 되어있는가?
- 전문치료가 필요로 하는 매우 독성이거나 부식성가스를 다룰 경우, 지역 의료 서비스에 연락을 취하였는가?
- 처리 시스템은 가스의 종류 및 용량에 적절한가?
- 처리된 화학약품은 적절히 분리되고 해당특성에 따라 처리되는가?

처리 방법의 선택

7.3.1 가스 처리 방법의 선택

가스의 처리 방법은 다양하다. 다양한 처리 방법에 대한 최상의 가능한 방법을 선택하려면 문서화된 절차를 따라야 하는 운영자의 책임이 따른다. 가스를 처리할 때 새로운 안전 문제들을 만들지 않는 것이 중요하다.

예를 들어 연소에 의한 처리 후 배기가스가 아직도 독성을 가지고 있거나 그 성질이 더 나빠지는 경우, 습식처리 후 케미컬의 상태가 처리하기 어려울 정도로 유해한 경우 등이다.

아래는 가스 처리를 위한 4가지 방법이다.

- Recycling(회수)
- Absorption or neutralization(or other chemical reaction/adsorption) (흡수 또는 중화)
- Burning or incineration(연소)
- Venting to the atmosphere(대기 배출)

이러한 처리 방법에 대해서는 7.4에서 자세히 살펴본다. 또한 7.5와 표 7-3에서는 대부분 가스의 처리 방법에 대해서 나열하였다. 이러한 방법을 선택할 때는 고려해야 할 중요한 3가지 사항이 있다.

- 처리될 가스의 특성
- 지역 조건, 요구 규정과 운영제약
- 처리해야 할 가스의 용량

대부분의 가스를 위해서는 몇 가지 방법들이 요구되며, 가스를 처리해야 할 책임자는 처리 방법을 선책하고 지역 조건과 요구 규정과 운영 제약을 준비하여야 한다. 희석에 의한 대기 배출은 환경 고려 사항 때문에 순수한 상태로 배출하는 것을 피해야 한다.

7.3.2 가스의 특성

작업자는 처리하려고 하는 가스의 주요 특성에 대해 전반적으로 알고 있어야 한다.

특히 이러한 가스의 독성, 가연성, 조연성, 유해 및 부식 등 각각의 특성은 분석하여 실용적이고 효과적인 가스 처리 방법을 사용하도록 한다. 다른 특성들 즉 가스의 위험한 특성으로 냄새 또는 시각에 위험한 속성을 가지거나 어떤 재료와 호환이 되고 사용하지 말아야 할 재료는 어떤 것인지, 액화 가능한 가스인지 영구적인지 여부, 대기에서 반응 가능성 등을 알아야 할 필요성이 있다.

물리적 특성 정보는 중요하다. 액화가스를 취급할 때 공기와의 상대밀도(Density of the gas relative to air), 끓는점, 증기압을 포함한 가스의 주요 특성은 가스를 처리하는 데 매우 중요하기 때문에 표 7-3에서 정리하였다.

7.3.3 지역 조건 및 사용 조건

해당 지역에 맞는 환경에 피해를 주지 않기 위해 해당 지역에 맞는 조건의 가스 처리 방법 및 사용 조건을 선택하는 것은 매우 중요하다.

7.3.4 가스의 용량

처리해야 할 가스의 용량은 중요한 고려 대상이지만, 통상적으로 처리되는 곳에서는 처리 용량에 대한 방법의 선택은 매우 명확히 정해져 있어야 한다.

7.3.5 가스 처리의 체크리스트

가스 처리를 위한 방법을 선택할 때는 아래의 사항을 고려하여야 한다.

[표 7-1] 체크리스트 예

가스 특성	현장 조건	사용량
독성인가?		
가연성인가?		
조연성인가?		
부식성인가?	가용 면적?	
자연발화성인가?	주변 상황?	적음?
환경에 유해한가?	기후조건?	
유해한 성질은 있는가?	활용 가능한 전문가 또는 기기 여부?	중간?
사용압력 또는 증기압?		
액화가스 또는 압축가스 여부?	용기 및 밸브의 상태?	많음?
공기와의 비중?	법적 제약요소?	
호환되는 재질은?		
상기에서 공존하는 특성은?		

SECTION
7.4

가스 처리 방법

7.4.1 처리 방법에 대한 기본 원칙

아래는 가스 처리를 위한 4가지 방법(Recycling, Absorption or Reaction, Burning, Venting to the atmosphere) 중 기본 원칙이다.

Schematic arrangement of the disposal method(처리방법을 나타낸 도면)

Description of method(방법에 대한 설명)

Application(적용)

Equipment design(기기 설계)

Operation(운전)

Operational precautions(운전에 대한 주의점)

7.4.2 처리 방법 목록

방법 1: Recycling of gases

방법 2: Disposal of gases by absorption or by reaction

    2A: Direct discharge into simple scrubber

    2B: Discharge into counter-flow scrubber

    2C: Discharge into solid-state absorber

방법 3: Disposal of gases by burning

    3A: Direct combustion - gas phase

3B: Combustion/incineration - liquid phase

3C: Incineration - gas phase

방법 4: Disposal of gases by venting to the atmosphere

4A: Direct discharge from container valve

4B: Direct discharge from container valve into fume cubicle or hood

4C: Controlled release through vent line

4D: Controlled dilution in forced air stream

7.4.3 처리 방법

처리해야 할 용기들을 가연성과 조연성의 혼합된 상태로는 처리하지 않아야 한다.

1) 방법 1: 가스의 재활용(Recycling of gases)

이 방법은 일반적으로 사용되는 방법은 아니지만 잔류가스를 재사용하거나 회수하여 안전하고 적합한 용기로 이송하는 기술이다. 잔류가스를 다루는 기술은 환경과 물질과 에너지의 보존을 위해서는 좋은 해결 방법이다. 재활용가치가 높은 가스 및 처리하기에 고비용이 소요되는 가스에 선호되는 기술이다.

이러한 가스들을 재사용하기 위해서는 재정제가 필요하거나 공정을 다시 흘려야 하는 비용들을 감안하여야 한다. 가스의 재활용은 제품 취급 및 용기충전에 있어서 전문성이 필요하므로 반드시 전문가의 도움이 필요하다. 용기의 사용은 용기 소유주의 허락 없이는 이송하여서는 안 된다. 용기 소유자는 처리방법, 처리장치, 사용절차에 대한 서면동의가 있어야 한다.

2) 방법 2: 흡수·흡착·반응에 의한 가스 처리(Disposal of gases by absorption·adsorption·reaction)

특정 반응가스의 처리를 위해서는 고체 매체에 흡수, 액상에서의 반응 및 흡착의 방법을 이용할 수 있다. 결과적으로 생성되는 수용액이나 부유되거나 흡수 후 발생하는 가스는 본래 처리될 가스보다는 편하고 덜 위험하게 제거될 수 있을 것이다. 유해한 연소제품을 연소할 때 이 방법과 같이 사용할 수 있다.

시약의 흡수 매체 및 장비의 선택은 아래 사용요인에 따라 달라진다.

• 처리할 가스와 흡착 매체와의 반응성
• 처리작업의 주기와 처리가스의 용량
• 사용된 흡착 매체의 처리 용이성

시약의 흡수 매체와 흡수 방법을 선택할 때는 이러한 요소를 고려하여야 한다.

2-1) 방법 2A: Direct discharge into simple scrubber

2A.1 Schematic arrangement

1. Shingle (packing medium)
2. Absorbent chemical (reacting chemical)
3. Sight glass
4. Flow control valve
5. Non return valve
6. Inlet gas purge (if required)
7. Pressure control indicator
8. Suckback trap

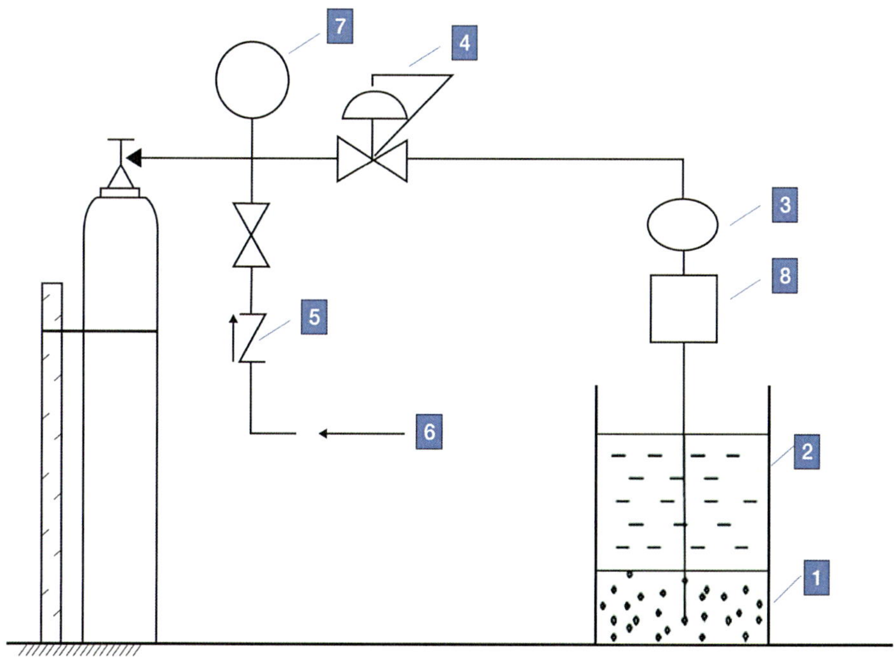

2A.2 설명

이 방법은 가스를 흡수성 케미컬에 직접 투입하는 방법이다. 특정 상황에서 액화가스를 직접 Scrubber에 액상으로 이송시킬 수 있다.

2A.3 적용

이 방법은 처리해야 할 가스와 흡수성 화학물질이 쉽고 잘 반응할 수 있을 때 권장된다. 단순하고 이동성이 좋아 비상상황에서 이 방법을 빈번하게 사용된다.

2A.4 장비설계

장비를 가능한 한 단순하게 유지해야 하고 필요한 운전압력에 적합하고 가스의 화학적 흡수 및 호환이 되어야 한다. 처리할 가스와 흡수성 화학물질과 접촉을 최대화하는 것이 바람직하다. 가스의 거품 크기를 줄이기 위해 Scrubber의 바닥에 있는 거친 모래층에 파이프를 잠그게 하거나 흡수성 화학물질에 담그도록 한다. Scrubber의 용량에 맞는 가스의 흐름을 조절할 수 있도록 흐름제어시스템(필요한 경우 압력 조정기가 포함)을 설치하여야 한다.

"Suckback trap(가스의 흐름이 역으로 발생되는 현상)" 또는 "Vacuum breaker(Scrubber 내부에 진공이 발생하지 않도록 하는 장치)"는 Scrubber 전단에 설치하고 현상을 파악하기 위하여 사이트 글라스(Sight glass) 또는 투명 파이프를 설치한다. 연속적으로 불활성 가스의 공급하여 Suckback의 위험을 줄일 수 있다.

2A.5 운전
- 유량조절 밸브를 잠근다.
- 가스공급 밸브를 열고 압력조절기를 작동한다.
- 가스 유량조절밸브를 흡수가 가능한 용량까지 천천히 연다.
- 법규에 따라 사용된 흡수액을 처리하고 새로운 흡수액을 충전한다.
- 가스 처리가 완료되면 가스공급을 중단하고 불활성기체를 이용하여 안전하게 치환시킨다.

2A.6 운영 주의

운전기간 동안 Scrubber 시스템이 올바르게 작동하는지 확인해야한다. (자동모니터링이나 직접 감독에 의해) Scrubber가 과열되거나 고장 나지 않도록 폐가스의 유량이나 용량이 제어되어야 한다.

특히 부식성이나 산성 물질이 흡착매체와 반응할 때는 가연성 폐기물가스 또는 가연성가스를 생산할 수 있으므로 개인보호구를 필히 착용하여야 한다. 폐가스가 가연성이거나 가연성가스를 생산할 수 있을 때에는 오픈 불꽃, 전기 장비, 정전기 방전 같은 점화요소는 반드시 제거되어야 한다.

2-2) 방법 2B: Discharge into counter-flow scrubber

2B.1 Schematic arrangement

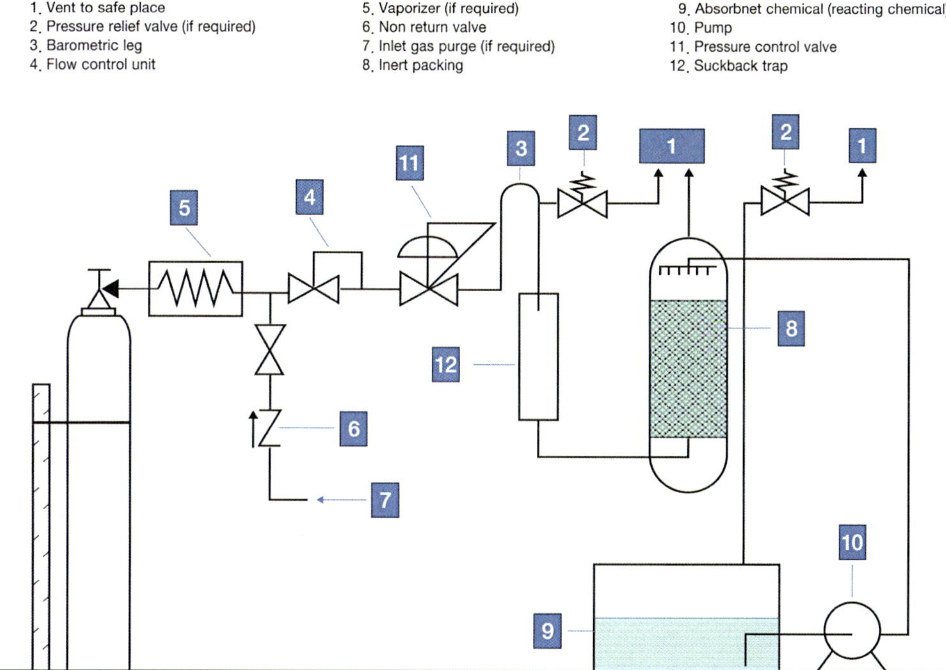

2B.2 설명

이 방법은 가스와 흡수액을 Counterflow로 공급하는 방식이다. 처리할 가스는 fume cubicle이나 후드(방법 4B 또는 소각로, 방법 3C 참고) 내에 있어야 한다.

가스는 상기 그림과 같이 직접 주입된다. 위험성평가를 수행한 후 특정 환경에서는 액화 상태로 counter-flow scrubber로 보낼 수 있지만 3B.1과 같은 배관구성은 적절하지 않다.

2B.3 적용

이 방법은 적합한 흡착제 또는 반응약품이 적절할 곳에서 지속적인 처리를 요구하는데 권장된다.

2B.4 장비 설계

장비는 의도된 목적에 맞게 자격이 있는 사람에 의해 설계되어야 한다. 설비 재료는 가스 흡착물질과 호환되어야 한다.

안전하고 효율적인 성능을 보장하기 위해 아래 사항에 대해 모니터링하는 것이 좋다.

- 폐기 가스의 주입 유량
- 흡착 화합물의 효율(즉 pH, 수소이온 농도)
- Scrubber로 배출되는 폐기물 가스의 농도
- 흡착물질의 온도

흡수성 화학 물질의 Suckback 위험을 최소화하기 위해 가스공급라인에 'Barometric-leg'을 설치하여야 한다. 또한 솔레노이드 밸브가 장착된 레벨스위치가 장착된 Interceptor vessel 같은 Anti-suckback 장치를 설치한다.

유량 제어 시스템(필요한 경우 압력 조정기가 있는)은 Scrubber 용량에 맞게 폐가스 주입 부분에 설치하고 불활성 가스 퍼지(Purge) 시설을 설치해야 한다.

또한 Scrubber 배출 시에는 운전자의 안전이 보장된 통풍이 잘 장소에서 투입해야 한다.

2B.5 운전

스크러버 단위별 올바르게 작동하는지 확인한다.

- 흡착물질의 효율

- Recirculating 펌프, Agitator, Fan 같은 기계장치의 작동

- 모니터링 장비의 작용

적절한(지정된) 폐가스 유량이 달성될 때까지 주입 속도를 조정해야 한다. 자동 중지 설비가 준비되어 있지 않으면 필요에 따라 처리 진행 상태, 적절한 유량/흡착 화학물의 교체 작업을 수행한다.

2B.6 운영 주의

Scrubber 시스템이 올바르게 작동하는지 확인한다. Scrubber가 과열 되지 않고 정지되지 않아야 한다. 가연성 폐기물 가스 또는 가연성 가스가 발생할 수 있을 때는 점화 소스(불꽃, 전기 장비, 정전기 방전 등)를 제거하여야 한다. 또한 잠재적인 폭발 가연성 가스/공기 혼합물은 주의해야 한다.

2-3) 방법2C: Discharge into solid-state absorber

2C.1 Schematic arrangement

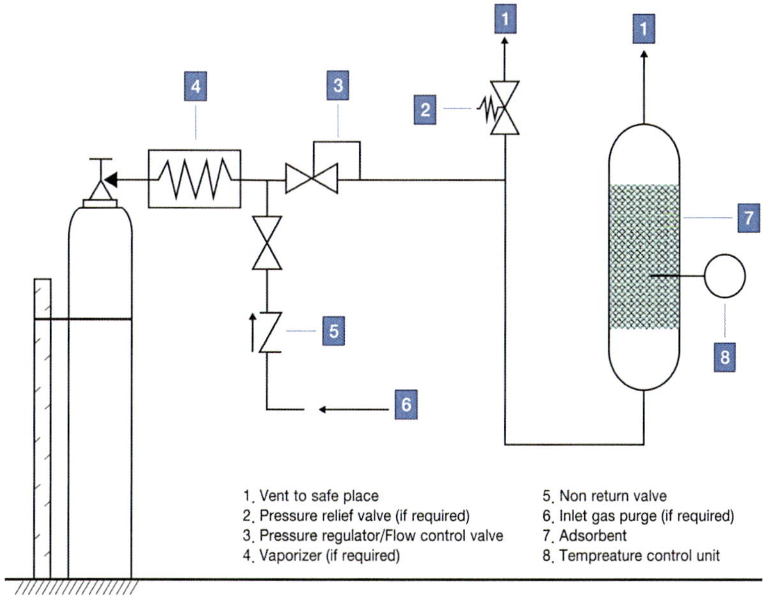

2C.2 설명

이 방법은 처리해야 할 가스를 고체 흡착물에 주입하는 방식이다. 가스는 그림과 같이 주입시킬 수 있다. 처리할 가스는 Fume cubicle 이나 후드 (방법 4B 또는 소각로, 방법 3C 참고) 내에 설치한다.

2C.3 적용

이 방법은 쉽고 강하게 흡착할 수 있는 고체 흡착제가 사용될 수 있는 곳에 권장된다. 어떤 긴급 상황에서 고체 흡착물의 사용이 쉽고 이동성이 편리한 곳에서 선택할 수 있다.

2C.4 장비 설계

처리할 가스와 고체 흡착물의 적합한 가능한 재료로 설계되어야 한다. 가스와 흡착제의 반응에서 상승 가능한 온도와 운전 압력이 고려되어야 한다. 고체 흡착제의 크기를 선정할 때 고려되어야 하는 요소는 다음과 같다.

- 요구되는 가스 유량
- 처리 용량
- 흡착제의 충진/재생의 적절 한 주기

이러한 요소는 흡착제의 동적, 정적 용량을 결정한다. 가스 분사 시스템은 흡착물질 층에 가스가 골고루 잘 분사되도록 제작되어야 한다. 불량가스분사 시스템은 'Channelling(유체가 한쪽으로만 흐르는 현상)'이나 폭발을 초래할 것이다.

흡착제의 입자 크기는 고상 흡착 디자인에 중요한 고려 사항이다. 일반적으로, 작은 입자의 흡착제는 넓은 접촉면적과 높은 흡수 효율성을 나타내지만, Clogging(막힘 현상)이나 압력강하, 흡착물질층을 통한 Channelling을 가져올 수 있다.

폐가스의 주입유량과 흡착제 밴트에서 폐가스의 농도는 모니터링되어야 한다.

가스의 고체 흡착물의 처리 용량과 폐가스 주입용량을 확인할 수 있도록 유량 제어시스템(필요한 경우 압력조정기가 있는)이 설치되어야 한다. 더불어 불활성 가스 퍼지 시설을 설치한다. 고상 흡착제의 밴트는 운전자로부터 멀고 통풍이 잘 되는 장소에서 진행한다.

2C.5 운전

흡착제의 사용량(처리된 가스의 누적량을 확인하면서)을 확인하여야 한다. 폐가스 주입량은 적절한 유량이 달성될 때까지 주입속도를 조절하여야 한다.

자동 차단 설비가 준비되지 않으면 운전자는 처리유량을 조절하고 운전 정지가 일어나지 않도록 운전상태를 감시한다. 처리 작업이 완료될 때 폐가스 공급 밸브를 닫는다.

불활성 가스로 시스템을 퍼지하고 제어밸브를 닫도록 하며 흡착제는 안전하게 재생을 하여 재사용하거나 폐기시킨다.

2C.6 운영 주의

가스 처리를 하는 동안 고체 흡착제가 올바르게 작동을 하는지 확인해야 한다. 처리해야 할 가스의 유량과 용량은 처리 설비가 과열되지 않고 정지하지 않도록 하여야 한다. 사후 고상 흡착제를 처리할 때는 특히 개인 보호에 주의하여야 한다.

가연성폐가스는 가연성가스를 생산할 수 있다, 따라서 점화원(불꽃, 전기 장비, 정전기 방전 등)을 제거하여야 한다. 그리고 잠재적인 폭발가능성 가연성 가스와 공기 혼합을 피하기 위해 주의해야 한다.

위험 상황을 피하기 위해서는 흡착제에 온도를 확인하고 폐가스 배출 유량에 충분히 큰 흡착제의 흡착 및 반응 용량을 계산하여야 한다.

3) 방법 3: Disposal of gases by burning

일반원칙

이 방법은 가스를 연소시키거나 뜨거운 불꽃을 통과시킴으로써 처리하는 방법이다. 많은 가연성 가스들은 연소 시 무해한 물질로 타오를 것이다. 연소 시 독성물질을 형성할 경우, 여기서 언급한 하나 이상의 다른 처리 방법을 사용하여야 한다.

불꽃 특성이 요구되는 반응에서는 요구 반응이 잘 일어나도록 불꽃을 제어하는 것이 중요하다. 일반적으로 가시적인 관찰 또는 온도측정으로 불꽃을 제어하는 것을 불가능하다. 가스의 유량조절과 불꽃 제거로 적절한 가스를 추가시킴으로써 불꽃을 제거할 수 있다.

3-1) 방법 3A

3A.1 Schematic arrangement:

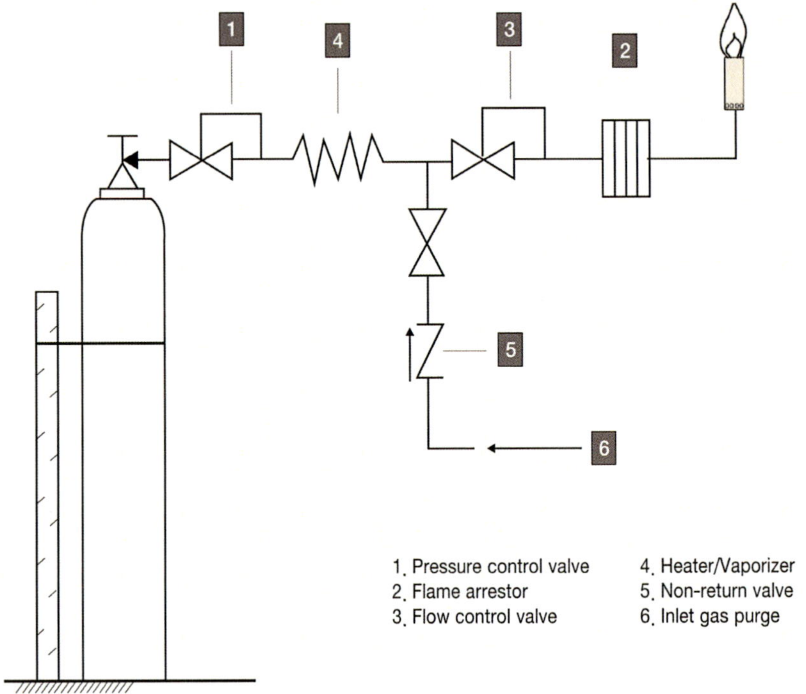

3A.2 설명

처리할 가스를 버너로 주입하여 산화제(일반적으로 공기)와 함께 태우는 방법이다.

3A.3 적용

가연성가스로 소화 후 비독성 물질이 만들어지는 경우에 권장된다.

3A.4 장비 설계

- 버너: 연료 가스는 일반적으로 분사노즐을 통해 분사되고 점화하기 전에 산화제와 함께 혼합하여 타게 된다. 산화제는 외부 공급으로부터 주입되거나 밴추리(Venturi) 방식으로 원료 가스 흐름에 따라 유입된다.
- 일반적으로 산화제가 추가되는 버너는 광범위하게 적용된다.

- 점화: 점화 방법은 수동(성냥 또는 플린트 총 등)으로 하거나 자동(압전소자[Piezo Crystal], 핫 와이어, 파일럿 불꽃, 등) 점화방식이 사용된다.
- 흐름 제어: 압력조정기 및 유량조절 밸브는 불꽃이 유지되기 위해 일반적으로 필요하다.
- 대부분의 상황에서 일산화탄소와 같은 '불완전 연소' 물질의 형성을 최소화하기 위해 과량의 산화제와 함께 버너를 작동하는 것이 바람직하다.
- 퍼지가스: 공기 공급 시스템과 설비의 사용 후 가연성가스의 청소를 위하여 퍼지가스 공급시설을 설치하는 하도록 권장한다.
- 기화기: 특정 액화가스의 신속한 처리를 위해 처리해야 할 가스는 액상으로 회수되어야 한다(3B 방법 참고). 이러한 상황에서 기화기를 이용하여 가스 상태로만 버너로 공급이 되어야 한다.
- 안전장치: 불꽃 감지장치는 모든 연료공급라인에 설치되어야 한다.
- 기화기가 설치된 고서에는 압력 릴리프 장치가 요구된다. 불안정안 불꽃 발생 시 페가스 공급을 차단하는 불꽃감지 시스템이 요구된다.

3A.5 운전

연료 또는 불활성 퍼지가스를 사용하여 페가스 라인에 공기를 제거한다. 연료 가스와 산화제의 적절한 흐름을 확인하고 불꽃을 점화한다. 불꽃은 항상 유지되어야 한다. 시스템을 종료하기 전에 불활성가스로 시스템을 퍼지한다.

3A.6 작업 주의 사항

가연성 물질로부터 멀고 안전한 위치에 버너를 설치한다. 액화가스의 기화 시 냉각으로 인한 과도한 압력강하를 해야 한다.

3-2) 방법3B: Combustion/incineration - liquid phase

3B.1 Schematic arrangement

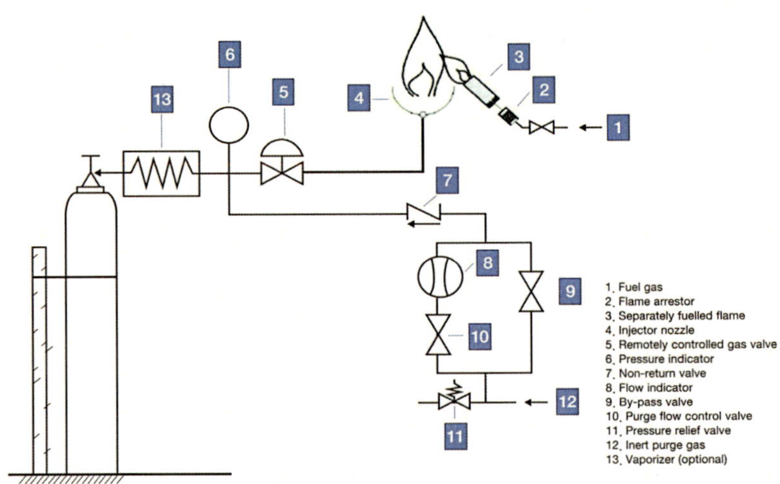

3B.2 설명

액상으로 회수한 폐가스는 기화기를 통해 액상의 가스를 버너로 주입시키고 별도로 분리된 연료 불꽃에서 소각시킨다.

3B.3 적용

이 방법은 특히 액화할 수 있는 원료 가스의 신속한 처리에 유용하게 사용된다. 특히 낮은 증기압을 가지거나 고체의 오염 또는 낮은 증기압오염이 예상되는 곳에서 유용하다.

3B.4 장비 설계

- 인젝터 노즐: 불순물이나 연소제품의 막힘이 없도록 안전하고 완전히 소각될 수 있는 레벨까지 폐가스의 흐름을 제한하도록 설계되어야 한다.
- 별도 분리된 불꽃: 폐가스의 완전 연소를 위하여 충분한 크기의 불꽃을 제공하여야 한다.
- 퍼지가스: 불활성가스로 처리시스템의 사용 전, 후에 충분히 퍼지하고 폐가스 용기 가압 Test를 위해 필요하다. 불꽃제어를 위해서도 사용된다.
- 밸브작동: 특정상황에서 원격으로 작동하는 제어 밸브를 사용하는 것이 바람직하다.

이 경우는 Fail-safe 자동밸브가 사용되어야 한다.

3B.5 운전(2B.1 참조)

액상으로 회수할 수 있는 폐품 용기전용으로 사용되어야한다. 시스템에서 공기를 제거한다. 소각하는 동안 제품공급라인에 불활성가스를 공급하는 것이 유리하다. (특히 에틸렌 옥사이드 또는 프로필렌 옥사이드 등)

모든 액체 폐기물 제품을 소각 하는 경우는 액체를 모두 소각한 후에 불활성가스로 반복된 가압으로 용기 내 폐가스 잔량을 퍼지한다.

3B.6 작업 주의 사항

가연성 물질로부터 멀리 안전한 장소에 버너를 설치한다. 폐기물의 용기는 작업하는 동안 불활성 가스로 적절히 가압을 실시한다.

에틸렌 옥사이드와 같이 폭발성 제품을 다룰 때는 특별한 주의가 필요하다.

3-2) 방법3C: Incineration - gas phase

3C.1 Schematic arrangement

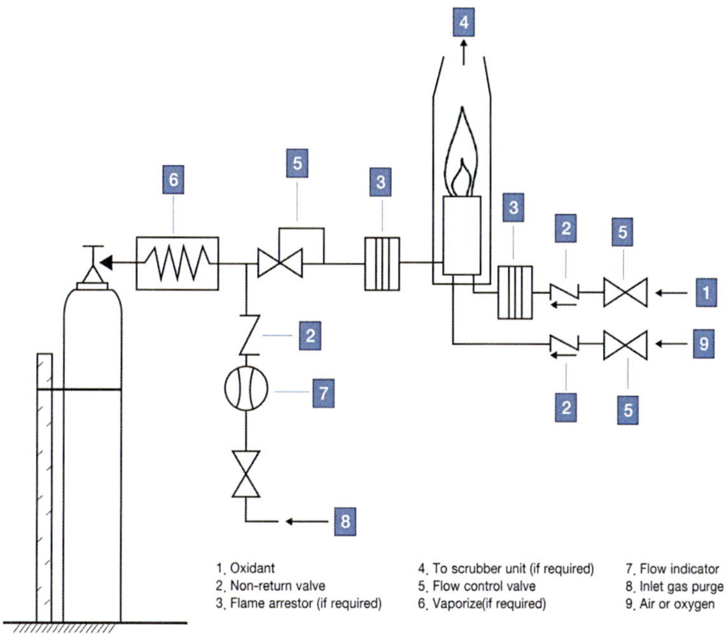

3C.2 설명

별도로 설치된 불꽃에 폐기물 가스를 소각 처리한다.

3C.3 적용

이 방법은 특히 아래의 가스에 대해 유용하다.

- 불연성이나 불꽃에의 분해될 수 있는 가스
- 불꽃에서 분해되지만, 추가로 조치가 더 필요한 독성물질을 생성하는 가스
- 세심한 화염조절이 요구되는 경우

3C.4 장비 설계

- 버너/별도 분리된 점화장치: 폐기물의 제품 내측, 중간을 통해 연료 가스와 산화제 외부 채널을 통해 흐르는 3동심 채널로 된 소각 노즐을 구성하는 것이 권장된다.
- 흐름 제어: 압력 조정기 및 유량제어밸브는 일반적으로 산화제와 산화제의 최적비율을 위해 필요하다.
- 연도 가스 쿨러: 연도가스가 하부에 설치되어 있는 장비를 과열로부터 보호하기 위해, 필요할 경우 연도 가스 쿨러가 요구된다.
- 퍼지 가스: 퍼지 가스 공급 장치를 설치하는 것이 바람직하다. 불활성 퍼지 가스는 폐기물 가스의 도입하기 전에 폐기물 가스시스템에서 공기를 제거하는 데 사용된다. 또한 소각 작업 완료 후 폐기물 가스 용기 및 소각시스템을 퍼지하는 데 사용될 수 있다.
- 기화기: 기화기는 낮은 압력의 액화가스를 다룰 때 유리하다. 제품을 액상으로 회수되고 기화기를 통화여 가스만 버너로 공급되게 한다.
- 안전장치: 불꽃 감지장치는 모든 연료 라인에 장착해야 한다. 기화기가 설치된 곳에는 압력 릴리프 장치가 필요할 수 있다.

3C.5 운전

- 불활성 가스를 사용하여 폐가스 처리 시스템에 공기를 제거한다. 별도의 작동 불꽃을 점화하고 조정한다. 폐가스의 연소에 요구되는 산화제의 공급을 증가시키기고 불꽃을 관찰하면서 폐가스 밸브를 연다.

- 최적화되고 안정적인 불꽃이 유지되도록 하여야 한다.

- 폐가스 공급 용기 밸브를 닫아 종료한다.

- 불활성 가스로 폐가스 처리 시스템을 퍼지한다. 만약 용기가 비어 있으면 용기 내 잔류 물질을 희석시키기 위하여 적절한 수만큼 불활성가스로 퍼지한다. 산화제와 분리된 연료가스 공급을 닫는다. 물꽃이 모두 소멸되었는지 확인한다.

3C.6 작업 주의 사항

가연성 물질로부터 멀리 안전 위치에 버너를 설치한다. 기화되는 액화가스의 쿨링으로 인한 과도한 압력 강하를 방지하여야 한다. 경우에 따라 소화 조건은 매우 신중하게 조절해야 한다. 그렇지 않으면 연소 형성의 독성 제품(예: 경우의 암모니아 및 아민, 산화제의 레벨이 너무 높으면 독성의 질소산화물[암모니아 및 아민] 등)이 생성될 수 있다. 이러한 경우에는 처리하기에 어려움을 겪을 수 있다.

4) 방법 4: Disposal of gases by venting to the atmosphere

일반원칙

이 방법은 독성가스를 공기 중에 희석하여 무해한 농도로 배출하는 방업이다. 이 방법은 가장 편리하고 경제적인 방법이다, 하지만 위험조건이 만들어지지 않는다는 명확한 조건 하에서 수행이 되어야 한다. 고압가스안전관리법의 요구사항이 충족되고 환경에 손상을 주어서는 안 된다. 희석에 의한 대기 배출은 앞서 지적한 것처럼 환경적인 사항을 고려해야 하기 때문에 순수한(농도가 높은) 상태로 배출되어서는 안 된다.

폐가스를 용기 밸브에서 대기 중에 직접 배출(권장하지 않음)하거나 배출배관을 또는 강제 배출 덕트를 통해 처리될 수 있다.

4-1) 방법4A: Direct discharge from container valve

4A.1 Schematic arrangement

4A.2 설명

가스 방전 컨테이너 밸브에서 직접 대기로 배출한다.

4A.3 적용

이 방법은 비가연성 및 비독성, 비부식성 가스로 제한한다.

4A.4 장비 디자인

용기 밸브를 여는 것이 모든 수단이다. 용기는 지지대에 고정한다.

4A.5 운전

적절한 속도로 가스 배출을 허용하도록 용기 밸브를 천천히 연다.

4A.6 운영 조치

처리 시에는 작업을 하지 않는 사람들에게는 가능한 한 멀리 떨어지게 하고, 위험한 설비 및 공기흡입구 부위에서 떨어져 통풍이 잘되는 지역에서 실시한다.

또한 가스가 안전하게 분산되도록 기상 조건을 고려하고 법규에 맞도록 소음조절이 필요하다.

4-2) 방법4B: Direct discharge from container valve into fume cubicle or hood

4B.1 Schematic arrangement

4B.2 설명

이 방법은 흄 칸막이 또는 후드에 용기 밸브에서 직접 가스를 배출하는 방법이다. 공기와 희석을 위해 흄(Fume) 칸막이 또는 후드로부터 안전한 장소로 배출한다.

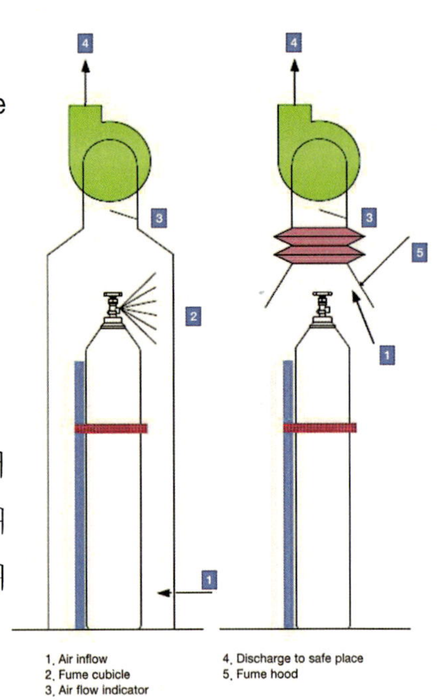

4B.3 적용

이 방법은 다양한 가스의 처리에 사용되며, 높은 실용적 가치가 있고 널리 사용되는 방법이다. 특히 누수가 있는 가스 용기처리 또는 건물 내부에서 가스 처리가 요구될 때 유용하다.

4B.4 장비 설계

용기의 밸브 방향과 잘 맞고 용기 수에 맞게 적절히 배치가 맞게 후드가 설치되어야 한다. 뽑아낸 공기는 안전한 장소로 배출되어야 하고 용기는 지지대에 고정되어야 한다.

4B.5 운전

용기는 흄 칸막이 또는 후드 내에 배치되어야 한다. 용기밸브는 적절한 속도로 가스가 배출이 되도록 천천히 연다. 흄 칸막이를 사용할 때는 처리하기 위해 요구되는 공기의 속도와 유량이 잘 유입이 되도록 조절되어야 한다.

4B.6 운영 주의

용기 내용물이 가연성인 경우 이런 방식은 제한된 가스유량만 처리되어야 한다. 점화원(불꽃, 전기 장비, 정전기 방전 등)은 완전히 제거 되어야한다. 장비의 작동이 올바르게 진행이 되는지 확인하여야 하고 특히 공기유량은 가스를 처리하는 동안 지속적으로 유지 되어야 한다.

가스의 안전한 분산이 되도록 기상 조건을 고려하여야 하고 법규에 맞도록 소음조절이 필요하다.

이 방법으로 가연성 가스를 처리하는 경우, 희석가스의 유량은 최종 결과적으로 배출되는 가연성 가스의 농도가 연소하한계(LFL)의 25%보다 작게 계산되어야 한다.

4-3) 방법4C: Controlled release through vent line

4C.1 Schematic arrangement

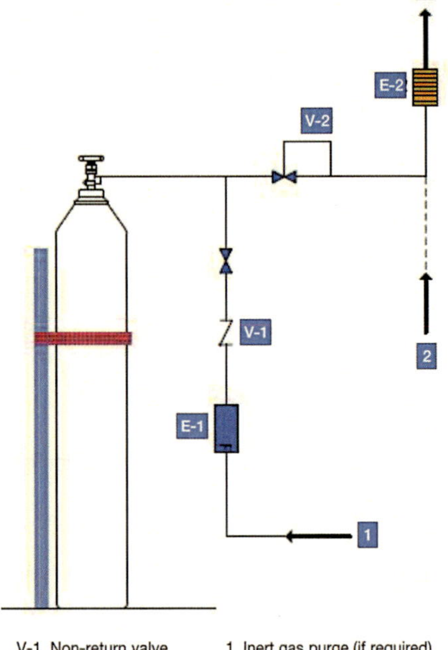

4C.2 설명

가스는 안전한 장소에서 밴트 라인을 통해 대기 중으로 배출된다. 필요한 경우 불활성 가스와 희석이 가능하다.

4C.3 적용

이 방법은 밀폐된 공간에서 가스를 처리하기는 많이 사용된다.

4C.4 장비 설계

- 밴트 라인은 반드시 사람 및 비호환설비 및 공기 주입부와 멀고 안전한 장소로 배출되어야 한다.
- 밴트라인에 유량제어시스템(압력조정기와 유량조절 밸브)을 설치하여야 한다.
- 시스템이 독성 또는 가연성 가스의 처리에 사용되는 경우는 불활성 가스 퍼지시스템을 설치해야 한다.
- 가연성 가스를 배출하는 경우, 적합한 불꽃 감지장치가 설치되어야 한다.
- 희석 가스가 필요한 경우 가스유량 조절시스템 이후로 밴트 라인을 설치해야 한다.
- 용기는 지지대에 고정되어야 한다.

4C.5 운전

- 용기는 밴트 라인에 연결한다.
- 용기 내용물이 가연성의 경우, 공기는 불활성 가스의 도입에 의해 배출라인으로 퍼지한다.
- 독성 및 가연성가스를 처리하는 경우 처리된 용기를 분리하기 전에 밴트라인은 퍼지되어야 한다.

4C.6 운영 주의

만약 용기 내용물이 가연서의 경우 점화원(불꽃, 전기 장비, 정전기 방전 등)는 제거되어야 한다. 또한 가스가 안전하게 분산되도록 기상 조건을 고려하여야 한다.

그리고 이 방법이 가연성 가스 처리하는 데 사용되는 경우, 처리 후 결과적으로 나오는 가연성 가스의 농도가 연소하한계(LFL)의 25% 이하로 배출될 수 있도록 계산되어야 한다.

4) 방법4D: Controlled dilution in forced air stream

4D.1 Schematic arrangement

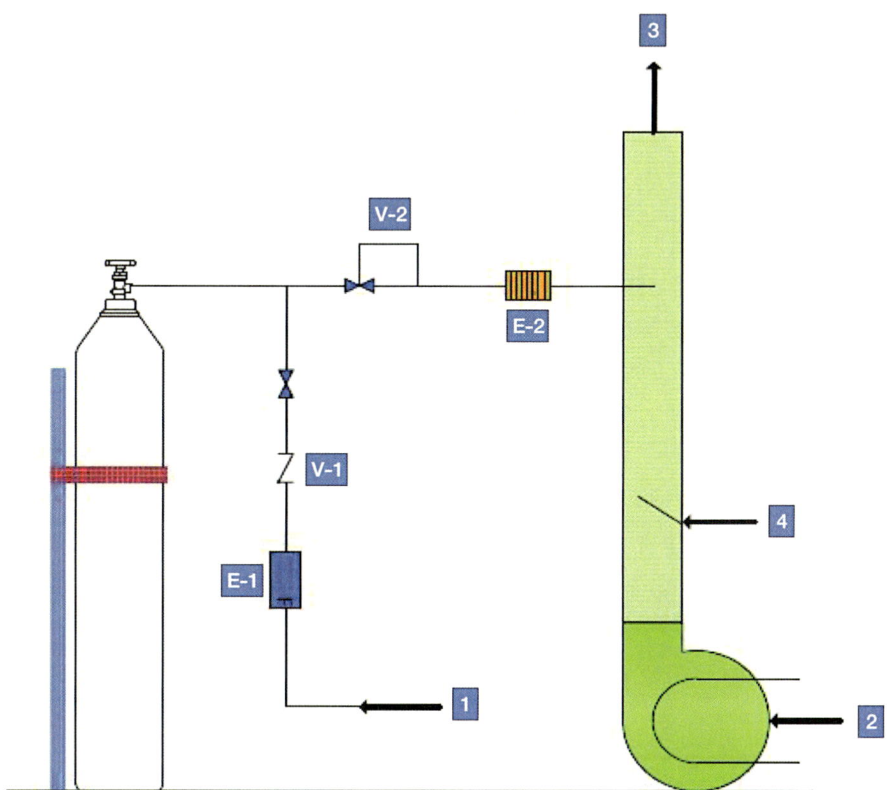

V-1. Non-return valve
V-2. Flow control valve
E-1. Flow indicator
E-2. Flame arrestor (if required)

1. Inert gas purge (if required)
2. Air intake
3. Discharge to safe place
4. Air flow indicator

4D.2 설명

가스는 강제 공기 희석 시스템으로 제어된 유량으로 배출된다. 희석된 공기/폐기물 가스 혼합물은 안전한 장소로 배출된다.

4D.3 적용

이 방법은 독성을 포함한 환경에 해를 끼치지 않는 모든 가스에 사용될 수 있다. 그러나 일부 높은 희석 요구량 때문에 배출 속도가 낮을 수도 있다.

4D.4 장비 설계

배관은 유량조절시스템을 통해 공기와 폐가스가 적절하게 혼합되도록 디자인된 강제공기 희석시스템으로 연결된다. Venturi 시스템은 4D.1에 표시된 방법 대신 사용할 수 있다.

공기와 폐가스와의 혼합된 가스는 사람과 멀리 떨어지고 호환되지 않는 설비 및 공기 유입구로부터 안전한 장소로 배출되어야 한다.

처리 시스템이 독성 또는 가연성 가스의 처리에 사용될 경우 불활성 가스 퍼지 시스템을 설치해야 한다. 가연성 가스를 배출하는 경우, 적합한 불꽃 감지장치가 설치하고, 희석 수준을 측정하고 제어하기 위해서는 유량계를 폐가스 파이프 라인과 공기 공급 라인에 설치해야 한다.

4D.5 운전

용기는 가스 처리 시스템에 연결한다. 용기 내용물이 가연성이면, 질소 같은 불활성 가스를 사용하여 공기를 제거한다.

공기 유입이 제대로 되고 있는지 확인하고 용기 배출은 초기 설정된 최대 유량 이내에서 제어되어야 한다.

최대 용기 배출량 산정 시 고려해야 할 요소에는 아래와 같은 사항이 있다.

- 가스 또는 가스 혼합물의 특성
- 강제 공기 시스템의 처리용량
- 배출 포인트의 위치 및 지역 조건 및 규정

독성 또는 가연성 폐가스 배출 후, 시스템을 질소 같은 불활성가스로 퍼지 시킨다.

4D.6 운영 주의

용기 내용물이 가연성의 경우 점화원(불꽃, 전기 장비, 정전기 방전 등)을 제거해야 한다. 또한 잠재적으로 폭발적인 가연성 가스/공기 혼합물이 주변 시스템에 영향을 주지 않도록 주의하고 강제 공기 시스템이 정상적으로 작동하고 설정된 배출 속도를 초과하지 않도록 해야 한다.

가스가 안전하게 분산되도록 기상 조건을 고려하여야 한다.

이 방법이 가연성 가스를 처리하는 데 사용되는 경우, 처리 후 결과적으로 나오는 가연성 가스의 농도가 연소하한계(LFL)의 25% 이하로 배출될 수 있도록 계산되어야 한다.

SECTION 7.5

가스특성과 추천되는 처리 방법

7.5.1 서론

이 단원의 목적은 표 7-3에 나열된 각 가스의 처리 방법에 대한 범위를 추천하기 위한 것이다. 방법의 최종선택은 아래 조건에 따라 달라진다.

- 관련 가스의 수량(용량)
- 지역 조건 및 상황
- 장비 가용성

7.5.2 표 7-3에 대한 설명

다음을 참조하여 테이블을 사용하기 전에 읽고 이해해야 한다.

1번 열: 가스 이름

가스이름은 알파벳 순서로 나열하였다. 특정 가스를 찾는 데 어려움이 있으면 동의어와 번역을 포함하는 표 7-3을 참고한다.

2번 열: 주요 가스 특성

가스 처리 작업에 대한 각 가스의 주요 물리적, 화학적 특성을 나타내었고 가스 특성을 설명하는 데 사용하는 용어는 아래에 자세히 설명하였다.

분류: 분류 체계는 국제적으로 통용되는 시스템인 the United Nations (UN-GHS)에 따랐다.

Physical hazards

F1   Flammable Gas Category 1: Extremely flammable gas, 공기 중 연소하한계가 13%이하이거나 연소범위가 연소하한계 값과 관계없이 12% 이상인 물질

F2   Flammable Gas Category 2: 상기 Category 1에 해당하지 않는 가연성 가스

O   Oxidizing Gas: 조연의 성질이 순수산소 23.5% 이상의 산화성질을 가지고 있는 가스

Acute health hazards

T1   Acute toxic gas, category 1

T2   Acute toxic gas, category 2

T3   Acute toxic gas, category 3

T4   Acute toxic gas, category 4

C1   Skin corrosive gas, category 1

C2   Skin irritation gas, category 2

Acute environmental hazard

N1   Aquatic acute and chronic 1

상기의 물질 외에 비독성, 비가연성, 건강 및 환경에 영향을 미치지 않는 물질은 질식성 (Asphyxiating) 물질을 나타내는 A로 표현하였다.

Asphyxiants(질식성 물질)

대기 중의 산소를 교체시켜 버림으로써, 뇌에 산소 공급이 차단되고 질식을 일으키게 된다. 이 경우에는 그 물질 자체는 독성이 없어도 매우 위험할 수 있다. 특히 이러한 위험이 있을 수 있는 밀폐공간의 작업자 투입은 신중히 안전평가를 수행한 후 이루어져야 한다.

Toxicity(독성)

가스의 급성 독성 위험 범주는 LC50값(1시간 또는 쥐의 4시간 노출에 대한)에 기초하였다. 가스는 아래 테이블에 따라 위험범주에 할당된다.

[표 7-2] 독성 위험 범주

LC$_{50}$,rat/1h (ppm)	LC$_{50}$,rat/4h (ppm)	Hazard Category of Acute Toxicity
≤ 200	≤ 100	Category 1
>200 to ≤ 1,000	>100 to ≤ 500	Category 2
>1,000 to ≤ 5,000	>500 to ≤ 2,500	Category 3
>5,000 to ≤ 40,000	>2,500 to ≤ 20,000	Category 4

LC$_{50}$에서 LC는 Lethal Concentration의 약자로 치사농도를 말한다. 물론 50이라는 숫자는 시험동물의 50%가 죽는 농도를 말한다. 따라서 독물시험결과 LC$_{50}$의 숫자가 낮을수록 아주 적은 양이나 농도에서도 시험동물의 50%가 사망한다는 의미이며, 낮을수록 독성이 강한 물질이라 할 수 있다.

연소범위

대기 중에 가연성물질의 연소가 발생되는 범위를 나타내며 연소하한계와 연소상한계의 부피 함유량(%)으로 표현한다.

상대 밀도(Relative Density)

작업자가 가스 분산에 어려움의 정도를 쉽게 판단할 수 있도록 각 가스의 공기에 대한 상대적 대략적인 밀도를 말한다.

3번 열 추천되는 처리 방법

폐기처리를 권장하는 방법은 7-4에서 자세히 설명하였다. 다른 처리 방법은 환경과 안전에 아무런 영향을 주지 않도록 위험 평성 평가를 실행해야 한다. 모든 처리방법은 지역 요구 규정을 준수하여야 한다.

4번 열 주요 기능과 안전 고려사항

주요 안전 정보를 제공하였다. 호환되는 재료, 화학 반응성, 반응 위험성, 피해야 할 재료에 대한 정보 등이다.

SECTION 7.6

용기 내용 식별

7.6.1 소개

전반적인 가스 산업은 내용물을 올바르게 식별할 수 있도록 주의해야 한다. 일반적으로, 작업자들은 그들이 잘 알고 있고 내용이 잘 식별되는 용기를 다루어야 한다.

그러나 가끔은 작업자들이 낯선 용기를 직면하게 된다. 이러한 용기들은 다른 나라 또는 다른 공급 업체에서 들어왔거나 또는 극단적인 경우, 내용물을 확인하기 어렵게 라벨이 훼손된 상태로 오랜 기간 동안 저장된 용기들일 것이다.

코드 섹션의 목적은 라벨 등이 훼손이 되었더라도 용기 내용물을 식별하기 쉽도록 확인 방법을 제시하였다.

7.6.2 제품 이름에 의한 식별

가스의 이름에 의한 식별이 가장 기본적인 방법이다. 내용물을 식별하는 방법은 다음 중 하나 이상을 권장한다.

- 가스 명 또는 화학식의 영구 각인 또는 스탬프
- 용기 밸브 끝에 부착된 라벨
- 용기와 관련된 다른 정보 확인
- 먼저 용기 마킹을 찾고, 이를 통해 용기와 관련된 알려진 정보를 용기에 밸브에 부착된 첨부 라벨 또는 태그를 통해 확인한다.

7.6.3 용기 색깔에 의한 식별

용기 색상은 충전된 제품 식별을 위해 널리 사용되나 1차적인 수단이 아닌 보조 수단으로 사용되어야 한다.

7.6.4 위험 라벨에 의한 식별

국제 운송 계약 또는 규정(IMDG/ICAO/ADR/RID)은 용기 내용물의 위험특성(인화성, Corrosivity, 독성 등)을 나타내는 위험 라벨을 부착하여 공급하도록 하고 있다. 이것은 충전된 가스 종류를 식별하는 지침이 된다.

7.6.5 용기 타입에 의한 식별

용기 종류는 예상 가능한 내용물 파악의 범위를 줄일 수 있다. 예를 들어, 일반적으로 낮은 압력의 용접 용기는 일반적으로 낮은 압력의 액화가스를 포함하고 높은 압력의 비용접 용기는 일반적으로 높은 압력 또는 액화가스(물론 예외도 있을 수 있음)를 포함한다. 용기의 재질도 도움이 될 수 있다. 적어도 용기 재료와 호환이 되지 않는 물질을 제거해 범위를 줄일 수 있다.

7.6.6 밸브타입에 의한 식별

많은 국가에서는 밸브의 Outlet 연결부위를 지정하는 고압가스법규 같은 규정을 가지고 있다. 가스 밸브 Outlet 지정의 목적은 화학적 물리적 특성에 의해 그룹화된다.
밸브 Outlet은 용기에 충전된 가스를 확인할 수 있도록 도움이 될 것이다.

7.6.7 용기 마킹에 의한 식별

일반적으로 용기는 영구적으로 각인된 소유자의 이름, 소유자의 정보, 내용물의 정보 및 용기의 세부 정보를 포함하고 있다.

7.6.8 용기 내용물을 식별하기 위한 순서

외부 식별의 부재에서 용기 내용물의 확인은 용기의 색상, 위험 라벨, 용기 및 밸브타입과 상태, 용기 소유주 및 제조자의 정보로부터 확인을 할 수 있다. 식별이 가능하고 식별이 되면 처리할 방법을 선택하고 처리를 수행할 수 있다.

용기 내용물을 식별하기 어렵다고 판단되면 전문 처리업체나 고압가스 전문 공급업체에 처리를 문의하여 처리하여야 한다.

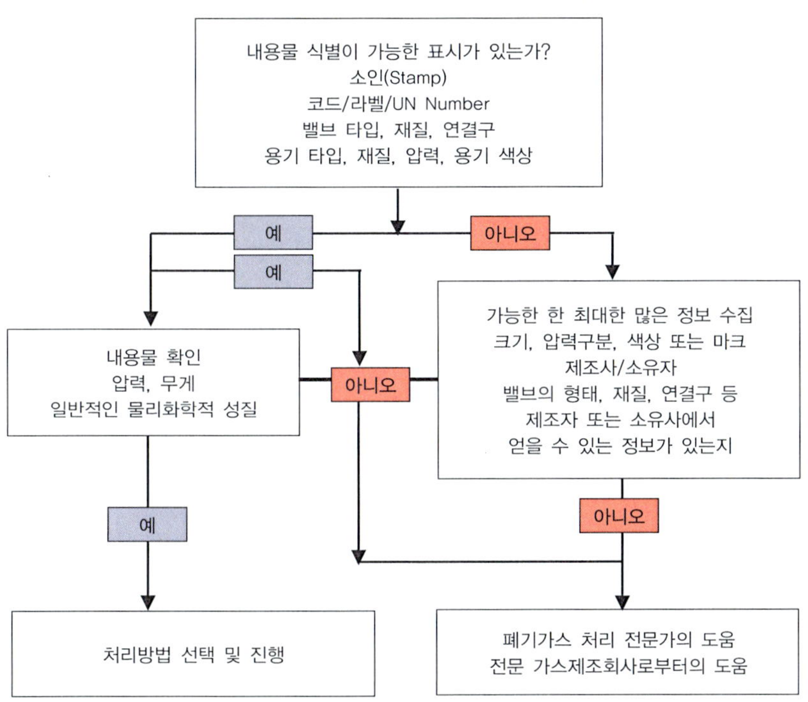

[그림 7-1] 용기내용물 식별 순서도

SECTION 7.7

사용할 수 없는 용기의 처리

여기서는 처리된 후의 용기에 대해서 제품을 비우고 퍼지 처리 방법을 설명한다.

7.7.1 개요

용기의 안전한 처리로 어떤 가스와 기상의 화학물질을 다룰 때 발생할 수 있는 문제들에 대한 실용적인 지침을 설명한다. 다만 여기에서는 특별한 요구를 적용하는 용해 아세틸렌 용기 처분을 제외한다.

7.7.2 빈 용기의 명확한 표기

용기는 완전히 비워졌다고 확인이 될 때까지 밸브를 탈착하지 않아야 한다. 또한, 다음 사항에 주의하여야 한다.

모든 가스
- 용기밸브는 명확히 잠겨 있는지 확인하여야 한다.
- 독성 및 가연성 가스의 경우 퍼지 절차가 진행되었는지 확인하여야 한다.

부식/기타 반응성 가스
- 부식이나 반응에 의해 밸브나 딥(Dip, 액체를 이송하기 위하여 용기 바닥까지 도달하도록 설치) 파이프가 막혀있지 않은지 확인한다.
- 다른 반응이나 물에 'Suckback'이 없는지 확인한다.

액화 가스

- 용기 내부 온도를 상온으로까지 따뜻하게 한다.
- 실린더의 무게에 의해 용기가 비어있는지 의심이 되는 경우 용기 각인 중량과 비교하여 무게를 확인한다.

고분자화 또는 고형화될 수 있는 가스

- 무게에 측정에 의해 비어있는지 확인한다.
- 특히 Ethylene oxide 같은 가스의 경우 액상이 남아있는 경우 용기 내부에 Polymer membrane을 형성할 수 있다.
- Diborane의 경우 시간이 경과함에 따라 Higher Borane을 형성하여 고형화 물질이 용기 내부에 고착화한다.

7.7.3 용기 퍼지

이른바 빈 용기는 독성 또는 가연성 가스가 대기압 또는 대기압보다 약간 높은 압력에서 남은 잔여가스 때문에 잠재적 위험을 가지고 있다.

용기 내의 잔류 가스(상온에서 또는 야간 높은 압력에서)는 질소 같은 불활성 가스에 의한 퍼지나 배기작업에 의해 제거되어야 한다. 가스의 특성에 맞게 퍼지와 배기작업 수행이 요구된다.

예로 가연성가스 또는 낮은 독성가스 용기는 최소한의 퍼지를 요구하는 반면, 높은 독성가스용기는 반복적인 퍼지와 배기작업이 요구된다.

7.7.4 밸브 탈착

용기 밸브를 탈착하기 전에 작업자는 반드시 아래 사항을 확인하여야 한다.

밸브탈착하기 전에 즉시 7.7.3에 설명된 검사를 수행하여 압력을 제거한다. 잔류한 독성 또는 가연성 가스가 퍼지작업의 실시로 안전한 농도에 있어야 한다.

7.7.5 잔류 물질의 잠재적 위험표기

특정 독성, 부식성 또는 액화가능 가스를 포함하는 용기는 비록 용기가 비워지고 퍼지되고 밸브가 탈착이 되었다고 하더라도 어떤 잠재적인 위험한 고체 또는 액상의 잔류물이 존재할 수 있다. 일반적인 잔류물의 예는 다음과 같다.

- 기름진 잔류물: 모든 용기는 과도한 기름 잔류물이 있는지 확인해야 한다. 이는 일반적으로 적합한 용매로 세정하여 제거할 수 있다.
- 염분 및 부식 잔류물: 산성 또는 알칼리성 가스를 포함하는 용기를 다룰 때 발생할 수 있다. 잔류물은 일반적으로 물(때때로 뜨거운 물을 따라서)로 세척하여 제거할 수 있다.
- 고분자: Ethylene Oxide, Butadiene 같은 고분자화될 수 있는 가스를 포함한 용기에서 발견된다. 이러한 고분자는 일반적으로 물이나 용매로 세정할 수 있다. Diborane의 고분자는 용매를 사용하여 제거할 수 있다.
- 독성 금속 산화물: 금속 Hydrides(Arsine, Hydrogen Selenide, Hydrogen Telluride, Stibine, Germane 등)를 포함하는 용기는 Oxic Oxides 또는 다른 분해 물질을 포함하고 있다고 간주해야 하고 이를 Oxidizing Acid Solution으로 제거할 수 있다.
- Cyanide 잔류물: 이는 Cyanides를 포함하고 있다고 간주해야 하고 적합한 Alkaline Solution으로 제거할 수 있다.

이때 Cyanides(청산)를 포함하는 용기의 오염은 반드시 세부 위험 평가를 수행할 수 있는 숙련된 업계 전문가에 의해 제거되어야 한다.

7.7.6 사용하지 못하는 용기의 폐기

용기가 사용하기에 부적절하면 폐기 저리 업체에 보내기 전에 사용할 수 없도록 조치하여야 한다. 이것은 불적인 사용을 막을 수 있다. 용기를 사용하지 못하도록 하기 위해서는 아래 사항을 이행한다.

- 용기를 조각으로 절단한다.

- 용기에 구멍을 낸다.
- 밸브 나사산을 사용할 수 없도록 만든다.

[표7-3] Gas characteristics and recommended disposal methods

1 Gas EC classification	2 Key characteristics	3 Disposal method	4 Key operational /safety consideration
Acetylene C_2H_2 F1	Flammable, 2.3–81%in air Subject to exothermic self decomposition Gas in cylinder is dissolved in solvent/ porous mass Poor warning properties Density similar to air	Recycling, 1 Direct combustion, 3A Incineration, 3C Controlled release, 4C	Avoid copper, silver and mercury Use steel, wrought iron or brass containing less than 70% copper Flashback arrestor shall be used $C_2H_2+2.5\ O_2 \rightarrow 2CO_2 + H_2O$ (Methods 3A and 3C)
Ammonia NH_3 $F_2\ T_3$ C1 N1	Harmful, LC_{50}/hr $= 4000$ ppm Flammable 15.4~28 % in air Liquefied gas, bp ca $- 35°C$, vp ca 8 bar Vapour 1.7 x lighter than air Good odour warning	Recycling, 1 Discharge to scrubber, 2A or 2B	Avoid copper, tin, zinc, mercury and Viton Beware suckback of water $NH_3 + H^+ \rightarrow NH_4^+$ (Methods 2A and 2B)
Argon Ar A	Asphyxiant No warning properties Gas 1.5 x heavier than air	Recycling, 1 Direct discharge, 4A Direct discharge, 4B Controlled release, 4C	Use common materials
Arsenic pentafluoride T1	Very toxic, LC_{50}/hr$=20$ ppm Liquefied gas, bp ca. $- 53°C$, vp ca. 10 bar Vapour 3 x heavier than air	Recycling, 1 Discharge to scrubber, 2B	In the event of eye or skin contact, immediately wash with copious amounts of water Use nickel, Monel, heavy gauge mild steel Use hard rubber, PVC for moist gas $AsF_5 + 8\ OH^- \rightarrow$ $AsO_4^{3-} + 5\ F^- + 4\ H_2O$

1 Gas EC classification	2 Key characteristics	3 Disposal method	4 Key operational /safety consideration
Arsenic trifluoride T1	Very toxic, LC_{50}/hr= 20 ppm Liquid, bp ca. 63° C,	Recycling, 1 Discharge to scrubber, 2B	In the event of eye or skin contact, immediately wash with copious amounts of water Use nickel, Monel, heavy gauge mild steel, use hard rubber, PVC for moist gas $AsF_3 + 6\ OH^- \rightarrow$ $AsO_3^{3-} + 3\ F^- + 3\ H_2O$
Arsine AsH_3 F1 T1 N1	Very toxic, LC_{50}/hr = 20 ppm Poor warning properties (garlic odour) Fast acting, irreversible, systemic poison Flammable, 9–78% in air Toxic products produced by burning Liquefied gas, bp ca. −62° C, vp ca. 14 bar Vapour 3 x heavier than air	Recycling, 1 Discharge to scrubber, 2B Direct discharge to solid–state adsorber, 2C Dilution and discharge to solidstate adsorber, 4B+2C	Use common materials Elemental arsenic can be present in cylinder and lines. Disposal products contain arsenic compounds (toxic) $AsH_3 + 4\ H_2O$ $\rightarrow AsO_4^{3-} + 11\ H^+ + 8e^-$ (Method 2B) Oxidants that can be used include permanganate or hypochlorite Adsorption on charcoal or on $CuSO_4$–treated silicagel $3\ CuSO_4 + 2\ AsH_3$ $\rightarrow Cu_3As_2 + 3H_2SO_4$(Method 2C)
Boron tribromide BBr_3 T2 C1	Toxic, LC_{50}/hr = 380 ppm Liquid, bp ca. 92° C, vp ca. 0,06 bar abs Poor warning properties Corrosive when moist	Recycling, 1 Discharge to scrubber, 2B	Use common materials $BBr_3 + 3\ OH^- \rightarrow$ $BO3^{3-} + 3\ HBr$(Methods 2B)

1 Gas EC classification	2 Key characteristics	3 Disposal method	4 Key operational /safety consideration
Boron trichloride BCl_3 T2 C1	Toxic, LC_{50}/hr = 2541 ppm Very corrosive when moist, hydrochloric acid formed Liquefied gas, bp ca 12°C, vp ca 0.3 bar Vapour 4 x heavier than air Pungent odour, white fumes in air	Recycling, 1 Discharge to scrubber, 2A or 2B	Use copper, Monel, Hastelloy, heavy gauge mild steel, PVC or PTFE Ensure that blockage by corrosion products does not give false indication of empty cylinder or system 4 BCl_3+ 14 NaOH → 12 NaCl + $Na_2B_4O_7$+ 7 H_2O (Methods 2A and 2B)
Boron trifluoride BF3 T2 C1	Toxic, LC_{50}/hr = 387 ppm Very corrosive when moist, hydrofluoric acid formed Gas 2.5 x heavier than air Critical temperature −12°C Pungent odour, white fumes in air	Recycling, 1 Discharge to scrubber, 2B	Avoid PVC Use copper, heavy gauge mild steel, (aluminium), PTFE, polyethylene Beware of danger of hydrofluoric acid formed (risk of severe chemical burns) Ensure that blockage by corrosion products does not give false indication of empty cylinder or system Unwanted residual gases shall be securely contained and safely transported to a facility properly equipped and staffed for disposal. Extra care, seek specialist advice! 16 BF_3 + 14 NaOH → 12 $NaBF_4$ + $Na_2B_4O_7$ + 7 H_2O (Method 2B)

1 Gas EC classification	2 Key characteristics	3 Disposal method	4 Key operational /safety consideration
Bromine trifluoride BrF3 T1OC	Very toxic, LC_{50}/hr = 180 ppm Extremely powerful oxidant Corrosive Liquid, bp ca 126°C Pungent odour	Recycling, 1 Dilution and discharge to scrubber, 4B+2B	Unwanted residual gases shall be securely contained and safely transported to a facility properly equipped and staffed for disposal. Extra care, seek specialist advice! In the event of eye or skin contact, immediately wash with copious amounts of water Avoid grease and all other combustible contaminants Use Monel nickel or heavy gauge mild steel and PTFE Preclean and passivate all materials in use Reacts violently with water Initially introduce only small quantities until one is convinced system is passivated
Bromomethane CH3Br T2 N	Toxic, LC_{50}/hr = 850 ppm Systemic poison with persistent and sometimes delayed effects Flammable, 8.6–14.5 % in air Poor warning properties Liquefied gas, bp ca. +4°C, vp ca. 0.9 bar Vapour 3 x heavier than air	Recycling, 1 Incineration, 3C followed by Discharge to scrubber, 2B	Avoid aluminium, magnesium and zinc Avoid plastics, rubber etc. with liquid Use other common metals and PTFE Toxic products produced by burning $CH_3Br + 1.5\ O_2 \rightarrow CO_2 + H_2O + HBr$ (Method 3C) $HBr + OH^- \rightarrow H_2O + Br^-$ (Method 2B)

1 Gas EC classification	2 Key characteristics	3 Disposal method	4 Key operational /safety consideration
1.2−Butadiene C_4H_6 F1	Flammable, 1.4~11.5 % in air Liquefied gas bp ca. +11°C, vp ca. 0.5 bar Moderate odour warning	Recycling, 1 Direct combustion, 3A Combustion/incineration, 3B	Avoid plastics, rubber etc. with liquid Use common materials for vapour $C_4H_6 + 5.5\ O_2 \rightarrow 4\ CO_2 + 3H_2O$ (Methods 3A and 3B)
1.3−Butadiene C_4H_6 F1	Carcinogenic Flammable, 1.4~11.5 % in air Subject to self polymerization Liquefied gas bp ca. −4°C, vp ca. 1.5 bar Moderate odour warning Vapour 2 x heavier than air	Recycling, 1 Direct combustion, 3A Combustion/incineration, 3B	Avoid plastics, rubber etc. with liquid Use common materials for vapour Guard against polymer blockage Check that content is stable : ie no temperature rise of cylinder $C_4H_6 + 5.5\ O_2 \rightarrow 4\ CO_2 + 3H2O$ (Methods 3A and 3B)
n−Butane C_4H_{10} F1	Flammable, 1.4~8.5% in air Poor warning properties (unless stenched) Liquefied gas bp ca. −1°C, vp ca 1.0 bar Vapour 2 x heavier than air	Recycling, 1 Direct combustion, 3A Combustion/incineration, 3B	Avoid plastics, rubber Use common materials for vapour $C_4H_{10} + 6.5\ O_2 \rightarrow 4\ CO_2 + 5\ H_2O$ (Methods 3A and 3B)
iso−Butane C_4H_{10} F1	Flammable, 1.5~8.4 % in air Poor warning properties Liquefied gas, bp ca. −12° C, vp ca. 2 bar Vapour 2 x heavier than air	Recycling, 1 Direct combustion, 3A Combustion/incineration, 3B	Avoid plastics, rubber etc with liquid Use common materials for vapour $C_4H_{10} + 6.5\ O_2 \rightarrow 4\ CO_2 + 5\ H_2O$ (Methods 3A and 3B)

1 Gas EC classification	2 Key characteristics	3 Disposal method	4 Key operational /safety consideration
1-Butene C4H8 F1	Flammable, 1.5~9.3 % in air Poor warning properties (unless stenched) Liquefied gas bp ca. −6° C, vp ca. 1.6 bar Vapour 2 x times heavier than air	Recycling, 1 Direct combustion, 3A Combustion/inciner ation, 3B	Avoid plastics, rubber, etc. with liquid Use common materials for vapour $C_4H_8 + 6\ O_2 \rightarrow 4\ CO_2 + 4\ H_2O$ (Methods 3A and 3B)
cis-2-Butene C4H8 F1	Flammable, 1.5~9.4 % in air Poor warning properties (unless stenched) Liquefied gas bp ca. +4° C, vp ca. 0.9 bar Vapour 1.5 x heavier than air	Recycling, 1 Direct combustion, 3A Combustion/inciner ation, 3B	Avoid plastic, rubber etc with liquid Use common materials for vapour $C_4H_8 + 6\ O_2 \rightarrow 4\ CO_2 + 4\ H_2O$ (Methods 3A and 3B)
Trans-2-Bu tene C4H8 F1	Flammable, 1.5~9.7 % in air Poor warning properties (unless stenched) Liquefied gas, bp ca. +1° C, vp ca. 1 bar Vapour 2 x heavier than air	Recycling, 1 Direct combustion, 3A Combustion/inciner ation, 3B	Avoid plastics, rubber, etc. with liquid Use common materials for vapour $C_4H_8 + 6\ O_2 \rightarrow 4\ CO_2 + 4\ H_2O$ (Methods 3A and 3B)
iso-Butene C4H8 F1	Flammable, 1.5~9.7 % in air Poor warning properties (unless stenched) Liquefied gas, bp ca. −7° C, vp ca. 1.6 bar Vapour 2 x heavier than air	Recycling, 1 Direct combustion, 3A Combustion/inciner ation, 3B	Avoid plastics, rubber, etc. with liquid Use common materials for vapour $C_4H_8 + 6\ O_2 \rightarrow 4\ CO_2 + 4\ H_2O$ (Methods 3A and 3B)

1 Gas EC classification	2 Key characteristics	3 Disposal method	4 Key operational /safety consideration
Carbon dioxide CO_2 A	Asphyxiant Poor warning properties Liquefied gas, sublimation point ca. $-78°$ C, vp ca 55 bar Vapour 1.5 x heavier than air	Recycling, 1 Direct discharge 4A, 4B or controled release unless restricted by local regulation	Cryogenic solid can cause cold burns Use common materials
Carbon monoxide CO F1 T3	Toxic, LC_{50}/hr = 3760 vppm Flammable, 10,9~74 % in air No warning properties Gas similar density as air	Recycling, 1 Direct combustion, 3A Incineration, 3C	Use common materials Beware of possibility of toxic carbonyls remaining in the cylinder after emptying $CO + 0.5\ O_2 \rightarrow CO_2$ (Methods 3A and 3C)
Carbonyl fluoride COF_2 T2 C1	Toxic, LC_{50}/hr = 360 ppm Corrosive when moist Poor odour warning (at toxic level) Liquefied gas, bp ca $-85°$ C, vp ca. 55 bar Critical temperature $24°$ C Vapour 2.5 heavier than air	Recycling, 1 Discharge to scrubber, 2B Discharge to solid−state absorber, 2C Dilution and discharge to solidstate adsorber, 4B+2C	Beware of formation of hydrofluoric acid Risk for severe chemical burns Ensure that blockage by corrosion products does not give false indication of empty cylinder or system Avoid plastics, rubber, etc. with liquid Use copper, Monel, nickel, heavy gauge mild steel and PTFE $COF_2 + 4\ OH^- \rightarrow CO_3^{2-} + 2\ F^- + 2$ (Method 2B) Adsorption on soda lime (Method 2C)
Carbonyl sulphide COS F1 T3	Toxic, LC_{50}/hr = 1700 ppm Corrosive when moist Poor odour warning (at toxic level) Liquefied gas, bp ca. $-50°$ C, vp ca. 10 bar Vapour 2 x heavier than air	Recycling, 1 Incineration, 3C followed by Discharge to scrubber, 2A or 2B Discharge to solid−state absorber, 2C Dilution and discharge to solidstate absorber, 4B+2C	Ensure that blockage by corrosion products does not give false indication of empty cylinder or system Avoid plastics, rubber, etc. with liquid Use aluminium, stainless steel, PTFE $COS + 1.5\ O_2 \rightarrow CO_2 + SO_2$ (Method 3C) $SO_2 + 2\ OH^- \rightarrow SO_3 + H_2O$ (Methods 2A and 2B) Adsorption on soda lime (Method 2C)

1 Gas EC classification	2 Key characteristics	3 Disposal method	4 Key operational /safety consideration
Chlorine Cl_2 O T2 C2 N1	Toxic, $LC_{50}/hr=293$ ppm Powerful xoidizing agent Very corrosive when moist Liquefied gas bp ca. $-34°C$, vp ca 6 bar Vapour 2.5 x heavier than air Good odour warning, irritating, suffocating	Recycling, 1 Discharge to scrubber, 2B Dilution and discharge to solid-state adsorber, 4B+2C	Ensure that blockage by corrosion products does not give false indication of empty cylinder or system Avoid grease and other combustible contaminants Use heavy gauge mild steel, precleaned and passivated $Cl_2 + 2 OH^- \rightarrow Cl^- + ClO^- + H_2O$ $S_2O_3^{2-} + 4 ClO^- + 2 OH^- \rightarrow 2 SO_4^{2-} + 4 Cl^- + H_2O$ (Methods 2B) Adsorption on soda lime (Method 2C)
Chlorine pentafluoride ClF_5 O T1 C1	Very toxic, $LC_{50}/hr = 122$ ppm Powerful oxidizing agent Extremely reactive and corrosive (hypergolic) Liquefied gas, bp ca. $-13°C$, vp ca. 1.5 bar	Recycling, 1 Dilution with inert gas and discharge to scrubber, 2B	The product shall not be disposed in its liquid phase due to its high reactivity. The gas phase should be diluted because of its exothermic reaction. Unwanted residual gases shall be securely contained and safely transported to a facility properly equipped and staffed for disposal. Extra care, seek specialist advice! If contacted with skin, wash with copious amounts of water Avoid grease and all other combustible contaminants Use copper, Monel, heavy gauge mild steel precleaned and passivated, PTFE Reacts violently with water Ensure that blockage by corrosion products does not give false indication of empty cylinder or system Introduce initially only small quantities until one is convinced system ispossivated $4ClF_5 + 24OH^- = 3ClO_4^- + Cl^- + 20F^- + 12H_2O$

1 Gas EC classification	2 Key characteristics	3 Disposal method	4 Key operational /safety consideration
Chlorine trifluoride ClF_3 O T2 C2	Toxic, $LC_{50}/hr = 299$ ppm Very powerful oxidizing agent Extremely reactive and corrosive (hypergolic) Liquefied gas, bp ca. $12°C$, vp ca. 0.5 bar Vapour 3 x heavier than air Good odour warning	Recycling, 1 Dilution with inert gas and discharge to scrubber, 2B	The product shall not be disposed in its liquid phase due to its high reactivity. The gas phase should be diluted because of its exothermic reaction. Unwanted residual gases shall be securely contained and safely transported to a facility properly equipped and staffed for disposaL Extra care, seek specialist advice! If contacted with skin, wash with copious amounts of water Avoid grease and all other combustible contaminants Use copper, Monel, heavy gauge mild steel precleaned and passivated, PTFE Reacts violently with water Ensure that blockage by corrosion products does not give false indication of empty cylinder or system Introduce initially only small quantities until one is convinced system is passivated $3ClF_3 + 12OH^- = 2ClO_3^- + Cl^-$ $+ 9F^- + 6H_2O$
Chloroethane C_2H_5Cl F1	Flammable, $3.6\sim15.4$ % in air Liquefied gas, bp ca. $12°C$, vp ca. 0.4 bar Vapour 2 x heavier than air Moderate odour warning (ethereal)	Recycling, 1 Incineration, 3C followed by Discharge to scrubber, 2B	Avoid aluminium, magnesium and zinc Avoid plastics, rubber etc with liquid Use other common materials $C_2H_5Cl + 3\ O_2 \rightarrow 2\ CO_2 + HCl$ $+ 2\ H_2O$ (Method 3C) $HCl + OH^- \rightarrow Cl^- + H_2O$ (Method 2B)
Chloromethane CH_3Cl F1 T4	Harmful, $LC_{50}/hr = 8300$ ppm Flammable, $7.6\sim17.2$ % in air No warning properties Liquefied gas, bp ca. $-24°C$, vp ca. 4 bar Vapour 2 x heavier than air	Recycling, 1 Incineration, 3C followed by Discharge to scrubber, 2B	Avoid aluminium Avoid plastics, rubber etc with liquid Use other common materials, PTFE $CH_3Cl + 1.5\ O_2 \rightarrow CO_2 + HCl + H_2O$ (Method 3C) $HCl + OH^- \rightarrow Cl^- + H_2O$ (Method 2B)

1 Gas EC classification	2 Key characteristics	3 Disposal method	4 Key operational /safety consideration
Cyanogen C2N2 F1 T3 N1	Toxic, $LC_{50}/hr = 350$ ppm Fast acting irreversible systemic poison Flammable, 3.9~32 % in air No warning properties (almond like odour) Liquefied gas, bp ca. $-21°C$, vp ca. 4 bar Vapour 2 x heavier than air	Recycling, 1 Incineration, 3C followed by Discharge to scrubber, 2B	Immediate expert medical attention should be available in case of poisoning Use stainless steel, Monel, heavy gauge mild steel and PTFE $C_2N_2 + 2\ O_2 \rightarrow 2\ CO_2 + N_2$ (Method 3C) Burning with hot, efficient flame. Control combustion conditions to minimize formation of nitrogen oxides.
Cyanogen Chloride CNCl T1 C1	Very toxic, $LC_{50}/hr = 80$ ppm Fast acting irreversible systemic poison Liquefied gas, bp ca. $+13°C$, vp ca. 0.5 bar Vapour 2 x heavier than air	Recycling, 1 Discharge to scrubber, 2B	Immediate expert medical attention should be available in case of poisoning Use stainless steel, Monel, heavy gauge mild steel and PTFE $CNCl + 2\ OH^- \rightarrow OCN^- + Cl + H_2O(pH > 11)$ $2\ OCN^- + 3\ OCl^- + 2\ OH^- \rightarrow N_2 + 2\ CO_3^{2-} + H_2O$(Method 2B)
Cyclobutane C4H8 F1	Flammable, 1.8~11 % in air Poor warning properties Liquefied gas bp ca. $+13°C$, vp ca. 0.3 bar Vapour 2 x heavier than air	Recycling, 1 Direct combustion, 3A Combustion/incineration, 3B	Avoid plastics, rubber, etc with liquid Use common materials with vapour $C_4H_8 + 6O_2 = 4CO_2 + 4H_2O$ (Methods 3A and 3B)
Cyclopropane C3H6 F1	Flammable, 2.4~10.4 % in air Poor warning properties (unless stenched) Liquefied gas, bp ca $-33°C$, vp ca. 5 bar Vapour 1.5 x heavier than air	Recycling, 1 Direct combustion, 3A Combustion/incineration, 3B	Avoid plastics, rubber, etc with liquid Use common materials with vapour $C_3H_6 + 4.5O_2 \rightarrow 3CO_2 + 3H_2O$ (Methods 3A and 3B)

1 Gas EC classification	2 Key characteristics	3 Disposal method	4 Key operational /safety consideration
Deuterium D_2 F1	Flammable, 6.7~75 % in air No warning properties Gas 7 x lighter than air	Recycling, 1 Controlled dilution, 4C Direct combustion, 3A Incineration, 3C	Use common materials $D_2 + 0.5\ O_2 \rightarrow D_2O$ (Methods 3A and 3C)
Diborane B_2H_6 T1 F1	Very toxic, $LC_{50}/hr = 80$ ppm Flammable, 0.9~98 % in air Subject to exothermic decomposition Normally only a minor component in mixtures Gas density similar to air Moderate odour warning (liquefied gas, bp ca. − 92° C, vp ca 38 bar, critical temperature 16° C)	Direct Discharge to scrubber, 2B Incineration, 3C followed by Discharge to scrubber, 2B	Use common materials Beware possibility of higher boranes (spontaneously flammable) remaining in cylinder. Note: Guard against polmer blockage is recommended. $2\ B_2H_6 + 2\ OH^- + 5\ H_2O$ $\rightarrow B_4O_7^{2-} + 12\ H_2$ (Method 2B) $B_2H_6 + 3\ O_2 \rightarrow B_2O_3 + 3\ H_2O$ (Method 3C) $B_2O_3 + 3\ H_2O \rightarrow 2\ H_3BO_3$ (Method 2B) Voluminous cloud of B_2O_3 can be produced Beware for blockage of pipeworks/ nozzles by B_2O_3
Dichlorosilane SiH_2Cl_2 F1 T2 C1	Toxic, $LC_{50}/hr = 314$ ppm Flammable, 2.5~98.8 % in air Spontaneous ignition/self decomposition is possible around 100°C or by shock Liquefied gas, bp ca. +8°C, vp ca 0.6 bar Vapour 4 x heavier than air Moderate odour warning (suffocating)	Recycling, 1 Direct Discharge to scrubber, 2B Incineration, 3C followed by Discharge to scrubber, 2B	Ensure that blockage by corrosion/combustion products does not give false indication of empty cylinder or system. Use nickel, nickel steels, stainless steels, heavy gauge mild steel and PTFE. Discharge as slowly as possible to minimize local heating and risk of ignition. Forms hydrochloric acid and hydrogen in presence of water. $SiH_2Cl_2 + 2\ NaOH + H_2O \rightarrow Na_2SiO_3$ $+ 2\ HCl + 2\ H_2$ (Methods 2B) $SiH_2Cl_2 + O_2 \rightarrow SiO_2 + 2\ HCl$ (Method 3C) $HCl + NaOH \rightarrow NaCl + H_2O$ (Method 2B)

1 Gas EC classification	2 Key characteristics	3 Disposal method	4 Key operational /safety consideration
Dimethylamine C_2H_7N F1 T4	Harmful, LC_{50}/hr = 11000 ppm Flammable, 2.8~14.4 % in air Corrosive when moist Liquefied gas, bp ca. +7℃, vp ca 0.6 bar Vapour 1.5 heavier than air Good odour warning (fishlike, ammoniacal)	Recycling, 1 Incineration, 3C followed bydischarge to scrubber, 2A or 2B Discharge to scrubber, 2A or 2B Discharge to solid state absorber, 2C	Avoid copper, nickel, mercury, tin, zinc Avoid plastics, rubber, etc with liquid Use steel and PTFE $2\ C_2H_7N + 7.5\ O_2 \rightarrow 4\ CO_2 +$ $7\ H_2O + N_2$ Control combustion conditions to minimize NO_2 production (Method 3C) $2\ (CH_3)_2NH + H_2SO_4 \rightarrow 2$ $(CH_3)_2NH_2^+ + SO_4^{2-}$ (Methods 2A and 2B) Adsorption on activated charcoal (Method 2C)
Dimethyl ether C_2H_6O F1	Flammable, 2.7~27 % in air Liquefied gas, bp ca. −25° C, vp ca. 4 bar Vapour 1.5 x heavier than air Moderate odour warning (ethereal)	Recycling, 1 Direct combustion, 3A Combustion/inciner ation, 3B	Avoid plastics, rubber etc. with liquid Use common materials for vapour $C_2H_6O + 3\ O_2 \rightarrow 2\ CO_2 + 3\ H_2O$ (Methods 3A and 3B)
2.2−Dimethyl − propane C_5H_{12} F1	Flammable, 1.3~7.5 % in air Poor warning properties Liquefied gas, bp ca. +10° C, vp ca. 0.5 bar Vapour 2.5 x heavier than air	Recycling, 1 Direct combustion, 3A Combustion/inciner ation, 3B	Avoid plastics, rubber etc. with liquid Use common materials for vapour $C_5H_{12} + 8\ O_2 \rightarrow 5\ CO_2 + 6\ H_2O$ (Methods 3A and 3B)
Dimethylsilane $(CH_3)2SiH_2$ F1	Flammable, 1.2~74 % in air Poor warning properties Liquefied gas, bp ca. −20° C, vp ca. 3 bar Vapour 2.1 x heavier than air.	Combustion/inciner ation, 3C	Ensure blockage by combustion products does not give false indication of empty cylinder or system Use common materials $(CH_3)_2SiH_2 + 5\ O_2 \rightarrow 2\ CO_2 +$ $SiO_2 + 4\ H_2O$ (Method 3C)

1 Gas EC classification	2 Key characteristics	3 Disposal method	4 Key operational /safety consideration
Disilane Si_2H_6 F1	Spontaneously flammable in air (pyrophoric) Liquefied gas, bp ca. $-14°C$, vp ca. 2 bar Vapour 2.2 x heavier than air	Combustion/incineration, 3C	Ensure blockage by combustion products does not give false indication of empty cylinder or system Use common materials $Si2H6 + 3.5\ O_2 \rightarrow 2\ SiO_2 + 3\ H_2O$ (Method 3C)
Ethane C_2H_6 F1	Flammable, 2.4~12.4 % in air Poor warning properties Liquefied gas, bp ca. $-88°C$, vp ca. 37 bar Critical temperature $+32°C$ Vapour density similar to air	Recycling, 1 Direct discharge, 4B Controlled release, 4C Controlled dilution 4D Direct combustion, 3A Combustion/incineration, 3B	Avoid plastics, rubber etc. with liquid Use common materials for vapour $C_2H_6 + 3.5\ O_2 \rightarrow 2\ CO_2 + 3\ H_2O$ (Methods 3A and 3B)
Ethylacetylene C_4H_6 F1	Flammable, 1.3~33% in air Poor warning properties Liquefied gas, bp ca. $+8°C$, vp ca. 0.6 bar Vapour 2 x heavier than air	Recycling, 1 Direct combustion, 3A Combustion/incineration, 3B	Avoid air suckback Avoid copper and silver Avoid plastics, rubber etc. with liquid Use steel, brass with less than 70 % copper $C_4H_6 + 5.5\ O_2 \rightarrow 4\ CO_2 + 3\ H_2O$ (Methods 3A and 3B)
Ethylamine C_2H_7N F1 T4	Flammable, 3.5~13.9% in air Corrosive when moist Liquefied gas, bp ca. $+17°C$, vp ca. 0.2 bar Vapour 1.5 x heavier than air Good odour warning (fishlike, ammoniacal)	Recycling, 1 incineration, 3C followed by discharge to scrubber, 2A or 2B Discharge to scrubber, 2A or 2B Discharge to solid state absorber, 2C	Avoid copper, nickel, tin, zinc Avoid plastics, rubber etc with liquid Use steel and PTFE $2\ C_2H_7N + 7.5\ O_2$ $\rightarrow 4\ CO_2 + N_2 + 7\ H_2O$ Control combustion conditions to minimize NO_2 production (Method 3C) $2\ C_2H_7N + H_2SO_4$ $\rightarrow 2\ C_2H_5NH_3^+ + SO_4^{2-}$ (Methods 2A and 2B) Adsorption on activated charcoal (Method 3C)

1 Gas EC classification	2 Key characteristics	3 Disposal method	4 Key operational /safety consideration
Ethyl methyl ether C_3H_8O F1	Flammable, 2.0~18 % in air Liquefied gas, bp ca. +11° C, vp ca. 0.6 bar Vapour 2 x heavier than air Moderate warning properties (ethereal)	Recycling, 1 Direct combustion, 3A Combustion/inciner ation, 3B	Avoid plastics, rubber etc. with liquid Use common materials for vapour $C_3H_8O + 4.5\ O_2 \rightarrow 3\ CO_2 + 4\ H_2O$ (Methods 3A and 3B)
Ethylene C_2H_4 F1	Flammable, 2.4~36 % in air Critical temperature +9.9° C Poor warning properties Gas density similar to air	Recycling, 1 Direct combustion, 3A	Use common materials If temperature falls below 10° C ensure liquid ethylene is not left in the cylinder or system $C_2H_4 + 3\ O_2 \rightarrow 2\ CO_2 + 2\ H_2O$ (Method 3A)
Ethylene oxide C_2H_4O F1 T3 C2	Toxic, LC_{50}/hr = 2900 ppm Flammable, 2.6~100 % in air Vapour can explode by spark, detonation or heating above 440° C Subject to exothermic self decomposition and self polymerization Poor warning properties Liquefied gas, bp ca 11° C, vp ca. 0.4 bar Vapour 15 x heavier than air	Recycling, 1 Discharge into counter—flow scrubber 2B Combustion/inciner ation 3B Incineration, 3C	Avoid suckback of water, acid or alkali or other catalysts Liquid and aqueous solutions are corrosive to skin and eyes Liquid causes cold burns Avoid magnesium and silver Avoid plastics, rubber etc with liquid Use precleaned and dried steel and PTFE Ensure polymer blockage or skinning does not give false indication of emptied cylinder or system Absorption of ethylene oxide in a counter—flow scrubber and its subsequent hydration to ethylene glycol. Reaction rate is a function of temperature in the presence of a catalyst, typically sulfuric acid.(Method 2B) $C_2H_4O + 2.5\ O_2 \rightarrow 2\ CO_2 + 2\ H_2O$ (Method 3B) Only diluted gas with about 10 % ethylene oxide (Method 3C) Containers are commonly pressurized to 5—7 bars with nitrogen

1 Gas EC classification	2 Key characteristics	3 Disposal method	4 Key operational /safety consideration
Fluorine F_2 O T1 C1	Toxic, LC_{50}/hr =185 ppm Powerful oxidizing agent Very corrosive when moist Liquefied gas bp ca. $-188°C$, Vapour 1.3 x heavier than air Good odour warning, irritating, suffocating	Recycling, 1 Dilution and discharge to solid-state adsorber, 4B+2C	Control the heat reaction by dilution and/or by refrigerating the solid state adsorber Ensure that blockage by corrosion products does not give false indication of empty cylinder or system Avoid grease and other combustible contaminants Use heavy gauge mild steel, precleaned and passivated Adsorption on Aluminium Oxide $6F_2 + 2Al_2O_3 \rightarrow 4AlF_3 + 3O_2$(Method 2C)
Fluoroethane C_2H_5F F1	Flammable, 3.8~15.4 % in air Poor warning properties Corrosive when moist Liquefied gas, bp ca. $-35°C$, vp ca 7 bar Vapour 1.5 x heavier than air	Recycling, 1 High temperature Incineration, 3C, followed by scrubbing, 2B	Avoid plastics, rubber etc. with liquid Use common materials for vapour High temperature decomposition products are toxic
Fluoromethane CH3F F1	Flammable, 5.6 upper limit unestablished No warning properties Liquefied gas, bp ca.$-78°C$, vp ca. 33 bar Vapour density similar to air	Recycling, 1 High temperature Incineration, 3C, followed by scrubbing, 2B	Avoid plastics, rubber etc. with liquid Use common materials for vapour High temperature decomposition products are toxic
Germane GeH4 F1 T1	Very toxic, LC_{50}/hr = 620 ppm Spontaneously flammable in air (pyrophoric) Liquefied gas, bp ca. $-88°C$, vp ca. 45 bar Gas 3 x heavier than air Good warning properties (flames and smoke)	Recycling, 1 Incineration, 3C	Ensure blockage by combustion products does not give false indication of empty cylinder or system Use common materials High temperature decomposition products are toxic $GeH4 + 2 O_2 \rightarrow GeO_2 + 2 H_2O$ (Method 3C)

1 Gas EC classification	2 Key characteristics	3 Disposal method	4 Key operational /safety consideration
Halocarbon R11 CCl_3F A	Asphyxiant No warning properties High temperature decomposition products are toxic Liquid, bp ca. 24°C, vp ca. 0.9 bar abs Vapour 4.5 x heavier than air	Recycling, 1 High temperature Incineration, 3C, followed by scrubbing, 2B	Avoid plastics, rubber etc. with liquid Use common materials for vapour
Halocarbon R12 CCl_2F_2 A	Asphyxiant No warning properties High temperature decomposition products are toxic Liquefied gas, bp ca. −30°C, vp ca. 5 bar Vapour 4 x heavier than air	Recycling, 1 High temperature Incineration, 3C, followed by scrubbing, 2B	Avoid plastics, rubber etc. with liquid Use common materials for vapour
Halocarbon R12B1 $CBrClF_2$ A	Asphyxiant No warning properties High temperature de-composition products are toxic Liquefied gas, bp ca. −4°C, vp ca. 1.4 bar Vapour 6 x heavier than air	Recycling, 1 High temperature Incineration,3C, followed by scrubbing, 2B	Avoid plastics, rubber etc. with liquid Use common materials for vapour
Halocarbon R12B2 CBr_2F_2 A	Asphyxiant, 100 ppm TLV No warning properties High temperature decom-position products are toxic Liquid, bp ca. +25°C, vp ca. 1 bar absolute Vapour 7 x heavier than air	Recycling, 1 High temperature Incineration, 3C, followed by scrubbing, 2B	Avoid plastics, rubber etc. with liquid Use common materials for vapour

1 Gas EC classification	2 Key characteristics	3 Disposal method	4 Key operational /safety consideration
Halocarbon R13 CClF₃ A	Asphyxiant No warning properties High temperature decomposition products are toxic Liquefied gas, bp ca. −81° C, vp ca. 31 bar Vapour 3.5 x heavier than air	Recycling, 1 High temperature Incineration, 3C, followed by scrubbing, 2B	Avoid plastics, rubber etc. with liquid Use common materials for vapour
Halocarbon R13B1 CF₃Br A	Asphyxiant No warning properties High temperature decomposition products are toxic Liquefied gas, bp ca. −58° C, vp ca. 14 bar Vapour 3.5 x heavier than air	Recycling, 1 High temperature Incineration, 3C, followed by scrubbing, 2B	Avoid plastics, rubber etc. with liquid Use common materials for vapour
Halocarbon R14 CF₄ A	Asphyxiant No warning properties High temperature decomposition products are toxic Vapour 3 x heavier than air	Recycling, 1 High temperature Incineration, 3C, followed by scrubbing, 2B	Use common materials for vapour
Halocarbon R21 CHCl₂F A	Asphyxiant No warning properties High temperature decomposition products are toxic Liquefied gas, bp ca. +9° C, vp ca. 0.5 bar Vapour 3.5 x heavier than air	Recycling, 1 High temperature Incineration, 3C, followed by scrubbing, 2B	Avoid plastics, rubber etc. with liquid Use common materials for vapour

1 Gas EC classification	2 Key characteristics	3 Disposal method	4 Key operational /safety consideration
Halocarbon R22 $CHClF_2$ A	Asphyxiant No warning properties High temperature decomposition products are toxic Liquefied gas, bp ca. $-41°C$, vp ca. 8 bar Vapour 3 x heavier than air	Recycling, 1 High temperature Incineration, 3C, followed by scrubbing, 2B	Avoid plastics, rubber etc. with liquid Use common materials for vapour
Halocarbon R23 CHF_3 A	Asphyxiant No warning properties High temperature decomposition products are toxic Liquefied gas, bp ca. $-82°C$, vp ca. 44 bar Vapour 2.5 x heavier than air	Recycling, 1 High temperature Incineration,3C, followed by scrubbing, 2B	Avoid plastics, rubber etc. with liquid Use common materials for vapour
Halocarbon R113 $C_2Cl_3F_3$ A	High temperature decomposition products are toxic Liquid, bp ca. $+48°C$, vp ca. 0.4 bar absolute	Recycling, 1 High temperature Incineration, 3C, followed by scrubbing, 2B	Avoid plastics, rubber etc. with liquid Use common materials for vapour
Halocarbon R124a C_2HF_4Cl A	Asphyxiant Poor warning properties High temperature decomposition products are toxic Liquefied gas, bp ca. $-11°C$, vp ca. 2 bar Vapour 5 x heavier than air	Recycling, 1 High temperature Incineration, 3C followed by scrubbing, 2B	Avoid plastics, rubber etc. with liquid Use common materials for vapour

1 Gas EC classification	2 Key characteristics	3 Disposal method	4 Key operational /safety consideration
Halocarbon R133a C2H2F3Cl A	Asphyxiant No warning properties High temperature decomposition products are toxic Liquefied gas, bp ca. +7℃, vp ca. 0.8 bar Vapour 5 x heavier than air	Recycling, 1 High temperature Incineration,3C, followed by scrubbing, 2B	Avoid plastics, rubber etc. with liquid Use common materials for vapour
Halocarbon R142b C2H3ClF2 F1	Flammable, 9~14.8 % in air No warning properties High temperature decomposition products are toxic Liquefied gas, bp ca. −10°C, vp ca. 2 bar Vapour 3.5 x heavier than air	Recycling, 1 High temperature Incineration, 3C, followed by scrubbing, 2B	Avoid plastics, rubber etc. with liquid Use common materials for vapour
Halocarbon R143a C2H3F3 F1	Flammable 7.0~19 % in air Poor warning properties High temperature decomposition products are toxic Liquefied gas, bp ca. −48°C, vp ca. 10 bar Vapour 2.9 x heavier than air	Recycling, 1 High temperature Incineration, 3C, followed by scrubbing, 2B	Avoid plastics, rubber etc. with liquid Use common materials for vapour
Halocarbon R152a C2H4F2 F1	Flammable, 4~18 % in air No warning properties High temperature decomposition products are toxic Liquefied gas, bp ca. −25°C, vp ca. 4 bar Vapour 2.5 x heavier than air	Recycling, 1 High temperature Incineration, 3C, followed by scrubbing, 2B	Avoid plastics, rubber etc. with liquid Use common materials for vapour

1 Gas EC classification	2 Key characteristics	3 Disposal method	4 Key operational /safety consideration
Halocarbon R218 C3F$_8$ A	Asphyxiant Poor warning properties High temperature decomposition products are toxic Liquefied gas, bp ca. $-37℃$, vp ca. 7 bar Vapour 7 x heavier than air	Recycling, 1 High temperature Incineration, 3C, followed by scrubbing, 2B	Avoid plastics, rubber etc. with liquid Use common materials for vapour
Halocarbon R227 C3HF7 A	Asphyxiant Poor warning properties High temperature decomposition products are toxic Liquefied gas, bp ca. $-17℃$, vp ca. 3 bar Vapour 6 x heavier than air	Recycling, 1 High temperature Incineration, 3C, followed by scrubbing, 2B	Avoid plastics, rubber etc. with liquid Use common materials for vapour
Halocarbon RC318 C4F$_8$ A	Asphyxiant Poor warning properties High temperature decomposition products are toxic Liquefied gas, bp ca. $-6℃$, vp ca. 1.5 bar Vapour 7 x heavier than air	Recycling, 1 High temperature Incineration, 3C, followed by scrubbing, 2B	Avoid plastics, rubber etc. with liquid Use common materials for vapour
Halocarbon R1113 C2ClF3 F1	Asphyxiant Poor warning properties High temperature decomposition products are toxic Liquefied gas, bp ca. $-28℃$, vp ca. 4 bar Vapour 4 x heavier than air	Recycling, 1 High temperature Incineration,3C, followed by scrubbing, 2B	Avoid plastics, rubber etc. with liquid Use common materials for vapour

1 Gas EC classification	2 Key characteristics	3 Disposal method	4 Key operational /safety consideration
Halocarbon R113B1 C_2BrF_3 F1	Flammable, 8.4~38.7 % in air Poor warning properties Liquefied gas, bp ca. −2° C, vp ca. 1.5 bar Vapour 5 x heavier than air	Recycling, 1 High temperature Incineration, 3C, followed by scrubbing, 2B	Avoid alloys with 〉 2 % magnesium ; aluminium and plastics Use other common metals and PTFE
Halocarbon R1114 C_2F_4 F1	Flammable, 10.5~60 % in air High temperature decomposition products are toxic Subject to violent self polymerization Liquefied gas, bp ca. −76° C, vp ca. 25 bar Poor warning properties Gas 3 x heavier than air	Recycling, 1 High temperature Incineration, 3C, followed by scrubbing, 2B	Ensure that blockage by polymerization products does not give false indication of empty cylinder or system Avoid PTFE Use other common materials
Halocarbon R1122 C_2HF_2Cl F1	Flammable. Flammability range in air not known High temperature decomposition products are toxic Liquefied gas, bp ca. −19° C, vp ca. 2 bar Gas 3.4 x heavier than air Ethereal odour	Recycling, 1 High temperature Incineration, 3C, followed by scrubbing, 2B	Avoid plastic, rubber, etc. with liquid. Use common materials for vapour.
Halocarbon R1132a $C_2H_2F_2$ A	Flammable, 5.5~21.3 % in air No warning properties High temperature decomposition products are toxic Liquefied gas, bp ca. −84° C, vp ca. 35 bar Gas 2 x heavier than air	Recycling, 1 High temperature Incineration, 3C, followed by scrubbing, 2B	Avoid plastic, rubber, etc. with liquid. Use common materials for vapour.

1 Gas EC classification	2 Key characteristics	3 Disposal method	4 Key operational /safety consideration
Halocarbon R1216 C_3F_6 A	Asphyxiant No warning properties High temperature decomposition products are toxic Liquefied gas, bp ca. $-30°C$, vp ca. 5.5 bar Gas 5 x heavier than air	Recycling, 1 High temperature Incineration, 3C, followed by scrubbing, 2B	Avoid plastic, rubber, etc. with liquid. Use common materials for vapour.
Halocarbon R1318 C_4F_8 A	Asphyxiant Poor warning properties High temperature decomposition products are toxic Liquefied gas, bp ca. $+1\ °C$, vp ca. 1 bar Gas 6.5 x heavier than air	Recycling, 1 High temperature Incineration, 3C, followed by scrubbing, 2B	Avoid plastic, rubber, etc. with liquid. Use common materials for vapour.
Helium He A	Asphyxiant No warning properties Gas 7 x lighter than air	Recycling, 1 Direct discharge, 4B Controlled release, 4C Controlled dilution, 4D	Use common materials
Hydrogen chloride HCl **T3 C1**	Toxic, $LC_{50}/hr = 2810$ ppm Corrosive especially when moist Liquefied gas, bp ca. $-85°C$, vp ca. 42 bar Vapour 1.5 x heavier than air Good warning properties	Recycling, 1 Controlled release, 4C, followed by Discharge to scrubber, 2A or 2B Discharge to solid-state adsorber, 2C	Ensure blockage by corrosion products does not give false indication of empty cylinder or system Use common materials for dry gas Use Monel, heavy gauge mild steel if moist Avoid suckback of water $HCl + OH^- \rightarrow Cl^- + H_2O$ (Methods 2A and 2B) Adsorption on soda lime (Method 2C) Sufficient amount of dry diluent gas shall be used to avoid formation of mist which is difficult to absorb.

1 Gas EC classification	2 Key characteristics	3 Disposal method	4 Key operational /safety consideration
Hydrogen cyanide HCN **F1 T1 N1**	Very toxic, LC_{50}/hr = 140 ppm Fast acting, irreversible, systemic poison Flammable, 6~41 % in air Liquid bp ca. 26° C, vp ca. 0.8 bar absolute Vapour density similar to air Moderate odour warning (bitter almonds)	Recycling, 1 Discharge to scrubber, 2B Incineration, 3C followed by Discharge to scrubber, 2B	Immediate expert medical attention should be available in case of poisoning. Caution should be exercised when dealing with pure HCN because of its instability and the possibility of an uncontrolled reaction leading to explosion. Avoid suckback of water and catalyst acid or alkalis which promote polymerization (explosion possible) Use stainless steel, Monel and PTFE $2\ HCN + 4\ OH^- + 5\ OCl^- \rightarrow N_2 + 2\ CO_3^{2-} + 5\ Cl^- + 3\ H_2O$ (pH $>$ 11) (Method 2B) Burning with hot efficient flame, controlled combustion conditions to minimize NO_2 formation $2\ HCN + 2.5\ O_2 \rightarrow 2\ CO_2 + N_2 + H_2O$ (Method 3C)
Hydrogen fluoride HF **T1 C1**	Toxic, LC_{50}/hr = 966 ppm Corrosive, especially when moist Liquefied gas, bp ca. 20° C, vp ca. 1 bar absolute Vapour density similar to air Moderate odour warning (irritating) with white fumes in air	Recycling, 1 Controlled release, 4C followed by Discharge to scrubber, 2B Discharge to solid-state adsorber, 2C	Attacks and penetrates the skin, causes delayed, severe, deep-seated necrosis If contact with body wash copiously with water and obtain immediate medical attention Ensure blockage by corrosion products does not give false indication of empty cylinder or system Use heavy gauge mild steel, copper and PTFE $HF + OH^- \rightarrow F^- + H_2O$ (Method 2B) Absorption on soda lime (Method 2C) Sufficient amount of dry diluent gas shall be used to avoid formation of mist which is difficult to absorb.

1 Gas EC classification	2 Key characteristics	3 Disposal method	4 Key operational /safety consideration
Hydrogen iodide HI T3 C1	Toxic, LC_{50}/hr = 2860 ppm Corrosive especially when moist Liquefied gas, bp ca. $-35°$ C, vp ca. 7 bar Vapour 4 x heavier than air Good odour warning	Recycling, 1 Controlled release, 4C, followed by Discharge to scrubber, 2A or 2B Discharge to solid-state adsorber, 2C	Ensure blockage by corrosion products does not give false indication of empty cylinder or system Use common materials for dry gas Use Monel, heavy gauge mild steel if moist Avoid suckback of water $HI + OH^- \rightarrow I^- + H_2O$ (Methods 2A and 2B) Adsorption on soda lime (Method 2C)
Hydrogen selenide H_2Se F1 T1	Very toxic, LC_{50}/hr = 2 ppm Flammable 4% to 67.5% Slightly Corrosive Liquefied gas, bp ca. $-41°$ C, vp ca. 8 bar Vapour 3 x heavier than air Good odour warning	Recycling, 1 Incineration, 3C followed by Discharge to scrubber, 2B Discharge to solid-state adsorber, 2C	Elemental selenium can be present in cylinders and lines. Disposal products contain selenic components Use common materials High temperature decomposition products are toxic $H_2Se + 1.5\ O_2 \rightarrow SeO_2 + H_2O$ (Method 3C) $SeO_2 + H_2O \rightarrow H_2SeO_3$ (Method 2B) Adsorption on activated charcoal or copper sulphate treated silicagel (Method 2C)
Hydrogen sulphide H2S F1 T2 N1	Toxic, LC_{50}/hr =712 ppm Flammable, 3.9~45 % in air Corrosive in the presence of moisture Liquefied gas, bp ca. $-60°$ C, vpca.17bar Vapour density similar to air Good odour warning (rotten eggs) initially but decreases with exposure	Recycling, 1 Discharge to scrubber, 2B Incineration, 3C followed by discharge to scrubber, 2B Discharge to solid-state absorber, 2C	Use aluminium, stainless steel (brass with dry gas) and PTFE $H_2S + OH^- +4\ OCl^- \rightarrow$ $HSO4^- + 4\ Cl^- + H_2O$ (Mrthod 2B) $H_2S + 1.5\ O_2 \rightarrow SO_2 + H_2O$ (Method 3C) $SO_2 +2\ OH^- + OCl^- \rightarrow SO_4^{2-}+Cl^-$ $+H_2O$ (Method 2B) Adsorption on soda lime (Method 2C)

1 Gas EC classification	2 Key characteristics	3 Disposal method	4 Key operational /safety consideration
Hydrogen telluride H2Te **F1 T1**	Very toxic, LC_{50}/hr =2 ppm Flammable Unstable, decomposes to form elemental tellurium Liquefied gas, bp ca. $-2°$ C, vp ca. 1.5 bar Vapour 4.5 x heavier than air Good odour warning	Recycling, 1 Incineration, 3C followed by Discharge to scrubber, 2B Discharge to solid–state adsorber, 2C	Elemental tellurium can be present in cylinders and lines Disposal products contain telluric components Use Monel, stainless steel or heavy gauge mild steel $H_2Te + 1.5\ O_2 \rightarrow TeO_2 + H_2O$ (Method 3C) $TeO_2 + 2\ OH^- \rightarrow TeO_3^{2-} + H_2O$ (Method 2B) Adsorption on activated charcoal or copper sulphate treated silicagel (Method 2C)
Iodine pentafluoride IF_5 **T2 O C1**	Toxic, LC_{50}/hr = 120 ppm Powerful oxidizing agent Corrosive especially when moist Liquid, bp ca. $102°$ C, vp ca. 0.01 bar absolute Good odour warning (irritating)	Recycling, 1 Incineration, 3C followed by Discharge to scrubber, 2B	Extra care! In the event of eye or skin contact immediately wash with copious amounts of water Avoid grease and all other combustible contaminants Use Monel, nickel (heavy gauge mild steel) and PTFE. All equipment to be precleaned and passivated Reacts violently with water Ensure that blockage by corrosion products does not give false indication of empty cylinder or system Introduce initially only small quantities until one is convinced system is passivated Unwanted residual gases shall be securely (Extra care! Seek specialist advice.) contained and safely transported to a facility properly equipped and staffed for disposal. **Extra care**, seek specialist advice!

1 Gas EC classification	2 Key characteristics	3 Disposal method	4 Key operational /safety consideration
Iron pentacarbonyl $Fe(CO)_5$ F1 T1	Toxic LC_{50}/hr = 20ppm Spontaneously flammable in air (pyrophoric) Liquid, bp ca. 103° C, vp ca. 0.05 bar absolute No warning properties	Recycling, 1 Combustion/inciner ation, 3B Incineration, 3C Discharge to solid−state absorber, 2C	Check for propellant Use common materials Dissolved in a combustible solvent: $2\ Fe(CO)_5 + 6.5\ O_2 \rightarrow Fe_2O_3 + 10\ CO_2$ (Methods 3B and 3C) Adsorption on activated charcoal (Method 2C)
Krypton Kr A	Asphyxiant No warning properties Gas 3 x heavier than air	Recycling, 1 Direct discharge, 4B Controlled release, 4C Controlled dilution, 4D	Use common materials
Metal alkyls	Recommended method: Dilute the material to a low concentration (i.e. ⟨ 5 %) in a non−reactive hydrocarbon solvent under inert atmosphere. Deactivate by adding a solution of 3~5 % isopropanol in the same solvent. Due to gas evolution during the deactivation process, the apparatus shall be vented. The completion of the reaction can be determined by ceasing of gas generation or heat rise.		
Methane CH_4 F1	Flammable, 4.4~15 % in air Poor warning properties Gas 2 x lighter than air	Recycling, 1 Controlled release, 4C Direct combustion, 3A	Use common materials $CH_4 + 2\ O_2 \rightarrow CO_2 + 2\ H_2O$ (Method 3A)
Methylacetyl ene C_3H_4 F1	Flammable, 1.7~12 % in air Subject to exothermic self decomposition Poor warning properties Liquefied gas, bp ca. −23° C, vp ca. 4 bar Vapour 1.5 x heavier than air	Recycling, 1 Direct combustion, 3A Combustion/inciner ation, 3B	Avoid copper and silver Avoid plastics, rubber etc with liquid Use steel and PTFE Avoid suckback of air $C_3H_4 + 4\ O_2 \rightarrow 3\ CO_2 + 2\ H_2O$ (Methods 3A and 3B)
Methylamine CH_5N F1 T4	Harmful, LC_{50}/hr = 7000 ppm Flammable, 4.9~20.7 % in air Liquefied gas, bp ca. −6° C, vp ca. 2 bar Vapour density similar to air	Recycling, 1 Direct combustion 3A, Incineration, 3C followed by discharge to scrubber, 2B Discharge to scrubber, 2B Discharge to solid−state adsorber, 2C	Use common materials $2\ CH_5N + 4.5\ O_2 \rightarrow 2\ CO_2 + N_2 + +5\ H_2O$ Control combustion conditions to minimize NO_2 production (M thods 3A and 3C) $2\ CH_5N + H_2SO_4 \rightarrow 2\ CH_3NH_3^{+} + SO_4^{2-}$ (Method 2B) Adsorption on activated charcoal (Method 2C)

1 Gas EC classification	2 Key characteristics	3 Disposal method	4 Key operational /safety consideration
3–Methylbut ene—1 C_5H_{10} F1	Flammable, 1.5~9.1 % in air Poor warning properties Liquid, bp ca. 20° C, vp ca. 1 bar absolute Vapour 3 x heavier than air	Recycling, 1 Direct combustion, 3A Combustion/inciner ation, 3B	Avoid plastics, rubber, etc. with liquid Use common materials for vapour Avoid suckback of air C_5H_{10} + 7.5 O_2 → 5 CO_2+ 5 H_2O (Methods 3A and 3B)
Methyl mercaptan CH_4S **F1 T 3 N**	Toxic, LC_{50}/hr = 1350 ppm Flammable, 4.1 −21.8 % in air Liquefied, bp ca.+ 6° C, vp ca. 0.7 bar Vapour 1.5 x heavier than air Good odour warning (rotten eggs)	Recycling, 1 Incineration, 3C followed by Discharge to scrubber, 2B Discharge to solid–state adsorber, 2C	Avoid plastics, rubber, etc. with liquid Use common materials for vapour CH_4S + 3 O_2 → CO_2 + SO_2 + + 2 H_2O (Method 3C) SO_2 + 2 OH^- → SO_3^{2-} + H_2O (Method 2B) Adsorption on activated charcoal (Method 2C)
Methylsilane CH_3SiH^3 F1	Flammable, 1.3~89 % in air Liquefied gas, bp ca. − 5 7℃, vp 13 bar Vapour 1.5 x heavier than air. Good odour warning (repulsive)	Recycling, 1 Incineration, 3C	Use metals and PTFE CH_3SiH_3 + 3.5 O_2 → SiO_2 + CO_2+ 3 H_2O (Method 3C)
Mixtures of Gases	See Section 6		
Monochloros ilane SiH_3Cl **F1 14 C1**	Toxic Spontaneously flammable Corrosive when moist Liquefied gas, bp ca. −30°C, vp ca. 4 bar Vapour 2 x heavier than air Good odour warning (pungent and irritating)	Recycling, 1 Discharge to scrubber, 2B Incineration, 3C followed by Discharge to scrubber, 2B	Discharge as slowly as possible to minimize local heating and risk of ignition. Ensure that blockage by corrosion/ combustion products does not give false indication of empty cylinder or system. Use common materials for dry gas. Use Monel, heavy gauge mild steel if moist. Forms hydrochloric acid in presence of water. Avoid suckback of aqueous solutions SiH_3Cl + 2 NaOH + H_2O → Na_2SiO_3+ HCl + 3 H_2 (Method 2B) HCl + NaOH → NaCl + H_2O (Method 2B) SiH_3Cl + 1.5 O_2 → SiO_2+ HCl + H_2O (Method 3C)

1 Gas EC classification	2 Key characteristics	3 Disposal method	4 Key operational /safety consideration
Neon Ne A	Asphyxiant No warning properties Gas 1.5 lighter than air	Recycling, 1 Direct discharge, 4B Controlled release, 4C Controlled dilution, 4D	Use common materials
Nickel carbonyl $Ni(CO)_4$ F2 T1 N1	Very toxic, $LC_{50}/hr=20ppm$ Flammable, 0.9~64% in air Liquid, bp ca. $+43°C$ vp ca. 0.5 bar absolute No warning properties	Recycling, 1 Combustion/inciner ation, 3B Discharge to solid−state adsorber, 2C	Extra care! Use common materials Dissolved in a combustible solvent: $Ni(CO)_4 + 2.5\ O_2 \rightarrow NiO + 4\ CO_2$ (Method 3B) Adsorption on activated charcoal (Method 2C)
Nitric oxide NO O T1 C1	Toxic, $LC_{50}/hr = 115$ ppm Oxidizes in air to NO_2 (and N_2O_3) Gas density similar to air Moderate warning properties	Recycling, 1 Discharge to scrubber, 2B	Use common materials for dry conditions Use stainless steel and PTFE in presence of oxygen and moisture Oxidizing scrubbing solution (permanganate, hypochlorite) is required for high efficiency After oxidation with air: $2\ NO_2 + 2\ OH^- + OCl^- \rightarrow 2\ NO_3^- + Cl^- + H_2O$ (Method 2B)
Nitrogen N_2 A	Asphyxiant No warning properties Gas density similar to air	Recycling, 1 Direct discharge, 4A Direct discharge 4B	Use common materials
Nitrogen dioxide NO_2 O T1 C1	Toxic, $LC_{50}/hr =115ppm$ Corrosive Oxidizing agent Liquefied gas, bp ca. $21°C$ vp ca. 1 bar absolute Vapour 3 x heavier than air Good odour warning, brown coloured	Recycling, 1 Discharge to scrubber, 2B Discharge to solid−state adsorber, 2C	Avoid plastics, rubber etc. Use stainless steel and PTFE $2\ NO_2 + 2OH^- + OCl^- \rightarrow 2NO_3^- + Cl^- + H_2O$ (Method 2B) Absorption on soda lime (Method 2C)

1 Gas EC classification	2 Key characteristics	3 Disposal method	4 Key operational /safety consideration
Nitrogen trifluoride NF_3 O T4	Harmful, LC_{50}/hr = 6700 ppm Powerful oxidizing agent at elevated temperatures Poor warning properties Gas 2.5 x heavier than air	Recycling, 1	Avoid oil, grease and other combustible contaminants Avoid plastics, rubber, etc. Use other precleaned common materials, PTFE, Kel–F^R
Nitrogen trioxide N_2O_3 O T1 C1	Very toxic, LC_{50}/hr = 57 ppm Corrosive Oxidizing agent Critical temperature ca 152°C bp ca 2°C Vapour 2.5 x heavier than air Moderate odour warning	Recycling, 1 Discharge to scrubber, 2B	Avoid plastics, rubber etc. Use stainless steel and PTFE $N_2O_3 + 2\ OH^- \rightarrow 2NO_2^- + H_2O$ (Method 2B)
Nitrosyl chloride NOCl O T1 C1	Very toxic, LC_{50}/hr = 35 ppm Corrosive especially when moist Liquefied gas, bp ca. −6°C, vp ca 2.8 bar Vapour 2 x heavier than air Good warning properties	Discharge to scrubber, 2B	Ensure blockage by corrosion products does not give false indication of empty cylinder or system Use nickel, Monel, tantalum, lead, heavy gauge mild steel $NOCl + 2\ OH^- + OCl^- \rightarrow NO_3^-$ $+ 2\ Cl^- + H_2O$ (Method 2B)
Nitrous oxide N_2O O	Asphyxiant Oxidizing agent Liquefied gas, bp ca. −90°C, vp ca 51 bar Vapour 1.5 x heavier than air	Recycling, 1 Controlled release to atmosphere: 4B, 4C and 4D for small quantities (e.g. in mixtures) or in emergencies	Avoid oil and grease and other combustible contaminants Avoid plastics, rubber etc. with liquid Use common materials for vapour
Oxygen O_2 O	Powerful oxidant No warning properties Gas density similar to air	Recycling, 1 Direct discharge, 4A Controlled release, 4C	Avoid oil and grease and other combustible contaminants Use precleaned common materials Avoid local oxygen enrichment

1 Gas EC classification	2 Key characteristics	3 Disposal method	4 Key operational /safety consideration
Phosgene $COCl_2$ T1 C1	Toxic, $LC_{50}/hr = 5$ ppm Corrosive especially when moist Poor warning properties Liquefied gas, bp ca. $+8°C$, vp ca. 0.5 bar Vapour 3 x heavier than air	Recycling, 1 Discharge to scrubber, 2B	Ensure blockage by corrosion products does not give false indication of empty cylinder system Avoid plastics, rubber etc. with liquid Use Monel, stainless steel, heavy gauge mild steel and PTFE $COCl_2 + 4OH^- = CO_3^{2-} + 2Cl^- + 2H_2O$ (Method 2B)
Phosphine PH_3 F1 T1	Very toxic, $LC_{50}/hr = 20$ ppm Flammable: 1.6 to 100% Spontaneously flammable in air (pyrophoric) No odour warning at TLV Liquefied gas, bp ca. $-88°C$, vp ca. 35 bar Vapour density similar to air	Recycling, 1 Incineration, 3C followed by Discharge to scrubber, 2B	Use common materials $2 PH_3 + 4 O_2 \rightarrow P_2O_5 + 3 H_2O$ (Method 3C) $P_2O_5 + 3 H_2O \rightarrow 2 H_3PO_4$ (Method 2B) $PH_3 + 4 OCl^- \rightarrow H_3PO_4 + 4 Cl^-$ (Method 2B)
Phosphorus pentafluoride PF_5 T1 C1	Very toxic, $LC_{50}/hr = 190$ ppm Corrosive especially when moist Liquefied gas, bp ca. $-85°C$, vp ca. 28 bar Vapour odour warning (irritating)	Recycling, 1 Discharge to scrubber, 2B Discharge to solid-state adsorber, 2C	In the event of eye or skin contact, immediately wash with copious amounts of water Use nickel, Monel, heavy gauge mild steel Use hard rubber, PVC for moist gas $PF_5 + 4H2O \rightarrow H_3PO_4 + 5 HF$ (Method 2B) Adsorption on soda lime (Method 2C)
Phosphorus trifluoride $PF3$ T2 C1	Toxic, $LC_{50}/hr = 436$ ppm Corrosive when moist Liquefied gas, bp ca. $-101°C$, critical temp. $-2°C$	Recycling, 1 Discharge to scrubber, 2B	Use common materials Use alkaline scrubbing solution to ensure rapid hydrolysis $PF_3 + 6 OH^- \rightarrow PO_3^{3-} + 3 F^- + 3 H_2O$ (Method 2B)

1 Gas EC classification	2 Key characteristics	3 Disposal method	4 Key operational /safety consideration
Propadiene C_3H_4 F1	Flammable, 1.9~17 % in air Subject to self polymerization Liquefied gas, bp ca. $-35°$ C, vp ca. 6 bar Vapour 1.5 x heavier than air Moderate odour warning	Recycling, 1 Direct combustion, 3A Combustion/inciner ation, 3B	Guard against polymer blockage, check that content is stable; i e that no temperature rises of cylinder Avoid plastics, rubber, etc. with liquid Use common materials for vapour $C_3H_4 + 4\ O_2 \rightarrow 3\ CO_2 + 2\ H_2O$ (Methods 3A and 3B)
Propane C_3H_8 F1	Flammable, 1.7~9.5 % in air Poor warning properties Liquefied gas, bp ca. $-42°$ C, vp ca. 7.5 bar Vapour 1.5 x heavier than air	Recycling, 1 Direct combustion, 3A Combustion/inciner ation, 3B	Avoid plastics, rubber etc. with liquid Use common materials for vapour $C_3H_8 + 5\ O_2 \rightarrow 3\ CO_2 + 4\ H_2O$ (Methods 3A and 3B)
Propylene C_3H_6 F1	Flammable, 1.8~10.3 % in air Poor warning properties Liquefied gas, bp ca. $-48°$ C, vp ca. 9.4 bar Vapour 1.5 x heavier than air	Recycling, 1 Direct combustion, 3A Combustion/inciner ation, 3B	Avoid plastics, rubber etc. with liquid Use common materials for vapour $C_3H_6 + 4.5\ O_2 \rightarrow 3\ CO_2 + 3$ H_2O (Methods 3A and 3B)
Propylene oxide C_3H_6O F1 T4 C2	Harmful, LC_{50}/hr = 7200 ppm Flammable, 1.9~24 % in air Vapour can explode by spark, detonation and or heating Subject to exothermic self decomposition and self polymerization Poor warning properties Liquid, bp ca. $34°$ C, vp ca. 0.6 bar abs. Vapour 2 x heavier than air	Recycling, 1 Combustion/inciner ation, 3B	Avoid silver and magnesium Avoid plastics, rubber etc. with liquid Use precleaned and dried steel and PTFE Avoid suckback of water, acid, alkali or other catalysts Ensure polymer blockage does not give false indication of empty cylinder or system $C_3HO_6O + 4\ O_2 \rightarrow 3\ CO_2 + 3$ H_2O (Method 3B)
Selenium hexafluoride SeF_6 T1 C1	Very toxic, LC_{50}/hr =50 ppm Liquefied gas, sublp ca. $-47C$, vp ca. 20 bar Vapour 7 x heavier than air	Recycling, 1 Incineration, 3C followed by Discharge to scrubber, 2B	Disposal products contain selenic compounds Use common materials $SeF_6 + fuel + O_2 \rightarrow SeO_2 + 6\ HF$ $+ + ...$ (Method 3C) $HF + OH^- \rightarrow F^- + H_2O$ $SeO_2 + OH^- \rightarrow SeO^- + H_2O$ (Method 2B)

1 Gas EC classification	2 Key characteristics	3 Disposal method	4 Key operational /safety consideration
Silane SiH_4 F1 T4	Spontaneously flammable in air (pyrophoric) 1% Critical temperature $-3.5°C$ Gas density similar to air Good warning properties (flames and smoke)	Recycling, 1 Combustion/Inciner ation, 3C	Ensure blockage by combustion products goes not give false indication of empty cylinder or system Use common materials $SiH_4 + 2 O_2 \rightarrow SiO_2 + 2 H_2O$ (Method 3C)
Silicon tetrachloride $SiCl_4$ T2 C2	Toxic, $LC_{50}/hr = 1312$ ppm Corrosive especially when moist Hydrolysis with water or wet air Liquid, bp ca. $58°C$, vp ca. 0.3 absolute Vapour 6 x heavier than air Good odour warning	Recycling, 1 Direct Discharge to scrubber, 2A or 2B Discharge to solid-state adsorber, 2C	Avoid plastics, rubber etc. with liquid Use heavy gauge mild steel Ensure blockage by corrosion products does not give false indication of empty cylinder or system $SiCl_4 + 2 H_2O \rightarrow SiO_2 + 4 HCl$ (Methods 2A and 2B) Absorption on soda lime (Method 2C)
Silicon tetrafluoride SiF_4 T2 C1	Toxic, $LC_{50}/hr = 450$ ppm Corrosive especially when moist Gas 3.5 x heavier than air Good odour warning	Recycling, 1 Direct Discharge to scrubber, 2B	Use common materials If contact with body wash copiously with water and obtain immediate medical attention $3 SiF_4 + 2 H_2O \rightarrow SiO2 + 2 H_2SiF_6$ (Method 2B)
Stibine SbH_3 F1 T1	Very toxic, $LC_{50}/hr = 20$ ppm Spontaneously flammable in air (pyrophoric) Liquefied gas, bp ca. $-17°C$, vp ca. 5 bar Vapour 4 x heavier than air	Recycling, 1 Discharge to scrubber, 2B Dilution and discharge to scrubber, 4B+2B Discharge to solid-state absorber, 2C	use iron or steel Elemental Sb can be present in cylinders or lines. Disposal products contain Sb-compounds $SbH_3 + 4 H_2O \rightarrow SbO_4^{3-} + 11 H^+ + 8 e^-$ (Method 2B) The following oxidants can be used: permanganate or hypochlorite Adsorption on activated charcoal or on $CuSO_4$ treated silica gel. $3 CuSO_4 + 2 SbH_3 \rightarrow Cu_3Sb_2 + 3 H_2SO_4$ (Method 2C)

1 Gas EC classification	2 Key characteristics	3 Disposal method	4 Key operational /safety consideration
Sulphur dioxide SO_2 **T3 C1**	Toxic, LC_{50}/hr = 2520 ppm Corrosive especially when moist Liquefied gas, bp ca. $-10°C$, vp ca. 2.3 bar Vapour 2 x heavier than air	Recycling, 1 Discharge to scrubber, 2A or 2B Discharge to solid-state adsorber, 2C	Use common materials $SO_2 + 2\ OH^- + OCl^- \rightarrow SO_4^{2-} + Cl^- + H_2O$ (Methods 2A and 2B) Adsorption on soda lime (Method 2C)
Sulphur hexafluoride SF_6 A	Asphyxiant No warning properties High temperature decomposition products are toxic Liquefied gas, sublimation point $-63.8°C$, vp ca. 22 bar Vapour 5 x heavier than air	Recycling, 1	Use common materials
Sulphur tetrafluoride SF_4 **T1 C1**	Very toxic, LC_{50}/hr = 40 ppm Corrosive especially when moist Liquefied gas, bp ca. $-40°C$, vp ca. 10 bar Vapour 3.5 x heavier than air	Recycling, 1 Discharge to scrubber, 2B Discharge to solid-state adsorber, 2C	If contact with body wash copiously with water and obtain immediate medical attention Avoid plastics, rubber etc. with liquid Use common materials $SF_4 + 3\ Ca(OH)_2 \rightarrow 2\ CaF_2 + CaSO_4 + H_2 + 2\ H_2O$ (Method 2B) Adsorption on $Al(OH)_3$ or soda lime (Method 2C)
Sulfuryl fluoride SO_2F_2 **T3 N1**	Toxic, LC_{550}/hr = 3020 ppm No warning properties Liquefied gas, bp ca. $-55°C$, vp ca. 15 bar Vapour 3 x heavier than air	Recycling, 1 High temperature Incineration, 3C, followed by scrubbing, 2B	Avoid plastics, rubber etc. with liquid Use common materials

1 Gas EC classification	2 Key characteristics	3 Disposal method	4 Key operational /safety consideration
Tetrafluoro- Hydrazine N_2F_4 T1 O	Very toxic, LC_{50}/hr = 100 ppm Extremely powerful oxidant Explosive self-decomposition possible with heat or shock (pressurized gas) Gas 3.5 x heavier than air	Recycling, 1 Controlled dilution followed by discharge to scrubber, 4B+2B	Unwanted residual gases shall be securely contained and safely transported to a facility properly equipped and staffed for disposal. **Extra care**, seek specialist advice! Due to extreme reactivity and small quantity normally supplied per cylinder only method recommendable is direct discharge (4B) followed by scrubbing Do not strike or hammer pressurized container Beware of danger of hydrofluoric acid etc. formed (risk of severe, persistent chemical burns) Ensure blockage by corrosion products does not give false indication of empty cylinder or system Avoid all organic materials Use nickel, Monel, stainless steel or heavy gauge mild steel. All equipment shall be pre-cleaned and passivated. Passivate pre-cleaned disposal system by gradually and cautiously increasing flow of tetrafluorohydrazine into continuous diluent stream of nitrogen $N_2F_4+O_2+2 H_2O \rightarrow 2 NO_2+4HF$ _(moista air) $(\rightarrow 2 NO + 4 F^-)$ $2 NO_2 + 4 HF (\rightarrow 2 NO + 4 F^-)$ (Method 2B)
Trichlorosilane $SiHCl_3$ F1 T4 C1	Toxic, LC_{50}/hr = 1040 ppm Spontaneously flammable in air (pyrophoric) Liquid, bp ca. 32°C, vp ca. 0.7 bar absolute	Recycling, 1 Discharge to scrubber, 2A or 2B	Ensure that blockage by corrosion/ combustion products does not give false indication of empty cylinder or system Use stainless steel, iron, steel or borosilicate glass Avoid contact with oxidizing materials $SiHCl_3 + 2 NaOH + H_2O$ $\rightarrow Na_2SiO_3 + 3 HCl + H_2$ (Methods 2A and 2B)

1 Gas EC classification	2 Key characteristics	3 Disposal method	4 Key operational /safety consideration
Trimethylamine C_3H_9N **F1 T4 C2**	Harmful, $LC_{50}/hr = 7000$ ppm Flammable, 2–11.6 % in air Liquefied gas, bp ca. 3°C, vp ca. 1 bar Vapour 2 x heavier than air Good odour warning (fishlike, ammoniacal)	Recycling, 1 Incineration, 3A or 3C followed by Discharge to scrubber, 2A or 2B Discharge to solid–state adsorber, 2C	Avdid copper, nickel, tin, zinc Avoid plastics, rubber etc. with liquid Use steel and PTFE $2\ C_3H_9N + 10.5\ O_2 \rightarrow 6\ CO_2 + 9\ H_2O + N_2$ Control to minimize NO_2 production (Methods 3 A and 3C) $2\ (CH_3)_3N + H_2SO_4 \rightarrow 2(CH_3)_3NH^+ + SO_4^{2-}$ (Methods 2A and 2B) Adsorption on activated charcoal (Method 2C)
Trimethylsilane $(CH_3)_3SiH$ **F1**	Flammable, 1.3~44 % in air Liquefied gas, bp ca. 7°C, vp ca. 0.6 bar Vapour 3 x heavier than air	Combustion/Incineration, 3C	Ensure that blockage by combustion products does not give false indication of empty cylinder or system Use common materials $(CH_3)3SiH + 6.5\ O_2 \rightarrow 3\ CO_2 + SiO_2 + 5\ H_2O$
Tungsten hexafluoride WF_6 **T1 C1**	Very toxic, $LC_{50}/hr = 160$ ppm Corrosive Liquefied gas, bp ca. +17°C, vp ca. 0.2 bar Vapour 11 x heavier than air	Recycling, 1 Discharge to scrubber, 2B Direct discharge to solid–state adsorber, 2C	In the event of eye or skin contact, immediately wash with copious amounts of water Avoid plastic, rubber, etc with liquid $WF_6 + 4\ Ba(OH)_2 \rightarrow BaWO_4 + 3\ BaF_2 + 4\ H_2O$ (Method 2B) $WF_6 + 4\ CaO \rightarrow CaWO_4 + 3\ CaF_2$ or $3\ WF_6 + 4\ Al_2O_3 \rightarrow Al_2(WO_4)_3 ++ 6\ AlF_3$ (Examples of Method 2C)

1 Gas EC classification	2 Key characteristics	3 Disposal method	4 Key operational /safety consideration
Vinyl bromide C_2H_3Br F1	Harmful, LC_{50}/hr 〉 5000 ppm Flammable, 5.6~15 % in air Poor warning properties Liquefied gas, bp ca. 16°C, vp ca. 0.2 bar Vapour 4 x heavier than air	Recycling, 1 Incineration, 3C followed by Discharge to scrubber, 2B	Avoid copper and silver if C_2H_2 is present or as an impurity Avoid plastics, rubber etc with liquid Use common materials $C_2H_3Br + 2.5\ O_2$ $\rightarrow 2\ CO_2 + HBr + H_2O$ (Method 3C) $HBr + OH^- \rightarrow Br^- + H_2O$ (Method 2B)
Vinyl chloride C_2H_3Cl F1	Carcinogenic, Not acute toxic Flammable, 3.8~31 % in air Poor warning properties Liquefied gas, bp ca. −14°C, vp ca. 2.3 bar Vapour 2 x heavier than air	Recycling, 1 Incineration, 3C followed by Discharge to scrubber, 2B	Avoid copper and silver if C_2H_2 is present or as an impurity Avoid plastics, rubber etc. with liquid Use other common materials $C_2H_3Cl + 2.5\ O_2 \rightarrow 2\ CO_2 + HCl +$ H_2O (Method 3C) $HCl + OH^- \rightarrow Cl^- + H_2O$ (Method 2B)
Vinyl fluoride C2H3F F1	Flammable, 2.9~21.7 % in air No warning properties High temperature decomposition products are toxic Liquefied gas, bp ca. −72°C, vp ca. 26 bar Vapour 1.5 x heavier than air	Recycling, 1 Incineration, 3C followed by Discharge to scrubber, 2B	Avoid copper and silver if C2H2 is present or as an impurity Avoid plastics, rubber etc. with liquid Use other common materials Use other common materials $C_2H_3F + 2.5\ O_2 \rightarrow 2\ CO_2 + HF +$ H2O (Method 3C) $HF + OH^- \rightarrow F^- + H2O$ (Method 2B)
Vinyl methyl ether C_3H_6O F1	Flammable, 2.2~39 % in air Poor warning properties Liquefied gas, bp ca. 6°C, vp ca. 0.7 bar Vapour 2 x heavier than air	Recycling, 1 Direct combustion, 3A Combustion/incinerati on, 3B	Avoid copper and silver if C2H2 is present or as an impurity Avoid plastics, rubber etc. with liquid $C_3H_6O + 4\ O_2 \rightarrow 3\ CO_2 + 3\ H_2O$ (Methods 3A and 3B)
Xenon Xe A	Asphyxiant No warning properties Critical temperature 16°C Gas 4.5 x heavier than air	Recycling, 1 Direct discharge, 4B	Use common materials

방폭 이해하기

가연성 물질로서 농도가 연소하한계와 연소상한계를 가지면서 화염, 낙뢰, 정전기, 전기설비의 열원 등과 접하여 인화점(Flash Point)에 이르게 되면 맹렬한 속도의 산화반응을 일으키게 되고 강력한 에너지를 분출하게 된다. 이는 화재 또는 폭발로 발전된다. 이중 전기설비 또는 계장설비가 점화원으로 작용하지 못하도록 하는 것이 방폭의 기본 개념으로, 방폭은 폭발방지의 줄임말이다.

[그림 8-1] 폭발 모습

SECTION 8.1

화재 또는 폭발의 요소

화재 또는 폭발의 요소는 가연성물질 · 조연성가스 · 점화원(화재의 삼각형)으로 나눌 수 있다. 만일 이 세 가지 요소 중 한 가지만 제거하면 화재 또는 폭발의 가능성을 없앨 수 있는데, 그 중에서 예외 물질은 실란, 포스핀과 같이 실내온도에서 자연발화하는 성질이 있는 물질은 점화원 없이 화재, 폭발이 가능하나 자연발화 온도 이하로 취급하면 방지가 가능하다. 그러나 이는 일반적인 환경에서 실제로는 조절하기 상당히 어렵다고 하겠다. 또한 조연성 물질인 산소는 일상생활의 대기 중에 항상 존재하므로 엄격한 의미로서 방폭은 점화원을 제거하는 것이라 할 수 있다.

점화원의 종류는 다음과 같이 나눌 수 있다.

- 열원(Heat): 화염 · 적열 · 뜨거운 표면 · 뜨거운 가스 · 초음파 · 가스 충진 · 태양열 · 적외선 등

- 전기적 불꽃(Electric Sparks): 접점 · 단락 · 단선 등에 의한 아크(Arc) · 정정기로 발생하는 아크 등

- 기계적 불꽃(Mechanical Sparks): 마찰(Friction or Grinding) 또는 충격(Hammering)에 의한 아크

SECTION 8.2

용어의 정의

- 방폭 지역(Hazardous Area): 가연성 가스가 화재 또는 폭발을 일으킬 수 있는 농도로 존재하거나 존재할 수 있는 장소로서 가스의 존재 빈도, 체류 시간, 환기 조건 등에 따라 0종·1종·2종 장소로 구분된다.

- 비방폭 지역(Non-hazardous Area): 가연성 가스가 존재할 우려가 없는 장소를 말한다.

- 누출원(Source of Release): 가연성 물질을 누출할 수 있는 지점으로서 주위에 위험분위기를 생성할 수 있는 각종 용기·장치·배관 등의 기계적 연결구 (플랜지, 나사식, DISS, CGA등)·밸브·개구부등을 의미한다.

- 인화점(Flash Point): 가연성 액체가 증발하여 공기와 혼합, 연소하기에 충분한 농도를 생성하는 가연성 액체의 최저 온도로서 액체의 종류에 따라 다르다.

- 가연성 물질(Combustible Material): 통상적인 취급 온도 또는 인화점 이상에서 화재나 폭발을 일으킬 수 있는 농도의 증기를 발생하는 인화성 액체와 가연성 액체를 말한다.

- 인화성 액체(Flammable Liquid): 통상적인 취급 온도에서 인화성 가스를 발생하는 인화점이 37.8℃ 미만이고 증기압이 37.8℃에서 40psia를 초과하지 않는 액체를 의미하며 다음과 같은 세 가지로 분류한다.
  -인화점이 22.8℃ 미만 끓는점이 37.8℃ 미만인 액체는 Class IA
  -인화점이 22.8℃ 미만 끓는점이 37.8℃ 이상인 액체는 Class IB
  -인화점이 22.8℃ 이상 37.8℃ 미만인 액체는 Class IC

- 가연성 액체(Combustible Liquid)

인화점 온도 이상으로 취급될 경우에만 인화성 가스를 발생하는 인화점이 37.8℃ 이상
인 액체로서 다음과 같이 세 가지로 구분된다.

-인화점이 37.8℃ 이상 60.0℃ 미만인 액체는 Class II

-인화점이 60.0℃ 이상 93.4℃ 미만인 액체는 Class IIIA

-인화점이 93.4℃ 이상인 액체는 Class IIIB

SECTION
8.3

위험장소의 구분

위험장소란 인화성 또는 가연성 물질이 화재 또는 폭발을 발생시킬 수 있는 농도로 대기 중에 존재하거나 또는 존재할 우려가 있는 지역으로서 아래 표 8-1과 같이 국가별 적용코드별로 방폭 지역 구분 및 표기방식이 다르다. 방폭 지역 여부 결정에 있어 다음 각 호의 장소는 방폭 지역으로 구분한다.

- 인화성 또는 가연성의 증기가 쉽게 존재할 가능성이 있는 지역
- 인화점 40℃ 이하의 액체가 저장. 취급되고 있는 지역
- 인화점 65℃ 이하의 액체가 인화점 이상으로 저장, 취급될 수 있는 지역
- 인화점이 100℃ 이하인 액체의 경우 해당 액체의 인화점 이상으로 저장, 취급되고 있는 지역

[표 8-1] 방폭 지역 구분

CODE	구 분	대 상	비 고
한국 (노동부 고시 제1993–19), 일본	0종 장소	위험분위기가 지속 또는 장기간 존재하는 장소	용기내부, 장치 및 배관 내부 등
	1종 장소	상용의 상태에서 위험분위기가 존재하기 쉬운 장소	0종 장소 근접주변, 송급통구의 근접주변, 배기관의 유출구 근접주변
	2종 장소	이상상태 하에서 위험분위기가 단시간 존재할 수 있는 장소	통상적 운전상태, 유지보수 및 관리 상태를 벗어난 일부기기의 고장, 기능상실 또는 오동작으로 인해 위험분위기가 조성될 수 있는 곳

CODE	구 분		대 상	비 고
API / NFPA	Class	Ⅰ	가연성증기 또는 가스가 폭발이나 연소할 수 있는 충분한 양이 공기 중에 존재하거나 존재가능성이 있는 장소	
		Ⅱ	연소성 먼지가 존재하는 장소	
		Ⅲ	쉽게 발화할 수 있는 섬유질 또는 솜부스러기가 존재하나 발화될 수 있을 만큼 충분한 양이 공기 중에 존재하지 않는 장소	
	Division	1	정상상태에서도 가연성 증기나 가스가 존재하는 장소	정상운전 시나 시스템고장 시에도 주위에 불꽃이나 고온가스를 방출하지 않는 방폭구조의 설비 사용 필요
		2	비정상상태의 경우 기기파열, 고장 등으로 가연성증기나 가스가 나타날 수 있는 장소	정상상태에서도 점화원을 발생하지 않도록 만들어진 기기를 사용

분진방폭지역(Classified Area)은 전기기기의 설치·사용함에 있어 특별한 주의를 요하는 폭발성분진·공기 혼합물 또는 분진층이 존재하거나 존재할 우려가 있는 지역을 말한다.

[표 8-2] 분진 방폭 지역 구분

구 분	대 상
ZONE 20 (20종 장소)	정상작동 중 분진이 공기와 혼합되어 폭발 농도를 형성할 정도로 충분한 양의 분진운이 연속적 또는 자주 생성되거나 조절할 수 없을 정도의 과도한 두께의 분진층이 형성될 수 있는 지역을 말한다. 이 지역에는 분진이 폭발성 혼합물이 자주 또는 장시간 형성될 수 있는 분진 내재지역의 내부가 해당된다.
ZONE 21 (21종 장소)	정상운전·취급 및 보수과정 등에서 분진이 폭발 농도를 형성할 정도로 분진운 형태가 생성되거나 생성될 우려가 있는 지역 중 20종 장소가 아닌 지역을 말한다. 이 지역에는 분말을 채우거나 비우는 곳의 인근지역 및 분진층이 정상운전 중 분진 혼합물의 폭발 농도를 조성하거나 조성할 우려가 있는 지역 등을 포함될 수 있다.
ZONE 22 (22종 장소)	분진운이 드물게 짧은 기간 생성되거나 비정상 상태에서 위험분위기를 생성할 수 있는 분진 축적물 또는 분진층이 존재할 수 있는 지역 중 21종 장소로 구분되지 않는 지역을 말한다. 단 분진 축적물 또는 분진층의 제거가 보증될 수 없다면 그 지역은 21종 장소로 구분되어야 한다. 이 지역에는 분진이 누출되어 축적될 수 있는 분진내재 설비 인근지역이 포함될 수 있다. (분진이 제분기에서 누출되어 축적될 수 있는 제분실 등)

[그림 8-2] 방폭 지역 구분

- 내압 방폭구조(Flameproof Enclosure): 용기 내부에서 폭발성 가스 또는 증기가 폭발하였
  을 때 용기가 그 압력에 견디며 또한 접합면 개구부 등을 통해서 외부의 폭발성 가스·
  증기에 인화되지 않도록 한 구조

  폭발 봉쇄: 스위치기어, 모터, 펌프류
  표시: AEx d, EEx d, Ex d

- 유입 방폭구조(Oil Liquid Immersion): 전기불꽃 아크 또는 고온이 발생하는 부분을 기름
  속에 넣고 기름면 위에 존재하는 폭발성 가스 또는 증기에 인화되지 않도록 한 구조

  격리: 변압기, 스위치, 기어류
  표시: AEx o, EEx o, Ex o

- 압력 방폭구조(Pressurized Apparatus): 보호 가스의 압력을 외부 환경보다 높게 유지함
  으로써 용기 내로 외부 분위기가 유입되지 않도록 보호하는 방폭 구조

  조정실, 판넬, 모터, 분석기(Analyzer)류
  표시: Type X, Type Y, Type Z, EEx p, Ex p, Ex pD

- 본질안전 방폭구조(Intrinsic Safety): 폭발 분위기에 노출되어 있는 기계·기구 내의 전기
  에너지, 권선 상호접속에 의한 전기 불꽃 또는 열 영향을 점화에너지 이하의 수준까지
  제한하는 것을 기반으로 하는 방폭구조

- 기기의 본안회로는 해당ia 기기의 전기회로에 대하여 정상상태 1개의 고장을 가정한 상태 및 임의로 조합된 2개의 고장을 가정한 상태에서 해당 본안회로에서 발생하는 불꽃 또는 열이 대상으로 한 가스 또는 증기에 점화되지 않는 것이 시험에 의해 확인된 것이어야 한다.
- 본안기기 및 본안관련기기는 정상상태 및 1개의 고장을 가정한 상태에서 본안회로에서 발생하는 불꽃 또는 열이 대상가스 또는 증기에 점화되지 않는 것이 시험에 의해 확인된 것이어야 한다.

  에너지제한: 계기류, Control, Gear류

  표시: (IS) AEx ia, AEx ib, EEx ia, EEx ib, Ex ia, Ex ib

- 안전증가 방폭구조(Increased Safety): 정상운전 중에 폭발성 가스 또는 증기에 점화원이 될 전기 불꽃 아크 또는 고온부분 등의 발생을 방지하기 위하여 기계적 전기적 구조상 또는 온도상승에 대해서 특히 안전도를 증가시킨 구조

  기계적 설계기준 강화: 모터, 등기구 Fitting, Box류

  표시: AEx e, EEx e, Ex e

- 비점화 방폭구조(Non Sparking): 정상작동 및 특정 이상상태 아래에서 전기기계·기구에 적용하는 방폭구조

  모터, 등기구, 외함류

  표시: Ex nA

- 몰드 방폭구조(Molding or Encapsulation): 폭발성 가스 또는 증기에 점화시킬 수 있는 전기 불꽃이나 고온 발생부분을 콤파운드로 밀폐시킨 구조

  계기류, Control, Gear류

  표시: AEx m, EEx m, Ex m, Ex mD

- 충전 방폭구조(Powered Filled): 폭점화원이 될 수 있는 전기 불꽃 아크 또는 고온 부분

을 용기 내부의 적정한 위치에 고정시키고 그 주위를 충전물질로 충전하여 폭발성 가
스 및 증기의 유입 또는 점화를 어렵게 하고 화염의 전파를 방지하여 외부의 폭발성
가스 또는 증기에 인화되지 않도록 한 구조

계기류(Instrumentation)

표시: AEx q, EEx q, Ex q

- 특수 방폭구조(Special): 위에서 표기한 구조 이외의 방폭구조로서 폭발성 가스 또는 증
  기에 점화를 또는 위험분위기로 인화를 방지할 수 있는 것이 시험 기타에 의하여 확인
  된 구조

  특수: Gas Detector류

  표시: Ex s

SECTION 8.5

폭발 가스의 발화도 및 전기설비의 표면 온도

[표 8-3] 발화온도 및 전기기기 표면온도

KSG 노동부 기준 IEC/EN NEC 505-10	NEC 500-3 CEC18-052	KSG	노동부기준	IEC	KSG	IEC
T1	T1	450	>300≤450	450	>450	>450
T2	T2 T2A T2B T2C T2D	300	>200≤300	300 280 260 230215	>300	>300≤450 >280≤300 >260≤280 >230≤260 >215≤230
T3	T3 T3A T3B T3C	200	>135≤200	200 180 165 160	>200	>200≤300 >180≤200 >165≤180 >160≤165
T4	T4 T4A	135	>100≤135	135 120	>135	>135≤200 >120≤135
T5	T5	85	>85≤100	100	>100	>100≤135
T6	T6		≤85	85	>85	>85≤100

등 급	분 류
0종 장소	본질안전 방폭구조 (Ex ia) 0종 장소에서 특별히 사용할 수 있도록 고안된 방폭 구조
1종 장소	0종 장소에 적합한 방폭 구조 내압 방폭구조 (Ex d) 압력 방폭구조 (Ex p) 유입 방폭구조 (Ex o) 충전 방폭구조 (Ex q) 안전증 방폭구조 (Ex e) 본질안전 방폭구조 (Ex e) 몰드 방폭구조 (Ex m)
2종 장소	0종 장소 또는 1종 장소에 적합한 방폭 구조 정상작동 중에 점화원이 될 우려가 있는 고온 표면을 만들지 않도록 하는 전기 기기

SECTION 8.6

방폭기호의 일반적인 표기

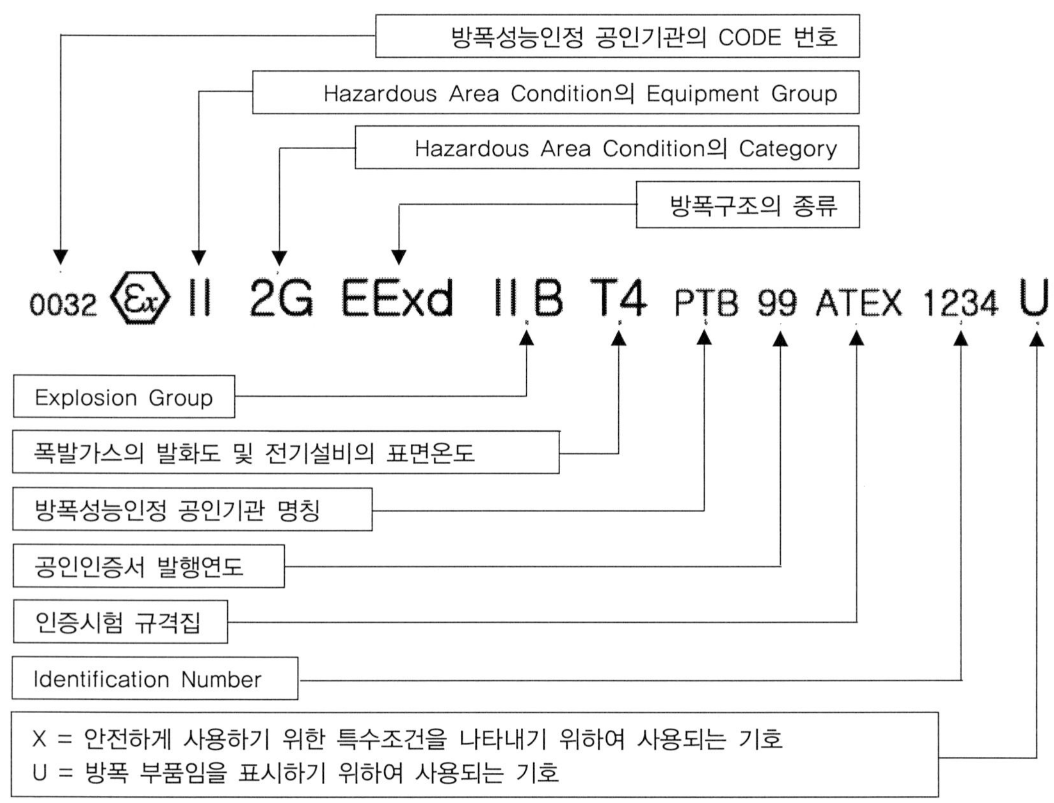

[그림 8-3] 발화온도 및 전기기기 표면온도

SECTION 8.7 국내 법규에 의한 방폭기기 선정

8.7.1 산업안전보건법

다음의 인화성 물질의 증기, 가연성 가스, 폭연성 및 가연성 분진을 사용하는 위험장소에 대하여 방폭 전기설비를 하여야 한다.

1) 인화성 물질: 대기압(1기압) 하에서 인화점이 65℃ 이하인 가연성 액체

2) 가연성 가스: 폭발하한계가 10vol% 이하이거나 또는 상하한의 차가 20vol% 이상인 가스

3) 폭연성 분진: 공기 중 산소가 적은 분위기 또는 이산화탄소 중에서도 착화하고 부유상 태에서는 격렬한 폭발을 발생시키는 금속 분진

4) 가연성 분진: 공기 중 산소와 발열반응을 일으키고 폭발하는 분진

8.7.2 고압가스안전관리법

가연성가스(암모니아, 브롬화메탄 및 공기 중에서 자기발화하는 가스를 제외한다)의 제조설비 또는 저장설비 중 전기설비는 방폭성능을 가지는 구조여야 한다.

8.7.3 소방법

인화점이 65℃ 이하인 인화성 액체는 인화성 물질의 증기로 보아서 이에 대응하는 방폭 전기설비를 하도록 하고, 그 외의 인화성 액체는 위험물로 보아 이에 대응하는 전기설비를 하는 것으로 하였다. 그러므로 인화점이 70℃ 이하인 인화성 액체인 특수인화물류, 제1석유류, 아코올류, 제2석유류는 인화성 증기로 구분되어 방폭 기준을 적용 받도록 하고, 그 외의 제3석유류, 제4석유류, 동식물류는 위험물로 구분하여 전기설비 기준에 따르는 전기설비를 하는 것으로 하였다.

SECTION 8.8

방폭 전기기의 수입

우리나라에서는 비록 외국의 유수한 방폭기기 성능검사를 인증을 받았다 하더라도 국내 한국산업안전관리공단 또는 한국가스안전공사 또는 한국산업기술연구원의 인증을 받아야만 국내에서 사용이 가능하다. 이는 국내 산업의 보호뿐만 아니라 성능이 확실히 인증된 제품을 산업계에서 사용하여 폭발로부터의 인명과 재산을 보호하기 위함이다. 아래는 외국에서 국내로 방폭 전기기기를 수입하고자 할 때 필요한 서류를 나열하였다.

- 설명서(Specification)와 매뉴얼(Manual): 설명서와 매뉴얼은 성능을 서류로서 검사하는 중요한 서류이므로 필히 갖추어야 한다. 종종 간단한 트랜스미터(Transmitter) 등에 대하여는 매뉴얼을 생략하는 경우도 있으나 미리 미리 준하는 것이 좋다.

- 외국 인증기관의 방폭 인증서: 이 인증서는 한국기관과 MOU(Memorandum Of Understanding)이 체결된 기관인지를 필히 검토하여야 한다.

- Assembly Drawings: 제작 도면을 의미한다. 그러나 이것은 제조사들의 노하우(Know-how) 및 특허 등이 포함되는 경우가 많아 제조사들이 제공하기를 꺼려하는 경우가 많다.

- 사진: 수입하고자 하는 해단 기기의 전면, 측면이 포함되며 반드시 Name Plate가 포함되어야 한다. 이때 카달로그 등의 사진은 허용되지 않는다.

Physikalisch-Technische Bundesanstalt

Braunschweig und Berlin

(1)   **EC-TYPE-EXAMINATION CERTIFICATE**
       (Translation)

(2)   Equipment and Protective Systems Intended for Use in
       Potentially Explosive Atmospheres - **Directive 94/9/EC**

(3)   EC-type-examination Certificate Number:

       PTB 07 ATEX 1034 X

(4)   Equipment: Three-phase asynchronous motors,
                               types 1MJ6 07.-... to 1MJ6 20.-...

(5)   Manufacturer: Siemens Aktiengesellschaft
                               Automatisierungs- und Antriebstechnik Standardantriebe

(6)   Address: 91058 Erlangen, Germany

(7)   This equipment and any acceptable variation thereto are specified in the schedule to this certificate and
       the documents therein referred to.

(8)   The Physikalisch-Technische Bundesanstalt, notified body No. 0102 in accordance with Article 9 of the
       Council Directive 94/9/EC of 23 March 1994, certifies that this equipment has been found to comply with
       the Essential Health and Safety Requirements relating to the design and construction of equipment and
       protective systems intended for use in potentially explosive atmospheres, given in Annex II to the
       Directive.

       The examination and test results are recorded in the confidential report PTB Ex 07-17171.

(9)   Compliance with the Essential Health and Safety Requirements has been assured by compliance with:
       EN 60079-0:2004   EN 60079-1:2004   EN 60079-7:2003
       EN 61241-0:2006   EN 61241-1:2004

(10)   If the sign "X" is placed after the certificate number, it indicates that the equipment is subject to special
       conditions for safe use specified in the schedule to this certificate.

(11)   This EC-type-examination Certificate relates only to the design, examination and tests of the specified
       equipment in accordance to the Directive 94/9/EC. Further requirements of the Directive apply to the
       manufacturing process and supply of this equipment. These are not covered by this certificate.

(12)   The marking of the equipment shall include the following:

       Ex   II 2 G   Ex d IIC T1 ~T4   bzw.   Ex de IIC T1 ~ T4   bzw.

       Ex   II 2 D   Ex tD A21 IP65 TXXX °C

Zertifizierungsstelle Explosionsschutz   Braunschweig, December 5, 2007
By order:

Dr.-Ing. M. Thedens
Oberregierungsrat

                                                                                        sheet 1/3

EC-type-examination Certificates without signature and official stamp shall not be valid. The certificates may be circulated
only without alteration. Extracts or alterations are subject to approval by the Physikalisch-Technische Bundesanstalt.
In case of dispute, the German text shall prevail.

Physikalisch-Technische Bundesanstalt • Bundesallee 100 • D-38116 Braunschweig

[그림 8-4] 방폭 인증서

• 성능검사 시험성적서: 제조사로부터 가장 얻기 어려운 서류이다. 제조에 필요한 거의
  모든 정보가 포함되어 있기 때문이다. 이 성적서에는 갑지 뿐만 아니라 실제로 성능을
  검사한 자세한 내용이 첨부되어 있는 서류가 필수적이다.

  TÜV Rheinland Group

Umschaltung bestimmter Ventile nach Maßgabe der Betriebsanleitung und eine Temperatur am unteren Lagergehäuse von > -35°C. Im Betrieb wird das Motorgehäuse dann durch die Bohrungen mit Gas gefüllt und ständig unter Druck gehalten.

3) Dokumentation

Nr.	Bezeichnung	vom	Seiten	unterschrieben am
1	Betriebsanleitung	10.01.06	25	17.01.2006
2	Zg. Z3 – 00980	02.01.06	3	09.01.2006
3	Zg. Z3 – 00982	02.01.06	4	09.01.2006
4	Zg. Z3 – 00984	02.01.06	4	09.01.2006
5	Zg. Z3 – 00986	02.01.06	2	09.01.2006
6	Zg. Z3 – 00987	02.01.06	2	09.01.2006
7	Zg. Z3 – 00988	02.01.06	2	09.01.2006
8	Zg. Z4 – 00985	02.01.06	2	09.01.2006
9	Zg. Z4 – 00983	02.01.06	2	09.01.2006
10	Zg. Z4 – 00981	02.01.06	2	09.01.2006
11	Schott- Aderdurchführung	03.11.05	16	09.01.2006
12	Leckprüfung	21.12.05	1	09.01.2006
13	PTB 01 ATEX 1016	12.06.01	4	09.01.2006
14	PTB 99 ATEX 1108 U	26.10.99	4	09.01.2006
15	PTB 98 ATEX 1103 X	17.02.99	4	09.01.2006
16	PTB 00 ATEX 1069	30.11.00	4	09.01.2006
17	ABB EG- Konformitätserklärung	18.05.05	7	09.01.2006
18	Zündgefahrenanalyse	09.01.06	4	09.01.2006
19	Giessharz Typ G	10.94	2	09.01.2006
20	Testprotokoll	07.12.05	5	17.01.2006

4) Kenngrößen2

Technische Daten

Betriebsspannung: max. 500 V 50/60 Hz

Betriebsstrom: max. 110 A

Leistung: max. 55 KW

Dieser Prüfbericht darf nur vollständig und unverändert vervielfältigt werden.
This test and assessment report may only be reproduced entirely and without any change.

[그림 8-5] 시험성적서

• 수입신고필증: 해당 기기의 수입신고필증 사본을 제출하여야 한다.

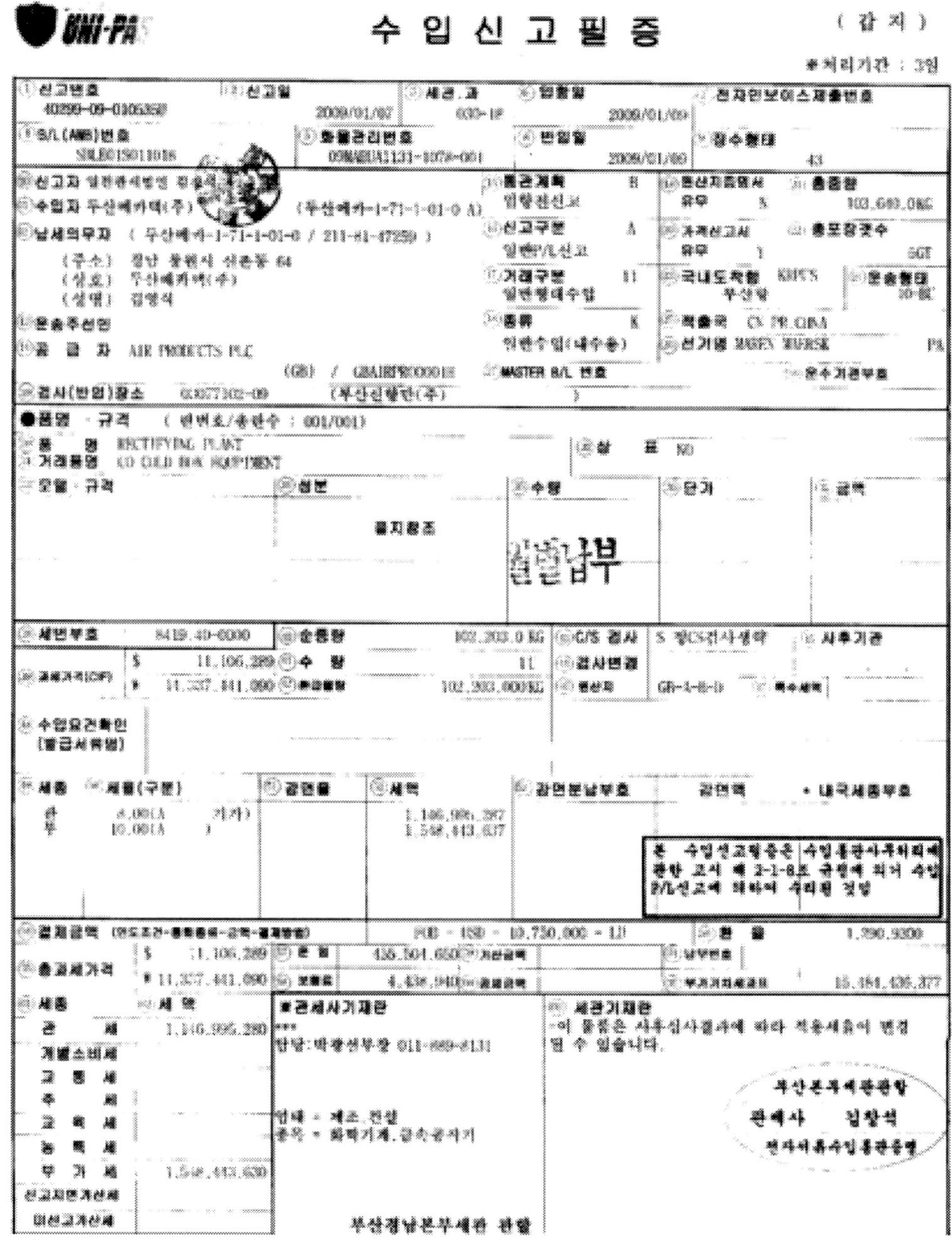

[그림 8-6] 수입 신고필증

SECTION
8.9

IEC 기준의 폭발 위험 범위 계산

8.9.1 방폭 계산서 예 1

1) 계산 적용 Code

IEC 60079-10

2) Input 조건

Calculation Basis: 방폭 계산서

[표 8-5] 방폭계산서 Input 조건 1

구 분		상 태	비 고
누출 특성	가연성 가스	초산	
	분자량	60.05kg/kmol	
	누출원	핀홀	
	용기 내 압력	200,000PAg(2kg/cm²g)	
	폭발 하한(LEL)	0.135kg/m³(5.4% vol.)	MSDS 기준 (0.416 x 10^{-3} x 분자량 x % LEL)
	누출 등급	1차	
	안전계수, k	0.25	
	누출량, (dG/dt)max	0.068055kg/s(1960kg/8hr)	C형 핀홀 Dia.: 1mm

구 분		상 태	비 고
환기 특성	조건	옥내	
	환기횟수(C)	$0.8468/h(\,C = \dfrac{dV_0/dt}{V_0}\,)$	Air volume(17,440m^3/hr) / 건물크기(20,594m^3)
	Quality factor, f	5	f=5 공기흐름장애로 max. 적용
	주위온도, T	33.8°C(307K)	여름철 최고온도 적용 Room Temp: 12.9°C(286K)
	온도계수, (T/293K)	1.05	
	건물크기, Vo	20,594m^3	주1동 Plant 면적: 2,942m^2 높이: 7.0m

3) 계산 결과

Hole Area

[표 8-6] 누출량 산출

	핀 홀	배관누출	안전 밸브
"A"형	10mm	1/5 내경	트림 내경
"B"형	5mm	1/10 내경	1/2 트림 내경
"C"형	1mm	1/25 내경	

"A"형: 공정압력이 진공, 50kg/cm^2 이상 혹은 공정온도 150℃ 이상 (펌프의 경우 압력비가 2이상 혹은 압력차가 50kg/cm^2 이상)

"B"형: 공정압력 혹은 공정온도가 "A"형 이하이면서 "C"형의 조건에서 벗어날 때

"C"형: 공정압력과 공정온도가 대기압의 200% 범위

∴ Hole Dia.: 1mm

$$\text{Hole Area}: \frac{\pi D^2}{4} = \frac{0.001^2 \times \pi}{4} = 0.00000785 \ \text{m}^2$$

Minimum volumetric flow rate of fresh air

$$(dV/dt)min = [(dG/dt)max / (k*LEL] * (Ta/293)$$
$$= 0.984135001 m^3/sec$$

  -k: Safety coefficient = 0.5

  -LEL: Lower Limit of inflammability = 0.135

  -Ta: Room temperature = 286 K

Evaluation of hypothetical volume :

$$Vz = [f * (dv/dt)min] / C_0 = 5.810905769 m^3$$

방폭반경: 환기특성을 고려한 누출원으로부터 폭발위험범위

$$Vz = 4\pi R^3/3$$

$$R = 1.208801844 m$$

4) 방폭장소 결정

IEC 60079-10-1 기준

$$Vz = 5.81090579 m^3 \ > \ 0.1 m^3 (고환기) \ \Rightarrow \ 중환기$$

환기유효성: 양호

1차 누출원

표 8-7 IEC-6079-10-1에 의하여 Zone 1 + Zone 2로 선정한다.

Influence of independent ventilation on type of zone

[표 8-7] IEC-60079-10-1

Grade of release	Ventilation						
	Degree						
	High			Medium			Low
	Availability						
	Good	Fair	Poor	Good	Fair	Poor	Good, Fair or Poor
Continuous	(0종 NE) 비위험[1]	(0종 NE) 2종[1]	(0종 NE) 1종[1]	0종	0종 + 2종	0종 + 1종	0종
Primary	(1종 NE) 비위험[1]	(1종 NE) 2종[1]	(1종 NE) 2종[1]	1종	1종 + 2종	1종 + 2종	1종 또는 0종[3]
Secondary	(2종 NE) 비위험[1]	(2종 NE) 비위험[1]	2종	2종	2종	2종	1종 및 0종[3]

5) 결론

방폭장소: 1종 + 2종지역

방폭반경: 누출원으로부터 1.2m 이상

8.9.2 방폭 계산서 예 2

1) 계산 적용 Code

IEC 60079-10

2) Input 조건

Calculation Basis: 방폭 계산서

[표 8-8] 방폭계산서 Input 조건 2

구 분		상 태	비 고
누출 특성	가연성 가스	NMM	
	분자량	101.17kg/kmol	
	누출원	핀홀	
	용기 내 압력	200,000PA(2kg/cm^{2}g)	
	폭발 하한(LEL)	0.0926kg/m^3(2.2% vol.)	MSDS 기준 (0.416 x 10^{-3} x 분자량 x % LEL)
	누출 등급	1차	
	안전계수, k	0.25	
	누 출 량 , (dG/dt)max	0.036146kg/s(1041kg/8hr)	C형 핀홀 Dia.: 1mm
환기 특성	조건	옥내	
	환기횟수(C)	0.8468/h($C=\dfrac{dV_0/dt}{V_0}$)	Air volume(17,440m^3/hr) / 건물크기(20,594m^3)
	Quality factor, f	5	f=5 공기흐름장애로 max. 적용
	주위온도, T	33.8°C(307K)	여름철 최고온도 적용 Room Temp: 12.9°C(286K)
	온도계수, (T/293K)	1.05	
	건물크기, Vo	20,594m^3	주1동 Plant 면적: 2,942m^2 높이: 7.0m

3) 계산 결과

Hole Area

[표 8-9] 누출량 산출

	핀 홀	배관누출	안전 밸브
"A"형	10mm	1/5 내경	트림 내경
"B"형	5mm	1/10 내경	1/2 트림 내경
"C"형	1mm	1/25 내경	

"A"형: 공정압력이 진공, 50kg/cm^2 이상 혹은 공정온도 150$℃$ 이상 (펌프의 경우 압력비가 2이상 혹은 압력차가 50kg/cm^2 이상)

"B"형: 공정압력 혹은 공정온도가 "A"형 이하이면서 "C"형의 조건에서 벗어날 때

"C"형: 공정압력과 공정온도가 대기압의 200% 범위

$\therefore$ Hole Dia.: 1mm

$$\text{Hole Area:} \quad \frac{\pi D^2}{4} = \frac{0.001^2 \times \pi}{4} = 0.00000785 \ m^2$$

Minimum volumetric flow rate of fresh air

$$(dV/dt)min = [(dG/dt)max \ / \ (k*LEL] * (Ta/293)$$
$$= 0.76203982 m^3/sec$$

-k: Safety coefficient = 0.5

-LEL: Lower Limit of inflammability = 0.0926

-Ta: Room temperature = 286K

Evaluation of hypothetical volume :

$$Vz = [f * (dv/dt)min] \ / \ C_0$$

$$= 4.499526 m^3$$

방폭반경: 환기특성을 고려한 누출원으로부터 폭발위험범위

$$Vz = 4\pi R^3/3$$

$$R = 1.024140134m$$

4) 방폭장소 결정

IEC 60079-10-1 기준

$$Vz = 0.76203982m^3 \ > \ 0.1m^3(고환기) \ \Rightarrow \ 중환기$$

환기유효성: 양호

1차 누출원

따라서 표 8-10 IEC-6079-10-1에 의하여 Zone 1 + Zone 2로 선정함

Influence of independent ventilation on type of zone

[표 8-10] IEC-60079-10-1

Grade of release	Ventilation						
	Degree						
	High			Medium			Low
	Availability						
	Good	Fair	Poor	Good	Fair	Poor	Good, Fair or Poor
Continuous	(0종 NE) 비위험[1]	(0종 NE) 2종[1]	(0종 NE) 1종[1]	0종	0종 + 2종	0종 + 1종	0종
Primary	(1종 NE) 비위험[1]	(1종 NE) 2종[1]	(1종 NE) 2종[1]	1종	1종 + 2종	1종 + 2종	1종 또는 0종[3]
Secondary	(2종 NE) 비위험[1]	(2종 NE) 비위험[1]	2종	2종	2종	2종	1종 및 0종[3]

5) 결론

    방폭장소: 1종 + 2종지역

    방폭반경: 누출원으로부터 1.024140134m 이상

1. 화재의 3요소에 대하여 설명하시오.

2. 점화원의 종류는 열원, 전기적 불꽃, 기계적 불꽃으로 나눌 수 있다. 이에 대하여 설명하시오.

3. 방폭구조에 대하여 최소 5가지 이상을 나열하고 이에 대하여 설명하시오.

4. 산업안전보건법, 고압가스안전관리법 및 소방법에 의한 방폭기기 선정의 차이점에 대하여 설명하시오.

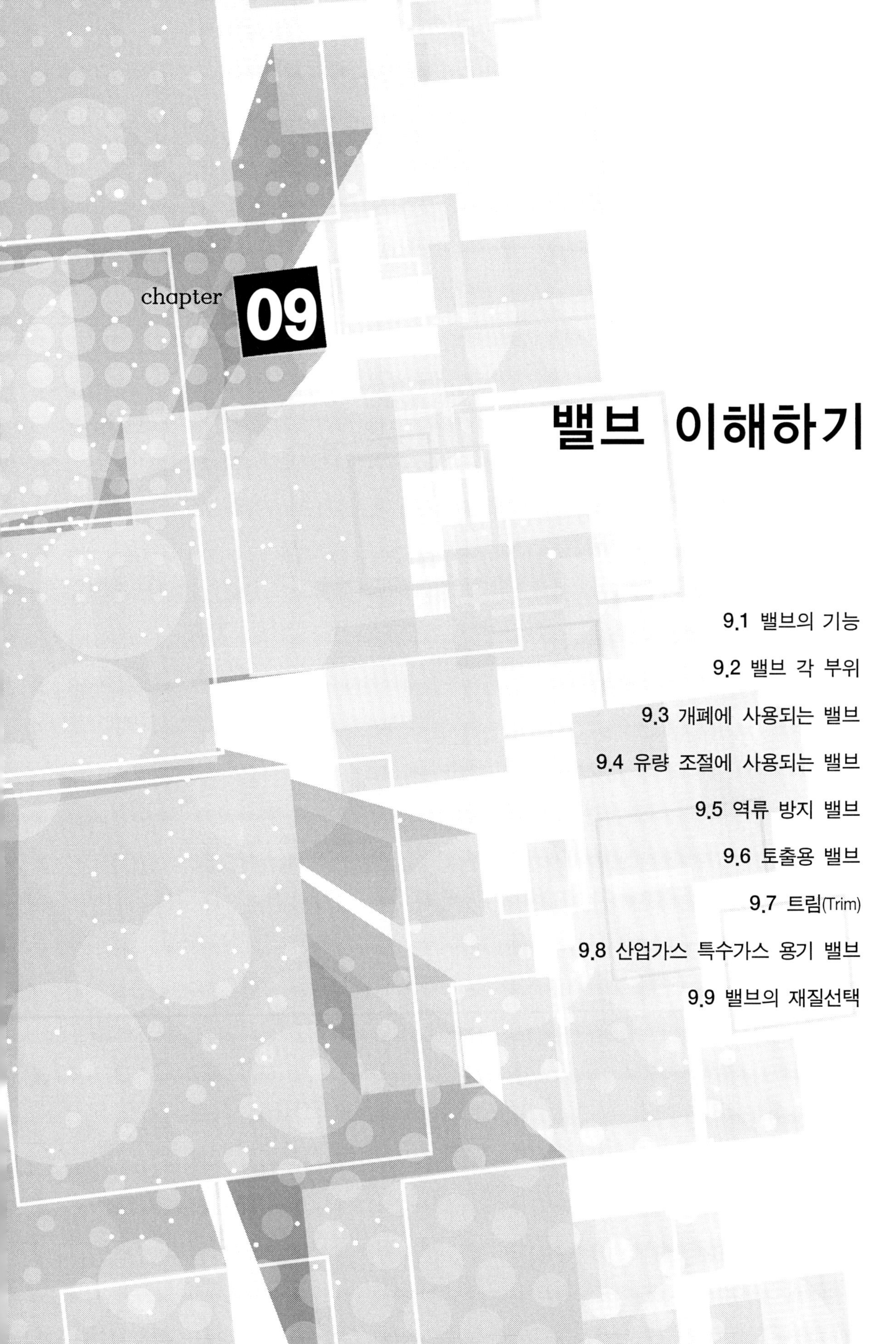

밸브 이해하기

밸브(Valve)란 관로(管路)의 도중이나 용기에 설치하여, 유체의 유량·압력 등의 제어를 하는 장치를 말하며, 밸브는 용기용 밸브와 배관용 밸브로 크게 구분되며, 용기용 밸브에는 LPG용기용 밸브, 압축가스 용기용 밸브, 아세틸렌 밸브 등이 있고, 배관용 밸브에는 볼 밸브, 글로브밸브 등이 있으나 가정용 사용시설에는 LPG용기용 밸브 및 볼(Ball) 밸브가 주로 사용된다.

1) 밸브의 정의

관 또는 압력 용기에 장치되어 그 회로 안에 흐르는 유체, 회로 속의 유체를 차단하거나 유량을 제어하는 기계적 장치이다.

2) 밸브의 규격일반

밸브의 규격의 일본 및 외국을 통틀어 상당히 많지만 현재 국제적으로 석유계의 화학 Plant에서 가장 널리 사용되는 것은 ANSI(미국규격협회)와 API(미국석유협회)가 있다.

일본의 대표적인 규격으로서는 JIS B 부문(기계관계)과 JPI(일본석유학회)가 있다.

3) 밸브의 사용목적

- 유량조절
- 압력조절
- 속도조절
- 유체의 방향전환
- 유체의 단속 및 유송

4) 종류

(1) 기능별

밸브의 기능에서 개폐(On/Off), 조절, 유동방향의 고정이나 변이는 한 시스템으로부터 유체를 방출하는 데 있으며, 이 목적을 달성키 위한 밸브 기능은 폐쇄(Obturating), 회전(Rotating), 미끄럼(Sliding), 스퀴징(Squeezing)을 통해 이루어진다.

(2) 기본 구조별

밸브는 기능별로 4가지의 기본구조를 가지며, 이의 장단점은 표 9-1과 같다.

[표 9-1] 밸브의 장단점

기본구조	장 점	단 점
글로브(Globe)	높은 기밀성 및 유량제어	유체저항이 크다
플러그(Plug)	신속한 개폐동작 Straight 유체 제어 적은 유체저항	Soft seal 재질(PTFE 등) 또는 Lubricant 종류에 따라서 온도나 유체의 제한이 있다
볼(Ball)	신속한 개폐동작 Straight 유체 제어 적은 유체저항 조작성이 좋음	Soft seal 재질(PTFE 등) 종류에 따라서 온도나 유체의 제한이 있다
버터플라이(Butterfly)	신속한 개폐동작 유량제어 양호 소형 및 경량	Soft seal 재질(PTFE 등) 종류에 따라서 온도나 유체의 제한이 있다
게이트(Gate)	Straight 유체 제어	개폐시간이 길다 비교적 대형이다
다이어프램(Diaphragm)	Glandless Type Slurry 상태의 유체에 적합	다이어프램 재질에 따라 온도나 압력에 제한을 받는다

(3) 재료별

- 주철제 밸브: 회주철, 가단주철, 구상흑연주철, Cr주철
- 주강제 밸브: WCB, LCB 등
- 합금강 밸브: WC6, WC9, C5, C12, CN7M, LC1, LC3등
- 단강제 밸브: A105, F11, F22 등
- 스테인레스강 밸브: 304, 316, 304L, 316L등
- 특수 합금 밸브: 두랄루민(Duralumin) 등
- 비금속 밸브: 플라스틱(Plastic) 등
- 기타: 납 등

(4) 용도별

　일반기계 산업가스용, 특수가스용, 건설용, 상하수도용, 건축용, 일반화학 장치용, 석유화학용, 발전용(원자력, 수화력), 조선용, 항공용, 고온 고압용, 저온 초저온용 기타 등으로 나눌 수 있다.

(5) 사용목적별

- On-Off: Gate, Slide, Plug, Lubricated Plug, Non-Lubricated Plug, Ball, Butterfly
- Throttling: Globe, Angle, Y-Pattern, Needle, Butterfly, Diaphragm, Pinch
- Prevent Back-Flow: Swing, Piston, Ball, Foot
- Process Control: Automatic Control, Hand Control
- Safety 및 Protection: Safety, Relief, Safety-Relief, Rupture Disc

(6) 특수용

　전동, 전자자동, 유압, 공압, 원격조작, 긴급차단, 온도조절, 압력조절, 수위조절, 감압, 안전, Jacket, Bellows 등이 있다.

SECTION 9.1

밸브의 기능

밸브의 기능은 흐름의 정지 또는 가동(On/Off), 유량의 변경(Regulating), 한쪽 방향으로만 흐름을 허용(Check), 다른 방향으로 흐름의 전개(Switch), 시스템으로부터 토출되는 유체의 허용(Discharge) 등이 있다.

SECTION 9.2 밸브 각 부위

- 흐름에 직접 영향을 미치는 디스크(Disc) 및 시트(Seat)
- 디스크를 움직이게 하는 스템(Stem), 일부 밸브는 압력을 받고 있는 압력을 받고 있는 유체가 스템을 작동한다.
- 스템을 감싸고 있는 몸체(Body) 및 보닛(Bonnet)
- 스템을 움직이게 하는 작동기(Operator)

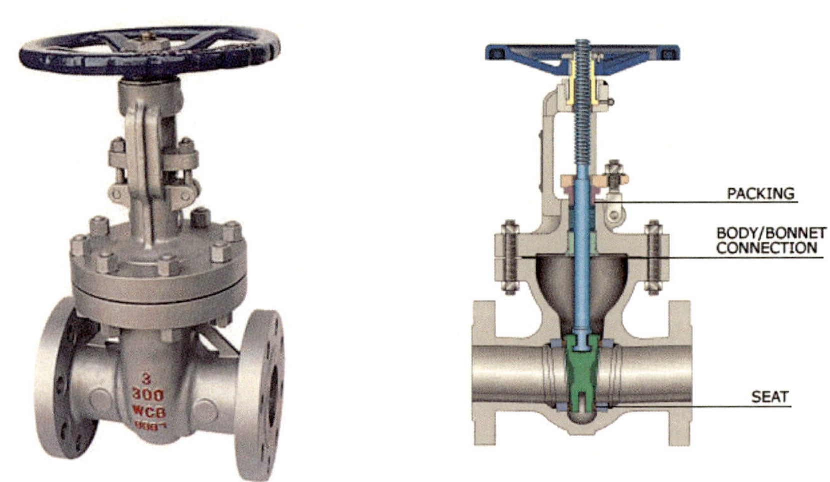

[그림 9-1] 게이트 밸브의 구조

1) 디스크(Disc), 시트(Seat) 및 포트(Port)

흐름에 직접적으로 영향을 미치고 있는 이동부위는 모
양과 관계없이 디스크라고 부르고 있으며, 이동하지 않는
부위를 시트라 한다. 포트는 내부 흐름이 최대로 열려 있
는 부위를 말한다. 밸브의 크기는 배관 등 끝단에 연결되
는 크기로 결정한다.

2) 스템(Stem)

스템은 수동(Manual)으로 움직일 수도 있고 유압
(Hydraulic), 공기(Pneumatic)·전기(Electrical)·원격
(Remote)·자동제어(Automatic Control)·레버(Lever) 또는 스
프링(Spring) 등으로 움직일 수 있다.

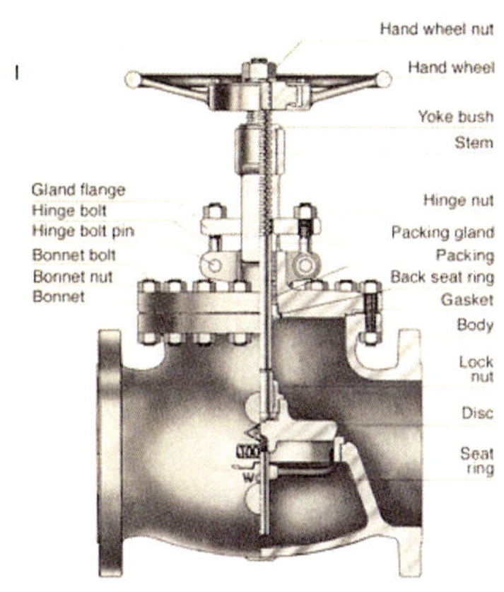

[그림 9-2] 글로브 밸브의 구조

스크류형 스템은 오르내리는 스템(Rising Steam, 그림 9-3의 (a)) 과 오르내리지 않는 스템
(Non-rising Stem, 그림 9-3의 (b))으로 구분할 수 있으며, 오르내리는 스템은 내부 스크류
(Inside Screw, IS) 또는 외부 스크류(Outside Screw, OS) 형태로 제작된다. 외부 형태는 보닛
상의 요크(York)를 가지고 있으며 "OS & Y"라고 축약된 "외부 스크류 및 요크"라는 말로
부른다.

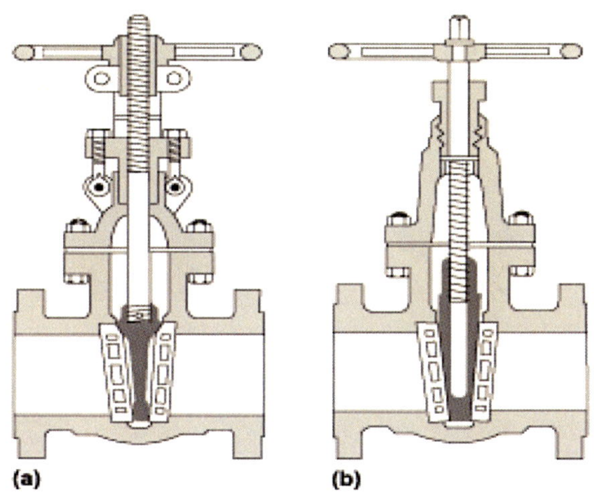

[그림 9-3] 글로브 밸브의 구조

3) 보닛(Bonnet)

밸브 보닛에 연결되는 형태는 스크류(유니온 포함), 볼트 또는 끝 부분을 잠그는 (Breechlock) 3가지의 기본형태가 있다.

스크류 보닛(Screw Bonnet)은 밸브가 개방될 때 보통 봉(Stick) 모양으로 회전한다. 비록 봉이 유니온 형태의 보닛보다 문제는 없지만 스크류 보닛형의 밸브는 누출 시 사람 또는 환경에 별로 영향을 주지 않는 유체에 널리 사용된다. 유니온 보닛(Union Bonnet) 은 단순한 스크류 형태보다는 자주 분해·조립해야 하는 필요가 있는 소형 밸브용으로 널리 사용된다.

볼트(Bolt) 형태의 보닛은 탄화수소에 적용되는 스크류 및 유니온 보닛 밸브를 대신하여 사용한다.

산업용에 사용되는 밸브를 결정하기 위해서는 스템을 매끄럽게 해야 한다. 따라서 팩킹 (Packing)의 선정, 그랜드(Gland)의 설계 및 윤활제(Grease)의 선정 및 적용함에 있어서 주의 를 기울여야 한다. 선정 시 보닛에 어떤 위험이 침투하였을 때 드레인(Drain) 역할을 할 것 인지 아니면 윤활유를 주입할 수 있는 곳으로서 역할을 할 것인지 2가지 목적을 제공할 수 있도록 랜턴링(Lantern Ring) 을 설치한다.

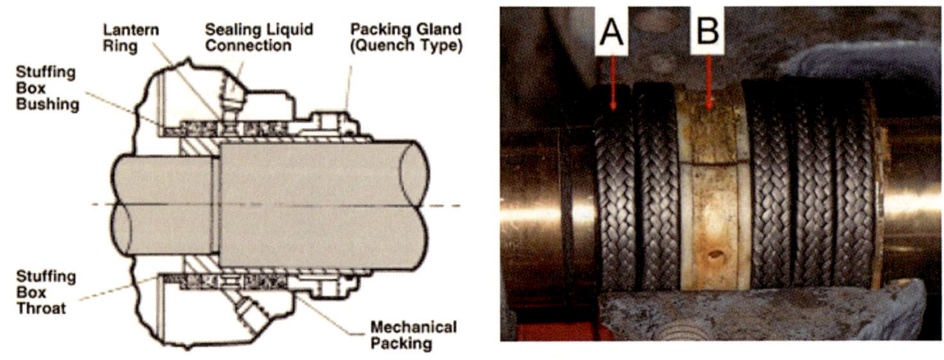

[그림 9-4] 랜턴링(Lantern Ring)

4) 바디(Body)

밸브 바디는 내부 제작 시 재질선정은 공정에 사용되는 유체에 밀접한 관계가 있으며 때론 부식에 대하여 견딜 수 있도록 덧대기(Lining)를 수행하기도 한다.

밸브는 플랜지, 스크류, 맞대기, 소   용접 또는 호스용 마감, 커플링 등으로 연결한다.

5) 밸브선정 가이드

[표 9-2] 밸브선정 가이드

유 체	유체 성질	밸브 기능	디스크 형태	비 고
액체	중성 (물, 연료 등)	개폐	게이트 로터리 볼 플러그 다이아프람 버터플라이 플러그 게이트	없음 없음 없음 연료용은 천연고무 안됨 없음 없음
		조절	글로브 버터플라이 플러그 게이트 다이아프람 니들	없음 없음 없음 연료용은 천연고무 안됨 없음
	부식성 (알칼리, 산 등)	개폐	게이트 로터리 볼 플러그 다이아프람 버터플라이	반 부식, OS&Y, 벨로우즈실 반 부식, OS&Y 반 부식, OS&Y, 라이닝 반 부식, OS&Y, 윤활, 라이닝 반 부식, OS&Y, 라이닝
		조절	글로브 다이아프람 버터플라이 플러그 게이트	반부식, OS&Y, 다이아프람 또는 벨로우즈실 반 부식, 라이닝 반 부식, 라이닝 반 부식, OS&Y
	위생설비 (음식, 음료, 제약 등)	개폐	버터플라이 다이아프람	특수 디스크, 투명 시트 위생 라이닝, 투명 다이아르람
		조절	버터플라이 다이아프람 스퀴즈(Squeeze) 핀치(Pinch)	특수 디스크, 투명 시트 위생 라이닝, 투면 다이아프람 투명 플랙시블 튜브 투명 플랙시블 튜브

유 체	유체 성질	밸브 기능	디스크 형태	비 고
	슬러리	개폐	로터리 볼	마모방지 라이닝
			버터플라이	마모방지 디스크 탄력성 시트
			다이아프람	마모방지 라이닝
			플러그	윤활
			핀치	없음
			스퀴즈	중심 시트 부착
		조절	버터플라이	마모방지 디스크 탄력성 시트
			다이아프람	라이닝
			스퀴즈	없음
			핀치	없음
			게이트	단일시트, V자 모양의 디스크
	섬유질의 부유물	개폐 및 조절	게이트	단일시트, Knife 중앙 디스크, V자 모양의 디스크
			다이아프람	없음
			스퀴즈	없음
			핀치	없음
기체	중성 (공기, 스팀 등)	개폐	게이트	없음
			글로브	합성 디스크, 플러그형 디스크
			로터리 볼	없음
			플러그	없음, 증기에는 부적합
			다이아프람	없음, 증기에는 부적합
		조절	글로브	없음
			니들	없음, 적은 유량에만 적용
			버터플라이	없음
			다이아프람	없음, 증기에는 부적합
			게이트	단일시트
	부식성 (알칼리, 산 등)	개폐	버터플라이	반 부식
			로터리 볼	반 부식
			다이아프람	반 부식
			플러그	반 부식
		조절	버터플라이	반 부식
			글로브	반 부식, OS&Y
			니들	반 부식, 적은 유량에만 적용
			다이아프람	반 부식

유 체	유체 성질	밸브 기능	디스크 형태	비 고
	진공	개폐	게이트 글로브 로터리 볼 버터플라이	벨로우즈실 다이아프램 또는 벨로우즈실 없음 탄력성이 있는 실
고체	마찰을 일으키는 분말가루(실리카 등)	개폐 및 조절	핀치 스퀴즈 나선형 Sock	없음 중심 시트 없음
	윤활작용을 하는 분말(흑연, 운모 등)	개폐 및 조절	핀치 게이트 스퀴즈 나선형 Sock	없음 단일 시트 중심 시트 없음

6) 밸브 선정의 주요 사항

- 유체의 형태 결정: 액체·기체·슬러리 또는 분말 등
- 유체의 성질 결정: 중성·부식성·위생·슬러리 등
- 작동 결정: 개폐 또는 조절
- 선정에 미치는 다른 요인 조사: 유체의 온도 및 압력·작동 시간·비용·가용도 (Availability)·설치 위치 등

개폐에 사용되는 밸브

산업용에서 개폐의 목적으로 사용되는 밸브는 가장 일반적인 것이 게이트 밸브이다. 이것은 대부분 조정용으로는 적합하지 못하며 Throttling(밸브 포트의 크기를 조절하여 유량을 제어하는 것)은 시트와 디스크의 침식(Erosion) 및 진동(Chattering)을 발생시킨다.

1) 솔리드 웨지(Solid Wedge) 게이트 밸브

단단하거나 유연성이 Wedge Disc를 가지고 있다. 증기, 물, 연료, 공기 및 가스를 포함하여 대부분 유체에 적합하다.

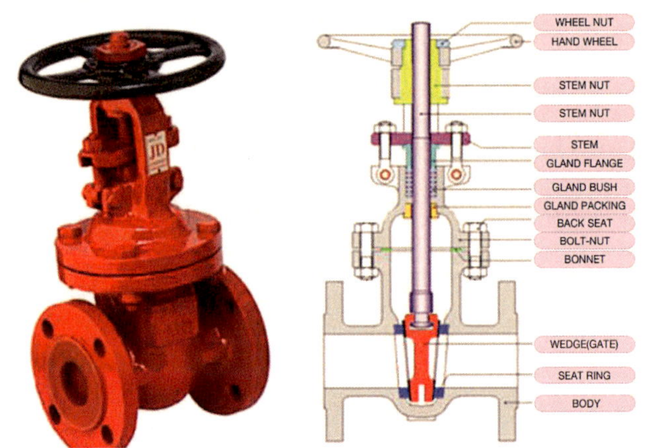

[그림 9-5] 솔리드 웨지 게이트 밸브

- 용도: 이 밸브는 차단 밸브, 즉 완전 열림이나 완전 닫힘의 상태로 사용되며 유량 조절 목적으로는 사용되지 않는다. 고온 고압의 여러 종류의 유체에 사용되나 Slurry나 고점도의 유체에는 사용되지 않는다.
- 장점: 완전히 열렸을 때 압력 강하가 작고 완전히 닫혔을 때 씰링(Sealing)이 잘된다.

- 단점: 완전히 열지 않았을 때 진동(Vibration)이 생기기 쉽고 시트(Seat)와 디스크(Disc)의 마모가 생기기 쉽다. 대형의 게이트 밸브는 Steam Line에 추천되지 않으며 작동 시 큰 힘이 소요된다.

2) 더블 디스크 패럴렐 시트(Double Disc Parallel-Seats) 게이트 밸브

중간의 온도에서 액체·기체에 대하여 사용되나 조정용으로는 부적합 하다.

3) 싱글 디스크 게이트(Single-Disc Gate) 밸브 또는 슬라이드(Slide) 밸브

제지 펄프 슬러리 및 기타 섬유질 부유물로 취급되며 저압 가스용으로 사용된다.

[그림 9-6] 더블 디스크 패럴렐 시트 게이트 밸브

[그림 9-7] 슬라이드 밸브

4) 플러그 밸브(Plug Valve)

이 밸브의 장점은 90도로 회전함으로써 유체 흐름을 개폐할 수 있다. 잘 막히는 현상이 있으며 작동하는 데 많은 힘이 필요하다.

콕 밸브(Cock Valve)의 한 종류로 윤활구조를 갖거나 실링(Sealing) 면 사이에 마찰력을 기계적으로 감소시키는 구조를 가지고 있는 밸브이다. 대체로 플러그(Plug) 내에는 틈을 가지고 회전할 수 있도록 한 실린더나 테이퍼의 구조를 가지고 있다.

- 용도: 고온, 저압 압력에 유용하며 볼(Ball), 게이트(Gate), 글로브(Glove) 밸브와 유사한 기능을 발휘한다.

- 장점: 일반적으로 플러그 밸브는 크기에서 작으며 타 밸브에 비하여 머리 부분이 작고, 넓은 범위의 유체에 유용하다.

- 단점: 플러그 밸브는 꽉 체결되거나 벗어나는 경향이 있으며 윤활유가 칠해진 플러그 밸브는 주기적인 윤활이 필요하게 된다.

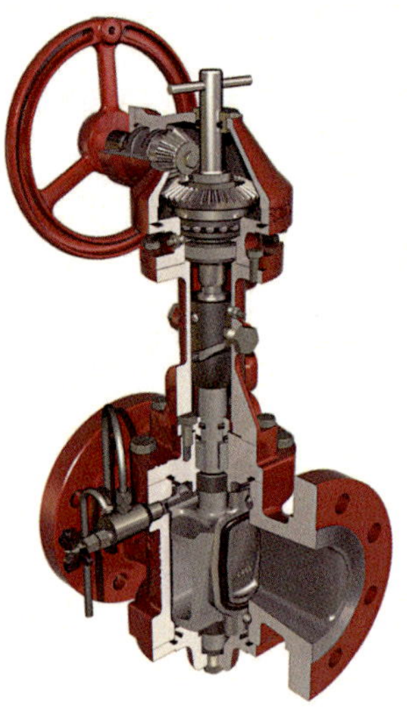

[그림 9-8] 플러그 밸브

4) 볼 밸브(Ball Valve)

볼 밸브의 형식은 플러그 밸브의 한 유사 종 밸브로 생각할 수 있으며 볼 자체가 후로팅되어 있는 것을 생각하면 구형 볼 밸브라고 정의할 수도 있기 때문이다. 나머지 모든 운전 동작이나 기밀유지의 형식, 구성상의 특징 등이 플러그 밸브와 같다.

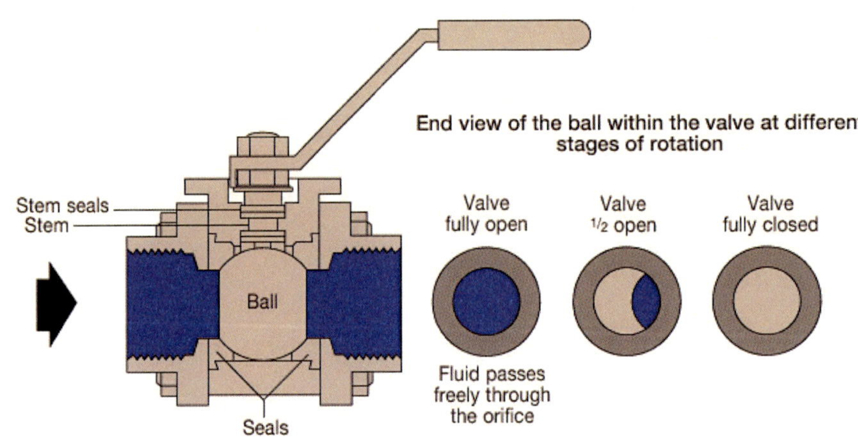

[그림 9-9] 볼 밸브

하우징(Housing) 속에 구(Ball)를 내장시켜 Ball을 90회전시킴으로 개폐작용을 한다. Full Bore 및 Reduced Bore Type이 있다.

- 용도: 볼 밸브는 Flow Control, Pressure Control 개폐작용을 할 수 있고, 또 일반적인 액체, 가스뿐 아니라 부식성 유체, 고점도 액체, 저온성의 액체, Slurry 등에 사용 가능하다.

- 장점: 압력 강하가 적고, 누설이 적으며, 개폐작용이 신속하다($\frac{1}{4}$ Turn). 비슷한 압력의 다른 밸브와 비교하여 크기가 작고 무게가 가볍다. $\frac{1}{4}$ Turn으로 자동화가 용이하다. 유체 특성에 따른 Seat-ring 재질이 다양하다. 방향 전환이 용이하다.

- 단점: 이 밸브를 조절 밸브로 사용할 때 시트(Seat)가 튀어 나오기 쉬우며 볼에 Vent Hole이 없다면 닫힌 상태에서 볼 속에 차여 있는 액체는 문제를 야기할 수 있다(용착 내지는 응고 등). 즉 재빠른 열림 때문에 볼 속에 있던 액체는 배관 상에서 워터 해머링(Water Hammering)를 일으킬 수 있고 요구되지 않는 압력 동요를 일으킬 수 있다. 소프트 시트(Soft Seat) 재질(PTFE)이 사용됨에 따라 유체 온도의 제한을 받는다.

5) 버터플라이 밸브(Butterfly Valve)

게이트밸브에 비하여 60~70% 정도이고, 볼 밸브나 플러그 밸브에 비해서도 20%이상 가볍다. 또 밸브의 무게중심의 볼 밸브와 같이 배관 중심선과 거의 일치함으로 배관계의 구조를 보다 건전하게 한다. 물론 밸브의 구성부품수도 적기 때문에 제작도 용이하고, 밸브 구경 대비 가격도 저렴한 편이다.

버터플라이 밸브는 밸브 바디 안의 Disc를 90도 이내 범위로 회전시킴으로써 흐름을 개폐하는 회전(Rotary) 밸브의 일종이다.

- 용도: 볼 밸브는 상대적으로 누설이 중요하지 않은 저압력 시스템에 사용되며 보통 대구경 라인에 사용된다.

• 장점: 압력 강하가 적고 가벼우며 면간 거리가 짧
  다. 가격이 저렴하다. Size 범위가 크다.

• 단점: 특수한 씰(Seal)이 사용되지 않으면 누설이
  많다. 유속이 빠른 흐름에 의하여 종종 씰이 상
  하게 된다. 작동시키는 데 큰 힘이 필요하며 저
  압 시스템에 제한하여 사용된다.

[그림 9-10] 버터플라이 밸브

유량 조절에 사용되는 밸브

1) 글로브 밸브(Globe Valve)

조절용으로 가장 널리 사용되는 밸브이다. 6인치 이상에서는 게이트 밸브 또는 버터플라이 밸브를 사용하기도 한다.

이 밸브는 링(Ring) 형태의 시트(Seat)에 수직으로 작동하는 스템에 의하여 디스크나 플러그 형태의 폐쇄 장치로 관로를 열고 닫게 된다. 일반적으로 공 모양의 밸브 바디를 가지며 입구와 출구의 중심선이 일직선상에 있고 유체의 흐름이 S자 모양이다.

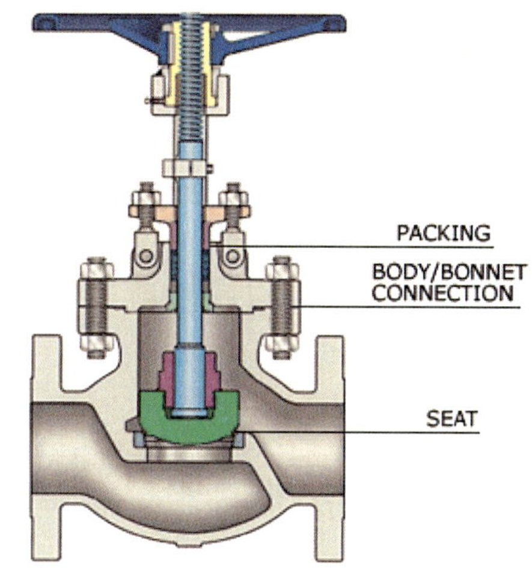

[그림 9-11] 글로브 밸브

- 용도: 주로 조절 목적에 사용되며 유량조절 밸브로 간주된다.

- 장점: Short Lift로 개폐시키는 데 신속하며 씰링(Seating) 면의 마모가 적다. 큰 압력 강하로 인하여 압력 조절이 가능하다. 밸브 제작에 관한 소재 선정의 폭이 넓다.

- 단점: 압력에 강하가 크다. 큰 사이즈 밸브에서는 작동 시 큰 힘이 소요되어 기어링 레버(Gearing Lever)가 필요하다. 같은 압력 밸브에 비교하여 무게가 많이 나간다. 무게로 인해 크기에 제한을 받는다.

2) 앵글 밸브(Angle Valve)

90도 앨보우를 사용하지 않기 위해 몸체 끝단이 직각으로 제작된 글로브 밸브 형태이다. 배관의 각도는 밸브의 형태를 고려하여야 하는 일직선 흐름보다도 더욱 높은 응력을 발생시킨다.

3) Y-body 글로브 밸브

배관상의 포트와 스템이 약 45도로 형성되어 있다. 부드러운 흐름 패턴 때문에 침식이 있는 유체에 적합하다.

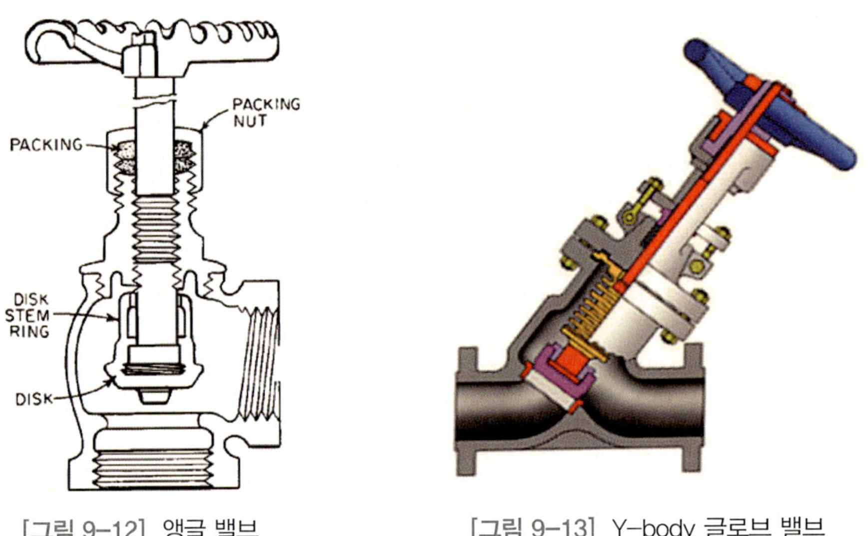

[그림 9-12] 앵글 밸브　　　　　[그림 9-13] Y-body 글로브 밸브

4) 니들 밸브(Needle Valve)

니들 밸브는 흐르는 양을 조절하고 액체와 기체에 사용되는 소형 밸브이다. 바늘형상의 스핀들이 같은 형상의 실린더를 유동하며 유량을 가감하는 밸브이다

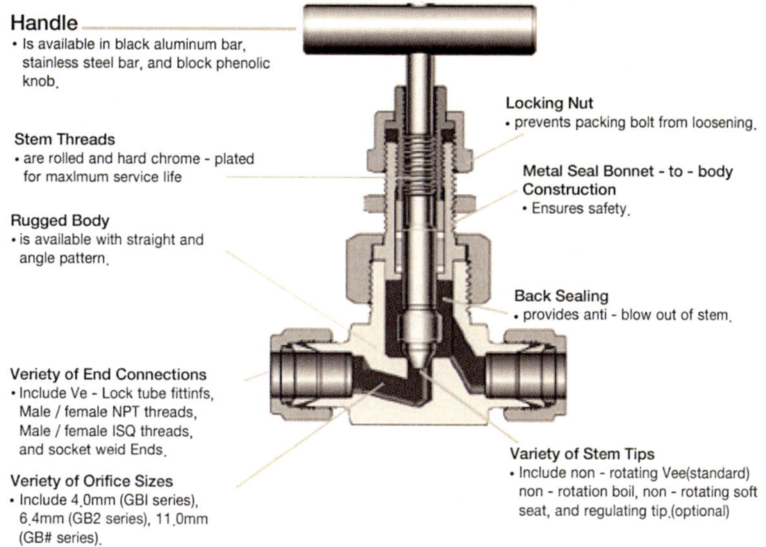

[그림 9-14] 니들 밸브

5) 스퀴즈 밸브(Squeeze Valve)

유체의 흐름이 까다로운 액체, 슬러리 및 가루 분말 등의 흐름을 조절하는데 적합하다. 이 밸브는 중앙 부위에 시트 밸브의 형태를 변형한 것을 사용하며 완전히 닫히지 못할 경우 최대 조절할 수 있는 마감범위는 약 80% 정도이다.

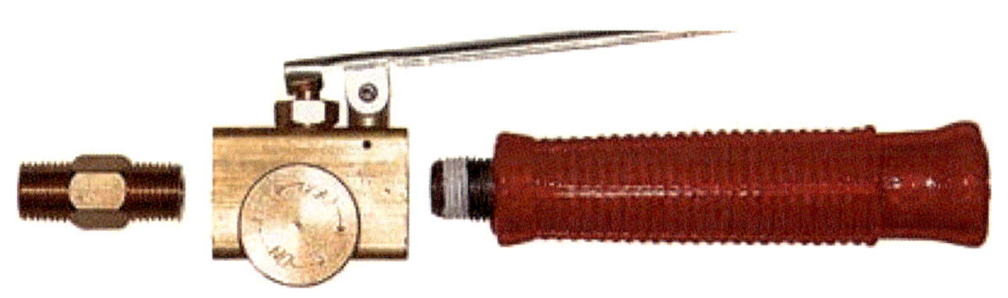

[그림 9-15] 스퀴즈 밸브

6) 핀치 밸브(Pinch Valve)

유체의 흐름이 까다로운 액체, 슬러리 및 가루 분말 등의 흐름을 조절하는 데 적합하다. 특수하게 설계되지 않은 경우 완전한 폐쇄는 가능하지만 유연성이 있는 튜브가 급속하게

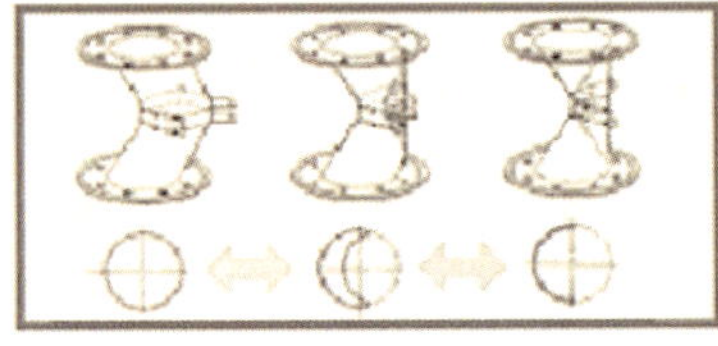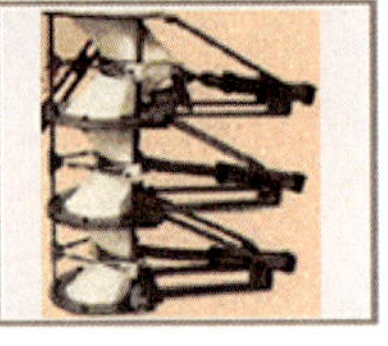

마모되는 경향이 있다. 엘보우 튜브는 화학적 특성, 경도, 습도 조건, 에어씰 등 광범위하게 선택이 가능하다. 집진기 하부 및 에어 발생장소에 적합하다.

[그림 9-16] 핀치 밸브

7) 로터리 밸브(Rotary Valve)

로터리 밸브는 분체나 입체를 하부로 이송하는 방법으로서, 이송 중에 기체의 흐름을 방지하고 기밀을 유지하기 위하여 사용한다.

베인의 수가 4개, 6개 또는 8개로 구성되는 경우도 있으며, 기밀을 유지하여야 하는 정도에 따라서 베인 수가 결정이 되기도 합니다. 유입구와 배출구를 하나의 베인 폭으로 하는 경우에 측면에는 베인과 케이스로 닫혀진 상태에 있게 된다. 기체의 유입은 베인과 케이스의 간격에 의하여 발생하게 되며, 또한 베인 사이의 부피만큼 기체가 유입된다. 경우에 따라서는 정량공급을 하는 기능도 있다.

[그림 9-17] 로터리 밸브

역류 방지 밸브

체크 밸브(Check Valve)는 운전특성상 자력으로, 또한 밸브의 트림 또는 동작부가 어떻게 운전하고 있는지를 스스로만 가리키는 밸브 중 가장 유별난 밸브의 한 종류이다. 또 유체의 흐름을 한 방향으로만 유지하기 때문에 영어로 "Non-return" 밸브라고 한다.

체크 밸브에 대해서는 심도 있는 연구로 체크 밸브 응용에 따른 워터햄머(수격) 등의 문제점들이 상당히 해결되어가고 있다. 이들 문제점들의 해결방안이란 계통의 운전특성에 따른 최적현상의 체크 밸브의 운전거동을 계통의 유체 흐름현상 해석과 관련하여 해석하고 있다.

1) 스윙 체크 밸브(Swing Check Valve)

스윙 체크 밸브의 운전특징은 힌지핀(Hinge Pin)을 중심으로 디스크가 유체의 흐름과 양에 따라 디스크가 열림으로 밸브가 개방되고, 유체가 정지함에 따라 밸브 출구 측의 압력과 디스크의 무게에 의해 닫히는 구조이다.

핀(Pin 또는 Hinge)에 의해 지지되어 스윙 운동을 할 수 있는 밸브로서 역류 흐름에 의하여 수직으로 닫혀지며 대부분 직선 배관에 사용된다. 디스크의 운동거리는 리프트 체크 밸브(Lift Check Valve)보다 크며, 이

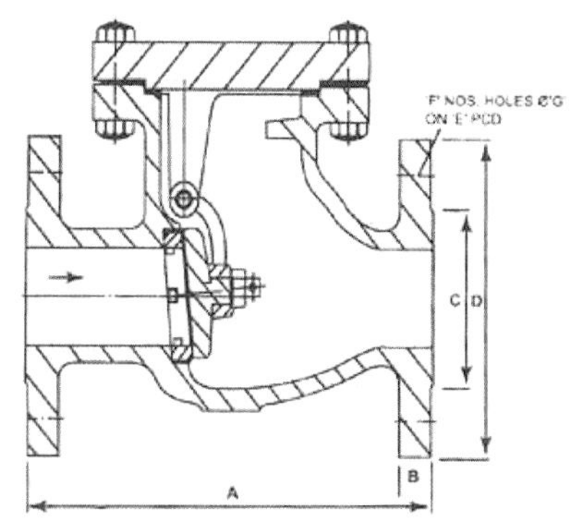

[그림 9-18] 스윙 체크 밸브

물질이나 점도가 큰 유체가 디스크의 이동을 방해하기도 한다.

디스크의 이동거리는 밸브 크기가 커질수록 길어져 결과적으로 밸브의 무게가 커지고 디스크의 운동을 부자연스럽게 하므로 24도 이상의 스윙 체크 밸브는 멀티 디스크 밸브(Multi-Disc Valve)를 사용한다.

- 용도: 역류 방지에 사용

- 장점: 압력 강하가 적다. Horizontal 또는 Vertical에 사용, 무게가 가볍고 값이 싸다.

- 단점: 누설이 많으며 이물질 침적이 생기기 쉽고, 빠른 유속에서 씰링 표면이 침식되기 쉽다.

2) 리프트 체크 밸브(Lift Check Valve)

리프트 체크 밸브는 설계상 다양한 장점이 있는 반면 밸브 몸체와 디스크의 안내면이 원활하지 못할 경우에는 밸브가 열려 있는 상태로 다시 닫히지 않는 일면 Cock 또는 Stick 현상이 있다. 따라서 이러한 현상을 완화시키기 위해서는 유체 흐름을 유속범위 내에서 스프링을 채택한 스프링 로디드 체크 밸브(Spring Loaded Check Valve)로 변경하는 게 좋다.

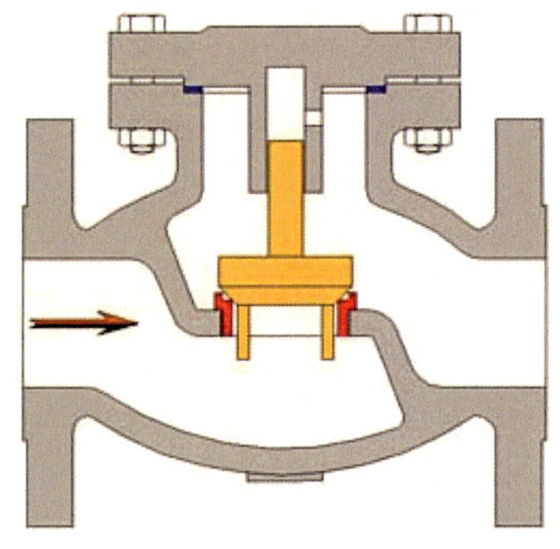

[그림 9-19] 리프트 체크 밸브

디스크는 바디나 커버 플레이트(Cover Plate)에 설치된 가이드(Guide)를 통하여 바디 시트(Body Seat)에 대하여 수직방향으로 운동 한다. 스프링(Spring)을 장착하여 일정 방향으로 조작될 수도 있다.

- 용도: 역류 방지용 Horizontal Line에 사용되며 압력 강하가 크다. 2″ 이하 스몰 파이프 라인(Small Pipe Line)에 사용

3) 틸팅 디스크 체크 밸브(Tilting Disc Check Valve)

틸팅 디스크 체크 밸브는 스윙체크 밸브와 리프트 체크 밸브로써 만족시키기 어려운 역류로 인한 급격한 스램(Slamming)을 감소시키고(스윙 체크 밸브 대비), 리프트 체크 밸브의 작은 동작범위(Travel Length) 때문에 디스크의 닫힘이 매우 빨라 순간적인 유체 천이력이 크게 되는 경우 이를 어느 정도 감소시킬 수 있는 밸브로써 고안된 밸브이다.

자주 유동이 바뀌는 곳에 적당하며, 스윙 체크 밸브보다 빨리 닫히며, 시트(Seat)에 충격이 적게 된다. 유동 속도가 클 때는 압력 강하가 크며, 속도가 작을 때는 비교적 스윙 체크 밸브보다 압력 강하가 적다. 유동이 위쪽 방향으로 흐르도록 수직으로 또는 수평으로도 설치할 수 있다. 이 밸브는 값이 비싼 단점이 있고 스윙 체크 밸브보다 수리가 곤란하다. 따라서 스윙 체크 밸브를 쓸 수 없는 곳에서만 사용하고 있다.

4) 피스톤 체크 밸브(Piston Check Valve)

통합된 제동장치 때문에 맥동치는 흐름에 훨씬 덜 지배를 받고 있기 때문에 흐름의 방향이 자주 변경하는 곳에 적합하다. 스프링이 누르고 있는 형태는 어떤 방향에서도 작동될 수 있다.

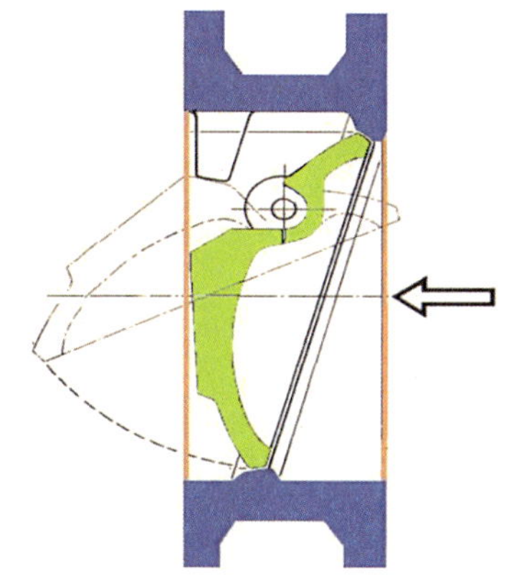

[그림 9-20] 틸팅 디스크 체크 밸브

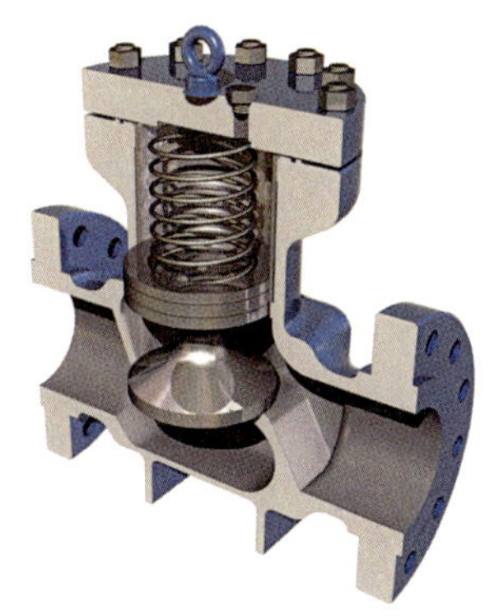

[그림 9-21] 피스톤 체크 밸브

5) 스톱 체크 밸브(Stop Check Valve)

스톱 체크 밸브의 형식은 2가지가 개발되어 있다. 하나는 스윙 체크 밸브 형식이고 나머지 하나는 리프트 체크 밸브 형식이다. 스윙 체크 밸브 형식의 경우는 스윙 체크 밸브의 본넷부에 스템을 장치한 것이고 리프트 체크 밸브 형식은 리프트 체크 밸브의 디스크에 Screw-Down 스템을 장치한 것이다.

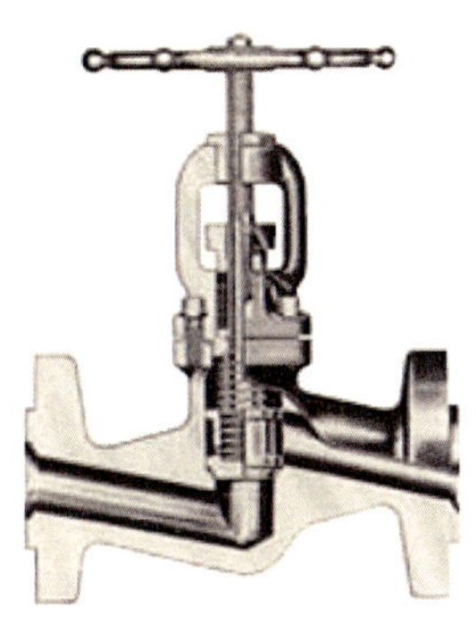

[그림 9-22] 스톱 체크 밸브

6) 볼 체크 밸브(Ball Check Valve)

볼 체크 밸브는 대부분의 서비스에 가능하다. 이 밸브는 점착성 또는 고무성 퇴적물이 생성되는 것을 포함하여 기체, 증기 및 액체를 조작할 수 있다. 볼 시트를 접촉하고 있는 표면을 깨끗하게 유지할 수 있도록 해야 한다.

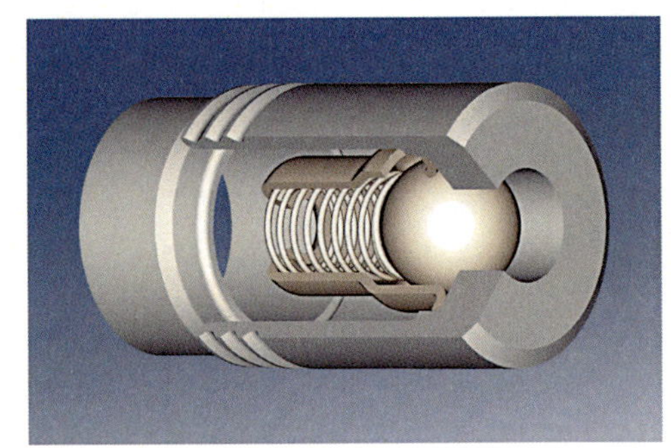

[그림 9-23] 볼 체크 밸브

7) 웨이퍼 체크 밸브(Wafer Check Valve)

웨이퍼 체크 밸브는 여닫이 창문 모양의 싱글(Single) 또는 여미의 판을 스프링으로 고정하여 체크 밸브의 역할을 수행하게 하는 밸브로써 근래에 기술의 진전(스프링 소재의 발전, 스프링의 내구성 향상, 설계의 최적화 등) 으로 이 밸브의 사용추세가 증가되어 가고 있다. 간단하고 비교적 저비용으로 인하여 오염되지 않은(Non-Fouling) 액체에 대하여 빈번하게 사용되고 있다.

8) 풋 밸브(Foot Valve)

풋 밸브는 액체 속에 잠겨 운전되는 펌프에 흡입측 수두를 유지시켜 주기위하여 사용되며 주로 저수조안의 액체를 지상에 설치되어 있는 펌프로 이송시키는 경우에 주로 사용된다. 이 밸브는 기본적으로 스트레이너가 부착된 리프트 체크 밸브이다.

[그림 9-24] 웨이퍼 체크 밸브

[그림 9-25] 풋 밸브

SECTION 9.6

토출용 밸브

토출용 밸브는 배관 내부에서 대기, 배수 또는 낮은 압력 상태 하에서 다른 배관 또는 용기로 내부 유체를 제거하기 위하여 사용된다. 운전은 보통 자동으로 이루어진다.

1) 안전 밸브(Safety Valve)

안전 밸브는 공기 및 다른 기체를 신속하게 개방하여 완전 흐름이 이루어지게 하는 밸브이다.

2) 릴리프 밸브(Relief Valve)

완전하게 유량을 배출시킬 필요가 없는 액체 상태에서 과도한 압력을 경감시키고 액체를 소량으로 방출함으로써 급속하게 압력을 낮게 할 필요가 있을 때 사용된다.

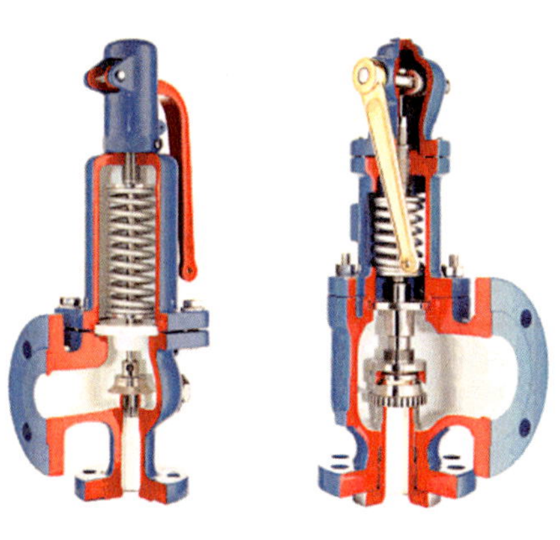

[그림 9-26] 안전 밸브

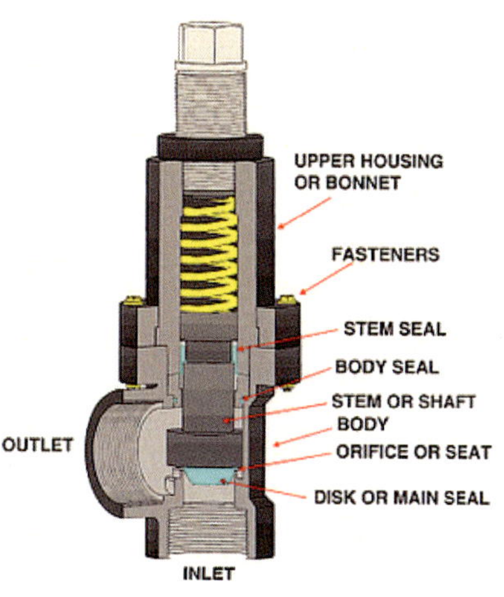

[그림 9-27] 릴리프 밸브

3) 파열판(Rupture Disc)

시스템에 과도한 압력이 발생한 경우 배출할 수 있도록 설계된 안전장치이며 가스 또는 액체를 급속히 토출하도록 되어있다. 보통은 플랜지 사이에 설치하며 교체가 가능한 파열판의 형태로 만들어진다.

파열판은 정상운전 중에도 시간에 지남에 따라 피로 등에 의한 손상을 입을 수 있으므로 초기 구매 시 최소 2~3개를 더 구매하여 현장에 비치하도록 한다.

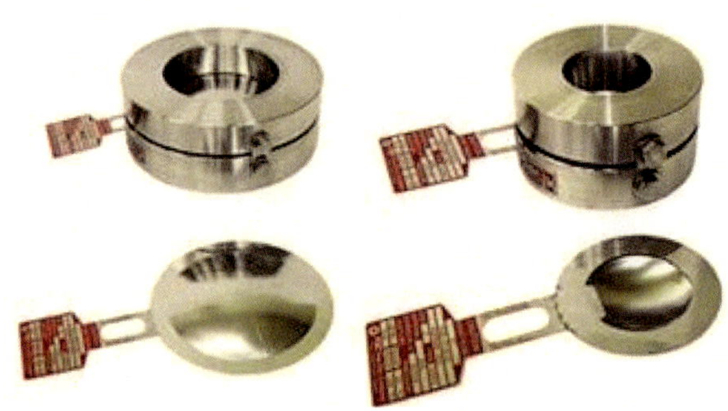

[그림 9-28] 파열판

4) 볼 플로트 밸브(Ball Float Valve)

공기를 다루는 장소에서 물을 제거하기 위한 공기 트랩(Air Trap) 으로서 또는 액체로부터 공기를 제거하고 진공 차단기(Vacuum Breaker) 또는 호흡 밸브(Breather Valve)로서 작용한다. 탱크에서 수위를 조절하고자 할 경우에도 사용된다. 단, 응축수 제거 목적으로는 사용되지 않는다.

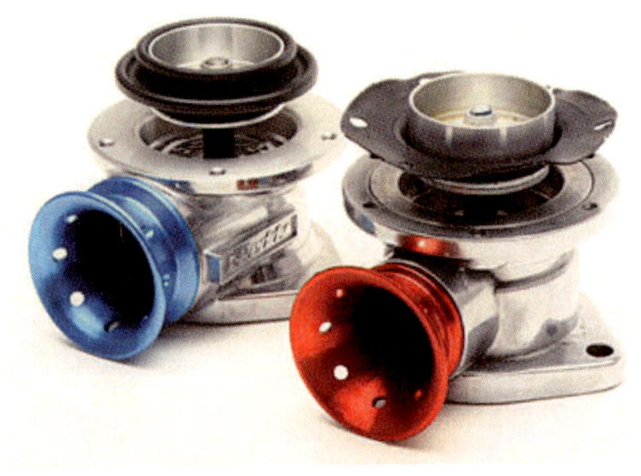

[그림 9-29] 볼 플로트 밸브

5) 블로오프 밸브(Blowoff Valve)

보일러 코드와 일치하는 여러 가지 글로브 밸브, 특히 보일러 분출 서비스(Blowoff Service)용으로 설계된다.

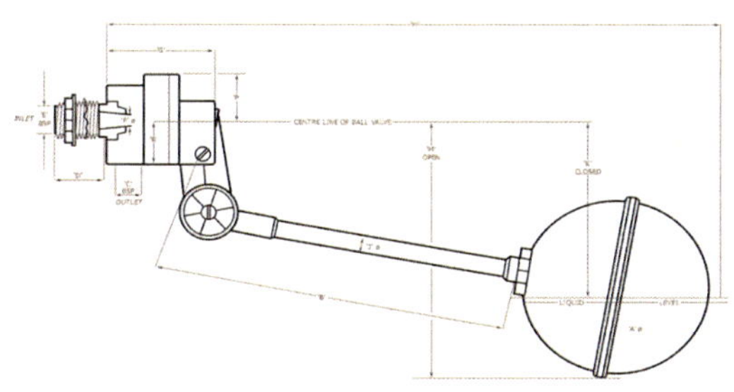

[그림 9-30] 블로오프 밸브

6) 플러시 보텀 탱크 밸브(Flush Bottom Tank Valve)

보통은 글로브 형태이며 탱크의 하부에서 편리하게 액체를 배출시킬 수 있도록 제작된다.

7) 샘플링 밸브(Sampling Valve)

보통은 니들 또는 글로브 형태인 이 밸브는 분기점을 거친 공정용 유체를 빼내는 목적으로 사용된다.

[그림 9-31] 플러시 보텀 탱크 밸브

[그림 9-32] 샘플링 밸브

8) 트랩(Trap)

　스팀 공정에서 스팀을 배출하지 않고 응축, 공기 및 기체를 배출하고자 하는 경우, 공기
공정에서 공기를 배출하지 않고 물만 배출하고자 할 때 사용된다.

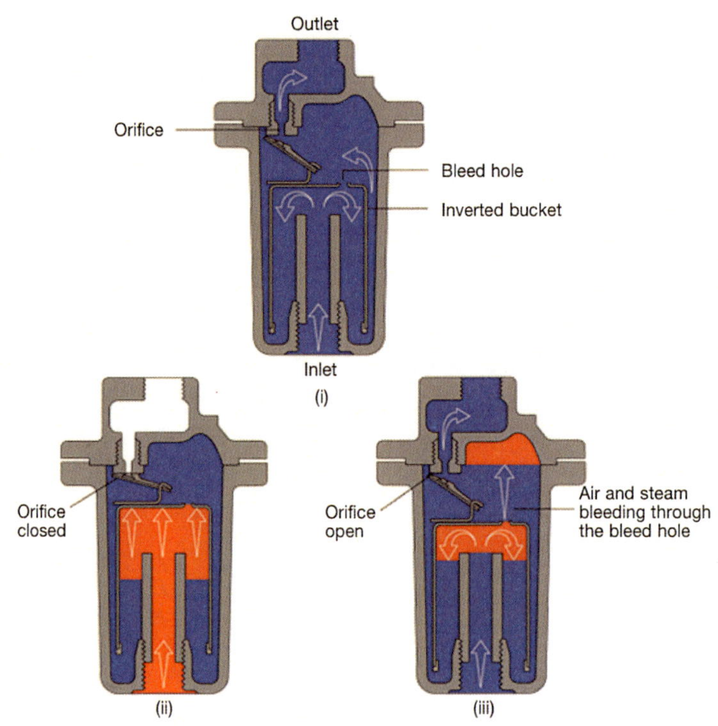

[그림 9-33] 버킷 트랩(Bucket Trap)

SECTION
9.7

트림(Trim)

트림은 밸브의 가장 중요한 부품이다. 따라서 트림의 선정하면서 소재의 특성과 가공방법뿐 아니라 경도 등 사용조건에 대해 적절한지를 충분히 확인할 필요가 있다.

트림은 밸브의 형식에 따라서도 다르지만 참고로 API 600(Steel Gate Valves), BS 1873(Steel Glove And Glove Stop and Check Valves) 및 BS 1868(Steel Check Valves)와 JPI-7S-67(석유 공업용 Valve의 기반 규격) 및 JPI-7S-46(주강제 Flange형 및 Butt Weld Type Valve)에 의한 정의를 표 9-3에서 설명하였다.

[표 9-3] 트림의 정의

API STD 600: 1981 (Gate Valve)	BS 1873: 1975 (Globe Valve)	BS 1868: 1975 (Check Valve)
The trim is comprised of the following: 1. Stem 2. Body seat surface 3. Gate seat surface 4. Bushing or a deposited weld. For backseat and stem hole guide 5. Small internal parts normally contact service fluid, excluding the pin used in making a stem to gate connection. (This pin shall be of an authentic steel material)	Trim comprises the following : (a) Stem : (b) Body seat surface : (c) Disc seat surface : (d) Back seat bushing : (e) Disc nut	Trim Comprises the following : (a) body seat surface : (b) disc or piston or ball seat surface : (c) hinge pin(swing type only) : (d) disc spindle and bushes(disc type only)

JIP-7S-86/JPI7S-46-86		
Stem	Stem	Body seat surface
Body seat surface	Body seat surface	Disc seat surface
Body seat surface	Disc seat surface	Hinge pin
Disc seat surface	Back seat	
Back seat	Disc nut	

트림은 유체에 접촉되는 밸브 내부의 주요부품 즉, 바디 및 디스크 시트와 스템, 백 시트 (Back Seat) 등을 말한다. 여기에 사용되는 재료는 기본적으로는 바디 재질과 동등 이상으로 한다. 예를 들면 비부식성 유체용으로써 바디가 탄소강이라도 트림은 내식성 재료13Cr 재질 등으로 하는 것이 통례이다. 미국의 API 및 JPI에서 추천하고 있는 트림의 재질은 표 9-4와 같다.

[표 9-4] 트림 No.에 따른 밸브 트림 재질

경 도(HB)	재 료				STEM		BONNET	
	재료의 종류	단조	주조	용접	재료	경도 (HB)	재료	경도 (HB)
주ⓐ	13Cr강	SCS1 또는 SCS2	주ⓐ	D-410	SUS 403	200	주ⓐ	250
주ⓑ	18Cr-8Ni강	SCS13	SUS-F304	D-308	주ⓒ	주ⓒ	주ⓒ	주ⓒ
주ⓒ	25Cr-20Ni강	주ⓘ	SUS-F310	D-310	주ⓒ	주ⓒ	주ⓒ	주ⓒ
750 주ⓓ	경질 13Cr강	주ⓒ			SUS403	200	주ⓐ	250
350 주ⓓ	주ⓗ Co, Cr-W합금	-		AWS Rco, Cr-A AWS Eco, Cr-A	SUS403	200	주ⓐ	250
200 주ⓕ	13Cr강	SCS1 또는 SCS2	주ⓐ	D-410	SUS403	200	주ⓐ	250
175 주ⓕ	Cu-Ni합금	주ⓖ						
300 주ⓕ	13Cr강	SCS1 또는 SCS2	주ⓐ	D-410	SUS403	200	주ⓐ	250

750 주ⓕ	경질 13Cr강	주ⓖ						
300 주ⓕ	13Cr강	SCS1 또는 SCS2	주ⓐ	D-410				
350 주ⓕ	주ⓗ Co, Cr-W합금			AWS Rco, Cr-A AWS Eco, Cr-A	SUS403	200	주ⓐ	250
주ⓒ	주ⓘ Co, Cr-W합금	주ⓒ			주ⓒ	주ⓒ	주ⓒ	주ⓒ
주ⓒ	18Cr-8Ni-Mo강	SCS14	SUS-F316	D-316	주ⓒ	주ⓒ	주ⓒ	주ⓒ

주

ⓐ JIS G4303의 SUS403, SUS410, SUS420JI 또는 SUS402J2로 한다.

ⓑ 최소 HB250으로 하고 바디와 디스크의 시트(Seat)면 간에는 HB50 이상의 경도차를 둔다.

ⓒ 제작자 표준으로 한다.

ⓓ Body와 Disc 의 Seat 면간에는 경도차이를 둘 필요는 없다.

ⓔ 질화(최소 Thickness 0.13mm) 경우

ⓕ 바디와 디스크의 시트면 간 경도차는 제작자 표준으로 한다.

ⓖ Ni 함유량 30% 이상의 Cu-Ni합금으로써 제작자 표준으로 한다.

ⓗ Stellite No.6의 상품

ⓘ 탄소 함유량은 0.15% 이상의 것으로 한다.

ⓙ Ni 함유량 65% 이상의 Ni-Cu 합금강으로써 제작자 표준으로 한다.

SECTION 9.8

산업가스 특수가스 용기 밸브

그림 3-13에서 소개한 바와 같이 여러 모양의 산업가스 및 특수가스를 취급하는 용기에는 그 내부 물질의 누출방지 및 원활한 사용을 위하여 용기밸브를 장착한다.

대부분의 압축가스 실린더에는 최소 1개 이상의 밸브가 설치되며 가장 취약한 부분이라 할 수 있다.

가스산업에서 사용되는 용기 밸브는 Pressure Seal Valve, Packed Valve, Diaphragm Valve와 같이 3가지의 기본적인 종류가 있다.

가스 충전구는 가연성가스는 왼나사이고 기타 가스는 오른나사로 구분된다.

[표 9-5] 용기밸브 취급 방법

언제나 수행해야 하는 일	절대로 하지 말아야 하는 일
• 압축열 또는 급격하게 압력이 증가하지 않도록 천천히 개방 • 정확한 체결 연결구 사용 • 연결 전 이물질 등의 확인 • 비록 내용물이 없는 용기라도 사용하지 않는 경우에는 밸브를 잠그고 End-cap체결 후 밸브보호용 켑을 항상 체결 • 용기밸브에 의문이 발생되는 경우에는 공급자에게 문의 • 밸브 Outlet의 압력 해소 후 패킹부위를 단단하게 조임 • 실린더 이동 금지	• 안전장치 조작 • 용기밸브의 재 조정 • 손상된 밸브의 사용 • 밸브에서 소리가 발생하거나 핸들의 조작이 어렵도록 빡빡한 상태에서의 사용 • 허가되지 않은 도구 사용 • 밸브에 윤활유 주입 • 밸브핸들을 이용하여 실린더를 이동시키는 행위 • Packed 밸브에서 패킹 제거 • Diaphragm 밸브의 보넷 조작 • 용기밸브를 압력조절 용으로 사용 • 밸브보호용 켑없이 용기 이동 • 밸브보호용 켑 혼용 사용

9.8.1 용기 밸브 구조

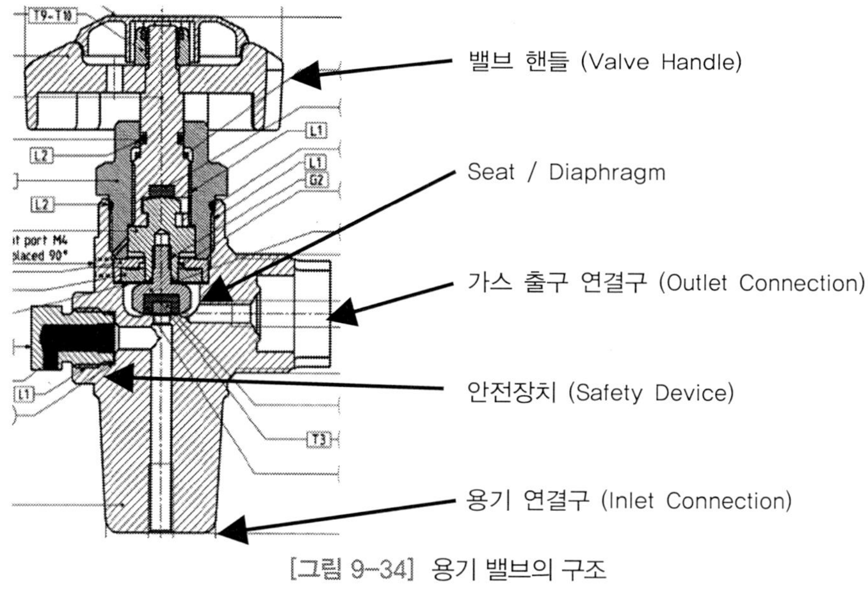

[그림 9-34] 용기 밸브의 구조

1) 용기 연결구(Inlet Connection)

취급하는 용기의 입구 크기에 따라 결정되며, 0.5인치(12.7mm)부터 1.5인치(38.1mm)까지 다양하다.

2) 안전장치(Safety Device)

대부분의 용기에는 용기가 화재 또는 고온에 노출되어 내부 압력이 상승하여 용기파손을 보호하기 위한 안전장치가 설치되어 있다. 그 종류로는 용융플러그(Fusible Plug), 파열판 (Rupture Disc), 후면에 용융되는 재질이 설치된 파열판(Rupture Disc with Fusible Metal Backing) 및 스프링형 안전밸브(Spring-loaded Relief Valve) 등이 있다.

미국 CGA(Compressed Gas Association) 팜플렛 S-1.1 "Pressure-Relief Device Standard Part 1: Cylinder for Compressed Gas"에서 그 사용을 아래 표와 같이 규정하고 있다.

[표 9-6] 안전장치 종류

Type	Pressure(psi)	Fusible Metal	Remark	그 림
CG1	3,000/3,360/3,775/4,000	–	Compressed gas	
CG2	–	165℉(73℃)	Liquefied gas	
CG3	–	212℉(105℃)	Liquefied gas	
CG4	3,360/3,775/4,000	165℉(73℃)	Compressed gas	
CG5	3,360/3,775/4,000	212℉(105℃)	Compressed gas	
CG7	500	–	Spring Load	
CG9	6000	212℉(105℃)	Compressed gas	

3) 가스 출구 연결구(Outlet Connection)

사용하고자 하는 가스의 종류에 따라 그 규격이 결정된다. 아래 표는 대표적으로 사용되는 미국의 CGA 코드와 독일의 DIN 코드로 설명하였다.

[표 9-7] Outlet Connection 규격

Gas	Formula	Specific Gravity	Cylinder Pressure / Vapor Pressure at 20℃	Properties	DIN		CGA	
					Part 1: 1990- Cylinder Connection up to 300 bar	Part 5: 2002- Cylinder Connection up to 450 bar	V1:2003: Cylinder Valve Connection THREADED	V1:2003: Cylinder Valve Connection PIN INDEX
Acetylene	C_2H_2	0.906	18	f	3		510+	
Ammonia	NH_3	0.593	8.6	f, t, c	6		240	800
Argon	Ar	1.38	200/300	i	6	54	580	
Air, compressed	AIR	1.0	200	o	13	56	346	950
Arsine	AsH_3	2.718	14.1	f, t	1		350	
Boron Trichloride	BCL_3	4.045	0.37	t, c	8		660	
Boron Trifluoride	BF_3	2.32	68.9	t, c	8		330	
Bromotrifluoromethane	$CBrF_3$	2.37	14.4	o	6		660	
Calibrated Gas (non corrosive)++		–	150/200	o	14		500	973*
Carbon Dioxide	CO_2	1.53	57.3	o	6		320	940
Carbon Monoxide	CO	0.967	150	f, t	5		350	
Chlorine	CL_2	2.479	6.8	t, c	8		660	820
Chlorodifluoromethane (R22)	$CHClF_2$	3.65	31	o	6		165*	
Chloropentafluoromethane (R115)	C_2ClF_5	5.49	8	o	5		165*	
Cyclopropane	C_3H_6	1.49	6.3	f	1		510	540
Deuterium	D_2	0.139	100	f	1		350	
Diborane	B_2H_6	0.95	150	f, t	1		350	
Ethane	C_2H_6	1.05	37.7	f	1		350	
Ethylene	C_2H_4	0.975	68.6	f	1		350	900
Fluorine	F_2	1.312	–	t, c	8		679	
Helium	He	0.138	200/300	i	6	54	580	930
Hexafluoro Ethane	C_2F_6	4.83	–	i	6		660*	
Hydrogen	H_2	0.0695	200/300	f	1	57	350	
Hydrogen Bromide	HBr	2.71	20	t, c	8		330	
Hydrogen Chloride	HCL	1.266	42.6	t, c	8		330	
Hydrogen Fluoride	HF	1.858	1.03	t, c	8		670*	
Hydrogen Iodide	HI	4.48	7.33	t, c	8		330	
Hydrogen Sulfide	H_2S	1.19	18.2	f, t, c	5		330	

Gas	Formula	Specific Gravity	Cylinder Pressure / Vapor Pressure at 20℃	Properties	DIN		CGA	
					Part 1: 1990– Cylinder Connection up to 300 bar	Part 5: 2002– Cylinder Connection up to 450 bar	V1:2003: Cylinder Valve Connection THREADED	V1:2003: Cylinder Valve Connection PIN INDEX
Isobutane	IC_4H_{10}	2.09	3.02	f	1		510	
Isobutene	C_4H_8	2.01	2.59	f	1		510	
Krypton	Kr	2.9	200	i	6		580	f
Methane	CH_4	0.555	200	f	1		350	
Methylamine	CH_5N	1.11	3	f, t	1		705	
Methyle Chloride	CH_3CL	1.771	4.1	f, t	1		510*	
Methyle Mercaptane	CH_4S	1.7	1.7	f, t	1		330	
Neon	Ne	0.696	200	i	6		580	
Nitric Oxide	NO	1.04	50	t, c	8		660	
Nitrogen	N_2	0.967	200/300	i	10	54	580	960
Nitrogen Dioxide	NO_2	3	0.962	ox, t, c	8		660	
Nitrogen Trifluoride	NF_3	2.46	100	t	8		670*	
Nitrous Oxide	N_2O	1.528	50.6	ox	11, 12**		326	910
Oxygen	O_2	1.11	200/300	ox	9	59	540	870
Phosphine	PH_3	1.18	34.6	f, t	1		350*	
Propane	C_3H_8	1.56	8.4	f	1		510*	
Propylene	C_3H_6	1.48	10.3	f	1		510*	
Silane	SiH_4	1.11	86	f, t	1		510	
Sulfur Dioxide	SO_2	2.27	3.3	t, c	7		660	
Sulfur Hexafluoride	SF_6	5.13	22.1	i	6		590	
Synthetic Air	$20\%O_2/80\%N_2$	1.0	200/300	ox	9	56	346	950
Tetrafluoro Methane	CF_4	3.05	up to approx. 137	i	6		580*	
Trifluoro Methane R23 (Fluoroform)	CHF_3	2.44	41.8	o	6		660*	
Xenon	Xe	4.56	up to approx. 33	i	6		580	

f : flammable   t: toxic   c: corrosive   I: inert   o: other   ox: oxidizing
+: Connection # depends on content and size of cylinder   ++: Connection # depends on exact content of calibration gas
*: Not binding   **: For small capacity cylinders

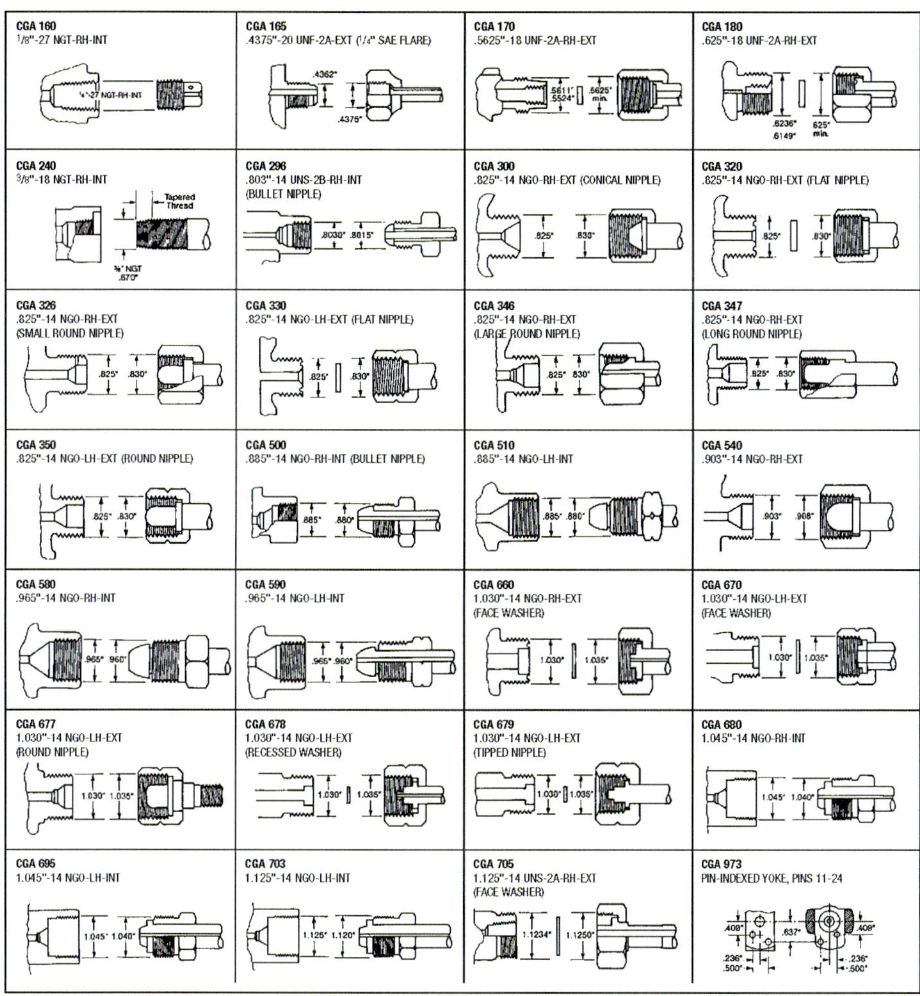

[그림 9-35] CGA Connection

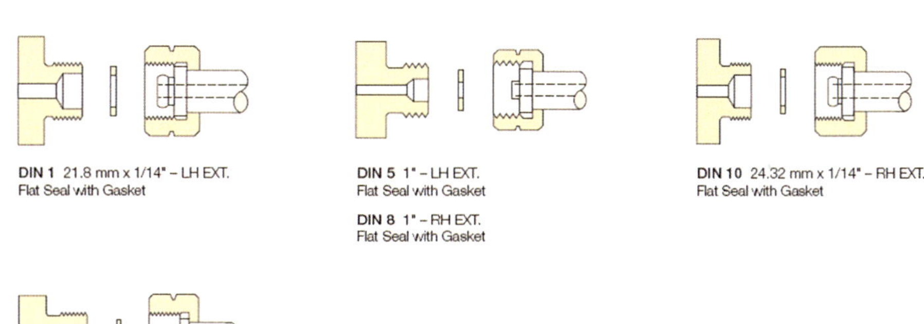

[그림 9-36] DIN Connection

4) Seat / Diaphragm

용기 밸브의 Seat와 Diaphragm의 차이는 Seat는 밸브내부의 누출 즉, Passing을 막기 위한 목적이고 Diaphragm은 밸브외부의 누출 즉, Leak를 막기 위함이다.

사용되는 재질로는 금속류(Stainless Steel, Hastelloy C 등), 고분자 Elastomer(PCTFE, Vespel 주로 Swelling의 문제로 N2O, SiH4 등에 사용, PVDF, Teflon, Viton 등) 등이 사용된다.

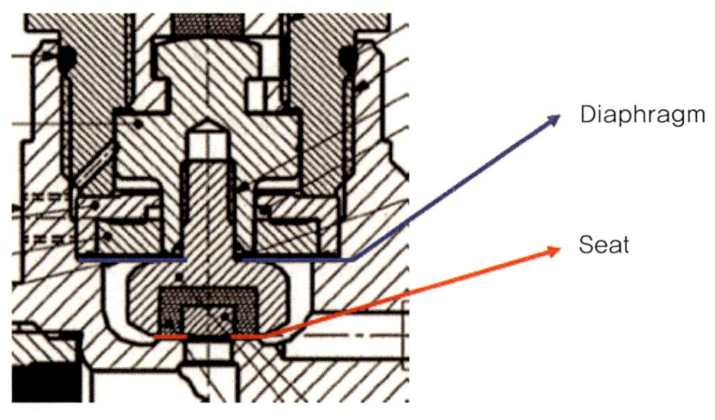

[그림 9-37] Seat / Diaphragm

9.8.2 용기 밸브 종류

1) Pressure Seal Valve

- 사용: 불활성가스, 산소, 수소
- 작동: 핸드 휠로 동작하는 Pressure Seal Valve는 상부 및 하부 두 개의 Stem으로 구성되어있다. 하부 Stem은 나사산 형식이고 상부 Stem은 자유롭게 움직이는 형태이다.
- 특징: 핸드휠을 좌우로 가볍게 움직이면 스프링이 보이고 이때 핸드휠을 회전시킨다.
- 장점: Pressure Seal Valve는 상당히 신뢰성이 높고 고압(약 6000psig)까지 사용이 가능하며 경제적이고 다루기 쉽다.
- 단점: Stem 주위에서 누설의 가능성이 있으며 특히 진공상태에서는 그 경향이 커진다. 하부 Stem이 나사산 형식으로 구성되어 윤활유가 있으며 이것은 높은 순도의 물질을 다루는 상황에서는 이물질로 작용할 수 있다.

• 검토: 비부식성 물질에는 신뢰성이 높으나 부식성 및 아주 높은 순도를 요구하는 상황에서는 적합하지 않다.

2) Wrench-Operated Packed Valve

• 사용: 부식성가스 및 반응성가스
• 작동: 하나의 Stem으로 구성되어 있으며 Seat와 Stem은 금속대 금속으로 접하여있다. 제조사가 추천하는 최소 잠김 회전력(Torque)는 35 ft-lbs로서 이것은 운전가가 손으로 잠그는 힘보다 훨씬 강해 렌치(Wrench)를 필요로 한다.
• 특징: 핸드휠이 없으며 상부에는 렌치를 체결할 수 있도록 사각형의 Stem이 장착되어 있다.
• 장점: 하나의 Stem으로 구성되어 상당히 견고하고 부식성가스에 적합하다.
• 단점: 부식성물질은 종종 분해되어 Seat에 남아 밀폐를 방해하거나 나사산에 남아 조작이 어렵게 만들기도 한다.
• 검토: 주기적으로 점검하여 내부 이물질 생성을 알아낼 수 있다.

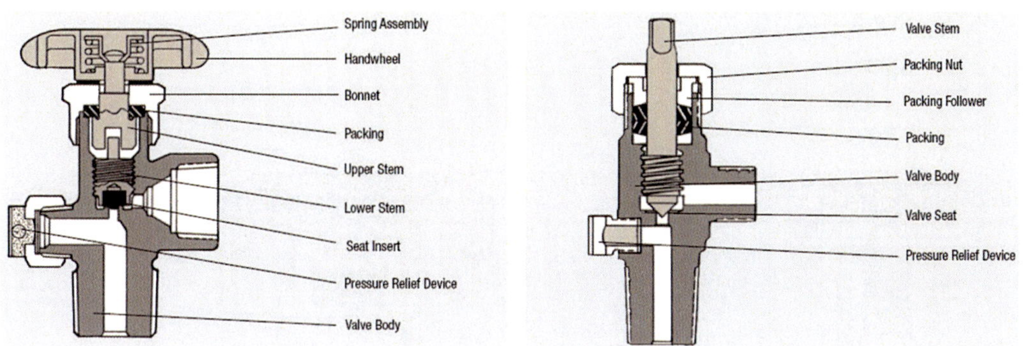

[그림 9-38] Pressure Seal Valve/Wrench-Operated Packed Valve

3) Spring-Loaded Diaphragm Valve

• 사용: 20% 이상의 Fluorine 또는 강산화성 물질을 제외한 거의 모든 물질
• 작동: 두개의 Stem과 구멍이 뚫리지 않은 Diaphragm으로 구성되어 있다. Diaphragm은 밸브 Stem을 통하여 발생 가능한 누출을 막아준다.
• 특징: 밸브가 열리면 Stem이 올라가고 밸브가 닫치면 Stem이 내려간다.

- 장점: 금속재질의 Diaphragm은 누출의 가능성을 상당히 줄여준다. Diaphragm 밸브에는 윤활유 및 나사산이 없어 이 물질 오염에 대한 염려가 없다.
- 단점: 밸브를 잠그는 것이 두 번의 잠금행위가 필요로 하여 렌치를 이용하는 것이 좋다. 부식성 물질에는 적합하지 않다. 외부의 충격 등에 의하여 밸브가 열릴 가능성이 있다.
- 검토: 부식성물질에 적합하지 않으며 밸브 잠김 확인이 상당히 중요하다.

4) Tied-Diaphragm Valve

- 사용: 20% 이상의 Fluorine 또는 강산화성 물질을 제외한 거의 모든 물질
- 작동: 두개의 Stem으로 구성되어 핸드휠을 작동하도록 한다.
- 특징: 핸드휠로 작동하며 스프링이 없다. Stem이 상하로 움직이면서 밸브가 개폐된다. 핸드휠 바로 아래의 Nut는 Diaphragm을 꽉 조여주는 역할을 한다.
- 장점: 내부의 용적이 적어 이것은 가스의 흐름이 밸브의 유로 접촉면적을 적게 만들어주어 부식성물질에 적합하다. 퍼지가 쉽고 이물질 침투가 어렵다.
- 단점: 밸브를 잠그는 것이 두 번의 잠금행위가 필요로 하지만, 과 토크 방지를 위하여 렌치 사용을 금한다.
- 검토: 아주 순도가 높은 물질 취급에 적합하다.

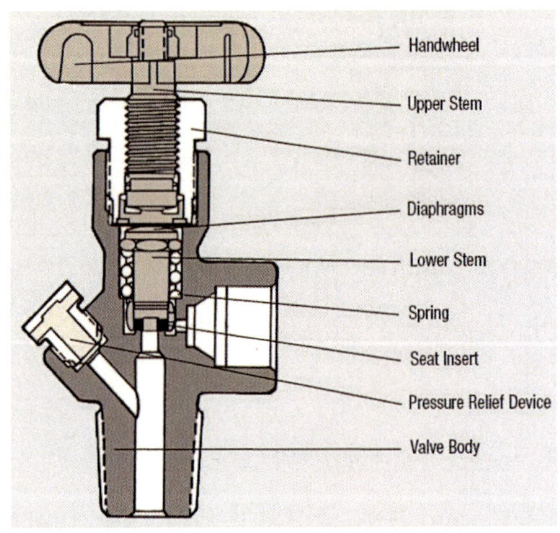

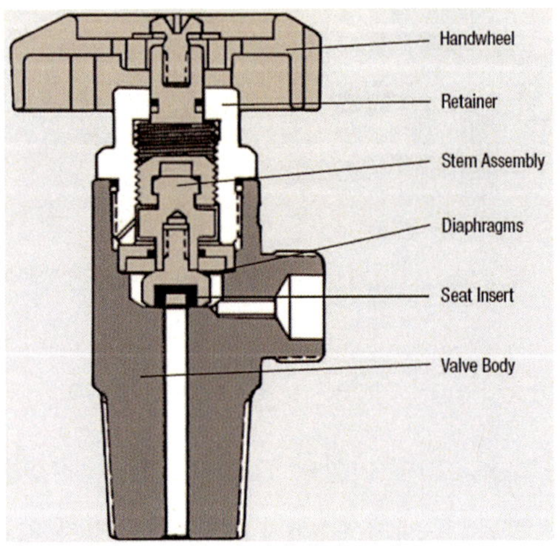

[그림 9-39] Spring-Loaded Diaphragm Valve/Tied-Diaphragm Valve

9.8.3 가스 용기 취급

가스용기는 난폭하게 취급하면 중대재해로 연결되기 때문에 다음 사항에 유의하여 안전하게 취급해야 한다.

1) 저장, 보관

- 가연성가스용기는 불연성재료를 사용해 축조된 통풍, 환기가 양호한 건물 등의 장소에 저장, 보관한다.
- 전기기계기구, 배선 등의 설비나 접지선 근처에 두지 않도록 할 것.
- 용기 근처에 기름걸레, 가솔린 등 연소하기 쉬운 것들이나 부식성 물질을 두지 않는다.
- 직사광선을 받지 않도록 하여 용기의 온도가 40℃ 이상이 되지 않도록 한다.
- 넘어지거나 굴러 떨어지지 않도록 전도방지대책을 조치한다.
- 가연성가스 용기와 산소, 염소가스 용기와는 함께 두지 않는다.
- 용해아세틸렌 용기 및 가연성가스용기는 세워서 저장한다.
- 빈 용기는 표시해서 충전용기와 명확하게 구별해 둔다.

2) 이동, 운반

- 밸브를 확실하게 조이고 캡을 바르게 장착해 둔다.
- 이동, 운반하기 위해 세워둘 때는 전도방지대책을 조치한다.
- 작업장 내에서의 이동은 전용 운반용구를 사용하고, 용기의 캡, 밸브 등이 다른데 접촉하지 않도록 한다.

3) 사용할 때의 유의사항

- 통풍, 환기가 양호한 장소에서 사용하고, 전도방지조치를 한다.
- 밸브의 개폐는 전용 스패너를 사용해서 조작하고, 사용 중에는 밸브에 부착한 그대로 둔다.
- 용기밸브는 산소, 가연성가스 공히 충분히 열 것. 그러나 용해아세틸렌 용기밸브는 용제의 유출을 방지하기 위해 1.5회 정도만 연다.

• 가스의 사용을 일시 중지할 때는 밸브를 닫아둔다.

• 용해아세틸렌 용기를 포함한 가스용기는 반드시 세워서 사용한다.

• 사용이 끝난 용기는 용기 내에 약간의 가스를 남기고 밸브를 조이고 캡을 부착해 둔다.

[표 9-8] 가스용기의 도색

종 류	도색의 색상	종 류	도색의 색상
산 소	녹 색	산 소	백 색
수 소	주황색	사이크로프로판	주황색
아세틸렌	황 색	아산화질소	청 색
액화암모니아	백 색	액화탄산가스	회 색
액화염소	갈 색	에 틸 렌	자 색
액화탄산가스	청 색	질 소	흑 색
소방용 용기	소방법에 의한 도색	헬 륨	갈 색
기타 가스	회 색	기타 가스	회 색

9.8.4 용기 밸브 검사

• 육안검사: 육안을 이용하여 밸브외관의 손상 검사

[그림 9-40] 밸브나사산 불량

• 기기를 이용한 검사: 밸브 Outlet Connection의 내면 및 외면을 검사할 수 있는 적합한
검사도구(버어니어캘리퍼스, GO/NO Gauge 등)를 이용하여 나사산부위에 육안으로 확인이
되지 않은 결함을 찾아내는 검사

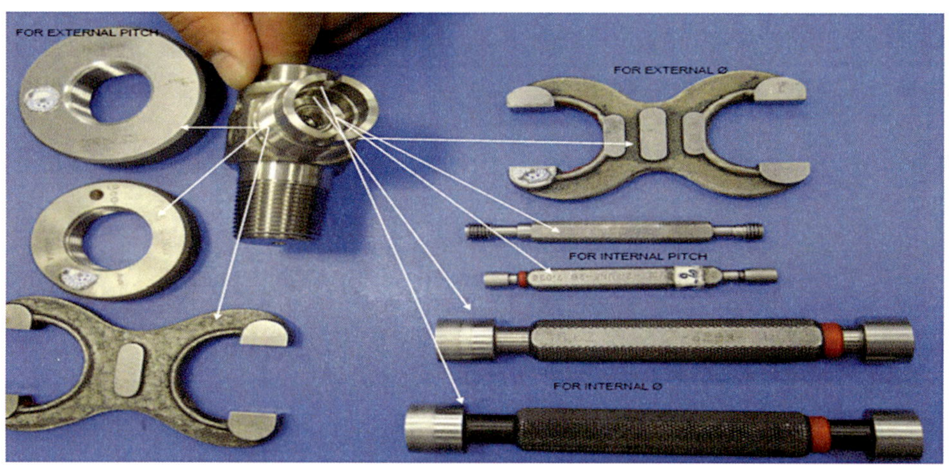

[그림 9-41] 밸브나사산 불량을 검수하는 기기

SECTION
9.9

밸브의 재질선택

9.9.1 고온용 재질

열에 잘 견디는 합금강은 크게 나누면, 크롬(Cr)을 주성분으로 한 페라이트계강(α-Fe), 다량의 다른 원소가 함유한 오스테나이트강(r-Fe), Ni, Co 등이 함유된 초 합금강 등이 있다. 보통 강은 고열에서 하중을 가하면 시간이 경과함에 따라 변형율이 증가하는데 이 현상을 크리프 현상이라고 한다. 이 크리프 현상을 개선하기 위하여 Cr, Mo, V, W등을 합금하여 내열합금을 만든다. 이 원소들은 고용체를 강화하여 탄화물, 질화물 등을 형성하는 결정입자의 내외에 세밀하게 분산하여 고온이 될 때 큰 저항체를 형성하여 크리프 강도를 높여준다. 고온 고압용 재료는 온도에 따른 압력을 만족함은 물론이고 고온에서 발생하는 내식성 및 고온 가열 중에 일어나는 조직변화가 없어야 한다. 그러나 재질 또는 사용환경에 따라서 고온재질의 취성화가 문제가 되고 있다. 흑연화 현상, 고온 산화 현상 그리고 고온 수소에 의한 취성이 대표적이 예이다.

1) 고온에 의한 흑연화 현상

탄소강, C-Mo강 등은 고온에서 흑연화 현상(Graphitizing)이 일어난다. 다음과 같이 이러한 강과 합금강을 고온에서 장시간 사용되는 경우, 결정립계에 흑연(Carbon)이 나타나서 취화가 되므로 재료 선정에 있어서 재료의 사용온도 한계를 정할 필요가 있다.

2) 고온 산화 현상에 의한 스케일(Scale)화

Cr-Mo강에 대하여는 다음에 표시하는 온도 이상에서 과도한 산화 현상에 의하여 스케일화가 진행될 가능성이 있는 것을 고려할 필요가 있다.

3) 고온(고압) 수소에 의한 취성

고온, 고압 수소의 환경에 있어서 강은 수소를 흡수하여 취성을 갖는 경우가 있다. 화학 플랜트에서 여러 번 문제로 되는 것은 수소침식이라 불리는 현상이다.

9.9.2 내식성 재질

금속 재료는 건조상태 일때는 200℃ 이하에서는 대개 부식이 일어나지 않는다. 그러나 200℃ 이하에서 부식이 일어나면 이때는 건조한 상태가 아닌 습한 상태로 습식부식이라 하며 이에 반하여 200℃ 이상에서 건조한 상태에서 일어나는 부식을 건식부식이라 한다.

부식이 일어나지 않는 밸브재료로 비금속 재료(Teflon, PE, PVC등)가 좋으나 내열성과 기계적 성질이 나빠 150℃ 이상 고온이거나 고압에서 사용이 제한되고 있다. 부식현상에는 전면부식, 접촉부식, 갈바식부식, 응력부식 등이 있으며 대개는 복합적으로 부식이 일어난다. 또한 계통에서 유체는 반드시 순수한 하나의 유체가 흐르는 것이 아니고 여러 가지 부식성 유체가 혼합 복합적 화학반응을 일으키며 흐르기 때문에 많이 사용한 기술자의 경험에 의하는 것이 좋다.

9.9.3 저온용 재질

일반적으로 금속은 저온에서 기계적 성질이 금속 구조의 변화로 이성이 급격하게 저하되어 파괴될 수 있다. 저온용의 재료 선정에서는 취성파괴에 대한 고려가 매우 중요하다.

저온용 재질로는 일반적으로 동합금과 18-8 스테인레스강(S.S304)을 사용하고 있는데 동합금강은 강도가 약하여 사용압력 20Km/cm² 이하에, 18-8 스테인레스강은 가격이 비싸나 강도가 강하여 -100℃ 이하에서도 많이 사용한다. 보다 싼 재질로는 C-Mo강(SCA49, 저 Carbon LCI등)과 3.5Ni강이 많이 쓰인다.

1. 밸브의 정의에 대하여 서술하시오.

2. 밸브에서 가장 많이 사용되는 게이트 밸브와 글로브 밸브의 차이점에 대하여 설명하시오.

3. 밸브 선정 시 고려사항 3가지 이상을 나열하시오.

4. 개폐에 사용되는 밸브를 나열하시오.

5. 조절에 사용되는 밸브를 나열하시오.

6. 역류방지 밸브에 대하여 나열하시오.

7. 안전 밸브의 종류에 대하여 나열하시오.

8. 용기(Cylinder) 밸브의 구성품에 대하여 논하시오.

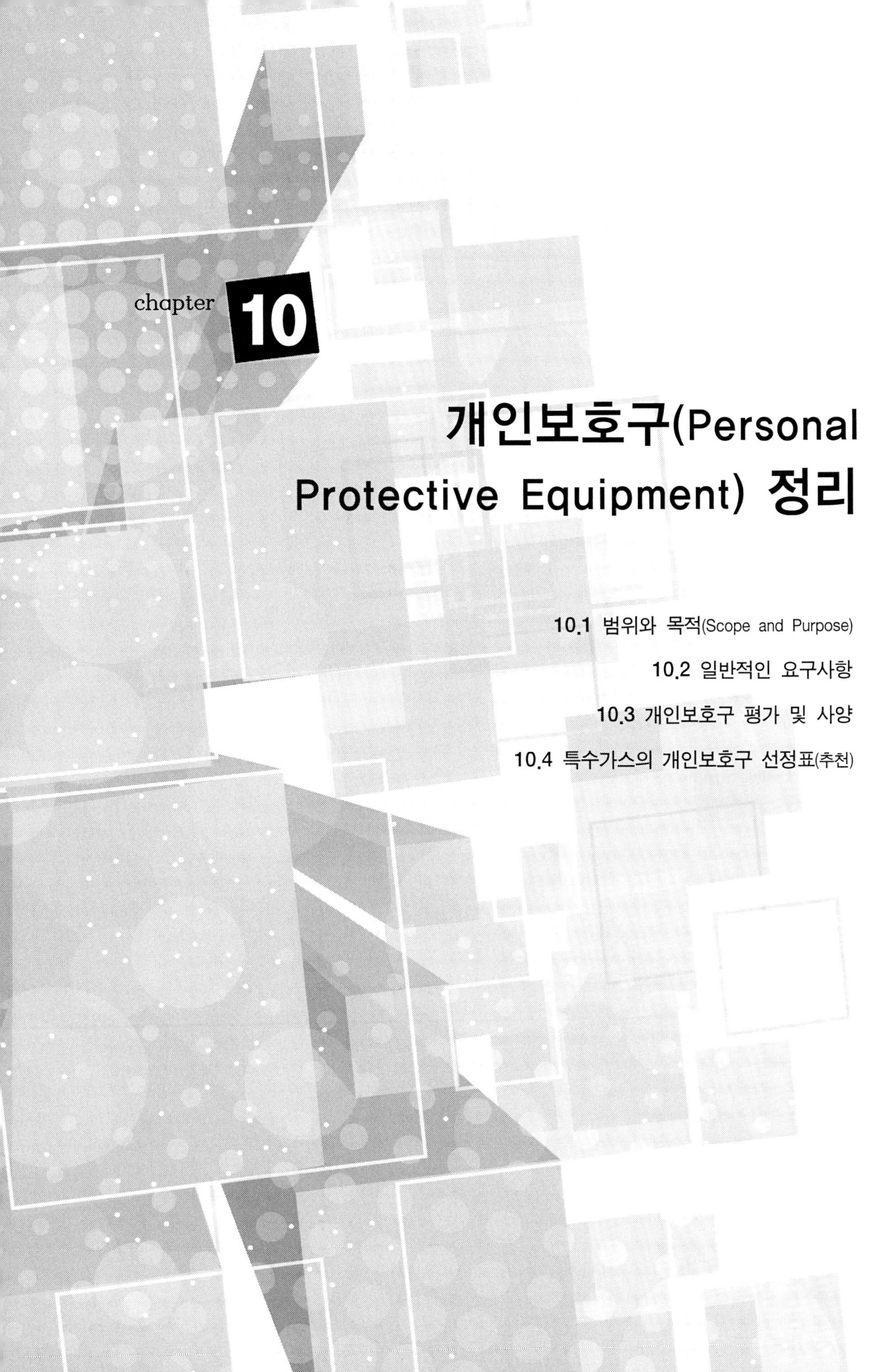

개인보호구(Personal Protective Equipment) 정리

개인보호구는 잠재적인 위험에 대비한 최후의 수단이 아니고 우선적으로 채택하여 따라야 하는 사항이라는 것을 명심하여야 한다. 또한 여기에 기술된 내용들은 손상 또는 손해를 발생시킬 수 있는 위험성으로부터 인명을 보호하고자 하는 일반적인 지침서로 인식하여야 한다.

작업자 개인이 사용하는 보호구(Personal Protective Equipment)는 근로자가 신체에 직접 착용하여 각종 물리적·기계적·화학적 위험요소로부터 몸을 보호하기 위한 보호 장구를 의미한다.

개인 위생보호구는 유해물질을 줄이거나 완전히 제거하지 못하는 경우에 이를 착용하여 유해물질이 인체 내에 침입하는 것을 막는 한 가지 수단이다.

보호구를 착용하여도 보호구에 결함이 있으면 언제나 유해물질에 폭로되므로 사용하는 사람이 보호구의 성능과 손질방법, 착용방법 등에 대하여 충분한 지식을 가지고 있지 않으면 아무런 도움이 안 되므로 교육과 훈련이 중요하다 할 수 있다.

SECTION 10.1

범위와 목적(Scope and Purpose)

여기에서는 개인보호구의 선정 방법 및 사용에 대하여 정보를 주고자 한다.

반도체, TFT-LCD, 섬유광학, 광전자기기 등의 전자산업에 주로 사용되는 가스들을 취급 뿐만 아니라 케미컬 취급, 산업안전, 소방, 건설안전에 이르기까지 다양한 산업에 종사하는 작업자의 안전에 대한 주의와 지침으로 작성되어 있다. 여기에서 가스라 함은 순수한 가스 와 혼합가스 모두를 포함하고 있다.

SECTION 10.2

일반적인 요구사항

10.2.1 책임

해당 지역에 적용되는 법규 및 규제에 각 지역 책임자는 시설, 운전자, 하도급업자 및 방문자 등에 대한 개인보호구를 결정하는 책임이 있다.

위험성 평가를 적절히 완료할 수 있도록 관리자를 돕는 것은 직원의 책임이다.

직원으로서 어떤 PPE를 입고 언제 그것을 입어야 하는지를 아는 것은 직원의 책임이다. 보호를 위해 어떤 PPE가 필요한지 추측을 하면 안 된다.

또 다른 책임은 PPE를 어떻게 적절히 사용하고, 입고, 다루고, 보관하는지 그리고 폐기하는지를 아는 것이다. 당신이 PPE를 사용하는 매 시간 행동으로 보여줘야 한다.

10.2.2 위험성 평가

해당 작업에 관련된 공정, 직무에 잠재하고 있는 위험성에 대한 평가를 수행하고 문서화한다. 더욱이 작업의 변경 등이 발생하는 경우 이에 따른 위험성 평가를 갱신하여야 한다. 아래와 같은 순서로 위험성 평가를 수행하는 것을 추천한다.

- 해당 공정 위험성 평가에 대한 사용자 대표를 참여시킨다.
- 해당 업무에 관련된 위험을 평가하고 개인보호구 필요를 결정한다.
- 관련된 위험에 적절한 개인보호구를 결정하고, 관련된 법규, 규정, 표준의 적절성을 검증한다.
- 위험성 평가는 문제발생지역을 파악하기 위한 상해 · 사고 발생이력 데이터에 대한 검토를 포함한다.

- 작업 공정의 변경, 장소 변경, 또는 다른 설비 또는 화학물질이 지역에서 새롭게 도입
  될 경우 재평가를 실시하는 것은 중요하다.

10.2.3 구비조건

- 착용이 간편할 것
- 작업에 방해가 되지 않도록 할 것
- 유해·위험요소에 대한 방호성능이 충분할 것
- 재료의 품질이 양호할 것
- 구조와 끝마무리가 양호할 것
- 외양과 외관이 양호할 것

10.2.4 유지 보수

개인보호구는 사용 전에 검수를 수행하고, 정기적으로 청결상태, 유지상태, 보수상태 등
을 제조자의 사용설명서에 따라 이루어져야 한다. 일회용이 아닌 제품의 결함 발견 시에는
교체를 하여야 한다. 또한 유지보수 기록은 보관하도록 한다.

10.2.5 보관

제조자의 보관법에 따라 수행하되, 몇몇의 경우에는 오염 등을 방지하기 위하여 특수한
보관소가 필요하기도 한다.

10.2.6 교육 훈련

개인보호구 교육은 아래와 같은 내용을 포함시킨다.

- 선택된 개인보호구의 역할 가능한 위험성에 대한 내용
- 어디서, 무엇을, 언제, 왜 이용하는가에 대한 내용
- 착용방법, 제거방법, 조절방법 등에 대한 내용
- 주의사항, 사용주기, 폐기방법 또는 보수방법 등에 대한 내용

개인보호구를 사용하는 인원에 대하여 면밀히 정확하게 사용하고 있는 가에 대한 관리 감독을 수행한다.

10.2.7 사용자

개인보호구 사용자는 사용하지 않을 시 적절하게 보관하고 유지할 의무가 있다. 손상 또는 손해가 발생된 경우 즉시 교체 또는 수리하여야 할 의무가 있다.

10.2.8 기록

개인보호구 유지 보수 내용, 위험성 평가 내용, 교육 훈련 내용 등을 기록하여야 한다. 각 지역 법규 등에서 요구하는 사항이 있다면 이에 대한 내용도 기록하여야 한다.

10.2.9 필요한 개인보호구 지정

해당 지역에 필요한 개인보호구가 명확하게 표시되어야 한다(예: 귀마개 착용 지역 등).

10.2.10 개인보호구 선택

- 누가 사용할 것인가(Who)?
- 무엇을 대상으로 하여 사용할 것인가(What)?

- 어디에 사용할 것인가(Where)?

- 언제 사용할 것인가(When)?

- 왜 사용하는가(Why)?

- 어떻게 사용할 것인가(How)?

10.2.11 개인보호구 종류

[표 10-1] 개인보호구 종류

구 분	보호구 종류
머리 보호구	안전모
눈 및 안면보호구	보안경, 보안면
방음 보호구	귀마개, 귀덮개
호흡용 보호구	방진, 방독, 송기, 공기호흡기
손 보호구	안전장갑, 내진장갑, 고무장갑
신체 보호구	방열복, 방열두건, 장갑, 신체보호의
안전대	벨트식, 그네식, 안전 블럭, 추락 방지대
발 보호구	안전화, 절연화, 정전화

SECTION 10.3

개인보호구 평가 및 사양

위험성 평가를 수행할 때, 작업 범위 및 일반적인 위험에 대한 임무의 검토를 수행한다. 즉, 영향, 침투, 압축, 화학물질, 고온, 저온, 위험한 분진, 복사열 등. 더불어 아래와 같은 특수한 경우도 검토를 수행한다.

- 기계작동의 원인: 지게차, 이송차량 등의 움직임, 공구, 기기 부품, 분진 등의 존재 또는 고정된 물체와 부딪쳐서 사람에게 피해를 줄 수 있는 부분
- 고온 또는 저온으로 인하여 화상, 동상, 눈 상해 또는 개인보호구의 손상이 발생할 수 있는 부분
- 사용되는 화학물질의 종류
- 유해한 먼지의 근원
- 복사열의 근원, 즉, 용접, 납땜, 절단, 용광로, 열 취급, 고강도 전구 등
- 낙하물의 가능성
- 손·발 등에 해를 줄 수 있는 날카로운 물건
- 협착을 발생시킬 수 있는 기기
- 고소 작업이 필요한 장소
- 동료의 작업 장소
- 주위 환경
- 전기 위험

추가하여 과거의 상해 및 사고 정보, 작업장 점검사항, 감사 시 발견된 정보 등은 위험요소를 파악하는 데 도움을 준다. 아래에는 개인보호구 선정에 대한 일반적인 추천사항을 포함한다. 해당 위험에 대한 적절한 개인보호구를 선정하기 위한 기초자료로 사용을 권장한

다. 최종 선정은 해당 업무의 검토, 기간, 관련된 가스 또는 케미컬의 물질안전보건자료 (Material Safety Data Sheet) 및 관계 법령에 따른다.

10.3.1 청각 보호구

OSHA 한계수준인 8시간 이상 시간가중평균(TWA) 85dBA 이상, 또는 보다 엄격한 지역 규정의 소음수준 이상에 노출되는 모든 근로자는 청각보호프로그램의 보호를 받아야 한다. 한계수치를 초과하는 소음이 있는 모든 사업장은 청각보호프로그램의 요건을 따라야 한다.

소음수준이 90dBA을 초과하는 모든 구역에서는 반드시 청력보호구를 착용해야 한다.

산업보건기준에 관한 규칙 제123조

청력보호구의 지급 등: 사업주는 소음작업, 강렬한 소음작업 또는 충격소음작업에 근로 자를 종사하도록 하는 경우에 청력보호구를 지급하고 착용하도록 하여야 한다.

모든 청각 보호구(귀마개)는 법적 기준에 적합하여야 한다. 법적 기준을 초과하는 장소에 서는 예를 들어 압축기 주위, 펌프실, 터빈실 또는 고압 밴트 등에서는 아래의 내용을 검토 하여 선정한다.

- 사용주기
- 소음 정도
- 노출 시간
- 주위 소음 정도
- 소음 주파수
- 이외에 추가로 필요한 보호구로는 안전안경, 안전모 등이 있다.

적절한 유지관리 방법으로는

- 제조업자의 지시를 따른다.
- 정기적으로 손상되었는지 여부를 점검한다.

- 유연성이 없는 귀마개 및 귀덮개 완충물은 교체한다.
- 귀덮개 청소를 위하여 해체하지 않는다.
- 부드러운 세제로 미지근한 물에 닦아낸다.
- 깨끗하고 미지근한 물에 꼼꼼하게 헹군다.
- 브러쉬를 사용하여 피부의 기름성분을 제거하거 먼지, 오염물 등으로 딱딱해진 귀덮개 완충물을 청소한다.
- 물기가 있는 귀마개나 완충제는 꼭 짜내고 통풍이 잘되는 깨끗한 장소에서 드라이를 사용하여 건조시킨다.

[표 10-2] 청력보호구 종류

종 류	기호	성 능
귀마개	EP-1	저음부터 고음까지 차단하는 것
	EP-2	주로 고음 차음, 회화음영역인 저음 가능
귀덮개	EM	

[표 10-3] 상황별 소음 수위

Noise Level	Activity
150dB	화약무기
140dB	이륙시의 제트엔진
130dB	잭해머
120dB	구급차 사이렌
115dB	샌드블라스팅
110dB	오토바이
100dB	공압 도구, 체인톱
90dB	잔디 깎기
80dB	도시 교통 소음, 큰 음악소리
75dB	주방전자제품
70dB	사람들로 시끄러운 식당
65dB	일상대화

[그림 10-1] 각종 청각보호구

[표 10-4] 청각 보호구 종류에 따른 장단점

	귀마개	귀덮개
장점	· 작은 크기로 휴대가 간편하다 · 다른 보호구와 함께 사용 시 편리함(귀덮개와 함께 사용이 가능함) · 습한 고열환경에서 사용 시 편리함 · 제한된 좁은 지역에서 사용이 편리함	· 사용자들 간에 격차 없이 사용 가능함 · 보통사이즈이므로 일반인들이 착용하기 용이함 · 안전관리감독 시 멀리서도 착용 여부의 판단이 수월함 · 쉽게 잃어버리지 않음 · 귀를 통한 감염이 덜 걱정되므로 쉽게 착용할 수 있음
단점	· 착용 시 시간이 소요됨 · 귓구멍에 넣고 빼기가 어려움 · 실습 및 교육이 필요함 · 귀 내부를 자극함 · 관리상 잃어버리기가 쉬움 · 안전관리감독 시 눈에 뛰지 않으므로 감독하기가 어려움	· 휴대가 불편하고 무거움 · 다른 보호구와 함께 사용이 가능함 · 고온다습한 작업환경에서 불편함 · 사용할 수 있는 작업지역이 제한됨

10.3.2 시력 및 안면 보호구

모든 시력 보호 및 안면 보호구는 위험성 평가를 수행하여 결정을 하되, 절대로 일반 안경을 보호구로 사용하여서는 안 된다.

눈 및 얼굴 보호대는 다음과 같은 노출의 위험이 있을 경우 필요하다.

- 날아다니는 입자(펄라이트, 질석, 먼지, 기타)
- 화학물(가스, 액체, 건조물)
- 연소나 부식, 용해될 수 있는 산 또는 기타 화학물
- 유해한 빛 방사 및 용접
- 초저온 액체

또한 모든 눈 및 얼굴 보호대는 다음을 충족해야 한다.

- 위험 및 잠재적 위험에 적절한 보호를 제공하고 위험을 초래하지 않는다(예: 작동하고 있는 전기장비 근처에서는 금속제품 착용을 금지함).
- 편안하고 잘 맞아야 한다.
- 일하는 데 방해가 되지 않아야 한다.
- 깨끗한 상태를 유지한다.
- 좋은 수리상태를 유지한다.
- 전기활선작업을 실시하는 사람은 비도체를 사용한다.
- 입자가 날아다니는 곳에 근무하는 근로자는 측면도 보호할 수 있는 눈 보호대를 사용해야 한다(예: 고글).
- 실내 작업 시에는 채색되어있거나 색조가 있는 안경의 착용이 금지된다.
- 그라인딩과 같은 공정작업에는 추가적인 얼굴보호장치가 필요하다.

[표 10-5] 시력 및 안면 보호구 선정 방법

위험 분류	위험성	영 향	추천되는 보호구
Chemical	• Chemical or solvent splashes • Liquid jets • Corrosive or irritating gases and fumes	• Eyes irritation • Eye inflammation • Face burns • Blindness	• Safety glasses with side shields and Face shield[2] or Goggles
Cryogenic or heat burn	• Cryogenic liquids and nitrous oxide or carbon dioxide (splashes) • Cryogenic liquid jets • Heat source • Flame	• Face burns • Temporary blindness • Blindness	• Safety glasses with side shields and Face shield[2] or Goggles
Radiation	• Glare • Welding arc • Laser radiation • RX radiation	• Eye irritation • Temporary blindness • Eye burns • Blindness	• Safety glasses with side shields or Tinted safety glasses • Welding mask in case of welding
Mechanical	• High pressure/velocity gas release • Stamp marking of cylinder • Dusts, insulation, catalyst, perlite • Powder washing • Metal chips and drilling • Power brushing, grinding, chipping, sawing (medium–high velocity impact) • Sandblasting • Cutting tools	• Eye irritation • Temporary blindness • Eye perforation • Blindness	• Safety glasses with side shields • Goggles • Face shield
Electrical	• High voltage electricity • Medium voltage electricity • Arc flash	• Face burns • Eye burns • Blindness	• Safety glasses with side shields[4] • Arc–rated face shield[3]

상기 추천되는 보호구는 해당 위험에 일반적으로 적합하다고 정리되어 있는 것들이다. 예를 들어, 안경과 안전안경은 해당위험성에 따라 다른 재질로 구성될 수 있다. 보호안경 재질에 따른 장단점은 다음에 소개되어 있다.

전면 보호구는 해당 작업에서 발생되는 증기 또는 업무에 의하여 영향을 받지 않아야 한다.

후드가 장착된 전면 보호구는 위험성 평가에 의하여 선정되어야 한다.

가장 좋은 방법은 전기 전압에 관계없이 안전 안경을 착용하는 것이다.

[표 10-6] 안경 재질에 따른 특성

재 질	장 점	단 점
유리	· 잘 긁히지 않는다. · 선명하게 잘 보인다. · 적외선/자외선 빛이 가장 많이 여과 된다. · 특수목적의 렌즈로 가장 많이 활용된다.	· 충격에 약한 편이다. · 폴리카보네이트, 플라스틱 재질보다 무겁다.
폴리카보네이트	· 충격에 가장 강한 재질이다. · 유리보다 37% 가볍다. · 유리보다 유연성이 있어 변화가 용이하다. · 선명하게 잘 보인다(91% 투과).	· 유리보다 쉽게 긁힌다. · 색상의 선택에 한계가 있다.
플라스틱	· 유리보다 강하다. · 폴리카보네이트 보다 다양한 색을 첨가할 수 있다. · 유리보다 40% 가볍다. · 작업 중 금속물질 비산 및 화공약품 발산에 용이하다.	· 폴리카보네이트 보다 쉽게 긁힌다. · 폴리카보네이트 보다 충격에 약하다.

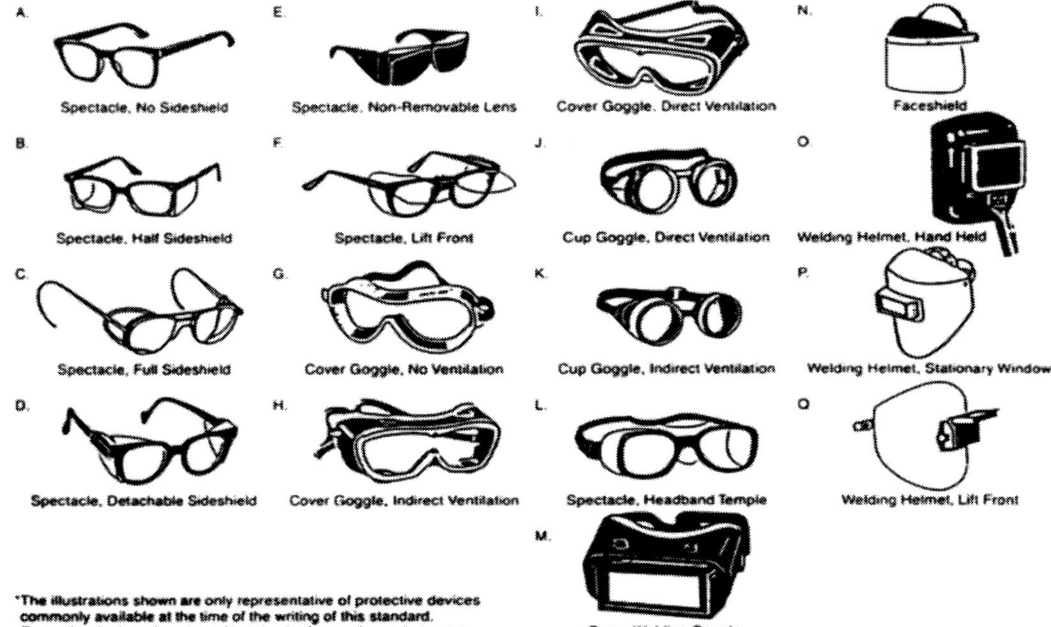

[그림 10-2] 각종 시력 및 안면보호구

10.3.3 호흡 보호구

호흡기 선택은 공기 오염물질의 물리, 화학적 물성과 부딪힐 수 있는 농도 등급을 포함한 작업장 내 호흡기 위해요소 평가를 기초로 하고 있다. 호흡기를 선택할 때는 호흡기의 성능과 신뢰성에 영향을 주는 사용자의 요인과 작업장의 요인이 확인 및 고려해야 한다.

사용자의 요인은 특정 타입 호흡기의 용도를 어렵게 만드는 의학적인 상태를 포함할 수 있다(예: 격심한 활동, 빈약한 후각, 밀착을 방해하는 얼굴의 상처와 같은 신체적 특성).

작업장 요인은 호흡기를 착용하는 시간, 작업장의 치수, 작업장 배치, 작업 환경의 온도와 습도, 깨끗한 시야의 필요, 의사소통 필요 및 기타 오염물질의 존재에 결정에 반영되어야 한다.

위험 지역에 들어가기 전에(예: 밀폐 공간), 오염 물질과 밀폐 공간 출입에 대한 위험성 평가를 수행하고, 적절한 호흡 보호구를 선정 하여야 한다. 오염 물질의 종류를 알 수 없는 경우에는 호흡용 공기가 공급되는 보호구를 착용한다.

호흡기 타입을 선정할 때는 다음을 고려한다.

- 존재하는 오염물질 타입
- 오염물질의 형태
- 오염물질의 독성 정도
- 오염물질의 농도
- 사람이 오염물질에 노출되는 기간
- 오염물질에 대한 개인적인 민감성
- 개인 사용자의 조건
- 대기의 산소 양의 정도(풍부하거나 부족)
- 사용자가 안경을 착용했는지, 턱수염이나 얼굴에 난 털, 틀니 그리고 혹은 고막에 구멍이 있는지의 여부
- 사용자가 기타 개인적 보호 장비를 착용해야 하는지의 여부

관련법규로는

- 산업보건기준에 관한 규칙 제15조: 호흡용 보호구의 지급 등
- 산업보건기준에 관한 규칙 제18조: 밀폐공간보건작업프로그램 수립, 시행 등
- 산업보건기준에 관한 규칙 제43조: 보호구의 지급 등

[표 10-7] 호흡 보호구 선정 방법

위험 상태 및 행위	추천 보호구
Abrasive blasting	Disposable dust mask, filter cartridge respirator or Supplied Breathing Air respirator
Asbestos	Filter cartridge respirator or Supplied Breathing Air respirator
Chlorinated solvents use	Filter cartridge respirator for short term exposure or Supplied Breathing Air respirator
Confined space entry (where safe levels of oxygen or contaminant cannot be guaranteed)	Supplied Breathing Air Respirator
Inert cryogenic liquid fog or carbon dioxide release	Supplied Breathing Air respirator

위험 상태 및 행위	추천 보호구
Dust	Disposable dust mask, filter cartridge respirator or Supplied Breathing Air respirator
Perlite	As for dust but additional protection recommended to provide full face protection
Oxygen deficient atmospheres or unknown atmospheres	Supplied Breathing Air respirator
Petroleum-based products use	Filter cartridge respirator for short term exposure or Supplied Breathing Air respirator
Toxic gases (Within Europe: of class T e.g. Ammonia, carbon monoxide, chlorine, hydrogen chloride, etc.)	Filter cartridge respirator for short term exposure or Supplied Breathing Air respirator
Extremely hazardous and poisonous gases (Within Europe: Toxic gases of class T+ e.g. arsine, phosphine, fluorine, diborane, etc.)	Supplied Breathing Air respirator
Welding/cutting	Filter cartridge respirator or Supplied Breathing Air respirator

호흡기의 필터 카트리지는 위험성 평가 시 허용농도 이상으로 노출 가능한 물질에 적합한 것을 선택 한다. 이러한 적절한 카트리지를 선정 하기 위하여는 안전 전문가의 조언 또는 물질안전보건정보에 따른다. 일반적으로 카트리지는 제거하고자 하는 물질에 따라 색상을 달리 하거나 별도의 기술서를 첨부한다.

호흡용 공기가 공급되는 호흡기의 경우 그 종류가 다양하므로 해당되는 위험도에 적절하게 선정되어야 한다. 몇 가지의 예로서 자급식 공기호흡기(SCBA, Self-Contained Breathing Apparatus), 실린더를 통한 공기배관 연결 호흡기 및 강제 공기 공급 장치 등이 있다.

1) 방진 마스크

- 분진(Dust): 고체의 연마, 절삭, 분쇄 등의 기계적 작용으로 발생된 고체의 미립자로 크기 $1\sim150\,\mu m$

- 미스트(Mist): 액체 미립자로 크기 $5\sim100\,\mu m$

- 퓸(Fume): 금속의 증기가 공기 중에서 응고되며, 화학변화를 일으켜 생성된 고체 미립자로 크기 $0.1\sim1\,\mu m$

방진 마스크 선택 시 고려사항은 다음과 같다.

- 분진포집 효율은 높고 흡, 배기 저항은 낮은 것
- 중량이 가볍고 시야가 넓은 것
- 안면밀착성이 좋아 기밀이 잘 유지되는 것
- 마스크 내 호흡에 의한 습기가 없는 것
- 안면접촉부위가 땀을 잘 흡수하는 재질일 것
- 분진특성에 따른 적정한 방진마스크를 선정

또한 방진 마스크의 사용 및 관리 방법은 아래와 같다.

- 사용 전 흡, 배기 기능과 공기누설여부 점검
- 필터가 습하거나 흡, 배기저항이 클 경우 교체
- 용접흄, 미스트 발생장소 작업 시 흄용마스크 착용
- 고무부분은 기름, 유기용제, 직사광선을 피할 것
- 면체의 접안부에 헝겊 대기 금지
- 마스크 부품교환, 여과재 폐기

[표 10-8] 방진마스크 종류

종류	분리식		안면부 여과식	사용조건
	직결식	격리식		
형태	전면형	전면형	반면형	산소농도 19.5% 이상
	반면형	반면형		

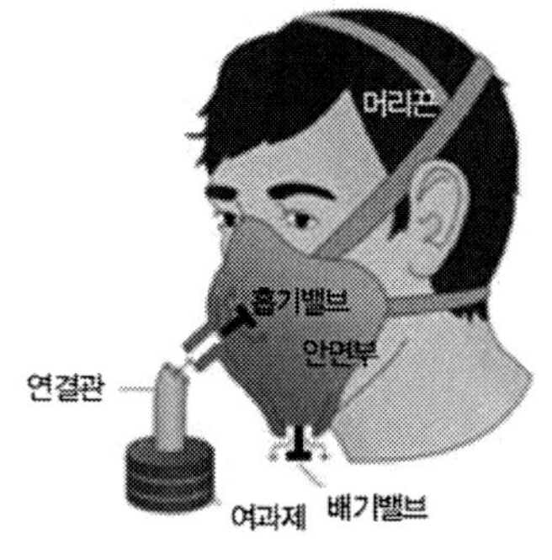

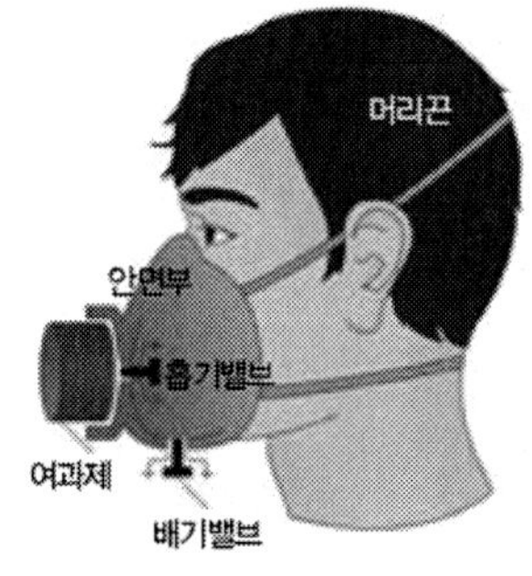

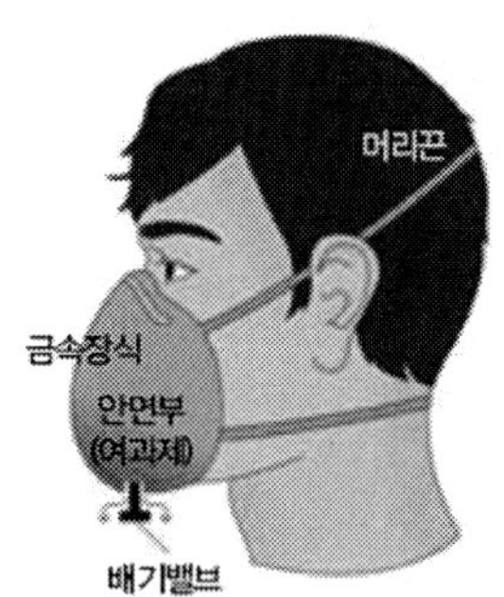

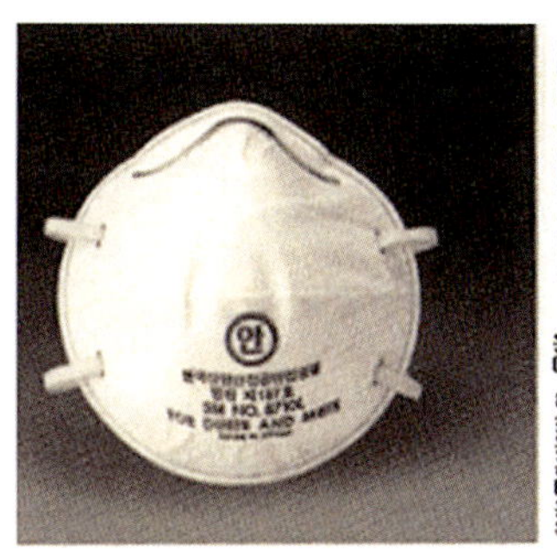

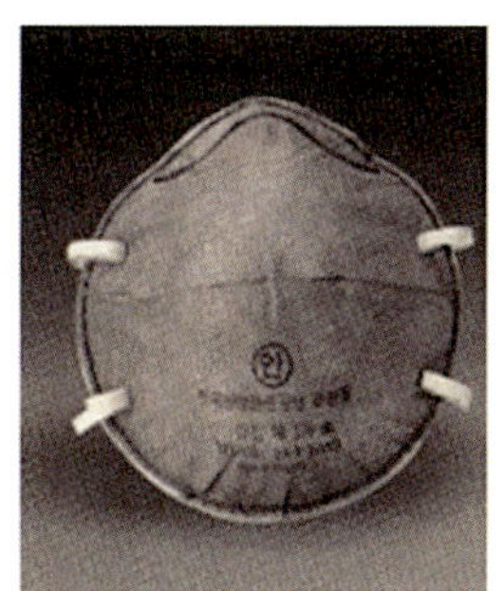

[그림 10-3] 방진마스크

2) 방독 마스크

방독 마스크 선택 시 고려사항은 다음과 같다.

- 제독 효율이 높고, 흡·배기 저항은 낮은 것
- 중량이 가볍고 시야가 넓은 것
- 안면밀착성이 좋아 기밀이 잘 유지되는 것
- 마스크 내 호흡에 의한 습기가 없는 것
- 안면접촉부위가 땀을 잘 흡수하는 재질일 것
- 물질에 따른 적정 정화통을 선정

또한 방독 마스크의 사용 및 관리방법은 아래와 같다.

- 적정 정화통 선정
- 여유분 확보
- 유효시간 불분명 시에는 교체할 것
- 산소농도 19.5% 미만, 유해가스가 일정농도 이상인 장소이거나 장시간 작업 시에는 송기마스크 사용할 것
- 사용시간을 기록해 파과시간이 경과하면 교체할 것

정화통 흡수제로는 활성탄, 실리카겔, 제오라이트, 염화칼슘, 큐프라마이트, 흡칼라이트 등이 있다.

[그림 10-4] 정화통 흡수제

[표 10-9] 방독마스크 종류

종 류	형상 및 사용범위	그 림
격리식	정화통, 연결관, 흡기밸브, 안면부, 배기밸브 및 머리끈으로 구성되고 정화통에 의해 가스 또는 증기를 여과한 청정공기를 연결관을 통하여 흡입하고 배기는 배기밸브를 통하여 외기 중으로 배출하는 것으로서 가스 또는 증기의 농도가 2%(암모니아는 3%) 이하의 대기 중에서 사용한다.	
직결식	정화통, 흡기밸브, 안면부, 배기밸브 및 머리끈으로 구성되고 정화통에 의해 가스 또는 증기를 여과한 청정공기를 흡기밸브를 통하여 흡입하고 배기는 배기밸브를 통하여 외기 중으로 배출하는 것으로서 가스 또는 증기의 농도가 1%(암모니아에 있어서는 1.5%) 이하의 대기 중에서 사용한다.	
직결식 소형	정화통, 흡기밸브, 안면부, 배기밸브 및 머리끈으로 구성되고 정화통에 의해 가스 또는 증기를 여과한 청정공기를 흡기밸브를 통하여 흡입하고 배기는 배기밸브를 통하여 외기 중으로 배출하는 것으로서 가스 또는 증기의 농도가 0.1%이하의 대기 중에서 사용하는 것으로서 김급용이 아닌 상황에서 사용한다.	

3) 송기 마스크

[표 10-10] 송기 마스크 종류

종 류	등 급		구 분
호스 마스크	폐력흡인형		안면부
	송풍기형	전 동	안면부, 페이스실드, 후드
		수 동	안면부
에어라인 마스크	일정유량형		안면부, 페이스실드, 후드
	디맨드형		안면부
	압력디맨드형		안면부
복합식 에어라인 마스크	디맨드형		안면부
	압력디맨드형		안면부

[그림 10-5] 송기 마스크

송기 마스크의 착용장소는 다음과 같다.

- 산소결핍 또는 산소농도를 모르는 장소
- 작업강도가 매우 큰 장소, 장시간 작업 실시
- 고농도의 분진, 유독가스, 증기 발생장소
- 물질의 종류, 농도가 불분명한 장소
- 공기공급장소가 먼 경우에는 공기호흡기 사용

4) 전동식 호흡보호구

[표 10-11] 전동식 호흡보호구 종류

분 류	사용 구분
전동식 방진 마스크	분진 등이 호흡기를 통하여 체내에 유입되는 것을 방지하기 위하여 고효율 여과재를 전동장치에 부착하여 사용하는 것
전동식 방독 마스크	분진 또는 유해물질 등이 호흡기를 통하여 체내에 유입되는 것을 방지하기 위하여 고효율 정화통 및 여과재를 전동장치에 부착하여 사용하는 것
전동식 후드 및 전동식 보안면	분진 또는 유해물질 등이 호흡기를 통하여 체내에 유입되는 것을 방지하기 위하여 고효율 정화통 및 여과재를 전동장치에 부착하여 사용함과 동시에 머리, 안면부, 목, 어깨부분 까지 보호하기 위해 사용하는 것

[표 10-12] 호흡 보호구 관리 절차서 예제

구분	번호	평가항목	평가 (O/X)
일반	1	주기적으로 작업환경평가를 실시하고 그 결과를 보존하고 있는가?	
	2	공학적 대책이나 작업관리대책을 수립·시행하고 있는가?	
	3	분진의 유해성 등에 관한 교육을 실시하고 있는가?	
	4	문서화된 프로그램을 가지고 있는가?	
	5	프로그램관리자를 지정하였나?	
보호구 선정 및 사용	6	충분한 수의 보호구와 종류를 구비하였나?	
	7	근로자로 하여금 자신에게 맞는 적절한 호흡용보호구를 선정하도록 하였나?	
	8	모든 호흡용 보호구는 검정품인가?	
	9	공기공급식 호흡용보호구 사용시 신선한 공기를 공급하고 있는가?	
	10	누출검사를 매사용 시마다 하도록 하고 있는가?	
	11	호흡용보호구의 사용조건 등에 대한 평가와 개선을 실시하고 있는가?	
	12	필요시 여과재나 호흡용보호구의 교환이 이루어지고 있는가?	

구분	번호	평가항목	평가 (O/X)
보호구 유지 관리	13	적절한 개인 보관함을 준비하고 이름의 표시가 되어 있는가?	
	14	호흡용 보호구는 주기적으로 청소하고 있는가?	
	15	호흡용 보호구는 주기적으로 점검을 실시하는가?	
	16	필요시 호흡용보호구의 부품이나 호흡용보호구를 교체 또는 수리하고 있는가?	
	17	공기공급식 호흡용보호구에 공급하는 공기는 적절한 질을 확보하고 있는가?	
	18	공기공급식 호흡용보호구의 연결관은 다른 용도의 연결관과 규격과 치수가 다른가?	
교육	19	호흡용보호구를 착용하는 근로자에 대하여는 관련 교육을 실시하는가?	
	20	관련 교육을 실시하는 경우 기록하고 보존하는가?	
	21	교육을 받은 근로자가 필요한 관련 지식을 충분히 숙지하고 있는가?	
프로 그램 평가	22	프로그램에 대한 평가를 실시하고 있는가?	
	23	프로그램평가서 등을 기록, 보존하고 있는가?	
	24	평가결과를 토대로 프로그램을 수정하고 적절한 조치를 하고 있는가?	

10.3.4 머리 보호구

머리는 인체에서 매우 중요한 부분으로 다음과 같이 구성된다.

- 눈: 사물을 볼 수 있게 해준다.
- 귀: 소리를 들을 수 있게 해준다.
- 코: 냄새를 맡을 수 있게 해준다.
- 입: 음식물을 먹고 말을 하게 해준다.
- 뇌: 사고를 할 수 있게 해준다.

머리상해는 매우 심각한 결과를 초래하므로 보호구를 항시 착용해야 한다.

보호구 선택과 승인방법

- 최소 B등급 안전모(A: 비래, 낙하 B: 추락 C:전기) / 국내 ABE 안전모

- 안전모는 완충 시스템이 있는 것을 써야 한다. 완충 시스템은 안전모의 내피와 1과 1/4인치(3cm) 이상 간격이 있어야 한다.
- 안전모는 청력 보호구와 안면보호구를 쉽게 장착할 수 있어야 한다.
- 경작업모는 자동차 수리공이 차량에서 일을 할 때만 사용되고 완충장치가 없다.

다음에 해당하는 경우 근로자는 머리보호대를 착용해야 한다.

- 머리에 부딪혀 부상을 줄 가능성이 있거나 낙하 또는 공중에 떠 있는 물체가 있을 경우
- 실린더 뚜껑이 떨어지거나 실린더 팔레트(Cylinder pallet) 바로 아래에서 작업하는 경우
- 호스 또는 피그테일(Pigtail) 휘핑
- 상부 작업
  -머리 높이 또는 그보다 낮은 위치에서 장비 안, 그 주변 또는 바로 밑에서 해야 하는 공정업무
  -재료를 저장하는 창고가 머리보다 높고 고정되어 있지 않은 경우
  -머리에 닿을 수 있는, 전기가 흐르는 도체 주변에서 작업하는 경우

올바른 머리보호구 사용방법

- ANSI Z89.1 충족
- 국내 기준의 의무안전, 자율안전 인증
- 머리와 직각이 되도록 착용

올바르지 못한 머리보호구 착용 예

- 변형된 안전모를 착용하는 경우
- 완충장치가 제거된 경우
- 드릴 구멍, 도색, 표시 등이 제거된 경우
- 안전모 안에 물건을 저장 또는 운반하는 경우
- 제조사의 설계나 실행에 대한 승인 없이 사용하는 경우

[표 10-13] 안전모 종류

종 류	사 용 구 분
A	낙하, 비래
AB	낙하, 비래, 추락
AE	낙하, 비래, 머리부위감전
ABE	낙하, 비래, 추락, 머리부위감전

[표 10-14] 안전모 착용 요령

번호	행 동	예 시
1	모재, 장착재, 충격흡수재 및 턱끈의 이상유무를 확인한다.	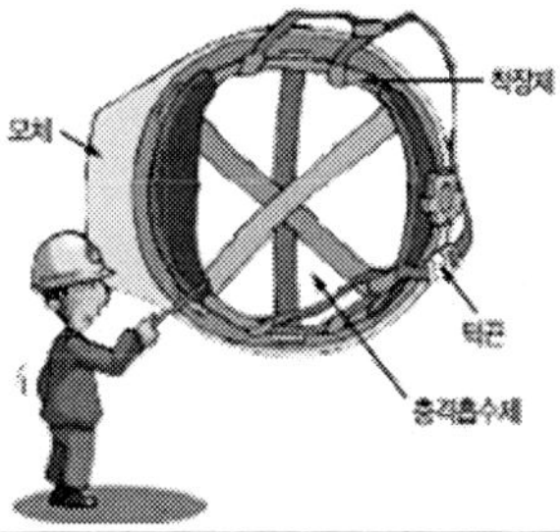
2	자신의 머리의 크기에 맞도록 장착재의 머리고정대를 조절한다.	
3	귀의 양쪽에 턱끈이 위치하도록 착용한다.	
4	안전모가 벗겨지지 않도록 견고히 조여서 고정한다.	

[표 10-15] 추천 머리 보호구 선정 방법

위험 상태 및 행위	추천 보호구
Production plant (e.g. ASU, carbon dioxide) and their storage areas	Hard hat (safety helmet)
Construction, demolition, excavation, scaffolding, craneage, overhead hazards	Hard hat (safety helmet)
Electricity/high voltage work (over 440V)	Electrically rated hard hat (safety helmet)
Customer deliveries, where construction, demolition, etc, exists or as required by customer	Hard hat (safety helmet)

[표 10-16] 안전모 심사기준 예제

조문	심 사 기 준	결과			비고
		적합	부적합	해당없음	
노동부고시 제2008 – 77호 제2장	1. 신청제품 종류의 적정성(AB/AE/ABE)				
	2.1 일반구조의 적정성(공통)				
	− 모체, 착장체 및 턱끈을 갖출 것				
	− 모체에 구멍이 없을 것(착창체 및 턱끈의 설치 또는 안전등, 보안면 등을 붙이기 위한 구멍은 제외)				
	− 착장체는 다음을 만족할 것 • 머리고정대는 착용자의 머리부위에 적합하도록 조절 가능한 구조일 것 • 착용자의 머리에 균등한 힘이 분배되는 구조일 것 • 머리받침끈이 섬유인 경우, 각각의 폭은 15mm 이상이며, 교차되는 끈의 폭의 합은 72mm 이상일 것				
	− 떡 끈은 다음을 만족할 것 • 사용 중 탈락되지 않도록 확실히 고정되는 구조일 것 • 턱끈의 폭은 10mm 이상일 것				
	− 부품은 착용자에게 상해를 줄 수 있는 날카로운 모서리 등이 없을 것				
	− 착용높이는 85mm 이상, 외부수직거리는 80mm 미만 일 것				
	− 내부수직거리는 25mm 이상 50mm 미만일 것				
	− 수평간격은 5mm 이상일 것				
	− 모체, 착장체 및 충격흡수재 포함질량은 440g 이하일 것				
	2.2 일반구조의 적정성(AB/ABE)				
	− 충격흡수재를 가져야 하며, 리벳(rivet)등 기타 돌출부가 모체의 표면에서 5mm 이상 돌출되지 않을 것				
	− 금속제의 부품을 사용하지 않고, 착장체는 모체의 내외면을 관통하는 구멍을 뚫지 않고 붙일 수 있는 구조로서 모체의 내외면을 관통하는 구멍, 핀, 홀 등이 없을 것				

조문	심 사 기 준	결 과			비고
		적합	부적합	해당 없음	
노동부고시 제2008 – 77호 제2장	3. 재료의 적정성				
	− 착용자 머리와 접촉하는 모든 부품은 피부에 유해하지 않은 재료를 사용할 것				
	4. 부가 성능표시의 적정성(부가성능 안전모인 경우)				
	− 안전인증 표시 외 "측면변형방호" 또는 "금속용융물분사방호"의 부가성능에 대한 사항을 표시할 것.				
산안법 제34조의2, 동 시행규칙 제58조의 6	5. 안전인증의 표시 및 표시방법의 적정성				
	− 안전인증을 받은 안전인증대상기계·기구 등이나 이를 담은 용기 또는 포장에 안전인증 표시를 할 것				
	− 안전인증의 표시 및 표시방법은 시행규칙 별표9와 같을 것				
안전인증업무 처리규칙 제7조	6. 사용방법설명서 작성의 적정성				
	− 제품명 및 용도 명시				
	− 유지·보수방법 등 제품 안전사용 필요정보 및 유지·보수와 관련하여 사용자와 제조자의 책임한계 명시				
	− 예상되는 잘못사용 방지방법 및 위험 경고사항 명시				
	− 안전보건표지의 적정성				
	− 시각 및 청각신호의 적정성(해당되는 경우에 한함)				
	− 기능, 운전 및 사용에 관한사항 명시				
	− 운반·조립 및 설치에 관한사항 명시				
	− 청소, 유지·보수, 고장진단 및 수리에 관한사항 명시				
	− 안전과 환경(제품폐기, 폐기물 처리 및 재활용 등)에 관한사항 명시				
	− 사용자 교육(보호구 착용법 등)에 관한사항 명시				
	− 감시필요 또는 특수 보호구 착용제품의 경우 이에 대한 내용 명시(해당되는 경우에 한함)				
	− 제조년도 또는 유효사용기간 표시(해당되는 경우에 한함)				
	− 사용설명서 작성일자 기록				

10.3.5 추락 방지 보호구

추락 방지 보호구는 추락 방지를 위해 반드시 착용하고 밀폐공간 출입 시에도 착용해야 한다. 또한 추락 위험성이 있을 때는, 전신 안전대에 완충장치가 있는 것을 사용하고 완충장치가 작동될 충분한 공간을 확인한 다음 완충 장치가 제 역할을 할 수 있는 충분한 높이가 아닌 경우 추락방지대 이용해야 한다.

산업안전기준에 관한 규칙 제28조

높이 또는 깊이 2m 이상의 추락할 위험이 있는 장소에서의 작업에는 안전대를 착용하여야 한다.

[표 10-17] 추천 안전벨트(Safety Belt), 안전대(Harness), 안전밧줄(Lanyard) 등의 추락방지 보호구 선정 방법

위험 상태 및 행위	추천 보호구
Risk of falling where no other fall protection (i.e., guard rails, barriers) exist	Full body safety harness, safety line (lanyard) attached to a suitable anchorage point
경고 – 안전벨트는 벨트를 고정할 수 있는 장소에서만 사용하고 수직 추락방지용으로는 사용을 금지한다.	

[표 10-18] 안전대 착용 요령

번호	행 동	예 시
1	양다리에 그네식 안전대를 끼우고 들어올린다.	
2	양 어깨에 그네식 안전대를 끼운다.	
3	가슴 조임줄을 채운다.	
4	훅을 구명줄에 건다.	
5	착용상태의 이상유무를 확인한다.	

10.3.6 손 보호구

손 보호구는 위험요소 또는 잠재적 위험요소가 아래와 같은 상황을 초래할 수 있을 때 필요하다.

- 피부에 흡수되는 위해물질
- 베인 상처
- 찔림
- 찰상
- 화학적 화상
- 극심한 열로 인한 화상
- 신체에 해로울 정도의 뜨거움 또는 차가움
- 반복된 작업으로 물집이 생길 때

모든 손 보호구는 공정업무에 대한 위험 및 가능한 위험에 기초해 선택한다. 글러브 재료와 화학물 사이에 있을 수 있는 반응을 확인하기 위해 MSDS를 참조한다.

안전장갑의 사용 및 관리

- 안전장갑은 착용 및 조작이 용이하고, 착용상태에서 작업을 행하는 데 지장이 없어야 한다.
- 안전장갑은 육안을 통해 확인한 결과 찢어진 곳, 터진 곳, 구멍 난 곳이 없어야 한다.

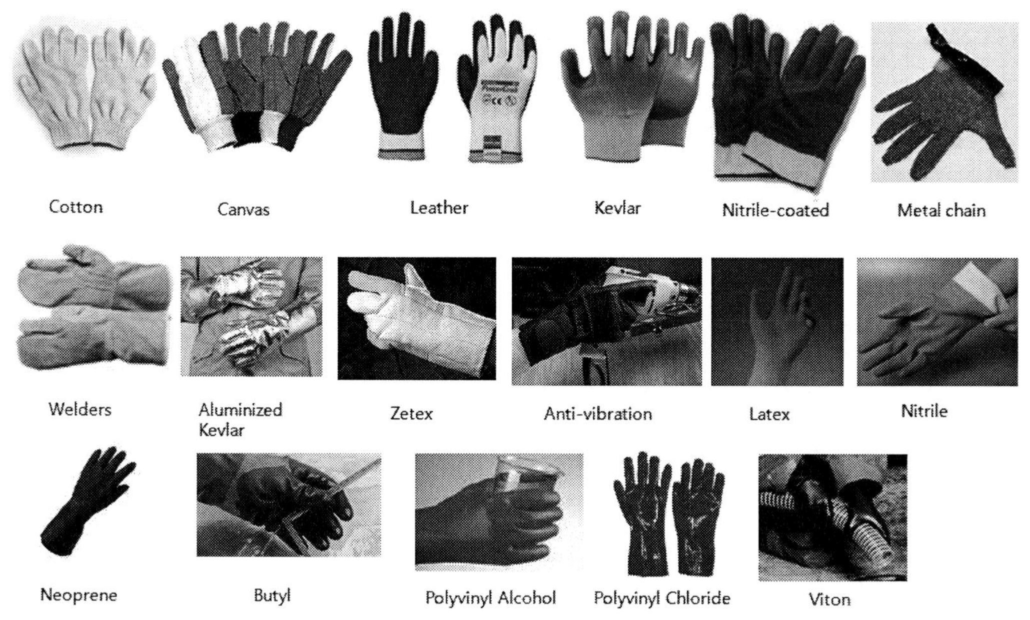

[그림 10-6] 여러 가지 손 보호구

[표 10-19] 절연장갑 등급

등급	최대사용전압	
	교류(V)	직류(V)
00	500	750
0	1,000	1,500
1	7,500	11,250
2	17,000	25,500
3	26,500	39,750
4	36,000	54,000

[표 10-20] 추천 손 보호구 선정 방법

위험 상태 및 행위	추천 보호구
Abrasive blasting	Leather gauntlets
Chemicals	Safety Data Sheet recommended hand protection Note: Materials of construction of gloves for chemical protection vary by chemical, form (liquid or solid), and concentration. Chemical-specific protection should be determined using the safety data sheet or product manufacturer or supplier' 's recommendation.
Cylinder handling and filling (non-cryogenic)	Leather wrist gloves Fabric gloves Fabric gloves with leather palms
Handling cold equipment, for example: Loading and unloading Filling of cryogenic liquids, nitrous oxide or carbon dioxide Breaking lines or connections on cryogenic liquid systems.	Insulated gauntlets/gloves without linings Note: Leather gloves are to protect against cold from cryogenic equipment but do not offer protection against exposure to liquid leaks.
Electricity	Voltage-rated gloves Arc flash-rated gloves NOTE—Match type to electrical potential and specific task.
Materials handling/warehouse	Leather wrist gloves Fabric gloves . Fabric gloves with leather palms
Welding/cutting	Leather gauntlets
High temperature	Leather gloves or insulated gloves
Sharp edges, for example when: Scraping labels Handling broken glass	Cut-resistant gloves

10.3.7 발 보호구

발 상해에 대한 위험성이 존재하는 장소에서 일하는 모든 직원은 안전화를 신어야 한다. 일상적으로 실린더를 취급하는 모든 직원은 발등보호구를 착용하여야 한다.

발가락 보호대가 있는 안전신발은 실린더나 기타 제품 또는 장비를 다루는 사람이 착용해야 할 최소한의 안전장비이다. 이 장비는 사무실 내에서만 근무하는 사람에게는 적용되지 않는다.

특히 업무에서 통상적으로 25lb(11.3kg) 이상의 실린더를 다루는 사람은 반드시 발 등에 보호장비를 사용해야 한다.

발 보호구를 반드시 착용해야 하는 경우

- 물건이 떨어지거나 다리로 굴러갈 수 있는 곳에서 작업할 경우
- 발바닥을 찌를 수 있는 물체가 있는 경우
- 발이 화학물질에 노출될 위험이 있는 경우

안전신발을 제공하는 업체는 많다. 하지만 산업용안전신발에 관해서는 모든 제조사가 인증된 산업안전장비기관의 표준을 반드시 충족하여야 한다. 특히 국내용 의무안전 인증을 반드시 받아야 한다.

개인보호용으로 사용되는 신발의 요건

- 신발에 미끄럼방지 설계가 되어야 한다(예: 고무, 폴리우레탄, 네오프렌 등).
- 전기위험요소에 노출되는 사람은 비금속 발 보호구를 착용한다.
- 업무가 통상적으로 기름 및 화학에 노출되는 사람은 기름 및 화학 저항성 밑창을 사용한다.
- 예민한 장비 또는 정전기 방출로 인해 위험에 처할 수 있는 사람은 정전기 방지 신발을 사용한다.
- 얼음, 눈, 극도의 추위와 같은 혹독한 겨울을 보내는 지역은 부츠식의 고무밑창, 돌가루가 입혀져 있거나 미끄럼방지 처리가 된 고무덧신을 착용한다.

[표 10-21] 발보호구 종류 및 성능

종 류	성 능 구 분
가죽제 안전화	물체의 낙하, 충격 및 바닥의 날카로운 물체에 의한 찔림 위험으로부터 발을 보호하기 위한 것
고무제 안전화	물체의 낙하, 충격 및 바닥의 날카로운 물체에 의한 찔림 위험으로부터 발을 보호하고 아울러 방수 또는 내화학성을 겸비한 것
정전기 안전화	물체의 낙하, 충격 및 바닥의 날카로운 물체에 의한 찔림 위험으로부터 발을 보호하고 아울러 정전기의 인체 대전을 방지하기 위한 것
발등 안전화	물체의 낙하, 충격 및 바닥의 날카로운 물체에 의한 찔림 위험으로부터 발등을 보호하기 위한 것
절연화	물체의 낙하, 충격 및 바닥의 날카로운 물체에 의한 찔림 위험으로부터 발을 보호하고 아울러 저압의 전기에 의한 감전을 방지하기 위한 것
절연 장화	물체의 낙하, 충격 및 바닥의 날카로운 물체에 의한 찔림 위험으로부터 발을 보호하고 아울러 고압의 전기에 의한 감전을 방지하기 위한 것

[그림 10-7] 여러 가지 발 보호구

[표 10-22] 추천 발 보호구 선정 방법

위험 상태 및 행위	추천 보호구
Production plant, workshops, maintenance activities, installations at customer premises and product transfers	Leather or equivalent material
Cylinder handling and filling	Leather or equivalent material with metatarsal protection
Materials handling/warehouse	Leather or equivalent material

위험 상태 및 행위	추천 보호구
Electrical works	Non-conductive sole
Welding activities	Leather or equivalent material
Welding/cutting	Leather or equivalent material
Chemical handling	SDS-recommended foot protection 1
Flammable gas and liquid handling	Anti-static sole

케미컬에 대한 보호방법은 사용되는 케미컬의 종류에 따라 적절한 재질을 선정하여야 한다. 이에 대한
방법으로는 물질안전보건자료를 이용하면 된다.

안전화가 갖추어야 하는 최소한의 요구사항은

강철 또는 이와 유사한 cap

미끄럼 방지

정전기, 오일, 고열, 케미컬, 마모 등에 적합

10.3.8 보호 의류

1) 일반

모든 지역 및 기타 작업공정에 근무하는 모든 근로자는 다음과 같은 의복을 착용해야 한
다. 팔 부상의 가능성이 있는 곳에서 근무 시 긴 소매 셔츠 및 긴 바지를 착용한다. 초저온
액체에 노출될 위험이 있는 곳에서는 긴 소매 셔츠와 접단이 없는(Uncuffed) 바지가 필요하다.

2) 특수요건

몇몇의 업무에는 존재하는 위험요소에 따라 특수의복이 요구된다. 특수 의복을 필요로
하는 몇몇의 작업은 다음과 같다.

용접

가연성 물질이 있는 구역에서의 작업

전기장비를 사용한 작업

부식성 또는 독성 물질을 사용하는 작업

초저온 물질을 취급하는 작업

산소 화합물, 가연성 가스 또는 액체, 발화성 가스에 대한 잠재적 노출이 있는 모든 직원은 순면 작업복 또는 내화성이 있는 긴 소매 노멕스 유니폼을 입어야 한다.

산이나 화공약품을 취급할 때는 위험 물질과 물체에 물리적·화학적 내성을 갖도록 제조된 외투형 의복을 입고, 반드시 사용을 위한 제조자의 권고 사항 확인과 취급할 화학물질의 MSDS를 확인한다.

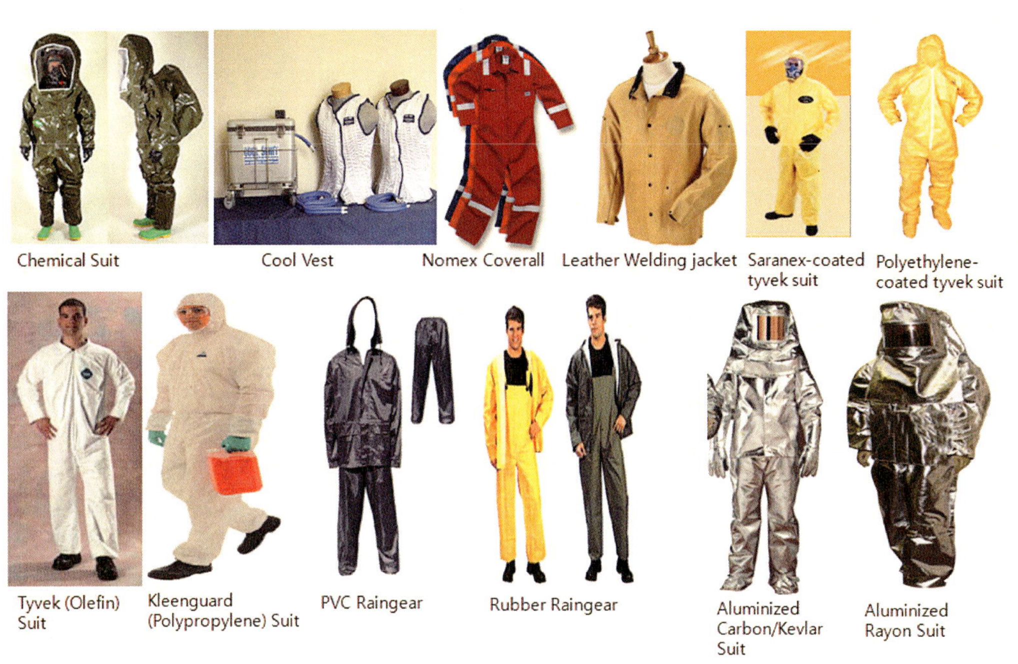

[그림 10-8] 여러 가지 보호 의류

[표 10-23] 보호의류 선정 방법

위험 상태 및 행위	추천 보호구
Chemical Handling	Materials of construction of clothing for chemical protection vary by chemical, form (liquid or solid), and concentration. Chemical-specific protection shall be determined using the safety data sheet or manufacturer or supplier' recommendation.
Electrical flash fire	FRC** suitably rated for the task' arc flash potential
Flammable gases, liquids and dusts	FRC** with anti-static properties
Oxygen and nitrous oxide (liquid or gaseous)	FRC** or natural fibre material, e.g. cotton

위험 상태 및 행위	추천 보호구
Other cryogenic liquid gases	Natural fibre material, e.g. Cotton
Areas where there may be vehicular traffic	Bright colours with reflective strips (night time)
Welding/cutting	Leather outer garments, welding jackets and aprons
**FRC: Fire Resistant Clothing (내화복)	

내화복을 착용하는 경우, 합성 재질로 만들어진 속옷은 입지 않도록 한다. 이는 열에 의하여 녹는 경우 피부에 접착이 되어 또 다른 위험을 발생시킬 수 있기 때문에 주의가 필요하다.

[그림 10-9] 내화의류

SECTION 10.4

특수가스의 개인보호구 선정표(추천)

여기서 설명하는 것은 각종 가스에 대한 개인보호구를 선정하는 방법을 소개한다. 개인
보호구 선정에는 정답이 없으나 좀 더 쉽고 안전하게 선정하는 데 도움이 될 것이다.

[표 10-24] 개인보호구 선정

Product	Chemical Formula	Product Delivery, Handling and Transport	Product Inspection, Cylinder Change (installation/removal) and Intrusive Maintenance	Panel Inspections, Purging, Regulator/Valve Manipulations, Equipment Acceptance and Facilitization
Acetylene	C_2H_2	5	5,7	
Ammonia	NH_3	5	1, 4, 6, 8	
Argon	Ar	5	5	
Arsine	AsH_3	5	2, 5, 7 , 10	5*
Arsine/Hydrogen	AsH_3/H_2	5	2, 5, 7, 10, 12	
Boron Trichloride	BCl_3	5	1, 4, 6, 8	
Boron Trifluoride	BF_3	5	1, 4, 6, 8	
Bromotrifluoromethane		5	5	
Carbon Dioxide	CO_2	5	5	
Carbon Monoxide	CO	5	5, 7	
Chlorine	Cl_2	5	1, 4, 6, 8	
Chlorine Trifluoride	ClF_3	5	2, 5, 6, 10, 15	
Diborane – Pure	B_2H_6	5	2, 6, 7, 9, 10, 12	5*
Diborane/Hydrogen	B_2H_6/H_2	5	2, 6, 7, 9, 10, 12	

Product	Chemical Formula	Product Delivery, Handling and Transport	Product Inspection, Cylinder Change (installation/removal) and Intrusive Maintenance	Panel Inspections, Purging, Regulator/Valve Manipulations, Equipment Acceptance and Facilitization
Diborane/Silane	B_2H_6/SiH_4	5	2, 6, 7, 9, 10, 12	5*
Dichlorosilane (DCS)		5	1, 4, 6, 7, 8, 9	5*
Difluoromethane	CH_2F_2	5	5, 7	
Disilane	Si_2H_6	5	1, 5, 7, 10, 12	
Ethylene	C_2H_4	5	1, 5, 7, 12	
Fluorine − Pure	F_2	5	2, 5, 6, 10, 13	
Fluorine/Inert − ⟨18.5%	—	5	1,6	
Germane	GeH_4	5	2, 5, 7, 10, 12	
Germane/Hydrogen	GeH_4/H_2	5	2, 5, 7, 10, 12	
Germanium Tetrafluoride	GeF_4	5	1, 3, 4, 8, 10, 11	
Helium	He	5	5	
Hexafluoro−1,3−butadiene	C_4F_6	5	4, 5, 7	
Hexafluoroethane (Halocarbon−116)	C_2F_6	5	5	
Hydrogen	H_2	5	1, 5, 7, 12	
Hydrogen Bromide	HBr	5	1, 4, 6, 8	
Hydrogen Chloride	HCl	5	1, 4, 6, 8	
Hydrogen Fluoride	HF	5	2, 4, 8, 10, 11	
Hydrogen Selenide	H_2Se	5	2, 6, 7, 9, 10	
Hydrogen Selenide in Hydrogen	H_2Se/H_2	5	2, 6, 7, 9, 10, 12	
Hydrogen Sulfide	H_2S	5	2, 5, 7, 10	
Krypton	Kr	5	5	
Methane	CH_4	5	5, 7	
Methyl Fluoride	CH_3F	5	5, 7	
Methyl Silane	CH_3SiH_4	5	5, 7, 12	5*
Neon	Ne	5	5	

Product	Chemical Formula	Product Delivery, Handling and Transport	Product Inspection, Cylinder Change (installation/removal) and Intrusive Maintenance	Panel Inspections, Purging, Regulator/Valve Manipulations, Equipment Acceptance and Facilitization
Nitric Oxide	NO	5	2, 5, 10	
Nitrogen	N_2	5	5	
Nitrogen Trifluoride	NF_3	5	1, 5	
Nitrous Oxide	N_2O	5	1, 5	
Octafluoro-2-butene	C_4F_8	5	5	
Octafluorocyclobutane	C_4F_8	5	5	
Octafluorocyclopentene	C_5F_8	5	1, 4, 6, 8	
Octafluoropropane	C_3F_8	5	5	
Oxygen	O_2	5	5	
Phosphine	PH_3	5	2, 5, 7, 10, 12	5*
Phosphine/Hydrogen	PH_3/H_2	5	2, 5, 7, 10, 12	5*
Phosphine/Nitrogen (<3%)	PH_3/N_2	5	2, 5, 10	
Phosphine/Nitrogen (>3%)	PH_3/N_2	5	2, 5, 7, 10, 12	
Phosphine/Silane	PH_3/SiH_4	5	2, 5, 7, 10, 12	5*
Phosphorus Pentafluoride	PF_5	5	1, 4, 6, 8	
Propane	C_3H_8	5	5, 7	
Propylene	C_3H_6	5	5, 7	
Silane	SiH_4	5	1, 5, 7, 12, 16	5*
Silicon Tetrachloride	$SiCl_4$	5	1, 4, 6, 8	
Silicon Tetrafluoride	SiF_4	5	1, 4, 6, 8	
Sulfur Dioxide	SO_2	5	1, 4, 6, 8	
Sulfur Hexafluoride	SF_6	5	5	
Tetrafluroethane (Halocarbon-134A)	$C_2H_2F_4$	5	5	
Tetrafluoromethane (Halocarbon-14)	CF_4	5	5	
Trichlorosilane (TCS)	$HSiCl_3$	5	1, 4, 6, 7, 9	5*

Product	Chemical Formula	Product Delivery, Handling and Transport	Product Inspection, Cylinder Change (installation/removal) and Intrusive Maintenance	Panel Inspections, Purging, Regulator/Valve Manipulations, Equipment Acceptance and Facilitization
Trifluoromethane/Fluoroform (Halocarbon–23)	CHF_3	5	5	
Trimethylamine	C_3H_9N	5	6, 7, 8, 9, 12	
Trimethylsilane	$C_3H_{10}Si$	5	1, 5, 7, 12	
Tungsten Hexafluoride	WF_6	5	1, 4, 6, 8	
Xenon	Xe	5	5	

모든 작업에 대하여 안전화는 기본 요건임.

SCBA 또는 안전안경이 필요하지 않다고 지정되는 지역 외의 장소에서는 안전안경 착용이 원칙임.

* 밴트(Vent)가 설치되어 있지 않은 압력조절기(Regulator)를 조절하는 경우

** 특수한 도구가 필요한 경우

1. Face Shield
2. SCBA or Airline Breathing Apparatus with 5 minute escape pack
3. Respirator
4. Chemical Goggles
5. Leather Gloves
6. Corrosive Gloves
7. FFPC Nomex Coveralls
8. Chemical Apron with Elastic Cuffs
9. Leather Overgloves
10. Buddy Rule
11. 2 Pairs of Corrosive gloves (inner glove taped to suit or apron sleeve)
12. FFPC Nomex Hood
13. Leather Jacket
14. Cryogenic Gloves
15. Hearing Protection
16. 2 person rule (lone worker policy)

연습문제 Question

chapter 10. 개인보호구(Personal Protective Equipment) 정리

1. 개인보호구 선정 시 위험성평가를 수행하는 목적에 대하여 설명하시오.

2. 개인보호구는 정확한 선정과 사용을 위하여 교육·훈련이 매우 중요하다. 이 교육·훈련에 포함되는 내용에 대하여 설명하시오.

3. 개인보호구 종류에 대하여 설명하시오.

4. OSHA에서 규정하고 있는 청각보호구 착용기준에 대하여 설명하시오.

5. 청각보호구 중 귀마개와 귀덮개의 장·단점을 비교하시오.

6. 호흡보호구의 종류에서 방진 마스크에 대하여 논하시오.

7. Dust, Mist, Fume의 차이점에 대하여 설명하시오.

8. 안전모의 종류 A, AB, AE, ABE의 특성에 대하여 설명하시오.

COMPGEAP 소개 및 국내외의 화학사고 대응체계 및 관리제도의 현황 소개

11.1 COMPGEAP(압축가스 비상조치계획) 소개

11.2 국내외의 화학사고 대응체계 및 관리제도의 현황 소개

여기에서는 미국 CGA에서 운영하는 비상조치계획인 COMPGEAP의 소개 및 국내외의
화학사고 대응체계 및 관리제도의 현황 소개하도록 하겠다.

SECTION 11.1

COMPGEAP(압축가스 비상조치계획) 소개

미국 CGA에서 운영하는 비상조치계획인 COMPGEAP의 설명하면서 번호부여는 COMPGEAP 지침서를 그대로 따르도록 하여 본연의 내용을 충실히 전달할 수 있도록 하였다.

1장 서론

COMPGEAP(압축가스 비상조치계획: Compressed Gas Emergency Action Plan)은 압축가스협회 (CGA: Compressed Gas Association)가 주관하는 압축가스 생산자, 하주(荷主), 운송자들 간의 자발적 상호지원 네트워크이다.

COMPGEAP는 압축가스협회 회원들이 비상 대응역량을 공유할 수 있도록 지원한다. 압축가스협회 회원들은 COMPGEAP 협약을 통해 압축가스 유통 시 발생한 중대사고(SCGDI: Serious Compressed Gas Distribution Incident) 현장에 기술 대리인을 파견할 의향이 있다는 점을 표명하고 있다.

SCGDI 현장에서 COMPGEAP 대응팀은 업계를 대표하고 해당 가스(들)의 특성과 위험에 대해 담당자들에게 조언한다. COMPGEAP 대응팀은 또한 용기의 안전관리 또는 가스나 해당 용기와 관련된 누출, 화재 또는 기타 문제의 처리기법을 제시한다.

많은 경우, 대응팀은 용기차단이나 안전조치 또는 제품을 안전한 용기에 이·충전하는 등 필요한 경우 실질적 지원을 제공할 수 있는 장비를 지참한다. 그러나 대응업무는 사고관련 제품 운송자의 요청과 COMPGEAP를 통해 요청한 건에 대해 시각적 지원(eyes-on only)을 실시하는 것으로만 한정될 수 있다.

COMPGEAP 위원회와 CGA 직원들은 COMPGEAP에 가입한 회원들이 COMPGEAP 네트워크를 이해하고 운영하며 활성화하는 데 도움이 될 수 있도록 하기 위해 매뉴얼을 준비해

왔다. COMPGEAP 매뉴얼은 COMPGEAP 가입 회원들에게 COMPGEAP 가입회원들이 활용할 수 있는 비상대응자원을 포함하여 COMPGEAP의 세부 운영에 대한 신속하고 완전한 참조를 제시하기 위해 설계된 것이다. 본 매뉴얼에는 네트워크 활성화, 참가자 팀의 위치, 대응팀의 선정, 팀의 신분 그리고 매스컴과의 관계에 관한 정보가 수록되어 있다. COMPGEAP 계획 및 운영규칙(COMPGEAP Plan and Operating Rules) 2장에서는 용어와 약어의 정의가 수록되어 있다.

본 매뉴얼은 COMPGEAP 계획 및 운영규칙 또는 COMPGEAP 프로그램을 구속하는 COMPGEAP 부속 협약 그리고 참조용 목적으로 본 매뉴얼 2장에 수록된 사항들을 변경할 수 없다.

본 매뉴얼은 새로운 정보가 나타나고 COMPGEAP 신규회원 및 대응팀이 추가될 경우 갱신된다. CGA는 COMPGEAP 네트워크의 일원인 모든 가입회원들에게 본 매뉴얼을 배포할 것이다. CGA는 갱신 및 추록 자료를 본 매뉴얼 수령자에게 정기적으로 제공하게 된다.

2장 압축가스 비상대응 제도와 운영 규칙

1. 서론

1.1 배경

미국과 캐나다의 CGA 구성원은 압축가스의 운송 중 발생한 비상상태 시 자발적인 상호협력 프로그램을 수년간 유지해 왔다. 이러한 협력은 유사 사고 시 운송자의 요청에 의해 사고현장 근처의 압축가스 제조자, 공급자에 의해 지원된다.

1.2 목적

COMPGEAP는 미국 산업전반의 압축가스 운송 시 발생하는 응급상황을 신속하고 효율적으로 개선하기 위해 CGA가 설립한 프로그램이다. 이 제도의 목적은 운송과정 중 발생한 비상상태 시 손상된 용기로부터 가스 누출 시 야기될 수 있는 인명, 물질, 환경적 피해를 최소화하기 위함이다

COMPGEAP 주요목적

(1) 중대 압축가스 운송사고(SCGDI) 시 COMPGEAP 참가업체가 적시에 대응하기 힘들 경우를 위한 상호 협력 프로그램

(2) 중대 압축가스 운송사고시 기술 인력으로부터 기술적 조언

(3) 중대 압축가스 운송 중 사고 시 COMPGEAP 대응팀으로 부터 비상조치 도움

1.3 기능적 구조

본 목적을 달성하기 위해서, 위원회는 본 위원회의 구성업체들에게 압축가스사고 제어하고 경찰, 소방 동의 현장에서의 당국을 돕기 위해 각 업체별 최소한의 자원의 범위 내에서 인력, 장비, 전문지식을 제공을 권유한다.

2. 정의

ACC 미국 화학 협회

CGA 압축 가스 협회

CANUTEC 캐나다 운송 대응 센터, 위험 물질 비상상태를 다루는 인력에 대한 비상대응을 도와주는 캐나다 운송부의 2개 국어 자문(advisory) 업무 (1-613-996-6666)

운송자(Carrier) 압축가스 운반자

CFR 미국연방법

CHEMTREC 화학물 운송 비상대응 센터, 미국화학협회가 운영 (비상대응, 1-800-424-9300)

COMPGEAP 미국내의 중대한 압축가스사고의 비상대응을 위하여 CGA가 운영하는 CGA 구성원 간의 비상대응 네트워크

대응자(Responder) 2장 6.2절의 규정에 부합하는 자격증을 가지고 자격이 부여된 사람자격을 가진 사람

SCBA 자급식 공기호흡기

SCCGDI 중대 압축가스 운송사고. 압축가스 운송과 관련한 사고로 기술적 조언과 도움을 제공하기 위한 목적으로 CGA 멤버인 대응자를 필요로 하는 사고

　i) 사고현장과 그 주위 인명의 인명피해 발생가능성이 높은 사고

ii) 환경에 심각한 피해를 입힐 가능성이 높은 사고

iii) 초기대응의 실수로 인해 인명 또는 재산상의 피해가 발생 가능한 사고

운송자(Shipper) 가스운송사고와 관련된 COMPGEAP에 동의한 사업자

회원사(Signatory) COMPGEAP에 가입한 회원사

전문직원/요원 (Specialist Employees) 특정 유해 물질에 대한 위험성을 교육받고, 유해물질 누출사고 시 개별적 임무를 가지고 기술적 조언과 도움을 제공할 수 있으며, 29 CFR 1910.120(q)(5)에 의거한 매년 특수한 분야에 대한 역량을 증명할 수 있는 사람

기술 조언(지도) 및 도움(협조) (Technical Advice and Assistance) 대응자의 지도 및 도움(필요 시 인력이 실제 조치를 포함) SCGDI의 압축가스의 유해성 판단, 조치방법의 결정, 정보교환, 예방조치, 대피, 압축가스 상품의 봉쇄 및 조치

3. 조직(Organization)

3.1 참여

COMPGEAP 에 회원사로 가입하기를 동의한 CGA 멤버

3.2 운영(OPERATION)

COMPGEAP는 CGA에 의해서 설립된 COMPGEAP의 가이드에 의해서 운영된다. 본 위원회는 안전환경자문위원회(Safety and Environment Advisory[SEA] Council)에 보고해야 한다. 각 회원사(Participant)는 COMPGEAP 위원회에 설명과 투표할 권리가 부여된다. 기술책임자는 위원회 활동을 운영하는 CGA 회장이 지명한다. 기술책임자는 CHEMTREC과 협의하여 COMPGEAP를 운영하고, 제도 운영에 따른 사고행정조치 업무를 수행한다.

3.3 비상상황 통보(Emergency Notification)

미국 내, COMPGEAP은 비상상태 전파 기관으로 CHEMTREC을 이용할 수 있다. CHEMTREC은 24시간 운영된다. 협회는 CHEMTREC을 발전시키고, 유지하기 위해 관련된 전화번호, 모든 COMPGEAP 대응자의 위치를 보여주는 위치안내서(Location Guide)를 제공한다. 비상상황 통보는 신속한 대응을 위해서 회원사간의 직접적으로 이루어질 수도 있다.

4. 운영(Operation)

4.1 초기연락(Communication)

신속한 연락은 비상상태 시 적절한 조치를 위한 필수요소다. 대부분의 압축가스 공급업자는 사고발생 등의 비상상태 시에 CHEMTREC에 전화하여 연락 가능한 업체 소유의 비상전화번호를 운반자, 고객, 관계당국에 제공한다.

4.2 초기 조치(Advise)

CHEMTREC이 24시간, 365일 운영되므로, 현장의 운송업체 직원에게 미리 인쇄된 자료를 통하여 신속한 초기조치가 가능하다.

4.3 COMPGEAP 실행

운송자가 COMPGEAP을 연락할 때는 압축가스의 운송사고를 통보하고, 그 사고가 중대한 사고(SCGDI)로 정한다.

(1) 운송자는 자체 비상대응인력을 현장에 신속히 보내야 한다.
(2) 운송자가 비상대응 인력을 신속히 보낼 수 없음을 인지 또는 확인하면, COMPGEAP을 이용하거나 CHEMTREC 또는 직접 COMPGEAP 회원사에게 연락해야 한다.

4.4 대응자의 실행

운송자로부터 COMPGEAP 대응요청이 생기면 COMPGEAP 연락원은 그들의 대응자를 신속하게 파견한다.

신속한 대응이 불가능 하다면 COMPGEAP 대응자는 즉각 운송자에게 통보해야 한다.

충분한 대응인력으로도 신속히 대응을 할 수 없을 경우, 만일 가능하다면, 운송자는 임시 비상대응팀 고용을 요청할 수 있다. (CHEMTREC은 임시 비상대응팀 고용관련 자료를 제공할 수 있다)

4.5 기술 조치 및 도움

즉시 현장에서, 대응자는 심각한 사고피해를 줄이기 위한 시도로서 기술적 조언과 도움을 줄 수 있다.

4.6 의사소통

대응자는 다음의 업무를 수행할 때

(1) 최고의 역량을 발휘하기 위해서, 대응자는 사고현장의 확인한 후에 운송자에게 연락을 해야 하며, 주기적으로 운송자와 연락을 유지해야 한다.

(2) 중대사고에 대한 조치가 끝나고, 운송자가 대응자에게 종결을 알릴 때 까지, 운송자는 사고와 관련한 압축가스의 물성이나 조언을 구할 목적으로 계속 대응자로부터 연락 가능해야 한다. 그리고 다른 조언이나 도움을 대응자에게 요청할 수 있다. 게다가 회원사의 대응자를 요청하자마자, 운송자는 신속히 전파하고, 실행 가능한 현장의 도움을 제공할 수 있는 그 회사의 대리인이다.

(3) 운송자로 인해 대응자가 활동한다는 사실이 운송자가 관련 당국에 보고의 의무를 경감시켜 주는 것은 아니며, 또한 매체, 대중에게 연락해야 하는 의무를 경감시켜 주는 것도 아니다.

4.7 회원사 대응자의 교체

운송자는 가능한 빨리 현장에서 회원사의 대응자를 교체해 줘야 한다.

COMPGEAP 협약에 의해 어떠한 경우에도 회원사의 대응자는 운송자가 증대한 사고임을 인지하고 나서 연락을 한 시간으로부터 최초 24시간 대응책임을 다해야한다. 만약 운송자가 자사의 비상대응팀으로 최초 24시간 내에 교체를 할 수 없다면, 협력사의 대응자는 현장에 남거나 떠나날지 여부를 선택하며, 권리와 책임은 COMPGEAP 협약과 COMPGEAP 제도 운영 규칙에 의거하여 적용된다.

4.8 운송자와 연락이 되지 않을 때

만약 CHEMTREC이 필요한 시기에 운송자에게 사고와 관련하여 통보할 수 없다면

(1) CHTEMTREC은 다른 대응인력을 실행시키기 위해 최선을 노력을 다한다.

(2) CHEMTREC은 운송자와 계속 연락을 계속하기 위해 최선의 노력을 다한다.

(3) 운송자와 연락이 되는 즉시, 가능한 빨리 대응자를 해산시키고, 늦어도 Section 4.7 이전에 발표한다.

(3) 운송자는 2장 4.9절에 따른 변상과 보수비용, 2장 5절에 의한 모든 책임, COMPGEAP

협약에서 운송자가 비상자의 실행권리를 부여받은 것처럼 운송자에게 적용하는 모든 책임의 의무가 있다.

4.9 변상과 비용지급

(1) 협력사 대응팀의 중대사고 현장으로의 업무수행을 요청하자마자, 운송자는 협력사의 사고현장 비상대응과 관련한 손해비용을 변상해야 한다.

  (a) 실제 지급되거나 발생된 교통, 숙박, 전화, 식사, 임금, 시간 외 근무수당

  (b) 손상되거나 제 기능을 잃은 것으로 판단되는 도구와 장비 교체

  (c) 장비 대여비, 세척비와 장비 닦는 비용

(2) COMPGEAP 협약은 결코 법적인 구제를 제한하지 않으며, 운송자는 협력업체의 손해비용을 지급하기 위해서 지불의무가 있는 운송자, 판매자, 창고업자, 거래처, 화물인수자 또는 다른 업자들에게 변상을 요구할 수도 있다. 또한 COMPGEAP 협약은 협력사가 지불의무가 있는 운송자, 판매자, 창고업자, 거래처, 화물인수자 또는 다른 업체에게 각각의 피해발생비용에 대해 변상을 요구하고, 운송자가 지불하지 않은 비용을 부과할 수 있음에 대한 법적 구제를 제한하지 않는다.

5. 협력사 대응자의 의무와 관련된 조항

5.1 이 글에서 설명하는 모든 다른 제한에 덧붙여, 협력사와 그 대응자는, 그들의 개별적 단독 결정에서의 이유에서, 대응을 감소시키거나, 비상대응을 제한함에 대한 책임을 절대 지지 않으며, COMPGEAP 협정에 의한 그들의 개별적 책임 위반으로 간주하지도 않는다.

5.2 만약 운송자가 직접 사고현장을 지휘하지 않고 어떤 조치도 취하지 않거나 다른 방법으로 대응하고자 한다면| 사고현장 협력사의 대응자는 그들이 가지고 있는 적절한 기술적 조언과 도움을 제공할 권한이 있다. 만약 협력사의 대응자가 운송자의 지시와 의견이 일치하지 않는다면, 대응자는 대응임무를 줄이고, 운송자는 대응자의 활동 또는 운송자의 직접 지시로 인한 실패에 대해 변상을 한다.

5.3 이 협약은 사고현장과 관련한 유해 폐기물의 운송, 처리, 저장,폐기에 대한 협력사와 협력사의 대응자에 대한 어떠한 법적 책임을 발생시키지 않는다.

5.4 만일 운송자가 해당 정보 전파에 대한 권한을 부여하지 않는다면, 협력사는 이미 권리 소멸상태인 운송자의 소유정보에 대해서 보안을 유지해야 한다.

6. 협력사의 자격(Qualification of Participants)

6.1 협력사의 자격

CGA 멤버라면 누구나 COMPGEAP 협약(부록 B) 실행으로서 COMPGEAP의 회원이 될 수 있으며, 이용 가능한 협력사로 묶이는 것을 동의한다.

6.2 대응자의 자격

대응자는 전문적인 직원(Special employees)이거나 유해 물질 기술자이어야 한다. 추가자격은 5절을 참고한다.

6.3 팀 위치

협력사는 CGA에게 COMPGEAP이 이용가능한 대응팀과 그 위치와 비상대응팀를 명시해야 한다. 팀 위치는 COMPGEAP 협약의 실행과 함께 또는 직후에 제공되어야 한다. 팀 정보는 변화가 있을 때마다 업데이트되어야 한다.

7. 관리(Management)

CGA는 정책, 관리,COMPGEAP과 CGA가 연관된 모든 결정의 책임이 있다. CGA는 COMPGEAP을 유지해야 하며 그렇지 않으면 적절한 직원을 고용해야 한다.

8. 비상상황 후 보고(Post-emergency Reporting)

비상상황 후 사실보고서는 추후에 COMPGEAP 운영의 중요한 자료가 될 수 있으므로, 비상상황 직후 사고의 기억이 생생히 남아있을 때 COMPGEAP 지침서에 따라 작성하여야 한다. 작성된 보고서는 COMPGEAP의 한정된 멤버에게만 정보가 제공되며 중요비밀문서로 취급된다.

9. 책임(Liability)

COMPGEAP 협약 또는 운영의 어떤 것도 CGA, 협력사 또는 그들의 직원이 COMPGEAP 협약 또는 COMPGEAP 제도 운영 규칙 하에 취하는 행동과 화학물 운송사고 현장 비상대응 조치에 대해 법적 책임을 부과할 수 없음을 명시한다. COMPGEAP 협약 또는 COMPGEAP 제도운영규칙은 사건발생으로 생기는 인명 및 재산피해를 방지하기 위한 행동에 대한 책임(주, 정부 규제, 계약 등이 운송자, 판매자, 창고업자, 거래처, 화물인수자 또는 다른 업자들에게 부과해야 할 책임)과 그러한 인명 및 재산피해로 인해 야기된 책임을 전가하지 않는다.

압축가스 제품 운송자는 중대한 가스사고 시 CGA, 협력사, 그의 인력들이 대응상태를 조정하고, 대응수위를 결정하던지, 종결, 제한 또는 상황을 더 감소하거나 대응과 관련한 행동 또는 생략된 것들에 대해 방어하고, 위험을 억누르고(hold), 그들의 활동을 보장하는 것에 동의한다. 활동보장을 위한 그러한 의무는 모든 책임과 인명피해, 사망, 재산 피해, 환경오염 또는 세척비, 유지비 등까지 연장되며, 그러한 행동을 방지하기 위한 상당한 비용도 포함된다. 이 조항은 만약 CGA, 협력사 또는 그 인력들의 동의하에 그들의 태만과 잘못된 관리로 인해 야기된 것이라면 적용받지 않는다.

이 조항에 의한 보장책임을 충족하는 서명된 증명서를 COMPGEAP에 서명한 참여자로서 항상 보관해야 한다.

(1) 제3자 보험사의 보험 보상범위는 500만 달러 이상이다. 공제혜택이 있거나 자가보험 유보금이 있는 경우에 서명자는 어떠한 것이 적던 간에 적어도 6배의 공제혜택이나 유보금 혹은 3,000 만 달러의 가치의 순자산(서명자의 총 자산에서 총 부채를 제외한 것으로 한정)을 가져야 한다.

(2) 순자산은 금액으로 3,000만 달러 이상이다.

(3) 상기의 조합은 순자산과 보험과액을 합친다면 총계에서 500만 달러 이상이고, 순자산에서 각 달러의 6분의 1만이 그 계산에 포함될 것이다.

(4) 상기 3개의 점주 중 하나를 만족시키지 못하더라도 CGA의 서면 특별승인에 의해 서명자는 COMPGEAP의 참여자가 될 수 있다. COMPGEAP 경영진에게 그 승인은 서명자의 필요와 특별승인 사유를 설명하고 그러한 것들이 주어진다면 다른 서명자들은 특별승인을 공지 받는다.

10. 권리 양도, 할당(Assignment of right)

어느 정도까지는 운송자가 협력사, CGA 또는 인력들에 대해 2장 9절에 의한 보장 또는 2장 4.9절에 의한 협력사의 손해를 변상하지 않아도 된다. 운송자가 COMPGEAP 협약을 실행함으로써, 할당하거나 또는 그 당시 법적으로 할당을 요구함으로써, CGA, 협력사, 인력 등의 발생 비용과 손실에 대한 운송 서비스 또는 상품을 제공받은 사람, 운반업자, 창고업자, 판매자들로부터 복구하기 위한 권리를 말한다.

11. 시행일(Effective Date)

COMPGEAP 협약은 개별적 서명자들을 고려하여 서명자의 동의가 실행되고 CGA로부터 수령하자마자 시행된다.

12. 변경(Modification)

CGA는 이 제도 운영 규칙에 의해서 조항을 변경, 추가, 삭제할 수 있다. 만약 COMPGEAP 조약 정책이 모순된다면, 변경, 추가, 삭제는 CGA 이사회의 승인으로 이루어진다.

모든 자료의 변경, 추가, 삭제, 철회 기회는 COMPGEAP 협약에 서명한 모든 이에게 주어진다. COMPGEAP 협약에서 서명자의 권리 또는 의무에 영향을 주는 모든 변경, 추가, 삭제에 대한 공지는 최소 45일 이내에 해야 한다.

모든 변경, 삭제, 추가는 CGA에서 적절하게 결정하여 통보한다.

13. 철회(Withdrawal)

협력사는 사유가 있든지, 없든지 COMPGEAP 서면으로 60일전에 철회의사 통지서를 제출함으로써 철회할 수 있다. 이러한 철회는 철회일 이전의 COMPGEAP 협약과 운영으로 야기한 책임과 의무에는 영향을 주지 않는다.

14. 종료(Termination)

사유여부를 불문하고, 서명자가 종료의사 서면통보를 60 일전 내에 CGA는 종료할 수 있다. CGA는 그것으로 인해 영향을 받는 서명자에게 적어도 45일 이내에 서명통보를 한다. 종료는 철회일 이전의 COMPGEAP 협약과 운영으로 야기한 책임과 의무에는 영향을 주지 않는다.

15. 해석(Interpretation)

COMPGEAP 협정 및 COMPGEAP 제도운영규칙은 뉴욕주의 법에 의해서 해석하고 설명된다.

부록 A 압축가스 제품

1. 산업 및 의학용 가스

아세틸렌 / 액화석유가스 / 압축공기 / 메탄 / 아르곤* / 네온 / 이산화탄소* / 질소* / 일산화탄소 / 아산화질소* / 헬륨* / 산소* / 수소* / 제논 / 크립톤

*초저온 압축가스이거나 액화가스

2. 특수가스

암모니아 / 염소 / 알진 / 염화불소 / 삼불화붕소 / 세렌화수소 / 삼염화붕소 / 황화수소 / 삼불화브롬 / 일산화질소 / 염소 / 이산화질소 / 삼불화염소 / 삼불화질소 / 중수소 / 포스핀 / 디보란 / 실란 / 디클로로실란 / 사염화규소 / 에탄 / 삼불화규소 / 에틸렌 / 이산화황 / 불소 / 삼염화실란 / 저메인 / 육불화텅스텐

주: 이 목록은 자료제공의 목적이며, 다른 압축가스 또는 혼합물은 제외한 의미하는 것은 아님.

부록 B COMPGEAP 정책 선언 및 협약

이 CGA의 정책은 압축가스와 관련한 안전한 운송을 양성하고 촉진시키는 데 그 목적이 있다. 운송 중에 잠재적 누출 위험이 있는 물질이나 압축가스 용기를 잘못 다루거나, 피해를 당했을 때, 만일 이러한 현장에서 비상대응을 할 수 있는 전문가의 노하우, 지원이 가능하다면 그 피해는 심각하지 않을 것이다. 이러한 전문가는 대개 운송자와 동승한다. 때로는 운송자와 그의 비상대응팀을 이용할 수 없거나 사고 현장으로부터 너무 멀리 떨어져 있어서 최초 필수 비상대응 시간 동안 효율적인 조치를 할 수 없다.

자발적인 공공 서비스로써, CGA는 COMPGEAP을 운영함으로써 적절하게 회원사 대응팀과 다른 대응팀을 조정한다. COMPGEAP은 압축가스와 관련된 심각한 운송사고 현장에 전문적 지원과 도움을 제공하기 위해 구성된 CGA 멤버들 간의 상호 협력/상호지원 협력 네트워크이다. 기본방침은 다음과 같다.

운송 중 발생하여 대중 및 환경에 피해를 주는 사건, 공장내에 발생하였지만, 잔류물질로

인한 환경에 지속적인 처리를 요하는 사고에 한정한다.

COMPGEAP 범주에 속하는 제품은 산업용 및 의학용 가스로, 질소, 수소, 이산화탄소, 산소, 아르곤, 헬륨, 아산화질소 등이고 기타 공기 중의 가스 및 희귀가스를 포함한다. COMPGEAP은 제품 물리적 상태, 용기 종류에 따른 기타 압축가스 비상상황에도 대응을 할 것이다. 이러한 비상상황(제품, 물리적 상태, 용기)의 구분은 일반적으로 특수가스 산업에서 제품의 제조 및 운송과 관련된다.

일반 규정으로서의 COMPGEAP은 현존하는 타 비상대응 네트워크와 관련된 압축가스 비상대응을 지원하지는 않는다. 염소의 CHLOREP 프로그램, 프로판의 국립 프로판 가스 협회 네트워크 (National Propane Gas Association's network), 암모니아, 플르오르화 탄소, 기타 가스 제조 및 운송에 관한 화학 산업의 CHEMNET 프로그램이 이에 해당된다.

COMPGEAP의 멤버인 운송자가 기술적 지원이 요구되는 사고에 대해 신속한 대응이 불가능하다면, 운송자는 직접 또는 CHETREC을 이용하여 COMPGEAP을 가동시키거나 다른 COMPGEAP 멤버에게 현장대응을 요청할 수 있다.

사고발생 가스의 등급 또는 특정 가스의 위험취급 자격이 있는 압축가스 회사만이 대응을 할 수 있다. 다른 운송자의 사고에 대응팀으로의 참가여부는 해당 대응팀의 재량권이다.

운송자는 요청과 동시에 COMPGEAP 제도와 운영규칙의 제2장 4.9에 의거하여 비상대응 업체 또는 고용된 회사에 비상대응 비용을 변상한다.

운송자가 COMPGEAP 참여자에게 사고비상대응을 위임하면, 운송자는 비상대응팀의 과실 및 고의적 위법행위를 제외한 모든 조치 비용을 변상한다.

COMPGEAP 참여자의 요청으로 사고 대응을 위해 고용된 대응회사는 그들이 취한 조치에 모든 책임을 진다.

COMPGEAP은 CGA 비회원사, GAWD의 그룹(Group) 및 기타 참여자를 포함할 수도 있다. 비회원사에 부과된 조치비용은 COMPGEAP 행정비용으로 지불을 연기할 수도 있다.

협약(Agreement)

아래에 서명한 회사는 상기 COMPGEAP 정책 성명서에 동의하며, COMPGEAP을 구성하기 위해 위 협약을 실행하고자 하는 타 업체와 협력한다.

그러므로 이 글에서 또는 COMPGEAP 협약에 포함된 상호계약을 고려하여 서명한 다른 CGA 또는 비 CGA 회사는 첨부된 문서와 같이 법적 구속력이 있는 COMPGEAP에 아래와 같이 참여한다.

COMPGEAP제도 및 운영규칙에 정의된 참가자, 중대압축가스운송사고 발생 시 대응을 위하여 CGA 비상대응팀을 지정한다.

날짜 _______________

회사 _______________

성명 _______________

직함 _______________

상기 명시된 서명인은 이로써 포함된 아래의 부수적인 COMPGEAP에 권한 부여받고, COMPGEAP 제도 및 운영규칙의 COMPGEAP 의무를 보장할 것을 동의한다.

COMPGEAP 관련 연락처

성명 _______________

직함 _______________

주소 _______________

전화 _______________

3장 COMPGEAP 실행

COMPGEAP 시스템 운영은 비상대응 팀이 필요한 적절한 시기에 효율적인 의사소통 (Communication) 시스템을 통하여 COMPGEAP을 실행시키는 것이다.

COMPGEAP/CHEMTREC 의사소통 시스템은 CHETREC을 기반으로 COMPGEAP 참가 운송업체가 관련된 사고에 정확히 대응할 수 있다. 다음으로, 참가업체는 중대압축가스 운송 사고 발생시 신속 정확한 의사결정 및 적절한 인력, 대응팀을 실행시킬 수 있는 내부 의사소통 네트워크를 보유하여야 한다. 이 시스템은 운송자, CHEMTREC, COMPGEAP 대응팀 간의 신속한 의사소통을 좌우한다.

명확, 간결, 신속한 의사소통 시스템을 확보하기 위하여, 이 절(section)은 CHEMTREC 시스템,COMPGEAP 구성원의 기타사항 등에 대한 세부설명을 포함한다. 또한, COMPGEAP 대응팀이 실행하는 다양한 방법 예시도 포함한다.

3.1 COMPGEAP 대응팀 착수

COMPGEAP의 기본 전제사항으로, 운송자는 COMPGEAP 대응팀을 실행 시킬지 여부를 결정해야 한다. 이와 동일하게 요청받은 참가자(participant)도 현장에 비상대응팀을 파견할지 여부를 결정해야 한다 이것은 COMPGEAP 기능의 중요한 기본결정이므로 반드시 기록되어야 하며 경우에 따라서 CHEMTREC이 시스템을 실행시킬 수 있다. (COMPGEAP 제도 및 운영 규칙 제2절, COMPGEAP의사결정 트리 참고)

3.2 CHEMTREC 커뮤니케이션

CHEMTREC이 중대 압축가스 사고라고 판단 시, CHEMTREC은 아래의 1개 또는 그 이상의 절차를 실행한다.

- 운송자에게 연락하여 운송자가 지정한 CHEMTREC 커뮤니케이션 전화번호에 연락을 취한다. 일반적인 CHEMTREC 절차를 이용하여 사고에 대한 세부 사항을 제공한다.

- CHEMTREC은 운송자의 COMPGEAP 연락처에 중대 압축가스 사고를 결정하고, 만약 운송자가 중대 압축가스 사고를 인정하고 도움을 요청할 경우 COMPGEAP 참여자에게

연락처를 제공하여 중개자(bridge) 역할을 한다.

COMPGEAP 대응팀은 아주 중요하므로 이러한 연락의 교환은 신속하게 이루어 져야 한다. 그러므로 CHEMTREC과 COMPGEAP 구성원의 명확하게 정의된 24시간, 365 일 커뮤니케이션 플랜의 이행은 의무이다.

3.3 COMPGEAP 가입회원의 커뮤니케이션

SCGDI와 관련된 비상 커뮤니케이션은 COMPGEAP를 위한 대체 또는 추가 연락처가 별도로 지정되지 않는 한 적합한 연락처로 전송된다. COMPGEAP 가입회원들은 COMPGEAP 소집에 대응하기 위해 다음과 같이 특별한 절차를 수립해야 한다.

- 화물의 선적이 (CHEMTREC의 견해에) SCGDI와 관련될 수 있다고 지적하는 CHEMTREC 의 통지문을 인지할 수 있는 시스템 구축

- COMPGEAP 참가자들은 다른 COMPGEAP가입회원의 사고에 대응할 수 있도록 자체 COMPGEAP팀 중 하나를 활성화할 수 있는 절차를 수립

- COMPGEAP 참가자는 대표자가 다른 참가자의 대표자를 직접 접촉하는 방법으로 활성화 가능

- COMPGEAP 가입회원들은 사고의 진행 중에 하주와 COMPGEAP 대응자들 간의 효과적인 커뮤니케이션을 제공할 수 있는 절차를 수립, 이러한 절차는 계획 및 운영규칙 2장 4.6절에서 요구하고 있는 바와 같이 대응자가 제품의 정보와 기타 조언을 이용할 수 있도록 함. 이러한 커뮤니케이션 시에는 CHEMTREC의 전화 연결망을 활용할 수 있음.

주: 하주(侸主)들은 모든 사고 발생 시 화학물질 비상센터 (CHEMTREC: Chemical Transportation Emergency Center)와의 폐루프(Close the loop)를 유지하는 것이 매우 중요하다. COMPGEAP 조치에 대해 하주의 반응이 없으면 CHEMTREC에서는 CGA의 상호지원계획이 적절하게 기능하고 있는지에 대한

확인을 할 수 없다.

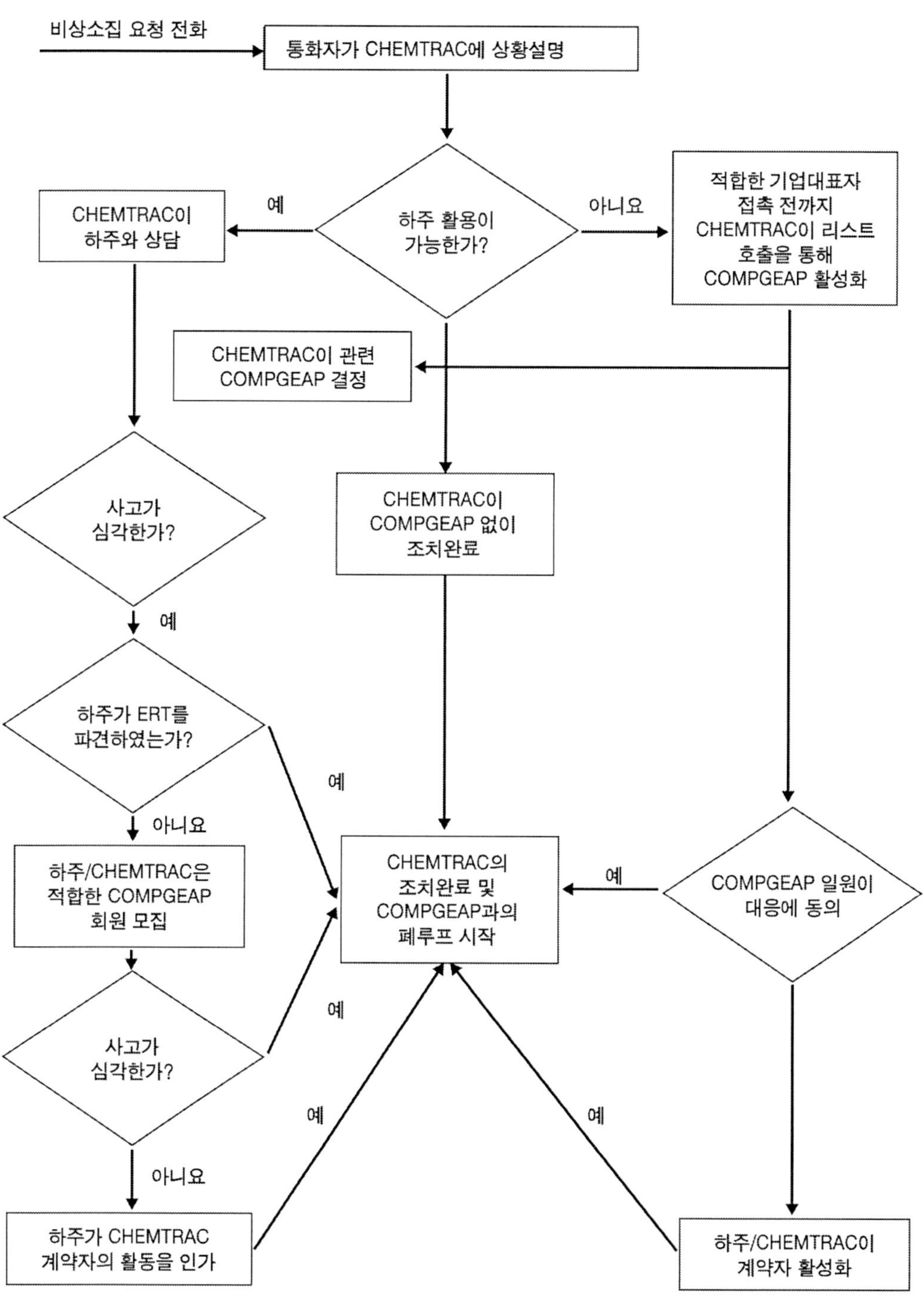

[그림 A] COMPGEAP CHEMTRAC 활성화 의사결정 트리

4장 운송사고 비상상태 통화 기록 서식

통화시간

최초통화

사고 시간

CHEMTREC 운송자에게

운송자가 CHEMTREC에게

응답통화 요청

통화자

성명/소속

응답 통화

전화번호/위치

사고제품

용기타입

실린더/ 톤 컨테이너(Ton Container)

탱크 트럭/ 탱크 카/ 바지선(Barge)

튜브 트레일러

기타

문제점

사고특성

시간

세부내용/인명피해

위치(도시, 주)

고속도로 번호, 거리, 위치

경찰/ 소방 대응

날씨/ 온도

인구밀도/ 개방 범위 (Open Area)

최단거리 공항

운송업체

운송업체명/ 종류

레일(Rail)/ 카 번호

수탁자(화물인수인)

최초-최종 목적지

운송장번호

유관기관 연락

EPA

FRA

NRC

DOT

NTSB

OTHER

대응자 연락

전화번호

팩스번호

최초통화자

조치사항

계약자(Contractor) **연락**

전화번호
팩스번호
최초통화자
조치사항

주의사항

5장 훈련자료

5.0 COMPGEAP 훈련자료

머리말

CGA의 COMPGEAP 위원회 회원사들은 COMPGEAP 상호지원협약에 의거, 대응하는 인력에 필요한 최소한의 권장 능력지침의 개발 필요성을 인식했다.

다음의 지침은 이러한 필요성을 반영하도록 설계되었다.

본 지침은 적절한 훈련을 받은 COMPGEAP 대응요원의 최소 능력수준을 규정한다. 능력의 검정은 각 회원사가 자체 비상대응인력을 위해 스스로 결정한다. 본 지침에 규정된 대응요원의 능력에 대해서는 각 회원사가 자체 직원에 대해 행하는 것 외에는 CGA 또는 CGA 회원사는 어떠한 보증도 제공하지 않는다.

COMPGEAP 회원사의 비상대응인력은 본 장에서 기술한 것과 동등 또는 그보다 큰 능력을 보유한 것으로 자체 직원들이 결정한 경우가 아니면 다른 COMPGEAP 회원사의 사고에는 대응하지 않는다.

범위

본 지침과 첨부의 질문표는 CFR 29장(위험 폐기물의 처리 및 비상대응)(q)(6)(iii)절 (위험물질 기술자)에서 규정하고 있는 것과 동등한 COMPGEAP 대응요원의 능력을 다루고 있다.

NEPA 472장(위험물질사고 대응요원의 전문능력 기준),8절(민간분야 전문직 직원의 능력)에서는 하나의 특정물질 또는 일련의 물질 및/또는 그 용기(참조 8-4조 [민간분야 전문직 직원 A])만을 처리하도록 훈련받은 비상대응요원의 기술자적 능력수준을 규정하고 있다.

본 "COMPGEAP 대응요원 권고능력 지침"은 또한 COMPGEAP 협약에서 포함하고 있는 압축가스제품과 관련된 부지 밖(Off-Site)의 위험물질 사고의 맥락에서 이러한 능력수준을 규정하고 있다.

주: 특정 제품에 대해 경험과 지식이 있지만 검정을 받지 않은 직원도 현장대응요원에게 기술적 지원을 제공할 수 있다.

목적

본 지침의 목적과 첨부의 권장 시험문제는 COMPGEAP 협약에서 포함하고 있는 부지 밖의 압축가스사고에 대응하는 자의 최소한의 능력을 명시하기 위한 것이다. 참가자들이 이러한 최소요건을 초과하는 것을 금지하는 것은 본 지침의 취지가 아니다.

정의

전문분야(COMPGEAP 회원사): 특정 COMPGEAP 상품과 COMPGEAP 회원사가 유통, 공급 또는 기타의 방법으로 취급하는 해당 상품의 용기를 말함.

개별전문분야(COMPGEAP 대응요원의): 하나 또는 그 이상의 COMPGEAP 상품과 이들 상품의 수송 또는 저장에 사용하는 용기에 관한 COMPGEAP 대응요원의 능력, 훈련 및 경험을 말함. 개별전문분야에는 대응요원 소속사 전문분야의 모든 COMPGEAP 상품이 포함되지 않을 수도 있다는 것을 주목해야 함.

COMPGEAP 회원사: CGA의 회원이면서 COMPGEAP 협약에 가입한 회사

COMPGEAP 대응요원: 위험물질기술자로 규정된 인력 또는 CFR 29장 1910.120(q).에서 규정한 COMPGEAP 회원사의 전문직 직원.

사고 지휘관: CFR 29장 1910. 120(q)(6)(v)에서 규정한 바와 같이 사고에 대해 전반적인 지휘책임을 행사하는 사람. 본 지침에서 규정한 능력에 부응하도록 훈련받은 COMPGEAP 대응요원은 여기에서 말하는 비상대용역할을 수행하기 위해 훈련받은 것으로 간주되지 않으며 따라서 본 협약에 따라 이러한 역할을 수행하는 것이 금지됨.

일반사항

COMPGEAP 대응요원은 자신의 전문분야에서 사용되는 화학물질 및 용기에 상응하도록 CFR 29장 1910.120(q)(6)(iii) 에서 규정한 바와 같은 위험물질기술자수준 또는 CFR 29장 1910. 120(q)(5)에서 규정한 전문직 직원수준을 만족하도록 훈련받아야 한다.

COMPGEAP 위험물질 기술자는 CFR 29장 1910.120(q)(8)에 따라 매년 훈련을 받고 또는 자선의 전문분야에서 능력을 증명해야 한다. 또한, COMPGEAP 대응요원은 연방 DOT, OSHA, EPA 또는 자신의 전문분야에 적용되는 지역의 직업보건안전 규제기관의 요건에 부합하도록 훈련을 받아야 한다.

모든 COMPGEAP 위험물질 기술자는 자신의 능력을 입증하기 위해 5.2절과 관련된 문제 은행에서 출제된 최소 50문항 이상의 시험에서 최소 70%를 득점할 수 있어야 한다.

5.1 COMPGEAP 응답자 핵심역량 훈련 가이드(수송 비상사태 시)

CFR 29장 1910.120(q) 검토

- Hazwoper(위험폐기물처리 및 비상대응) ER계획 요소
- 사고 지휘체계
- 훈련수준 및 필요능력에 대한 지식
- 의료감독 및 지원
- 통제(배제, 위험)구역
- 비상대응지침서의 활용(그리고 기타 참고서)

관련 정부규정(비상대응활동 관련)

- 적용 OSHA규정 검토(예: 밀폐공간, 혈중병원균, 잠금장치 표시)
- HAZCOM, 의료기록 이용, 호흡기보호훈련(적합시험 포함) 등
- 적용 환경규정 검토(예: EPCRA 보고서 등)
- OSHA 적용 운송규정 검토(예: CFR 49장)

CHEMTREC 및 COMPGEAP 검토

회사 비상대응계획 및 절차 검토

- 보고요건, 내부 및 외부
- 커뮤니케이션 과정

제품 및 포장지식 검토

- MSDS 검토
- 용어
- 제품/포장과 관련된 특성 및 위험
- 포장 및 밸브에 대한 지식
- 독물학
- 비상대응을 위한 화학 기초

개인보호장구, 대응장비 및 기술

- 공급공기 및 공기정화 방독면
- 개인보호장구 A-D수준에 대한 지식
- 감시자 및 감독
- 대응장비 및 기법에 대한 지식
- 봉쇄 및 처치방법
- 제독
- 위험평가 및 PPE 선택
- 장비 유지관리 및 훈련 활용

능력의 입증

- CGA COMPGEAP 시험
- SCBA를 사용한 PPE에서 물리적 증명
- ER기법 및 장비사용의 물리적 증명

5.2 COMPGEAP HAZMAT 기술 질의

주: 이 부분은 29 CFR 1910.120(q)를 참고로 하며, 대부분의 질문은 유사하나 다른 표현으로 구성되어 있다.

업체는 업체별 비상대응 계획에 맞는 질의서를 개발해야 한다.

내용

1. 비상대응계획 이행방법 숙지
2. 현장조사 장비를 통한 인지/미지의 물질 구분, 인식, 확인 방법
3. 사고지휘시스템 업무분장 역할 수행
4. 적절한 개인보호구 선택 및 사용, 위험물 전문 기술 제공여부
5. 유해성 및 위험성 평가기술 이해
6. 제한된 자원 및 개인보호구를 이용한 고급 통제, 봉쇄/밀폐 기술 수행
7. 노출 지역 및 의학적 감독을 포함한 오염 제거 절차 이해 및 수행
8. 종료 절차의 이해
9. 기본 화학 및 독성 용어 및 행동 이해
10. 용기 가스
11. 벌크 가스

●● 문제예시

1. 비상대응계획 이행방법 숙지

왜 비상대응 사전준비가 중요한가?
A. 다양한 PPE를 준비하기 위해
B. 사고 시 피해를 완화하기 위해서
C. 폐기물 관리 계획을 위해서
D. 모두 정답

"RQ" 라벨이 적인 용기의 누출 시, 신속하게 연방정부, 주정부, 지역 환경당국에 신고해야 한다.
A. 맞음
B. 틀림

2. 현장조사 장비를 통한 인지,미지의 물질 구분, 인식, 확인 방법

산소농도가 대기 중에서 _% 미만이 되면, 공기는 산소부족 상태로 간주 하여 적절한 사전조치를 취해야 한다.
A. 21　　　　　B. 19.5　　　　　C. 16.8　　　　　D. 12.5

3. 사고지휘시스템 업무분장 역할 수행

사고현장에 도착하여, 어떤 물질이 누출되고 있는지 모를 경우 해야 할 조치는?
A. 세부사항 및 계획 수립을 위해 사고 지휘자와 상담한다.
B. 개인보호구를 착용하고, 스스로 상황을 추정한다.
C. 소방당국에 문제점을 조사하도록 한다.
D. 저녁을 주문하고, 밤샘근무를 준비한다.

비상 대응 시, 불안전한 행동중단의 권리를 가진 사람은?
A. 비상대응팀 구성원 모두

B. 안전 담당관

C. 오염제거 담당관

D. 사고 지휘관

4. 적절한 개인보호구 선택 및 사용, 위험물 전문 기술 제공여부

실란에 작업할 수 있는 보호장갑의 종류는?

A. 가죽   B. PVC   C. Gore-tex   D.네오프렌(neoprene)

화학적 침투율(Permeation Rate)에 영향을 주는 요소는 아래와 같다.

A. 온도, 두께, 사전 노출, 화학 결합

B. 강도, 연송, 현재 노출량, 주위 온도

C. 온도, 화학적 혼합, 부식성

D. 화학 저항, 두께, 오염제거, 시간

5. 유해성 및 위험성 평가기술 이해

산소, 아산화질소 동의 산화제의 주요 위험은 주변물질과의 폭발적 반응이다.

A. 맞음

B. 틀림

아세틸렌가스의 주요 위험은?

A. 질식   B. 화재 및 폭발   C. 독성   D. 높은 압력

6. 제한된 자원 및 개인보호구를 이용한 고급 통체, 봉쇄/밀폐 기술 수행

가연성 가스 및 액체를 작업할 경우

A. 스파크 방지(Nonsparking) 기구를 이용

B. 가연성 가스 감지기 이용

c. 화염방지복 이용

D. 모두 정답

7. 노출 지역 및 의학적 감독을 포함한 오염 제거 절차 이해 및 수행

주어진 비상대응 가이드북에서, 격리 거리표(Table of Isolation Distance)에서 소량 누설은 용기에서 - 누출 시 해당된다.

A. 75 *l* 이하　　B. 200 *l* 이동　　C. 55 *l* 이상　　D. 75 갤론 이상

오염제거 영역은 통제지역 중 어디에 해당되는가?

A. hot zone　　B. cold zone　　C. warm zone　　D. o-zone

8. 종료 절차의 이해

사고 후 평가를 하는 목적은?
A. 사고에 대한 비난 대상을 정하기 위해
B. 대응의 성공적인 면을 리뷰하기 위해
C. 향후 발생가능한 문제를 해결하기 위해
D. B와 C 모두

사고 종료 후, 비상대응의 평가가 실시되었다. 이에 대한 책임자는?
A. 소방당국　　B. 공장 담당자　　C. 담당 관리자　　D. 관련자 모두

9. 기본 화학 및 독성 용어 및 행동 이해

후각 피로(Olfactory Fatigue)는 아래를 의미한다.
A. 졸림
B. 누출 도중, 후에 의한 후각 상실
c. 자극
D. 공장건물의 약화

자연발화성 가스의 주된 특성은?
A. 연속적인 인화성　　　　　　　　B. 불안정
C. 물과의 반응성　　　　　　　　　D. 물속에서 탐

10. 용기 가스

초저온 용기에서 초저온 물질을 담고, 반드시 설치되어야 할 것은?

A. Flow restrictor

B. Flash arrestor

C. Pressure gauge

D. Pressure relief device

11. 벌크 가스

비활성가스 (아르곤, 질소, 이산화탄소)의 주된 위험성은?

A. 화재, 폭발　　　B. 질식　　　C. 독성　　　D. 동상

업체명 (company)	주 (state)	도시 (city)	담당자 (contact name)	전화번호 (contact number)	용기 (CYL)	벌크 (BULK)	한도 (limitation)

일　시: COMPGEAP 비상대응 장비 요약
업　체: 업체명, 이메일 주소
연락처: 이름, 전화번호 (핸드폰, 사무실, 무료번호 등)

장　비	위　치			
	도시, 주(state)	도시, 주(state)		
염소 키트 (kits)				
오버팩 드럼 (overpack drum)				
원격 용기밸브 오프너 (remote cylinder vaive opener)				
Custom disposal units (염소 스크러버 등)				
드릴링 또는 용기 침투 장치 (drilling or cylinder penetration devices)				
기타 특이장비 (unique equipment)				

6장 COMPGEAP 매스컴 가이드라인

일반사항

많은 사람들은 언론에는 적게 말할수록 자신과 지신의 회사에 이롭다고 느끼고 있다. 뉴스매체를 처리할 홍보요원을 훈련시킨 회사에서는 이러한 정책이 평상시에는 만족스러울 수 있다. 그러나 압축가스누출이나 이로 인한 위협이 있는 비상상황은 이러한 정책의 예외가 될 수 있다.

압축가스가 관련된 유통 중 비상상황은 보통 홍보직원과 동떨어진 곳에서 발생한다. 이러한 사고들은 심지어 홍보전문가와 전화접근도 어려운 격리 된 곳에서 발생하는 경우도 있다. 따라서 COMPGEAP 대응팀의 팀원들은 적어도 초기에는 홍보직원의 도움 없이 뉴스매체 문제를 처리할 준비를 갖추어야 한다. 사고지휘관과 현장에서 건설적으로 공조함으로써 비상사고현장 주변뿐만 아니라 인근 지역에 있는 사람들에게 사실을 전달할 수 있다. COMPGEAP 대응팀원들은 언론을 사고지휘자나 하주에게 안내해야 한다.

대응팀의 구성원과 기자와의 인터뷰 여부를 불문하고 사고와 관련된 기사를 준비한다. 비상상황에서는 위험물질에 대한 기사가 일반적으로 호의적일 것이라고 기대하는 것은 무리다. 그러나 기자들이 사실(fact)을 접하게 된다면 기자들의 뉴스 항목이 균형감과 정확성 그리고 우호적일 수 있다. 기자들에게 사고, 제품특성, 위험과 국민, 재산, 환경에 미치는 위험을 감소시키기 위해 대응팀이 책임을 지고 취해온 조치들과 관련된 정확하고 객관적인 사실을 제공하는 경우에는 특히 그러하다. 사실에 대한 접근이 거부될 경우 매스컴 종사자들은 심지어 풍문이나 소문 등 다른 취재원으로부터 입수한 정보를 바탕으로 기사를 작성하게 된다. 이렇게 작성된 기사들은 과장되거나, 비우호적이거나 부정확할 가능성이 높다.

다음의 기본정보는 매스컴을 다루는 COMPGEAP 대응팀을 지원하기 위한 것이다. 이는 사고 전, 사고현장, 사고 후에 해야 할 일을 3개로 구분하였다.

사전준비(사고 전)

- 비상상태와 관련된 압축가스의 물성 및 위험특성에 대해 철저하게 숙지한다.
- COMPGEAP 프로그램의 내용을 숙지한다.
- 회사의 홍보부서 직원이 현장에 있을 경우에는 제품에 대한 예비해설서 및 기타 정보 둥과 더불어 홍보 지침서 둥의 아이디어를 요청한다.

현장활동(사고)

현장 접촉

대응팀장은 사고지휘관이 국민과 매스컴에 제공할 수 있도록 적절한 정보를 제공해야 한다. 팀장은 비상상황과 관련제품에 대해 사고지휘관이 매스컴의 질문에 응답할 수 있도록 지원해야 한다. 기자의 이름, 소속, 전화번호 동 비공식기록을 파악하여 누구와 인터뷰하고 어떻게 접촉해야 하는지를 알고 있어야 한다.

이름과 성명을 물어볼 경우 압축가스업계의 상호지원네트워크의 일원이고 COMPGEAP 비상대응팀원이라고 설명하면 사고현장에 빠르게 도달할 수 있다. 이름과 소속사 그리고 위치를 통지해야 한다.

언론과 인터뷰

- 촉박한 마감시간은 신문, 라디오, 텔레비전 뉴스보도의 공통된 사항임을 명심할 것. 가장 중요한 마감시간은 이른 아침이나 오후 일찍 발생하는 경우가 많기 때문에 이러한 시간대에 맞추도록 하는 것을 명심할 것.

- 보유하고 있는 사실에 대해 확신을 가질 것. 질문에 대한 답을 모르면 모른다고 말할 것. 부정확하거나 오도하는 답변은 전혀 답변을 하지 않는 것보다 더욱 해로움. 아직 답변을 준비하지 못한 경우 기자에게 준비가 되는 시간을 말하고 그때가 되면 정보를 가지고 기자를 찾겠다고 말할 것. 이점은 책임을 지고 끝까지 약속을 지킬 것.

- 정중하고 신속하게 응대할 것. 기자들은 사실을 발굴하기 위해 훈련받음. 이 과정에서 기자들은 다소 반복적이거나 어이없는 질문을 하기도 함. 기자들이 아무리 유도하더라도 평정심을 잃지 말 것. 기술적배경이 있다면 즉시 해답을 찾을 수 있을 것이라고 암시를 줄 수 있도록 기자들에게 수준을 낮추어 이야기하지 말 것.

- "비공개(off the record)"라고 말하지 말 것. 신문이나 저녁뉴스에 나오는 것을 원하지 않는다면 절대로 하지 말 것.

- 전화통화는 신중히 할 것. 통화하고 있는 상대편 기자가 녹음하고 있다고 가정할 것. 당신의 통화내용이 생방송으로 보도되고 있을 수도 있음.

- "할 말 없어요 (No Comment)" 라고 절대로 말하지 말 것. 무언가를 감추고 있는 것처럼 들리기 때문임. 대신 지금은 질문에 대답할 충분한 정보를 가지고 있지 않다고 말할

수 있음.

- 추정 피해액을 말하지 말 것.
- 절대로 사고원인을 추정하지 말고 사실에 충실할 것.
- 부상자의 이름을 노출시키지 말 것. 다만 알고 있는 경우 기자들에게 부상자가 입원하고 있는 병원을 알려줄 것
- 기자의 기사를 보여 달라고 요구하지 말 것. 이것은 기자를 모욕하는 것으로 비칠 수 있음. 사실을 명확하게 설명했다면 다시 확인하는 것은 불필요함.
- 현지 공무원을 비방하지 말 것. 비상상황에서 지방 공무원의 능력은 편차가 심할 수 있음. 언론과의 인터뷰에서 현지의 다른 인물을 좋지 않게 말함으로써 자신이나 자신의 팀을 미화시키려 하지 말 것.
- 가스누출사고현장 인근에서 부주의한 행동을 하는 경우라고 하더라도 절대로 기자나 카메라맨을 위협하거나 신체적으로 접촉하지 말 것. 물리적으로 제지할 필요가 있는 경우에는 경찰에 요청할 것.

언론 브리핑

COMPGEAP 대응요원은 언론 브리핑에 참여하지 않는다.

7장 COMPGEAP 구성원 위치

7.1 대응팀 - 업체별(알파벳 순)

주: 기밀사항 별도 제공

7.2 대응팀 - 주(state)별(알파벳 순)

주: 기밀사항 별도 제공

7.3 비상대응 장비 요약 - 주(state)별(알파벳 순)

주: 기밀사항 별도 제공

8장 COMPGEAP 참고자료 리스트

미국 독극물통제센터 연락처

(800)222-1222: 현지 독물통제센터로 연결

미국 국가대응센터

HAZMAT 누출사고 신고 시 연락

National Response Center Washington, DC (800)424-8802 (202)426-2675(워싱턴 DC 지역)

비상시 DOT(미국 운수부) 면제

CFR 49장 107.117(긴급사태의 처리과정)

(a) 신청이 접수된 경우 부국장 (Associate Administrator) 이 신청서와 조사결과를 근거로 다음과 같이 판단한 경우 긴급으로 처리된다.

    (1) 신청을 일상적인 기준으로 처리할 경우에는 예방할 수 없는 심각한 부상 또는 재산피해(수송용 위험물질 제외)를 방지하기 위해 긴급처리가 필요하다.

    (2) 즉각적인 국가안보목적 또는 신청을 일상적인 기준으로 처리할 경우에는 예방할 수 없는 상당한 경제적 손실을 방지하기 위해 긴급처리가 필요하다.

(b) 실시할 활동과 관련하여 신청자 또는 신청자와 계약관계에 있는 당사자가 상당한 경제적 손실을 입게 되는 경우, 부국장은 적시의 신청이 이루어졌다고 하더라도 긴급처리를 거부할 수 있다.

(c) 잠재적 경제손실을 근거로 한 긴급처리 요청은 동 잠재손실을 합리적으로 기술하고 산정해야 한다.

(d) 본 규정에 따라 제출된 신청은 미국 운수부 (DOT)의 공무원이 신청을 처리하는 것이 필요하다고 판단하는 경우 §107.105 에 부합하도록 해야 한다. 긴급시의 신청은 다음과 같이 초기에 이용할 교통수단별로 미국 운수부의 담당공무원에게 제출해야 한다.

(1) 자격증이 필요한 항공기: 연방 항공국 민간항공안전사무소가 항공기 비행을 시작하거나 항공안전프로그램을 책임지고 있는 장소의 역할 담당. 가장 인근의 민간항공안전사무소는 FAA 당직공무원에 전화하여 알 수 있음. (202-267-3333, 24시간 가능)

(2) 자격증이 불필요한 항공기 (CFR 14장 91 절에 따라 운항하는 것): 연방 항공국 민간항공안전사무소가 항공기 비행을 시작하는 장소의 역할담당. 가장 인근의 민간항공안전사무소는 FAA 당직공무원에 전화하여 알 수 있음. (202-267-3333, 24시 간 가능)

(3) 자동차 운송: 미국 운수부 연방 자동차 운송 안전국의 위험물질과 과장 주간: 202-366-6121, 야간: 1-800-424-8802

(4) 철도 운송: 미국 운수부 연방철도국 안전보장집행사무소 위험물질과 과장 주간: 202-366-0509, 366-0523, 야간: 202-267-2100

(5) 수상 운송: 운수부 해안경비대 운영 및 환경기준과 위험물질기준 지부장

(e) 신청 처리에 필요한 모든 정보를 접수하면, 운수부 접수 공무원은 가장 빠른 통신수단을 이용해 CFR49장 107.117(a)에 따른 비상상황 존재여부의 평가, 그리고 적절한 경우 면제에 포함될 조건에 대한 권고안을 부국장에게 전송한다. 부국장이 CFR49 장 107.117(a)에 따른 비상상황이 존재하고 CFR49장 107.113(f)의 기준과 관련하여 신청을 인가하는 것이 공공의 이익에 부합하다고 인정하는 경우, 부국장은 필요한 조건에 맞추어 신청을 인가하고 즉시 이 사실을 신청자에게 통보한다. 부국장이 비상상황이 부재하거나 또는 신청의 인가가 공공의 이익에 부합하지 않는다고 판단하면, 이를 즉시 신청인에게 통보한다.

(f) 본 규정에 따른 긴급사태 해제 결정은 CFR 49장 107.123 에 따른 재심의 대상이 아니다.

(g) 비상시 면제증명이 발급된 후 90 일 이내에 부국장은 연방공보에 비상사태 결정의 근거와 범위 및 면제기간을 명시한 발급공고를 게시해야 한다.

SECTION 11.2 국내외의 화학사고 대응체계 및 관리제도의 현황 소개

11.2.1 국외 현황

1) UN - 국제연합환경계획(UNEP)의 지역사회의 비상조치대책(APELL)

국제연합환경계획(United Nations Environment Programme, UNEP)은 환경에 관한 국제연합의 활동을 조정하는 기구로써 1989년 바젤협약, 1987년 생물다양성 협약과 같은 국제 환경협약의 협상을 개최하여 성립시켜왔다. 1976년 이탈리아 세베소(Seveso)의 다이옥신 누출사고, 1984년 멕시코의 프로판가스 폭발사고, 1984년 인도 보팔(Bhopal)에서 일어난 메틸 이소시안염(MIC) 누출사고, 1986년 스위스 바젤(Basel)의 위험물 저장소 화재로 인한 라인강 오염사고와 같은 선진국 및 개발도상국에서 환경 및 지역사회에 막대한 피해를 주는 대형 화학사고가 잇따라 발생하자 국제연합환경계획은 지역사회의 비상조치대책(Awareness and Preparedness for Emergencies at Local Level, APELL)을 도입하여 환경 및 인명 피해를 초래할 수 있는 사고 발생 시의 대응계획을 준비하는데 앞장서고 있다.

지역사회의 비상조치대책(APELL)의 전반적인 목적은 지역사회 내에서의 사고로 인한 환경, 재산 및 인명 손실을 최소화하는 것으로, 인근 산업단지에 비상대응계획의 중요성을 제고시키는 것에 관한 지침을 제공하고 있다. 지역 단체와 지역대표들이 참여하도록 하는 것이 국제연합환경계획(UNEP)의 역할이며 필요에 따라 정보 혹은 조언을 제공한다. 지역사회의 비상조치대책(APELL)에서는 지역사회에서의 비상대응계획 수립에 관해서 정부, 기업, 지자체 등 참여 대상의 역할과 책무를 소개하고 있으며 그 내용은 다음과 같다.

[표 11-1] 지역사회의 비상조치대책(APELL)의 비상대응계획

정부	• 전국 각지에서 발생하는 대형 사고에 대비할 적절한 수준의 비상대응책을 수립 및 총괄 • 사고 발생 시 지자체가 효과적으로 대응할 수 있도록 충분한 재정적 지원을 하는 역할
지자체	• APELL 절차에 따라 공공의 지원과 지역 주민의 인식을 제고 • 비상대응계획 수립 시 발생하는 관련단체 및 지역주민들의 이해관계를 조정하고 중재하는 역할 • 비상대응계획에 필요한 재원을 조성하고 확보
기업 및 산업체	• 사업장 내에서의 비상대응계획 수립 및 안전에 대한 책임 • 지역사회 내의 관련 단체들과 긴밀한 협력관계 유지
지역사회단체	• 지역주민을 대표하여 지역사회의 관심사항을 지자체와 기업에 전달 • 지자체와 기업 및 산업체에 대한 지역주민의 요구사항이 어떻게 이행되고 있는지 지역사회에 알려주어 양자 간 신뢰성을 확보
기타	• 국내외 민간주도의 비정부기구로서 APELL 추진의 후원 및 촉진

　지역사회의 비상조치대책(APELL)의 가장 큰 장점은 자연재해나 기술적인 사고가 발생할 수 있는 다양한 상황 및 환경에서도 융통성 있게 적용 및 예방이 가능 하다는 것이다. 또한 유사한 사고들이 일어날 확률을 줄임으로써 그 재해의 피해 줄일 수 있다. 이러한 결과를 가능케 하는 것은 정부, 기업, 지방 자치 단체 등의 활발한 의상소통으로 인한 신뢰 때문이다. 사고에 대한 예방을 단지 정부나 기업만이 아닌 지역단체 및 주민들도 함께 노력하는 구조가 지역사회의 비상조치대책(APELL)이 지향하는 것이다. 이러한 체계가 중대한 사고 발생시, 얼마나 효과적으로 재난에 대응할지에 대한 결과는 확인이 필요하겠지만, 서로 간의 신뢰가 존재한다면 보다 효율적으로 재난에 대응할 뿐만 아니라 회복 또한 빨리 이룰 수 있을 것이다.

　지역사회의 비상조치대책(APELL)은 다음 그림과 같이 10단계의 과정을 통해서 비상계획을 수립한다.

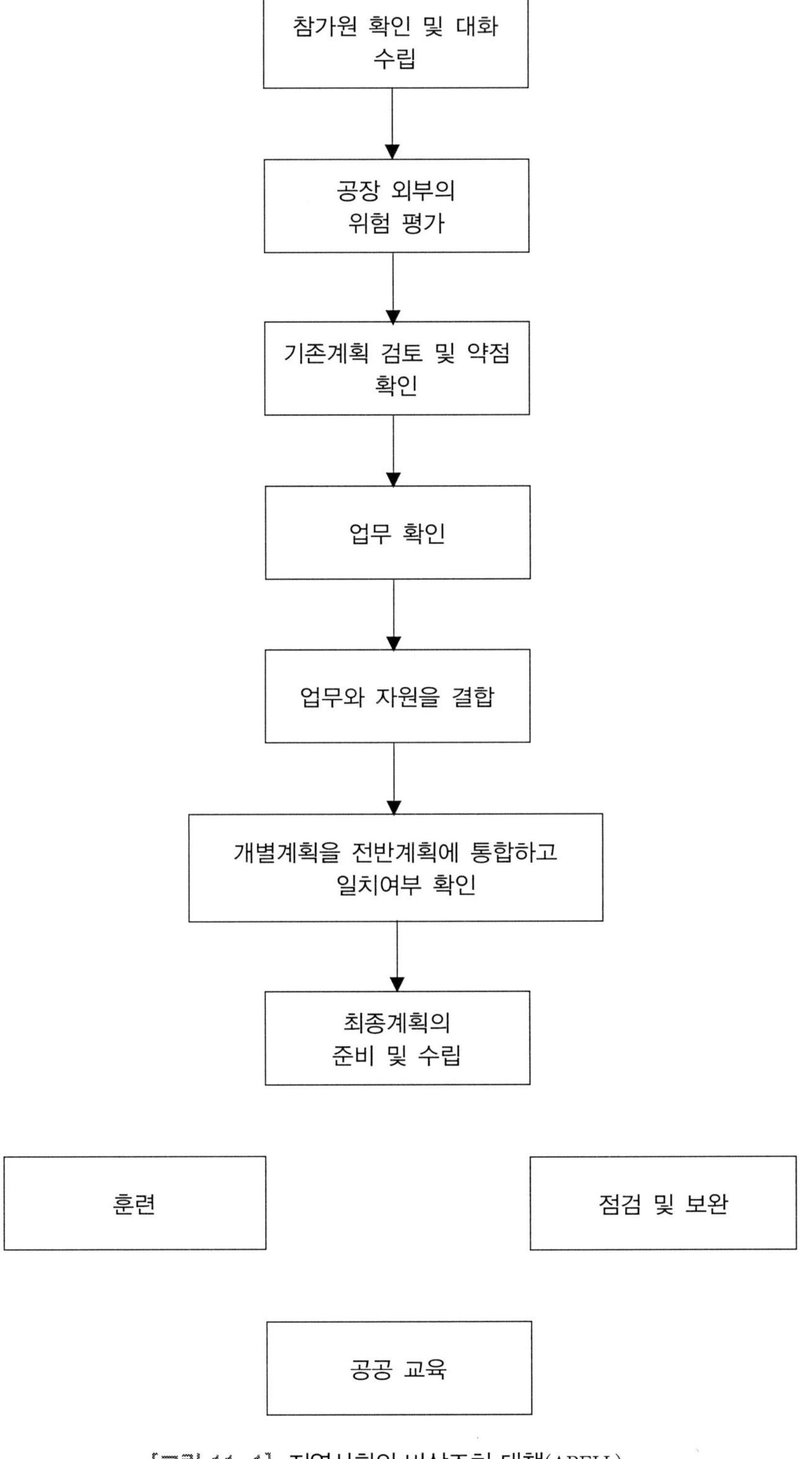

[그림 11-1] 지역사회의 비상조치 대책(APELL)

2) 미국

(1) 환경보호국(EPA)의 위험관리계획(RMP, Risk Management Plan)

환경보호국 (EPA)은 미국 정부 기관으로서, 인간의 건강과 환경을 보호하는 것이 목적으로서, 모든 미국인들이 생활하는 곳에서 위험을 줄 수 있는 모든 요소를 차단하는 역할을 한다. 자연 재해, 기후변화, 및 유해화학물질 등 다양한 분야들을 총괄하는 기관이기도 하다. UNEP와 비교해서 산업 시설에서의 화학 물질 사고에 국한 되지 않는 것이 특징이다.

미국 환경보호국(Environmental Protection Agency, EPA)에서는 1990년에 청정대기법(Clean Air Act) 제112조를 수정하여 112(r)을 추가하여 유해화학물질과 관련된 산업시설에서 화학물질 사고의 예방과 인근 지역사회의 환경 및 주민의 건강보호를 위한 위험관리계획(Risk Management Plan, RMP)를 도입하였다. 위험관리계획(RMP)은 급성독성물질(77종), 고휘발·인화성물질(63종)을 규정 이상으로 다루는 시설을 대상으로 실시하고 있다. 위험관리계획(RMP)의 주요 내용으로는 크게 위험성평가, 예방프로그램, 비상대응프로그램의 3가지가 있으며 사업장에 존재하는 위험의 정도에 따라 다음과 같이 프로그램 레벨을 지정하여 운영하고 있다.

[표 11-2] 비상대응계획(RMP)의 주요 내용

Program 1	Program 2	Program 3
• RMP 대상 물질을 취급하는 경우로써 취급 물질이 규정 수량(TQ, Threshold Quantity)을 초과한 경우 • 과거 5년간 폭발, 사망, 상해 등의 사고가 없었지만 최악의 시나리오(Worst-Case) 분석 시 사업장 인근의 영향권 내에 Public Receptor가 없는 경우	• RMP 대상 물질을 취급하는 경우로써 취급 물질이 규정 수량(TQ, Threshold Quantity)을 초과한 경우 • 과거 5년간 폭발, 사망, 상해 등의 사고가 없었지만 최악의 시나리오(Worst-Case) 분석 시 사업장 인근의 영향권 내에 Public Receptor가 있는 경우	• RMP 대상 물질을 취급하는 경우로써 취급 물질이 규정 수량(TQ, Threshold Quantity)을 초과한 경우 • 과거 5년간 폭발, 사망, 상해 등의 사고가 있었던 경우 • 공정이 NAICS Code에 의해 분류 가능한 경우 • OSHA PSM 적용대상 사업장

미국 환경보호국은 유해물질을 다루는 모든 공장들로 하여금 위험관리계획(RMP)를 제출하도록 하고 제시된 기준을 못 맞출 시 공장 운영 허가를 하지 않도록 하고 있다. 따라서

모든 기업과 산업체들은 기름과 가스 누출, 화학 폭발, 재난 대비책과 예방에서부터 대응 프로그램까지 모든 경우의 수를 대비하도록 요구되는데, 만족시켜야 할 기준은 다루는 유해물질의 종류에 따라 달라진다.

위험관리계획(RMP)에서는 지역 단체들의 역할이 두드러지지 않는데 그 이유는 산업체에게 반드시 최악의 시나리오 피해 범위 안에 사람이 거주하고 있을 시에는 공장 건설을 허가하지 않거나 규제를 많이 두기 때문이다. 즉, 대부분의 공장들은 지역 주민들이나 지방 자치 단체와는 무관한 곳에서 짓도록 되어있기 때문이다. 심지어 유해성 화학물질을 운반하는 경로도 일반인이 다닐 수 없는 특별한 경로를 거치도록 규정되어 있는데, 이는 넓은 영토를 가지고 있는 미국에서는 가능한 것이지만 비교적 좁은 우리나라에서는 적용하기에는 현실적으로 어려움이 많다.

과거 미국에서도 위험관리계획(RMP)에서 요구하는 내용의 대부분이 직업안전위생관리국(OSHA)의 공정안전관리제도(PSM) 관련 법규와 상당 부분이 중복되어 시행 초기에는 다소 논란이 있었으나, 위험관리계획(RMP)의 핵심이 최악의 시나리오에 대비하자는 것임을 이해하면서 제도의 필요성을 인정하는 추세이다. 또한 공정안전관리제도(PSM)이나 위험관리계획(RMP) 모두 위험관리활동이라는 점에서 공통점이 있지만, 공정안전관리제도(PSM)의 경우 비상대응계획의 범위를 사업장 내로 한정하고 있는 반면에 위험관리계획(RMP)의 경우 사업장 밖의 광범위한 범위에 대한 비상대응계획 요구하기 때문에 보다 더 완성도가 높은 위험관리활동이라고 할 수 있다.

(2) 화학물질수송비상대응센터(CHEMTRAC)

화학물질수송비상대응센터(CHEMTRAC, Chemical Transportation Emergency Center)는 1971년에 협회 성격의 민간단체에 의해 설립되어 화학물질의 수송 및 저장 시에 발생할 수 있는 사고에 대비하기 위한 정보 및 네트워크를 전화를 통해서 지원하고 있다. 화학물질수송비상대응센터(CHEMTRAC)는 수많은 화학물질에 관한 안전보건 데이터베이스를 확보하고 있으며 사고 시 인근 의료기관과 같은 정보를 제공하여 비상대응을 돕고 있다.

(3) 화학안전 및 위험조사위원회(CSB)의 화학사고 조사 및 관리

미국 화학안전 및 위험조사위원회(CSB, U.S. Chemical Safety and Hazard Investigation Board)는 1990년 11월 15일 근로자와 공공의 안전증진을 목적으로 설립된 독립조사기관이다. 미

국 대기정화법(Clean Air Act)에 따라 대통령과 의회가 화학물질의 위험에 대해 공감하고 관련 사고피해를 감소시키는데 업계와의 공동보조가 필요하다는 결론에 따라 설립된 연방 독립 기관으로 역시 연방 독립기관으로서 높은 명성을 얻고 있는 미국수송안전위원회(NTSB: National Transportation Safety Board)를 그 모델로 하고 있다.

주요 업무는 사고조사결과 나타난 문제점에 대한 권고사항을 관련 정부기관, 연구기관, 노조, 상공인 협회 등에 권고사항을 반영하여 법, 표준, 코드등을 제·개정하도록 하는데 있고, 이를 위해서 임명된 위원회는 총 5명으로 구성되며 대통령의 지명과 상원의 인준절차를 거쳐 5년 임기(중임 가능)를 수행하게 된다. 다음 그림은 화학안전 및 위험조사위원회(CSB) 의 조직도를 나타낸 것이다.

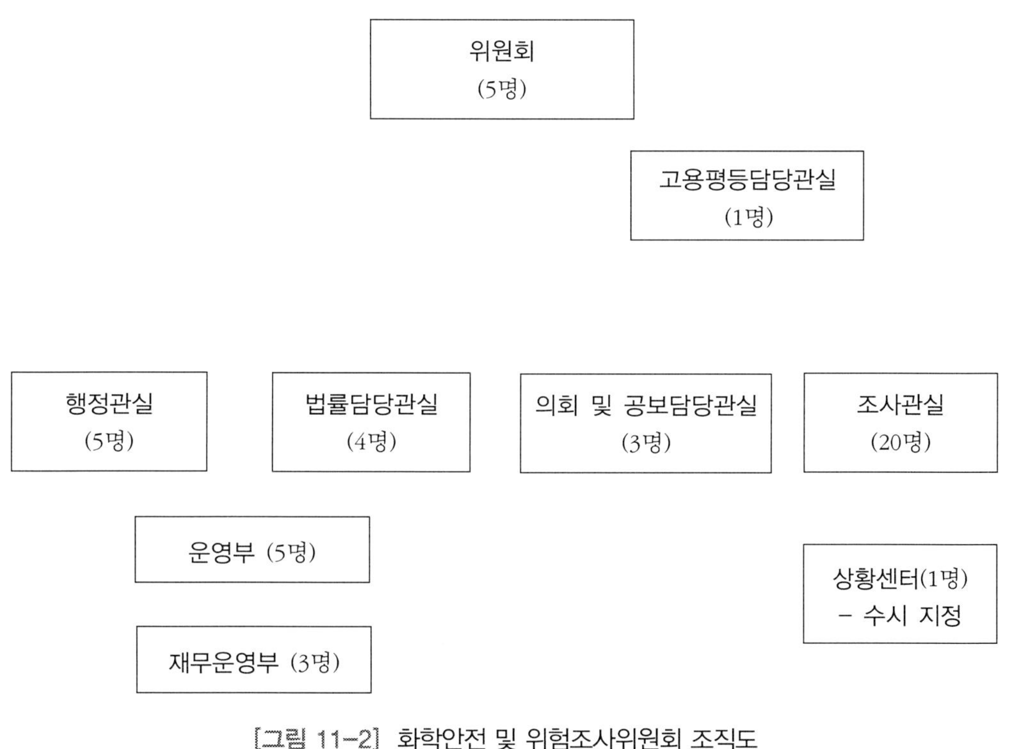

[그림 11-2] 화학안전 및 위험조사위원회 조직도

화학안전 및 위험조사위원회(CSB)는 화학사고에 대한 조사와 결과보고와 환경보호청 (EPA)과 직업안전위생관리국(OSHA)과 같은 집행기관을 포함한 연방기관의 화학물질 사고

예방업무 및 효율성 평가를 통해서 의회에 자문을 제공하고, 화학물질 생산, 수송, 취급, 사용 및 폐기업무에 대한 권고안을 개발하고 배포하는 기능을 수행한다. 세부적인 주요업무와 활동은 다음과 같다.

- 위험 화학물질 누출과 관련된 중요 사고에 대한 철저하고 전문적인 조사 수행
- 사고의 원인에 대한 적시의 이해하기 쉬운 고품질 보고서 발간
- 사고조사보고서 및 권고활동을 보완하기 위한 위험조사 및 자료연구수행
- 상세하고 목적이 정확한 권고안 발행
- 발행한 권고안의 이행을 위한 효과적인 대변 활동 수행
- 고정시설의 중요 화학사고 감소 진척도 평가를 위한 기법 개발
- 실무 연방기관으로서 다양하고 숙련된 인력의 개발, 관리 및 유지

3) 캐나다

운송비상센터(CANUTEC, Canadian Transport Emergency Centre)

캐나다의 운송비상센터는 정부의 주도 하에 설립된 화학물질관련 사고 발생 시 비상대응 정보를 제공하고 있는 센터로서 연간 약 30,000건의 전화 응대를 하고 있다.

4) 유럽연합(EU)

REACH(Registration, Evaluation, Authorization and Restriction of Chemicals)는 EU내에서 연간 1톤 이상 제조 또는 수입되는 모든 화학물질(혼합물 및 화학물질 포함한 제품)의 관리를 강화하기 위해 만든 국방부 직할부대 및 기관으로 연간 1톤 이상 제조, 수입하는 모든 물질에 대해 제조, 수입량과 위해성에 따라 등록, 평가, 허가, 및 제한을 받도록 하는 화학물질 관리 규정이다. 또한 새로운 화학물질에 대한 안전평가와 기존에 사용되어진 화학물질에 대해서도 등록을 의무화하는 '신(新)화학물질관리 제도'로 2007년 6월 1일부터 시행되었다. 이 제도는 물질의 양과 특성에 따라 평가 또는 허가를 받아야 하는 것으로 주요 내용은 다음과 같다.

- EU로 연간 1톤 이상 수출하는 모든 화학물질(혼합물 및 완제품 내 화학물질 포함)은 반드시 유럽화학물질청(ECHA)에 등록하여, 화학물질별 등록번호를 발급 받아야 함.
- 본 등록에 앞서 2008년 6월 1일부터 12월 1일까지 사전등록 절차를 마쳐야함.
- 완제품에서 고위험성 물질이 비의도적으로 배출되는 경우 그 함량이 완제품 대비 0.1wt% 이상이고 연간 1톤 이상이면 신고절차를 거쳐야 함.
- 연간 100톤 이상 물질과 특정물질(CMR, PBT, vPvB 등)은 평가 및 허가 절차를 거쳐야 함.
- 등록, 평가, 허가에 많은 비용이 소요될 예정이지만 컨소시엄 구성 등을 통해 비용을 절감할 수 있다.

REACH는 대중에게 잘 알려지지 않는 위험한 물질들을 효과적으로 전달하는 데 많은 노력을 기울이는데, 특히 유해물질에 대한 자세한 정보를 전달하는 것보다 쉽고 포괄적인 의미를 대중들에게 전달함으로서 다양한 유해물질의 간단한 대처 방법 등을 이해시킨다. 즉 평상시에 특정 유해물질들의 특성과 대처 방법을 숙지함으로써 사고 발생 시 피해를 최소화하도록 유도하는 것이다.

신화학 물질에 대해서는 반드시 REACH에 통보를 하고 안전 시험을 하게 되어있으며 이 때 실험에 사용 가능한 시약의 양은 연간10kg 로 제한한다. 이러한 규제는 EU 화학 산업에서 넘쳐나는 새로운 화학 물질 개발을 막는데 성공하였다.

REACH를 통해서 얻고자 하는 것은 인간의 건강과 환경을 증진 및 보호하는데 하는 것이다. 이는 미국의 환경보호청(EPA)에서 추구하고자 하는 목적과 비슷하다고 볼 수 있다. 하지만 지역 주민이나 지방 자치 단체의 참여가 필요 없는 미국과 달리 유럽은 유해물질에 대한 정보를 효과적으로 전달함으로써 화학사고 방지 및 예방에 힘을 쓰고 있다. 그러나 국제연합(UN)에서 제시한 지역사회의 비상조치대책(APELL)과 달리 지역 주민 단체가 관련 규제에 대한 특별한 참여는 없다.

5) 일본: RISCAD의 화학사고 데이터베이스 관리

일본의 화학사고 데이터베이스인 RISCAD(Relational Information System for Chemical Accident Database)는 일본 산업기술 총합 연구소(AIST: National Institute of Advanced Industrial Science and Technology)와 일본 과학기술진흥사업단(JST: Japan Science and Technology

Corporation)에서 공동으로 개발하여 웹기반 사고데이터베이스 검색 시스템을 운영하고 있다. RISCAD는 1949년 10월 28일부터 2004년 12월 5일까지 4359개의 국내외 화학 사고를 기록하고 있다.

일본의 RISCAD는 현재 AIST의 Research Institute of Science for Safety and Sustainability (RISS)에서 관리하고 있다. RISCAD의 관리를 위해서 RISS, AIST는 일본에서 발생하는 화학 물질 관련 사고에 대한 직접적인 사고조사, 분석에 의한 제도 개선에는 관여하지 않고, 일본 의 산업경재성 (METI, Ministry of Economy, Trade and Industry), 총무성소방청 (FDMA, Fire and Disaster Management Agency), 고압가스안전협회 (High Pressure Gas Safety Institute, KHK) 등 각 유관기관에서 발행하는 사고사례집 또는 TV, 인터넷 등 미디어 매체를 통해서 공개되는 정 보를 수집하여 데이터베이스를 관리하고 있다.

6) 대만

대만의 환경보호단체(EPA, Environmental Protection Administration)에서 지원을 받아 비상대 응정보센터를 운영하고 있으며, 독성화학물질을 포함하여 사고가 났을 경우 3 단계의 초기 대응을 제공하고 있다. 또한 1999년에 환경/안전/보건 기술개발 센터(CESH, Center for Environmental, Safety and Health Technology Development)에서 비상대응정보센터(ERIC, Emergency Response Information Center)를 설치하였고, 2003년부터는 화학사고를 포함하여 24시간 감시 및 대응 서비스를 제공하고 있다. CESH는 화학공장 및 석유공장과 연계하여 빈도가 높은 누출사고시나리오에 따른 대응 시스템을 확인하고, 그 결과를 지리정보시스템 (GIS, Geographic Information System)과 연계하여 중앙정부와 지방정부간의 비상대응을 강화 하는 대책을 제공하고 있으며, 화학물질 관리 컨설팅을 제공하는 등 화학사고 예방을 위해 다양한 체계를 구축하여 운영 중에 있다.

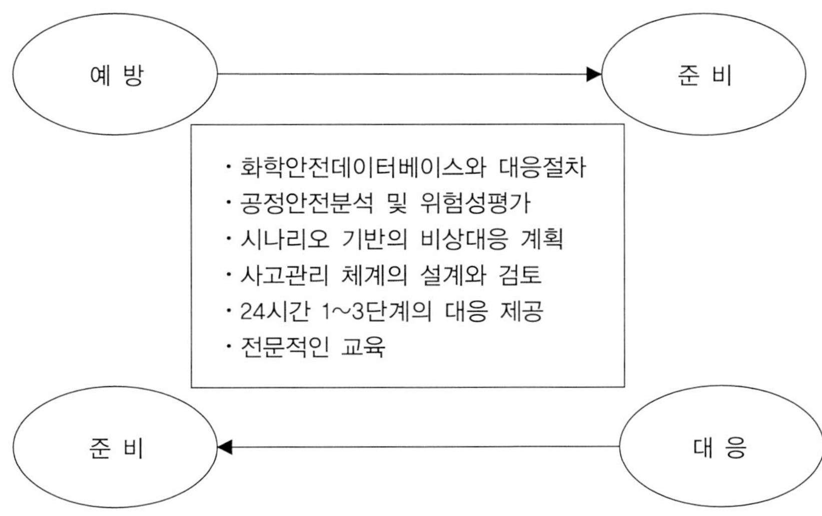

[그림 11-3] 비상정보센터의 관리개념과 대응방안

안전관리를 위해 24시간 운영되는 비상대응정보센터에서 제공하는 3단계의 대응 방안은 다음과 같다.

[표 11-3] 안전관리를 위해 제공하는 24시간 대응 시스템

1 단계 정보제공	2 단계 현지 조직	3단계 현지 모니터링 및 통제
• 초기 대응에 관한 위험/대응 관련 정보와 비상대응 절차 제공 • 필요시 결과 분석 진행 • 필요시 상호 지원 프로그램 활성화	• 사고현장으로 전문가 배정 • 사고 지휘관에게 자문 제공 • 복구 계획 자문 • 사고 조사	• 유해화학물의 실시간, 지속적인 모니터링 • 상호 지원 프로그램 참여자들을 조직 • 토양 및 지하수 오염 통제

이와 같이 현재 대만에서는 화학물질 포함 산업사고에 대하여 하나의 단체에서 실시간 모니터링 및 정보를 제공하고 있으며, 사고가 발생했을 경우 초기 대응부터 지속적인 진단 및 관리를 할 수 있는 체계를 구축하여 운영 중에 있다. 중앙 정부와 지방 정부 및 단체들의 연동을 통한 효율적인 관리체계를 가지고 있어, 이를 벤치마킹하여 국내 산업의 유해화학물질 관리 측면에 상당부분 적용할 수 있을 것으로 보인다.

11.2.2 국내 현황

　우리나라의 화학 관련 산업의 안전관리와 사고의 처리는 현재 사용하는 물질, 설비나 시설에 따라 환경부, 고용노동부, 산업통산부, 소방방재청이 각각 분리하여 관리하고 있는 실정이다. 환경부에서는 '유해화학물질관리법'을 제정하여 화학물질로 인한 국민건강 및 환경상의 위해(危害)를 예방하고 유해화학물질을 적절하게 관리함을 목적으로 사고대비물질의 지정, 자체방제계획의 수립 등을 포함하여 화학물질 사고의 대비 및 대응에 관한 조항을 관리하고 있다. 환경부는 고시로 '유독물 취급시설의 정기·수시검사 및 안전진단 방법 등에 관한 규정'을 제정하여 유독물의 취급시설에 관한 안전관리를 수행하도록 정하고 있다. 그런데 고시에 포함되어 있는 안전진단 항목의 많은 부분이 고용노동부에서 제정한 '산업안전보건법'의 안전관리 항목과 중복되며, 자체방제계획을 수립하는 조항 또한 '산업안전보건법'의 조항에 따라 작성하도록 하고 있다. 이처럼 이원화 되어있는 화학 산업의 안전관리 제도로 인해 중복된 내용을 각기 다른 법에서 지정하고 있으며, 주관기관 또한 나뉘어져 있어 업무의 비효율성을 보인다.

　고용노동부의 '산업안전보건법'은 산업안전·보건에 관한 기준을 확립하고 그 책임의 소재를 명확하게 하여 산업재해를 예방하고 쾌적한 작업환경을 조성함으로써 근로자의 안전과 보건을 유지·증진함을 목적으로 제정한 법으로 근로자의 질병과 사망이 연결된 산업재해를 줄이는 것에 중점을 둔 법이다. '산업안전보건법' 제49조의 2 공정안전보고서의 제출 항목에서는 PSM(Process Safety Management) 보고서의 내용을 지정하고 있다. PSM보고서에는 공정의 기본적인 안전자료 뿐만 아니라 공정의 위험성 평가 자료가 포함된다. 이는 현재 시행되고 있는 다른 세 부처의 법과는 차별되는 내용으로 볼 수 있는데, 세 부처의 안전관리법은 주로 안전사고 발생 전의 예방과 관리를 중점으로 다루고 있어 사고 후의 대응이나 조치에 관한 내용이 부족한 데 비해, '산업안전보건법'은 공정안전보고서 항목에서 공정의 위험성 평가에 대하여 구체적으로 명시하고 있다.

　산업통산부에서 제정한 '고압가스 안전관리법' 및 '액화석유가스의 안전관리 및 사업법'에서는 고압가스의 제조·저장·판매·운반·사용과 고압가스의 용기·냉동기·특정설비 등의 제조와 검사 등에 관한 사항을 정함으로써 고압가스로 인한 위해(危害)를 방지하고 공공의 안전을 확보함을 목적으로 하며, 액화석유가스의 충전·저장·판매·사용 및 가스용품의 안전 관리에 관한 사항을 정하는 것을 목적으로 제정되었다. 이 두 가지 법 또한 물질과

설비의 안전관리에 대한 구체적인 사항은 명시하고 있지만, 사고 후의 처리방법이나 조치사항에 대해서는 그 내용이 상당히 부족하다고 할 수 있다. 또한 현재 고압가스관리법에 속하지 않는 유해가스와 관련하여 고압으로 운영하는 시설에 대하여 고압가스관리법의 적용여부에 대하여 인식하고 있다.

[표 11-4] 국내법의 중복내역 및 특이사항

	유해화학물질관리법(환경부령)	산업안전보건법(고용노동부령)
내용 중복	(제39조) 자체방제계획의 수립	(제49조의 2) 공정안전보고서의 제출 － (시행령 130조의 2) 안전운전지침서 및 비상조치계획 (제50조) 안전보건개선계획
특이 사항	(제41조) 사고 후 영향조사	(제49조의 2) 공정안전보고서의 제출 － 공정위험성 평가서

다원화되어있는 네 부처의 법은 많은 부분에서 중복되어 있을 뿐만 아니라, 화학 산업현장에서는 사용하는 물질과 설비에 따라 세 가지 법에 모두 적용되는 대규모의 사업장이 많다. 이러한 현재의 법률체계에서는 대규모 사업장에서 복합적인 원인의 사고가 발생할 경우, 주관기관과 관리법에 따라 각각 처리해야 하므로, 사고의 신속한 조치나 처리 시에 복잡한 규정에 매여 있으며, 각 부처가 서로의 책임을 회피하고 전가하는 경우가 생긴다. 사고 발생 시에 대응, 처리에 대한 단일화 된 기준 조차 마련되어 있지 않은 현 실정에서는 무엇보다도 통합적인 안전관리 및 사고대응에 관한 기준이 필요하며, 이를 종합적으로 지휘할 수 있는 기관의 설립 또한 시급하다.

또한 관련 부처, 관리자 등 직접적으로 관련된 인력만이 이러한 법들에 대하여 알고 있고, 실제로 관계된 인원이 아니면 법적인 자료, 근거 또는 관련 조치사항들을 알기에 쉽지 않다. 특히 지역주민들의 경우 인근지역에 위험시설이 들어서는 것조차 알지 못하는 경우가 대다수 인 것으로 알려져 있다. 앞서 언급한 구미사건의 경우에도 이에 속하는 사고이다.

이러한 위해화학물질 취급 사업장 주변 지역사회·주민들의 알권리와 관련하여 OECD에서는 다음과 같이 규정을 하고 있다. 이러한 지역사회·주민들의 알권리는 지역사회의 대표 혹은 자문위원회를 구성하는 것이 필요하며 이 때 구성원들은 지역의 대표성과 전문성, 그리고 독립성이 확보되어야 한다. 이에 OECD에서는 구성원들의 활동에 대한 효율적 활동을 위한 컨설턴트의 지원과 재정적 지원역시 중요하다는 점을 언급하고 있다.

지역사회 알권리를 위한 자문위원회의 역할

- 지역사회 구성원과 사고 발생 시 유해 영향을 받을 가능성이 있는 사람들은 사고의 위험성에 대하여 인식하고 사고 발생 시 무엇을 할 것인가에 대해 이해하고 시설에 관한 정보를 어디에서 얻을 수 있는지 알아야 한다.
- 위험설비가 인근에 위치한 지역사회는 기타 이해관계자들을 연결하는 대표자를 선임하고 정보교환을 용이하게 해야 한다.
- 지역사회 대표자는 기타 이해관계자들에게 연락하고 대중을 계도하고 지역사회와 산업체, 정부기관 사이의 매개체 역할을 한다.

아래 문제는 실제로 COMPGEAP에 수록된 것으로서 실제 업무에 적용하는 데 상당히 유용하다.

1. Know how to implement the employer's emergency response plan. Why is preplanning for emergencies so important?

   A. Preparing for various PPE needs

   B. Providing mitigation options

   C. Planning decon and waste management

   D. [All of the above]

Leaks from a cylinder labeled with an "RQ" label may have to be quickly reported to federal, state and local environmental officials.

   [True _______] False _______

2. Know the classification, identification, and verification of known and unknown materials by using field survey instruments and equipment.

A 52% reading of Acetylene on a combustible gas LEL meter calibrated to Acetylene indicates:

   A. 52% vapor in the air.   B. [52% of LEL.]

   C. 50% of LEL.   D. An unknown % of LEL.

Anytime the oxygen concentration in an atmosphere drops below
_________%, the air is to be considered oxygen deficient and appropriate
precautions should be taken.

A. 21   B. [19.5]   C. 16.8   D. 12.5

Which of the following would be important when considering the limitations
of an oxygen indicator?

A. Strong oxidizing chemicals

B. Carbon dioxide concentration

C. Atmospheric pressure

D. [All of the above]

Glass vials designed to measure specific concentrations of products
producing a measurable stain best describes:

A. [Calorimetric tubes]   B. Combustible gas indicator

C. Gas chromatography.   D. Photoionization   detectors.

"Devices that aid the responder in detecting flammable atmospheres by
measuring the percent of the flammable range present" best describes:

A. [Combustible Gas Indicators.]   B. Gas Chromatography.

C. pH Indicators.   D. Photoionization Detectors

__________________ measure the proportion of oxygen air in the
surrounding atmosphere.

A. [Oxygen meters]   B. Colorimetric tubes

C. pH detectors   D. Pocket dosimeters

Colorimetric tubes are designed to read one specific gas. When more than
one substance is present, the results may be confusing. This principle is
called:

A. Zeroing.

B. Calibrating.

C. Fogging.

D. [Interference.]

_____________________ are used to determine the presence and approximate concentration of specific gases and vapors that   might be present in the atmosphere.

A. Oxygen meters

B. [Colorimetric tubes]

C. pH detectors

D. Explosive meters

What is another name for combustible gas indicators?

A. Oxygen meters

B. Colorimetric tubes

C. pH detectors

D. [Explosive meters]

One of the greatest sources of error when using Colorimetric Indicator Tubes is the:

A. Length of time that passes before reading the results

B. Ambient temperature.

C. [Operator's judgment when reading the stain's end point.]

D. Substance being sampled.

Colorimetric tubes have an indefinite shelf life. True [False]

A combustible gas indicator will respond to all gases/vapors in the same manner as the reference gas. True [False]

A/an _____________________ will not be accurate in an oxygen deficient atmosphere

A. [Combustible gas indicator]

B. Oxygen meter

C. Colorimetric indicator tube

D. Radiation survey instrument

A direct-reading instrument used to detect corrosive liquids is a/an:

A. Combustible gas indicator.   B. Oxygen meter.

C. [pH meter.]   D. Colormetric indicator tube.

Flammability can best be measured using a/an:

A. Oxygen meter.   B. Colorimetric tube.

C. pH meter.   D. [Combustible gas indicator.]

A responder to a hazardous materials incident would use _________________ to find the strength of an alkali.

A. Colorimetric tubes   B. Gas chromatography

C. [pH indicators]   D. Photoionization detectors

3. Be able to function within an assigned role in the Incident Command System.

You arrive at an incident scene and you don't know what product is leaking. You should first

A. [Consult with the incident commander to get more details and establish a game plan.]
B. Put on protective gear and assess the situation yourself.
C. Have the fire department investigate the problem.
D. Call for pizza, it's going to be a long night

Who has the authority to stop any unsafe activities during an emergency response?

A. [Any member of the team]   B. Safety officer

C. Decon officer   D. Incident commander

What are the benefits of an effective Incident Command System?

A. Organized, coordinated actions   B. Enhanced safety

C. Improved use of resources   D. [All of the above]

What is the role our personnel play in fully organized COMPGEAP incident?

A. [HAZMAT Technician]   B. Incident commander

C. Safety officer   D. Public affairs coordinator

Why is the "buddy system" so important at HAZMAT incidents?

A. Someone to talk to

B. [Safety]

C. Someone to go out and get materials you need

D. Someone to handle the media

The person who advises the incident commander of existing or potentially unsafe conditions, monitoring conditions of personnel, and compliance with standard operating procedures is the:

A. operations officer   B. [Safety officer]

C. recon officer   D. Team leader

Which incident command system position is staffed at all incidents?

A. Task force leader   B. Safety officer

C. Operations officer   D. [Incident commander]

Identify the five major functions within the Incident Command System.

A. Command, safety, liaison, information, operations

B. Command, planning, safety, logistics, and finance

C. [Command, operations, planning, logistics, and finance]

D. Operations, logistics, planning, support, service

"Each individual reporting to only one supervisor" defines

A. Unified command.　　　　　　B. [Unity of command.

C. Span of control.　　　　　　　D. Consolidated operations

The area of a hazardous material incident that brings together fire, police, and other logistical personnel is known as the:

A. [Command post.]　　　　　　B. Specialist area.

C. Level three area.　　　　　　D. News media area.

4. Know how to select and use proper specialized chemical personal protective equipment provided to the hazardous materials technician.

You are responding to a leak of boron trifluoride, a poison gas. The decision is made that Level A PPE is required. You know you are adequately protected because the suit is certified to meet NFPA 1991. How long was the suit tested for before there was breakthrough?

A. 1 hour　　　　　　　　　　B. 2 hours

C. [3 hours]　　　　　　　　　D. 4 hours

You are responding to a problem involving the potential leak of silane, a pyrophoric gas. The decision is made that Level A PPE is required. You know you are adequately protected because the suit is certified to meet NFPA 1991. How long was the suit tested for protection in case of a flashover?

A. 1 hour　　　　　　　　　　B. 1 second

C. 1 minute　　　　　　　　　D. [7 seconds]

Given the North American Emergency Response Guidebook, the recommended personal protective equipment for the hazardous material Silicon Tetraflouride is:

A. Street clothing and work uniform.

B. Structural firefighter protective clothing and positive pressure SCBA.

C. Positive pressure SCBA.

D. [Chemical protective clothing and positive pressure SCBA.]

Which of the following is included in Level C PPE but not necessarily in Level D?

A. Splash protection

B. Respiratory protection

C. Double gloves

D. [All of the above]

What is provided in Level B PPE but not in Level C?

A. Respirator

B. Splash protection

C. Full body vapor protection

D. [Self-contained breathing apparatus]

What type of gloves should be used when working with silane?

A. [Leather]

B. PVC

C. Gore-tex

D. Neoprene

Full skin protection against vapor contamination is only provided by Level A PPE. [True _______] False _______

Street clothes offer sufficient protection for most HAZMAT emergencies, as long as the shirt has long sleeves. True _______ [False _______]

The elapsed time between initial contact of a chemical with the outside surface and detection at the inside surface of the material is called:

A. Degradation.   B. [Breakthrough time.]

C. Penetration.   D. Permeation.

"The chemical action involving the movement of chemicals, on a molecular level, through intact materials" best defines:

A. Degradation.   B. Breakthrough time.

C. Penetration.   D. [Permeation.]

The most effective method of cooling a technician wearing chemical protective clothing is through the use of a(n):

A. Water cooling vest.   B. [Ice vest.]

B. Air line.   D. Dip tank.

______________ are usually based upon standardized laboratory tests that may incorporate a very large safety factor.

A. Degradation   B. Penetration

C. Permeation   D. [All of the above]

There is no ensurance that once decontamination of chemical protective clothing is complete, ___________ has ceased.

A. Chemical metabolism   B. Abrasion

C. [Permeation]   D. Penetration

Chemical permeation rates are a function of many factors, the most important being:

A. [Temperature, thickness, previous exposures, and chemical combinations.]

B. Strength, flexibility, current exposure, and ambient temperature.

C. Temperature, chemical mixtures, and corrosiveness.

D. Chemical resistance, thickness, decontamination, and time.

_______________ is the flow of a hazardous material through zippers, pinholes, or other material imperfections found in chemical protective clothing.

A. Degradation

B. [Penetration]

C. Permeation

D. Diffusion

Permeation is inversely proportional to the _________ of the chemical protective clothing material.

A. Fiber mil rate

B. [Thickness]

C. Age

D. Seady-state

"The physical destruction or decomposition of chemical protective clothing material due to exposure to chemicals, general use, or ambient conditions" best defines

A. [Degradation.]

B. Penetration.

C. Permeation.

D. Diffusion

The type of breathing system that can not be utilized in an oxygen-deficient atmosphere is:

A. Supplied-air respirator.

B. Rebreather equipment.

C. [Air-purification device.]

D.Atmosphere supplied equipment.

Self-contained breathing apparatus and supplied air respirators are two types of:

A Rebreather equipment.

B. Air-purification devices.

C. Air-filtrationdevices.

D. [Atmosphere-supplied equipment.]

The highest level of protection from hazardous chemicals provided by chemical protective clothing is:

A. [Level A]   B. Level B

C. Level C   D. Level D

When the highest level of respiratory, skin, and eye-hazard protection is
needed Level ___ chemical protective clothing should be worn.

A. [A]   B. B

C. C   D. D

Another name for special protective clothing used to deal with specific
chemical hazardous material is called:

A. [Chemical protective clothing.]

B. PVC protective clothing

C. Chemical interactive clothing.

D. Turn-out clothing.

At most HAZMAT incidents, personnel involved in mitigation are expected to
use _____________ protective clothing.

A. Full-structural-firefighting   B. [Special-chemical]

C. Nonabrasive   D. Level A

"The process by which a chemical enters a protective suit through openings
in the garment," best describes:

A. Degradation.   B. Breakthrough time.

C. [Penetration.]   D. Permeation.

The physical destruction or decomposition of CPC by a chemical action
involving the molecular breakdown of the material   due to chemical contact
is called:

A. [Degradation.]   B. Breakthrough time

C. Penetration.   D. Permeation.

Which agency has developed the four-level classification of chemical protective clothing based on levels of protection provided the user?

A. OSHA   B. AMA   C. [EPA]   D. DOT

"The highest level of respiratory protection is needed but lesser chemical protection is required for the skin" best describes Level________Protection

A. A   B. [B]   C. C   D. D

The best protective material against a specific chemical is one that has a low ________ rate (if any) and a long ___________ time.

A. Breakthrough, permeation   B.[Permeation, breakthrough]

C. Penetration, degradation   D. Permeation, degradation

The most critical parameter when selecting the appropriate level of chemical protective equipment is:

A. Flexibility.   B. Decontamination   abilities

C. Available sizes.   D. [Chemical   resistance.]

When considering personnel protection, remember that the most critical route of exposure for an emergency responder is:

A. Skin absorption.   B. Heat stress (thermal effects).

C. The eyes.   D. [The respiratory system.]

When dealing with a hazardous material incident, it should be known that traditional clothing is _____________________ when exposed to toxic or corrosive substances.

A. Made better   B. [Compromised]

C. Exposure time limited   D. Has no effect

"Work uniforms that provide minimal protection: best describes Level ___ protection:

A. A   B. B   C. C   D. [D]

Even though it is important to wear full protective clothing(including self-contained breathing apparatus) in all hazardous materials incidents, the technician should be aware that some poisonous gases can be absorbed through the:

A. Eyes.   B. Feet.

C. [Exposed skin.]   D. Finger tips.

There are ______ levels of protective equipment available for use by ER personnel at hazardous materials emergencies.

A. 1   B. 2   C. 3   D. [4]

According to the North American Emergency Response Guidebook, the proper personal protective clothing required for an incident involving a substance identified by the following placard is:

A. SCBA and chemical protective clothing specifically
   recommended by the   manufacturer.

B. Structural protective clothing.

C. [SCBA and structural protective clothing.]

D. Chemical protective clothing.

5. Understand hazard and risk assessment techniques.

The major hazard with oxidizers such as oxygen or nitrous oxide is their potential for violent reaction with many substances. [True _______] False
____

The main hazard from acetylene gas is

A. Asphyxiation
B. [Fire/ explosion.]
C. Toxicity
D. High pressure

The main hazard from inert gases such as argon and nitrogen is

A. [Asphyxiation]
B. Fire/ explosion
C. Toxicity
D. Oxidizer

What is the MOST common form of hazardous materials injury?

A. Eye damage
B. [Respiratory tract damage]
C. Gastrointestinal damage
D. Skin damage

A toxic gas leak is reported at a transportation site. Which of the following should be consulted to determine the hazardous nature of the product?

A. North American Emergency Response Guidebook

B. Occupational Safety and Health Manual

C. Material Safety Data Sheet

D. [Both A and C]

When assessing the hazards at an emergency response scene, the concerns are with the inter‐relationships of people, equipment, materials, and the environment. Evaluating the degree of hazard requires consideration of all of the following except:

A. Nature of the material

B.[Management's attitude on the timeliness of the response]

C. Potential time of exposure to the hazard

D.Nature of exposure to the hazard

DOT labels provide all the information (and always correct information) needed to evaluate the hazards of a material. True ______ [False ______]

What is NOT a good reference for obtaining information about hazardous materials?

A. North American Emergency Response Guidebook

B. NIOSH Guidebook

C. Matheson Gas Databook

D. [Rand McNally Road Atlas]

What resources can assist in identifying the cargo of a common carrier?

A. Shipping papers   B. Placards

C. Container labels   D. [All of the above]

Leaking corrosive materials can attack their containers when they react with humidity or water-based leak detection solution. [True ______] False ______

What is a factor that comes into play when assessing a HAZMAT situation?

A. Weather conditions

B. Potentially exposed populations

C. Physical state (solid, liquid, gas) of the product

D. Container size

E. [All of the above

BLEVE is the term used for boiling liquid expanding vapor explosion. [True _______] False _______

Why may it be necessary to pull back from a HAZMAT hot zone?

A. To reassess the situation

B. To prevent excessive fatigue

C. To prepare for upcoming activities

D. [Any of the above]

When should hazards and possible   alternative plans be evaluated during a HAZMAT incident?

A. At the start

B. Beginning and end

C. [Constantly]

D. When you get time

Why are hazardous materials emergencies different from other emergencies?

A. Hazards may be difficult to recognize

B.The right response is not necessarily the fastest response

C. Special personal protective equipment may be required

D. [All of the above]

Name three ways hazardous materials can be harmful to personnel.

A. Corrosive, colorless, tasteless

B. Corrosive, toxic, colorless

C. [Corrosive, toxic, high pressure]

D. Corrosive, high pressure, lighter than air

What are the most common routes of entry to the human body for hazardous materials?

A. Exhalation, digestion, adsorption

B. [Ingestion, absorption, inhalation]

C. Injection, suction, mucous membranes

D. Inhalation, exhalation, injection

Which of the following is the lowest priority at a HAZMAT incident?

A. Damage to the environment   B. Damage to equipment

C. [Damage to production]   D. Damage to personnel

What are some of the typical ignition sources found at HAZMAT scenes?

A. Open flames   B. Sparks

C. Vehicles   D. Static electricity

E. [Any of the above]

A ___________ is a release that is the result of a broken or damaged valve and may last from several seconds to several minutes.

A. Spill   B. Detonation

C. [Venting]   D. Violent rupture

A cylinder has been involved in an accident and has sustained damage. The damage has resulted in the reduction in the thickness of the cylinder. The damage is typical of a:

A. Dent.   B. [Score.]   C. Crack.   D. Depression

A narrow split or break in the container metal that may penetrate through the metal of the container is called a:

A. Gouge.   B. Slit.   C. [Crack.]   D. Fissure.

All the following statements about gouges that damage a container are true except:

A. A gouge is a reduction in the thickness of the container.

B. A gouge is an indentation in the shell of the container

C. [A gouge is made by a dull, blunt object coming into contact with the container.]

D. Gouges are similar to scores.

A ___________ is a reduction in the thickness of the container ____________.

A. [Score, shell]   B. Crack, wall

C. Dent,   metal   D. Seam, wall

A ___________ is a deformation of the container ____________.

A. Score, shell   B. Crack, wall

C. [Dent, metal]   D. Seam, wall

Once a container is breached, it will release its product causing matter and energy to escape. The rate of this escape will affect one's ability to control the situation. The faster the release, the greater the likelihood of harm. A reaction that is associated with over pressurization of closed containers and occurs at a rate of less than one second is called a:

A. Rapid relief.   B. [Violent rupture.]

C. Detonation.   D. Spill.

Since a response can take minutes or hours to put into action, ____________ must be considered in formulating a plan

A. People involved   B. Damage sustained

C. Run-off water   D. Number of people at the scene

E. [All of the above]

A _________________ sound often occurs when metal is being softened by high heat and is under pressure.

A. Crunching

B. Scraping

C. [Pinging]

D. Banging

If a hazardous material incident involves a leaking flammable substance, the first responders should immediately remove all:

A. [Ignition sources.]

B. Up wind ignition sources.

C. Large combustible tanks.

D. Fire equipment and personnel

Argon, helium, hydrogen, and nitrogen are all examples of _________________ asphyxiants.

A. Chemical

B. High

C. Low

D. [Simple]

Exposure to _________________ materials may cause freeze burns and frostbite.

A. Corrosive

B. Carcinogen

C. Radiation

D. [Cryogenic]

Heat _________________ occurs when the circulatory system begins to fail, resulting in rapid, shallow breathing and cool, clammy skin.

A. Cramps

B. [Exhaustion]

C. Rash

D. Stroke

Symptoms of heat _________________ include little or no sweating, hot-dry-red skin, deep, then shallow breathing.

A. [Stroke]

B. Exhaustion

C. Cramps

D. Rash

Keeping in mind that at no time should the nose be used as a detection device, one of the symptoms of poisonous gases such as chlorine and anhydrous ammonia is severe irritation to the ____________ system.

A. [Respiratory]

B. Skeletal

C. Cardiac

D. Muscular

Emergency centers such as ________________ are principal agencies providing immediate technical assistance to an emergency responder]

A. CHEMTEK   B. NFPA   C. CHEMCO   D. [CHEMTREC]

A reference book intended to be carried in every emergency vehicle within the United States is the:

A. D.E.C.I.D.E. Action Plan.

B. U.N. Labeling Guidebook

C. [North American Emergency Response Guidebook.]

D. NFPA Hazardous Materials Guide.

The document that covers chemical packaging, placarding, labeling, operator training, and emergency situations, as related to transportation, is known as the:

A. [Code of Federal Regulations, Title 49.]

B. U.S.P.S. Transportation   Guidelines

C. OSHA Transportation Labeling System.

D. Regulations for Hazardous Materials Shipments.

Hydrogen cyanide is a gas that does not give much warning of its toxic nature. A few breaths of concentration as low as four parts per million can cause:

A. Dizziness.   B. [Death.]
C. Blurred vision.   D. Nasal problems

All compressed gases must be confined in special containers designed to withstand pressure. The pressure in these vessels may range from:

A. 50 − 150 psi.   B. [0 − 10,000 psi.]
C. 45 − 3,500 psi.   D. 100 − 4,500 psi.

When using water to extinguish a fire involving pesticides or a poison incident, the fire officer must always consider the ramifications of:

A. Reactivity.

B. Resistance   to solubility.

C. [Run-off contamination.]

D. Product recovery.

The chemicals listed in bold type in the North American Emergency Response Guidebook were selected because:

A. [Immediate isolation and evacuation is needed when these materials spill or leak.]

B. Their vapors have the potential to product poisonous effects.

C. The products they release during a fire can product poisonous effects.

D. The actions listed in the orange section will not be effective for these chemicals.

The CHEMTREC organization is available ______ hours per day to provide information on _______ to _______. Select the proper series of answers that will accurately complete this statement.

A. 24 - certain chemicals - any person

B. [24 - all chemicals - any person]

C. 24 - only liquid chemicals - any emergency agency

D. 24 hours except weekends - chemicals - any interested person

The two general types of hazards found on each guide page of the North American Emergency Response Guidebook are:

A. Inhalation and absorption.

B. Spill and leak

C. Corrosive and flammable

D. [Fire or explosion and health.]

The prime hazard of an oxidizer is it ability to:

A. Disintegrate tissue and steel.

B. [To accelerate combustion.]

C. Release alpha or beta particles

D. Cause harm from being inhaled

The. DOT Hazard Class 2 consists of:

A. Flammable gases.   B. Poisonous gases.

C. Nonflammable gases.   D. [All of the above.]

E. None of the above.

If a placard is visible, but no product name or four-digit UN/UA number is given, how can you determine which guide page of the North American Emergency Response Guidebook to use?

A. [The table of placards lists guide numbers.]

B. The hazard class number determines the guide page number.

C. Use the green section of the North American Emergency Response Guidebook

D. You cannot use the North American Emergency Response Guidebook without a name or number.

One guide book for dealing with an incident involving poisonous gas, particularly relating to evacuation distances, is the:

A. [North American Emergency Response Guidebook]

B. MSDS.

C. Hazardous Materials Data Base

D. Fire Chief's Handbook.

Given the North American Emergency Response Guidebook, the isolation distance for a small spill involving a small package of the chemical Boron Trichloride is:

A. [200 feet.]   B. 1000 feet.   C. 1500 feet.   D. 1 mile.

Given the North American Emergency Response Guidebook, the shape of the Initial Isolation Zone should be a:

A. [Circle.]   B. Square.   C. Triangle.   D. Rectangle.

Given the North American Emergency Response Guidebook, if the index entry for a hazardous material is highlighted the Table of Initial Isolation and Protective Action Distances should be used.   [True] False

Given the North American Emergency Response Guidebook, the following statement is the definition of:

Personnel go inside a building and remain inside until the danger passes.

A. Protective actions.

B. Isolate hazard area and deny entry.

C. Evacuation

D. [In-place protection.]

The best source of information on a hazardous material is:

A. North American Emergency Response Guidebook.

B. [Material Safety Data Sheet (MSDS).]

C. DOT Placards.

D. Chemical Manufacturers Association.

A classification of 3, within the U.N. Labeling System indicates a/an ___________ product.

A. Gas   B. Flammable solid

C. [Flammable liquid]   D. Oxidizer

The four-digit number appearing on a placard or an orange panel of a bulk container is the:

A. [UN or NA product identification number.]

B. Capacity of the bulk container.

C. Last date the tank car was pressure tested.

D. Tank car registration number

A white background to a placard indicates the product:

A. Was off-loaded and only the residue remains in the container.

B. Is corrosive.

C. Is medical grade oxygen.

D. [Is very hazardous, such as a poison gas.]

Using the human senses to determine the presence of a hazardous material is:

A. The best first step.

B. Not reliable if the product is heavier than air.

C. [Unreliable and unsafe.]

D. Recommended unless you have a head cold.

On a placard, the number at the bottom of the diamond indicates the:

A. [UN hazard class.]

B. Guide number to be used in the North American Emergency Response
   Guidebook.

C. UN/NA product identification number.

D. Relative risk, 0-4.

The first step in dealing with hazardous chemical spills is to:

A. Call CHEMTREC.

B. Have charged lines ready.

C. [Identify the material.]

D. Spray the area to dilute the chemical.

Directions: (Caution, this is a two step question.)

This placard is placed on   transport vehicles that are transporting flammable liquids. Label the parts on the placard by placing the number in the blank next to the letter that identifies it

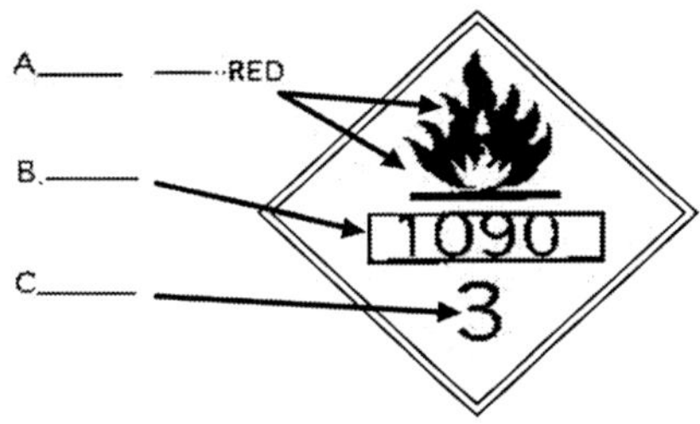

1. United Nations Hazard Class Number

2. UN/NA ID Number

3. Hazard Class Symbol

4. National Classification System, Identifies   Class or Division

A. 4, 2, 3   B. 2, 1, 3   C. [3, 2, 1]   D. 4, 3, 2

The DOT Placarding System may require a vehicle carrying corrosive materials to display a ____________________ placard.

A. Yellow   B. [Black and white]

C. White   D. Black and yellow

The DOT Placarding System may require a vehicle carrying   nonflammable compressed gas to display a placard colored:

A. Red.   B. Yellow.   C. [Green.]   D. Orange.

Identifying a hazardous material is _____________________ controlling an overall incident.

A. Not essential in

B. [The first step in]

C. Performed immediately after

D. Usually the hardest part of

According to the DOT, substances in Hazard Class 4, water reactive solids and spontaneously combustible solids, are examples of:

A. [Flammable solids.]   B. Oxidizing agents.

C. Poison gases.   D. Red phosphorous agents.

Which of the following labels indicate the product is a gas?

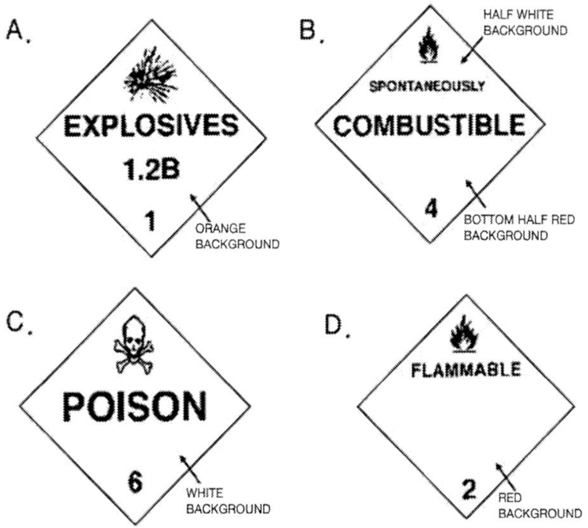

6. Be able to perform advance control, containment, and/or confinement operations within the capabilities of the resources and personal protective equipment available with the unit.

Actions taken to confine a product release to a limited area with these actions being performed remote from a spill location, are considered to be:

A. Offensive strategies.

B. Poor strategies.

C. [Defensive strategies.]

D. Unacceptable actions.

Which method should be tried first in controlling a leak?

A. Transferring the product into other containers

B. Disposing of the material

C. Allow the product to completely vent out

D. [Closing the valve on the container]

When working with flammable gases and liquids always

A. Use non sparking tools.

B. Use a combustible gas detector.

C. Wear flame resistant clothing.

D. [All of the above]

When approaching a hazardous material spill/release

A. Keep the sun to your back.

B. Approach from the down wind side.

C. [Approach from the up wind side.]

D. Initially, approach it alone.

Transfilling of material from a damage container should

A. Be to a clean, similar container.

B. Be to an empty container.

C. Be done slowly.

D. [All of the above]

Over-packing of a container

A. Is never done to transport material.

B. [Is a quick method to contain a leak.]

C. It is too dangerous in most cases.

D. All of the above

Good absorbent material is

A. Dry sand

B. Clean rags.

C. "Oil Dry"

D. [All of the above]

7. Understand and implement decontamination procedures, including exposure zones and medical surveillance.

Given the North American Emergency Response Guidebook, a Small Spill as found in the Table of Isolation Distances is a spill of ______________ from a leaking package.

A. Less than 75 gallons

B. [Less than 55 gallons]

C. More than 55 gallons

D. More than 75 gallons

The decontamination area should be located in which control zone?

A. Hot zone

B. Cold zone

C. [Warm zone]

D. O-zone

To facilitate personnel leaving the hazard area should the hazardous material problem deteriorate, the area known as the ______________________ should be established away from the decontamination area.

A. Safety perimeter

B. [Escape route]

C. Yellow zone

D. Clear zone

The zone where contamination has occurred or has the potential to occur and requires established entry and exit control points is known as a ___________ zone.

A. Warm/contamination reduction   B. Safety

C. [Hot/exclusion]   D. Cold/support

One of the criteria that can change the evacuation area is:

A. Firefighters entering incidents from the north.

B. [A change in wind direction.]

C. The number of firefighters responding to the incident.

D. The number of firefighters with SCBA.

When in doubt at a hazardous materials incident, move people and equipment:

A. Down wind and up grade.   B. [Up wind and up grade.]

C. Up wind and down grade.   D. Down wind and down grade.

At the scene of a hazardous materials emergency, the Backup Team may be typically located in the:

A. [Cold zone.]   B. Hot zone.

C. Warm zone.   D. Hazard area.

When should the decontamination area be established?

A. At the completion of the emergency response

B. While the response is in progress

C. When the hazard is detected to be highly toxic

D. [Before the assessment team enters the hot zone]

The first station of a decon line is which of the following?

A. [Equipment drop]   B. Outer glove and boot removal

C. Gross wash   D. Removal of SCBA

During decon, what level of protection should be worn by the individuals performing the decontamination?

A. Level A

B. Level B

C. Level C

D. [Same as the responders]

At what point must the responder return to the decon area?

A. Upon first realization that their outer PPE is contaminated

B. As soon as the job is completed

C. [When the bell rings on his or his partner's SCBA.]

D. When he runs out of air

Once a solution has been used to wash off a chemical during a decon operation, this solution is collected and.

A. Diluted with water and dumped on the ground.

B. Neutralized to a pH of 7 and then dumped on the ground.

C. [Disposed in an environmentally approved manner based on analysis.]

D. Drummed up to be given to the local waste water facility.

Most common gases need more decontamination steps than other hazardous materials. True _______ [False _______]

8. Understand termination procedures.

What is the purpose of the critique after an incident?

A. To establish blame for the incident

B. To review successful aspects of the response

C. To problem solve for the future

D. [Both B & C]

Documentation and Critique are required to properly terminate all emergency responses. [True _______] False _______

OSHA covers termination as one of the elements of an emergency response plan. [True _______] False _______

When an incident is terminated and a critique of the response is conducted, who is involved?

A. Fire department

B. Plant personnel

C. Only managers

D. [All involved parties who wish to be included]

What is the purpose of the Critique after an incident?

A. To establish blame for the incident

B. To compliment the positive

C. To problem solve for the future

D. [Both B and C]

Who decides when an incident is terminated(closed)?

A. Safety officer   B. Assessment team

C. [Incident commander]   D. Any of the above

Is termination the last step in an emergency response? [True _______] False _______

9. Understand basic chemical and toxicological terminology and behavior.

Olfactory fatigue means ________________

A. Sleepiness

B [Loss of smell after or during exposure]

C. Irritability

D. The weakening of old commercial buildings

A common characteristic of pyrophoric gases is that they may be?

A. [Spontaneously flammable]   B. Unstable

C. Water reactive   D. Will burn in water

Which concentration category represents a safe exposure level for an eight-hour workday?

A. Short term exposure limit (STEL)

B. Ceiling limit

C. [Time Weighed Average (TWA)]

D. Immediately dangerous to life & health (IDLH)

E. Lethal concentration-50% (LC50)

The lower explosive limit of a product represents.

A. The minimum concentration in air needed to self-ignite.

B. The minimum concentration in air needed to cause oxygen deficiency.

C. [The minimum concentration in air to allow burning or explosion.]

D. The lowest temperature in air needed to self-ignite

The chemical reaction in which an acid or base reacts with another material and the resulting pH is 7 is called:

A. Polymerization.   B. Ionization.

C. Oxidation.   D. [Neutralization.]

The maximum concentration for up to 30 minutes that a responder or worker could escape without suffering irreversible harm should his/her respirator equipment fail is known as:

A. TLV-C.　　　　B. [IDLH.]　　　　C. TLV-TWA.　　　D. STEL.

The minimum concentration of a chemical in the gaseous state that, when inhaled, will be fatal is the:

A. Threshold limit.　　　　　　　B. Lethal dosage.

C. [Lethal concentration.]　　　　D. Concentration limit

The exposure concentration that shouldn't be exceeded, even for an instant, is called____________.

A. [TLV-C.]　　　B. IDLH.　　　　C. TLV-TWA.　　　D. STEL.

"The concentration of an ingested substance which results in the death of 50% of the test population" best defines:

A. LC50.　　　　B. LC10.　　　　C.[LD50.]　　　　D. IDLH.

Exposure to which of the following exposure limits could be repeated a maximum of four times daily with a 60-minute rest period between exposures?

A. IDLH　　　B. TLV-TWA　　　C. [TLV-STEL]　　　D. TLV-C

"The maximum concentration that should not be exceeded even instantaneously" best defines:

A. [TLV-C.]　　　B. TLV-STEL.　　　C. TLV-TWA.　　　D. PEL.

"The maximum airborne concentration to which an average healthy person may be exposed 8-hours a day, 40-hours a week" best defines:

A. [TLV-TWA.]   B. TLV-STEL.   C. IDLH.   D. TLV-C.

A 15-minute time-weighted average exposure which should not be exceeded best defines:

A. TLV-TWA.   B. TLV-C.   C. IDLH.   D. [TLV-STEL.]

The term "Time Weighted Average" is used by which agency?

A. OSHA   B. NIOSH   C. ACGIH   D. [All of the above]

Which of the following materials pose a threat to a developing fetus should exposure occur?

A. Carcinogen   B. Mutagen   C. [Teratogen]   D. Synergen

When ingested or absorbed through the skin, the amount of a solid or liquid that will be fatal is known as

A. Ceiling limit.   B. [Lethal dose.]

C. IDLH.   D. Strength (nonpermissible exposure).

Materials that spontaneously emit ionizing radiation are called ______________ materials

A. Negative-ion   B. Synesgeous

C. [Radioactive]   D. Lethal-concentration

When considering Threshold Limit Value/Time-Weighted Average (TLV/TWA), the following is true:

A. The higher the value the more toxic.

B. [The lower the value the more toxic.]

C. The lower the value the less toxic

The concentration of an ingested or injected substance which results in the death of 50% of the test population is:

A. LC50   B. [LD50]   C. DC50   D. CD50

One ounce of gin in a tank containing 10,000 gallons of vermouth is an example of:

A. PPH.   B. [PPM.]   C. PPB.   D. PPT.

An atmosphere that may produce irreversible, debilitating effects on health is:

A. IDLM-TLV.   B. PEL.   C. [IDLH.]   D. TLV/TWA.

Generally, the most informative measurements for first responders at a hazardous material scene are the:

A. TLV-C and PEL   B. PEL and STEL

C. [IDLH and STEL   D. IDLH and LD5

Which of the following is the exposure that should not be exceeded at anytime.

A. IDLH   B. TLV-TWA   C. [TLV-C]   D. TLV-STEL

The minimum temperature at which a liquid gives off sufficient vapors to form an ignitable mixture with air near the surface is called the ___________ point

A. Combustibility B. Ignition   C. [Flash]   D. Fire

A limit that is important to emergency personnel and which should never be exceeded is called a:

A. [Ceiling level.]   B. Lethal-concentration limit.

C. Exposure-time limit.   D. Ceiling-height limit.

A chemical with a vapor density of greater than one is more dense than air and will tend to collect in low areas and below-grade places. [True _______] False _______

When chemicals with specific gravities greater than 1 are mixed with water, they tend to float on top of the water. True _______ [False _______]

"A chemical's ability to mix with water" best defines:

A. [Solubility.]

B. Surface tension.

C. Water reactivity.

D. Instability.

Which of the following chemicals would be classified as a chemical asphyxiant?

A. Carbon dioxide

B. Nitrogen

C. [Carbon monoxide]

D. Methane

Vapors that attack the mucous membranes of the body, such as the surfaces of the eyes, nose and throat, are considered

A. Asphyxiants.

B. [Irritants.]

C. Anesthetics.

D. Carcinogens.

________________ interfere with oxygen intake during normal respiration.

A. Anesthetics   B. Carcinogens   C. Irritants   D. [Asphyxiants]

An effect that occurs at the point of contact with a substance is known as a _____________ effect.

A. Remote   B. Systemic   C. [Local]   D. Area

Hypergolic materials ignite when they:

A. Contact water　　　　　　　　　　B. Contact air

C. [Contact each other]　　　　　　　D. Encounter heat of friction

Any liquid or solid that causes visible destruction of human skin tissue or steel is considered a/an ________________ material.

A. Acidic　　　　　B. [Corrosive]　　　　　C. Alkali　　　　　D. Ethological

Liquid or solid substances that emit toxic, dangerous, or intensely irritating fumes are known as:

A. [Poisonous materials.]　　　　　　B. Irritating materials.

C. Ethological agents.　　　　　　　D. Cryogenic materials.

10. Cylinder Gases

When handling cryogenics, whenever cryogenics can become trapped in a system, which of the following must be installed?

A. Flow restrictor　　　　　　　　　B. Flash arrestor

C. Pressure gauge　　　　　　　　　D. [Pressure relief device]

When cooling a leaking steel cylinder that is not an appropriate coolant?

A. Dry ice　　　　　　　　　　　　B. Ice water

C. [Liquid nitrogen]　　　　　　　　D. None of the above

The CGA outlet connections may be used to help determine the product in an unknown cylinder.

[A. True]　　　　　　B. False

What type of valve is authorized for Toxic Gas, Zone A gases?

A. Packed   B. Wrench operated

C. [Diaphragm]   D. All of the above

Toxic Gas, Zone A gas cylinders must have what type of pressure-relief device?

A. Spring loaded   B. Fuse meta

C. Diaphragm   D. [None, prohibited]

You respond to an incident scene of a leaking boron trifluoride cylinder. Your concern is

A. Toxicity of the gas.   B. Corrosive nature of the gas.

C. Density of the gas.   D. [All of the above]

Response to which of the following products might require decontamination of equipment?

A. Hydrogen   B. Deuterium

C. [Dichlorosilane]   D. Carbon Monoxide

Which of the following is a liquefied compressed gas?

A. [Carbon Dioxide]   B. Carbon Monoxide

C. Methane   D. Halocarbon 14

Of the following, which is the most reliable means of identifying a Toxic Gas, Zone A gas cylinder?

A. Color of the cylinder

B. Valve outlet

C. [Absence of valve pressure relief device (PRD)]

D. Shape of the cylinder

On an emergency response involving Carbon Monoxide, what hazards must be respected?

A. Flammability

B. Pressure

C. Asphyxiation/toxicity

D. Possible stress corrosion cracking of steel cylinders

E. Possible iron pentacarbonyl contamination

F. [All of the above]

A silane cylinder has been leaking at the valve. The fire has gone out. There is a crusty deposit on the valve.

A. The incident is over and the situation is safe.

B. There is no gas danger but the crust is a dermal corrosion threat.

C. [The leak may have made a temporary seal of soft silicon dioxide.]

D. The leak has melted the Teflon tape, resealing the valve. No danger return the cylinder to service.

A silane cylinder valve has been exposed to a minor amount of heat from a fire. The fusible metal in the PRD has melted out somewhat.

A. The silane has vented from the valve through the melted PRD.

B. [The cylinder may be a hazard, the integrity of the composite safety device has created a potential leaker.]

C. No problem, all PRDs have some amount of solder extrusion

A disilane cylinder has been burning. The fire has gone out but the cylinder has a white layer on the lower part of the cylinder.

A. It is just powder from the fire fighting activities.

B. No problem, its frost and disilane burns endothemically.

C. [The disilane pressure in the cylinder has been reduced but there is probably liquid in the cylinder as evidenced by the frost. Still a potential hazard.]

A boron trifluoride cylinder is leaking.

A. You can suppress the leak with a small stream of water, to not create a liquid cleanup problem.

B. [You can suppress the leak with lots of water.]

C. Use just enough water to put out the cylinder fire.

A driver reports that he smells something rotten in the back of his truck. His manifest says he has hydrogen sulfide on board. He also reports that when he rechecked the trailer he didn't smell anything.

A. No problem, probably something he ate.

B. [You have a potential leaker. Olfactory fatigue could account for the missing smell the second time.]

C. Ask him to go back in the trailer and try to sniff closer to the cylinder.

You have a phosphine cylinder leaking at the valve. An acceptable method to deal with the leak is

A. Spray water to neutralize the gas.

B. Chill the cylinder in an ice water bath, shear off the valve and drive in a drift pin.

C. [Encapsulate the cylinder in a high pressure over-pack.]

You suspect a small leak in an ammonia cylinder. You see no bubbles with a soapy solution.

A. No bubbles = no leak

B. Wait longer.

C. [The solution might be hydrolyzing the ammonia, try another technique.]

You are entering a trailer to find a leaking germane cylinder. You look for

A. A green cylinder.

B. A purple cylinder neck.

C. [A poison gas diamond.]

D. A corrosive gas diamond

The chlorine A kit can be used to seal a leak of which of the following gases?

A. [Sulfur Dioxide]

B. Carbon Dioxide

C. Hydrogen Choride

D. Halocarbon 14

The leak rate of a leaking liquid chlorine container can be reduced by (select all that apply):

A. Heating the container.

B. [Cooling the container.]

C. [Positioning the container so that the leak is coming from the vapor phase.]

D. Air monitoring. Which of the following gases has a flammable range?

Cryogenic liquids require the user to be protected by suitable

A. Eye protection, such as face shield

B. Loose-fitting insulated gloves

C. Cuff-less trousers over high-top shoes

D. [All of the above]

The main hazard from inert gases such as argon, nitrogen and carbon dioxide is:

A. Fire/explosion

B. [Asphyxiation]

C. Toxicity

D. Freeze burns

Oxygen is an element which constitutes approximately what percentage of the earth's   atmosphere?

A. 40%   B. [21%]   C. 79%   D. 10%

Oxygen itself is:

A. Flammable

B. [Nonflammable]

When combustible materials come in contact with oxygen in concentrations more than 23%, they may:

A. Turn a different color.　　B. Become brittle.

C. [Ignite with explosion violence.]　D. Turn to a liquid.

Spilled or leaking cryogenic liquids have a built-in warning that is evident by:

A. A bright blue flame.　　B. A loud noise.

C. [A visible fog.]　　D. A blue liquid.

When exposed to extreme cold of a cryogenic liquid, many materials will become:

A. [Brittle.]　　B. Soft.　　C. Elastic.　　D. None of the above

Liquefied bulk gas storage tanks will build high pressure by boiling liquid. This tank is protected from excessive pressure by:

A. A manual shut off valve.

B. [An automatic pressure relief device.]

C. Using good insulation.

D. Using external vaporizers

All sections of piping where cryogenic liquids may be trapped must be fitted with a proper:

A. Hose.　　B. Check valves

C. Automatic shut off valves.　　D. [Pressure relief device.]

Clothing that has been exposed to oxygen should be:

A. Removed as quickly as possible.

B. Placed in a well ventilated area away from ignition sources.

C. [Both A & B]

D. Neither A or B

In order to avoid the possibility of fire or explosion, valves in oxygen service must always be opened:

A. [Slowly.]

B. Quickly

C. Automatically.

D. Does not matter.

Oxygen or oxygen-rich atmospheres should never be allowed to come in contact with:

A. Organic material

B. Oil, grease, asphalt or kerosene.

C. Oil soaked concrete, or cloth, tar and contaminated dirt.

D. [Any of the above.]

Equipment used in oxygen service must be cleaned and maintained in clean condition before being used for oxygen service. All such equipment must be clearly marked:

A. "For oxygen service only"

B. "Cleaned for oxygen service"

C. [Either of the above.]

Cryogenic liquids are not classified by the DOT as a hazardous material.

A. True

B. [False]

Liquid carbon dioxide that has decreased below 60psig:

A. Becomes combustible.

B. Turns to cold vapor.

C. [Turns to solid dry ice]

D. A and B

E. None of the above

The primary hazard in the handling of carbon dioxide transfer hoses is:

A. High pressure

B. Cold temperatures.

C. Asphyxiation.

D. [All of the above]

Dry ice "plugs" in transfer hoses are caused by:

A. Expanding vapor CO_2 below the triple point.

B. [Expanding liquid CO_2 below the triple point.]

C. Air and impurities left in the hose before filling.

D. Trapping liquid between closed valves.

High concentrations of carbon dioxide in the air causes:

A. Plants and vegetation to die.

B. Increased risk of fire / combustion.

C. [Increased breathing rates.]

D. No problem because it is a natural material and is not a hazard.

What type of containment material is needed to contain a large liquid CO_2 release?

A. Sand or dirt

B. Containment pigs or socks

C. None, let the liquid run until it evaporates

D. [None, you cannot have a liquid CO_2 spill]

If you are near a large CO_2 release what precaution should you take to avoid being exposed to the CO_2 gas?

A. None, CO_2 gas in not hazardous

B. None, as long as you have 21% oxygen there is no hazard from CO_2

C. Do not enter or stay in low areas or confined spaces without good ventilation

D. Avoid the CO_2 vapor cloud

E. [C and D above]

To further insulate a container holding a cryogenic liquid, the annular space is:

A. Filled with glycerol.

B. Made up of styrofoam

C. Filled with nitrogen.

D. [Evacuated.]

A noninsulated, single-shell vessel that carries gases that have been liquefied is an:

A. MC 306/DOT 406.

B. MC 307/DOT 407.

C. MC 312/DOT 412.

D. [MC 331.]

In response to an incident involving a jackknifed tractor trailer, you arrive and size up the situation. From your position, you only have a side view of the tractor trailer. You know it is an:

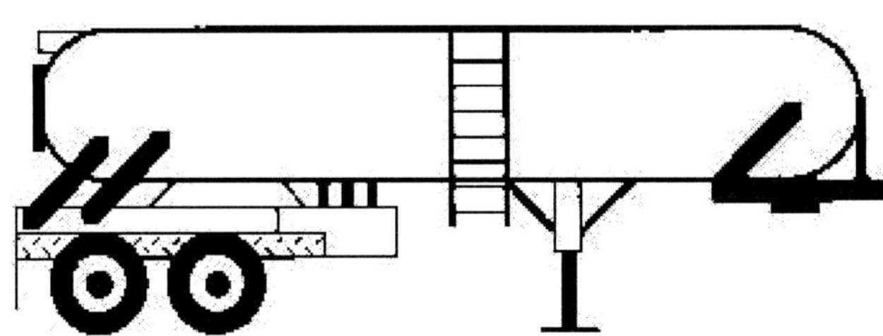

A. [MC 331.]

B. MC 338.

C. MC 312/DOT 412.

D. MC 306/DOT 406.

A cryogenic material could be carried within an:

A. MC 306/DOT 406.   B. MC 307/DOT 407.

C. MC 331.   D. [MC 338.]

The shape of this container that is located at a fixed facilities would indicate it probably contains a:

A. [Cryogenic.]   B. Solid waste.

C. Poison gas.   D. Combustible liquid.

An MC 331 pressure carrier transports:

A. [Liquefied petroleum gases.]   B. Corrosive liquids

C. Cryogenics.   D. Poisonous gases.

Which of the following could be used to indicate a release of a liquefied gas?

A. A green haze   B. Vegetation turning color

C. A distinct odor   D. [A white vapor cloud]

chapter 12

산화성 물질(산소 등) 설계, 취급 안전의 모든 것

산화성 가스란, 주변 물질의 연소 및 반응을 촉진하는 특징을 가진 가스로서, 대표적으로 산소(O2)·삼불화질소(NF3)·아산화질소(N2O)·불소(F2)·염소(cl2)·삼불화염소(clF3)·오존(O3) 등이 있다. 산화성 가스의 유해성은, 이들 가스의 농도가 높아지면 급격하게 연소성과 반응성을 폭발적으로 증가시킨다.

일반적으로 ISO10156:1996 또는 10156-2:2005에서는 산소 농도가 23.5%를 초과하는 환경부터 산소농도 과잉환경으로 부르고 있으며, 이들 산화제 농도가 높아진 상태에서는 가연성 가스들의 연소범위는 일반 대기 중에서의 범위보다 넓어지게 되며, 또한 자연발화 온도도 낮아지게 되어, 화재가 발생할 우려가 상당히 높아진다.

여기에서는 산소를 중심으로 그 위험성, 안전설계, 안전취급 등에 대하여 아주 자세하고 업무에 쉽게 적용할 수 있도록 설명하였으나, 산소에만 국한하지 말고 위에 나열한 산화성 기체를 다루고자 할 때 반드시 참고하여 활용하기를 바란다.

액체산소 리보일러 폭발	스트레이너 화재	레귤레이터 화재
액체산소 탱크 폭발	F2 배관의 청결 불량	산소압축기 폭발

[그림 12-1] 산소기체 사고 사례

대부분의 사람들은 목재, 석탄, 가스, 오일 등과 같은 일반적인 물질을 연료라 생각하고 있으며 이는 공기 중에서 쉽게 연소를 하기 때문이다. 공기 중에서 쉽게 연소하지 않는 합금, 알루미늄, 스테인리스스틸, 스틸 등은 공기 중에서 연소되지 않으므로 비연소성이라 간주한다. 그러나 이것은 공기 중의 산화성기체인 산소의 농도가 21%이고 불활성기체인 질소의 농도가 79%로 산화성기체의 농도가 낮기 때문이다.

그러나 순수 산소 또는 산소의 농도가 높은 상태에서는 이와 같은 물질도 쉽게 연소한다.

일반적으로 공기 중에서 쉽게 연소되는 물질보다 스테인리스스틸, 스틸 등은 연소를 위해 높은 온도와 에너지가 필요하다. 그러나 순수산소 또는 산소농도가 높은 경우에는 보다 적은 에너지로도 점화 및 연소가 가능하므로 이에 따른 위험성을 이해하는 것이 매우 중요하다.

산화성이란 불이 타는 걸 도와주는 가스, 액체 또는 고체를 말하며, 여기서 방출된 열이 주변의 다른 물질을 연소시킨다. 즉, 발열반응이다. 바꾸어 말하면 산화반응이 빠르게 진행되는 경우 발생되는 열량이 여러 종류의 물질을 연료로 사용하여 화재 및 폭발을 발생시킨다.

[표 12-1] 각종 산화성물질의 산화력 비교표

Oxidizer	Strength	
F_2	7.6	산화력이 크다
NF_3	1.6	
O_2	1.0	
Cl_2	0.7	
N_2O	0.4	
air	0.2	산화력이 적다

상기는 순수산소의 산화력을 1.00이라 가정할 때 각종 다른 가스들의 산화력을 상대적으로 나타낸 것이다. 상기에서도 알 수 있듯이 F_2의 산화력이 가장 크다.
이 표를 독일에서 제안한 BAM 방법이라 지칭하며 Bundesanstalt fuer Material Forschung und Pruefung의 약어이다.

산화성 물질 취급 시 안전에 대한 아주 각별한 주의가 필요하다. 그 이유는 NF_3, F_2, O_2와 같이 공기보다 산화력이 큰 물질이 존재하는 경우, 금속 또는 다른 물질을 쉽게 연소시켜 화재나 폭발을 일으킬 수 있기 때문이다. 이는 기기손상 뿐만 아니라 사람에게도 심각한 위험을 준다.

미국의 ASTM(American Society for Testing and Materials)에 의하면 "Oxidizer compatibility is the ability of the material to coexist with the oxidizer and potential ignition sources without igniting." 즉, 산화성 물질에 대한 적합성이란 산화성물질과 점화되지 않은 잠재적인 점화원이 공존하는 물질의 상태라고 규정하고 있다.

산화성물질의 적합성에 결정을 위한 중요한 인자로는 다음과 같은 것이 있다.

- System design(공정설계)
- Materials selection(재질선정)
- Fabrication(제작)
- Cleanliness(청결)
- Operating practice(운전 습관)
- Operating conditions(운전 상태)

SECTION 12.1 산화성 분위기에서 연료로 사용될 수 있는 물질

산화물질의 시스템은 오염, 금속 및 비금속으로 구성될 수 있으며 이러한 물질들은 연료로서 사용될 수 있다. 그러므로 시스템 내부에 어떠한 오염물질도 존재하지 않도록 청결상태를 유지하는 것이 매우 중요하다.

- 오염: 세정작업 후에도 남아있는 찌꺼기, 조각, 입자성 물질 등
- 비금속: 플라스틱, 고무, 오일 등
- 금속: 산화물질의 시스템을 구성하고 있는 주재료

1) 오염

오염이란 의도하지 않은 이물질이 시스템에 존재하는 경우 모든 것을 의미하며 금속가루, 용접잔류물, 녹, 먼지, 그리스, 오일, 탄화수소 등이 포함된다. 이 모든 물질들은 완벽하게 제거되어야 하나 100% 제거하기란 쉽지 않고 운전 도중에도 발생할 수 있다.

특히 오염물질 중에 탄화수소와 세정 시 사용되고 잔류물인 경우 점화원이 존재하는 경우 가장 연소가 잘 이루어지는 물질이므로 각별한 주의가 필요하다. 더불어 금속조각 입자의 경우 크기가 작을수록 쉽게 점화가 일어난다.

상기에 설명한 위험성에도 알 수 있듯이 세정을 철저히 수행하는 것은 산화성 물질을 취급하는데 중요한 인자이다.

2) 비금속

플라스틱, 고무 및 윤활유와 같은 비금속은 금속보다 쉽게 점화가 되기 때문에 산화성 물질을 취급하는 설비에 사용을 최소화 하는 것이 좋다.

그러나 Seal(O-ring, 가스킷 등), 밸브시트 및 윤활유 등이 필수적으로 사용되고 이러한 물

질들은 탄화수소를 기반으로 한 폴리프로필렌(Polypropylene)과 폴리에틸렌(Polyethylene) 물질의 플라스틱, 천연고무와 EPDM(Ethylene Propylene Diene Monomer elastomer) 물질의 고무, 석유화학 제품인 윤활유 등으로서 쉽게 점화되고 연소 시 많은 양의 에너지를 방출하게 된다. 그러므로 이러한 비금속 물질의 사용을 자제하는 것이 좋다.

탄화수소 기반의 물질보다 실리콘 고무와 같은 실리콘 기반의 물질이 산화성 물질에 더욱 적합하다.

테플론(Teflon), 네오플론(Neoflon), 바이턴(Viton), 칼레즈(Kalrez 및 윤활유인 포르블린(Formblin), 할로카본(Halocarbon)과 같이 할로겐화 고분자물질이 가장 적합한 물질이며 PVC(Polyvinyl Chloride) 또는 네오프렌(Neoprene)과 같이 비록 부분적으로 할로겐화 된 비할로겐화된 물질보다 연소를 발생시키지 않는 저항성이 좋다.

그러나 병원 등에서 사람에게 사용되는 산소의 경우 할로겐화 물질은 화재 발생 시 할로겐(Halogen), 불소(Fluorine), 염소(Chlorine) 등 독성물질을 발생시키므로 그 사용을 자제하고 탄화수소 계열을 사용하여 연소가 되더라도 수소 및 탄소 계열만을 발생 시키므로 덜 인체에 해롭게 되므로 이러한 경우에는 연소발생에 적합하지 않더라도 탄화수소 계열 비금속을 사용하는 것을 추천한다.

3) 금속

대부분의 산화성물질을 취급하는 설비는 금속으로 이루어져 있다. 만일 금속이 점화되어 연소되면 급속이 파괴되고 인명피해, 기기손상 및 공장조업 중지가 발생한다. 그러므로 금속이 연소되지 않도록 아주 세심한 주의가 필요하다.

산화성 물질의 금속에 대한 적합성은 금속의 소재 및 두께에 의존하며, 두께가 두꺼울수록 열을 빨리 소멸시키므로 연소가 어렵게 된다.

산화성 물질에 대한 금속의 적합성은 상당히 다양하나 카본 스틸(Carbon Steel)이 가장 널리 사용되고 있으며 중간 정도의 적합성을 지니고 있다. 스테인리스 스틸(Stainless Steel)이 카본 스틸보다는 더 적합하다. 가장 좋은 금속으로는 구리, 구리합금인 놋쇠(Brass), 청동(Bronze) 및 니켈, 니켈합금인 모넬(Monel), 인코넬(Inconel)이 있다.

알루미늄은 반응성이 높고 점화 시 많은 에너지를 발산하며 파괴되기가 쉽다. 또한 티타늄 및 망간의 경우에도 점화 시 많은 에너지를 발산하므로 이러한 금속의 사용을 자제하는 것이 좋다.

4) 산화력에 영향을 주는 요소

산화력에 영향을 주는 요소로는 순도, 압력, 온도 및 속도로 구분할 수 있다. 순도, 압력 및 온도가 높을수록 적은 점화에너지를 필요로 한다. 빠른 속도는 미립자에 의한 충돌을 더욱 증가시킨다. 저장량이 클수록 위험발생 시 그 영향 및 피해가 증가하므로 저장량에 대한 신중한 검토가 필요하다.

점화

1) 점화 원리

점화란 산화성 분위기에서 고체연료의 표면에 충분한 에너지를 공급하여 발생되는 것을 지칭하며 에너지원으로는 열적(Thermal), 기계적(Mechanical) 및 화학적(Chemical)으로 구분할 수 있다. 모두 산화성 분위기에서 최소점화에너지 이상이 공급되어야 한다.

일반적으로 탄화수소와 산화제 사이의 최소점화에너지의 수치는 많이 발표되고 있으나, 금속 또는 비금속의 수치는 많지 않다.

그러나 중요한 두 가지 개념은 "점화가 발생할 수 있는 에너지를 최소화한다." 및 "산화성 물질에 적합한 재료를 선정한다."로서 여기에서는 이에 대해 자세하게 설명한다.

산화성 설비에서의 대부분에 해당되는 점화원리는 미립자 부딪침(Particle Impact), 큰 충격(Bulk Impact), 마찰(Friction) 및 단열압축(Adiabatic Compression)이 있다.

산화성 기체를 취급하는 설비에서 미립자(Particle) 및 부스러기(Debris)를 제거를 하나 완벽하기 수행하기라 어렵고 또한 운전도중에 발생하기도 한다.

그래서 미립자 부딪침 현상은 언제라도 발생할 수 있다. 이것은 산화성 기체의 속도를 제한함으로써 조절할 수 있고, 부딪침이 현상이 발생할 수 있는 밸브, 티(Tee) 및 엘보우(Elbow) 등의 재질을 적합하게 선정함으로써 제어할 수 있다.

큰 충격(Bulk Impact)은 커다란 조각이 다른 부분에 충격을 줌으로써 발생하는 것으로, 체크 밸브(Check Valve) 등이 해당되며 적합한 재질을 선정하여 조절이 가능하다.

압축기(Compressor)와 같은 구동체에서는 마찰(Friction)로 인하여 폭발과 같은 위험성이 존재하여 방어벽(Barricade)를 설치하여 위험으로부터 인명을 보호할 수 있도록 한다. 마찰은 또한 펌프, 밸브 등에서도 발생할 수 있다.

단열압축 또는 압축으로 인하여 발생되는 열은 가스를 압출할 때 발생되는 온도의 상승을 의미한다. 이는 배관이나 기기 등을 통과하는 가스를 갑자기 흐름을 차단할 때 발생한다. 여기서 발생되는 에너지는 금속을 직접 전화하기 보다는 비금속 또는 오염물질을 점화시켜 전파되는 것이 일반적이다.

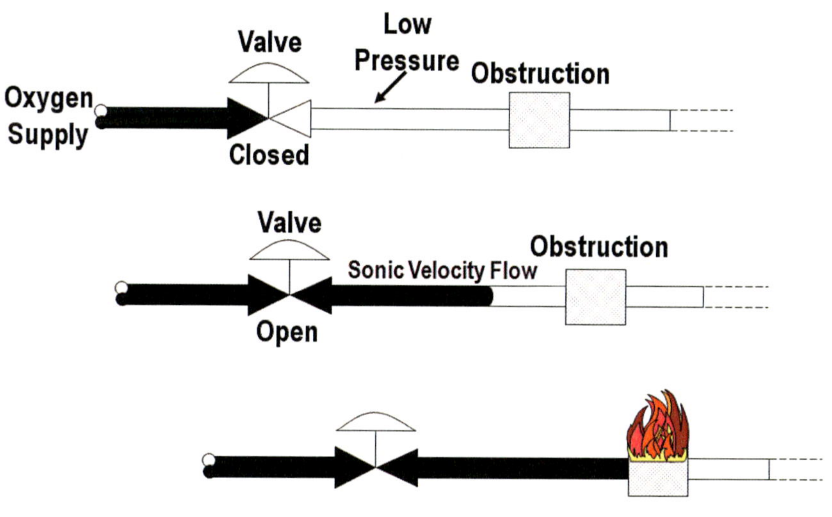

[그림 12-2] 단열압축에 의한 점화

[표 12-2] 대기압의 산소 단열압축 시 이론적인 최고온도

Pf,barg	Tf, ㅇC
10	291
100	815
1000	1828
10,000	3785

점화사슬(Kindling Chain)이란 쉽게 점화가 이루어지는 물질이 점화하여 여기서 발생된 에너지가 또 다른 물질을 점화시키는 현상을 말한다. 예를 들어 비금속(고무, 미립자 등)이 적은 점화에너지를 받아 점화가 시작되고 여기에서 얻은 에너지를 금속물질인 카본 스틸 또는 스테인리스 스틸 등에 충분한 점화에너지를 공급하여 점화가 이루어지도록 하는 현상을 말한다. 가장 좋은 예로는 벽난로 쌓여있는 굵은 목재는 쉽게 점화가 되지 않으므로 성냥 등을 이용하여 불쏘시개 역할을 하면 주변의 쉽게 점화되는 물질을 점화시켜 발생된 에너지가 점점 커다란 목재를 점화하는 원리와 같다.

[그림 12-3] 점화사슬

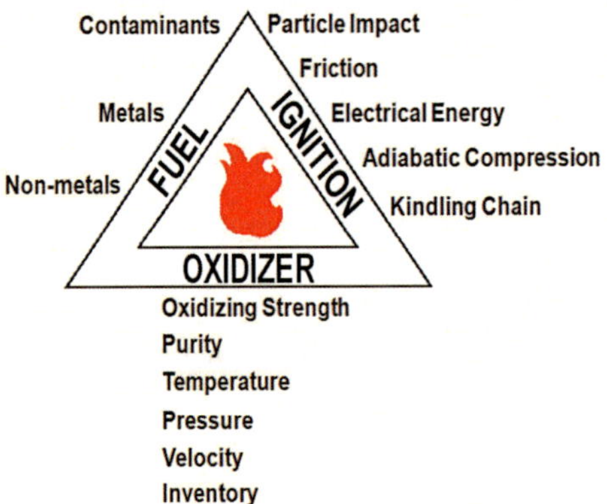

[그림 12-4] 확장된 개념의 화재의 삼각형

SECTION 12.3

산소시스템의 배관(Piping) 및 연결구(Fitting)

여기에서는 산화성 물질 특히 산소에 대하여 배관 또는 연결구를 선정하고자 할 때의 지침을 설명하고자 한다.

- 압력범위: 0~207Barg(3,000psig)
- 온도범위: -30~204℃ (-22~400℉) 일반적으로 초저온(Cryogenic) 범위는 다루지 않으며 Carbon Steel에 대한 최고온도는 149℃ (300℉)이다.

[그림 12-5] 여기서 언급하는 산소의 적용 온도범위

- 순도:

0~23.5%: 일반적인 기체(공기)와 동일하게 취급

23.5~40%: 비금속재질에 대하여만 산화성 재질선정을 따른다.

40~80%: 저농도 또는 저압력 또는 고온에 해당하는 재질선정에 따른다.

80~100%: 순수 산소에 해당하는 모든 재질선정 기준에 따른다.

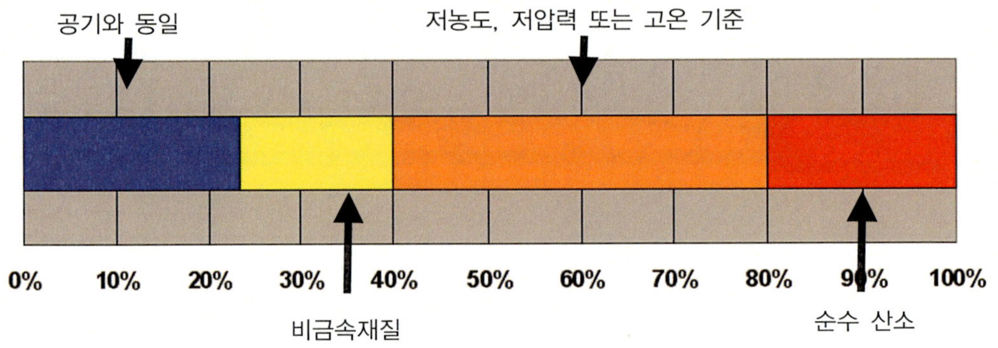

[그림 12-6] 산소 순도에 따른 재질선정 기준

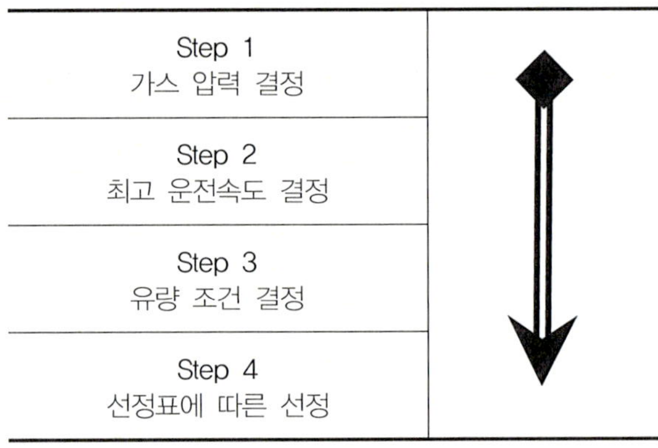

[그림 12-7] 배관 및 연결구 선정 흐름도

12.3.1 가스압력

안전밸브 분출 시 안전밸브 Inlet 배관은 안전밸브 설정압력의 100%까지 압력상승이 가능하므로, 안전밸브 Inlet 배관은 안전밸브 설정압력(Safety Valve Setting Pressure)의 110%로 선정한다.

파이롯트형 안전밸브(Pilot Operated Safety Valve)가 설치되어 있는 경우에는 설정압력의 95%로 시스템의 가스압력을 선정한다.

스프링으로 작동되는 안전밸브(Spring-operated Safety Valve)가 설치된 경우는 시스템의 가스압력을 설정압력의 90%로 적용한다.

그 외 상기에서 언급된 90% 또는 95%와 다른 압력을 시스템 압력으로 사용하는 경우에는 철저한 조가를 통하여 어떠한 경우에도 최고로 시스템의 압력이 올라갈 수 있는 것을 적용한다. 예를 들어 압축기의 최대 출구압력 등이다.

12.3.2 가스속도

1) Step 1

시스템 내의 가스속도를 결정할 때에는 정상운전, 시운전, 유지보수 시 발생될 수 있는 운전 등을 포함하여 가장 최대로 흐를 수 있는 가스의 속도를 기준으로 한다.

$$v = \frac{Wg}{\rho A (3600)} \text{--------------------- (12-1)}$$

여기서

v = 가스 속도, m/sec(ft/sec)

Wg = 가스 유량, kg/hr(lb/hr)

ρ = 가스의 밀도, kg/m^3(lb/ft3)

A = 배관의 내관 단면적, m^2(ft2)

2) Step 2

[표 12-3] 그 밖의 고려사항

안전밸브(Inlet)	안전밸브의 최대분출 유량(Rated Capacity)로 선정	
압축기(Dump Valve Inlet)	밸브가 최대로 열린 상태에서의 최대 유량으로 선정	
가지배관(Branches)	주 배관 및 가지배관 중 큰 수치를 유량으로 선정	

3) Step 3

유체의 흐름과 형태를 결정한다.

(1) Non-impingement

유체의 흐름에 변화가 없고 방향의 전환이 없으며, 흐름의 변화가 있더라도 그 변화가 완만한 형태를 말한다.

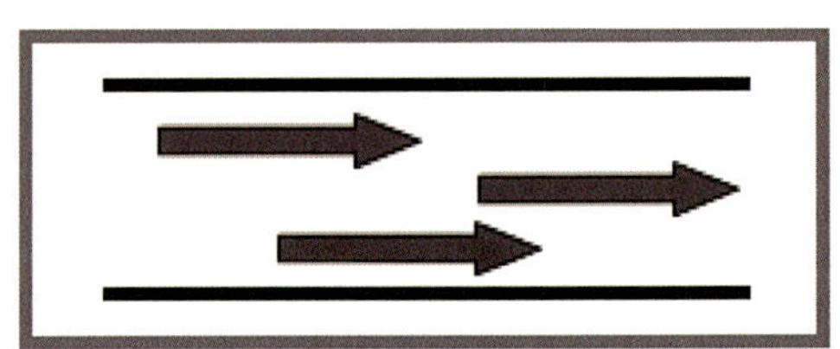

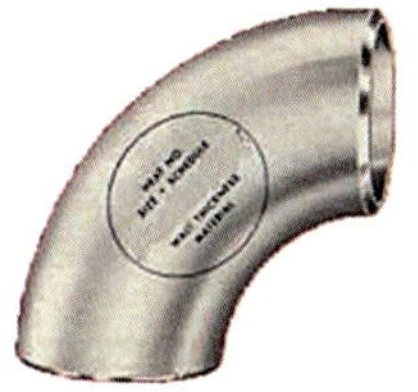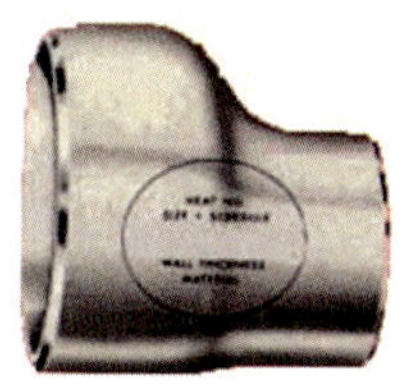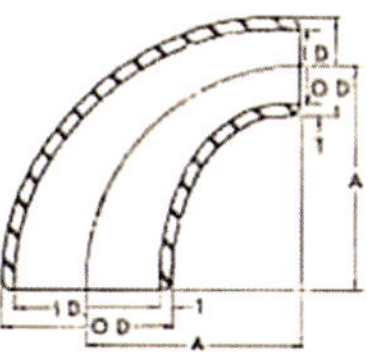

[그림 12-8] Non-impingement

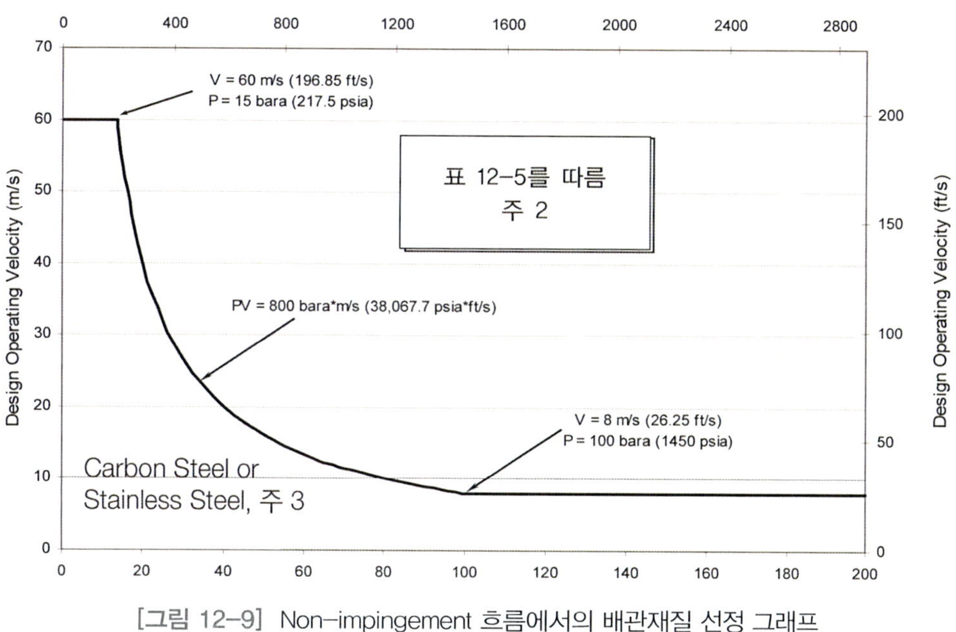

[그림 12-9] Non-impingement 흐름에서의 배관재질 선정 그래프

주 1: 상기 재질선정 그래프는 설계온도가 아래인 지역에서 사용된다.

149℃(300℉) for general carbon steel pipe

204℃(400℉) for general stainless steel pipe

주 2: 최고 사용압력 이상에서 사용되는 배관에 대하여는 표 12-5를 참조한다.

주 3: 최소 배관두께는 아래와 같다.

STD wall for carbon steel pipe

1.65mm(0.065in) for stainless steel pipe

0.76mm(0.030in) for stainless steel tubing

주 4: 속도와 관계없이 압력강하밸브 하류 10 Diameter에서는 표12-5를 따른다.

주 5: 상기 그래프는 EIGA(European Industrial Gases Association)13/02를 참조하였다.

주 6: 중국의 GB16912에 따르면 카본 스틸의 사용은 30Barg(435psig)까지만 허용하고 카본 스틸과 스테인리스 스틸에 대하여 아래 표와 같이 속도의 제한을 권고하고 있다.

[표 12-4] 중국 GB 16912 권고 속도제한

Pipe and Fitting Material	Maximum Gas Pressure -barg(psig)			
	>1 to ≤10barg (>14.5 to ≤145psig)	>10 to ≤30barg (>145 to ≤435psig)	>30 to <150barg (>435 to <2175psig)	≥150barg (≥2175psig)
Carbon Steel	20m/s	15m/s	Not Allowed	Not Allowed
Stainless Steel	30m/s	25m/s	그림 12-8	4.5m/s

[표 12-5] 추천되는 설계압력이 초과되는 경우 재질별 최소 배관두께

ALLOY/ALLOY FAMILY	MINIMUM THICKNESS	EXEMPTION PRESSURE*, MAX
Cobalt Alloys		
Stellite 6	None Specified	34.5barg(500psig)
Stellite 6B	None Specified	34.5barg(500psig)
Copper Alloys		
Copper**	None Specified	207barg(3000psig)
Copper-Nickel Alloys**	None Specified	207barg(3000psig)
Brass Alloys**	None Specified	207barg(3000psig)
Tin Bronzes	None Specified	207barg(3000psig)
Ferrous Castings, Non Stainless		
Gray Cast Iron	3.18mm(0.125in)	1.7barg(25psig)
Nodular Cast Iron	3.18mm(0.125in)	3.4barg(50psig)
Ni Resist Type D2	3.18mm(0.125in)	20.7barg(300psig)
Ferrous Castings, Stainless		

ALLOY/ALLOY FAMILY	MINIMUM THICKNESS	EXEMPTION PRESSURE*, MAX
CF-3/CF-8,CF-3M/CF-8M, CG-8M	3.18mm(0.125in)	13.8barg(200psig)
CF-3/CF-8,CF-3M/CF-8M, CG-8M	6.35mm(0.250in)	20.0barg(290psig)
CN-7M	3.18mm(0.125in)	25.9barg(375psig)
CN-7M	6.35mm(0.250in)	34.5barg(500psig)
Nickel Alloys		
Hastelloy C-276	None specified	51.7barg(750psig)
Hastelloy X	3.18mm(0.125in)	12.7barg(185psig)
Haynes HR 160	3.18mm(0.125in)	12.7barg(185psig)
Inconel 600	None specified	8.9barg(1000psig)
Inconel 625	3.18mm(0.125in)	86.2barg(1250psig)
Inconel X-750	None specified	68.9barg(1000psig)
Monel 400	None specified	207barg(3000psig)
Monel K-500	None specified	207barg(3000psig)
Nickel 200/201	None specified	207barg(3000psig)
Stainless Steels, Wrought and Forged		
304/304L, 316/316L, 321, 347	3.18mm(0.125in)	13.8barg(200psig)
304/304L, 316/316L, 321, 347	6.35mm(0.250in)***	20.0barg(290psig)
310	3.18mm(0.125in)	13.8barg(200psig)
410	3.18mm(0.125in)	17.2barg(250psig)
430	3.18mm(0.125in)	17.2barg(250psig)
17-4PH(aged)	3.18mm(0.125in)	20.7barg(300psig)
X3 NiCrMo 13-4(UNS S41500)	3.18mm(0.125in)	17.2barg(250psig)
Carpenter 20 Cb-3	3.18mm(0.125in)	25.9barg(375psig)
Incoloy 800/800H/800HT	3.18mm(0.125in)	25.9barg(375psig)

EIGA 13/02/E 참조

* Exemption pressure란 미립자 부딪침 현상이 발생할 수 있는 상황에서 99.7%이상의 순수 산소기체의 속도에 관계없이 사용가능한 최대의 압력을 지칭한다.

** 주조나 가공된 제품(Cast and wrought Mill forms)

*** 최소 6.35mm(0.25inches) 두께 사용

주) 밸브 등의 내부속도는 적용하지 않는다.

(2) Impingement

유체의 흐름 방향에 급격한 변화가 있으며, 미립자가 충격을 줄 수 있는 구조로 되어있다. 이것은 미립자 부딪침에 의하여 점화가 발생할 수 있어 상당한 주의가 요구된다.

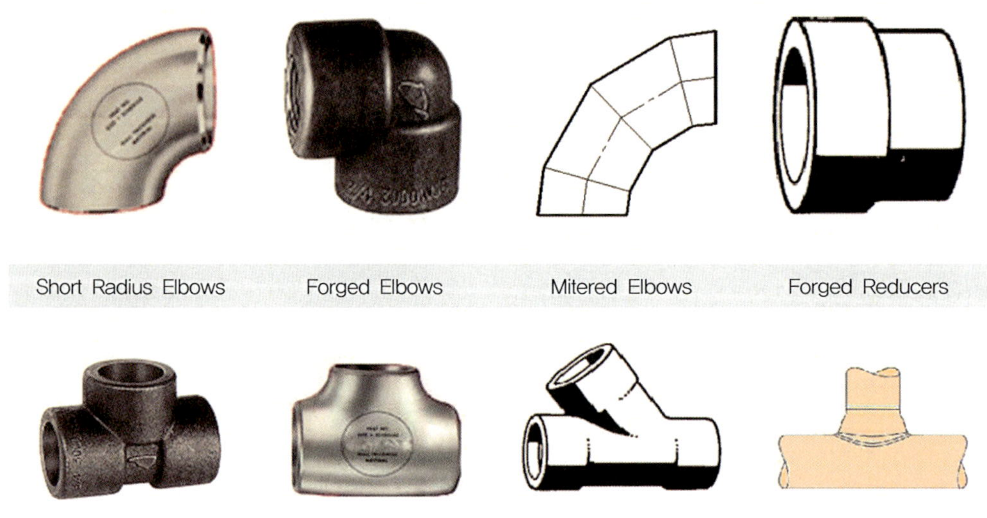

[그림 12-10] Impingement

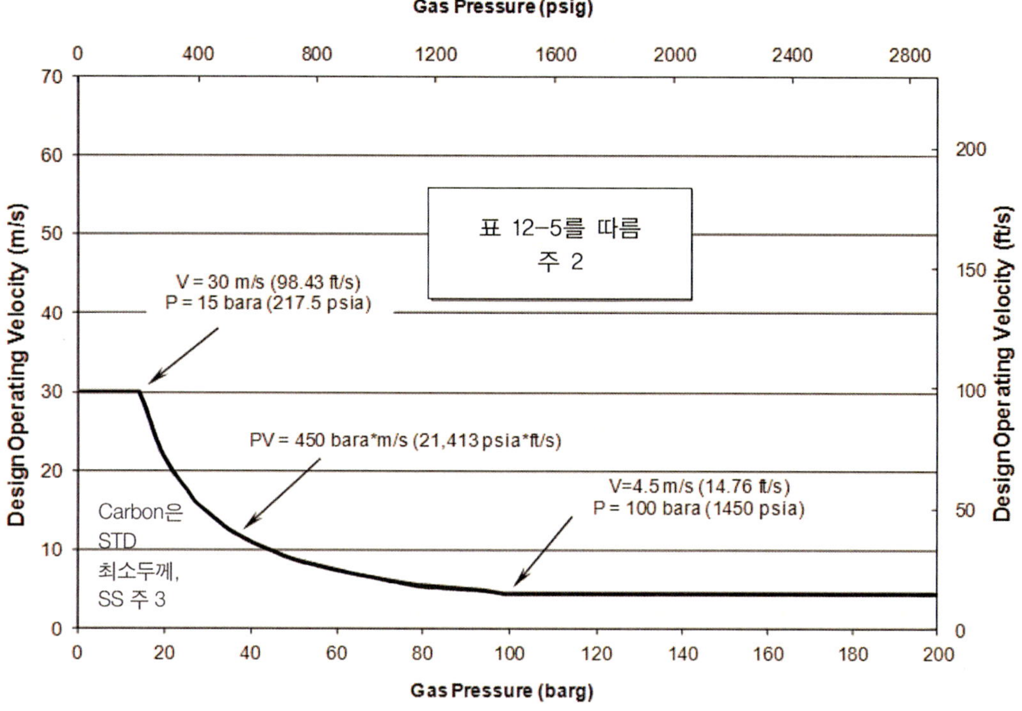

[그림 12-11] Impingement 흐름에서의 배관재질 선정 그래프

주 1: 상기 재질선정 그래프는 설계압력이 아래와 같을 때 적용된다.

　　149°C(300°F) for general carbon steel pipe

　　204°C(400°F) for general stainless steel pipe

주 2: 상기 설계압력이 초과되는 경우에는 카본 스틸의 표 12-5를 따른다.

주 3: 스테인리스 스틸 배관의 최소두께는 1.65mm(0.065inches) 및 튜브는 0.76mm(0.03inches)이다.

주 4: 속도와 관계없이 압력강하 밸브 하류 10 Diameter에서는 표12-5를 따른다.

주 5: 상기 그래프는 EIGA(European Industrial Gases Association) 13/02를 참조하였다.

(3) Turbulent-Impingement

흐름의 형태 중 가장 위험한 환경으로서 자동이든 수동이든 관계없이 압력강하밸브(Pressure Letdown Valve), 비상잠금밸브(Emergency Shutoff Valve) 또는 Restriction Orifice 등의 하부 직경의 10배의 길이까지(10 Diameter) 발생되는 난류흐름을 일컫는다. 여기서

Restriction Orifice는 압력강화용으로 사용되는 것을 말하며 유량측정용으로 사용되는 것은
제외된다. 배관의 사용 재질 및 두께선정은 표 12-5를 따른다.

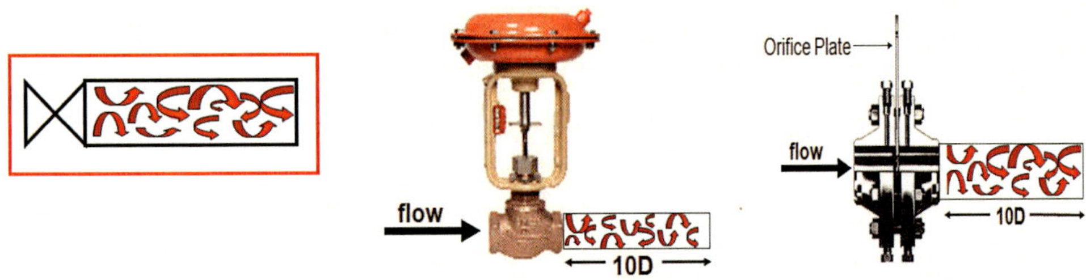

[그림 12-12] Turbulent-Impingement

12.3.3 산소배관 재질선정 순서도

산소배관의 운전압력이 Exemption Pressure보다 같거나 낮은 경우에는 가스 속도에 대
한 제한이 없다. 산소배관의 운전압력이 Exemption Pressure보다 높거나 최소 허용사용 두
께보다 적은 경우에는 카본 스틸의 제한 속도를 따른다.

SECTION
12.4

산소시스템의 밸브 재질 선정

12.4.1 차단용 밸브(Isolation Valve)

여기서 차단용 밸브라 함은 열림(Open) 및 잠금(Close) 기능만을 사용하고 차압을 발생시키기 위한 목적이나 유량조절 등을 이유로 사용되지 않는 것을 의미한다. 즉 글로브 밸브는 여기에 해당되지 않으며 추후 수동조절밸브(Manual Control Valve) 논의에서 다루도록 한다.

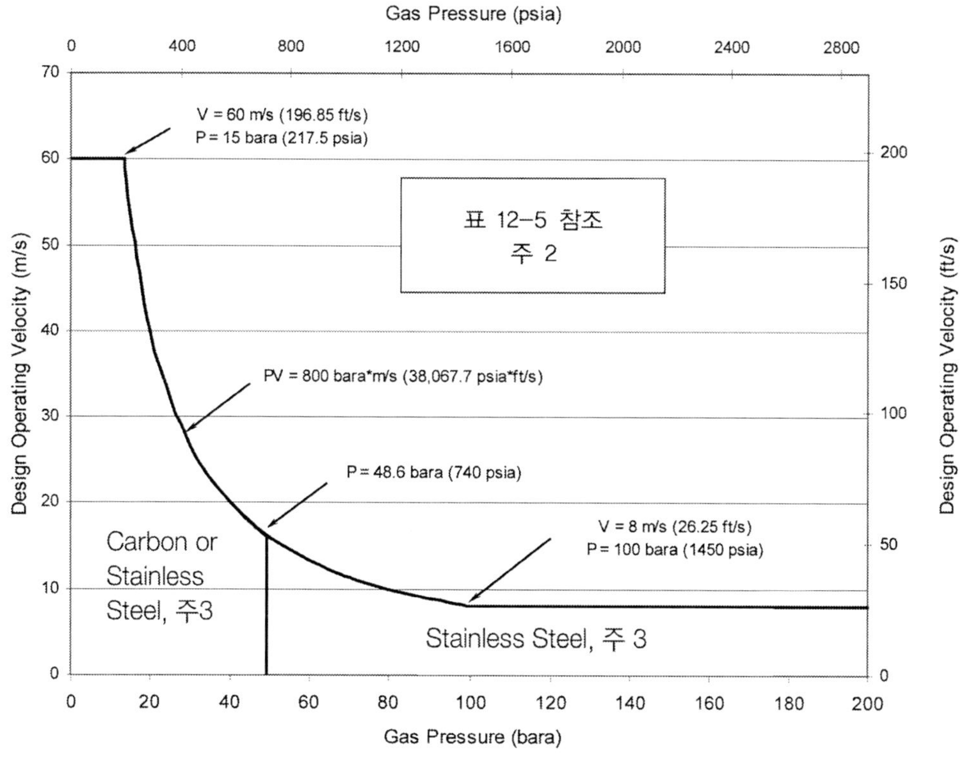

[그림 12-13] 차단용 밸브 본체(Body) 재질 선정 그래프

주 1: 상기 재질선정 그래프는 설계압력이 아래와 같을 때 적용된다.

149℃(300℉) for general carbon steel pipe

204℃(400℉) for general stainless steel pipe

주 2: 상기 설계압력이 초과되는 경우에는 스테인리스 스틸 그래프를 따른다.

주 3: 밸브 본체의 최소 두께는 3.2mm(0.125inches)를 추천한다.

주 4: 상기 그래프는 EIGA(European Industrial Gases Association) 13/02를 참조하였다.

주 5: 중국의 설계기준 GB 16912에 따르면 밸브 본체 재질사용을 카본 스틸은 6Barg(87psig) 및 스테인리스 스틸은 6Barg(87psig)에서 100Barg(1450psig)까지 제한하고 그 이상의 압력에서는 표 12-5를 따르도록 규정하고 있다.

12.4.2 우회 시스템(Bypass System)

차단밸브를 사이에 두고 고압과 저압의 차이가 많은 경우 밸브 오픈 시 난류(Turbulence Flow) 및 속도가 빨라지고 밸브 후단에서 급격히 압력이 올라가 단열압축 현상이 발생될 수 있다. 이러한 위험성을 차단하기 위하여 Bypass System을 도입한다.

즉 주배관을 오픈하기 전에 고압과 저압측의 균압을 천천히 만들 수 있도록 Bypass 밸브를 설치하는 것이다.

보통 3인치 이상의 주배관 시스템에 적용되며 그 이유는 밸브 오픈 시 발생되는 난류 때문에 표 12-5에서 추천되는 재질 및 두께를 적용하는 것 보다 경제적이기 때문이다.

그러나 Bypass 밸브는 천천히 궤도를 조절하는 특성에 따라 재질 및 두께선정을 표 12-5 에 적용된다.

균압을 위한 Bypass 밸브의 선정 기준
- 양측의 압력균등은 2Bar/min 이하로 한다.
- 혹시 발생될 수 있는 Particle의 축적을 막기 위하여 주배관보다 같거나 높은 위치에 설치한다.
- Bypass 밸브 후단에는 1개 이상의 엘보우(Elbow)가 설치되는데 재질과 두께는 표 12-5 를 따른다.

- Bypass 밸브는 천천히 궤도를 조정함에 따라 하부 직경의 10배의 길이까지(10 Diameter) 발생되는 난류흐름에 따라 표 12-5를 따른다.

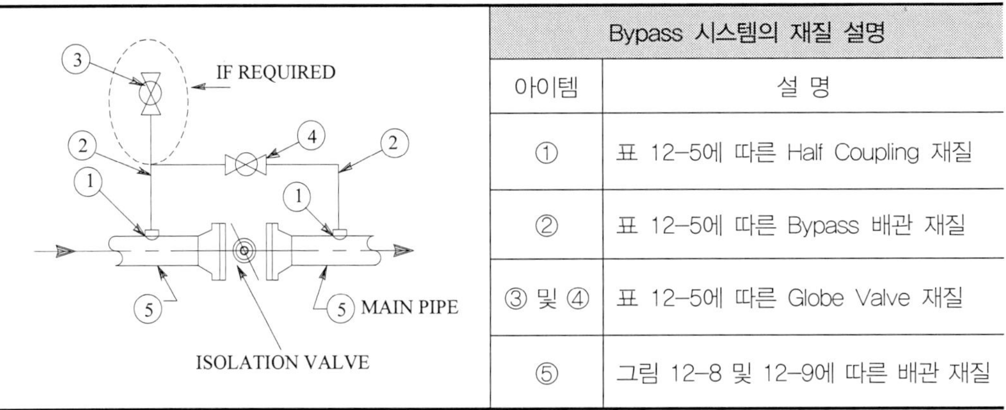

	Bypass 시스템의 재질 설명	
아이템		설 명
①		표 12-5에 따른 Half Coupling 재질
②		표 12-5에 따른 Bypass 배관 재질
③ 및 ④		표 12-5에 따른 Globe Valve 재질
⑤		그림 12-8 및 12-9에 따른 배관 재질

[그림 12-14] Bypass 밸브 설치 예

산소시스템의 비금속 재질 선정

여기서 비금속은 모든 플라스틱, 탄성중합체(Elastomer) 및 윤활유(Lubricant)를 의미하며 이들은 대부분 탄화수소를 기초로 하고있다.

할로겐화 고분자물질이 산소시스템에 선호되며, 비금속 물질은 씰(Seal)과 같은 특별한 경우에만 사용이 가능하다.

산소시스템의 비금속에 대한 적합성 테스트는 아래와 같은 사항을 검토하여 결정된다.

- 연소열(Heat of Combustion): 산소분위기에서 비금속 물질 연소 시 발생되는 에너지의 총량을 의미하며, 이 양이 적을수록 산소시스템에 적합하다.

- 자연발화온도(AIT, Autoignition Temperature): 특정 압력(보통 1500psig, 10.3MPa)에서 산소 분위기 하에 즉각적으로 점화가 발생되는 온도를 의미하며, 이 온도가 높을수록 산소 시스템에 적합하다.

- 산소지수(OI, Oxidizer Index): 대기압 상온 하에서 연소를 지속시킬 수 있는 최소 산소농 도를 의미하며, 산소지수가 높을수록 적합하다.

[표 12-6] 비금속의 산소시스템 적합성 테스트 결과

	Material	Oxidizer Index	Autoignition Temperature $^{\circ}$C	Heat of Combustion kJ/g
플라스틱	Teflon®	100	434	6.3
	PVC	31.5	239	20.9
	Nylon	21~28	178	32.2
	PP	17~29	174	46.0
탄성중합체	HDPE	17.5	176	46.6
	Viton®	56	268~322	15.1
	Neoprene	26.3	258	29.5
	Buna N	22	173	41.4

산소시스템의 비금속 물질 사용에 대한 제한사항

- 가능한 한 비금속 물질의 사용을 최소화한다.
- 병원에서 인체의 호흡용으로 사용되는 비금속은 연소 시 F 또는 cl이 발생하지 않도록 할로겐화 물질 사용을 배제한다.
- 산소와의 접촉 면적이 최소화되도록 구성한다.
- 일반적으로 호흡용을 제외하면 할로겐화 비금속 물질이 좋다.
- 연소열, 자연발화온도 및 산소지수를 충분히 검토하여 결정한다.

연습문제 Question

1. 산화성 물질의 종류에 대하여 아는 대로 기술하시오.

2. 산소과잉환경이라 고려되는 산소의 최소농도를 적으시오

3. 산소설비에서 점화의 원인이 되는 종류 및 메커니즘에 대하여 논하시오.

4. 산소기체의 유량 흐름의 형태를 3가지로 구분하고 있다. 이를 나열하고 가장 위험한 흐름의 형태에 대하여 기록하고 그 이유에 대하여 논하시오.

5. Bypass 밸브의 설치목적 및 기준에 대하여 기술하시오.

6. 산소설비에서 비금속의 사용을 자제하는 이유와 사용하여야 하는 경우 고려사항에 대하여 논하시오.

TFT-LCD 제조공정의 가스 안전

13.1 개요

13.2 특수가스의 위험성

13.3 취급에 있어서의 모범 사례

13.4 사고사례 및 비상대응

SECTION

13.1

개요

TFT-LCD 판넬의 조립에는 실리콘(Silicon)과 실리콘 나이트라이드(Silicon Nitride) 필름을 성장(Growing) 및 에칭(Etching)을 수행하는 공정이 수반된다. 이 공정에는 상당히 많은 양의 실란(Silane), 포스핀(Phosphine), 암모니아(Ammonia), 염소(Chlorine), 삼염화붕소(Boron Trichloride), 삼불화질소(Nitrogen Trifluoride), 불소(Fluorine), 하이드로겐(Hydrogen) 등이 사용되며 이러한 물질들은 가연성, 반응성, 부식성 등이 강한 성격을 지니고 있다. 조그마한 누출도 대형사고로 발전될 수 있는 소지가 상당히 많다.

여기에서는 TFT-LCD 공정에 사용되는 가스들의 위험성을 알리고 과거 사고에 대해 고찰하도록 한다.

특수가스의 위험성

TFT-LCD 산업에서는 얇은 막의 증착 및 에칭에 상당히 많은 양의 가스들이 사용된다. PECVD(Plasma-Enriched Chemical Vapor Deposition) 공정에는 다결정 실리콘(Polycrystalline Silicon)과 질화규소(Silicon Nitride) 막 공정에 실란(Silane), 포스핀(Phosphine), 암모니아(Ammonia) 및 하이드로겐(Hydrogen)이 사용되고, PECVD 체임버(Chamber) 세정에는 삼불화질소(Nitrogen Trifluoride)와 불소(Fluorine)가 사용된다. 막 공정 건식에칭(Dry Etching)에는 염소(Chlorine)와 육불화황(Sulfur Hexafluoride)이 사용된다. 상기 거론된 가스들은 자연발화성, 가연성 및 조연성 가스로 분류된다.

13.2.1 실란(Silane, SiH₄)

실란(Silane) 또는 Silicon Tetrahydride(SiH4)는 TFT-LCD 공정에 가장 많이 사용되는 실리콘 재료이다. 이 물질은 1.37%~96%의 상당히 넓은 연소범위를 가지고 있는 강력한 가연성 가스이다. AIGCH(미국산업위생학회)에서 TWA(Time Weighted Average)를 5ppm 및 자극성있는 냄새가 있다고 규정하고 있으나, Silane은 무색·무취 가스이다. 사실 실란은 냄새가 없으며 독성 또한 LC₅₀(Lethal Concentration)이 4시간 노출을 기준으로 9,600ppm인 저독성 물질이다. 자극성 있는 냄새는 실란 제조 시 발생되는 불순물인 Trichlorosilane으로부터 발생된다.

실란은 압축가스로 사용되나 임계온도(Critical Temperature)가 -3.4℃로서 압축팽창과 같은 공정에서 액체화 될 수 있다. 실란을 취급하는 공정은 이렇게 액화 및 기화 중에 발생될 수 있는 압력맥동에 대한 방지설비를 고려하여야 한다.

실란은 또한 공기와 접촉하여 약 -50~100℃에서 발화가 되는 자연발화성 물질이다. 실란의 자연발화 온도는 산소의 농도에 따라 -162℃에서도 가능하다는 연구결과도 있다. 지금까지 실란이 연료와 산소가 혼합된 상태에서 자연발화온도에 미치는 영향은 연구되었으나, 유량의 변화에 따른 영향에 대하여는 연구된 바 없다. 실란의 위험성은 자연발화성이 아니라 누출 시 그 영향을 예측할 수 없다는 점에 있다. 압력이 높은 상태에서 실란의 누출은 즉시 발화하지 않고 지연점화(Delayed Ignition) 성향이 있다. 완전히 밀폐되지 않은 공간에서는 누출된 실란이 점화하지 않고 있다가 지연점화로 인하여 심각한 피해를 발생시키는 폭발을 일으킬 수 있다.

지연점화의 메커니즘은 누출되는 가스와 대기와의 농도차이로 인한 누출속도 차이로 인한 유량의 팽창 또는 확산으로 반응을 억제하여 즉시점화가 되지 않는 것으로 알려져 있다. 이때 누출의 진행에 따라 가스의 속도가 느려지면서 점화가 일어나고 이미 누출된 실란으로 인하여 심각한 화재 또는 폭발이 발생된다. 정확하지는 않지만 임계출구 속도는 아래 그 림13-1에서 나타나듯이 2.03~4.32mm의 직경에서 0.3~4.3m/sec일 때 지연점화가 발생하는 경향이 있다.

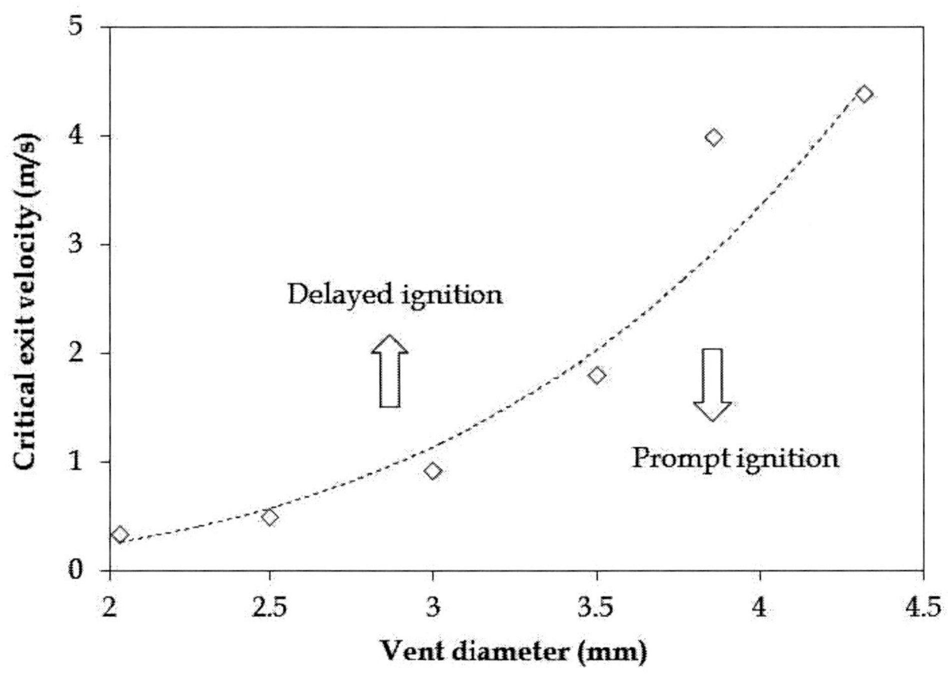

[그림 13-1] 밴트(Vent) 직경에 따른 지연점화가 발생되는 임계속도

밴트(Vent) 구경과 임계속도 이외에 온도, 수분 및 실란의 연소 분말의 상태 등이 지연점화의 중요한 요소이다. 온도가 높을수록 반응성이 강해지는 성향이 있어 임계속도가 커지게 된다. 공기 중의 수분의 양이 적을수록 다른 연료 즉, 수소, 메탄 등과 같이 실란의 점화를 억제하는 성향이 있어 임계속도가 커지게 된다. 그림 13-2에서 보듯이 실란의 연소 시 흰색 분말에서 갈색으로 변하게 되며 또한 이러한 현상은 즉시점화로 알려져 있으나 정확한 메커니즘은 좀 더 연구가 필요하다.

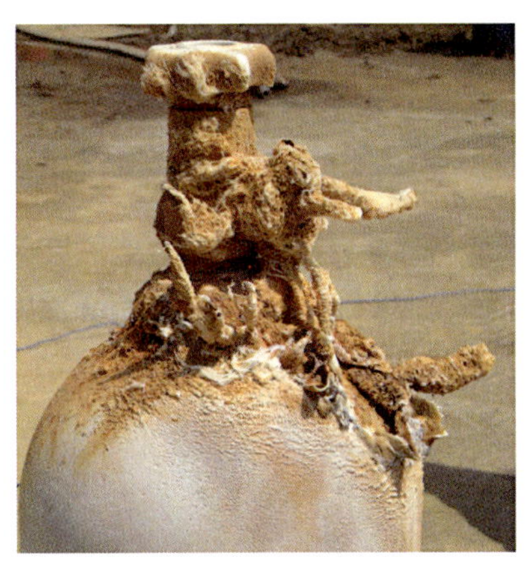

[그림 13-2] 대표적인 실란 연소 분말 모습

즉시점화가 발생하는 임계속도는 실란 안전운전에 중요한 요소로 작용한다. 첫째로 대부분의 실란을 사용하는 반도체, TFT-LCD 및 태양광 산업에서 약 12.5MPa까지 실린더에 충전된 후 클린룸(Clean-room)에 약 0.8MPa까지 압력을 낮추고 Process Chamber 전에 약 0.3~0.45MPa까지 압력을 낮추어서 공급한다. 그러므로 대부분의 공정지역에서의 실란 누출은 고압에서 발생되어 즉시점화의 임계속도 이상의 속도가 발생된다. 그러므로 이러한 지역에서는 즉시점화가 아닌 지연점화를 고려하여야 한다.

13.2.2 포스핀(Phosphine, PH₃)

PH_3는 독성(PEL 500ppb, LC50 20ppm)이 매우 강하고 액화가스이며 주로 TFT-LCD 산업에서 인성분 이물질(Phosphorus Dopant, N-type Dopant) 주로 사용된다. 이 물질은 순수 보다는 수소와 혼합된 형태의 가스로 사용된다. 순수 PH3는 무색, 무취의 가스이나 불순물로 존재하는 치환된 PH_3 또는 Diphosphine(P2H4)로 인한 마늘 또는 썩은 생선 냄새가 나기도 한다.

PH_3는 0℃ 이하의 낮은 자연발화온도 성질을 가지고 있어 공기와의 접촉 시 즉시 점화가 될 수 있다. 대기로 누출되는 포스핀 역시 실란과 같이 온도, 습도 및 유량에 따라 자연발화에 영향을 준다. 1.6~95% 라는 아주 넓은 연소범위를 가지고 있으며, 그림 13-3 왼쪽과 같이 노란색의 불꽃을 내며 부산물로서 심각하게 호흡기 자극물질인 그림 13-3 오른쪽과

같이 Phosphorus Pentoxide를 발생시킨다.

[그림 13-3] 하얀 Phosphorus Pentoxide 분말 및 노란색 연소(왼쪽) / 붉은색의 Phosphorus 분말(오른쪽)

포스핀에 대한 노출은 주로 심장혈관을 공격하는 호흡기 계통의 염증 및 폐 울혈 등의 원인이 된다. 포스핀 노출에 대한 특별한 해독제는 없는 것으로 알려져 있다.

포스핀은 맹독성 물질로서 운송 시 순수 포스핀은 50 l 로 제한하고 있다. 포스핀은 TFT-LCD 공정에서 정확한 확산 비율을 조절하기 위하여 수소 등과 같은 물질을 혼합한 형태로 공급된다.

13.2.3 수소(Hydrogen, H₂)

수소는 무색, 무취, 무미의 가스로서 가연성이 높고 가장 가벼운 가스로서 공기 중으로 빠르게 확산되거나 밀폐된 공간의 상부에 축적되는 경향이 있다.

수소는 공기 중에서 4~75%의 넓은 가연범위를 가지고 있으며 적은 에너지로도 점화를 일으킬 수 있어 주변 전기설비로 부터의 스파크, 정전기, 화염, 뜨거운 물체 등을 제거하여야 한다. 수소가 가지고 있는 적은 점화에너지로 인하여 고압의 용기 등에서 누출 시 즉시 점화가 발생하기도 한다.

13.2.4 암모니아(Ammonia, NH$_3$)

암모니아는 독성 및 부식성 액체가스로서 TFT-LCD 산업에 Silicon Nitride 층을 성장시키는데 사용된다. 암모니아는 PEL 50ppm 및 LC$_{50}$ 7,338ppm의 독성을 지니고 있으며, 공기보다 가볍고 물에 잘 녹는 성격을 가지고 있다.

암모니아는 16~25%라는 아주 좁은 가연범위와 최소점화에너지가 680mJ로서 수소의 0.25mJ보다도 약 40,000배 높다. 이 때문에 국내 고압가스안전관리법에서는 방폭을 요구하지 않는다. 독성 또한 고압가스안전관리법 기준이 LC$_{50}$ 5,000ppm 이하에는 적용되지 않으나 혐오성 냄새로 인하여 독성가스로 지정하고 있다.

13.2.5 삼불화질소(Nitrogen trifluoride, NF$_3$)

삼불화질소는 무색, 무취의 비 가연성 물질이나 강력한 조연성 압축가스이다. 삼불화질소는 TFT-LCD 산업에서 높은 에칭율, 선택율, 탄소 없는 에칭(Carbon Free Etching) 및 잔류되는 오염물질이 적어 가장 많이 반응기 청소 물질로 사용되고 있다. 이 물질은 챔버의 Remote Plasma에서 분해되어 반응성이 강한 불소가 반응기 내부로 투입되며 고형물질과 반응하여 Silicon Tetrafluoride와 같은 부산물을 발생시킨다.

대기온도 대기압 조건에서 삼불화질소는 안정한 물질이나 강력한 조연성으로 인하여 실란 또는 수소와 같은 가연성물질과 혼합이 되는 경우에는 급격한 폭발을 일으키기도 한다.

13.2.6 염소(Chlorine, Cl$_2$)

염소는 독성이 강하고 부식성인 액화가스로서 조연성 가스 이기도 하다. 염소는 TFT-LCD 산업에서 주로 에칭가스로 사용되며 순수 염소는 연노란 색이다. PEL 0.5ppm, LC$_{50}$293ppm의 고독성 물질로서 공기보다 무겁고 물에 약간 용해된다.

염소는 순수 산소의 약 60%의 조연성 즉, 공기의 3배의 조연성을 가지고 있어 가연성가스와의 혼합 시 3%의 존재 하에서도 폭발을 일으킬 수 있으며, 순수 염소는 가연성가스를 자연발화 시키기도 한다.

13.2.7 불소(Fluorine, F₂)

불소는 TLV-TWA가 1ppm이고 LC$_{50}$이 185ppm인 맹독성이며 부식성이 강하고 조연성이 매우 높은 물질이다. 이 물질은 0.1ppm에서 후각으로 알 수 있을 만큼 자극성 물질이기도 하다. 낮은 농도에 장기노출 시에는 뼈에 불소 또는 비정상 칼슘이 축적될 수 있다.

불소는 수분과 반응성이 강하여 HF를 발생시키며 이는 인체조직에 강한 부식성을 가지고 있다. 불소는 호흡기 계통과 눈에 치명적인 작용을 한다.

불소의 공지 중 누출은 수분의 존재 등에 따라 각기 다른 농도의 HF를 발생시키는데 약 50%이하의 농도에서는 발생 증상이 6시간 정도 후에 나타나는 경우도 있다.

불소는 대부분의 물질과 가장 반응성이 강력한 물질이며 산화성 물질이다. 그 때문에 불활성 및 무기물을 제외한 대부분의 유기물과 반응하여 화재 또는 폭발을 발생시킨다. 그러므로 특별한 방법으로 F2를 취급하는 모든 시설을 철저한 세정을 실시하여 어떠한 잔유물도 남지 않도록 하는 것이 매우 중요하다.

불소는 대부분의 금속과 대기온도 조건에서 극렬하게 반응하며, 그 형상에 따라 예를 들어 분말 또는 미세한 가루로 존재할 때 더욱 극렬하게 반응을 한다. 유기물과의 접촉은 발화하거나 급격한 폭발을 발생시킨다.

이러한 극렬한 반응성 때문에 국제이송법에서는 50l의 실린더에 3kg 이하 또는 30bar 이하로 규제하고 있다. 그 이유는 압력이 30bar 이상이 되면 순수 불소가 실린더의 금속과 반응할 수 있기 때문이다. Air Products and Chemical Inc.사의 실험에 의하면 순수 불소는 순수 산소보다 약 2.5배의 산화성을 가지고 있는 것으로 나타난다. 그러나 20% 불소/질소의 경우 13,790kPa의 압력에서 1/4inches Carbon Steel 배관에는 점화하지 않고 안정적으로 나타났다.

또 다른 실험에서는 그림 13-4에서와 같이 대기압 조건에서 순수 불소는 스테인리스 스틸 316 튜브를 태울 수 있으며, 생닭은 즉시 점화하지 않았다. 여기에 사람의 머리카락, 피부 등을 생닭에 오염시킨 경우에는 즉시 점화하며 스테인리스 스틸 튜브를 녹일 정도로 고온이 발생하며 이는 불소의 주입을 멈출 때까지 지속되는 것을 볼 수 있다.

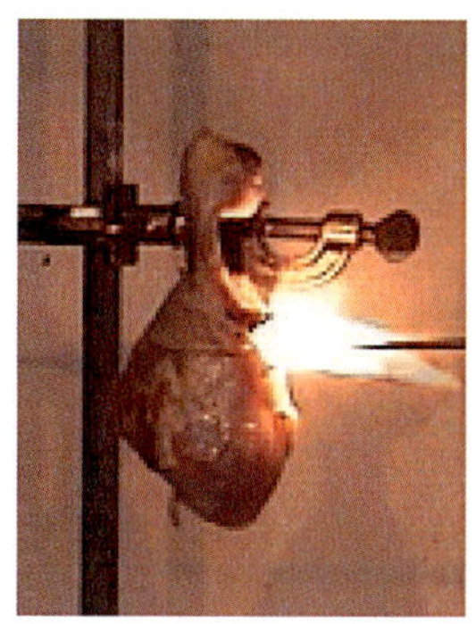

[그림 13-4-1] 생닭에 사람의 머리카락을 포함하여 불소를 주입한 모습

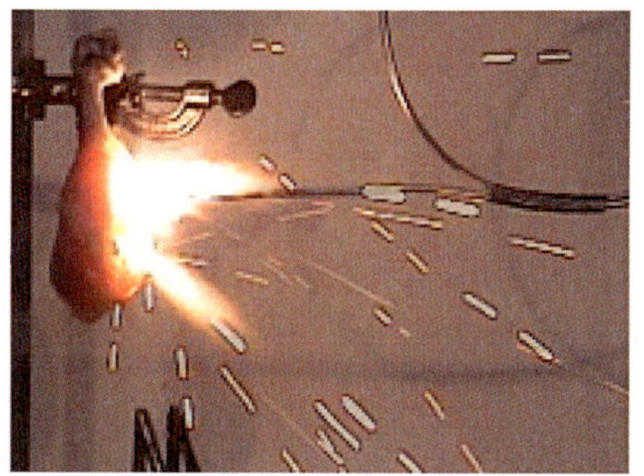

[그림 13-4-2] 화염의 온도가 Stainless Steel을 녹일 정도로 높음

[그림 13-4-3] 불소의 공급이 중단될 때까지 화염이 지속되는 모습

이러한 독성 및 반응성에도 불구하고 불소는 적은 에너지, 적은 온실가스 효과, 빠른 Cleaning 시간 등으로 인하여 반응기 Cleaning 가스로 그 사용량이 증가하고 있다. 순수 불소를 공급하기 위하여 HF를 전기분해하는 불소발생기(Fluorine Generator)를 사용하고 있으며, 이는 불소의 저장량을 줄일 수 있다.

SECTION 13.3

취급에 있어서의 모범 사례

13.3.1 실란(Silane)

안전하게 실란을 취급할 수 있는 첫 번째 수행원칙은 국제적으로 통용되고 있는 CGA(Compressed Gas Association), SEMI(Semiconductor Equipment and Material International), NFPA(National Fire Protection Association), FM(Factory Mutual), EIGA(European Industrial Gas Association), AIGA(Asia Industrial Gas Association), TPED(Transportable Pressure Equipment Directive), ADR(Transportation of Dangerous Goods), SEVESO, ATEX, 고압가스안전관리법, 산업안전보건법, 소방법 등의 규정을 따르는 것이다. 그러나 상기 규정 또는 코드를 모두 섭렵하기가 쉽지 않으므로 아주 중요한 사항들만 아래에 나열한다.

실란의 폭발을 방지하기 위해서는 점화되지 않은 실란의 축적을 방지하는 것이 중요하다. 이는 강제환기 또는 자연환기 등을 통하여 유지할 수 있다. 더하여 점화되지 않은 실란의 빠른 검지가 중요하므로 가스검지기 설치뿐만 아니라 누출 시 자연발화되는 것을 감지하기 위하여 불꽃감지기(UVIR) 설치가 동시에 필요하다. 추가하여 화재 시 실린더를 냉각하기 위한 냉각용 스프링클러 설치 및 운전자의 화염에 대비한 개인보호구 착용이 요구된다.

필수사항

- 실내에 설치되는 배관은 플랜지, 나사산과 같은 기계적 결합을 피하고 용접으로 연결을 한다.
- 50liter/min 이상의 흐름이 요구되는 지역에서는 Joule-Thomson에 의한 온도저하에 대한 대비책을 강구한다.
- 공정을 자동화하여 사람에 의한 실수를 최소화 한다.
- 실란의 누출의 가능성이 예측되는 위치에는 철판 등과 같이 화염이 전파되지 않도록 한다.

- 모든 밸브는 비상상황 시 잠기도록 하는 구조로 한다.
- 퍼지설비는 자동화 구축 및 독단적으로 공급되는 구조로 한다.
- 헬륨 등을 이용하여 기밀시험을 수행한다.
- 비상상황 시 대피로를 구축한다.
- 50liter/min 이상의 유량에서 압력강하를 수행하는 경우 실란액체가 발생될 수 있으므로 압력강하를 2단으로 수행하고 중간에 Joule-Thomson에 의한 팽창 냉각열을 보상하기 위한 히팅(Heating) 설비 설치를 권장한다.

13.3.2 불소(Fluorine)

불소는 거의 모든 재질과 반응성을 지니고 있으므로, 재질선정 시 불소계열 또는 불소 코팅(Coating)을 한 것으로 선정한다.

- 단열압축(Adiabatic Compression): 단열압축 시 발생되는 열로 인하여 재질 손상 및 반응성을 증가시킬 수 있다.
- 많은 유량: 고유량인 경우 내부의 작은 물체 등이 부딪쳐서 점화를 발생시킬 수 있다. 직선부분 보다는 엘보우와 같은 부분에서 많이 발생한다.
- 반응성 재질: 밸브 또는 정압기 등에 사용되는 시트(Seat)의 재질이 비금속인 경우 점화에너지가 금속보다 낮기 때문에 쉽게 점화하는 경향이 있다.
- 건조: 불소가 접촉할 수 있는 모든 부위는 철저히 수분을 제거하여야 한다.
- 세척: 불소가 접촉할 가능성이 있는 모든 부위에는 오일 및 작은 조각을 철저히 제거하여 점화요소를 없앤다.
- 보호막 입힘(Passivation): 불소를 이용하여 불소막을 접촉가능한 부위에 보호막을 형성하도록 한다. 보호막의 두께는 약 0.005~0.0005m 정도이다.
- 마찰(Friction): 아주 고운 입자의 재질이 서로 부딪치는 경우 여기서 발생되는 마찰열에 의하여 점화할 수 있다.

13.3.3 그 외의 다른 특수가스들

실란과 불소는 TFT-LCD 제조공정에서 가연성과 조연성으로 두 가지 관점에서 상당히 위험한 물질이다. 다른 특수가스들의 성격과 비슷하나 그 강도는 이 두 가지 물질보다 훨씬 낮다. 일반적으로 가스검지기 설치, 모든 가연성가스에는 불꽃감지기를 설치한다. 취급하는 설비에는 기밀시험을 실시하고 비상 시 자동으로 모든 밸브가 잠기는 구조로 한다.

SECTION
13.4

사고사례 및 비상대응

13.4.1 실란

40여 년간 수많은 실란 관련 사고가 있었으나, 대부분이 절차, 지침 등의 부족 및 기기의 잘못된 선정 또는 취급에 있었다. 실란의 누출 시 Pop, 화재 및 폭발로 이루어지는데, 치명적인 사고는 누출 시 즉시점화하지 않고 지연점화가 되어 이미 누출된 실란과 공기가 충분히 혼합된 상태에서 점화되고 폭발로 이루어지는 것이다.

- 1976년, 독일, 1명 사망
- 1989년, 일본, 1명 사망, 1명 심각한 부상
- 1990년, 일본, 1명 사망, 3명 심각한 부상
- 1992년, 미국, 1명 심각한 상해
- 1996년, 일본, 1명 사망
- 2005년, 대만, 1명 사망
- 2007년, 인도, 1명 사망

대부분의 경우 운전자가 점화되지 않은 실란의 누출을 인지하지 못한 상태에서 이미 누출된 실란이 미확인 점화원 또는 누출의 마지막에 실란의 속도가 줄어들면서 자연발화에 의하여 폭발하는 경우이다.

실란의 비상시에는 이러한 지연점화가 발생하지 않도록 가스검지기의 성능을 검증하고 누출에 의하여 검지기 작동 시 즉시 밖으로 대피하여야 한다. 이와 동시에 모든 밸브는 잠금상태를 유지하도록 하여 누출이 진행되지 않도록 한다. 비상대응팀은 철저히 개인보호구 (방열복, 헬멧, 기마개 등)를 착용하고 휴대용 가스검지기를 이용 내부 상태를 확인한 후 진입

한다. 환기 덕트의 배기부분을 휴대용 가스검지기를 이용하여 가스의 농도를 측정한 후 검지기의 최고치, 보통 50ppm, 이하인 경우 그 누출의 정도가 적다고 고려할 수 있으므로 실란 누출부위의 밸브를 천천히 잠근다. 누출의 정도가 큰 경우, 누출 부위에 물분무를 실시하여 실란의 농도가 낮도록 만들어 주며 환기가 잘 이루어지도록 조치한다.

실란에 점화가 되어 불꽃이 있는 경우에는 물 분무 설비를 주위의 실린더에 분사하여 냉각이 이루어지도록 하여 화재의 전파를 차단하고, 절대로 화염에 직접 물 분무를 실시하여서는 안 된다. 위험상황이 종료된 후 모든 실린더를 대기압까지 밴트하더라도 아직 실린더 내부에는 대기압까지 양의 실란이 존재하므로 질소를 이용하여 실린더를 100psig 충진 후 밴트를 최소 3회 실시하여 내부의 실란농도가 2,000ppm 이하로 떨어뜨린 후 안전한 장소로 이송한다.

13.4.2 수소

수소 튜브 트레일러에서 발생되는 화재가 주종이며 이는 대부분 튜브 트레일러에서 실린더 패키지로 이송 시 노화된 구리 튜브에서 발견 되었으며 이때 Jet Fire가 발생된다. 이러한 비상상황 시 대응은 해당 튜브 내의 수소를 밴트시키는 동안 다른 튜브를 물분무 설비 등을 이용하여 냉각하여 주는 것이다.

13.4.3 삼불화질소(NF₃)

삼불화질소와 관련된 사고 중 많은 부분이 진공펌프 내의 오일로 인한 것으로서, 삼불화질소를 취급하는 모든 부위는 3.2에서 언급한 바와 같이 내부에 모든 이 물질이 존재하지 않도록 깨끗이 제거하여 주는 것이다. 고압의 삼불화질소의 밸브를 급격히 개방하는 경우 단열압축으로 발생한 에너지가 주변의 금속 또는 비금속과 반응할 수 있다. 아래 그림 13-5은 단열압축으로 삼

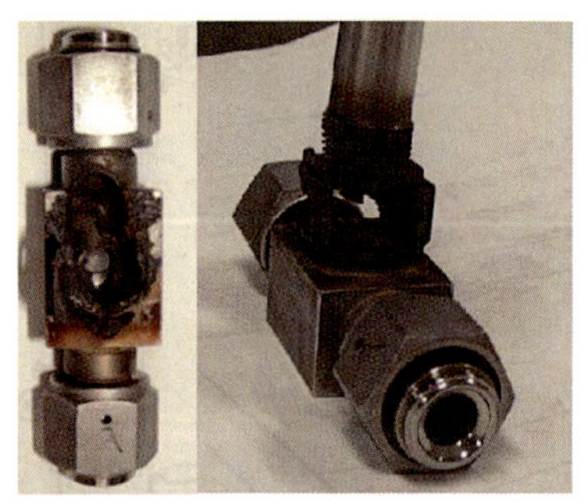

[그림 13-5] 삼불화질소 단열압축으로 인한 밸브 화재

불화질소를 취급하는 밸브에 화재를 발생한 경우이다.

13.4.4 염소(Cl₂)

염소는 카본 스틸과 스테인리스 스틸에 상당히 부식성이 있고, 공기 중의 수분과 접촉 시 차아염소산(Hypochlorous, HClO)와 염산(Hypochloric Acids, Hcl)을 발생시켜 그림 13-6와 같이 금속을 부식시킨다. 부식된 지점은 더욱 진행하여 부위를 크게 한다. 연결부위에는 가스검지기를 설치하여 누출 시 밸브가 잠기는 구조로 한다. 필자의 경험에 의하면 염소가 IC Fab Clean-room에서 1시간 이상 누출이 진행되어 상당히 큰 사고가 발생된 경우가 있다.

[그림 13-6] 염소부식으로 발생된 청색의 차아염소산과 염소의 모습

연습문제 Q Question

chapter 13. TFT-LCD 제조공정의 가스 안전

1. 실란의 공기 중에서 자연발화 온도 범위를 서술하시오.

2. 포스핀은 맹독성 물질로서 운송 시 순수 포스핀은 몇 l 로 제한하고 있는가?

3. 포스핀은 TFT-LCD 공정에서 정확한 어떠한 비율을 조절하기 위하여 수소 등과 같은 물질을 혼합한 형태로 공급된다. 여기 어떤 비율을 의미하는가?

4. 국내 고압가스안전관리법에서는 암모니아 취급설비에 방폭설비를 요구하지 않고 있다. 그 이유에 대하여 설명하시오.

5. 대부분의 물질과의 반응성이 가장 강력하고 산화성 물질로서 불활성 및 무기물을 제외한 대부분의 유기물과 반응하여 화재 또는 폭발을 발생시키는 물질이 무엇인가?

부 록

1. 아산화질소(N$_2$O)란?

N$_2$O는 디스플레이 및 반도체 산업에서 주로 사용되고 있으며, 흡입용 마취제와 로켓 연료용 첨가제, 화장품, 식품 또는 의약산업에서 분무용 추진제로서 광범위하게 사용되고 있으며 기본적인 물성치들은 Table 1에 나타내었다.

N$_2$O는 반도체 소자의 박막형성에 있어서 박막특성을 높이는 데 사용되기도 한다. 또한 Silicon Oxide 및 Silicon Oxinitride와 같은 증착 필름용 화학증착(CVD) 공정 가스로서 이용된다. 고순도의 N$_2$O 가스를 요구하는 것은 웨이퍼의 오염으로 인하여 최종 생성물의 수율의 저하를 초래하는 기타 유해효과를 방지하는 데 있어서 중요하기 때문에 현재는 99.999% 이상의 순도를 요구하고 있으며 점점 더 고순도의 N$_2$O 가스를 요구하고 있는 실정이다.

N$_2$O는 공업적으로 질산암모늄(NH4NO3)의 열분해(식 1-1), 질산염 및 아질산염의 감수 및 수산화아민의 분해(식 1-2) 등의 방법으로 합성되고 있다.

$$NH_4NO_3 \ = \ N_2O \ + \ 2H_2O \qquad \text{------------} \ (1\text{-}1)$$

$$4NH_2OH \ = \ N_2O \ + \ 2NH_3 \ + \ 3H_2O \qquad \text{------------} \ (1\text{-}2)$$

2. 아산화질소의 물성

2.1 명칭

화학적 구성: N_2O

CAS No.:   10024-97-2

EC No.:   233-032-0

UN-No., ADR-name: 1070, Nitrous Oxide

                                     2201, Nitrous Oxide, Refrigerated Liquid

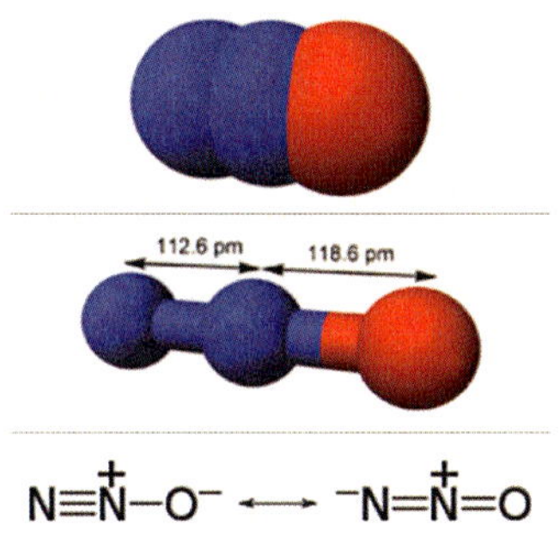

[그림 2-1] N_2O 분자구조

2.2 물리적 물성 및 위험성

분자량: 44.013kg/kmole

Vapor density at 1bar abs, 15℃: 1.853kg/m^3

Relative vapor density at 1bar abs, 15℃: 1.532

[표 2-1] N_2O 증기압

Temperature ℃	Vapor Pressure bar abs	Liquid Density kg/m3	Remarks
−90.82	0.878		Tripple point
−88.47	1.013	1,222.8	Boiling point
−78.89	1.793	1,241.0	
−67.78	3.172	1,201.0	
−56.67	5.102	1,161.0	
−45.56	7.722	1,110.0	
−34.44	11.514	1,073.0	
−23.33	16.547	1,036.0	
−12.22	23.097	980.0	
0	31.290	904.0	
10	40.679	838.0	
15	45.120	818.0	
21.11	52.400	745.0	
36.41	72.450	452.0	Critical point

대기 조건에서 가스 상태의 N_2O는 공기보다 무거우므로 만일 대기로 방출되는 경우 바닥으로 퍼져 밀폐 공간 등으로 확산된다. 이 경우 N_2O 가스를 공기와 치환시켜 질식 위험 조건을 제거한다.

액체 N_2O의 경우 50bar 이상의 압력에서 보온되지 않은 용기에 저장하거나, 약 -20℃에서 보온된 용기에 저장하므로 외부로 누출되는 경우 동상 등의 위험성을 가지고 있다.

N_2O의 차가운 성질로 인하여 고무, 플라스틱 등과 같은 재질은 깨지거나 손상을 입을 수 있다.

2.3 화학적 물성 및 위험성

2.3.1 산화력

N_2O에 열을 가하면 비가역적이며 발열반응을 거쳐 공기보다 많은 산소를 생성한다.

$$N_2O \;\rightarrow\; N_2 \;+\; 1/2O_2 \;+\; 82kJ/mol \quad \text{--------------} \;(2\text{-}1)$$

N_2O 분해 시 부산물로 독성의 NO가 발생될 수 있다.

이러한 조건에서 공기 중의 산소농도보다 높은 농도의 산소를 발생시킴으로서 N_2O는 산화성 가스로 분류된다.

N_2O의 강한 산화력으로 인하여 점화원이 존재하는 환경에서 가연성 또는 인화성 물질과 접촉하는 경우 화재의 위험성을 급격히 증가시킨다.

• 금속(Metal): N_2O와 접촉하여 금속화재가 발생되는 경우는 상당히 강력한 점화원을 통하여 N_2O가 분해되거나 비금속물질의 화재가 전파되어 점화원으로 작용하는 경우에만 가능하다.

• 비금속(Non-metal): 플라스틱(Plastic), 엘라스토머(Elastomer), 의류(Clothing) 등과같은 비금속은 열 또는 화염에 의한 N_2O 접촉으로 가능하다. N_2O 내부의 작은 조각은 압축열 등으로 발생되는 약한 점화원 으로도 화재를 발생시킬 수 있다.

• 오일 또는 그리스(Oil and Grease): N_2O 내부의 오일 또는 그리스는 압축열, 높은 온도, 작은 조각의 충격 등으로 점화되어 심각한 화재의 위험성을 발생시킬 수 있다.

• 가연성가스(Flammable Gases): 가연성가스와 N_2O와의 혼합은 폭발성 분위기를 생성하며 폭발범위는 N_2O의 특별한 화학적 조성에 영향을 받는다.

폭발하한계(Lower Explosion Limit)의 값은 공기 또는 산소의 분위기보다 N_2O의 분해 시 발생되는 열로 인하여 가연물질의 연소를 훨씬 낮은 조성에서 화재가 발생할 수 있도록 한다.

폭발상한계(Upper Explosion Limit)의 값은 공기 또는 산소의 분위기보다 N_2O의 분해 시 발생되는 높은 산화성으로 인하여 가연물질의 연소를 훨씬 높은 조성에서 화재가 발생할 수 있도록 한다.

[표 2-2] 산화제별 폭발한계 변화

	Lower Explosion Limit, mole%			Upper Explosion Limit, mole%		
	in Air	in O_2	in N_2O	in Air	in O_2	in N_2O
Methane	4.4	5.15	1.5	16.5	60.5	49.5
Propane	1.7	2.3	0.7	10.9	52.0	27.0
Hydrogen	4.1	4.0	2.9	77.0	94.0	82.5
Ammonia	15.4	15.0	4.4	33.6	79.0	65.0

2.3.2 안정성(Stability)

일반적인 정상상태의 환경에서 N_2O는 안정적인 물질이다. N_2O는 어떠한 법규나 표준에서도 불안정한 물질이라 규제는 하고 있지 않으나, 분해 시 발열로 발생되는 열로 인한 사고 사례는 여러 차례 보고되고 있다. 이러한 분해반응은 격렬하고 충분히 반응을 지속시킬 수 있도록 한다. 이론적인 분해 시 압력비율(최종압력/초기압력)은 1~10까지 이른다.

분해반응 시 온도, 압력 및 에너지 증가를 가져오지만, 다른 영향 즉 촉매(Silver, Platinum, Gold, Copper, Nickel Oxides), 불순물, 압력, 용기의 크기, 내부 세정 정도, 열손실 율에 따라 영향을 받을 수 있다. 아래의 그래프는 경험적인 수치를 나타낸다.

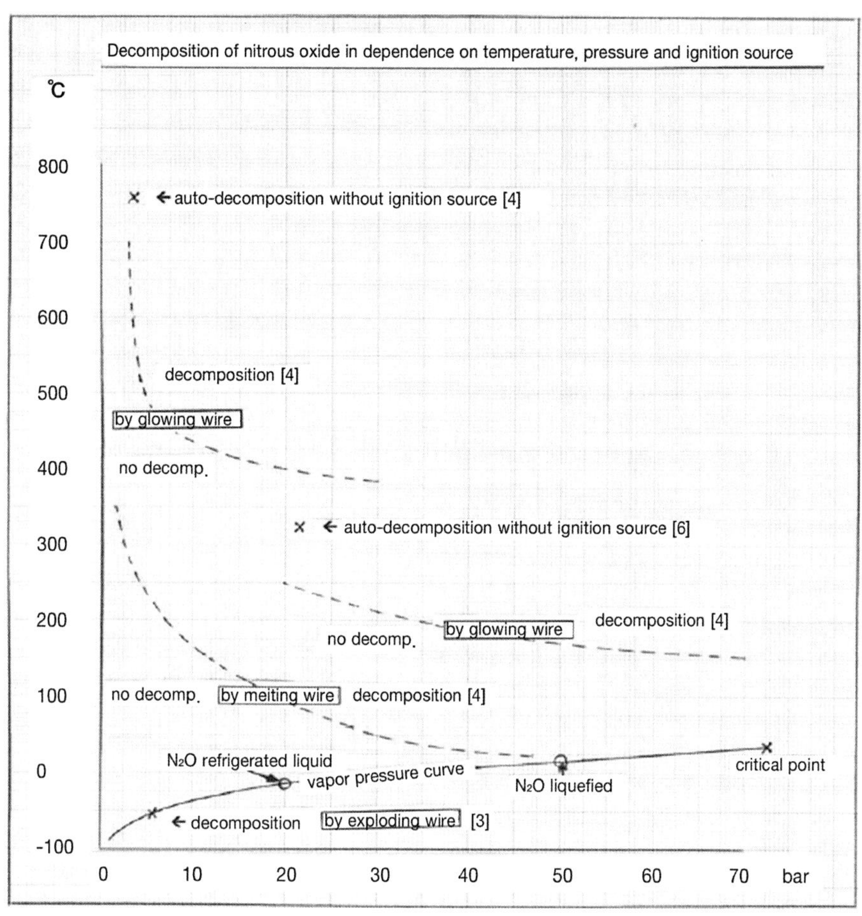

[그림 2-2] 압력, 온도 및 점화원에 따른 N$_2$O 분해

투입되는 에너지가 클수록 낮은 압력 및 온도에서 분해반응을 한다. 실험 결과로는 아주 강한 점화원(폭선 뇌관, Exploding Wire, 전기선에 저장된 에너지를 한순간 방출하여 강력한 에너지를 배출하는 것, 79~89Watt) 분위기에서는 낮은 온도의 액체 N$_2$O도 분해반응을 일으킬 수 있다는 것을 알아냈다.

N$_2$O의 어떠한 점화원 없이 자기 분해는 낮은 압력과 높은 온도(3.5Bar, 760℃) 또는 중간 압력과 온도(21.4Bar, 325℃) 발생할 수 있다. 1Bar에서는 575℃까지는 점화원 없이 자기 분해가 발생하지 않으며, 600~900℃에서는 천천히 발생되며 900℃ 이상에서는 급격하게 분해된다. N$_2$O의 자기 분해는 오직 가스 상태에서만 발생된다.

2.3.3 다른 화학적 성질

N_2O는 부식성이 아니며, 물속에서도 산을 발생시키지 않는다. 대기압 20℃에서 물에 대한 용해도는 0.665리터 N_2O/1.0리터 H_2O이다.

2.4 작업상 노출

2.4.1 단기간 노출

N_2O는 약간 단맛이 나는 무색·무취의 물질이다. 충분한 산소농도 하에서의 N_2O 섭취는 무해하나, 충분하지 산소농도 상황에서 과량의 N_2O 섭취는 뇌 손상을 일으키거나 심각한 질식의 위험을 가지고 있다.

2.4.2 장기간 노출

N_2O는 장기간 노출 시 여러 가지의 부작용이 발생할 수 있는데, 역학조사에 의하면 유산 또는 독성 중독 등의 가능성이 있다. 비록 정확하게 원인과 결과에 대한 자료는 설정되어 있지 않으나 각 국가에서 규정하고 있는 TWA 값(25~100ppm) 이상의 작업환경은 피하도록 한다. N_2O의 발생이 가능한 지역에서는 반드시 가스검지기를 설치하여 작업환경을 항상 살필 수 있도록 한다.

2.5 환경 영향

대기로 방출되는 N_2O의 약 20%는 동·식물을 연소시키는 과정에서 발생하고 약 80%는 자연에서 발생되는 물질로서 환경에 미치는 영향은 미미하다.

3. 일반적인 기기 및 절차

3.1 원리(Principles)

N₂O를 취급하는 기기는 해당 국가의 규정에 따라 설계·제작·시험되어야 한다. 기기는 최대 사용압력 및 온도에 견딜 수 있도록 설계되어야 한다. N_2O의 위험성에 따라 가연성 물질과 조절되지 않은 열원은 피하여야 한다.

여기서 설명하는 일반적인 사항은 70bar 이하의 상태를 의미하며, 그 이상의 초임계 상황에서는 산소에 적용되는 법칙을 따른다.

3.2 재질(Materials of construction)

1) 금속(Metals)

N_2O에 대한 금속사용에 대한 특별한 제약은 없으며 Carbon steel, Mn steel, Cr-Mo steel, Stainless steel, Brass, Copper, Copper alloy 및 Aluminium 등이 사용된다.

2) 비금속(Non-Metals)

PTFE(PolyTetraFluoroEthylene), PCTFE(PolyChloroTriFluoroEthylene), FEP(Fluorinated Ethylene-Propylene), PVC(PolyVinylChloride), Nylon 66(Polyamide), Polyvinylidenfluoride, Polypropylene 등은 사용이 가능하다.

Elastomer 제품 즉, Viton[R], Neoflon[R], Kalrez[R], Fluorel[R] 등은 재질의 적합성 검사 후 사용이 가능하다.

30 Bar 이상의 고압에서 비금속 사용은 독성 등을 고려하여 산소와 동등하게 특별한 적용이 이루어져야 한다.

3.3 밸브(Valves)

실린더 밸브와 같이 고압에 사용되는 밸브는 ISO 11114(Transportable gas cylinders)의 기준에 따라 선정한다. 금속으로서는 Brass, Copper alloys 및 Carbon steel이 주로 사용되고, 비금속으로는 PTFE, PCTFE, Polyamid와 Elastomer로서 Silicon rubber가 사용된다.

3.4 필터(Filters)

액체 N_2O는 압력 강하를 고려하여 최대한 내부의 이물질을 제거할 수 있도록 하되 필터 몸체의 열 축척(Thermal Mass) 용량을 고려하여 결정한다. 기체 N_2O의 경우 150~500micro 크기의 이 물질을 제거할 수 있는 30~100mesh를 사용한다.

3.5 세정(Cleaning of installation)

N_2O와 접촉하는 지역은 모든 가연성 물질을 산소를 취급하는 설비오실 동일하게 제거를 세정제 등을 이용하여 제거하여야 한다.

최대 이 물질(오일, 그리스, 유기물질 등)의 양은 30Bar 이하에서는 $500mg/m^2$ 이하이어야 하고, 30Bar 이상에서는 $200mg/m^2$ 이하이어야 한다. 눈으로 확인되는 모든 작은 조각, 섬유물질 등은 제거되어야 한다.

3.6 오염 방지(Cleaning of installation)

연속적으로 사용되지 않는 호스 또는 충전 구는 먼지 및 수분의 침투를 방지하기 위하여 사용하지 않는 경우에는 보호캡 또는 Nut를 체결한다.

3.7 고온 방지(Avoiding high temperature)

모든 수단을 강구하여 어떠한 경우에도 N_2O의 분해온도인 150℃를 넘지 않도록 한다.

- 탱크 또는 기화기에 내부 전기히터는 사용을 금한다.

- 펌프 또는 컴푸레샤 등은 고온이 발생하지 않도록 한다. 즉, 유량 흐름이 없는 무부하 운전(Dry Run) 및 토출구 밸브 잠김 등

- N_2O 존재 하에서 용접 등과 같은 열작업을 수행하지 않는다.

- 외부 얼음 등을 제거하기 위하여 불꽃이 있는 기구는 사용하지 않는다.

- Thermal Mass Flow Meter 사용을 금한다.

- 정전기 방지를 위한 접지를 설치한다.

- 이물질 제거를 위한 필터 또는 스트레이너를 펌프, 컴푸레샤, 컨트롤 밸브 전단 등의 적절한 장소에 설치한다.

3.8 유속의 제한(Restriction of flow velocity)

이물질 충격(Particle impact), 좁은 구역을 지나가면서 발생되는 유속에 의한 마찰 등으로 국부적으로 열이 발생될 수 있다. 이 열은 N_2O와 접촉하고 있는 물질을 연소시킬 수 있는 점화원 역할을 한다. 이를 피하기 위해서는 산소와 동일하게 아래와 같은 기준을 적용한다.

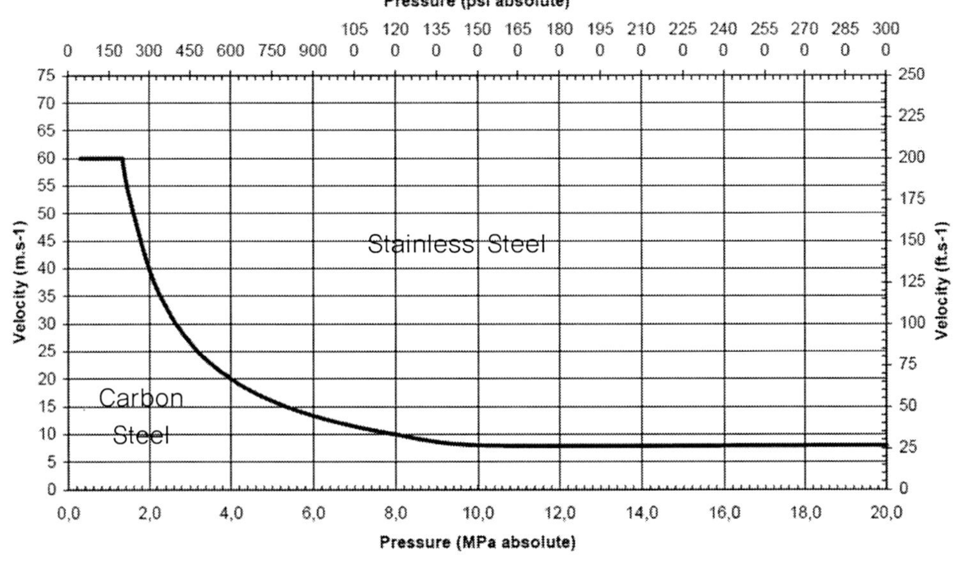

[그림 3-1] Particle Impact가 없는 배관의 재질 선정 그래프

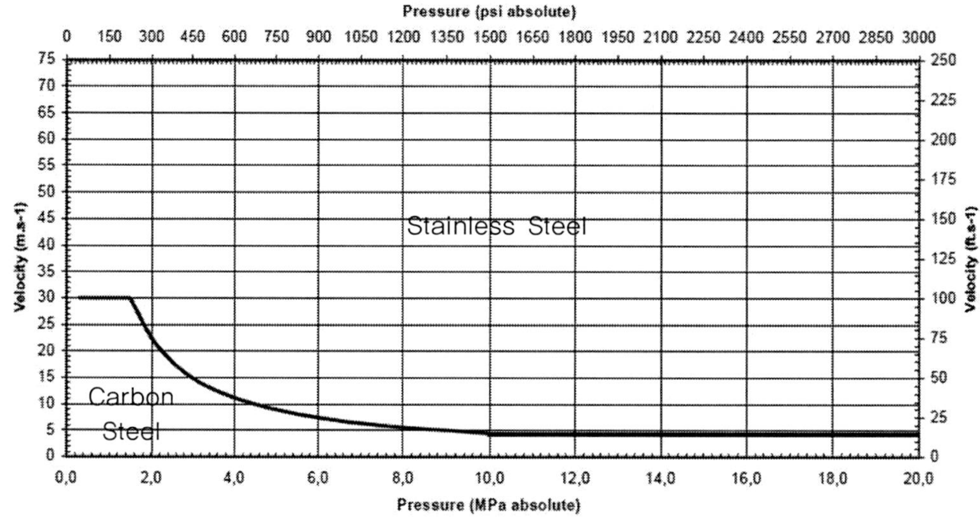

[그림 3-2] Particle Impact가 있는 배관의 재질 선정 그래프

- 설계 온도가 카본 스틸의 경우 149℃, 스테인리스 스틸의 경우 204℃까지 적용한다.
- 그래프 선 아래로 스테인리스 스틸을 사용하는 경우 배관에 대하여는 최소 두께가 1.65mm(0.065in), 튜브에 대하여는 0.76mm(0.03in)를 적용한다.

3.9 운전절차(Operating procedure)

N₂O와 관련된 위험성이 포함된 운전절차서를 작성하고 이에 맞는 교육·훈련을 실시하여야 한다. 각 기기들의 설계조건을 충분히 인지하고 정상운전온도 조건보다 높은 부위가 발생하지 않도록 하여야 한다.

3.10 유지보수절차(Maintenance procedure)

N₂O와 관련된 기기들은 적절한 교육·훈련을 받고 검증된 인원에 대하여 정기적으로 유지되어야 한다. 비정기적인 유지보수에 대하여는 작업허가서를 발행하고 수행한다. 기존

공정의 수정은 적절한 위험성 평가를 먼저 수행하고 진행한다.

각 기기 부품들에 대하여는 N_2O에 적합하게 세정작업을 수행하고 그 보전성을 확인하여야 한다. 유지보수 작업 시 압력기기는 압력해소 후 불활성 기체로 충분히 퍼지를 실시한다.

3.11 가연성기체로 부터의 격리(Isolation from flammable gases)

다른 가연성 기체 또는 액체와의 의도하지 않은 혼합 등을 제거하기 위하여 N_2O와 관련된 기기들은 N_2O 전용으로만 사용되어야 한다. 부득이한 상황이 발생하여 가연성물질과 혼합이 필요한 경우에는 연소범위를 벗어나도록 한다. 실란과 같은 자연발화성과는 혼합을 금지한다.

4. 제조 공정(Production process)

4.1 개요(Introduction and general description)

대부분의 산업계에서 적용되는 N_2O 제조는 Ammonium Nitrate(AN)의 열분해법이 적용된다. 암모니아 직접 산화법, 아디픽산 제조로부터 발생되는 폐가스 정제 등의 다른 여러 가지 방법이 있으나, 여기에서는 다루지 않도록 한다.

4.1.1 열분해 공정에 대한 화학적 이해

N_2O는 약 250℃~255℃ 범위의 온도와 80~95%의 물과 혼합된 AN 용액으로부터 제조된다. 의도하는 주반응은 $NH_4NO_3 \rightarrow N_2O + 2H_2O$이다. 이 반응은 발열반응으로서 약 250℃에서 59KJ/mole의 에너지가 발생된다. 이러한 주반응에서 발생되는 에너지는 Standard Condition인 273K @ 1013mBar에서는 약 150~200KJ이 된다.

이 값은 반응속도를 이해하여야 하는데, 반응온도가 10℃ 증가에 따라 약 2배의 기체 제품($N2O + H2O$)과 에너지가 생산된다. (또는 1℃ 증가에 따라 1.07배) 200kg/hr의 N_2O를 생산하기 위한 AN 원료의 반응기를 250℃의 운전온도에서 반응시키는 경우 약 70KW의 에너지를 방출하나, 같은 반응기에서 운전온도를 255℃로 변경하면 약 280kg/hr의 N_2O가 생성되고 40%의 생산효율이 증가하며 약 98KW의 에너지를 방출한다.

4.1.2 부반응(Side reactions)

주된 부반응으로서 사용되는 물의 증기화와 AN이 분해하면서 $HNO_3 + NH_3$ 및 적은 양의 N_2와 산화질소가 생성된다.

$$NH_4NO_3 \leftrightarrow NH_3(gas) + HNO_3(gas)$$
$$\triangle H = +159.9KJ/mol @ 250℃$$
$$12HNO_3 + 16NH_3 \rightarrow 30H_2O + 3O_2 + 14N_2$$
$$12NH_4NO_3 \rightarrow 23H_2O + N_2O_3 + 2HNO_3 + N_2O_4 + 9N_2$$

$$\triangle H \ = \ -69.75 KJ/mol \ @ \ 250℃$$

안전을 고려할 때, 비록 상기 반응이 흡열반응일지라도 높은 온도에서 이루어지므로 조절이 어렵고 또한 중간온도에서 발생하여도 불균형한 열수지로 인하여 반응기의 온도가 이상온도에 이르게 된다.

이러한 부반응 생성물은 다량의 과산화질소(NO_x)로 인하여 후단 정제공정의 N_2O 정제공정에 심각한 영향을 미친다.

4.1.3 염소촉매 분해(Chloride Catalyzed Decomposition)

용해된 AN은 염소의 존재 하에서는 녹는점 이하에서 분해가 발생되고 반응속도도 빨라지게 된다. 그러므로 용액으로 사용되는 물의 포함되어 있는 염소를 제한하여야 하며 이론적으로 염소의 존재는 질소를 발생시킨다.

4.1.4 부식(Corrosion)

용해된 AN은 여러 가지 금속을 부식시킬 수 있다. Stainless steel 또한 장기간 노출이 되면 접촉부위에 손상을 입고 철 이온을 배출하게 된다. AN 용액에 Ammonium di-hydrogen phosphate($NH4H2PO3$)의 첨가는 이 반응을 억제한다.

4.1.5 오염(Contamination)

오일과 같은 가연성 물질의 오염은 철저히 제거하여야 한다.

4.2 제조공정의 개요(Abstract of the production process)

N_2O 제조에 사용되는 AN은 2가지 형태로 사용된다.

- 뜨거운 물에 용해되어 사용되는 액체 AN(LAN, Liquid ammonium nitrate). 고형화를 방지하기 위하여 열을 제공하여야 한다.
- 고체상태의 AN(SAN, Solid ammonium nitrate)로서 녹인 후 멜터(Melter)에서 직접 물을 첨가한다.

여기에서는 LAN을 사용하는 공정을 다루도록 한다. LAN 안의 염소이온과 금속의 양은 중요하며, 반응 조절은 반응온도를 지켜보면서 원료의 주입을 조절하거나 열 제공을 조절하여 수행한다.

다른 조절 조건으로는 반응기 내부의 LAN 액위, LAN의 온도 또는 반응기 내부의 기체압력 조절이 있다.

LAN의 온도는 반응기를 히팅(Heating) 또는 쿨링(Cooling)을 하여 수행한다. 발생된 N_2O를 포함한 기체와 H_2O 기체는 Condenser를 통하여 냉각 및 응축시킨다. 냉각된 기체는 증류탑들을 통과하면서 정제된다. NOx, HNO_3, NH_3 등과 같은 불순물들은 과망간산칼륨(Potassium permanganate)과 물이 혼합된 흡수탑, 가성소다(Sodium hydroxide) 흡수탑, 황산(Sulphuric acid) 흡수탑과 순수 물로 이루어진 흡수탑을 거치면서 제거된다. 종종 황산 흡수탑 없이 운전되는 플랜트(Plant)도 있다.

정제된 N_2O는 가스탱크(Gasholder)에 저장되고 이것은 생산량의 변화에 대응하는 보상 역할을 한다. 이 가스는 액화를 위하여 압축되고 드라이어(Dryer)를 거친 후 냉각수 또는 다른 비가연성 냉매를 이용하여 응축시킨다. 이 생산품은 저장되어 다음공정으로 이송되거나 용기에 충진한다.

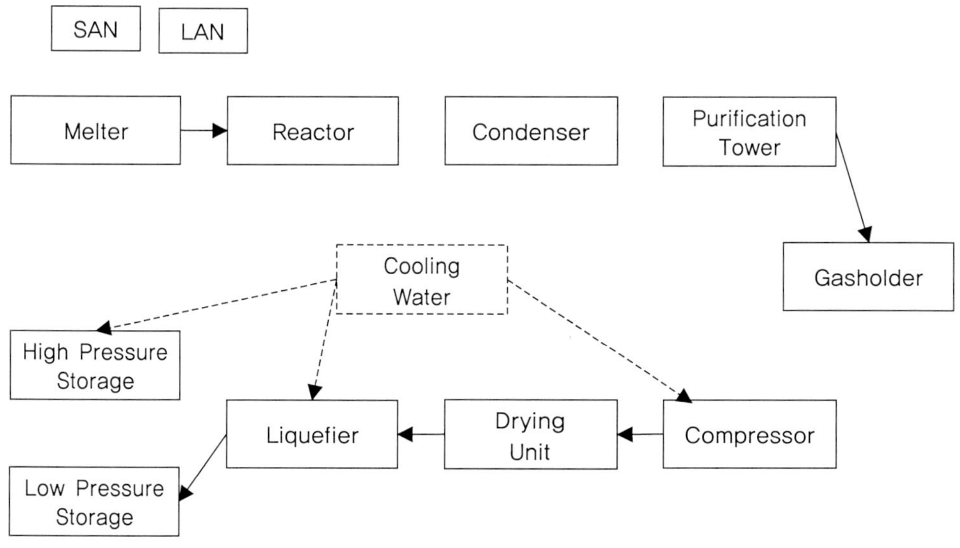

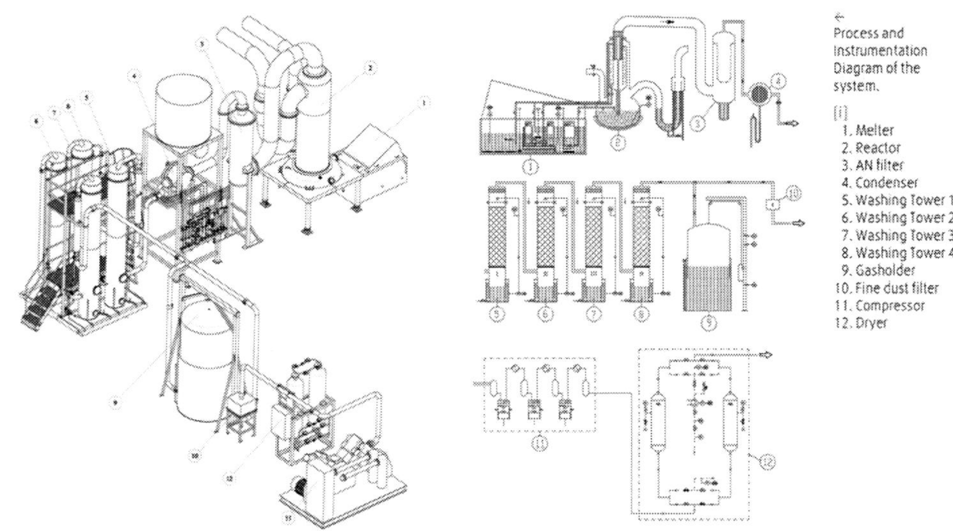

[그림 4-1] 대표적인 N_2O 제조공정

4.3 기기(Equipment components)

4.3.1 원료(Feedstock)

SAN, LAN 모두 아래 테이블과 같이 산화제와 동일하게 취급되어야 한다.

[표 4-1] SAN 및 LAN 비교

	Solid Ammonium Nitrate (SAN)	Liquid Ammonium Nitrate (LAN)
Identification Chemical formula CAS No. EC No. UN-No. Name	NH_4NO_3 6484-52-2 229-347-8 1942 Ammonium nitrate	80~90% NH_4NO_3 in Water 6484-52-2 229-347-8 2426 Ammonium nitrate, liquid
Class	5.1	5.1
Properties	Contact with combustible material may cause fire. Explosive when mixed with combustible material. Decomposes when heated to about 170℃. Fire may cause generation of toxic nitric gases.	LAN has in principle the same properties as SAN. But due to its water content it is slightly less sensitive.

	Solid Ammonium Nitrate (SAN)	Liquid Ammonium Nitrate (LAN)
Classification	O2(oxidizing substance solid)	O1(oxidizing substance solid)
Safety precautions	Keep away from sources of ignition − no smoking. Avoid contamination by combustible liquids, powdery substances, oxidizing substances, alkalis and acids. Avoid contact with skin and eyes.	

LAN이든 SAN이든 모두 위험한 물질이나, LAN은 SAN에 비교하여 아래와 같은 이점이 있다.

- 케이크 생성 방지 물질(Anti-cake substances)과 LAN은 상호 오염이 적다.
- 품질유지가 용이하다.
- 공장의 안전한 운전이 가능하다.
- 취급이 쉽다.

1) LAN

품질조건

- 공정에 따라 80~96% LAN이 사용된다.
- 93% 이상 농도의 LAN은 이송하지 않는다.
- 구매와 함께 품질증명서를 제출한다.
- 공급자는 구매자에 의해 승인되고 필요 자격조건을 갖추어야 한다.
- 장거리 이송을 위하여 허가된 이동용 용기를 사용하고 외부에서 스팀 등으로(단, 전기히터로 직접 가열은 배제할 것) 열을 제공할 수 있는 구조로 한다.
- N_2O의 품질은 구매자 또는 제조자에 의하여 분석 및 검증되어야 한다.

대표적인 LAN의 품질

- NH_4NO_3 concentration range   min. 91.0~max. 93.0%
- N-content   min. 31.8~max. 32.6%
- NH_3(free ammonia)   min. 50~max 100mg/kg
- Organic matter(e.g. oil)   max. 5mg/kg(as carbon)

- Chloride(Cl)   < 5.0mg/kg
- Iron(Fe)   < 1.0mg/kg
- Nitrogen oxide(NOx)   < 10.0mg/kg
- Phosphate(PO4)   < 10.0mg/kg
- Calcium(Ca)   < 1.0mg/kg
- Sulphate(SO4)   < 50.0mg/kg
- Acidity of 10% solution   5 < pH < 7
- No anti-caking agent or additive

저장조건

- 열에너지 제공 즉, 스팀 및 재순환(Recirculation), 열선 등으로 직접 가열은 국부적으로 온도 상승이 발생할 수 있어 피하여야 한다.
- 온도는 고형화 방지를 위하여 제공되어야 한다.
- LAN의 농도는 적절히 유지하여야 하고 물속의 염소와 철의 함유량은 최소화 하여야 한다.
- 저장양은 해당국가의 규정에 따라 결정되어야 한다.
- LAN 저장 장소는 누출에 대비한 설비를 갖추어야 한다.
- 누출이 가능한 지역에는 아스팔트 등의 가연성 물질이 없도록 한다.
- LAN 이송배관은 염소가 없는 물을 이용하여 깨끗이 세척한다.
- 가능하면 LAN 이송탱크를 가압하여 자연적으로 이송하도록 하고, 만일 펌프를 사용하는 경우 Dry Running이 발생하지 않도록 하는 조치를 취한다.

2) SAN

일반적인 사항

- SAN은 폭발가능성이 존재하므로 해당 국가의 규정에 따라 구매, 이송 및 저장 되어야 한다.
- 또한 해당국가의 법규에 따라 안전이격거리를 유지하여야 한다.

품질조건

- 구매와 함께 품질증명서를 제출한다.
- 공급자는 구매자에 의해 승인되고 필요 자격조건을 갖추어야 한다.

대표적인 SAN의 품질

- Moisture   < 0.5%
- N-content(free of water)   > 34.8%
- Acidity(when diluted in a 10% solution)   5 < pH < 7
- Non-solubles   < 0.002%
- Ashes   < 0.002%
- Chloride and halogen   < 0.0002%
- Iron   < 0.0002%
- Total organic carbon   < 0.001%
- No anti-caking agent or additive(means no fertilizer quality)

저장조건

- 방화 구조로 이루어지고 SAN 전용으로 저장소를 지정한다. 다른 어떠한 것과도 함께 저장하는 것을 피한다.
- 사용된 포장지는 저장소에 두지 말고 즉시 폐기 처리한다.
- 지정된 인원만이 출입이 가능한 구조로 한다.

4.3.2 멜터(Melter)

SAN은 약 8%의 물을 추가하고 125℃~130℃까지 가열한다. Ammonium di-hydrogen phosphate($NH_4H_2PO_3$)는 반응조건을 안정화하기 위하여 투입된다.

멜터는 두 개의 용기로 이루어지는데, 녹이거나 희석을 위한 용기와 LAN을 반응기로 이송하는 용기가 그것이다.

각 용기는 각각 열을 제공한다. LAN의 이송은 자연적으로 중력 등을 이용하거나 특별히 제작된 Pneumatic pump를 이용한다.

필요조건

- 희석을 수행할 때 항상 물을 먼저 투입하고 AN을 투입한다.
- 절차 또는 자동으로 액위를 조절할 수 있도록 한다.
- SAN과 열을 제공하는 설비와 직접 접촉이 되지 않도록 한다.
- 국부 가열을 방지하기 위하여 가열 시 재순환(Recirculation)을 통하여 균일하게 온도가 유지되도록 한다.
- 멜터는 운전 시 약 125℃~130℃를 유지하도록 온도를 조절한다. 이때 온도 센서는 최소 2개 이상 설치한다.
- 멜터에서 반응기로 이송되는 배관은 고형화 방지를 위한 가열을 한다.
- 생산 중단 시 반드시 멜터는 130℃ 이하로 유지하고 생산 중에는 140℃를 유지한다.
- 희석으로 사용되는 물은 염소와 철의 함유량을 최소화한다.
- 수돗물을 사용하는 경우에는 염소의 축적을 방지하기 위하여 정기적으로 물을 제거한 후 청소를 실시한다.
- 이물질 인입을 방지하기 위한 스트레이너 설치를 한다.

4.3.3 반응기(Reactor)

안전을 위하여 방호벽 등으로 반응기가 보호되도록 한다.

1) 반응 개시

AN은 아래와 같이 분해된다.

$$NH_4NO_3 \rightarrow N_2O + 2H_2O + 59kJ/mol$$

이와 같은 AN 분해는 반응기의 설계 및 AN 순도에 따라 차이가 있으나, 약 210℃에서 시작한다. 자연적으로 열적 평형상태(일반적으로 250℃~255℃)에 도달하는 것은 시간이 많이 소요된다. 이 반응을 가속하기 위하여 AN 용액을 약 240℃까지 온도를 높인다.

2) 공정 열평형

이 반응은 발열반응으로서 반응기 내부의 온도는 아주 조심스럽게 조절되어져야 한다.

분해에 적절한 온도는 대기압보다 조금 높은 압력에서 약 250℃이다. 반응기의 열적 평형은 반응발열량과 아래와 같은 냉각요인의 합으로 표현된다.

- 물의 기화
- 원료 LAN의 열용량
- 반응기 외부로 빼앗기는 열

LAN의 주입에 의한 반응조절은 반응기의 정압 또는 반응에서 발생되는 가스의 양에 결정되는 온도에 의하여 이루어진다. 적절히 설계된 시스템은 자연적으로 평형에 도달하도록 열적 수지가 이루어진다.

반응기는 250℃에 운전이 되도록 설계하며 분해반응의 속도(너무 빠르거나 느리지 않도록) 및 부반응의 최소화를 동시에 수행하면서 최적화한다. 반응기는 또한 정상운전 액위를 유지하도록 설계하는데 만일 정상범위를 넘어가는 경우 추가적인 가열 또는 냉각을 하여주어야 하여 공정을 조절하기 어렵게 된다.

이상적으로는 온도와 액위가 안정적으로 유지되어야 하나, 원료 LAN의 연속투입으로 액위가 변할 뿐만 아니라 냉각역할도 하므로 조절이 용이하지 않다. 이러한 여러 가지 효과로 인하여 정확하게 운전 온도와 액위를 안정적으로 유지하는 것이 어려워 여러 부위에 온도 및 액위 센서를 설치하여 안정화를 도울 수 있도록 한다. 운전의 안정성은 시간, 외부온도 및 원료 LAN의 농도, 온도에 따라 변한다.

3) 가열 및 냉각기기

가열기기는 전기 또는 직접/간접 가열 화염버너가 사용될 수 있다. 가열기기는 초기 운전에 필요한 다량의 에너지와 정상운전 시 운전온도를 부드럽게 조절할 수 있는 능력이 있어야 한다.

냉각기기는 정상운전 시 운전온도를 부드럽게 조절할 수 있고 비상시에 운전을 멈추게 할 수 있도록 하여야 한다. 냉각은 내부 열교환기(Internal Coils) 또는 반응기 외부 벽에 물을 분사할 수 있는 구조로 한다.

비상시에 제공되어야 하는 냉각수가 항상 준비가 되어 있어야 하며, 비정상적인 온도로 올라가는 경우 자동으로 급랭(Quench)되도록 한다. 이 물공급 장치는 물의 공급이 멈추거나 정전 시에도 작동이 되어야한다.

4) 온도 측정

온도 지시계는 조절판(Control Board)에 설치하고 반응기 내부의 AN 온도를 지시하도록 한다. 온도센서는 최소 2개 이상으로 하고 LAN 용액을 측정하도록 하고 이 온도를 조절할 수 있도록 구성하여야 한다.

온도센서는 공정조절을 위하여 정확도, 신뢰도 및 민감도 등이 중요하다. 온도 조절시스템은 전기적인 불규칙 파장에도 영향을 받지 않도록 하여야 한다.

5) 압력 조절 및 배출

반응기는 대기압보다 아주 조금 높은 압력 하에서 운전되므로 파열판 또는 안전밸브와 같은 적절한 압력해소 장치(Relief Valve)를 설치하여야 한다.

반응기 내부의 온도 변화는 곧 압력변화를 일으키므로, 압력조절 기능을 온도조절 기능을 대신하여 사용할 수도 있다.

6) 반응 중지

아래와 같은 상황에서는 반응을 중지시켜야 한다.

- 일시적인 대기 상태(주말 또는 야간)
- 유지보수 기간
- 비상 시

정상적인 절차에 따라 반응을 중지시키는 경우 반응기 내부의 AN 온도를 반응이 발생하지 않도록 내려야 한다.

반응속도가 10℃ 변화에 약 2배 증감하여 반응이 중지되더라도 45~60분 후에 재 반응이 발생할 수 있으므로 이러한 절차는 아주 조심스럽게 이루어져야 한다. 반응이 완전히 중지(180℃ 이하)가 된 것을 확인하는 것은 아주 중요하다. 반응기의 온도는 160℃ 이하로 내려가지 않도록 하여 고형화를 방지한다. 반응중지 기간 또는 대기모드 시에 모든 안전장치는 작동상태이어야 한다.

반응기를 48시간 이하 대기 시, 반응기의 온도는 180℃ 이하로 유지하여야 하며 이 이상 장시간 유지하는 경우 AN 용액 내부의 물이 증발하여 AN의 농도가 변하게 된다. 그러므로 대기 후 반응개시 전에는 반드시 반응기 온도, 액위 및 농도를 확인하여야 한다. 대기 시 온도가 상승하면 (약 190℃) 반드시 알람을 울리고 물로 급랭(Quench)시켜야 한다.

유지보수 등으로 반응기를 사용하지 않는 기간에는 물로 반응기 및 배관을 깨끗이 세척한다.

반응을 다시 개시하는 경우에는 AN의 액위가 충분한지 점검하고 천천히 가열하여 국부가열이 발생하지 않도록 한다. 만일 고형화된 AN이 반응기에 존재하는 경우 가열은 아주 조심하여 수행한다.

4.3.4 응축기(Condenser)

반응기에서 발생된 기체는 응축기(Condenser)를 통과하면서 포화된 증기를 응축시킨다. 응축된 액체는 AN 및 질산(Nitric acid) 등을 포함하고 있으므로 재사용이 가능하다. 배출하는 경우에는 해당국가의 규정에 따라 처리 후 배출한다.

4.3.5 정제탑(Purification Towers)

AN이 분해하면서 발생된 응축기를 통과한 불순물 기체는 케미컬 흡수탑을 거치면서 정제된다.

필요조건

- 흡수탑 내에 액체 흐름이 없거나, N_2O 가스가 없거나, 압력이 존재하지 않는 경우 반드시 운전을 정지하여야 한다.
- 사용되는 원료는 사람에 심각한 피해를 줄 수 있으므로 안전한 방법으로 취급하고 개인보호구 착용 및 충분히 교육을 받은 운전원이 수행하여야 한다.
- 원료의 저장은 환기가 잘되고 누출에 대비한 장소에 한다.
- 과망간산칼륨(Potassium permanganate), 가성소다(Sodium hydroxide), 황산(Sulphuric acid) 및 음료수 수준의 물이 사용된다.

4.3.6 가스탱크(Gasholder)

물로 봉인된 용기 또는 기기와 같은 가스탱크는 반응기에서 일정하지 않게 생산되는 기체의 저장소 역할을 하면서 후단의 압축공정이 일정하게 이루어지도록 한다.

필요조건

- 액위가 낮거나 압력이 감소 시 압축기 운전을 중지한다.
- 액위가 올라가는 경우 가스를 제거하기 전에 경보를 발생시킨다.

4.3.7 콤푸레샤(Compressor)

필요조건

- 압축기 전단에는 필터를 설치하여 이물질을 제거한다.
- 압축기는 조건에 맞도록 Dry running을 방지하고 물을 윤활유로 사용하도록 한다.
- N_2O와 접촉이 이루어지지 않는 부분의 윤활유를 오일로 사용이 가능하나, N_2O와 접촉이 가능한 부분은 물을 윤활유로 사용하도록 한다.
- N_2O 접촉이 가능한 부위에는 광유(Mineral oil) 또는 합성유(Synthetic oil)의 사용을 금지한다.
- 안전밸브 방출구는 외부 대기로 한다.
- 압축기 각 단에는 온도센서를 설치한다.
- 가스탱크에 진공이 발생하는 경우 압축기는 동작이 정지되도록 한다.
- 압축기에 사용되는 오일은 후 공정인 Drying unit에 이송되지 않도록 한다.

4.3.8 Drying unit

압축된 기체 내부의 수분을 제거하기 위한 Drying unit는 알루미나(Alumina)와 실리카겔(Silica-gel) 또는 몰레큘러시브(Molecular sieve)로 채워진 두 개의 흡착탑으로 구성되어 있다. 평행 구조의 두 개의 흡착탑은 하나가 운전될 때 나머지 하나는 재생이 되도록 운전한다.

재생은 먼저 압력을 해소하기 위하여 내부의 기체를 가스탱크 또는 원료로 이송하여 재사용이 가능하도록 하고, 오일이 없는 더운 공기 또는 질소를 이용한다. 충분히 재생이 이루어진 후에는 차가운 공기나 질소를 투입하여 공정을 마친다.

필요조건

- 고체 형태의 흡착제를 사용하는 경우에는 150℃ 이상의 온도에서 N_2O가 투입되는 것을 방지하여야 한다. 흡착탑이 더운 상태에서는 절대로 운전이 되지 않도록 주의하여야 한다. 흡착탑 표면에 온도지시계 설치를 추천하며, 만일 흡착탑 내부에 가열장치가 있는 경우에는 더욱 주의를 기울여야 한다.
- N_2O를 이용한 재생이나 오일에 오염된 공기를 이용한 재생은 방지하여야 한다.
- N_2O의 역흐름(Backflow)이 형성되지 않도록 한다.
- 안전밸브의 용량은 압축기의 최대 용량으로 한다.
- 필터는 출구에 설치한다.
- 건조 후 수분 함유량을 분석한다.

4.3.9 액화 및 저장(Liquefaction and pressure storage)

N_2O는 물 또는 다른 냉매를 사용하여 응축하고 압력이 존재하는 탱크에 저장한다. 냉동기를 사용하는 경우에는 N_2O가 오염이 되지 않도록 한다.

1) 고압저장

고압으로 저장하는 경우, 10~15℃의 냉각수를 이용하여 대기온도에서 응축시켜 45~55Bar로 저장한다. 대부분의 경우 고압저장은 저압으로 저장하는 탱크에 이송하기 위한 중간 용기로 사용된다.

필요조건

- 운전압력 이상에서 알람이 발생하고 압축기를 중지시킨다.

- 압축기의 최대 유량으로 안전밸브 용량을 선정한다.
- 제품의 액위 또는 무게를 알 수 있는 구조로 한다.

2) 저압저장

저압으로 저장하는 것이 N_2O의 성질 및 저장용량을 고려할 때 고압보다 안전한 저장방법이다.

냉매를 이용하여 저장온도를 -20℃~-30℃로 하고 압력은 15~20Bar 정도로 유지한다.

필요조건

- 진공보온이 아닌 경우 탱크 내부에 코일을 설치하고 냉매를 이용하여 액체 N_2O의 온도를 유지한다.
- 냉매가 직접 N_2O를 접촉하는 부위가 없도록 한다.
- 압축기의 최대 유량으로 안전밸브 용량을 선정한다.
- 제품의 액위 또는 무게를 알 수 있는 구조로 한다.

5. 저장탱크(Stationary tanks)

5.1 설계

5.1.1 보온이 되지 않은 고압 탱크

대기 온도 조건에서 포화증기압인 45~55Bar로 액체 N_2O를 저장한다. 높은 저장압력으로 인하여 종종 두 개의 펌프를 이용하여 2단으로 압력을 높여 이송한다. 높은 온도와 압력은 열을 발생시키고 N_2O 분해의 위험이 존재한다. 특히 외부화재의 경우 온도가 급속도로 올라갈 수 있어 병원에서는 이러한 방법을 제한한다.

5.1.2 보온된 탱크

약 -20℃, 18Bar에 차가운 액체 N_2O를 저장하며, 아래와 같이 2가지 경우가 있다.

- 진공보온: 내부는 스테인리스 또는 Fine grain carbon steel 구조로 되어있고 외부는 카본 스틸로 제작한다. 진공보온 방법이 가장 열손실을 줄일 수 있다.

- 보온재 사용: 저온에 적합한 재질을 선정한다.

5.1.3 보온재

보온재는 불연성 재질을 사용하여 외부화재 시 화재가 전파되지 않도록 한다. 폴리우레탄(Polyurethane) 재질로 알루미늄 또는 스틸로 마무리하여 불연성을 가지도록 하는 것을 추천한다. 만일 기존의 탱크를 N_2O 저장용으로 전용하는 경우에는 보온재를 불연성인 글라스울(Glass wool), 폼글라스(Foam glass), 암면(Rockwool) 또는 폴리우레탄(Polyurethane) 재질을 추천한다.

5.1.4 모든 고정된 탱크의 안전 고려사항

- 지지대(Support) 또는 기초(Foundation)은 불연성 재질로 한다.
- 실외에 설치를 추천하며, 실내에 설치하는 경우 환기가 잘되고 접근이 용이하도록 한다. 추가하여 산소결핍환경에 대비한 가스검지기 설치를 권고한다.
- 해당 국가에서 요구하는 안전 이격거리를 준수한다.

- N_2O 저장탱크는 접지를 설치한다.

5.2 부속품

이송용 탱크로 충전 시 펌프는 저장탱크와 최대한 가깝게 설치하고 이송용 탱크에 설치된 펌프는 사용하지 않는다. 보온이 되지 않은 탱크는 냉동기를 이용하여 증발되는 N_2O 응축시키고 이때 탱크내부의 압력을 조절 하도록 한다. 탱크 내부의 냉각코일은 스테인리스 재질로 하도 탈착이 불가능하도록 설치한다. 저장탱크 내부 가열코일은 설치하지 않는다.

아주 작은 대기식 기화기 또는 코일을 이용하여 저장탱크 내부의 압력유지 용으로 사용한다.

고객이 N_2O를 가스 상태로 사용하는 경우에는 대기식 기화기를 이용하여 기화시켜 이송한다. 직접 가열 히터 등을 사용하는 경우 히터의 온도는 150℃를 넘지 않도록 한다. 간접 가열방식으로 N_2O를 기화시키는 경우 물, 스팀, 공기와 같이 N_2O와 반응성이 없는 물질을 사용한다.

5.3 배관, 계장기기, 밸브

배관 및 계장기기들은 아래와 같은 역할을 하여야 한다.

- 저장탱크로 저장되는 액체 N_2O는 탱크 아래에서 인입되는 구조로 한다(Bottom filling). 이것은 펌프동작 시 잠재적으로 발생할 수 있는 N_2O의 분해를 방지하는 역할을 한다.
- 제품의 이송은 탱크 하부에서 송출시킨다.
- 이송용 탱크와 저장탱크 사이에는 압력보상용 동압(Equalizing) 배관을 설치한다.
- 내용물의 용량을 알 수 있는 계기 즉, 액면계, 차압계, 저울 등을 설치한다.
- 압력계를 설치하고 운전범위보다 낮거나 높은 경우 경보가 발생하도록 한다.
- 최대 액위를 알 수 있도록 액면 검지기(Full try cock)를 설치한다.
- 과충전을 방지하도록 위험성 평가를 수행하고 절차서 및 설비를 갖추도록 한다.

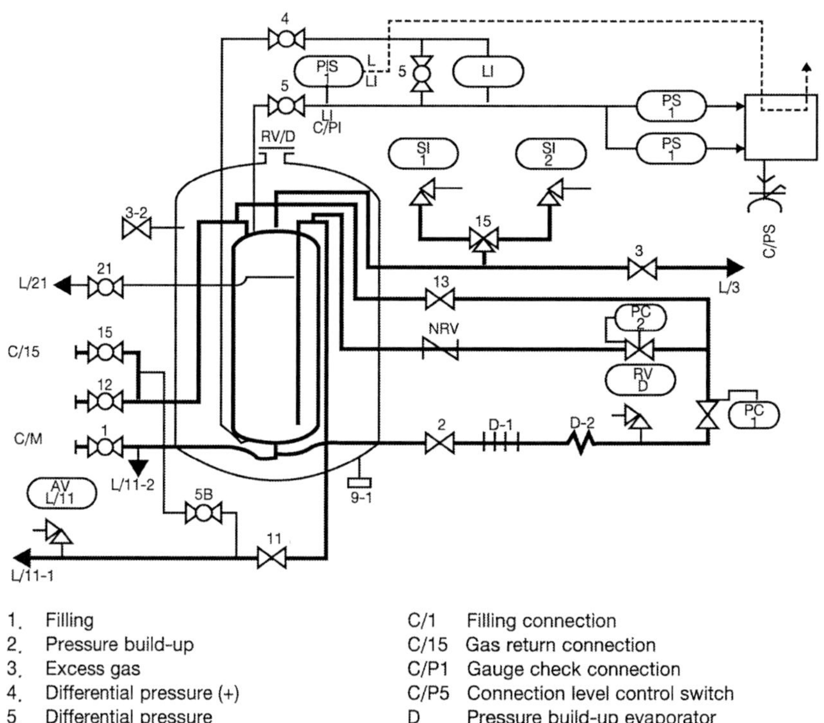

1. Filling
2. Pressure build-up
3. Excess gas
4. Differential pressure (+)
5. Differential pressure compensation
6. Differential pressure (-)
9-1. Vacuum
9-2. Vacuum
11. Product withdeawal
12. Top filling (not recommended for H2O)
13. Cas isolating
15. Cas return
18. Change over
21. Liquid level check
26. Pressure compensation

C/1 Filling connection
C/15 Gas return connection
C/P1 Gauge check connection
C/P5 Connection level control switch
D Pressure build-up evaporator
L/3 Pipe ckecss gas
L/11-1 Pipe product withdrawal
L/11-2 Pipe product withdrawal(blind)
L/21 Pipe liquid level check
LI Level indicator
NRV Non return valve
PC-1 Regulator pressure build-up
PC-2 Regulator pressure relief (economiser)
PIS Pressure gauge
PS Pressure switch
RV... Thcrmal relicf valvcs
SV Pressure relief valve

[그림 5-1] N_2O 이중 저장탱크 P&ID

5.4 안전밸브

각 N_2O 저장탱크 해당국가의 규정에 따라 안전밸브를 설치하되 100% 용량으로 중복 설치를 권장한다.

5.5 허용 가능한 저장 양 및 비율

보온이 되지 않은 탱크는 실린더 또는 번들(Bundle)에 최대 충전비까지 가능하다.

보온이 설치된 탱크는 안전밸브의 설정압력 이하로 하여 액체를 최대 높이까지 가능하나 외부열로 인한 자체 기화 등으로 발생되는 온도·압력 상승에 주의를 기울이고 액체팽창으로 인한 액위 상승을 고려하여야 한다. 최고 액위에서 발생되는 수두압을 고려하여 설치한다.

대한민국 고압가스안전관리법에서는 90% 이상의 저장을 금지하고 있다. 최대 액위는 액면 검지기(Try cock) 밸브로 쉽게 조절할 수 있다.

5.6 저압탱크 충전

펌프로 충전하는 경우 압력 및 기계적 손상을 최소화하기 위하여 액체충전 배관과 압력 해소를 위한 기체 동압(Equalizing) 배관을 함께 설치한다. 이때 오염의 가능성 유무를 확인한 후 수행한다.

차압계를 설치하여 이송용 탱크와 저장탱크 간에 3 Bar 이상의 압력차이가 발생하지 않도록 한다. 이는 부드러운 액체이송 뿐만 아니라 펌프 후단에서 발생할 수 있는 국부 과열(Hot spot)을 방지하기 위함이다. 펌프 운전 중에는 후단의 압력과 온도를 감시하고 저장탱크 내부의 압력과 액위를 알 수 있도록 하여 과충전을 방지한다. 충전이 끝난 후에는 액면 검지기 밸브를 개방하여 과충전 여부를 확인한다.

5.7 제품 이송

N_2O 제품은 액체로 이송하여 기화기를 거쳐 기체로 이송하거나 탱크내부의 기체공간에서 직접 이송하기도 한다.

6. 이송 용기

6.1 실린더

실린더 저장은 N_2O 전용 저장소를 사용하도록 한다.

실린더 재질은 카본 스틸, Cr-Mo 스틸, 스테인리스 스틸 또는 알루미늄이 사용된다. 실린더 밸브 연결부위는 해당국가의 규정에 따라 제작하되, 작업자의 실수로 인하여 다른 가스 실린더와 체결되어 오염이 되지 않도록 한다.

비금속 Dip tube는 사용을 자제한다. 과충전 등으로 인한 과압발생을 방지하기 위하여 파열판을 설치하여 시험압력의 1.15배 이하의 압력에서 작동이 되도록 한다.

6.2 번들(Bundle)

여러 개의 실린더를 묶어 사용하는 번들은 Manifold를 제작하여 하나의 연결부위를 설치하여 충전 및 이송이 가능하도록 하고 차단 밸브를 설치한다. 차단 밸브는 각 실린더 별로 설치하지 않고 모관(Header)에 하나 설치하는 것을 추천한다. Manifold의 연결부위는 용접이나 납땜을 추천한다.

6.3 이동용 탱크(Transport tanks)

보온이 되고 냉동기가 설치된 이동용 탱크가 사용된다. 해당 국가의 규제에 따라 제작되어져야 한다.

1) 보온

가장 보온성이 좋은 진공보온이 된 탱크를 추천한다. 보온재를 사용하는 경우 불연성 재료를 사용한다.

2) 재질

적절한 재질로는 알루미늄 Fine grain 카본 스틸 및 스테인리스 스틸로서 내부 액세서리로도 가능하다. 이동용 탱크는 -40℃ 또는 그 이하에서 견디고 최대 24Bar 압력까지 견딜 수 있도록 제작한다.

3) 배관 및 계장기기

배관, 밸브, 계장기기, 플랜지 또는 연결구는 금속 재질을 사용하고 개스킷 등을 위한 비금속 재질은 3.2항에 따라서 결정한다.

- 펌프 운전 시 발생되는 열로 인한 N_2O 분해를 방지하기 위하여 이동용 탱크의 충전은 하부로 한다.
- 제품 이송 또한 하부에서 수행한다.
- 이동용 탱크에서 저장 탱크로 제품이송 시 압력보상용 동압을 실시한다. 이동용 탱크 상부의 물분무설비는 이동 중에 온도가 상승한 경우 냉각을 위해 사용한다.

4) 접지

이동용 탱크의 모든 부위는 접지가 되도록 한다.

6.4 펌프

기어 펌프(Gear Pump), 슬라이드 밴 펌프(Slide Vane Pump) 또는 센트리퓨걸 펌프(Centrifugal Pump) 등의 펌프사용이 가능하다. 적어도 저장탱크의 최대운전 압력보다 약 5Bar 이상 높은 출구압력 성능을 가지는 펌프를 선택한다. 초저온 산소용 펌프 사용이 가능하다.

- 어떠한 경우에도 열이나 스파크 등이 발생하지 않도록 한다.
- N_2O로 윤활되는 쿨 베어링(Cold bearing) 사용을 삼가고 N_2O가 접촉하지 않는 웜 베어링(Warm bearing)을 추천한다.
- 정기적인 유지·보수를 실시한다.
- 가능한 움직이는 부위와 정지하고 있는 부위의 공백을 최대화 하고 요구 성능과 밀폐가 잘 이루어지도록 한다.
- 메커니컬 씰(Mechanical seal) 형태를 추천한다.

1) 설치

- 배관의 압력손실을 줄이고 NPSH(Net Positive Suction Head)를 충분히 확보하기 위하여 가장 낮은 장소에 설치한다.
- 인입배관은 최대한 짧게 하고 구경을 크게 하여 NPSH를 확보한다.
- 인입배관의 굴곡을 최소화한다.
- 압력손실이 적은 스트레이너를 설치한다.
- 인입배관에는 볼밸브와 같은 충분한 유량을 보장하는 형태를 설치한다.
- 비상시 자동 및 수동으로 유량을 차단하는 설비를 한다.
- 인입 및 출구배관에 플렉시블 호스를 설치하여 충격을 최소화한다.
- 접지를 실시한다.

2) 공회전 방지(Dry running protection)

펌프 운전에 주요한 위험요소는 온도를 올리고 피해를 주는 공회전이다. 만일 N_2O에 열이 전달되는 경우 분해반응을 발생시켜 폭발의 위험성이 있다. 펌프 기동 전에 액체가 충분히 채워지고 냉각된 상태를 확인 후 운전을 하여야 한다. 펌프 종류에 따라 차압기동, 온도조절, 모터전류 또는 유량계 등을 이용할 수 있다.

6.5 호스, 부속품, 커플링(Hoses, accessories, couplings)

호스는 대기온도 또는 저온의 액체 N_2O를 이송하는 데 사용되며 사용조건 즉, 압력, 온도, 부하 등을 고려하여 설계되어야 한다.

호스 또는 다른 부속품의 재질은 카본 스틸, 스테인리스 스틸 및 구리 합금(Copper alloy) 등이 사용되며 다른 재질을 사용하는 경우 산소와의 적합성을 고려하여 결정한다. 호스를 사용하지 않는 경우에는 외부로부터 이물질 침입을 막기 위하여 캡(Cap) 또는 너트(Nut)로 마감한다.

호스에 사용되는 커플링은 다른 가스와의 혼용을 막기 위하여 N_2O 전용으로 체결이 되도록 설계한다. 더불어 액체 호스의 커플링과 기체 리턴(Return) 호스의 커플링 형태를 달리하여 혼용사용을 방지한다.

모든 호스, 부속품, 커플링은 접지를 실시한다. 실린더등과 같이 제품 N_2O 충전을 위한 호스는 탈착이 되지 않도록 용접 등으로 영구연결 방법을 채택한다.

7. 제품 이송

7.1 실린더 및 번들

실린더 및 번들 충전장치(Station)는 내부압력, 외부충격 등을 견딜 수 있는 구조로 한다.
충전장치는 아래와 같이 한다.

- 진공보온이든 일반보온이든 20Bar 또는 80Bar에서 운전이 된다.
- 왕복동(Reciprocating) 펌프의 운전압력은 100Bar로 하고 무부하 운전이 일어나지 않도록 출구에 온도계를 설치하여 감시할 수 있도록 한다. 윤활유를 사용하는 경우 산소와의 적합성을 고려하여 선정 한다.
- 펌프를 연속운전 하면서 제품이송을 차단하는 경우 By-pass를 설치하여 탱크로 리턴되도록 한다.
- By-pass를 설치하지 않는 경우에는 실린더가 충전된 후 반드시 펌프가 자동으로 정지되도록 한다.
- 펌프에서 실린더 충전까지의 배관은 보온을 설치한다.
- 충전에 사용되는 저울(Scale)은 충분한 신뢰성을 확보하여야 한다.
- 충전 전의 실린더 또는 번들은 진공상태로 유지한다.
- 충전용 호스는 안전줄을 설치하여 비상시에 인명피해가 발생하지 않도록 한다.
- 운전절차서를 자세히 작성하여 충분히 교육을 수행한다.
- 가능한 충전압은 아래와 같다.
- 충전에 이용되는 모든 부분은 접지를 10Ω 저항이 되도록 한다.

[표 7-1] 실린더 테스트 압력과 충전비

Minimum cylinder test pressure, bar	Maximum filling ratio
180	0.68
225	0.74
250	0.75*

*시험압력이 250Bar이고 10L 실린더를 사용하는 경우 최대충전 양은 7.5kg이다.

7.2 이동용 탱크

- 최저 위치에 지상에 설치된 펌프를 이용하여 제품저장 탱크에서 이동용 탱크로 이송한다.
- 모든 부위는 접지를 실시한다.
- 펌프 인입배관은 제조자의 요건에 따라 설치하여 충분한 NPSH를 확보한다. 이동용 탱크에 설치된 펌프는 상기 요건을 맞추지 못하면 사용하지 않는다.
- 펌프 기초는 불연성 재질인 콘크리트 또는 자연석 등을 사용하고 가연성인 목재 등은 사용하지 않는다.
- 이동용 탱크도 접지를 실시한다.
- 모든 연결부위는 충분히 청소를 하고 사용하지 않는 경우에는 이물질이 투입되지 않도록 캡 또는 플러그(Plug)로 마감한다.
- 이동용 탱크와 저장탱크 간에는 액체 및 기체 배관을 동시에 연결하여 압력보상이 가능하도록 한다.
- 충전 중에는 펌프출구 압력을 주시하여 운전상태를 살핀다.
- 저장탱크 충전 후 액면 감지기 밸브를 열어 과충전 여부를 확인한다.

8. 비상대응

8.1 위험성

N_2O에 대한 위험성은 물질보건안전자료 및 2항을 참조한다.

8.2 N_2O 대량 누출의 대한 절차

가능하면 인명에 피해를 주지 않는 범위 내에서 누출을 중지하도록 밸브를 잠근다. 액체보다는 기체부분의 누출을 유도한다.

적어도 25~50m 이내는 접근을 금지시키고 훈련된 인원만이 대응하되 바람을 등지고 수행한다. 대량 누출의 경우 적어도 바람방향으로 500m는 대피하도록 한다. N_2O 가스가 밀폐공간, 배수로, 지하 등으로 침투하는 것을 방지한다. 밀폐공간은 진입 전에 충분히 환기시키고 휴대용 가스검지기를 이용하여 내부 상태를 확인한다. 산소농도를 확인하여 18% 이하인 경우 자급식 공기호흡기(SCBA, self-Contained Breathing Apparatus)를 착용한다.

대량 누출의 경우 물분무를 이용하여 N_2O 기체가 이동하는 것을 방지한다. 이때 누출부위에 물을 직접 접촉하지 않도록 하여 어는 것을 방지한다.

또한 누출된 액체 위를 만지거나 걷지 않도록 하고 톱밥과 같은 가연성 물질의 접촉을 금한다.

8.3 화재에 대응

운전원은 소형화재에만 대처하고 대형화재의 경우 전문가만이 취급하도록 한다.

1) N_2O와 가연성물질과의 화재

- N_2O는 강력한 조연성 물질로서 목재, 종이, 오일, 옷감 등과 함께하는 경우 화재를 더욱 증가시키므로 주변에 가연성 물질을 먼저 제거한다.
- N_2O 화재 시 독성물질이 배출될 수 있으므로 화재를 진화하는 동안 호흡기를 착용한다.
- 물분무설비, 이산화탄소, 분말과 같은 진화제를 사용한다.

2) N_2O 저장탱크의 화재

- 저장탱크 주변의 화재는 탱크 압력 및 온도를 증가시켜 탱크에 손상을 입히고 그 파편이 주변으로 날아가 피해를 입힐 수 있다.
- 가능하면 이동용 탱크 또는 용기를 화재현장에서 안전한 장소로 옮기고 불가능한 경우 안전한 장소에서 예를 들에 방화벽 뒤편 등, 대량의 물을 분사하여 용기를 냉각시킨다.
- 탱크가 화염에 휩싸인 경우 무인 소방 모니터를 이용하여 화재를 진압하고, 진압 후에도 용기를 충분히 냉각시키도록 분사를 계속한다. 안전밸브에서 누출되는 소리 또는 변색이 발견되는 경우 즉시 대피한다. 화재기 대피면적은 주변 약 800m로 한다.

8.4 이동 중 사고 대처

N_2O 이송 중에 발생되는 사고에 대하여는 주변 환경에 따라 대처 방법을 달리하고, 해당 회사 규범에 따라 소방서, 응급실 등과 협조가 가능하도록 한다. 아래 설명된 내용은 운전자가 취할 수 있는 내용이다.

1) 차량 고장

- 즉시 운행을 중지하고 주거지역으로부터 최대한 먼 지역의 주차를 시킨다.
- 비상등을 켠다.
- 심각한 위험이 발생할 가능성이 있는 경우 주변 경창의 도움을 요청한다.
- 좀 더 자세한 내용 즉, 견인차 호출, 수리에 대한 내용, 내용물 처리 등은 회사 규정에 따른다.

2) 차량 사고

- 사고가 발생하는 경우 침착하게 대응하고 유지하고 가능하면 응급처치를 한다.
- 엔진을 정지한 후 비상등을 켠다. 절대로 흡연은 하여서는 안 된다.
- 잘 보이는 옷으로 갈아입는다.
- 경찰에 알리고 필요한 경우 병원 또는 소방서에 연락한다.
- 주변을 정리하고 사람의 접근을 방지하며 회사에 연락한다.
- 이송용 탱크의 압력을 수시로 점검하고 압력이 올라가는 경우 N_2O를 안전한 지역의 대기로 밴트하여 최대운전 압력 이하로 떨어뜨린다.

3) 누출

- 위험성이 없고 소량 누출의 경우 누출부위를 차단한다.
- 심각하게 이동용 탱크 및 부속품에 심각한 손상이 없는 경우 가장 가까운 지역의 점검이 가능지역으로 옮기고 이동 중 탱크의 압력을 주시한다.
- 누출을 멈출 수 없는 경우 주거지역으로부터 벗어나 정차한 후 아래에 따라 행동한다.
- 대량 누출의 경우 주거지역, 터널, 주 도로 등에서 멀리 떨어진 지역에 바람의 방향을 고려하여 정차시킨다.
- 회사에 상황보고를 하고 비상상황을 국가에도 알린다. 주변 접근을 금하고 바람방향으로 약 500m를 대피시킨다.

4) 차량 전복

- 차량이 전복된 경우 누출이 발생되지 않도록 모든 밸브의 잠금상태를 확인한다.
- 전복된 상태에 따라 밴트가 어려울 수 있으므로 탱크의 압력을 주의 깊게 살펴야 한다.

5) 화재

- 차량에 화재가 발생한 경우 경찰 및 소방서에 알리고 회사로도 즉각 보고를 취한다.
- 회사 측에서는 N_2O에 관련된 정보를 비상대응팀에 제공하도록 한다.

8.5 개인보호구(PPE, Personal Protective Equipment)

- 방화복은 화재의 경우에만 사용하고 다른 시나리오 즉, 누출 등에서는 사용하지 않는다.
- N_2O 화재 시 독성물질이 발생될 수 있으므로 호흡보호구를 착용한다.
- 소량 누출 시에는 머리보호구, 안전안경, 안전화 및 장갑을 착용하며 해당지역에 환기가 잘되도록 한다.
- 대량 누출 시에는 방열복, 안면보호구, 초저온용 장갑, 안전화 및 공기호흡기를 착용한다.

8.6 응급조치

- N_2O 흡입 시에는 환자를 신선한 공기가 공급되는 환기가 잘되는 지역으로 옮기고 병원에 연락을 취한다. 환자가 호흡이 어려운 경우 인공호흡을 실시한다.
- N_2O 액체와 접촉하는 경우에는 즉시 오염된 옷 또는 신발을 제거하고 미온의 물로 몸의 온도를 높이며 의료치료를 받을 수 있도록 한다.

1. 모노실란이란?

본장에서는 모노실란(Silane)에 대하여 논의하고자 한다. 실란은 반도체 제조 산업에서 NF$_3$(Nitrogen Trifluoride)와 함께 가장 많이 사용되는 특수가스이나 그 특유한 성질(자연발화 등)로 인하여 많은 사고의 원인이 되는 물질로 알려져 있다. 그러나 실란의 성질을 알고 그 취급방법을 정확히 이해하고 있다면 충분히 안전하게 사용할 수 있으므로 그 방법을 소개하도록 하겠다.

2. 모노실란의 사용 및 제조

실란은 폴리실리콘을 만드는 과정에서 소요되는 특수가스이다. 모노실란은 반도체, LCD(Liquid Crystal Display) 공정에서 결정막을 성장시키는 원료로 산화공정(Oxidation)과 화학기상증착(CVD, Chemical Vapor Deposit) 공정 등에 이용된다. 모노실란은 반도체나 태양전지의 웨이퍼의 원재료인 폴리실리콘을 제조하는 공정에서 중간 재료로 사용된다.

폴리실리콘 제조공정은 중간재로 사용되는 가스에 따라 크게 삼염화실란(SiHCl3, Trichlorosilane, TCS)과 유동법(모노실란법)으로 구별된다. 전형적인 폴리실리콘 추출공정인 Siemens법에서는 금속급 실리콘에서 만들어진 삼염화실란을 반응기에 넣고 고온으로 처리하여 폴리실리콘을 추출해 낸다.

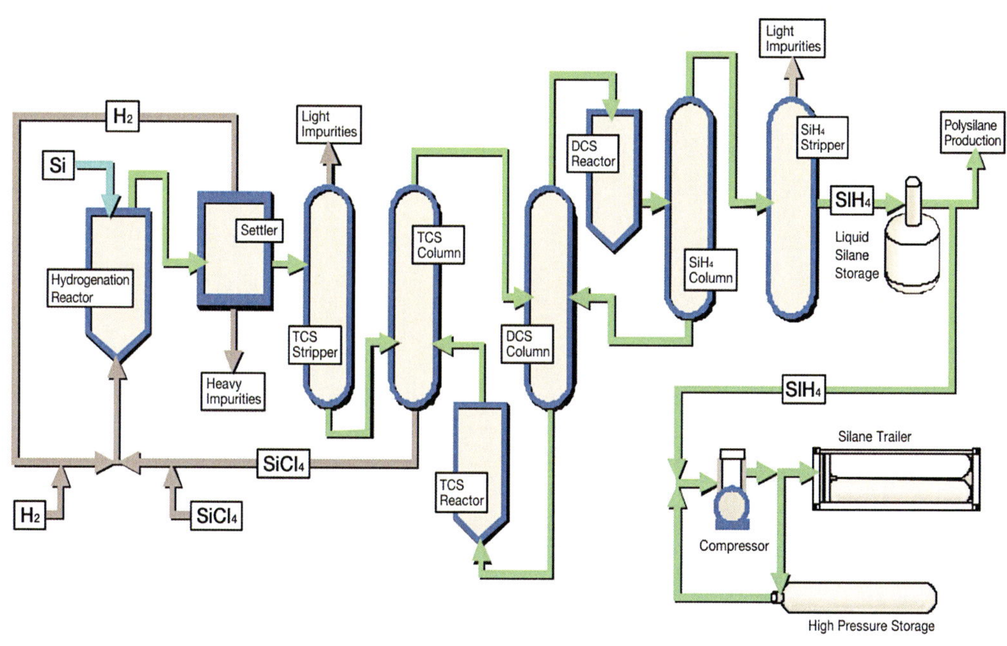

[그림 2-1] 모노실란 제조공정

3. 모노실란의 성질

모노실란은 하나의 실리콘과 4개의 수소가 결합한 가스이다.

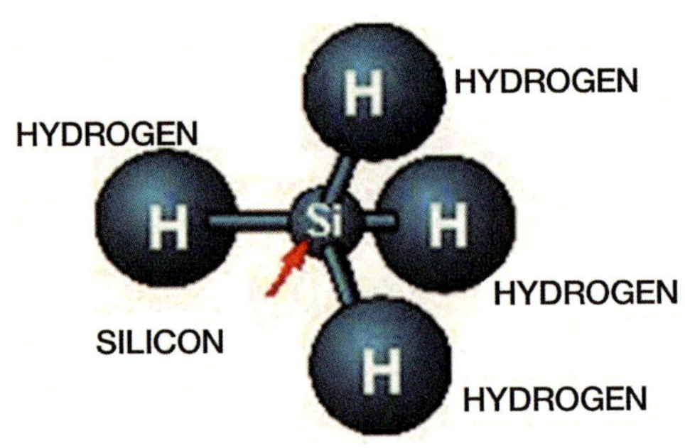

[그림 3-1] 모노실란 분자 구조

모노실란은 위 그림에서 알듯이 실리콘 원소에 연결된 4개의 화학기와 결합하는 단량체로 구성되어 있다.

강력한 자연발화성 성질을 가지고 있어 대기로 노출 즉시 공기와 접촉하여 점화된다. 그러나 어떤 경우 아직 모두 밝혀지지 않았지만 예를 들어 습도가 높거나 빠른 속도로 누출이 이루어지는 경우 즉시 점화가 되지 않고 구름 형태로 이동을 하다가 증기운폭발(VCE, Vapor Cloud Explosion)을 일으키는 경우도 종종 있다.

3.1 모노실란의 물리화학적 성질

- 화학식: SiH_4
- 동의어: 실리콘 테트라수화물 (Silicon Tetrahydride), 모노실란 (Monosilane), 실리칸 (Silicane)
- CAS 등록 번호: 7803-62-5
- 물리적 상태: 가스

- 분자량: 32.112

- 20℃에서의 가스밀도: 1.35kg/m^3

- 냄새: 순수 실란은 냄새가 없으나, 오염되는 경우 자극적인 냄새가 발생한다.

- 대기압에서 비등점: -112℃

- 임계 압력: 703psia

- 임계 온도: -3.4℃

[그림 3-2] 모노실란 임계온도

3.2 모노실란의 독성 자료

- ACGIH: TLV-TWA 5ppm

- LC$_{50}$: 9600ppm (쥐 4시간)

3.3 가연성

1) 공기 중에서

연소하한계(Lower Flammability Limit): 1.37%

연소하한계(Upper Flammability Limit): 96.0%

자연발화온도(Autoignition Temperature): -50℃

2) 질소 중에서

연소하한계(Lower Flammability Limit): 0.66%

연소하한계(Upper Flammability Limit): 95.3%

자연발화온도(Autoignition Temperature): 알려지지 않음

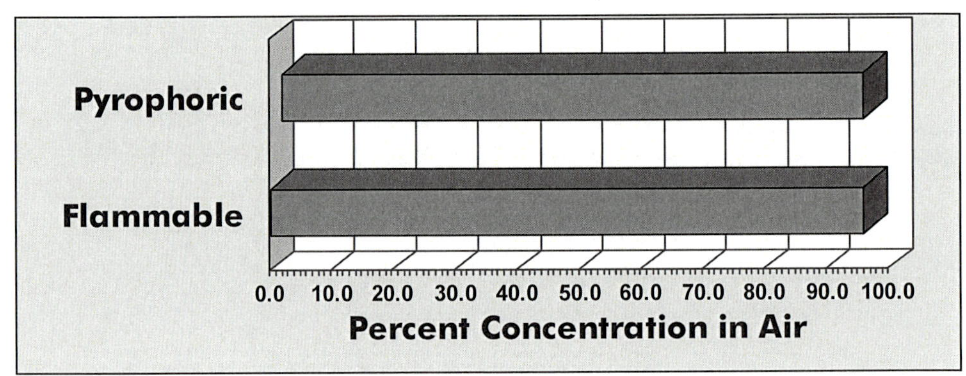

[그림 3-3] 모노실란 공기 중 연소한계

3.4 NFPA(National Fire Protection Association) 등급

[그림 3-4] 모노실란 NFPA 등급

4. 국내 고압가스안전관리법의 검토

모노실란은 고압가스안전관리법에 의한 가연성 가스이며 독성 가스 이므로 이에 맞게 설계 및 취급하여야 한다.

4.1 고압가스안전관리법 제20조(사용신고 등)

• 특정고압가스를 사용하고자 하는 자로서 일정규모 이상의 저장능력을 가진 자 등 산업자원부령이 정하는 자는 특정고압가스 사용하기 전에 미리 시장·군수 또는 구청장에게 신고하여야 함

• 특정고압가스란?
가스수소·산소·액화암모니아·아세틸렌·액화염소·천연가스·압축모노실란·압축디보레인·액화알진 그밖에 대통령이 정하는 고압가스

4.2 고압가스안전관리법 시행규칙 제46조(특정고압가스사용신고)

• 압축모노실란·압축디보레인·액화알진·포스핀·셀렌화수소·게르만·디실란·오불화비소·오불화인·삼불화인·삼불화질소·삼불화붕소·사불화유황·사불화규소·액화염소 또는 액화암모니아를 사용하고자 하는 자

• 저장량 또는 사용량과 상관없이 특정고압가스사용은 신고 대상임

4.3 특수고압가스시설의 시설 및 기술기준

1) 사용설비

저장설비·배관·조정기·감압설비 등 특수고압가스의 사용을 위한 설비

2) 사용시설

사용설비 및 이에 부속되는 사무실·그 밖의 건축물·소화기·가스누설검지경보장치·
재해설비·동력설비 등 특수고압가스의 사용을 위한 시설

3) 사용설비

저장설비 및 감압설비의 외면으로부터 제1종 보호시설 및 제2종 보호시설까지 아래와
같은 안전거리를 유지한다.

[표 4-1] 안전거리

처리능력 및 저장능력(m3 or kg)	제1종 보호시설	제2종 보호시설
1만 이하	17m	12m
1만 초과 2만 이하	21m	14m
2만 초과 3만 이하	24m	16m
3만 초과 4만 이하	27m	18m
4만 초과 5만 이하	30m	20m
5만 초과 99만 이하	30m	20m

- 저장설비 및 사용설비의 자동제어장치·방소화설비·비상조명설비·그 밖의 안전설비
  에는 비상전력 설치

- 저장시설 및 사용시설에 방소화설비 설치

- 사업소에는 긴급 시 신속히 연락할 수 있는 통보설비 설치

- 다음과 같은 누설된 가스를 제해하기 위한 조치 강구
    - 누설된 가스에 대한 적절한 확산 방지조치
    - 독성가스(실란)의 종류·양 및 소비 형태에 따른 적절한 흡수설비 및 흡수제
    - 제해 작업에 필요한 방독마스크 및 그밖의 보호구는 안전한 장소에 보관하고, 사용
      가능한 상태로 유지

4) 사용시설

- 배기덕트 관련
    - 사용시설에서 배출되는 가스가 당해설비 이외의 사용설비에서 배출되는 가스와 상
      호 반응하여 재해 발생 우려가 있는 경우에는 당해 사용설비의 배기덕트와 별도 구
      분 설치
    - 사용설비(저장설비 제외), 재해설비 및 당해 사용시설의 배기덕트는 기밀한 구조
    - 모노실란의 배기덕트는 배기중의 생성물이 퇴적되기 어려운 구조
    - 미차압력계의 설치 등 이상을 조기에 발견할 수 있어야 함.
    - 정기적으로 점검하고 배기덕트에 생성물을 신속히 제거해야 함.

- 사용설비의 설치 실은 긴급 시 피난이 용이한 구조

- 사용설비
    - 그 내부의 가스를 불활성가스로 치환할 수 있는 구조
    - 그 내부를 진공으로 할 수 있는 구조

- 사용설비로부터 배출되는 가스는 당해 특수고압가스 제해설비에 의해 제해조치되어야 함

- 사용설비의 배관은 실란의 성상·압력 및 당해 배관의 주변상황에 따라 필요한 부분에
  2중관 설치

- 저장설비 관련
  - 주위 5m 이내에 화기 사용을 금지하고, 인화성 및 발화성 물질을 두지 않음(적절한 안전조치를 한 실린더 캐비닛 및 그 내부에 수납하는 경우 제외).
  - 저장설비에 부착된 배관에는 가스 누설 시 안전한 위치에서 신속하게 조작할 수 있도록 설치함.

- 사용설비에 충전용기 등을 접속할 때와 분리할 때에는 당해 충전용기 등의 밸브를 닫힌 상태에서 당해 사용설비 내부의 가스를 불활성가스에 의해 치환하거나 당해 설비 내부를 진공으로 할 것

- 안전관리책임자는 1일 1회 이상 사용시설을 점검하고, 그 기록을 유지할 것

- 사용설비의 수리(청소 포함) 및 그 후의 사용은 다음 기준에 따라 안전상 지장이 없는 상태로 할 것
  - 수리는 미리 수리 등의 작업계획 및 당해 작업의 책임자를 정하고, 수리 등은 당해 작업계획에 따라 실시하되 당해 책임자의 감시 하에 실시할 것
  - 사용설비의 수리 등을 하는 때에는 미리 위험방지조치(그 내부의 가스를 그 가스와 반응하기 어려운 가스 또는 액체로 치환하는 등)를 할 것
  - 수리 등을 위하여 작업원이 사용설비 내에 들어갈 때에는 다음 조치를 강구
    위 치환에 사용된 가스 또는 액체를 공기로 재치환할 것
    재치환을 한 후 독성가스의 잔류여부를 확인할 것
    호흡용 보호구를 사용할 것
  - 사용시설을 개방하여 수리 등을 할 때는 당해 개방부분의 전후 밸브·콕크 등을 닫고 명판 설치
  - 밸브·콕크 또는 명판에는 조작 금지 표시 및 잠금장치 설치

- 방호벽
  - 저장설비와 사업소안의 보호시설과의 사이에는 방호벽 설치

- 시설 등의 표지
  - 사업소 및 저장설비에는 경계표지와 경계책 설치
  - 외부로부터 독성가스제조시설임을 쉽게 식별할 수 있는 표지 설치

- 고압가스설비의 내압능력
  - 고압가스설비는 상용압력의 1.5배 이상의 압력으로 내압시험을 실시하여 이상이 없을 것(기체 시 1.25배 이상)

- 고압가스설비의 강도 등
  - 고압가스설비는 상용압력의 2배 이상의 압력에서 항복을 일으키지 아니하는 두께를 가지는 것이어야 함.

- 저장탱크(튜브 트레일러 포함)
  - 가스가 누출되지 구조이고, 5㎥이상 가스 저장 시 가스방출장치 설치
  - 저장탱크 및 처리설비를 실내에 설치하는 경우, 저장탱크실과 처리설비실은 구분하여 설치하고 강제통풍시설 설치
  - 천정·벽 및 바닥의 두께가 30㎝ 이상인 철근 콘크리트로 만든 실로서 방수처리
  - 가스누설검지경보장치 설치
  - 저장탱크의 정상부와 저장탱크실 천정과의 거리는 60㎝ 이상
  - 저장탱크를 2개 이상 설치하는 경우 저장탱크실을 각각 구분 설치
  - 저장탱크 및 그 부속시설에는 부식방지도장
  - 저장탱크실 및 처리설비실의 출입문은 각각 설치하고, 자물쇠채움 등의 조치
  - 저장탱크실 및 치리설비실 주위에는 경계표지
  - 저장탱크에 설치한 안전밸브는 지상 5m이상의 높이에 방출구가 있는 방출관 설치
  - 저장탱크 및 그 지주에 온도 상승 방지 조치
  - 저장탱크의 저장능력은 저장탱크 구조 및 주위상황에 따라 안전한 저장능력 이하로 할 것
  - 저장탱크 외면에는 녹이 슬지 않도록 도장
  - 지상 저장탱크 외부에는 주위에서 보기 쉽도록 가스 명칭 표시(붉은색)

- 고압가스설비의 기초
  - 지반침하로 그 고압가스설비에 유해한 영향을 끼치지 아니하여야 함.

- 가스설비의 재료·구조 등
  - 사용하는 재료는 가스의 종류·성질·온도 및 압력 등에 적합하여야 함.
  - 저장능력 5톤 또는 5m^3 이상인 저장탱크 및 압력용기와 지지구조물·기초는 산업자원부장관이 정하는 기준에 따라 지진의 영향에 안전한 구조이어야 함.
  - 가스설비는 가스가 누출되지 아니하는 구조로 할 것
  - 가스설비실 및 저장설비실은 불연재료 사용
  - 불연성 재료 또는 난연성 재료를 사용한 가벼운 지붕 설치
  - 전기설비에 대한 방폭구조는 제외됨.

- 안전장치 등
  - 압력 상승 가능 부분마다 내압시험압력의 8/10 이하의 압력에서 작동되는 안전밸브 설치
  - 긴급차단장치
    저장탱크에 부착된 배관에는 그 저장탱크 외면으로부터 5m이상 떨어진 위치에서 조작할 수 있는 긴급차단장치 설치
    긴급차단장치에 딸린 밸브 외에 2개 이상의 밸브를 설치하고, 그 중 1개는 저장탱크 가장 가까운 부근에 설치할 것
    이 경우 그 저장탱크의 가장 가까운 부근에 설치한 밸브는 가스를 송출 또는 이입하는 때 외에는 잠궈 둘 것
  - 제조시설에는 가스누출검지경보장치 설치
  - 중화조치가 불가능한 독성가스의 경우에는 제외

- 용기보관장소
  - 그 경계를 명시하고, 외부에서 보기 쉬운 곳에 경계표지 설치
  - 충전용기보관실은 불연재료를 사용하고 지붕은 가벼운 재료로 할 것

- 용기보관실에는 누출된 가스가 체류하지 아니하도록 통풍구를 갖추고 통풍이 잘 되지 아니하는 곳에는 강제통풍시설을 설치하여야 함. 누출된 가스의 확산을 적절하게 방지할 수 있는 구조이어야 함. 검지경보장치를 설치하여야 하며, 흡입장치와 연동시켜 중화설비에 이송시키는 설비를 갖출 것

- 가스설비실 · 저장설비실
  - 가스설비실 및 저장설비실에는 누출된 가스가 체류하지 않는 통풍구조일 것
  - 통풍이 잘 되지 아니하는 곳에는 강제통풍시설을 설치하여야 함.

- 비상전력설비 등
  - 자동 제어설비, 살수장치, 방화설비, 소화설비, 제조설비의 냉각수펌프, 비상용조명설비 그 밖의 안전시설에는 비상전력설비를 갖추어야 함.

- 기타 시설
  - 제조설비에는 그 설비에서 발생하는 정전기를 제거하는 조치를 할 것
  - 사업소 안에는 긴급사태 발생 시기를 신속히 전파할 수 있는 통신시설 설치
  - 계량에 관한 법률에 의한 교정검사를 받고 표준교정검사주기를 경과하지 아니한 압력계를 2개 이상 비치

5. 모노실란과 관련된 국제 규격

- ANSI - American National Standards Institute

- CGA G-13 - Compressed Gas Association

- EIGA - European Industrial Gases Association

- AIGA - Asia Industrial Gases Association

- FM Global 7-7 - Factory Mutual

- NFPA 318 & 55 - National Fire Protection Agency

6. 모노실란의 취급

모노실란은 자연발화온도가 -50℃로서 대기온도보다 상당히 낮기 때문에 대기로 방출되면 즉시 점화하는 자연발화성 압축가스이다. 아주 소량의 누출은 불꽃이 보이지 않으므로 누출부위 주변에서 볼 수 있는 흰색 또는 갈색가루(SiO_2)가 쌓여있는 것으로 알 수 있다.

[그림 6-1] 모노실란의 각종 화재 모습

주반응 생성물은 SiO_2로서 완전연소 시에는 흰색이나 불완전 연소인 경우에는 갈색의 먼지 또는 덩어리로 생성되며 갈색의 물질은 내부에 미 연소된 모노실란을 함유하고 있으므로 취급 시 모노실란과 동일하게 하여야 한다. 또한 누출이 큰 경우 실란화재로 인한 두꺼운 SiO_2 구름이 발생되는데 이는 물 분무를 통하여 떨어뜨릴 수 있으나 이때 실란 화재는 절대로 진화해서는 안 된다.

그 주된 이유는 실란 화재를 진화하는 경우 점화하지 않은 실란 구름이 이동을 하다가 어느 순간 알지 못하는 지역에서 증기운폭발을 일으키기 때문이다.

반응은 $SiH_4 + 2O_2 + 7.5N_2 \rightarrow SiO_2(s) + 2H_2O + 7.5N_2$와 같으며 1.0kg의 모노실란이 반응을 하면 1.87kg의 비정질 실리카가 생성된다.

습도가 낮거나 누출 속도가 느린 경우에는 자연발화하는 성질을 증가 시킨다. 이것은 습도가 높거나 누출속도가 빠른 경우 즉시 점화하지 않고 많은 양의 실란 가스와 공기가 혼합하여 이동하다가 폭발을 발생시킬 수 있으므로 이러한 상황을 만들지 않도록 하여야 한다.

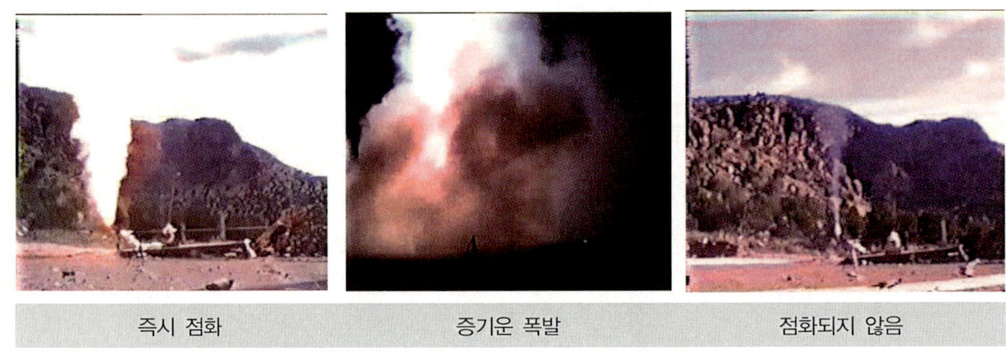

[그림 6-2] 모노실란의 자연발화 모습

1994년 미국의 SEMATECH(SEmiconductor MAnufacturing TECHnology, 미국 반도체 제조기술 연구조합)에서 발표한 바에 의하면, 누출된 모노실란의 81%는 아래와 같은 위험을 발생시키고 약 29%는 즉시 점화하지 않은 것으로 나타났다.

화재: 59%

폭발: 11%

팝(Pop, 작은 화재): 11%

화재	폭발	팝(Pop, 작은 화재)

[그림 6-3] 모노실란의 사고 종류

또한 사고가 발생된 지점을 조사한 바에 의하면,

공정 중: 24.4%

실린더 교체 중: 26.9%

정비 중: 12.2%

알지 못함: 36.5%

상기 조사 자료에서 알 수 있듯이 모노실란 사고의 약 39%(실린더 교체 및 정비)가 사람의 조작에 의하여 발생된다는 것을 알 수 있다. 즉, 실린더 교체 주기를 줄이거나 정비의 시간을 줄인다면 상당히 많은 사고를 예방할 수 있는 것이다.

근래에는 반도체·LCD·태양광 설비들이 대형화됨에 따라 그 사용양이 늘어 점점 대형화된 모노실란 공급설비를 요구하는데 상기에서 알 수 있듯이 사고예방 측면에서도 좋은 방향이라고 할 수 있다.

강한 자연발화 성질로 인하여 공기와의 접촉부위 및 이에 대한 일정 속도를 주어 누설이 발생되더라도 공기와 혼합하여 연소하한계 이하로 낮추어 화재가 발생하지 않도록 하거나 누설 부위에서 화재가 발생되더라도 이의 크기를 줄이는 데 그 목적이 있다. 이러한 이유로 옥외에 실란의 저장/취급 설비를 설치하도록 권고하고 있다.

6.1 옥외 설치

국내 고압가스안전관리법에서는 특별히 규정하는 것은 없으나, CGA G-13 및 타 국제 Code에서는 아주 작은 설비를 제외하고는 누출 시 그 화재 또는 폭발로 인한 피해를 최소화하기 위하여 옥내 설치보다는 옥외설치를 권고하고 있다. 옥외 설치는 화재에서 발생하는 복사열을 대기로 흡수시키고 폭발의 경우 여기서 발생되는 폭풍압(Blast Pressure)을 감소시키는 효과가 있다.

옥외라 함은 국내법에서는 주변 2면 이상이 대기로 열린 상태를 의미하나, 국제 규격의 경우 실란에 대하여 공기의 흐름을 최대화하기 위하여 주변 4면 중 1면만이 닫혀있고 3면 이상은 대기로 열린 상태를 추천하고 있다.

대기에서 발생하는 비, 태양열 등을 피하기 위하여 방화기능과 충분의 눈의 무게를 견딜 수 있는 지붕을 추천한다. 이때 지붕의 높이는 가장 낮은 곳이 3.7m 이상이어야 한다.

| B 실린더(47ℓ) | Y 실린더(440ℓ) | ISO실린더(19,100ℓ) |

[그림 6-4] 모노실란의 실린더별 옥외설치 모습

- 출구: 바닥 면적이 $19m^2$ 이상인 장소는 최소 2개 이상의 출구를 추천한다. 출구간의 거리는 23m 이하로 한다. 또한 출입문은 항상 안에서 비상시에 열릴 수 있는 구조(예: Panic-bar 또는 Hardware 등)로 구성되도록 한다.

- 차량의 진출입이 필요한 모노실란 저장·취급소에는 차량으로 인한 손상을 방지할 수 있는 설비를 고려한다.

- 적합하지 않은 물질과의 안전거리: 실란과 적합하지 않은 물질과는 최소 6.1m의 안전거리를 유지하거나, 이것이 어려운 경우 저장 실린더의 높이 보다 최소 46cm이상의 높이로 2시간 이상의 방화기능을 가지는 벽 설치를 하고 1.5m까지 줄이는 것을 추천한다.

- 실린더 설비: 모노실란을 저장하고 있는 각각의 실린더는 철 구조물로 구성하고 밸브 또는 다른 연결구에서 발생할 수 있는 화염으로부터 보호하도록 일정 거리를 이격한다. 실린더 사이에는 6mm 두께 이상의 철판으로 밸브의 중앙으로부터 상부로 460mm 이상 하부로 150mm 이상으로 하여 발생할 수 있는 화염으로부터 타 설비로의 화염전파 방지를 할 수 있도록 한다.

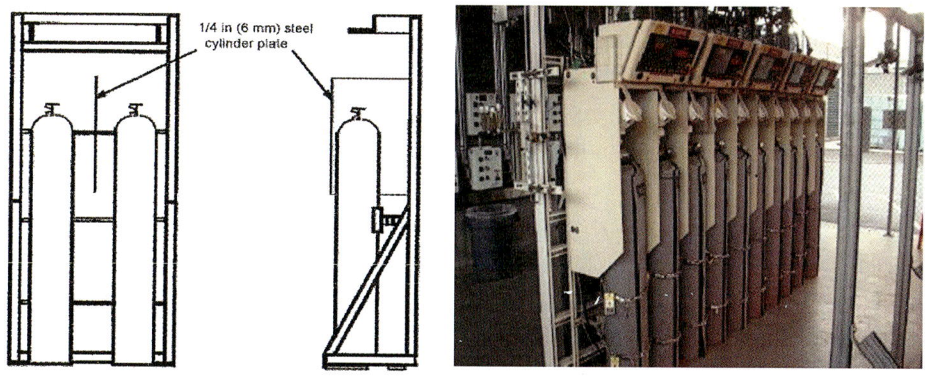

[그림 6-5] 모노실란의 실린더 옥외 설치 모습

[그림 6-6] 모노실란의 실린더 화염 및 자동잠금장치 설치 모습

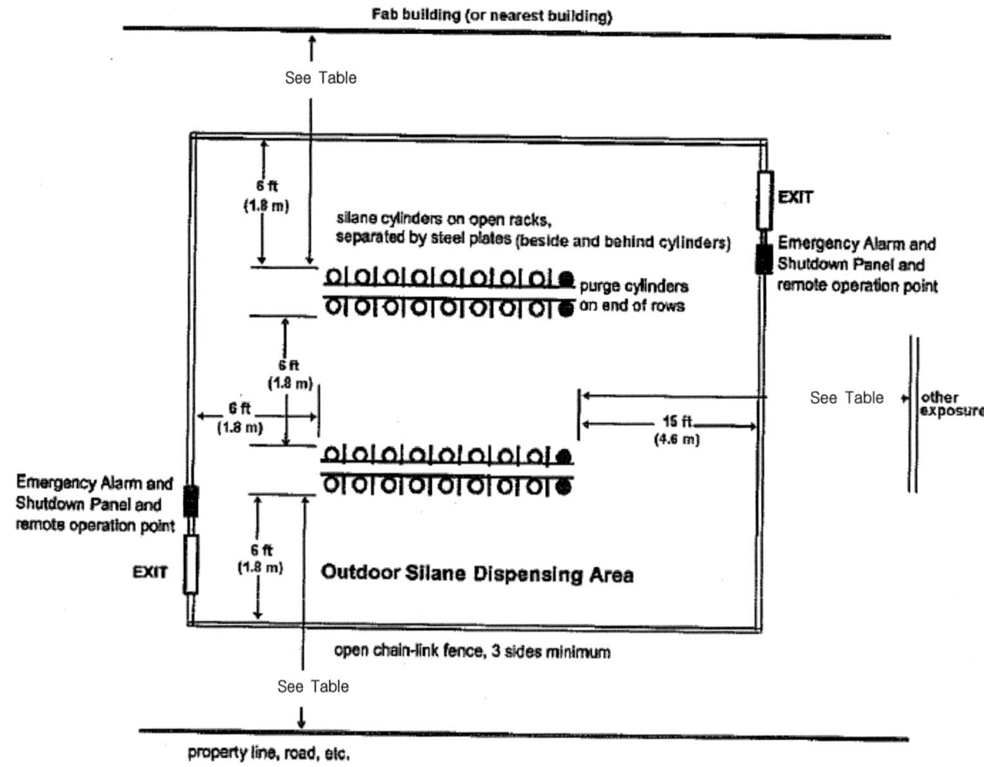

[그림 6-7] 모노실란 실린더 옥외설치 대표도

- 벌크(Bulk) 설비

누출원 (Process gas panel 또는 Control panel 등의 기계적 연결부위가 존재하는 장소 또는 시설) 과 용기와는 9m의 이격거리를 유지하거나 2시간 이상의 방화벽을 설치한다. Process gas panel과 Control panel과는 최소 4.6m를 이격시킨다.

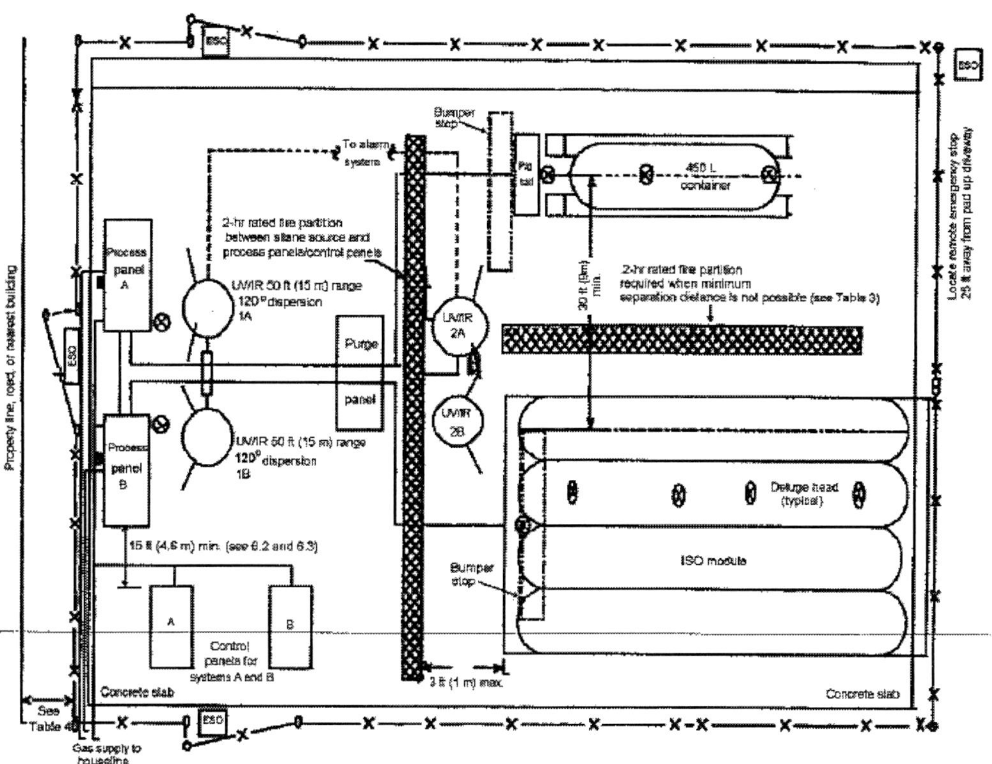

[그림 6-8] 벌크 모노실란의 옥외 설치

[표 6-1] 모노실란 용기 450ℓ 이하의 안전거리(CGA G-13)

Type of Exposure	Minimum distance to exposures for different storage and volumes[1][2][3]							
	Cylinders[4] $\leq 600ft^3$ (17m3)		Cylinders[5] $601\sim2500ft^3$ (71m3)		Cylinders[5] $2501\sim10000$ ft^3 (283m3)		450L Cylinders[5] $\leq10000ft^3$ (283m3)	
	ft	m	ft	m	ft	m	ft	m
Place of public assembly property line that is able to be built upon	20	60	30	9	50	15	60	18
Public street and sidewalk	20	60	30	9	50	15	60	18
Buildings of nonrated construction[7]	15	5	25	8	25	8	40	12
Buildings of nonrated construction[8]	20	6	25	8	25	8	40	12
Buildings with 2hr fire rating and no openings within 25ft(8m)	5	1.5	5	1.5	5	1.5	5	1.5

Type of Exposure	Minimum distance to exposures for different storage and volumes[1,2,3]							
	Cylinders[4] ≤600ft³ (17m3)		Cylinders[5] 601~2500ft³ (71m3)		Cylinders[5] 2501~10000 ft³ (283m3)		450L Cylinders[5] ≤10000ft³ (283m3)	
	ft	m	ft	m	ft	m	ft	m
Buildings with 4hr fire rating and no openings within 25ft(8m)	0	0	0	0	0	0	0	0
Compatible compressed gas cylinder storage or other silane nests[7]	9	3	9	3	12	4	30	9
Compatible compressed gas cylinder storage or other silane nests[8]	20	6	20	6	20	6	40	12
Incompatible compressed gas cylinders and materials	20	6	20	6	20	6	40	12
Flammable and/or combustible liquid storage above ground[7] (a) 0 to 1000gal(3785L) (b) In excess of 1000gal (3785 L)	10 25	3 8	10 25	3 8	25 50	8 15	25 50	8 15
Flammable and/or combustible liquid storage above ground[8] (a) 0 to 1000gal(3785L) (b) In excess of 1000gal (3785 L)	20 25	6 8	20 25	6 8	25 50	8 15	25 50	8 15

[1] The distances are based on permissible exposure to thermal radiation.

[2] The distances specified are allowed to be reduced to 5ft (1.5m) when protective wall are provided.

[3] Volume shown in liters refers to the water volume of the cylinder.

[4] For cylinders with internal volume of 1.8ft³ (50 L) or less in storage or for those in use when separated to prevent flame impingement.

[5] For cylinders with internal volume of 1.8ft³ (50 L) or less in storage only.

[6] For cylinders with internal volume of 1.8ft³ (50 L) and not exceeding 16ft³ (450 L) in storage or use.

[7] Silane packaged in steel cylinders or fiber overwrapped aluminium cylinders or silane stored in proximity to compatible gases packaged in steel or aluminium fiber overwrapped cylinders.

[8] Silane packaged in steel cylinders or silane stored in proximity to compatible gases packaged in aluminium cylinders.

[표 6-2] 모노실란 용기 450ℓ 초과의 안전거리(CGA G-13)

| Type of Exposure | Minimum distance to exposures[1][2][3][4][5][6] >450 L[5] cylinder to include tube trailer or ISO module[1] | | | | | |
| | <600psig (4140kPa) | | >600 to 1000psig (6900kPa) | | >1000 to 1600psig (11030kPa) | |
	ft	m	ft	m	ft	m
Place of public assembly	175	53	275	84	450	137
Property lines	110	34	180	55	300	91
Buildings on site[7]	25	8	25	8	40	12
Buildings of nonrated construction[8]	25	8	25	8	40	12

[1] Maximum silane pressure in the container.

[2] The distances are based on the potential for overpressure due to late ignition of released silane from individual containers of the sized noted. Overpressures are determined in part by potential release from the pressure relieving device used for containers of the size noted. The container volumes shown are based on the maximum water content of individual containers whether manifolded or not.

[3] Distance to buildings are allowed to be reduced depending on the ability of the building to resist overpressure.

[4] Distance for pressures and volumes outside those shown in the table shall be determined by engineering analysis subject to the approval by the authority having jurisdiction.

[5] Volumes expressed in liters refer to the water content of containers specified.

[6] Tube trailers or ISO modules equipped with PRDs with a venting orifice of ≤1.0in (25mm) in diameter.

[7] Where greater encroachment is required for buildings on site refer to other guideline.

- 공급중단 비상 버튼

  적어도 하나 이상의 원격 공급중단 및 수동 공급중단 비상 버튼을 설비를 설치하되 위치는 가스누설의 가능성이 있는 부위에서 최소 4.6m 이상 이격시킬 것

  추가적으로 원격 및 수동 공급중단 버튼을 모노실란 설비 출구 외부에 설치할 것

- 자동 공급중단 설비

  가스의 누설 또는 화재를 감지하는 경우에는 자동으로 모노실란의 공급이 중단되도록 할 것

- 공정가스 패널(Process gas panel)

    공정가스 패널이란 실린더 후단의 압력을 조절하여 일정한 압력의 모노실란 가스가 사용처에 도달하도록 하는 장치이다.

    대표적인 구성은 아래와 같다.

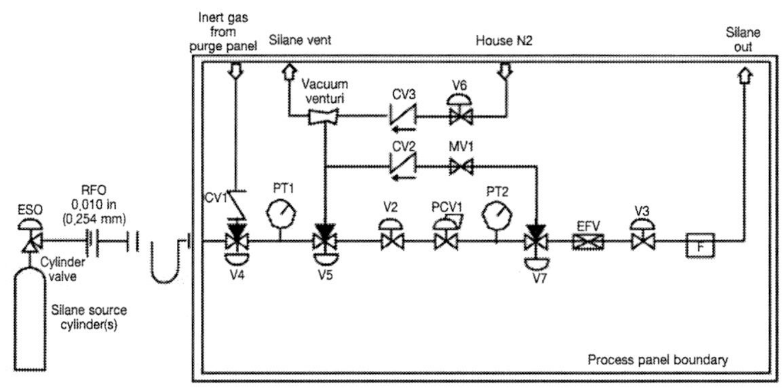

[그림 6-9] 공정가스 패널 구성도

- 퍼지가스 패널(Purge gas panel)

    퍼지가스 패널이란 모노실란 이송배관을 불활성 기체(주로, 질소 또는 헬륨)를 이용 퍼지를 위한 패널을 말한다. 구성은 역방향으로 흐르는 것을 방지하는 설비 및 잠재적인 오염을 방지하기 위하여 다른 가스의 퍼지 패널과 혼용으로 사용하지 않고 실란은 실란 전용 퍼지 패널을 사용하여야 한다.

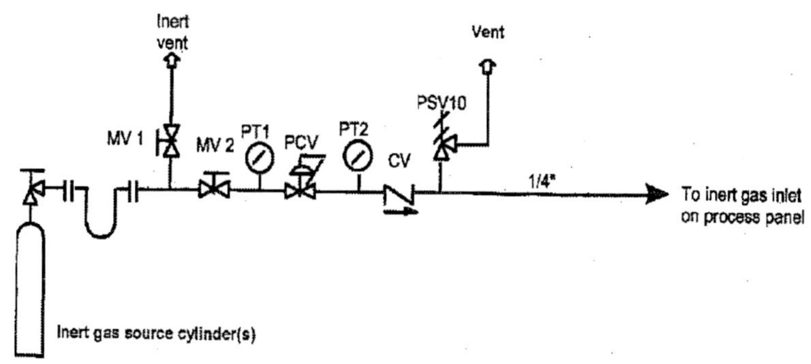

[그림 6-10] 퍼지가스 패널 구성도

6.2 옥내 설치

옥내라 함은 6.1 옥외의 규정을 충족시키지 못하는 모든 장소를 일컫는다. 모노실란의 옥내 저장 또는 취급은 벌크(즉, 250 *l* 이상) 에는 적용하지 않고 옥외 설치를 한다.

- 충전소
  - 폭발에 대비한 설비를 할 것
  - 충분한 환기를 제공할 것
  - 가스누출을 검지할 수 있는 설비를 갖추고 TLV-TWA값인 5ppm 또는 그 이하에서 운전원에게 경고를 할 수 있도록 하고 흐름이 자동으로 차단되도록 할 것

- 출구

  바닥 면적이 $19m^2$ 이상인 장소는 최소 2개 이상의 출구를 추천한다. 출구간의 거리는 23m 이하로 한다. 또한 출입문은 항상 안에서 비상시에 열릴 수 있는 구조(예: Panic-bar 또는 Hardware 등) 로 구성되도록 한다.

- 공급중단 비상 버튼

  적어도 하나 이상의 원격 공급중단 및 수동 공급중단 비상 버튼을 설비를 설치하되 위치는 가스누설의 가능성이 있는 부위에서 최소 4.6m 이상 이격시킬 것.
  추가적으로 원격 및 수동 공급중단 버튼을 모노실란 설비 출구 외부에 설치할 것.

- 가스캐비닛(Gas Cabinet)

  가스캐비닛은 공정가스 패널, 조절(Controller), 캐비닛 등으로 구성되어 있다. 압축가스 실린더를 안전하게 보호하고 만일에 발생되는 누출에 대한 인명을 보호를 위하여 설치 되며 완전 밀폐형이어야 한다. 또한 내부의 상황을 캐비닛 외부에서 감시가 가능하도 록 투명한 망입 유리를 설치한다.
  가스캐비닛은 누출이 발생되는 경우에 대비하여 환기설비와 연결이 되어야 하고 적절 한 제독설비 또는 안전한 장소로 이송되어야 한다.

[그림 6-11] 가스캐비닛

- VMB(Valve Manifold Box)

  VMB는 하나의 가스 공급원에서 여러 개의 사용처로 가스를 분배하여 주는 분배장치
  이다. VMB는 공기 또는 질소 압력으로 자동으로 작동이 되도록 할 수 있다.
  VMB 내에는 퍼지 기능이 있어야 한다.

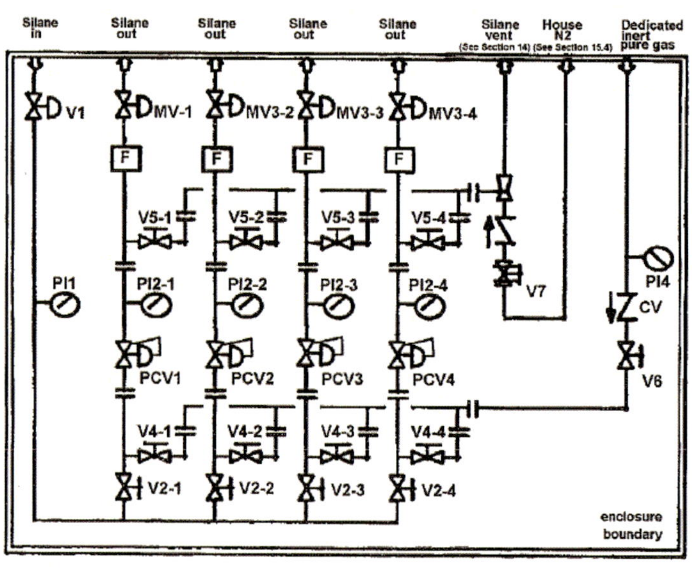

[그림 6-12] VMB 도면

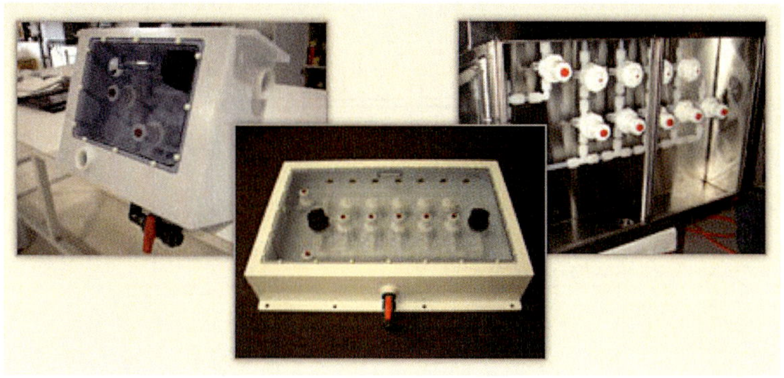

[그림 6-13] VMB 사진

6.3 벌크 설비(Bulk System)

벌크라 함은 250 l 이상의 물과 동일한 용적을 가지고 있는 용기를 지칭한다. 일반적으로 Y 실린더 이상을 생각하면 된다. 이 설비들은 아주 특별한 경우가 아니라면 옥외설치를 하여야 한다.

국내 고압가스안전관리법에 따르면 독성가스의 경우 누출 시 포집설비를 하고 이를 제독하도록 규정하고 있다. 모노실란의 경우 2008년 6월 22일 시행된 독성가스의 정의 LC_{50} 5000ppm 이하에 따라 독성가스에서 제외되는 것이 맞으나, 모노실란이 가지고 있는 위험성이 많아 아직 암모니아(NH3), 염화메탄(CH3Cl), 삼불화질소(NF3)와 함께 독성가스로 취급되고 있다.

상기의 규정에 따라 비상시에 대비한 제독설비를 갖추는 것이 맞으나 실란의 가장 큰 특성인 자연발화성으로 인하여 대기 방출 시 모래성분인 SiO_2가 발생하므로 면제하여 주고 있다. 단, 실린더 교체 등의 공정 중에 의도적으로 발생되는 누출은 일정 제독설비를 이용하여 처리 하여야 한다.

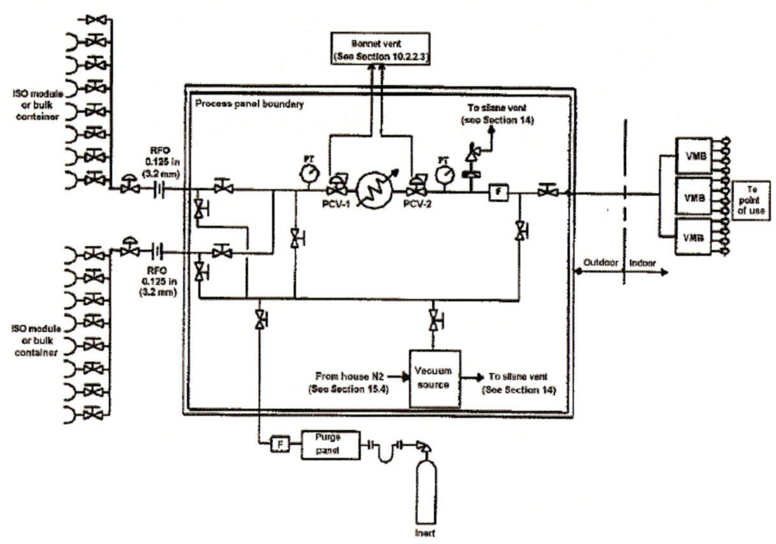

[그림 6-14] 벌크 실란 도면 예

[그림 6-15] 벌크 실란 설치 예

• 튜브 트레일러 또는 ISO 모듈(Tube Trailer or ISO Module)

ISO 모듈이란 여러 개의 튜브를 해상 및 육상으로 이송이 가능하도록 구조물에 적재한 형태를 말한다. 보통 2ft의 직경에 20ft 또는 40ft의 길이로 구성된다.

각각의 튜브는 밸브를 가지고 있으면 배관으로 서로 연결이 되어있다.

[그림 6-16] ISO Module

- 440 *l* 실린더(Y Cylinder)

  일반적으로 Y 실린더라고 불리며 약 440 *l* 의 용적을 가지고 있다. 한쪽은 밸브가 설치되고 수평의 형태로 사용되며 지게차 등으로 이동이 가능하도록 Skid 위에 설치되어 있다.

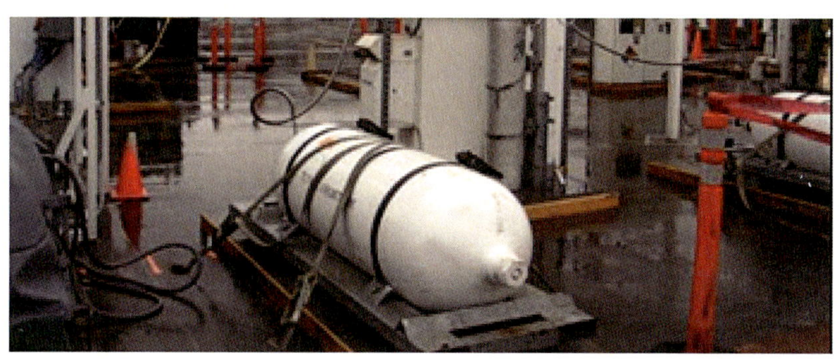

[그림 6-17] 440ℓ 실린더

- 실린더 묶음(Cylinder Pack)

  여러 개의 실린더를 스키드(Skid) 또는 카트(Cart)에 조합하여 대량으로 사용하고자 하는 목적이며 이동은 지게차 등으로 하고 아래에 바퀴를 설치하여 이동하는 것은 사고의 위험이 있어 권장하지 않는다. 하나의 실린더 용적은 보통 47L, 43 *l* 또는 45 *l* 이다.

[그림 6-18] 실린더 묶음

6.4 배관 및 부속품

배관에 관련된 시스템은 ANSI B31.3(American National Standard Institute B31.3, Power and Process Piping Package) 및 고압가스안전관리법에 따라 설계, 설치, 검사 및 시험이 이루어져야 한다.

1) 배관의 연결

- 모노실란을 취급하는 배관의 연결은 원칙적으로 모든 것을 아래와 같은 경우를 제외하고는 용접 형태를 추천한다.
- 점검을 위하여 탈착이 필요한 부분은 금속성분의 가스켓으로 Face-seal 형태의 연결이 되도록 한다.
- 진동 또는 회전력에 의하여 누출의 위험을 막기 위하여 용접연결이 아닌 부분을 최소화 한다.

2) 배관의 이중 보호

아주 특별히 고객의 요청 또는 주변의 상황이 충격을 빈번히 줄 수 있는 상황이 아니라면 군이 이중배관을 추천하지 않는다. 그러나 어떠한 이유에서든 이중배관을 수행하는 경우에는 외부 배관의 설계압력이 내부 배관과 동일하게 하여 만일의 사태에 내부 배관에 누출이 발생되더라도 외부 배관에 영향을 주어 외부로 배출되지 않도록 하여야 한다.

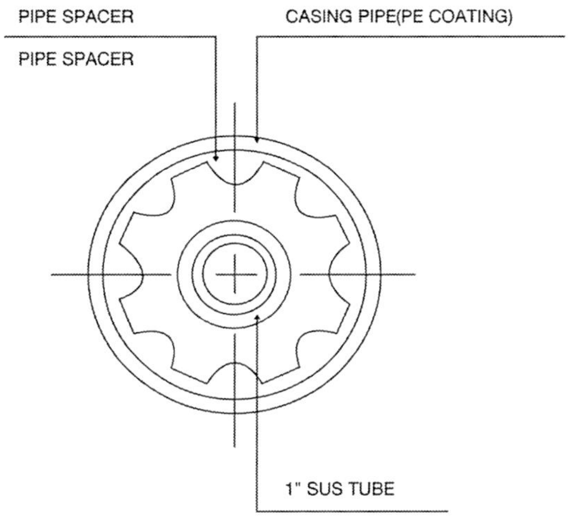

[그림 6-19] 이중 배관

이중배관의 사용하는 경우 내/외부 배관 사이에는 퍼지 등의 목적으로 공기를 사용하여서는 안 된다. 만일 발생할 수 있는 누출로 인하여 화재 또는 폭발을 일으킬 수 있기 때문이다. 불활성 기체를 이용하여 실란의 압력보다는 낮게, 대기압보다는 높게 항상 압력을 유지시키고 측정하여 만일 압력이 증가하는 경우에는 내부 배관의 손상 압력이 감소하는 경우에는 외부 배관의 손상을 알 수 있도록 하는 것이 좋다. 이때 압력측정기는 신뢰도를 높이기 위하여 3개 중 2개의 압력측정기가 동일한 압력지시를 하는 경우(2 out of 3 voting system) 그 위험성에 따라 공급을 중단할 수 있도록 하는 것을 추천한다.

3) 기밀시험

기밀시험에 사용되는 유체는 조연성 가스(공기 등)이 포함되지 않은 불활성 기체를 사용하고 실란을 투입하기 전에는 공기 등이 확실히 없도록 하여야 한다.

4) 식별

배관 시스템의 식별은 ASME A13.1(Schemes for the identification of piping systems)에 따라

아래와 같이 추천한다.

- 유체의 종류와 흐름 표기
- 각각의 밸브, 벽 등을 통과하기 전, 흐름의 방향이 변하기 전
- 매 6.0m마다 또는 배관의 분기점

5) 밸브

잠재적 누출의 원인이 될 수 있는 팩킹 형태는 사용을 금하고 팩킹이 없는 밸로우즈(Bellows) 또는 다이아프램(Diaphram) 형태의 밸브를 사용하여야 한다. 밸브의 구성품 들은 도구를 이용하여야만 해체 등이 가능하도록 하여야 한다. 자동 밸브는 밸브 액츄에이터에 에너지를 잃는 경우(예: 계장 공기 공급 중단, 전기 공급 중단 또는 고장 등)에 Fail-safe 또는 Fail-closed로 설계하여 어떠한 경우라도 안전을 보장할 수 있도록 하여야 한다.

6) 체크 밸브

체크 밸브는 역방향 흐름을 방지하는 유일한 목적으로 사용되어서는 안 되고 다른 장치(예: 자동잠금밸브 등)와 함께 사용되어야 한다. 체크 밸브는 Spring-opposed 또는 Positive shutoff 형태를 사용한다.

7) 레귤레이터(Regulator)

메탈 다이아프램(Metal diaphragm)으로 구성된 레귤레이터(Regulator)를 사용한다.

8) 보닛 릴리프 밴트(Bonnet relief vent)

레귤레이터 보닛(Regulator bonnet)의 다이아프램이 손상되어 내부의 실란이 누출되었을 때 안전한 지역으로 밴트시킬 수 있도록 배관을 설치하여야 한다. 누출을 감지할 수 있는 설비를 설치하도록 하고 배관은 누출된 실란이 충분히 흐를 수 잇도록 구경을 결정한다.

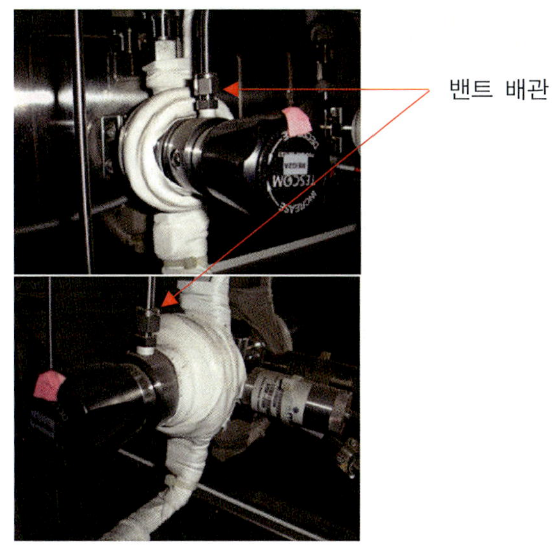

[그림 6-20] 압력조절밸브 밴트 배관 설치 예

9) 긴급차단밸브(ESO, Emergency Shut-Off)

비상시에 실란의 흐름을 긴급으로 차단하는 설비를 갖추어야 한다. 적어도 한 개 이상의 밸브가 원격에 설치되어 있고 수동으로 조작할 수 있도록 하여야 한다. 이 시스템은 외부로 나갈 수 있는 문 외부에 설치되어 있어야 하며 바로 실란의 흐름을 차단할 수 있도록 구성되고 경고음을 발생할 수 있어야 한다. 계장용 공기를 공급하는 튜브는 열에 약한 재질로 하여 만일 외부화재가 발생하더라도 계장공기용 튜브가 녹아 Fail-safe position으로 잠기도록 한다. 긴급차단밸브는 실란 공급처로부터 최대한 가깝게 설치한다.

10) 가스검지기

CGA G-13에서는 옥외설비에 대하여 가스검지기 설치에 예외를 허용하고 있으나, 국내에서는 아직 실란이 독성가스 이므로 고압가스안전관리법에 따라 옥내설비에는 주변둘레 10m당 1개 이상, 옥외설비는 주변둘레 20m당 1개 이상 설치를 하여야 한다. 검지기의 설치는 기계적 결합(예: Flange, Thread, Coupling 등)이 존재하고 있는 주변을 추천한다.

검지기의 설정은 환기가 원활히 되는 지역은 0.34%(25% LFL) 또는 그 이하, 환기가 원활히 이루어지지 않는 지역은 5ppm (TLV-TWA) 또는 그 이하를 추천한다.

그러나 공정설비의 차단은 0.34% 이상에서 이루어지도록 한다.

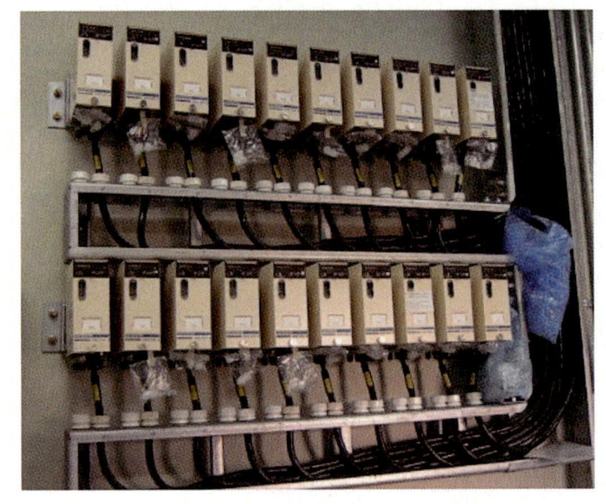

[그림 6-21] 가스검지기 설치 예

11) 불꽃감지기

실란은 자연발화성 물질로서 누출 시 화염을 발생시킨다. 이를 감지하기 위한 불꽃감지기를 설치하여야 한다. 잠재적인 가스누출 확률이 있는 실린더 주변, 퍼지 패널, ISO 모듈, 카스캐비닛 등을 확인할 수 있는 위치에 설치하되 외부에 설치되는 경우 햇빛, 용접용 불꽃, 다른 적외선, 자외선 등에 반응하지 않도록 성능이 검증된 제품을 사용하여야 한다.

[그림 6-22] 불꽃감지기 설치 예

불꽃감지기의 작동은 모든 실란설비의 정지를 시킬 수 있도록 하여야 한다.

불꽃감지기를 외부에 설치하는 경우 번개 등에 반응하여 오작동하는 것을 방지하기 위하여 지연시간(Delay Time)을 두는 것이 좋다.

12) 소화설비

실란의 화재에는 절대로 화재를 진화하려고 하여서는 안 된다. 가스의 흐름을 정지시키는 것이 가장 바람직하다. 더욱이 소화설비로서 이산화탄소(CO_2)와 같이 질식소화는 연소되지 않은 모노실란이 연소되지 않은 상태로 자유이동을 하다가 공기와 혼합되어 주변의 점화원에 의하여 더욱 큰 화재나 폭발을 일으킬 수 있으므로 절대로 사용하여서는 안 된다.

화재발생 시에는 화재 열로 인하여 용기의 손상을 방지하기 위하여 용기외부를 물로 냉각하여주는 딜루지(Deluge) 설비를 하되 오동작으로 인한 계기등의 손상 및 공급 중단을 방지하기 위하여 수동으로 동작이 되도록 하는 것이 좋다. 물의 공급량은 용기 표면적 m^2당 12liter/min 이상으로 하고 수원은 2시간을 충분히 공급할 수 있도록 한다.

[그림 6-23] 딜루지 설비 예

13) 환기설비

모노실란의 취급에는 적절한 환기설비가 상당히 중요하다. 캐비닛 등이 없는 실린더 저장소의 경우 바닥면적 $1m^2$당 300lpm(18m3/hr)의 공기의 양을 환기시키거나 또는 시간당 저장소 용적의 최소 6회 이상(6ACH, Air Change per Hour) 공기의 양을 환기하는 두 가지 기준 중에 그 수치가 큰 것을 채택한다.

외부에 설치되어 있는 기계적 결합부 또는 캐비닛 등에는 미국의 압축가스규격(CGA, Compressed Gas Association), 화재안전협회 (NFPA, National Fire Protection Association) 등에서 추천하고 있는 모든 개구부 또는 기계적인 결합부(예: VCR, DISS, Flange 등)에서의 표면속도를 약 200~250ft/min(1.0~1.3m/sec, CGA G-13) 이상으로 유지하는 것을 규정하고 있다.

환기설비에 문제가 발생되는 경우에는 그 사실을 운전원이 상주하고 있는 장소에 경보가 울리도록 하여야 한다.

아래는 가스 캐비닛 또는 VMB에 사용되는 RFO 크기별 최소 환기량을 나타낸 표이다.

[표 6-3] 무인 운전의 경우 필요 환기량

Source Pressure (psig)	직경 0.006인치 (0.15mm) RFO		직경 0.01인치 (0.25mm) RFO		직경 0.014인치 (0.36mm) RFO		직경 0.02인치 (0.51mm) RFO	
	실란 누출량 (scfm)	필요 환기량 (scfm)	실란 누출량 (scfm)	필요 환기량 (scfm)	실란 누출량 (scfm)	필요 환기량 (scfm)	실란 누출량 (scfm)	필요 환기량 (scfm)
50	0.025	8	0.069	21	0.136	41	0.288	86
100	0.045	14	0.124	37	0.243	73	0.497	149
200	0.085	26	0.237	71	0.465	140	0.949	285
400	0.173	52	0.480	144				
600	0.275	83	0.755	227				
800	0.395	119	1.08	324				
1000	0.555	167	1.51	453				
1200	0.724	217	1.97	591				
1500	0.913	274	2.50	750				
1650	0.987	296	2.70	810				

1. scfm – standard cubic feet per minute (ft3/min)
2. 모노실란 온도 – 75°F(24℃)
3. RFO 후단 압력 – 대기압
4. RFO discharge coefficient – 0.8

[표 6-4] 유인 운전의 경우 필요 환기량

Source Pressure(psig)	직경 0.006인치(0.15mm) RFO	
	실란 누출량(scfm)	필요환기량(scfm)
50	0.025	8
100	0.045	14
200	0.085	26
400	0.173	52
600	0.275	83
800	0.406	122
1000	0.568	170
1200	0.711	213
1500	0.852	256
1650	0.917	275

14) 연속 퍼지

실란이 밴트되는 배관에는 공기의 침투를 방지하기 위하여 연속적인 퍼지를 불활성 기체로 수행하여야 한다. 이때 퍼지의 양은 밴트 배관에서 1m/sec 이상이 되도록 한다.

15) 일반적인 감시 설비

[표 6-5] 옥내설비의 일반적인 요구 사항

옥내 설비	환기 감시	가스 검지	화염 감지	비상 중단
가스 캐비닛	환기가 되지 않는 경우 경보설비 설치 환기가 되지 않는다고 설비를 중단시킬 필요는 없음	가스검지기 설치 필요 및 이에 따라 설비 중단	광학적인 화염감지기 또는 온도감지기 설치 필요 및 이에 따라 설비 중단	모두 출입구 외부에는 비상정지 버튼을 설치하여 비상시 설비를 중단할 수 있도록 함
이중배관이 아니면서 기계적 결합이 있는 경우		가스검지기 설치 필요	광학적인 화염감지기 또는 온도감지기 설치 필요 및 이에 따라 설비 중단	
VMB		가스검지기 설치 필요 및 이에 따라 설비 중단	광학적인 화염감지기 또는 온도감지기 설치 필요 및 이에 따라 설비 중단	

[표 6-6] 옥외설비의 일반적인 요구 사항

옥외 설치	환기 감시	가스 검지	화염 감지	비상 중단
일반적임	강제 환기설비 필요 없음	가스검지기가 절대적으로 필요한 사항은 아님	화염감지기 또는 온도감지기 설치 필요 및 이에 따라 설비 중단	모두 출입구 외부에는 누출부위로부터 4.6m 이내에 비상정지 버튼을 설치하여 비상시 설비를 중단 할 수 있도록 함

1. 특수가스 취급시설 안전진단 간략 보고서

고객명: ×××××

고객위치: ××××× ××××× ×××××

검사자: ×××××

날짜: 20XX년 ××월 ××일

1.1 Hydrogen Tube Trailer Area

- 지붕의 모양을 한쪽으로 기울이게 하고 높은 쪽을 대기로 통할 수 있는 구조로 되어 있는 것은 환기에 좋은 방법임.

- 양쪽으로는 통풍이 원활하나 외부로는 벽면에 접하고 있어 만일에 발생되는 수소가 체류할 우려가 있으므로 위치가 가장 높은 지역으로 아래 그림과 같은 통풍구 또는 마찰이 발생하지 않는 자연통풍기 2기 신설을 추천함.

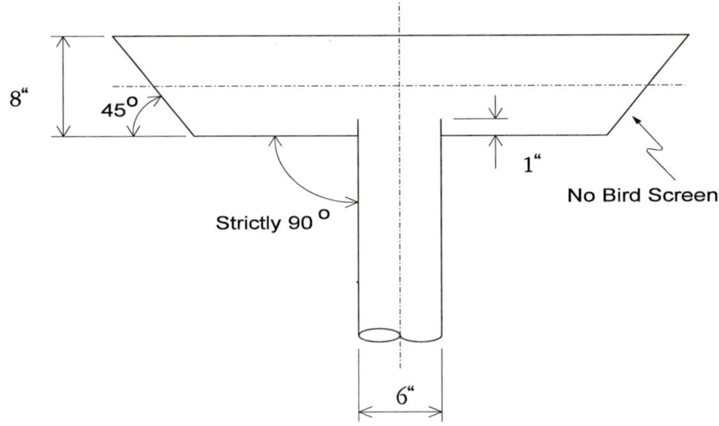

- 수소 튜브트레일러에 Stopper 및 바퀴 고정 장치는 제대로 잘되어 있음.

- 수소 튜브트레일러와 호스가 체결된 상태에서 운전자의 부주의 등으로 트레일러를 운전하여 나가는 경우 호스가 빠지면서 다량의 수소가 대기로 누출될 가능성이 있으므로 이 경우에도 수소가 대기로 누출되지 않고 차단이 가능한 Smart Hose 체결을 추천함.

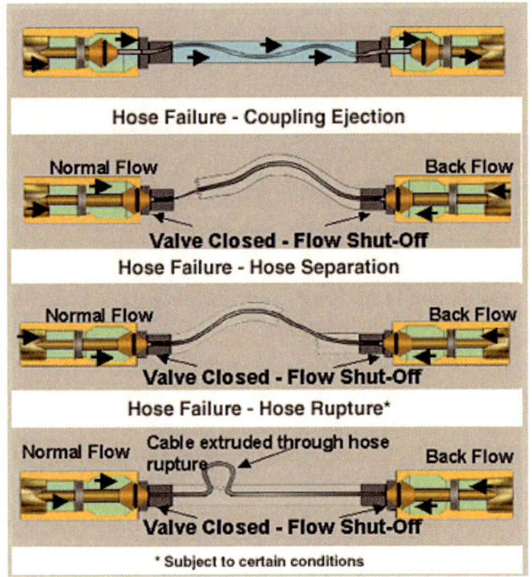

- 튜브트레일러 앞쪽의 트레일러 지지대는 항상 노후화의 우려가 있고 이에 따라 지지대에 파손이 발생하여 트레일러가 쓰러지는 사고의 우려가 있음. 이를 이중으로 방지할 수 있는 Jack-stand 설치를 권고 함.

- 태양광으로부터 발생되는 복사열에 따라 수소 튜브 트레일러 내부의 압력이 증가하여 누출 발생 여지가 있어 차양막(Canopy) 및 물냉각 설비(Water Cooling)가 설치되어 있어 안전하게 설치됨.

- 외부화재로부터 트레일러 튜브의 온도 상승을 방지하고 설치한 물분무설비는 오동작으로 인하여 내부 설비에 손상 등을 발생시킬 수 있으므로 확실하게 외부에서 발생된 화재를 인지하고 물분무설비를 작동시킬 수 있도록 수동으로 작동이 되도록 하는 것을 추천함. 단, 작동 버튼의 위치는 외부에서 쉽게 인지할 수 있도록 할 것

1.2 암모니아 공급설비 첫 번째 공급소(실란 중심)

- SiH_4 캐비닛 내부의 환기량이 부족함. 내부에서의 표면 속도가 1m/sec 이상이 되도록 증가시키는 것을 권고함. 예로 캐비닛을 평면으로 절단하였다고 가정하면,

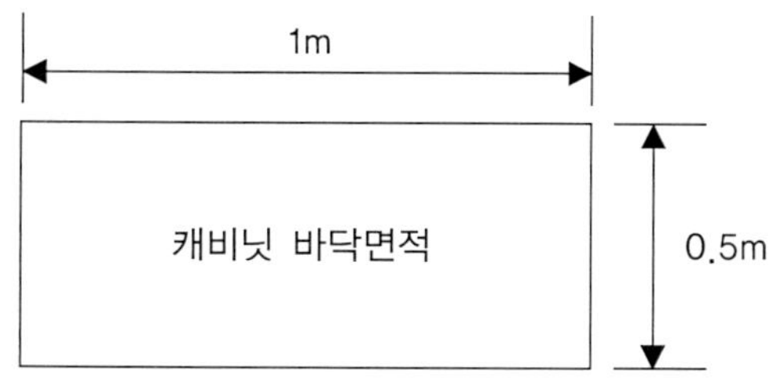

$$1m \times 0.5m \times 1m/sec = 0.5m^3/sec$$
$$= 1,800m^3/hr \ per \ cabinet$$

- 공급소 전체에 공기의 공급 장치가 부족하므로 강제 공기공급장치가 아닌 자연환기설비인 루버(Louver) 또는 그릴(Grile) 설치를 추천함.

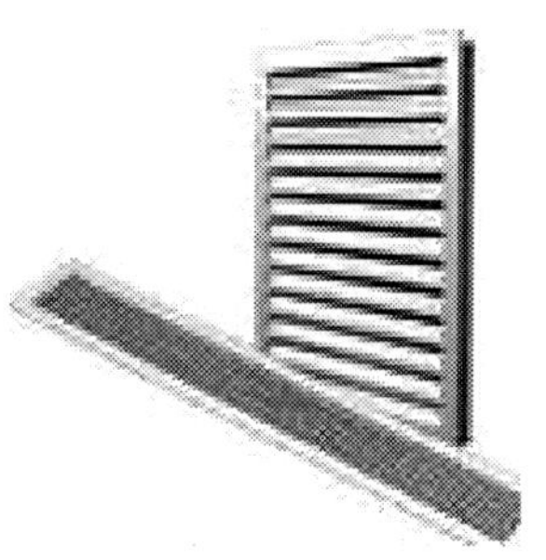

- SiH_4 캐비닛 내부의 물 분무 노즐은 절대로 상부에 설치되어 화재 발생 시 소화활동을 하여서는 안 됨. 물분무 노즐의 위치는 아래 그림과 같이 위치 변경을 하여 용기 냉각으로만 사용하도록 할 것

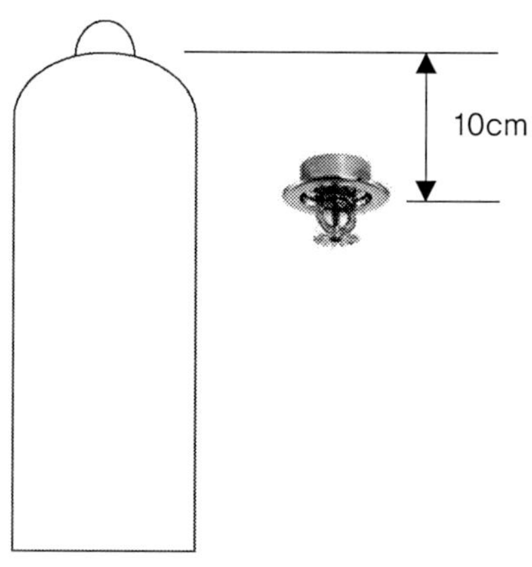

- 미국의 SEMATECH(SEmiconductor MAnufacturing TECHnology, 미국 반도체 제조기술 연구조합)의 조사보고서인 "Silane Safety Improvement Project S71-Final Report"에 의하면 누출이 발생하였을 때 약 59%가 제트화재(Jet Fire), 약 11%가 폭발(Explosion), 약한 팝화재(Pop)가 11%, 공기 중의 산소와 반응하지 않고 배출되는 경우가 약 19%에 이르는 것으로 나타났다. 이렇게 실란이 누출하여 화재를 일으키지 않고 대기 중으로 방출되면 실란의 기체가 공기 중에 섞여 증기운을 형성·폭발하는 증기운 폭발(VCE, Vapor Cloud Explosion)의 원인이 된다.

- Emergency Shutdown Button에 Cover를 장착하여 Human Error에 의한 공급 중단 가능성을 차단할 것

- 경고등인 Christmas Tree의 운전 방법을 통일하여 운전원의 실수를 방지하고 사전 교육을 실시할 것

적색
켜짐 – 비상 상황(가연성 가스의 농도가 화재하한계 이상이거나 독성 가스의 농도가 TWA 3배 이상)
커짐 – 정상 상황

황색
켜짐 – 경고 상황(가연성 가스의 농도가 화재하한계 25% 이상이거나 독성 가스의 농도가 TWA 이상)
커짐 – 정상 상황

청색
켜짐 – 정상 상황
커짐 – 배기 설비 이상(이 경우에는 공장을 정지시키지 않고 개인보호구 및 휴대용 누설감지기를 이용하여 이상 상황이 발생하였는지 확인하고 운전이 가능함)

- SiH$_4$은 자연발화성이고 NH$_3$는 가연성이므로 서로 근접하지 않고 충분한 이격거리를 두어 설치하거나 그 사이에 방화성능을 가지고 있는 철판 등을 설치하여 만일에도 화재의 전파를 방지할 수 있도록 할 것

- SiH$_4$ 실린더 밸브 후단에는 공정에서 필요한 최대 용량만이 흐를 수 있고 그 이상은 어떠한 경우라도 흐르지 않도록 Orifice를 설치하여 만일에 발생할 수 있는 실린더 후단에서의 Tube Rupture 등에 그 영향의 크기를 최소화할 수 있도록 할 것

Source Pressure (psig)	직경 0.006인치 (0.15mm) RFO		직경 0.01인치 (0.25mm) RFO		직경 0.014인치 (0.36mm) RFO		직경 0.02인치 (0.51mm) RFO	
	실란 누출량 (scfm)	필요 환기량 (scfm)	실란 누출량 (scfm)	필요 환기량 (scfm)	실란 누출량 (scfm)	필요 환기량 (scfm)	실란 누출량 (scfm)	필요 환기량 (scfm)
50	0.025	8	0.069	21	0.136	41	0.288	86
100	0.045	14	0.124	37	0.243	73	0.497	149
200	0.085	26	0.237	71	0.465	140	0.949	285
400	0.173	52	0.480	144				
600	0.275	83	0.755	227				
800	0.395	119	1.08	324				
1000	0.555	167	1.51	453				
1200	0.724	217	1.97	591				
1500	0.913	274	2.50	750				
1650	0.987	296	2.70	810				

1. scfm – standard cubic feet per minute (ft3/min)
2. 모노실란 온도 – 75℉(24℃)
3. RFO 후단 압력 – 대기압
4. RFO discharge coefficient – 0.8

- 레귤레이터 보닛의 다이아프램이 손상되어 내부의 실란이 누출되었을 때 안전한 지역으로 밴트시킬 수 있도록 배관을 설치할 것

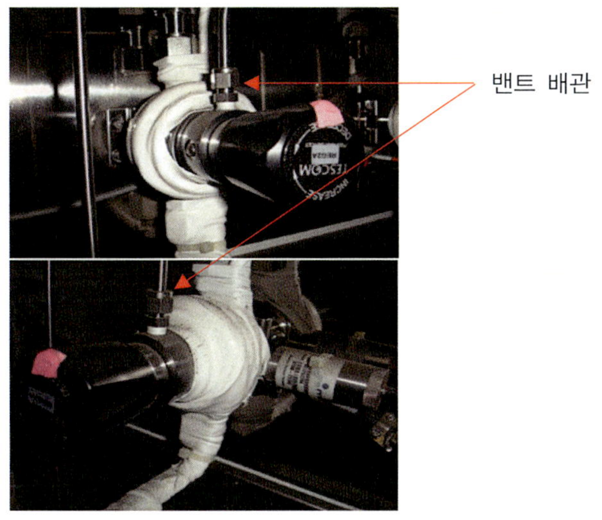

- 배관을 가스별로 태그(Tag)에 대한 귀사의 기준을 설정하고 이에 따라 설치하도록 할 것

- Lockout/Tagout이 각 지역별로 다르게 설치되어 있어 운전원의 혼선을 발생시킬 수 있음. 귀사 기준 설정 및 설치가 요구됨.

- 실린더의 취급이 이루어지는 지역, 특히 지게차등의 출입이 이루어지는 장소의 바닥은 현재 설치되어있는 Epoxy 3mm 보다는 금강사 5mm를 설치하여 외부의 충격으로부터 손상이 발생하지 않도록 할 것

- 실린더의 이동 시 항상 실린더용 카트(Cart)에 고정끈(Strap)으로 고정하고 취급하여 전도에 의한 위험을 방지할 것

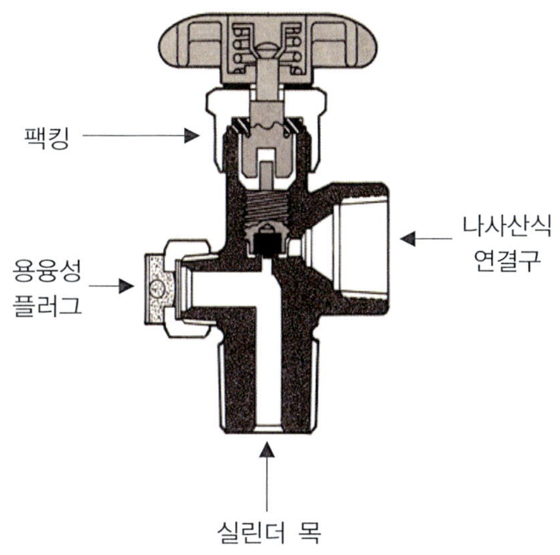

가스의 누설이 가장 많은 장소

1.3 암모니아 공급설비 두 번째 공급소(암모니아 중심)

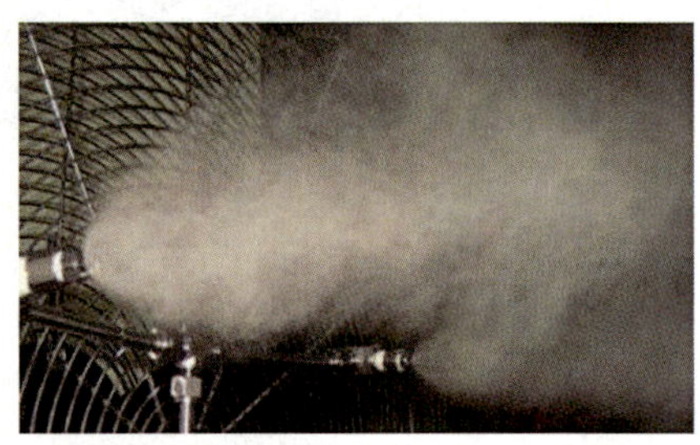

- 공급소 상부에 설치되어 있는 스프링클러 노즐 (Sprinkler Nozzle)을 암모니아 기체가 쉽게 흡수 할 수 있는 포그 노즐(Fog Nozzle)로 변경하여 만일 암모니아가 누출이 발생하더라도 쉽게 물 과 흡수하여 대기 중으로의 누출을 최소화할 것

- 공급소 전체에 공기의 공급 장치가 부족하므로 강제 공기 공급장치가 아닌 자연환기설비인 루버 또는 그릴 설치를 추천함.

- 소화기 설치 위치를 눈에 보이기 쉽게 설치할 것

- CO_2 소화기는 소화방법이 질식소화이므로 특수가스 공급소와 같이 밀폐된 공간에서 사용하는 경우 사람의 질식의 위험이 있으므로 폐기를 추천함.

- 후드박스(Hoodbox) 내부 흡입식 가스검지기의 가스 흡입구의 설치위치를 밴트 후드(Vent Hood) 중간에 설치하여 어떠한 경우의 가스 누출이라도 쉽게 검출이 가능하도록 할 것

- Steam Condensate 배관에 Personal Protection용 보온을 하여 인명에 발생할 수 있는 화상에 대한 대비를 할 것

- 모든 저장소 내부 및 사람의 출입이 가능한 출입구 외부에는 경고등을 설치하여 내부 의 상황을 항상 알 수 있도록 할 것

- 긴급 상황 발생 시 가스 룸(Gas Room) 내외부에서 쉽게 인지할 수 있도록 Horn 설비를 추천함.

- 물질안전보건자료(MSDS)를 항상 보기 쉬운 장소에 비치하고 운전원에 대한 안전 취급 교육을 실시할 것

- 비상상황 대피도를 작성하고 집결지를 반드시 표현하고 이에 대한 운전원 교육을 주기적으로 수행할 것

- 암모니아 Y 실린더 또는 토너(Tonner) 실린더에서 누출이 발생 시 발생된 액체 암모니아가 외부로 흘러나가지 않도록 Secondary Containment를 고려할 것. 예는 다음 그림과 같다.

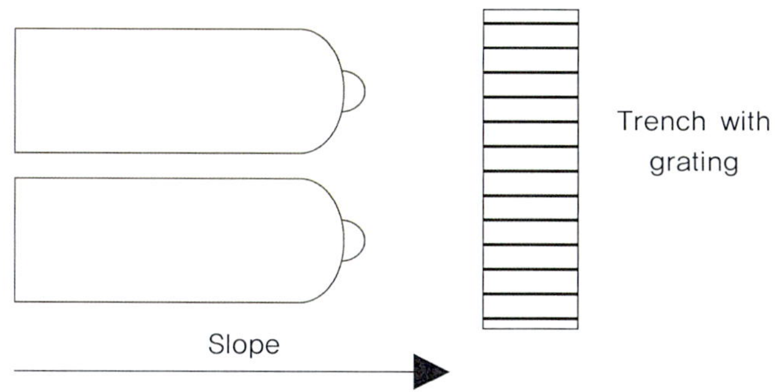

1.4 암모니아 공급설비 세 번째 공급소(혼합가스 중심)

- 여러 가지 혼합가스가 혼재되어 설치되어 있음. 예를 들어 가연성 가스와 자연발화성 가스와는 혼재하여 설치하지 않은 것이 좋으며 필히 혼재하여 설치하여야 하는 경우에는 충분한 이격거리 또는 방화벽 등의 조치를 취할 것. 아래의 표는 현재 삼성LED에서 사용하고 있는 가스들만을 고려하여 작성된 반응성 자료이다.

Chemicals	Formula	Ammonia	Boron Trichloride	Carbon Dioxide	Carbon Monoxide	Fluorine	Hydrogen	Hydrogen Chloride	Nitrous Oxide	Oxygen	Silane
Ammonia	NH_3	–	H	M	L	H	L	H	M	M	M
Argon	Ar	–	–	–	–	–	–	–	–	–	–
Boron Trichloride	BCl_3	H	–	L	L	H	L	L	M	M	H
Carbon Dioxide	CO_2	–	–	–	–	M	–	–	–	–	–
Carbon Monoxide	CO	L	L	L	–	M	L	L	M	M	M
Fluorine	F_2	H	H	M	M	–	H	M	M	L	H
Helium	He	–	–	–	–	–	–	–	–	–	–
Hydrogen	H_2	L	L	L	L	H	–	L	M	M	L
Hydrogen Chloride	HCl	H	L	L	L	M	L	–	M	L	M
Nitrogen	N_2	–	–	–	–	–	–	–	–	–	–
Nitrous Oxide	N_2O	M	M	L	M	M	M	M	–	L	H
Oxygen	O_2	M	M	L	M	L	M	L	L	–	H
Silane	SiH_4	M	H	L	M	H	L	M	H	H	–

H – 반응성 높음, M – 반응성 중간, L – 반응성 낮음

- 건물의 벽을 통과하는 배관 또는 Cable에 대하여는 통과 지점을 이용하여 만일에 발생된 가스가 전파하지 않도록 철저한 Sealing을 할 것

- Emergency Shutdown Button에 커버를 장착하여 Human Error에 의한 공급 중단 가능성을 차단할 것

- 공급소 상부에 설치되어 있는 스프링클러 노즐을 암모니아 기체가 쉽게 흡수할 수 있는 포그 노즐로 변경하여 만일 암모니아가 누출이 발생하더라도 쉽게 물과 흡수하여 대기 중으로의 누출을 최소화할 것

- SiH$_4$ 및 NH$_3$의 배관에 미비한 보온이 설치된 지역이 있으므로 이를 보완할 것. 특히 SiH$_4$는 캐비닛 내부의 레귤레이터 후단을 중점적으로 NH$_3$는 후드박스 이후에 중점적으로 수행할 것

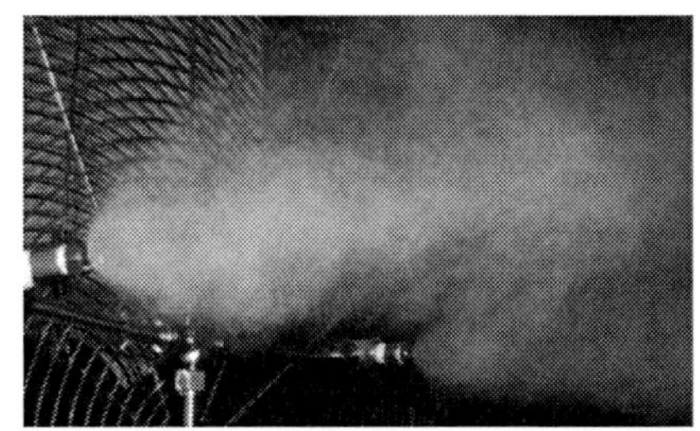

- 상기 2항 및 3항과 중복되는 내용은 삭제하도록 한다.

1.5 2층 특수가스 공급 장소

- 스프링클러의 작동을 수동으로 전환하여 펄스 시그널(False Signal)에 의한 오작동을 방지할 것

- 임시 폐액저장소에는 페인트로 정리한 구역 내에 케미컬 누출에 대비한 Secondary Containment를 실시할 것

- G-N$_2$의 배관 Tagging이 Air로 기재되어 혼선이 발생될 수 있음. 이에 대한 교정이 필요함.

- 상기 2항, 3항 및 4항과 중복되는 내용은 삭제하도록 한다.

1.6 Fab

- 일반적으로 Fab 내부의 Equipment Arrangement는 VMB 및 Thermal-wet type Scrubber를 하나의 장소에 설치하고 MOCVD는 별도의 장소에 설치하여 특수가스등의 누출에 대한 피해 최소화를 고려할 것

- 수소정제기 및 NH₃ 정제기는 고압(약 100~140psig)의 수소를 사용하고 Fitting과 갖은 누출의 가능성이 있는 부위가 있으므로 수소에 적합한 방폭설비를 적용할 것

- 이에 적합한 방법으로는 현재 타 반도체 또는 LCD 공장에서 채택하고 있는 별도의 정제기실을 설치하여 이와 관련되는 기기를 설치하고 방폭구역으로 하여 관리할 것

- Thermal-wet Type Scrubber에서 발생되는 폐수에는 NH₃ 미연소 물질이 포함될 수 있으므로 총질소양을(Total Nitrogen Value) 법적기준에 적합하도록 할 것

- Thermal-wet Type Scrubber에서 발생되는 기체는 하나의 Vent Header를 통과하여 2차 Scrubber로 연결되어 있다. Fab 내부의 경우 Scrubber의 숫자가 상당히 많으므로 여러 가지 가스가 서로 누출되어 접촉하여 또 다른 피해를 발생 시킬 수 있으므로 4항의 반응성 표를 참조하여 별도의 Header를 구성할 수 있도록 함.

- 흡입식 가스검지기의 흡입튜브의 길이를 최대한 짧게 하여 누출된 가스의 검출이 용이하도록 할 것

- 사용되지 않은 가스검지기에 대하여는 "미사용" 또는 "사용중지"라는 표시를 하여 혼선이 발생하지 않도록 할 것

- VCR 체결이 있는 부위에는 VCR Lock을 설치하여 내부의 가스가 외부로 누출될 수 있는 확률을 최소화할 것

- 산소 결핍환경에서의 인체 영향

19.5%	최소 작업 가능 수치(미국 산업안전보건청 기준)
15-19.5%	작업 능률 감소, 호흡 곤란
12-14%	맥박 /호흡속도 증가 및 판단력 감소
10-12%	호흡/맥박이 더욱 빨라짐, 판단력 저하, 입술이 파래짐

| 8-10% | 정신 혼미, 의식 불명, 구토 |
| 6-8% | 8분 이상 노출 시 100% 사망, 6분에서 50% 사망, 4~5분 노출 시 회복가능 |

- 상기 2항, 3항, 4항 및 5항과 중복되는 내용은 삭제하도록 한다.

1.7 Lab

- 환기설비가 되어 있지 않은 지역에 상당히 많은 종류의 불활성 기체(예: 질소, 헬륨 등)의 실린더가 저장 또는 취급되고 있어 질식의 위험이 있음.

- 환기설비 설치를 권고함. 환기의 양은 아래의 표에 따라 수행하도록 할 것

	질식성		산화성		가연성	
창고 크기, ft³	10,000 이하	10,000 이상	10,000 이하	10,000 이상	10,000 이하	10,000 이상
창고 크기, m³	283 이하	283 이상	283 이하	283 이상	283 이하	283 이상
시간당 공기 순환	6	4	9	6	10	6

	독성			맹독성		
창고 크기, ft³	4,000 이하	4,000 이상 10,000 이하	10,000 이상	4,000 이하	4,000 이상 10,000 이하	10,000 이상
창고 크기, m³	113 이하	113 이상 283 이하	283 이상	113 이하	113 이상 283 이하	283 이상
시간당 공기 순환	12	10	6	12	12	10

	독 성	맹 독 성

1. 맹독성은 독성 물질 중에 LC_{50}이 0∼200 ppm인 것을 말한다.
2. 여기서 시간당 공기 순환(ACH, Air Change per Hour)이란 상기의 숫자만큼의 공기가 창고 안에서 회전을 하여야 한다는 의미로서 예를 들어 100m³의 저장창고에 가연성 물질을 저장 또는 취급한다면 10ACH가 필요하므로 100m³ × 10 ACH = 1,000 m³/hr의 공기가 순환하여야 한다는 것이다.
3. 배출된 공기는 절대로 다시 창고 안으로 되돌아가는 형태로 이루어 져서는 안 되고 인입되는 공기는 항상 신선한 공기가 보장되어야 한다. 이는 만일 창고 안에 어떠한 누출 발생 시 누출된 가스가 순환되어 창고로 다시 돌아오는 모순을 방지하기 위함이다.
4. 창고 내부는 약 –0.01inch H₂O 정도의 진공을 유지하는 것이 좋은데 이는 만일 누출이 발생하더라도 누출된 기체가 외부로 배출되는 것을 막기 위함이다. 이것을 만족하기 위해서는 정교한 수리역학 계산이 필요하나 실용적인 방법으로 배출되는 공기의 양을 상기 테이블에서 제공하는 양보다 약 20% 크게 하고 인입되는 공기를 상기에서 요구하는 양을 사용할 것을 추천한다.

- O₂ Detector 설치를 하여 질식 위험의 미리 감지할 수 있도록 할 것.

- 각종 실린더는 저장 시 전도를 방지하기 위하여 항상 묶음 장치를 하여 실린더가 미사일로 변하는 사고가 없도록 할 것

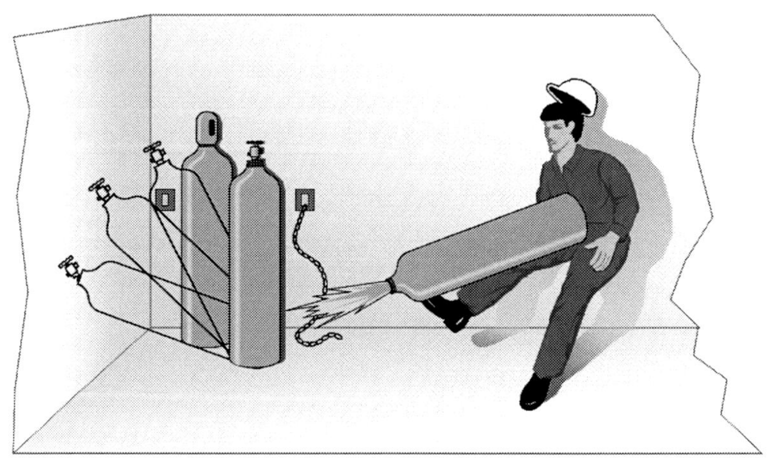

- 상기 2항, 3항, 4항, 5항 및 6항과 중복되는 내용은 삭제하도록 한다.

일반사항 점검표

Corrective Actions			항목	추가 기재 사항
No	Yes	No		
1		○	- 대량 저장설비(물 기준 250 리터 이상)는 옥외 설치 할 것 - 옥내설치인 경우 CGA G-13 7에 따라 설치되어 있을 것	- 옥내에 설치되어 있음. - 환기설비가 적절치 않으므로 아래와 같이 수정을 추천 함.

1. 실란 Cabinet

1m × 0.5m

1m x 0.5m x 1m/sec = 0.5m3/sec = 1,800m3/hr per cabinet

2. 암모니아 및 타 가스 Cabinet

1m × 0.5m

1m x 0.5m x 0.5m/sec = 0.5m3/sec = 900m3/hr per cabinet

Corrective Actions			항목	추가 기재 사항
No	Yes	No		
5		○	- 탈출문은 항상 내부에서 열림이 가능한 구조일 것	- 문은 항상 내부에서 열릴 수 있도록 되어 있으나 누구든지 언제나 출입이 가능한 구조로 되어 있음. - 외부에서 출입을 통제할 수 있는 HID Control System과 (보안카드 출입) 내부에서는 비상 시에 언제든지 바깥으로 열릴 수 있도록 Panic Bar 설치를 추천 함.

1. HID Control System　　**2. Panic Bar System**

Corrective Actions			항목	추가 기재 사항
6	○		- 저장/취급소에서 출구까지의 거리는 23m 이하일 것	- 23m 이하를 유지하고 있음
7	○		- 실란의 취급/저장소와 다른 부적합한 물질과의 최소 이격거리는 최소 6.1m 이상 유지하거나, 또는 용기보다 50cm 높게 2시간 이상의 방화벽을 설치할 것	- 실란과 다른 부적합한 가연성 또는 조연성 가스가 혼재하고 있음. - 현 설비로 6m를 이격시키는 것이 물리적으로 어려우므로 방화철판 설치를 추천 함.
8	○		- 외부로 부터 충격 또는 충돌의 위험이 없을 것	- 옥내에 설치되어 있고, Roll-up Door는 항상 닫혀있어 외부의 충격으로 부터 안전 함.
9	○		- CGA G-13 6.3.3에서 요구하는 최소 이격거리를 유지할 것	- 유지하고 있음

3. Room Ventilation

	질식성		산화성		가연성	
창고 크기, ft³	10,000 이하	10,000 이상	10,000 이하	10,000 이상	10,000 이하	10,000 이상
창고 크기, m³	283 이하	283 이상	283 이하	283 이상	283 이하	283 이상
시간당 공기 순환	6	4	9	6	10	6

	독성			부식성		
창고 크기, ft³	4,000 이하	4,000 이상 10,000 이하	10,000 이상	4,000 이하	4,000 이상 10,000 이하	10,000 이상
창고 크기, m³	113 이하	113 이상 283 이하	283 이상	113 이하	113 이상 283 이하	283 이상
시간당 공기 순환	12	10	6	12	12	10

1. 맹독성은 독성 물질 중에 LC_{50}이 0 ~ 200 ppm인 것을 말한다.
2. 여기서 시간당 공기 순환 (ACH, Air Change per Hour) 이란 상기의 숫자만큼의 공기가 창고 안에서 회전을 하여야 한다는 의미로서 예를 들어 100 m² 의 저장창고에 가연성 물질을 저장 또는 취급 한다면 10 ACH 가 필요하므로 100 m² x 10 ACH = 1,000 m³/hr 의 공기가 순환하여야 한다는 것이다.
3. 배출된 공기는 절대로 다시 창고 안으로 되돌아가는 형태로 이루어 져서는 안 되고 인입되는 공기는 항상 신선한 공기가 보장되어야 한다. 이는 만일 창고 안에 어떠한 누출 발생 시 누출된 가스가 순환되어 창고로 다시 들어오는 모습을 방지하기 위함이다.
4. 창고 내부는 약 -0.01 inchH2O 정도의 진공을 유지하는 것이 좋은데 이는 만일 누출이 발생하더라도 누출된 기체가 외부로 배출되는 것을 막기 위함이다. 이것을 만족하기 위해서는 정교한 수리역학 계산이 필요하나 실용적인 방법으로 배출되는 공기의 양을 상기 테이블에서 제공하는 양 보다 약 20% 크게 하고 인입되는 공기를 상기에서 요구하는 양을 사용할 것을 추천한다.

			항목	추가 기재 사항
2	○		- 지붕의 가장 낮은 지역이 3.7m 이상일 것	- 3.7m 이상으로 설치되어 있음
3		○	- 저장소는 옥외 형태이거나 옥내인 경우 적절한 환기설비를 갖추고 있을 것	- 상기 환기 추천 사항 참조
4		○	- 저장 또는 취급소는 최소 2개의 탈출구를 갖출 것 (단, 면적이 18.5m2 이하인 경우에는 1개도 가능하다.)	- 탈출구는 1개만 설치되어 있음. - 가능하면 탈출구를 양쪽으로 2개를 설치하여 비상 시 어느 방향으로도 외부로 나갈 수 있도록 추천 함.

Type of exposure	Cylinders < 600 ft³ (17 m³)		Cylinders 601 ft³ to 2800 ft³ (71 m³)		Cylinders 2801 ft³ to 10,000 ft³ (283 m³)		400 L cylinders × 10,000 ft³ (283 m³)	
	ft	(m)	ft	(m)	ft	(m)	ft	(m)
Places of public assembly, property line that is able to be built upon	20	(6)	30	(9)	50	(15)	60	(18)
Public street and sidewalk	20	(6)	30	(9)	50	(15)	60	(18)
Buildings of noncombustible construction	20	(6)	25	(8)	40	(12)	40	(12)
Buildings of combustible construction	20	(6)	25	(8)	40	(12)	40	(12)
Buildings with 2 hr fire rating and no openings within 25 ft (8 m)	5	(1.5)	5	(1.5)	5	(1.5)	5	(1.5)
Buildings with 2 hr fire rating and no openings within 25 ft (8 m)	5	(1.5)	5	(1.5)	5	(1.5)	5	(1.5)
Compatible compressed gas cylinder storage or other above grade	5	(1.5)	5	(1.5)	15	(4)	20	(6)
Compatible compressed gas cylinder storage or other above grade	5	(1.5)	5	(1.5)	15	(4)	20	(6)
Incompatible compressed gas cylinders and materials	20	(6)	20	(6)	20	(6)	40	(12)
Flammable and/or combustible liquid storage above ground								
(a) 0 gal to 1000 gal (3785 L)	10	(3)	10	(3)	25	(7)	25	(8)
(b) In excess of 1000 gal (3785 L)	25	(8)	25	(8)	50	(15)	50	(15)
Flammable and/or combustible liquid storage above ground								
(a) 0 gal to 1000 gal (3785 L)	20	(6)	20	(6)	25	(8)	25	(8)
(b) In excess of 1000 gal (3785 L)	20	(6)	20	(6)	25	(8)	25	(8)

보안사항 점검표

Corrective Actions			항 목	추가 기재 사항
No	Yes	No		
1		○	- 설비는 펜스 등으로 둘러싸여 있고 입/출입 통제가 가능할 것.	- 옥내에 설치되어 있음. - 일반사항 5항 참조.
2		○	- 저장/취급소는 관계자 외 출입이 금지되어 있을 것	- 일반사항 5항 참조.
3	○		- 저장/취급소에는 적절한 경고문이 설치되어 있을 것	- 적절한 경고문이 설치되어 있음.
4	○		- 저장/취급소는 빈번한 차량도로로 부터 적절히 이격되어 있을 것. - 저장소는 최소 6.1m 이상 유지 시킬 것	- 충분히 이격되어 있음.
5		○	- 탈출문은 항상 내부에서 열림이 가능한 구조일 것	- 일반사항 5항 참조.
6		○	- 저장/취급소에서 출구까지의 거리는 23m 이하일 것	- 23m 이하를 유지하고 있음.

ISO Module 점검표

Corrective Actions			항 목	추가 기재 사항
No	Yes	No		
1		○	- ISO Module을 이송시킬 수 있는 적절한 공간이 있을 것	- 수소 Tube Trailer 전방에 충분한 공간을 확보하고 있음.
2		○	- 외부의 충격으로 부터 안전하게 설치할 것	- 콘크리트 외벽으로 둘러 싸여 있어 외부의 충격으로 부터 안전 함.
3		○	- ISO의 후진시 설비에 충격을 주지않도록 하는 설비를 할 것	- 후진 시 설비에 충격을 주지 않도록 Stopper가 설치되어 있고, 괴임목을 이용하여 Trailer 움직임이 없도록 관리하고 있음.
4	○		- 잭스텐드(Jack Stand)가 설치되어 ISO 다리에 문제가 발생하더라도 안전하도록 할 것	- Jack Stand는 Trailer의 Support에 이상 발생 시 Trailer의 전도를 방지하기 위한 설비이므로 설치를 추천 함.

5	○		- Pigtail등이 빠지는 경우 등을 고려하는 설비를 갖추고 있을 것	- Pigtail이 가스 공급 중에 탈착이 되더라도 내부의 가스가 외부로 누출 되지 않도록 Smart Hose 설치 추천.

			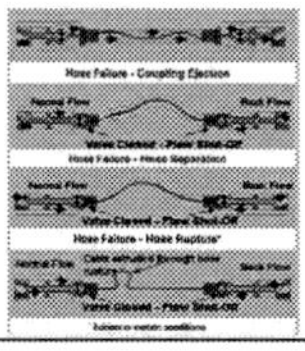 	
6		○	- 정전기 폭발을 방지하기 위한 접지설비를 갖추고 있을 것	- Control 접지 및 외함 접지 모두 잘 이루어져 있음.

공급설비 점검표

Corrective Actions			항 목	추가 기재 사항
No	Yes	No		
1	○		- 비상상황 발생 시 공급설비를 중단시킬 수 있는 설비를 충분히 이격된 장소에서 수행할 수 있도록 할 것 - 각 출구외부에는 공급설비를 중단시킬 수 있는 설비를 설치할 것	- 각 가스 Cabinet 별로는 비상정지 버튼이 설치되어 있으나, Gas Room 화재와 같은 상황에서 해당 공급실 전체를 정지시킬 수 있는 설비는 설치되어 있지 않음. - Overall Supply Shutdown Emergency Button 설치를 추천 함.
2		○	- 가스의 누출 또는 화재 발생 시 자동으로 공급중단이 되도록 할 것	- Cabinet 내부의 가스검지기 및 화재감지기에 의하여 가스 공급 중단이 되도록 되어 있음. - 외부 화재감지기는 자동으로 정지 보다는 수동으로 정지를 추천 함.
3		○	- 적어도 한 개 이상의 공정용 PLC 및 가스검출 PLC를 별도로 설치 할 것	- 공정용 PLC는 가스 Cabinet 상부에 설치되어 있으며 외부 가스누출 또는 화재감지기의 PLC는 방재시스템으로 연결되어 있음.
4		○	- Control panel과 공정공급 용기와는 최소 2시간 이상의 방화벽을 설치하거나 9.1m이상 이격 시킬 것	- 가스 룸에는 Control Panel이 없고 Fab에는 이격되어 있음.
5		○	- Control panel과 가스검출 panel 사이에는 방해물을 제거하여 상호 감시가 가능하도록 할 것	- 가스 Cabinet PLC는 현장에 전체 감지설비는 방재실에 설치되어 있음.

배관 및 부품설비 점검표

| Corrective Actions | | | 항 목 | 추가 기재 사항 |
No	Yes	No		
1		○	- 배관설비는 B31.3 또는 국내법규에 맞도록 설계, 제작, 설치되어 있을 것	
2	○		- 용기를 연결할 때마다 고압으로 테스트하는 것을 자동으로 되어 있거나 적절한 절차서에 따라 할 수 있도록 할 것	- 몇몇의 가스 Cabinet은 자동으로 Purge 또는 Test를 할 수 있도록 되어 있으나 2층에 있는 가스룸의 경우 수동으로 조작이 되도록 설치되어 있는 Cabinet이 존재함. - SEMATECH (SEmiconductor MAnufacturing TECHnology, 미국 반도체 제조기술 연구조합)에 의하면 용기의 연결 및 분리작업에서 발생되는 사고가 전체의 약 30%를 차지한다고 한다. 즉, 이러한 행위만을 제거함으로써 사고의 위험성을 30% 줄일 수 있다는 것이므로 추후에 자동으로 운전을 수행할 수 있는 Cabinet으로 교체를 추천 함.
3	○		- 배관 연결은 용기에 나사산 연결 또는 주기적인 점검 또는 정비가 필요한 부분을 제외하고는 기계적 결합을 최대한 없도록 할 것	- 몇몇 기계적 결합이 존재하는 장소가 있음. - 이중 실란 또는 고독성 물질 (예. 포스핀, 디보란. HcL 등)의 경우 VCR Lock을 설치하여 가스 누출의 확률 최소화를 추천 함.
4	○		- 배관은 적절한 표기가 되어 있을 것 - 유체 이름, 유체 흐름 방향, 밸브의 유체 흐름 방향 등 (약 6m 마다)	- 배관에 설치되어 있는 라벨에 일관성이 없고 각 Room별 Fab별 다르게 설치되어 있어 혼선이 발생 하여 이에 대한 조치가 필요 함. - 현재 밸브들의 Lockout / Tagout Policy가 기존의 삼성전자 Standard에서 삼성전자 Standard로 변경 중에 있으므로 이를 확고히 하고 교육이 필요 함.
5	○		- 사용되는 밸브는 팩리스(Pack less), 벨로우즈(Bellows) 또는 다이아프람(Diaphragm) 형태일 것	- 실란 및 고독성 물질 (Hcl, 포스핀 등)에 추천 함.
6		○	- 모든 자동정지밸브는 Fail Close 형태일 것	
7		○	- Regulator는 다이아프람(Diaphragm)일 것	
8	○		- Regulator 보넷에 설치되어 있는 벤트(Vent)는 내부 다이아프람(Diaphragm)이 손상되었을 때 내부의 실란을 안전한 장소로 보내어질 수 있도록 배관을 설치할 것 - 벤트배관은 흐름의 방해가 되는 형태가 아닐 것	- Regulator bonnet의 Diaphragm이 손상되어 내부의 실란이 누출되었을 때 안전한 지역으로 Vent 시킬 수 있도록 배관을 설치할 것.

| Corrective Actions | | | 항 목 | 추가 기재 사항 |
No	Yes	No		
9	○		- 비상자동정지밸브(ESO)는 최대한 용기로 부터 가깝게 설치할 것	- 일반적으로 적절히 설치되어 있으나 2층 가스 룸의 경우 수동형 Cabinet 등에는 설치되어 있지 않으므로 이를 추천 함.
10	○		- 비상자동정지밸브(ESO)에는 적절한 표시가 되어 있을 것	- 일반적으로 적절히 설치되어 있으나 2층 가스 룸의 경우 수동형 Cabinet 등에는 설치되어 있지 않으므로 이를 추천 함.
15		○	- 상부로 지나가는 배관은 차량의 높이보다 2m이상 높게 설치할 것	- 차량이 소통되는 지역으로는 배관이 설치되어 있지 않음.
16	○		- 트렌치(Trench)에 설치된 배관은 적절한 보호설비를 할 것 - 압력을 측정하여 비상자동밸브가 잠기는 형태를 추천 함	- 트렌치에 설치된 배관은 없음. - 이를 감지하고 일정 압력 이하가 되면 가스 공급이 중단 되도록 하는 설비를 추천 함.
17	○		- 공정에 사용되는 계기들은 실란에 적합할 것	- 수소저장소는 방폭구분도(Area Classification Drawing)를 작성하고 이에 따라 적절한 기기를 선정하여 설치 바람. - 암모니아는 높은 점화에너지가 필요하므로 방폭을 하지 않아도 된다. - 실란의 경우 국내 고압가스안전관리법 시행규칙 별표4에 따라 방폭설비를 하지 않아도 되나 실란 누출의 약 19% 정도가 자연발화하지 않고 대기 중으로 확산될 수 있으므로 방폭설비를 추천 함.
18		○	- 실란이 응축되는 지점이 없도록 할 것	- 실란 설비가 옥내에 설치되어 있고 한겨울에도 -20C 이하로 떨어지지 않도록 되어 있음.
19		○	- 과압에 대한 보호설비가 있을 것	- 과압에 대한 보호설비인 안전밸브 등이 적절히 설치되어 있음.

유틸리티 점검표

| Corrective Actions | | | 항 목 | 추가 기재 사항 |
No	Yes	No		
1	○		- 퍼지 판넬(Purge Panel)에는 진공을 할 수 있도록 진공펌프 또는 이젝터가 설치되어 있을 것 - 진공설비는 과압의 실란에 대하여 자동으로 Shut-off되는 설비가 있을 것	- 진공설비가 설치되어 있음. - 진공설비 과압에 의한 자동정지 설비는 유무의 확인이 필요 함.
2		○	- 퍼지 판넬에는 전용 불활성 가스가 연결되어 있을 것 - 불화성 가스 배관은 Regulator 및 체크밸브(Check Valve)로 역호름을 방지하거나 인터락 및 안전밸브를 설치할 것	
3	○		- 불활성 기체 압력이 낮은 경우 경보설비를 할 것	- 압력 경보설비 유무 확인이 필요 함.
4		○	- 퍼지 판넬은 전용 벤트설비를 할 것	
5	○		- 벤트 배관은 항상 불활성 기체를 투입하여 (0.3m/sec) 공기의 침입을 막을 것	- 벤트 배관의 불활성 기체 Purge 설비 유무가 필요 함.
6		○	- 퍼지 판넬에서 배출되는 실란은 적절한 처리설비를 갖출 것	- 퍼지 시 발생되는 실란은 Thermo-wet Type Scrubber로 이송되어 처리되고 있음.

검지/탐지 점검표

No	Yes	No	항목	추가 기재 사항
1		○	- 실란 사용에 적합한 화염감지기를 설치할 것 - ISO 연결구 및 케비넷 - 토너(Tonner) 연결구 - 퍼지 판넬	- 실란 실린더 Cabinet 내부에 UVIR이 설치되어 있음.
2		○	- 화염감지기는 육내 및 육외 사용에 적절할 것	- UVIR이 Cabinet 내부에 설치되어 있어 외부의 벽락 등에 의한 오동작 우려는 없음.
3		○	- 화염감지기는 응답시간을 줄이기 위하여 가장 감지가 잘되는 장소에 설치할 것	- 실린더 Cabinet 내부의 가장 누출 위험이 존재하는 Regulator 부분을 향하고 있음.
4	○		- 화염감지기는 자동 Shut-off를 할 수 있고 설치전에 점검하고 정기점검을 수행할 것	- 화염감지기는 자동 공급중단이 이루어짐. - 정기점검 절차를 확립하고 수행 추천.
5	○		- 화염감지기는 정기점검을 수행할 것	- 정기점검 절차를 확립하고 수행 추천.
6	○		- 화염감지기 작동 시 대처방안에 대한 절차가 수립되어 있을 것	- 화염감지기 작동 시 대처방안에 대한 대책 수립을 추천 함.

소방설비 점검표

No	Yes	No	항목	추가 기재 사항
1	○		- 실란 용기를 보호할 수 있도록 델루지(Deluge) 물분무설비가 자동 또는 수동으로 작동할 수 있을 것	- 실란 실린더 내부에 물분무설비는 설치되어 있으나 목적이 실란 화재 소화목적으로 되어 있음. - 실란 화재 소화 시 미 점화된 실란이 더 큰 위험으로 연결 될 수 있으므로 Sprinkler Nozzle을 아래의 그림과 같이 수정할 것을 추천 함.

미국의 SEMATECH (SEmiconductor MAnufacturing TECHnology, 미국 반도체 제조기술 연구조합) 의 조사보고서인 "Silane Safety Improvement Project S71-Final Report"에 의하면 누출이 발생 하였을 때 약 59%가 제트화재 (Jet Fire), 약 11%가 폭발 (Explosion), 약한 팝 화재 (Pop)가 11%, 공기 중의 산소와 반응하지 않고 배출되는 경우가 약 19%에 이르는 것으로 나타났다. 이렇게 실란이 누출하여 화재를 일으키지 않고 대기 중으로 방출되면 실란의 기체가 공기 중에 섞여 증기운을 형성 폭발하는 증기운 폭발 (VCE, Vapor Cloud Explosion)의 원인이 된다.

소방설비 점검표 (계속)

No	Yes	No	항목	추가 기재 사항
2	○		- 델루지 설비 통직 시 자동으로 공급설비를 중단하도록 할 것	- Water Sprinkler 작통 시 가스 공급이 중단 되도록 추천 함.
3	○		- 델루지 설비는 12liter/min 이상의 용량으로 2시간이상 지속할 수 있는 능력을 갖출 것	- 실란 Sprinkler와 물분무 용량을 검토 바람.
4	○		- 물분무는 용기의 표면을 도포할 수 있도록 할 것	- 1번 항목 참조
5		○	- 소화전은 실란 설비로 부터 40m 이내에 설치되어 있을 것	
6	○		- 육내에 설치되어 있는 경우 물분무 설비는 구조물의 기둥도 포함 시킬 것	- 공급소 상부에 설치되어 있는 Sprinkler Nozzle을 암모니아 기체가 쉽게 흡수할 수 있는 Fog Nozzle로 변경하여 만일 암모니아가 누출이 발생하더라도 쉽게 물과 흡수하여 대기 중으로의 누출을 최소화 할 것.

육내설비 점검표

케비넷 포함

No	Yes	No	항목	추가 기재 사항
1	○		- 기계적 결합부위에는 최소 1.0m/sec 이상의 공기를 공급하도록 할 것	- 일반사항 1번 항목 참조
2	○		- 연기검지기는 공급을 중단하고 비상 경고를 할 수 있도록 할 것	- 연기검지기 설치되지 않음. - 연기검지기는 강제적인 사항은 아님.
3	○		- 방폭 설비를 적절하게 설치할 것	- 수소저장소는 방폭구분도(Area Classification Drawing)를 작성하고 이에 따라 적절한 기기를 선정하여 설치 바람. - 암모니아는 높은 점화에너지가 필요하므로 방폭을 하지 않아도 된다. - 실란의 경우 국내 고압가스안전관리법 시행규칙 별표4에 따라 방폭설비를 하지 않아도 되나 실란 누출의 약 19% 정도가 자연발화하지 않고 대기 중으로 확산될 수 있으므로 방폭설비를 추천 함.
			- 미국의 SEMATECH (SEmiconductor MAnufacturing TECHnology, 미국 반도체 제조기술 연구조합) 의 조사보고서인 "Silane Safety Improvement Project S71-Final Report"에 의하면 누출이 발생 하였을 때 약 59%가 제트화재 (Jet Fire), 약 11%가 폭발 (Explosion), 약한 팝 화재 (Pop)가 11%, 공기 중의 산소와 반응하지 않고 배출되는 경우가 약 19%에 이르는 것으로 나타났다. 이렇게 실란이 누출하여 화재를 일으키지 않고 대기 중으로 방출되면 실란의 기체가 공기 중에 섞여 증기운을 형성 폭발하는 증기운 폭발 (VCE, Vapor Cloud Explosion)의 원인이 된다.	
4	○		- 환기는 바닥면적 1m2당 18.3m3/hr 또는 6ACH(Air Change per Hour)를 적용할 것	- 일반사항 1번 항목 참조
5	○		- 실란가스검지기는 5ppm이하에서 작동하고 동시에 공급설비를 중단 할 것	- 확인되지 않음. - 확인 후 조치가 필요 함.

No	Yes	No	항 목	추가 기재 사항
6		○	- 감시카메라를 설치할 것	- 감시카메라 설치되어 있음.
7	○		- 질식 위험이 있는 장소에는 산소검지기를 설치할 것	- 2층 특수가스 공급 실 및 Lab에는 여러 종류의 가스 실린더 Cabinet 및 배관이 설치되어 있음. - 질식의 위험이 존재함. - 산소검지기 설치 추전 함.
8	○		- 온도감지기는 공급을 중단시키고 뷜루지 작동 및 경고를 하도록 할 것	- 온도감지기로 물분무 설비를 자동으로 작동 시키는 경우 센서 오동작 동에 의한 위험이 있으므로 수동으로 작동하는 것을 추전 함.

개인보호 점검표

| Corrective Actions | | | 항 목 | 추가 기재 사항 |
No	Yes	No		
1	○		- 안전모	- 운전원의 인원 및 방문객의 예상 인원을 고려하여 산전 바람.
2	○		- 안전안경	- 운전원의 인원 및 방문객의 예상 인원을 고려하여 산전 바람.
3	○		- 안전장갑	- 실린더의 이동 시 끼임 등을 방지하기 위한 장갑을 착용할 것.
4	○		- 화염복	- 실란 통의 비상 대응 훈련을 받은 인원에 따라 준비 바람.
5	○		- 안전화	- 운전원의 인원 및 방문객의 예상 인원을 고려하여 산정 바람.
6		○	- 귀마개	- 소용의 지역이 없으므로 귀마개는 필요 없음.
7		○	- 얼굴가리개	- 얼굴가리개 필요 없음.

No	Yes	No	항 목	추가 기재 사항
8	○		- 계속적인 안전 향상을 위한 정기적인 안전 점검	- 정기점검 목록표를 작성하고 절차에 따라 정기적인 안전점검이 이루어 지도록 할 것.
9	○		- 실판설비를 위한 설계 및 취급지침서가 비치되어 있을 것	- 현장에 비치되어 있지 않음.
10	○		- 자격이 있는 직원에 의한 안전성평가 (HAZOP)을 수행할 것	- HAZOP 및 안전성평가 수행 확인이 안됨. - 확인 후 이에 따른 조치사항을 수행할 것.
11	○		- 설계검토, 운전 전 안전검토 및 현장설치의 검토를 정식운전 전에 수행할 것	
12	○		- 작업허가절차 및 Lockout/Tagout 절차서가 있을 것	- Lockout/Tagout이 각 지역별로 다르게 설치되어 있어 운전원의 혼선을 발생 시킬 수 있음. 상성LED 기준 설정 및 설치가 요구됨.
13	○		- 변경관리지침서가 있을 것	
14	○		- 사건/사고에 대한 조사 절차, 교육 절차 및 설계에 반영하는 절차가 있을 것	

공정안전관리 점검표

| Corrective Actions | | | 항 목 | 추가 기재 사항 |
No	Yes	No		
1	○		- 사용 가능한 개인보호구가 기재되어 있을 것	- 개인보호구 함과 보호구는 비치되어 있으나 수량 및 종류가 기재되어 있지 않음.
2	○		- 용기의 체결 및 탈착 절차서가 있을 것	- 절차서가 비치되어 있지 않음.
3	○		- 누설검지, 퍼지, 진공, 불활성 기체 투입 절차서가 있을 것	- 절차서가 비치되어 있지 않음.
4	○		- 검사절차서가 있을 것	- 절차서가 비치되어 있지 않음.
5	○		- 모든 직원이 항상 절차서를 볼 수 있도록 비치되어 있을 것	- 절차서가 비치되어 있지 않음.
6	○		- 절차서는 일정 주기마다 검토되고 수정되어 있을 것	- 절차서가 비치되어 있지 않음.
7	○		- 교육절차서가 있을 것	- 절차서가 비치되어 있지 않음.

2. 산소가스 취급시설 안전진단 간략 보고서

고객명 :　　　　XXXXX

고객위치:　　　XXXXX XXXXX XXXXX

검사자 :　　　　XXX

날짜:　　　　　XXXX년 XX월 XX일

기존 설치되어 있는 배관은 모두 카본 스틸임. 기 제공된 그래프 및 표를 이용하여 사용 압력과 속도에 적합하게 되어있는지 점검이 필요함.

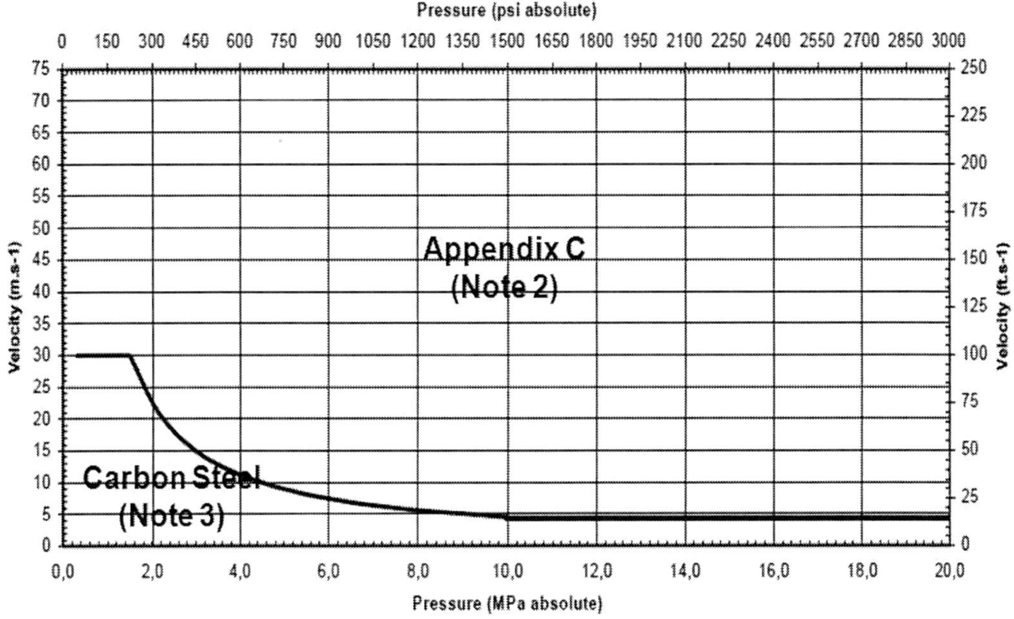

Turbulent−Impingement

ALLOY/ALLOY FAMILY	MINIMUM THICKNESS	EXEMPTION PRESSURE
Copper Alloys		
Copper	None Specified	207 bar g (3000 psig)
Copper-Nickel Alloys	None Specified	207 bar g (3000 psig)
Brass Alloys	None Specified	207 bar g (3000 psig)
Stainless Steels, Wrought and Forged		
304, 316, 321, 347	3.18 mm (0.125 in)	13.8 bar g (200 psig)
304, 316, 321, 347	6.35 mm (0.250 in)	20.0 bar g (290 psig)
17-4PH (aged)	3.18 mm (0.125 in)	20.7 bar g (300 psig)
Nickel Alloys		
Inconel 625	3.18 mm (0.125 in)	86.2 bar g (1250 psig)
Monel 400	None specified	207 bar g (3000 psig)

설치된 배관의 연결의 Gasket 및 qofqm 등에 사용되고 있는 O-ring, Seat 재질에 대한 파악이 불가능함. 아래 표에 맞도록 점차적인 점검이 필요함.

Non-metals Oxygen Test Results

	Material	Oxidizer Index	Auto Ignition Temp °C	Heat of Combustion kJ/g
PLASTICS	Teflon®	100	434	6.3
	PVC	31.5	239	20.9
	Nylon	21–28	178	32.2
	PP	17–29	174	46.0
	HDPE	17.5	176	46.6
ELASTOMERS	Viton®	56	268–322	15.1
	Neoprene	26.3	258	29.5
	Buna N	22	173	41.4

- Paint가 벗겨진 부분이 많음.

- 보온재 보완이 필요함.

- 밸브(Valve), 콘트롤 밸브(Control Valve), Instrumentation 등의 철저한 Lockout/Tagout
  이 필요함.

- 기기 등의 정기적인 점검이 필요함.

- 기본적인 House Keeping이 제대로 이루어지고 있지 않고 있으므로 절차서에 추가하
  여 정기적인 점검이 필요함.

- 작업자의 전반적인 유해성에 대한 인식이 부족한 상황이므로 절차서를 보완하여 정기
  적으로 체크하도록 하여야 함.

- 싱글(Single) 안전밸브 전단에 차단밸브가 설치되어 있음. 차단밸브 설치가 허용되는 기
  준은 다음에 나오는 것과 같음.

(1) 인접한 용기 등에 안전밸브 등이 이중으로 설치되어 있는 경우

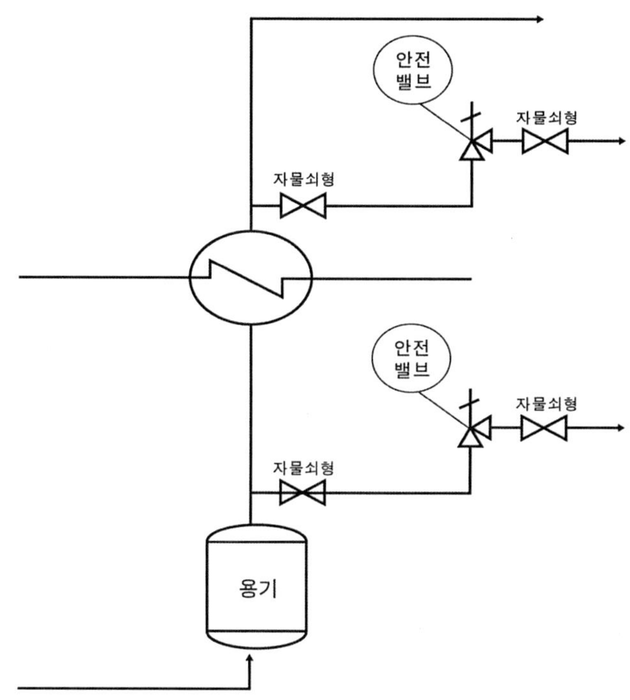

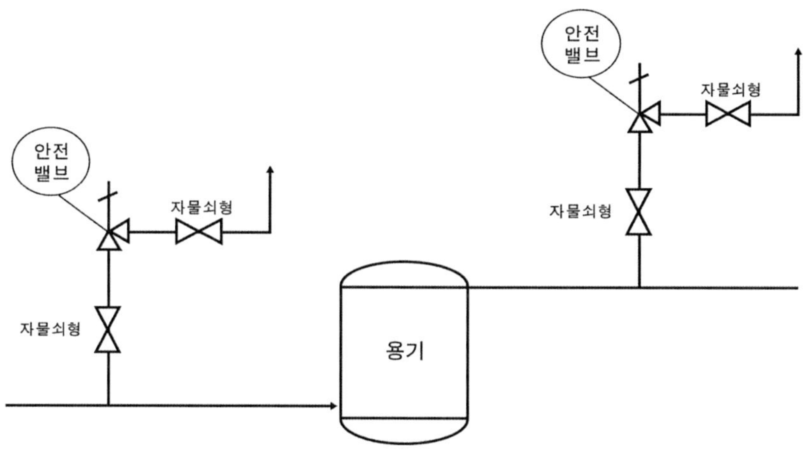

(2) 안전밸브 등의 배출용량의 50% 이상에 해당하는 용량의 자동압력제어밸브(단, 구동용 동력의 공급차단 시 열리는 구조인 것에 한 함.)와 안전밸브 등의 병렬로 연결된 경우

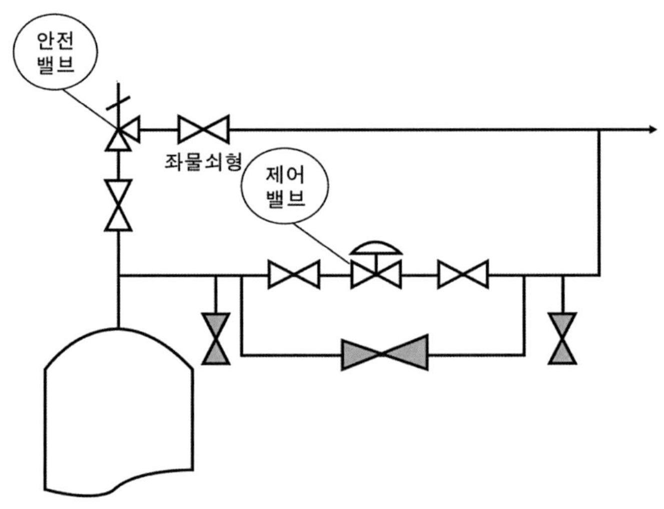

(3) 복수방식으로 안전밸브 등이 설치된 경우

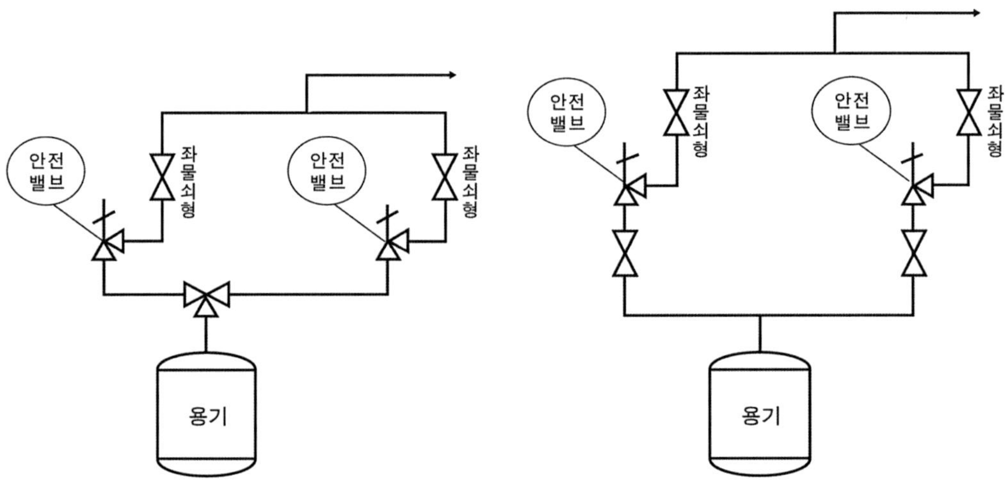

(4) 예비용 용기 등이 설치되고 각각의 용기에 안전밸브 등이 설치된 경우

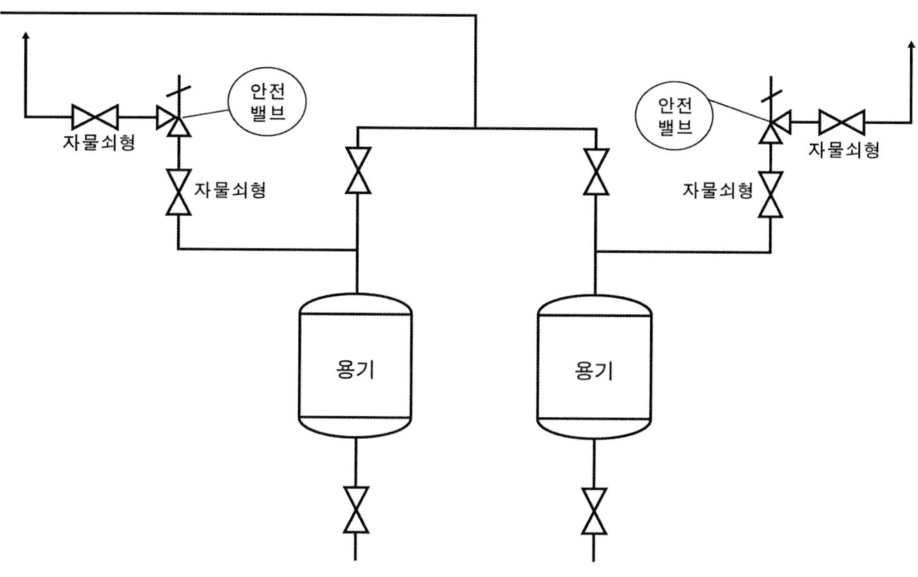

(5) 열팽창에 의한 압력상승을 방출하기 위한 안전밸브의 경우

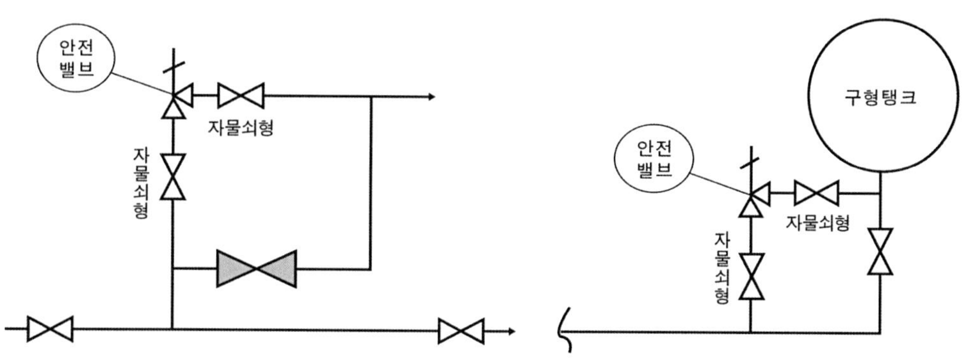

• 산소를 취급하는 모든 배관, 배관부품은 아래의 Chemical 또는 Mechanical Cleaning
  방법을 이용하여 그 내부에 이물질을 최대한 제거하여 사용함.

- Chemical Cleaning Method
  Caustic Cleaning: 탄화수소 액체, 오일, 그리스 등에 적용

Acid Cleaning: 탄화수소 액체, 오일, Oxide 등에 적용

Solvent Washing: 탄화수소 액체, 오일, 그리스 등에 적용

Vapor Degreasing

Ultrasonic Cleaning

- Mechanical Cleaning Method

Abrasive Cleaning: Scale, Rust, Paint 등에 적용

Piston(Pig) Cleaning: 긴 배관에 적용

Sand/Bead Blasting

1) Vaporizer 후단 GOX 배관

- Hot water에서 나온 GOX 배관은 Stainless Steel의 재질이 적정함.
- Steam의 중단으로 Hot Water가 공급되지 않으면 배관이 저온에 의한 파열이 생길 수 있음.
- GOX 배관 TI 후단 20m까지는 초저온 액체 산소의 접촉이 가능할 수 있고 탄소강(C.S)은 −30℃ 미만
  에는 적합하지 않으므로 스테인리스를 추천함.

2) Vaporizer 전단 Control Valve

- 스팀배관에 설치되어 있는 콘트롤 밸브에 보온 손상
- 액체산소를 기체산소로 제공하는 데 상당히 중요한 기기이므로 By-pass 설치를 권고 함.

- Hot Water Vaporizer 후단 Interlock (TSL - Pump 및 입구 Shutoff)은 배관저온파열을 방지하기 위한 중요한 안전장치로서 1년 또는 2년 주기로 작동테스트를 실시 요망.
- EIGA Code: IGC Document 133/06/E CRYOGENIC VAPORISATION SYSTEMS–PREVENTION OF BRITTLE FRACTURE OF EQUIPMENT AND PIPING에 근거 추가 Temperature Sensor 필요성 검토.
- Vaporizer 액위에 대한 수시 점검 및 저액위(LAL) 추가 설치 검토.

4) Disposal Vaporizer 액위, 저온 모니터링

- Disposal Vaporizer 전단 배관이 보온이 안 되어 있음. 신체접촉에 의한 냉열화상 우려와 Tranch 매몰 배관구간에 공기액화시 산소과잉 분위기가 형성되어 화재 위험성을 증가 시킬 수 있음. 배관 보온 권장
- Disposal Vaporizer 액위 주기적 점검
- Column에서 자동 dump 되는지 확인 후 추가 vaporizer 후단 저온방지 필요성 검토

고압가스안전관리법에서 규정하는 액체 산소 저장탱크 위에 물분무설비가 없음. ⇒ 법규가 개정되기 전에 설치된 탱크임.

6) 액체 산소 배관의 Insulation

- Insulation 부분이 전반적인 액체 산소배관에 대해서 Insulation의 보강이 필요함.
- 액체 간의 이동 있는 배관에 Insulation이 제대로 되어 있지 않으면 밴트로 손실되는 부분이 많아져서 Cost Loss 발생함.
- Insulation이 제대로 되지 않아 주변의 공기를 응축시켜 고이는 경우, 산소과잉환경이 발생될 수 있음.
- 배관의 부식 발생 가능성 있음.

Insulation 부분이 전반적인 액체 산소배관에 대해서 Insulation의 보강이 필요함.

6-2) 액체 산소 배관의 Insulation

Insulation 부분이 전반적인 액체 산소배관에 대해서 Insulation의 보강이 필요함.

9) Vent line

- Vent line의 출구가 통로를 향하고 있으며, 높이가 낮음. Vent line은 2m 이상 사람이 다니지 않는 곳을 향하도록 설치하여야 함.
- Corrosion resistance를 위한 painting 등이 필요함.
- 빗물 유입이 방지될 수 있는 구조로 할 것

10) 철근 구조물

- Piperack Steel Structure 내화 페인트가 벗겨지고 부식된 부분이 많이 발견됨.
- 부식이 진행되면 Support의 기계적 강도가 손상되어 배관 파손 및 공정물질 유출에 원인이 될 수 있음.
- 부식방지를 위한 페인팅 등 재방식 처리를 하여야 하고, 정기점검 등의 관리가 필요함.

13) Gas Holder 상부 –Vent

- 어느 누구든지 접근하여 조작할 수 있도록 설치됨.
- Vent는 사람이 접근할 수 있는 지역으로부터 2m 이상으로 설치 바람.

14) Gas Holder 상부 안전밸브

- 듀얼 안전밸브의 경우, inlet의 3way 밸브의 경우 Divert type을 권장하는데, 어떤 밸브인지 확인이 안 됨.
- 3–way 밸브의 경우 핸들이 중간에 위한 경우 양쪽의 흐름을 차단시키는 구조로서 안전밸브 작동을 불가하도록 할 수 있음. 전환 밸브(Diverter Valve) 설치를 권장함.
- 안전밸브의 크기가 Holder 용량에 비하여 작은 것 같음. 크기에 대한 적절한 Sizing 검증이 필요함.
- 안전밸브전단에 리듀서(reducer)가 설치되면 유량 흐름을 방해하므로 설치를 권장하지 않음.

- 배관의 연결이 Butt-welding이 아닌 외부 배관으로 연결되어 있음.
- 내부에 산소 흐름을 방해할 수 있는 소지가 있음.

18) 3/4호기 GOX 홀더주변 Valve Station – Drain Flange

- Drain의 플랜지의 부식이 심하고, 두 플랜지 면 사이의 Gasket 손상이 의심됨.
- 산소가 누출될 가능성 있음.
- Gasket 상태확인 및 부식이 심한 곳을 조속히 보수하고, 지속적인 관리가 필요함.

- 상부에서 운전 또는 작업 시 실수로 인하여 낙하의 위험이 있음.
- Ladder 사이에 스틸 바(Steel Bar)를 설치하여 운전자가의 실수로 인한 낙하방지 설비를 할 것.

20) 고로지역 옥내 밸브 스테이션 주변 (이전 사고발생 장소)

- 주변 잡초 등에 의해 화재 전파가 우려됨. 잡초 제거 요망
- 최소 주변 1m 이내에는 잡초를 제거하도록 할 것

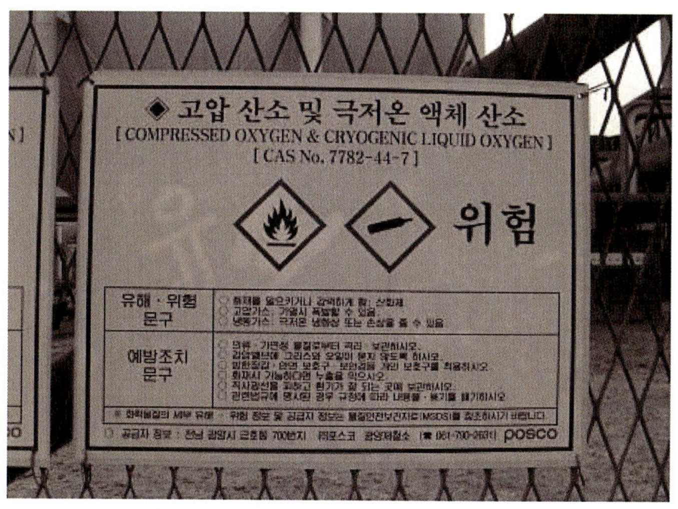

• 경고표지의 내용은 GHS 기준에 맞게 표기되었으나 그림문자가 잘못 부착됨.
• 지금 그려진 불꽃 모양은 가연성가스에 대한 그림문자이며, 산소는 산화성 가스이므로 원 위에 불꽃 그림문자를 부착하여야 함.

22) Gox Line 위에 Gas Pressure Gauge

• 압력계에 전단에 block v/v가 없어서 보수가 어려움.
• 압력계 전단에는 Turbulent–Impingement를 적용 바람.

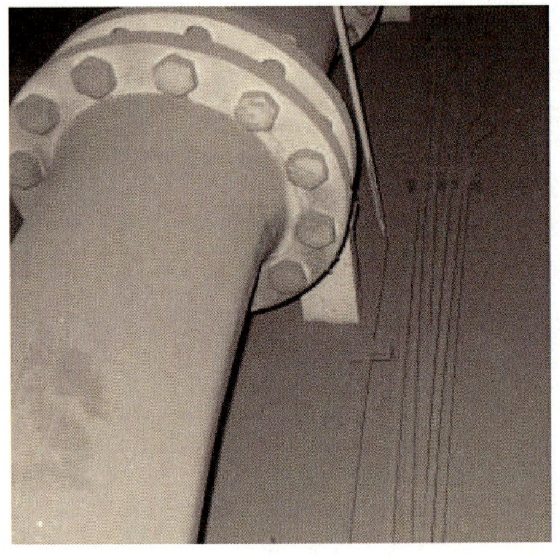 

- 먼지 때문에 배관이 보이지 않으며, 이로 인해 밟아서 배관이 손상될 가능성이 있으므로 배관을 밟지 않도록 조치할 것.
- 배관이 통로를 지나므로 밟고 다니므로 배관손상이 우려 됨. 배관 위에 커버를 씌워서 직접 밟지 않도록 조치할 것.

24) 제강 내 Valve Station

- 밸브의 LO/TO 되어 있지 않음. 정기적인 점검이 필요함.
- 3" 이상의 On-off 밸브 작동이 예측되는 장소에는 2"의 By-pass를 설치하여, 동작 전에 먼저 By-pass로 양쪽의 압력을 맞추고 주 밸브 작동 바람.

- Instrument 연결 부위는 Turbulent-Impingement로 취급할 것.

26) Valve station 내의 방호벽

- 방호벽이 설치는 되어 있으나, 높이가 낮아서 인명을 보호하는 등 구실을 제대로 할 수 없음. 높이와 두께 등 법에서 규정하는 최소한의 규정에 맞추어 함.
- 벽돌로 쌓여져 있어서 실제 사고 시 벽돌에 의한 추가 사고발생의 우려 있음.

- Room 내에 3개의 Valve Station이 구비되어 있는데, 현재 한 곳에만 방호벽이 설치되어 있음.
- Valve Station별로 방호벽이 설치되어야 함.

28) Valve station 내의 main 배관의 안전밸브

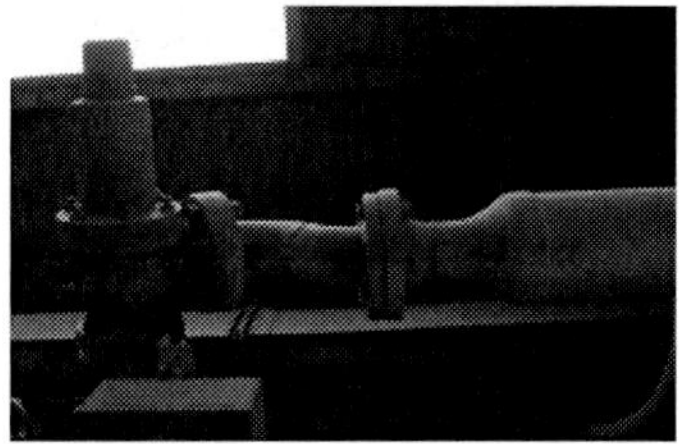

- 안전밸브와 Block 밸브 간의 연결이 서로 다른 Code가 적용된 플랜지로 연결되어 있음.
- 안전밸브의 inlet과 outlet, vent line의 배관재질이 같아야함.
- 안전밸브의 inlet 플랜지에 볼트가 제대로 채결되어 있지 않음.

29) Valve station 내 소화기

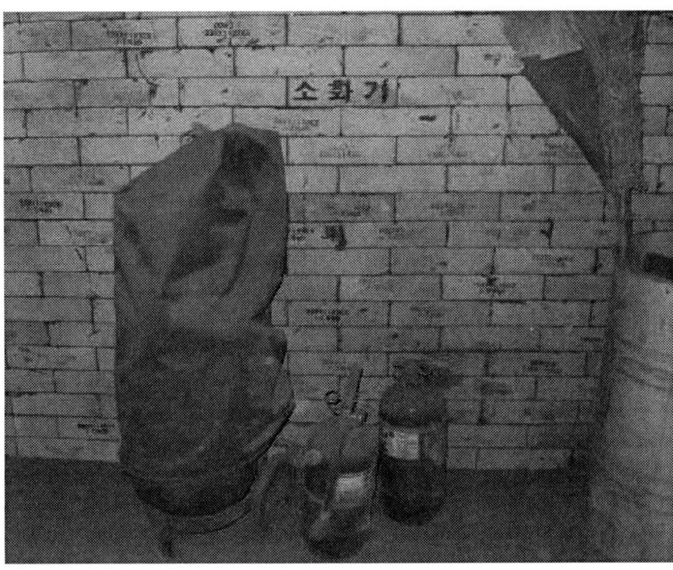

- 구비된 소화기에 먼지가 쌓여 있고, 제대로 작동하는지 알 수 없음.
- 소화기는 비상시 사용하는 설비로서 항상 정기적인 점검을 필요로 하며, 주기적인 테스트가 이루어져야 함.

30) Valve station 내 Panel

- 패널의 손잡이가 부서져 있거나 잠기지 않고 열려있는 상태임.
- 손잡이를 제대로 부착하고 잠궈 관련자만이 조작할 수 있도록 하여야 함.
- 정기적인 점검이 필요함.

31) 제강 내 Valve Station

- Valve station room 내에는 창문 외에는 환기 장치가 없음.
- 먼지가 많이 쌓여 있으면 누출된 산소에 의해 화재 발생이 용이함.
- 가능하다면 강제배기설비를 갖추는 것이 좋음.

32) 제강 내 Valve Station

- 산소에 대한 경고표지를 GHS로 변경해야 함.
- 경고표지에 넘지가 쌓여 읽을 수 없어서 경고내용 등을 전달하기 어려움.
- 정기적인 관리가 필요함.

- 발판이 내려앉아 추락의 위험이 있음
- 시급히 교체해야 함.
- 정기적인 점검이 필요함.

34) Valve Station

- 패널이 활짝 열려 있음. 작업 후의 원상조치에 대한 관리가 미흡함.
- 기본적으로 패널은 잠겨 있어야 하며, 관련자만이 조작할 수 있도록 관리하여야 함.
- 주기적인 점검이 필요함.

- 밸브 핸들이 끼워져 있어서 누구나 조작이 가능함.
- ON/OFF의 주요한 밸브의 경우에는 함부로 조작하지 못하도록 관리하여야 함.
- 관계자 외에는 조작하지 못하도록 밸브의 핸들을 빼서 다른 곳에 보관할 것

36) Valve Station

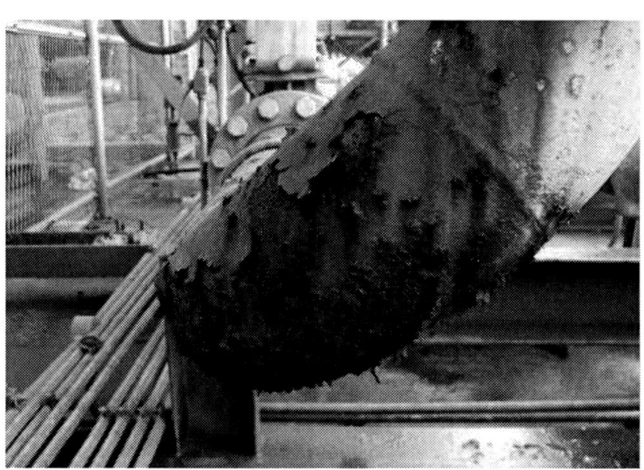

- 배관의 녹슨 상태가 심각함. 부식배관방치 상태에 따라 내부까지의 진행정도를 정밀 확인해야 함.
- 정밀점검 결과 지속사용 가능 시 페인팅 등 재방식 처리를 하여야 하고, 정기적인 점검과 보수가 필요함.

- 밸브에 대한 태그가 부착되어 있지 않아서 무슨 밸브인지 등 알기 어려움.
- 작업자의 밸브 구분이 용이하지 않아서 오조작할 가능성 있음.
- 밸브의 태그를 부착할 것.

- 패널의 손잡이가 잠기지 않고 열려있는 상태임.
- 기본적으로 패널은 잠겨 있어야 하며, 관계자 외 조작하지 못하도록 하여야 함.
- 주기적인 점검이 필요함.

- 창문의 위치가 낮아서 사고발생시 지나는 행인에게 피해줄 가능성이 있음.
- 창문의 위치를 사람 키 높이 위로 설치 바람.
- 창문을 제거하여 파편에 의한 위험을 없애야 함.

40) 2고로 산소부화실

- 비상 시 빠른 대피를 위해서 출입구의 문의 손잡이는 안전 바 형식으로 바깥으로 밀고 나가는 형식이어야 함.
- Panic Bar 설치 고려 바람.

41) 2고로 산소부화실

- 산소를 취급하는 옥내에는 산소검지기, 경고등, Horn 등을 설치할 것.
- 출입 시 또는 비상시 확인하고, 대응할 수 있도록 하여야 함.
- 설치 후 정기적인 점검이 필요함.

42) 제4고로

- 배관의 연결이 Butt-welding이 아닌 외부 배관으로 연결되어 있음.

- 펌프 기동 및 Emergency Shutoff 스위치 패널의 위치가 LOX 펌프와 너무 근접함.
- LOX펌프 사고가 주로 기동 중에 발생됨을 고려하여 충분한 이격거리(4.5m 이상) 또는 방호책이 필요함.

44) LOX 탱크 과충전 (Overfilling) 방지용 PSV

- 전단 블록밸브가 없어 주기적인 테스트 불가
- 탱크운전 중 PSV 보수가 불가하여 다른 과충전 보호용 안전장치(예: LSH)의 더 높은 신뢰도가 요구됨.
- LOX 탱크의 과충전 방지를 위한 LSH – 충전라인 Shutoff Interlock 및 등은 LOX의 대량 누출을 방지하는 중요한 공정안전장치로서 주기적 (1∼2년)으로 작동점검을 실시하여 그 성능을 확인해야 함.

45) 산소 압축기실 산소 감지기 및 경보

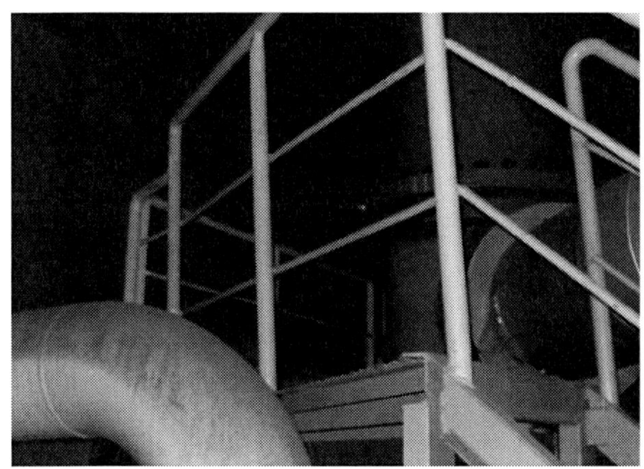

- 감지기의 위치가 너무 높아 질식 또는 산소과잉상태를 적절히 감지하지 못할 수 있음.
- 바닥에서 1.5~2m 사이로 이동 또는 추가 설치 검토.
- EIGA 및 OSHA 등에서는 산소감지기의 하한 19.5%, 상한 23.5%를 위험경계치로 보고 있음. 하한 19.5%로 조정 필요(현재 감지기의 설정치: 하한 18%, 상한 23.5%).

46) 산소 압축기실 출입 제한

- 경보등, 경보표지, 경보음은 산소압축기실로 통하는 모든 출입구마다 설치되어야 함.
- 산소압축기가 운전 중에는 작업자가 임의로 출입하지 못하도록 Door Lock 및 절차 필요.

- 산소압축기 후단 벤트 출구에 인접해 사다리가 설치되어 작업자가 과잉산소에 노출될 가능성 존재.
- 사다리의 폐쇄 또는 위치 변경 검토 필요.

48) 탱크 충전, 하역용 탱크로리 연결구

LOX

LAr

- LOX 충전, 하역용 연결구가 다른 LIN, LAR와 구분되지 않음.
- LOX, LAr, LIN별로 구분된 연결구 사용 요망.

LOX 탱크로리 차량이 연결상태에서 이동할 경우 라인 파손으로 인한 대량 누출 가능성에 대비하여 충전 라인 Anti-Towaway Brake 장치설치 고려.

- 압력방출밸브에 설치된 차단밸브는 반드시 Lock Open해야 함.
- LO/TO를 표기하고 시건장치를 하여야 함.

1. PSSR(Pre-Startup Safety Review), 시운전 사용 전 안전 점검 및 승인

다음은 신규 플랜트 및 기존 플랜트 Modification 후 가동 전에 플랜트의 안전확보를 점검하기 위한 점검표이다.

QUESTION / CONCERN	YES/ NO/NA	COMMENTS
1. Standard operating procedures have been updated or written and all operating personnel trained.		
2. Maintenance procedures have been updated/written and all maintenance personnel trained.		
3. Emergency Response plan has been updated/written and all emergency personnel trained.		
4. New equipment added to/revised in maintenance program / Maximo.		
5. Drawings and safe operating limits, have been updated, documented, and reviewed with personnel and distributed to the appropriate locations.		
7. Equipment inspected to ensure project was constructed and implemented as designed.		
8. Electrical classification of installed equipment conforms with design.		
9. An acceptable LO/TO method or SOP is provided and personnel are trained and knowledgeable on its operations.		
10. Housekeeping inspection completed and area deemed satisfactory.		
11. All computer control logic has been documented and tested.		
12. All environmental and industrial hygiene issues have been addressed and documented appropriately.		
13. All guards are installed allowing for safe operations and maintenance.		
14. Fire protection systems are functional.		

QUESTION / CONCERN	YES/ NO/NA	COMMENTS
15. Fire extinguishers are in designated locations.		
16. Any necessary PPE changes have been implemented.		
17. Any new chemicals have been approved, added to inventory, MSDS available and appropriate training provided.		
18. All modifications effecting permit-required confined spaces have been documented and corresponding training provided.		
19. Handrails, ladders, cages, etc. are installed in all required locations.		
20. Warning signs have been installed.		
21. Safety showers and/or eyewashes are operational.		
22. Radiation source permits and procedures have been updated.		
PSSR Team Leader:	Date:	
PSSR Team Members:		

2. 탱크로리(Tanklorry) 점검표

Item	No	Description	Results
1. Storage tank	1	1-1. 부식	
		① 볼트/연결부 등 국소부식 심화장소 없음	
		② 2개소 이하 국소 부식 심화	
		③ 3개소 이상 국소 부식 심화	
	2	1-2. 리크	
		① 리크 흔적 또는 실제 리크 없음	
		② 리크 흔적은 있으나 현재 리크되지 않음	
		③ 리크 진행 중	
	3	1-3. 저장시설 배기연결	
		① 사용물질로 배기 연결	
		② 사용물질 배기 오염(산물질-알칼리 배기)	
		③ 배기 미연결	
	4	1-4. 배관 서포트	
		① 2번 꺾이는 곳의 전후단 50cm 이내 설치 등 배관 탈락 위험개소 없음	
		② 배관 처짐 또는 1개소 이내 서포트 누락	
		③ 2개소 이상 배관 서포트 누락	
	5	1-5. 배관마감조치	
		① 미사용 배관은 마감조치가 되어있으며, 연결 부위 리크나 부식 현상이 발생하지 않음	
		② 마감조치가 누락된 배관이 2개소 이하거나, 부식상태가 심한 배관이 있음	
		③ 마감조치가 누락된 배관이 3개소 이상	
	6	1-6. 게이지류 및 밸브류 식별관리(정압/개폐 등)	
		① 90% 이상	
		② 50% 이상	
		③ 50% 미만	
	7	1-7. 성상구분	

		① 유기/산/알칼리 물질별 완전 구획	
		② 일부 물질 혼재 보관(산-알칼리)	
		③ 구획 없이 유기/산/알칼리 혼재 보관	
8	1-8. 트렌치		
		① 케미컬 공급/회수지역 트렌치 설치	
		② 일부지역 트렌치 누락	
		③ 트렌치 미설치	
9	1-9. 접지		
		① 인화성액체, 기체를 저장 및 공급하는 장치/건물/피뢰 접지 설치 및 정기적인 저항 측정	
		② 접지는 설치되어있으나 정기적인 접지저항측정 및 개선 누락	
		③ 접지 탈락 또는 누락	
10	1-10. 충돌방지 보호		
		① 외부에 설치된 탱크는 차량, 중장비의 충돌로 보호할 수 있도록 충돌 방지막(가드레일)을 다이크(Dike) 외부에 설치	
		② 가드레일 일부 누락 또는 철망 설치	
		③ 가드레일 미설치	
11	1-11. Dike 설치		
		① 약품탱크 주변의 다이크의 크기는 110%이상의 용량을 가지며, 외부유출이 되지 않는 구조	
		② 다이크는 설치되나, 용량이 작거나 내용물이 외부로 유출될 수 있는 구조	
		③ 방류제 미설치	
12	1-12. 탱크의 고정		
		① 케미컬탱크는 바닥에 고정되어 외부진동에 의해 움직이지 않는 구조임	
		② 고정장치 일부 누락	
		③ 고정장치 누락	
13	1-13. 약품주입구 관리 I		
		① 약품주입구 다이크 내에 설치되어, 시건장치가 되어 있으며, 각 약품별 커플러의 크기 또는 형태를 달리하여 관리되어 설치됨	
		② 주입구 시건장치 누락. 관리 일부 누락	
		③ 약품별 주입구 커플러 일부 동일 또는 다이크 누락(외부 유출 가능)	

		14	1-14. 약품주입구 관리 Ⅱ	
			① 약품주입구 내 케미컬 없음(누수 없음 및 정기 Cleaning)	
			② 약품주입구 내 케미컬 방치	
		15	1-15. 기타	
			① 기타 운영상의 중대 불합리 없음	
			② 기타 운영상의 중대 불합리 있음	
2. 작업환경		16	2-1. 안전작업 허가서	
			① 탱크로리 작업 시 사전허가 및 현장확인 실시(2인 작업 실시)	
			② 탱크로리 작업 전 사전허가 실시하나 현장확인 없음	
			③ 현장1인 작업 및 사전허가 관리기능 없음	
		17	2-2. 작업장내 안전사고위험성	
			① 안전사고 위험성 없음	
			② 2m 이상의 추락, 협착, 충돌 및 걸림 위험은 있으나, 중대재해 발생위험 적음	
			③ 2m 이상의 추락, 협착, 충돌 및 걸림 위험중대재해(사망사고 또는 다수 인명피해 사고) 있음	
		18	2-3. 작업에 적합한 보호구 사용/관리	
			① 100% 작업별 보호구 분류기준이 있으며, 현장 이행	
			② 기준은 있고 필요 보호장비 누락	
			③ 기준은 있으나 현장이행 미흡	
		19	2-4. 유해화학물질[위험물/유독물] MSDS관리	
			① 사용물질 대비 100% 보유, 현장비치(탱크로리 차량 내 포함)	
			② 1개소 이내 현장불량 지적	
			③ 2~3개소 현장불량 지적	
			④ MSDS 일부 미확보 및 현장 미비치	
		20	2-5. 유해화학물질 Manual 작업 여부	
			① 유해화학물질을 자동으로 공급, 작업하며 노출위험 없음	
			② 1개 공정이내 Manual작업이 있거나, 간헐적인 노출위험 있음	
			③ 2개 공정 이상 Manual 작업이 있거나 지속적인 유해화학물질 노출위험이 있음	

21	2-6. 위험물(가스) 주입, 이송, 보관, 혼합시설 접지	
	① 탱크로리/탱크 접지, 혼합기 및 이송배관 접지	
	② 접지시설이 일부 누락	
22	2-7. 위험물(가스) 저장소/공급소 방폭	
	① 방폭성능에 맞는 재질 등 전기시설 방폭 시공	
	② 방폭시설은 설치되나 성능 저하	
	③ 비방폭 시설 설치	
23	2-8. 유해화학물질 저장시설 배기	
	① 물질성상에 맞는 배기연결 및 배기정압 관리	
	② 물질성상에 맞는 배기연결은 되어 있으나 배기정압 미관리 또는 냄새 발생	
	③ 물질성상에 맞는 배기연결 일부 누락	
	④ 배기 미연결	
24	2-9. 유해화학물질 보관 장소 소방시설	
	① 인화성물질: 자동소화설비, 불꽃감지기 독성/부식성가스: 자동소화시설, 화재감지기	
	② 자동소화설비 또는 화재감지기 미설치	
25	2-10. 위험물(가스) 취급지역 배관, 덕트, 전기케이블 등 관통부 마감	
	① 관통부 마감조치 불량개소 없음	
	② 관통부 마감조치 1개소 이하 불량	
	③ 관통부 마감조치 2개소 이상 불량	
26	2-11. 탱크로리 작업 유형별 SOP	
	① 충진 SOP, 해체 SOP 별도 구비	
	② SOP 있으나 유형에 따라 분류되어있지 않음	
	③ SOP 無	
27	2-12. 작업자는 작업표준을 준수하는가	
	① 작업표준을 현장에서 준수	
	② 작업표준을 현장에서 일부 미준수	
	③ 작업표준 준수 미흡 또는 미제정	
28	2-13. 원료 Turn on부에 의한 호스 꺾임, 손상 가능성	

		① 無	
		② 有	
	29	2-14. 탱크로리 차량 주차구획 내 물품 방치	
		① 無	
		② 有	
	30	2-15. 원료 Turn on부 주변 청결 및 정리정돈 상태	
		① 청결상태 및 정리정돈 양호	
		② 불량	
3. 정기점검	31	3-1. 탱크로리 운행 시 관리일지 작성여부	
		① Head, Tank, Valve, Hose, Coupler, 안전보호구 점검 내용 포함	
		② 상기 내용 중 1개 이상 미포함	
	32	3-2. 자체정기점검실시여부	
		① 자체 점검 check sheet가 있으며 2회/년 이상 실시	
		② 상기 내용 중 일부 누락	
	33	3-3. 자체 정기점검 항목	
		① 외관/Pin Hole Test/기밀 TEST/볼트/HOSE/커플러/밸브/안전보호구 점검 내용 모두 포함	
		② 상기 내용 중 일부 누락	
	34	3-4. 차량에 대한 법적 정기점검 시행여부	
		① 출고 5년 이내 년 1회, 출고 5년 이상 년2회 실시	
		② 점검 시행 일부 누락	
4. Tanklorry 외관	35	4-1. 탱크로리 외관 변형, 균열, 부식, 도장벗김이 있는가	
		① 변형, 균열, 부식, 도장벗김 없음	
		② 2개 이상 있음	
		③ 3개 이상 있음	
	36	4-2. 리크 흔적이 있는가	
		① 리크 흔적 또는 실제 리크 없음	
		② 리크 흔적은 있으나 현재 리크되지 않음	
		③ 리크 진행 중	
	37	4-3. N_2 기밀 TEST의 기준	

		① N₂ 기밀 TEST의 기준은 압력/시간을 포함하고 기록 관리를 하고 있음	
		② 無	
38	4-4. 볼트 조임상태		
		① 이상 없음	
		② 일부풀림 또는 탈락	
39	4-5. 호스 표면손상, 꺾임, 변색, 누액		
		① 이상 없음	
		② 일부손상	
40	4-6. 공급 중 Hose에 케미컬 누액이 발생		
		① 有	
		② 無	
41	4-7. 호스 점검이력		
		① 점검필증이 부착되어있으며 점검 기록이 관리되고 있음	
		② 점검필증이 부착되어있지 않으나 점검 기록이 관리되고 있음	
		③ 점검필증 및 점검 기록 없음	
42	4-8. Connector는 2중 커버가 있고 커버 및 외부 파손이 없는가?		
		① 2중 커버가 있고 파손 없음	
		② 일부 누락	
43	4-9. Connector 오염 상태		
		① 외부/내부 이물질이 없음	
		② 일부 이물질 有	
44	4-10. 작업 후 탈착된 Connector에 이물질, 누액이 없는가?		
		① 외부/내부 이물질이 없음	
		② 일부 이물질 有	
45	4-11. 밸브의 청결상태		
		① 청결/노후화 상태 양호	
		② 청결/노후화 상태 불량	
46	4-12. 밸브의 Close 후 케미컬 누액이 발생 여부		
		① 無	
		② 有	
47	4-13. 외부요인에 의한 밸브 누출 가능성		

		① 외부인 또는 작업 실수에 의한 누출가능성 없음	
		② 외부인 또는 작업 실수에 의한 누출가능성 있음	
	48	4-14. 접지선 상태	
		① 접지선 상태 및 정리상태 양호	
		② 접지선 상태 및 정리상태 불량	
	49	4-15. 타이어 마모상태	
		① 타이어 찢김, 마모상태 양호	
		② 타이어 상태 불량(교체 필요수준)	
5. Safety system	50	5-1. 비상시 설비 긴급정지 체계	
		① 탱크로리 또는 공급 라인별 비상정지스위치 설치(원격거리 5m 이상)	
		② 1개 이상 미설치	
	51	5-2. 공급라인 자동 차단 기능	
		① Air 또는 N_2라인 연결 중 공급 라인 탈락 시 자동 정지되는 Interlock 설정	
		② Remote 정지 기능 보유	
		③ 자동정지 기능 없음	
	52	5-3. 탱크 로리 내 본체 파손 방지 시스템이 있는가: 릴리프 밸브	
		① 有	
		② 無	
	53	5-4. 호스 체결상태 불량 시 알람기능이 있는가	
		① ACQC 조작부 화면 내 이상표시 및 알람발생	
		② 일부 누락	
	54	5-5. 호스 체결상태 불량 시 다음단계로의 진행이 가능한가?	
		① 불가능하며 약액 누출 없음	
		② 가능하며 약액 누출 가능성 있음	
	55	5-6. N_2 과압 방지 시스템이 있는가?	
		① 有	
		② 無	
	56	5-7. 비상대응시설, Eye-Body Shower 관리	
		① 비상 시 사용가능, 월1회이상 점검유지	

		② 설치위치 미표기/정기점검 미실시, 관리상태 불량(고장, 녹물, 복잡한 조작 등)	
		③ 미설치	
	57	5-8. 조작밸브는 Lock out 및 Tag Out이 되어 실수방지가 가능한가?	
		① LOTO가 되며, 절차에 따라 Lock 해제는 3자 검증에 의해 시행	
		② LOTO 시행	
		③ LOTO 미 시행(2개소 이상 미실시 등)	
6. 안전보호구 /비치서류	57	6-1. 차량내 안전보호구/방재도구가 비치	
		① 내산복/내산장화/내산장갑/안면보호구/안전모/방독마스크/소화기/중화제/ 흡습포 – 차량 내 보관함 있음	
		② 1개 이상 없으며 차량 내 보관함 없음	
	58	6-2. 차량 내 안전보호구의 교체	
		① 교체주기에 따른 교체이력 기록	
		② 교체 주기 있으나 교체이력 기록 없음	
	59	6-3. 차량 내 MSDS를 비치 여부	
		① 有	
		② 無	
	60	6-4. 탱크 외부에 제품의 라벨 부착 여부	
		① 有	
		② 無	
	61	6-5. 충진 룸에 안전보호구/방재도구가	
		① 보관함 내 구비되어 있으며 리스트 확인 가능	
		② 보관함 내 구비되어 있으나 리스트 확인 불가능	
7. 비상상황 SOP	62	7-1. 이상발생 유형에 따른 비상대응 절차와 연락망이 있는가?: SOP/표준	
		① 이상발생 유형별로 대응시나리오와 비상연락망이 있음	
		② 이상발생 유형별 구분되어있지 않음	
	63	7-2. 작업 공간 내 비상대응절차 및 비상연락망 부착	
		① 작업공간(외부탱크로리주차구간포함)내 관리부서, 비상대응절차, 연락망 부착 및 최신화	

		② 공정별/탱크별 관리부서, 비상대응절차 일부 누락 및 최신화 누락	
		③ 공정별/탱크별 관리부서, 비상대응절차 미부착	
8. 교육	64	8-1. 작업자 안전교육에 대한 주기	
		① 1회/월 정기 안전교육, 2회/년 이상 비상발생 대피훈련	
		② 주기는 설정되어 있으나 ①번 주기에 의한 횟수에 미치지 못하거나 비상발생 대피훈련 실시하지 않음	
		③ 교육 주기 미설정	
	65	8-2. 안전교육에 대한 년간 계획	
		① 년간 계획 사전수립	
		② 년간 계획 사전 미수립	
	66	8-3. 작업하는 케미컬/GAS에 대한 특성 및 안전보건 교육	
		① 정기 안전교육 내 포함	
		② 無	
	67	8-4. 비상시나리오 대응 및 훈련	
		① 2회/년 이상 비상시나리오 피난, 소방훈련 등을 정기적으로 시행하고 결과보고	
		② 2회/년 미만 비상시나리오 대응, 소방훈련 등을 정기적으로 시행하나 결과 미보고	
		③ 비상시나리오 대응, 소방훈련 등 비정기적 시행	
		④ 없음	
	68	8-5. 자체 교육에 대한 진행이력/평가 결과	
		① 有	
		② 無	
9. 작업자	69	9-1. 안전교육 대상자에 탱크로리 작업자가 포함 여부	
		① 有	
		② 無	
	70	9-2. 탱크로리 작업자의 작업 물질에 대하여 이해도	
		① 물질 특성/반응성/취급 요령을 이해	
		② 작업물질에 대한 이해도 낮음	
	71	9-3. 노출 시(피부, 외부)등 비상상황 발생 시 대처 여부	
		① 대처방법을 알고 있으며 비상대응 훈련 경험이 있음	
		② 대처방법을 알고 있으나 비상대응 훈련 경험 없음	

3. 실란(Silane) 취급 및 저장 설비 점검표

ITEM TYPE DEFINITIONS

CRITICAL: Item completion required prior to the deliver/use of Silane

MAJOR: Item completion required within 6 months of delivery/use of Silane

MINOR: Item completion as part of Planned Scheduled Maintenance and resolution to be initiated once Critical and Major items are completed.

ITEMS	TYPE	YES/ NO/NA	확인 결과
1. Security			
1.1 Facility has a perimeter fence and entrance security. (시설은 울타리로 둘러져 있고, 출입이 통제된다.)	Critical	Yes	The facility is secured with a perimeter fence and entrance security.
1.2 Storage and use areas are secured against unauthorized entry. (저장 및 취급시설은 허가된 사람만이 출입이 가능하다.)	Major	Yes	The storage and use areas are under physical control. A key is needed to enter the building.
1.2 Storage and use areas have appropriate warning signs posted. (저장 및 취급시설은 적절한 경고 문구가 표기되어 있다.)	Major	Yes	
2.0 General Sitting – Outdoor and indoor , Storage and use areas			
2.1 Bulk systems (aggregate connected water volume >250 liters) and storage area are located outdoors. Bulk systems installed indoors meet the requirements listed in the Indoor Storage and Use Area section.	Critical		
2.2 The lowest point of the roof or overhead canopy is greater than 12 ft (3.7 m) high.	Major		
2.3 Spot/storage area is open, encroaching objects are at a suitable distance away or	Critical		

mitigation exists, such as adequate ventilation. Spot and storage area is not designed below grade.			
2.4 There are at least two exits from all indoor and outdoor storage and use areas. (If the storage or use area is 200 square feet or less in size, one exit is acceptable).	Critical		
2.5 The maximum distance to an exit in storage and use areas is 75 feet.	Major		
2.6 Egress gates are equipped as crash gates (will open from the inside in an emergency).	Critical		
2.7 Recommended setback distances have been accounted for or alternative barriers or engineering measures have been installed.	Major		
2.8 Storage and Use areas are an acceptable distance from medium/high traffic areas. Storage area should be at a minimum of 20 ft away from medium/high traffic areas.	Major		
2.9 Storage and use area is located away from physical hazard fluids. Dikes, diversion curbs, grading, or other means may be used to divert liquids and runoff.	Critical		
2.10 Silane storage or use area should be separated from incompatible materials by a minimum distance of 20ft (6.1 m) or by a 2 hour fire barrier wall extending 18 inches (46 cm) above the foot print of the containers.	Critical		

3.0 INDOOR STORAGE AND USE AREAS

3.1 There is a system that provides constant air flow at 150ft/min(0.8m/s) across mechanical connections.	Critical		
3.2 Storage and Use area is ventilated at 1 cu foot per minute of floor area or 6 changes per hour.	Critical		
3.3 Explosion control is installed per local building codes.	Major		

3.4 Smoke detectors are installed and interlocked to shut off supply and alarm to emergency system.	Major		
3.5 Silane detectors are installed in key locations and set to alarm at 5 ppmv or less and shut off silane supply at 10ppmv or less.	Critical		
3.6 Video monitors are installed and monitored 24/7.	Major		
3.7 Oxygen sensors are installed and alarm personnel of deficient atmospheres.	Major		
3.8 Heat sensors are installed on deluge and interlocked to run deluge, shut off supply, and alarm personnel.	Major		
4.0 ISO MODULE SITING			
4.1 There is adequate space for semi tractor to remove and bring in modules.	Critical		
4.2 Module spot area is protected from impact.	Critical		
4.3 No unusual spotting or backing hazard exist.	Critical		
4.4 Jack stands are in place to support the landing gear in the event of a failure.	Major		
4.5 There are prevention measures in place to prevent the accidental hookup up and pull away of a connected module.	Critical		
4.6 Provisions for an electrical grounding strap are in place to connect to the module	Critical		
5.0 SILANE DELIVERY SYSTEMS			
5.1 At least one remotely located manually activated shutdown control shall be provided. Additional remotely located, manually activated shutdown controls shall be located at each exit.	Critical		
5.2 An automatic shutdown is provided to shut down the gas flow when silane or fire is detected.	Critical		
5.3 There is at least one control panel and one	Major		

process gas panel installed.			
5.4 There shall be a 2 hour fire partition provided between the silane bulk source containers and the control panels/process gas panels. Alternatively a 30 ft separation can be used.	Critical		
5.5 Control panels shall be located not less than 15ft from process gas panels and shall have an unobstructed view of the process gas panel (utility station).	Minor		
5.6 Silane installations require Class I Div II within 5 ft, 1.5 m of points of connection.	Critical		
5.7 Purging of electrical control panel cabinets are required if panels are within 5 ft of points of connection.	Critical		
5.8 A UPS (Uninterruptible Power Supply) system shall be provided for required controls that are electrically powered (i.e fire detection systems).	Critical		

6.0 PIPING AND COMPONENTS

6.1 Piping systems are designed, constructed, examined, inspected, and tested in accordance with B31.3, Process Piping or a comparable code.	Critical		
6.2 There is a procedure in place or automated program to perform a high pressure service test of the connections each time a bulk container is hooked up	Critical		
6.3 Piping connections are primarily welded except for face seal fittings at maintenance areas and threaded connections of cylinder valves	Critical		
6.4 Piping systems shall be marked, labeled, and identified in accordance with ASME A13.1. *content name and direction of flow *every 20 ft, at penetrations, valves, direction change	Major		

6.5 Valves are a packless, bellow sealed or diaphragm sealed type.	Critical		
6.6 Automatic isolation valves are fail close design.	Critical		
6.7 Regulators are equipped with metal diaphragms.	Critical		
6.8 Regulator bonnets are equipped with relief vents or positioned to allow silane to escape to a protected location in the event of a diaphragm leak or rupture. A means to detect a ruptured regulator diaphragm is provided. Relief lines should not be designed to restrict the flow.	Minor		
6.9 ESO systems are in place to shut off silane flow at the source and point of use.	Critical		
6.10 ESO valves and shutoff controls are be labeled as such.			
6.11 ESO systems are tested before startup and periodically thereafter.	Critical		
6.12 RFO's are installed in each outlet valve or in the delivery system to create an effective orifice of 0.125" (3.175) mm. Note: N/A for transfills and bulk loading systems.	Major		
6.13 A means to detect the rupture of a piping system and shutting down the flow shall be provided. Excess flow valves, flow switches, etc. are recommended to meet this requirement. Note: N/A for transfills and bulk loading systems	Critical		
6.14 Piping is supported according to local/state piping codes and supports are in accordance with ASME B31.3 ically this is done by means of a cable tray, trench, pipe trestle, or rack system.	Critical		
6.15 Overhead silane piping is > 7ft clearance. If it is located above vehicle traffic it should be high enough for the traffic with max height signs posted.	Major		
6.16 Piping located in a trench is protected from	Major		

impact hazards at the pass-throughs and in the trench.			
6.17 Process instruments are acceptable for silane service.	Critical		
6.18 Engineering controls are installed to prevent silane condensation in lines during transfill/bulk delivery.	Critical		
6.19 Overpressure protection is installed to protect lines of the delivery or transfill system that are not designed for high pressure silane and a PM plan is in place for the relief system.	Critical		

7.0 UTILITIES

7.1 The purge panel contains a vacuum pump or venturi system. The vacuum system is interlocked from high pressure silane and is adequately purged.	Critical		
7.2 The purge panel contains a dedicated inert gas source. The inert gas source shall be protected from backflow with a pressure regulator, check valve, and other engineering controls like interlocks or a safety valve.	Critical		
7.3 Inert gas purge system has a low pressure alarm to indicate a loss of supply or auto purge system requiring certain pressure setpoints to complete an operation	Critical		
7.4 Purge panel contains a dedicated vent system that will handle "normal" flows and concentrations of silane.	Critical		
7.5 Vent lines are continuously purged with an inert gas at a velocity of 1 ft/s to prevent oxygen from entering.	Critical		
7.6 Facility has a plan to address venting or transfilling emergency quantities of silane.	Critical		

8.1 Optical Flame detection approved for silane service and aimed at potential leak zones. a. ISO module cabinet and connections b. Tonner connections c. Process purge panels d. others	Critical		
8.2 Optical flame detectors should be approved for indoor/outdoor use and have immunity to background sources.	Critical		
8.3 Optical flame detectors are set at the highest practical sensitivity level to reduce response time.	Critical		
8.4 Automatic shutdown of silane source is interlocked to the optical flame detection. This has been tested and is retested during the PM of the detector.	Critical		
8.5 Optical Flame Detectors are PM'd at periodic intervals.	Major		
8.6 When the UV/IR detector alarms, is the signal transmitted to a location that is constantly monitored and is there a written plan for response.	Critical		

9.1 A manual or automatic water spray deluge system is installed to protect the silane containers	Critical		
9.2 Activation of the deluge system shuts down the silane source.	Critical		
9.3 Deluge system provides adequate water flow of (0.30 gpm per square foot) (12 liters per square meter) and lasts for a minimum duration of two–hours.	Critical		
9.4 The water flow covers the external surface of the container, cylinder, tonner, cylinder pack or module.	Critical		

9.5 A fire hydrant is located within 150 ft (46 meters) from the silane supply containers.	Major		
9.6 If site is in an enclosure, the deluge system protects the structure of the enclosure as well.	Major		

10.0 PROCESS SAFETY			
10.1 The following personal protective equipment (PPE) is available:			
Hard hats	Critical		
Safety glasses	Critical		
Leather gloves	Critical		
Fire resistance clothing	Critical		
Safety shoes	Critical		
Face shield	Critical		
Ear protection	Critical		
10.2 Periodic safety audits of the facility and work practices are conducted to ensure continuous improvement in safety.	Minor		
10.3 Company has developed and follows a uniform set of design/engineering standards for silane service.	Critical		
10.4 A Process Hazard Analyses (PHA's) has been conducted by qualified personnel on the silane system. PSM Element 3 Note: N/A if covered by OSHA PSM	Critical		
10.5 Design reviews, pre-startup safety reviews, and a completion field walk-through have been conducted on the silane system. PSM Element 7 + 10 Note: N/A if covered by OSHA PSM	Critical		
10.6 The facility has hot work permits and follows lockout/tagout procedures. PSM Element 9 Note: N/A if covered by OSHA PSM	Critical		
10.7 The facility has a management of change	Major		

(MOC) policy. PSM Element 10 Note: N/A if covered by OSHA PSM			
10.8 The facility has an incident investigation program and incidents and investigations are considered during reviews of design/engineering standards, training programs, and procedures. PSM Element 11 Note: N/A if covered by OSHA PSM	Major		

11.0 PROCEDURES – PSM ELEMENT 4			
11.1 Written procedures describing personnel protective equipment are available.	Critical		
11.2 Written procedures for container connection/ disconnection and operation are available.	Critical		
11.3 Written procedures for leak checking, purging, vacuuming, and inerting are available.	Critical		
11.4 Written procedures for incoming inspection are available.	Critical		
11.5 Procedures are readily accessible for use by all applicable personnel.	Critical		
11.6 Procedures are periodically audited, reviewed, and controlled.	Minor		

12.0 TRAINING – PSM ELEMENT 5			
12.1 A training program for personnel handling of silane exists. Note: N/A if covered by OSHA PSM	Critical		
12.2 Qualification or certification is required for personnel handling silane.	Critical		
12.3 There is periodic retraining/review.	Major		
12.4 Training content documentation is available. Note: N/A if covered by OSHA PSM	Critical		
12.5 Certification documentation is available. Note: N/A if covered by OSHA PSM	Critical		
12.6 Test documentation is available.	Major		

Note: N/A if covered by OSHA PSM			
12.7 Personnel training history is available. Note: N/A if covered by OSHA PSM	Major		

13.1 A formal training program exists for all maintenance personnel. Note: N/A if covered by OSHA PSM	Critical		
13.2 Certification or qualification is required for all maintenance personnel. Note: N/A if covered by OSHA PSM	Critical		
13.3 The facility has a mechanical integrity program. Note: N/A if covered by OSHA PSM	Major		
13.4 There is a routine maintenance/testing program for leak detection equipment. Note: N/A if covered by OSHA PSM	Major		
13.5 There is a routine maintenance/testing program for firefighting equipment (sprinkler/deluge systems, fire hydrants and hoses, fire extinguishers). Note: N/A if covered by OSHA PSM	Major		
13.6 There is a routine maintenance/testing program for safety release devices. Note: N/A if covered by OSHA PSM	Major		
13.7 There is a routine maintenance/testing program for emergency shutdown and isolation interlocks. Note: N/A if covered by OSHA PSM	Major		
13.8 There is a routine maintenance/testing program for emergency alarm and communication systems. Note: N/A if covered by OSHA PSM	Major		

14.0 Emergency Planning and Response - PSM Element 12

14.1 The facility has emergency response procedures and plans.	Critical		

14.2 The facility has employees designated as emergency responders.	Critical		
14.3 The responders are trained specifically in silane and module, cylinder, tonner, cylinder pack emergency response.	Critical		
14.4 The local fire department serves as primary or backup responder.	Critical		
14.5 The local fire department has sufficient information and training to respond to silane incidents (MSDS, site layout, silane quantity).	Critical		
14.6 The facility has an evacuation plan.	Critical		
14.7 Plant emergency communication system exists.	Critical		
14.8 Facility has determined that the degree of emergency response by on—site personnel and the supplied equipment are appropriate.	Critical		
14.9 Periodic evacuation and emergency response drills are conducted. Outside emergency responders are involved in the drills.	Minor		
14.10 Bunker gear (coat, pants and gloves, helmet) is available if facility has own E—squad.	Critical		
14.11 SCBA (Self Contained Breathing Apparatus) are available and E—squad is trained on use, IF E—squad is primary response.	Critical		

15.0 Additional Comments

16.0 Recommendations

참고문헌

고압가스안전관리법

대기환경보전법

산업안전보건법

산업/특수가스 안전관리법

소방법

위험물안전관리법

American Industrial Hygiene Association

American Institute of Chemical Engineers

American National Standards Institute

American Petroleum Institute

American Society for Testing and Materials

Asia Industrial Gases Association

Association of American Railroad

BP Statistical Review of World Energy Report

Bundesanstalt fuer Material Forschung und Pruefung

Center for Chemical Process Safety

Compressed Gas Association

Daniel A. Crowl, Joseph F. Louver, "Chemical Process Safety Fundamental with Application", Preantice-Hall Inc., New York.

Environmental Protection Agency

European Industrial Gases Association

Factory Mutual

Heat Exchangers and Manufacturing Association

International Electrotechnical Commission

International Organization for Standardization

Japan Petroleum Institute Standard

Japanese Industrial Standards

Lees F. P., "Loss Prevention in the Process Industries" 2nd Ed., Butter-worths, London.

Lewis, B. and von Elbe, G. in Combustion, Flame, and Explosion of Gases, Academic Press, New York, 1961.

Max S. Peters, Klaus D. Timmerhaus, Ronald E. West, "Plant Design for Chemical Engineers" 5th Ed.

National Electrical Code

National Fire Protection Association

Occupational Safety and Health Administration

Oil & Gas Journal Article

SEMATECH(SEmiconductor MAnufacturing TECHnology), Silane Safety Improvement Project S71-Final Report

SEMI Semiconductor Process Gases Report Description and Procedures

Seveso Directive

The American Society of Mechanical Engineers

Transportable Pressure Equipment Directive

Transportation of Dangerous Goods

World Bank, "Techniques for Assessing Industrial Hazards", Washington, DC; The World Bank, Technical Report No. 55.